I.1 巴厘岛的寺庙祭品。
（Ramseyer 1977）

II.1 庞贝城"海中维纳斯之家"（the house of Venus Marina）遗址中带壁画的列
柱中庭。（Jashemski 1979: 62）

IV.1 菲尔多西《列王纪》（*Shah-nameh*）中诗人的野餐场景，16世纪伊朗萨非王朝时期大不里士的土库曼风格作品。（Welch 1972: 83）

IV.2 制作于17至18世纪的波斯花园地毯。（瓦格纳地毯，伯勒尔收藏馆）

V.1 图尔的《穆捷－格朗瓦尔圣经》（Moutier-Grandval Bible）中的图版。（伦敦大英博物馆）

V.2 法国孔克的圣斐德斯圣骨匣。

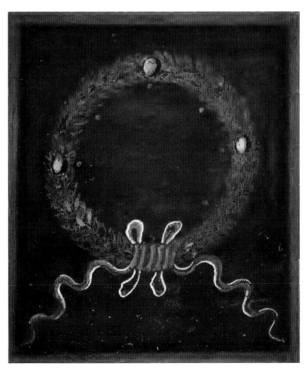

V.3 9世纪《阿剌托斯集》中代表北冕座的花冠。（莱顿大学）

VI.1 玛格丽特·博福特女勋爵（Lady Margaret Beaufort）《时祷书》中《约翰福音》的开头插画。（剑桥大学圣约翰学院）

VI.2 扬·勃鲁盖尔《瓶花》（A Vase of Flowers）。（剑桥大学菲茨威廉博物馆）

VII.1 17世纪的花树壁挂。是印度专供欧洲市场生产的商业织物。（伦敦，维多利亚和阿尔伯特博物馆）

X.1 伦敦贝思纳尔格林（Bethnal Green）地区一所住宅外面带有包装的葬礼用花，1987年。（玛丽·古迪摄）

XI.1 18世纪上半叶莫卧儿画派的作品中身着波斯服饰的女性。（巴黎，法国国家图书馆，MSS Or.，Smith-Lesoüf 247, f. 13）

XI.2 艾哈迈达巴德花市上的万寿菊，1986年12月。

XI.3 艾哈迈达巴德一个卖花摊位上的花环，1986年12月。

XII.1 中国小榄一座尼姑庵的佛坛，1988 年。依照当地习俗，供神必须用鲜花。（萧凤霞摄）

XIII.1 广东陈村花市上，人们把贺岁的橘树搬回家，1989 年。

XIII.2 1989 年春节期间香港一户人家中摆放的桃树枝条。

XIII.4 广东陈村花市的一位花农在展示获奖的花，1989 年春节。

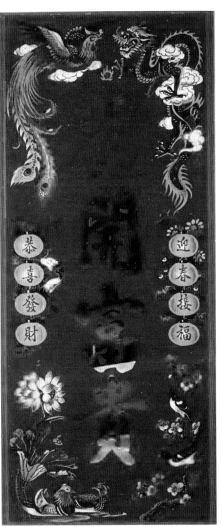

XIII.3 旧金山的中文新春牌匾"花开富贵"，1988 年。

自 然 文 库

Nature

Series

THE CULTURE OF FLOWERS

鲜花人类学

〔英〕杰克·古迪 著

刘夙 胡永红 译

商务印书馆
创于1897
The Commercial Press

THE CULTURE OF FLOWERS

© Jack Goody 1993

目 录

　　　　　　　　　　　　　　　　　　　　　　鲜花人类学

插图列表

鲜花人类学

前　言

创作本书的理由

我歌唱小溪、花朵、飞鸟和枝丫：

歌唱四月、五月、六月和七月的鲜花。

我歌唱五月柱、收获节、圣诞酒和守灵的通宵，

歌唱新郎、新娘和他们的婚礼蛋糕。

我写年轻人，写爱情，因为这样

我就能歌唱人们纯洁的放荡。

我歌唱露，歌唱雨，还要一样一样

歌唱香膏、香油、香料和龙涎香。

我歌唱时节的变换；还要记载

玫瑰最初为何变红，百合为何变白。

我写树林，写黎明与黄昏，还要咏唱

麦布女王的黑暗仙子，还有仙王。

我写地狱；还要（一直一直）咏唱

那盼望着终有一天能来到的天堂。

——罗伯特·赫里克（Robert Herrick）

《金苹果园》（*Hesperides*），第 1—14 行

许多人确实嘲笑我研究这些东西，有人还指责我把时间花在琐碎之事上。然而，我通过汲汲苦劳发现，不光是我自己，连自然也会招致这种蔑视，这对我是莫大的安慰。

——普林尼（Pliny）《自然志》
（*Natural History*），XXII .vii.15*

我将自己努力撰写的《鲜花人类学》** 这本书视为一部个人的民族志，有两个理由。首先我想指出，虽然我使用的材料大多来自前人的著作，包括旅行者、诗人和各类学者，但我也沿着另外两条线索自行做了探究。我最初有关花文化的疑问在一定程度上来源于我自己在非洲的观察，也是我有意做出的那种密集性的学术观察。但后来我决定把这些观察扩展到印度、日本、中国等其他地方，花时间去了解其他那些我几乎对其语言一无所知、对文化本身也知之甚少的文化，之后，由非洲经验引发的想法才渐渐成形。即使就非洲而言，在我自己搜集所得的信息之外，我也需要更多信息；因为我从书本上所获甚少，于是便向其他民族志学者寻求帮助。对于花文化，当代欧洲最为重要。在考察这一主题时，我不得

---

* Natural history 现无统一译法，常见的有"自然史""自然志""博物学""博物志"等。本书将普林尼的同名著作译为《自然志》。——若无特别说明，本书脚注均为译者注

** 本书英文原著书名 *Culture of Flowers* 直译为"花文化"，中文版以内容主题定名为《鲜花人类学》。不过，书中谈到的不只是鲜花，还有干花、假花和整个花卉植株。对于中文版中"花""花朵""花卉"等译法的区别，请参见译后记中的详细论述。——编者注

不依赖于朋友和我自己的经验，把它写成个人报告的样子，原因之 xii
一是我几乎找不到关于这个主题的系统性论著。当然，有关植物
学、花卉和花园的书籍浩如烟海，但其中对花朵在特定社会中的
实用用途和"象征"用途细加考察的"民族志"类型的论著却寥
寥无几，更谈不上对这些用途进行全面比较，并就造成这一现状
的内外诸多因素开始提出问题。我本来想把本书写成一本记录花
朵当代用法的"民族志"，但我产生的那些疑问既需要靠观察来回
答，又需要从历史角度加以研讨，因此我不得不减少这方面的内
容。我所做的这种性质的探究，让我检索了各种资料来源，其中最
有用的一种资料是政府和贸易协会所做的调查；这些调查的存在
本身就表明花卉在当今国内和国际经济中非常重要。

　　我在探究中，对 19 世纪兴起于欧洲的"花语"产生了兴趣，
主要是因为其中体现了"专业"用法和"日常"用法之间的关系问
题，这与我以前对烹饪用语的兴趣类似。我提出了一个假说，认为
这种语言呈现的并不是潜藏在当前实践中、迄今为止一直被遮蔽
的符号系统，而是一种"专家"系统，虽然在特定的环境中构建
出来，但又受到社会识字能力发展和文人发挥的很大影响。我曾
在巴黎的法国国家图书馆针对这一晚近传统的历史开展过一段时
间的调研，在此偶然见到了贝弗利·西顿（Beverley Seaton）（以
及更晚的菲利普·奈特*）的著作，发现他的探究在某些方面比
我更为深入，帮我填补许多空白。后来，我又得以在耶鲁大学

---

*　前言中未给出姓名原文的人，除东亚学者外，在本书正文中均有提及。

前言　　　　　　　　　　　　　　　　　　　　　　　　　ix

斯特林图书馆（Sterling Library）、美国国会图书馆（Library of Congress）等地方查阅了一些美国材料，但这些出版物流通时间的短暂性意味着它们往往很难查得和获取。

虽然我讨论的是"花"的文化，但这并不是本书唯一的关注点，因为我也谈到了叶子的观念。在花束和头冠中，以及用于装饰用途时，像欧洲枸骨和常春藤这样的叶子，是不可能与花朵完全割离开来加以讨论的。不管怎样，其他社会可能不会像我们这样，在这些范畴之间划定相同的界限，虽然我自己实际上还没有发现有哪个社会在范畴划分上与我们存在显著的差异。

更重要的是，我还关注了花朵在礼拜和形象呈现中的应用，这让我思考，为什么连那些花朵本来应该在场的情况下，人们有时候也会拒绝使用它们（在其他历史时期也是如此）。这就引出了在大众消费文化兴起之前的"奢侈文化"中的矛盾心理，以及清教徒、革命者和其他很多人既对奢侈品本身又对各种类型的形象呈现做出的不同反应等问题，这些态度引发了多种形式的圣像破坏运动和对花朵的拒斥。以上这些就是本书的探究方向，这使我除了自己的民族志观察之外，还要多加依赖于图书馆、朋友和其他学者的工作。

xiii 多年之后，正当我要离开剑桥大学社会人类学系时，我决定举办一场主题为"花文化"的告别研讨会，我对这个主题生发兴趣的原因，将在第一章中做出解释。在我做报告的时候，阿莎·萨拉拜（Asha Sarabhai）和德博拉·斯沃洛（Deborah Swallow）不住地把她们的手指比画成一个花环。主要正是她们与印度的联系，让我扩大了研究范围，并在艾哈迈达巴德（Ahmadabad）待了一段时间，在那里调查了花卉运用、花卉市场、园艺师以及其他内容。日本大阪的国立民族学博物馆也邀请我到那里待了几个月，使我得以了解日本的一些花卉知识。后来，我又怀着同样的想法访问了中国华南地区。

花朵这个主题，为我与朋友、熟人和较为偶然遇到的人之间的交谈提供了一个永无止境的话题。这些朋友和熟人，被人类学家十分无情地称为"知情人"（informants，这个词总是让我想起"告密者"[informers]在爱尔兰历史上所扮演的臭名昭著的角色）。我在此无法为所有"知情人"开列一个详尽的名单，但我要特别感谢：法国民族学中心（Centre d'Ethnologie française）的马蒂娜·塞加朗（Martine Segalen），特别是她在继任该中心主任之后，冒着风险请我就一个法国主题向法国听众做了报告；琼·拉方丹（Jean La Fontaine，伦敦经济学院）和切萨雷·波皮（东盎格利亚大学），在剑桥附近科顿（Coton）的"犁"美食酒吧分别向我提供了耳不暇听的大量有关英国中产阶级和意大利习俗的信息；朱利安·皮特-里弗斯（Julian Pitt-Rivers，法国社会科学高等研究院），在更庄重的环境中帮助我了解英格兰、法国、西班牙和墨西哥；希拉·默纳汉（Sheila Murnaghan），她对本书的写作很感兴趣，在万圣节那天陪我去了纽黑文（New Haven）的圣劳伦斯（St Lawrence）天主教公墓，并送给我新英格兰和加勒比地区其他墓地的照片；由于我曾访问哥伦比亚的安第斯大学，在波哥大因此受益于那里的专家的建议；1988年圣诞节，桑迪·罗伯逊（Sandy Robertson）陪同我们参观了圣巴巴拉（Santa Barbara）的公墓；在洛杉矶过万圣节时，埃伦·帕登（Ellen Paden）也提供了同样的帮助，此外还有克里斯蒂安娜·克拉皮什在格伦代尔（Glendale）的圣瓦伦丁节（St Valentine's）期间提供的帮助，以及帕姆·布莱克韦尔（Pam Blackwell）在圣莫尼卡（Santa Monica）的复活节期间提供的帮助；奥尔加·利纳雷斯（Olga Linares）带领我们参观了一座巴拿马人公墓，芭芭拉·萨林斯（Barbara Sahlins）带我去看了芝加哥的墓地，比吉特·米勒（Birgit Müller）也开车带我参观了东柏林和西柏林的公墓；马努埃拉·卡内罗·达库尼亚（Manuela Carneiro da Cunha）带我去了圣保罗的花卉市场；帕特里夏·麦格拉思（Patricia MacGrath）给我看了华盛顿的花园和商品名录；阿瑟·沃尔夫（Arthur Wolf）则在我访问加利福尼亚州时提供协助，并帮助我了解中国台湾的一些情况；金光亿（首尔大学）带我参加了儒教祭祖仪式，并通过国际文化社安排了我对韩国的访问；我在日本的三个月期间，以及在香港期间，田边繁治（民族学博物馆）和露西娅·司徒－姚（Lucia Szeto Yiu）尽了出色的主人之谊；通过珠江三角洲的"菊城"小榄的人脉，萧凤霞（Helen Fung-Har Siu, 耶鲁大学）在中国事务上为我提供了极大的支持，她非常慷慨地带我参观了她的田野调查点，并向我介绍了香港和广东的花卉文化，我对中国当代状况的介绍在很大程度上是她的功劳，她本有权利作为合著者；在广东期间，广东省社会科学院的历史学教授叶显恩和中山大学历史学讲师刘志伟也陪同并协助了我们的考察；戴维·麦克马伦

（David McMullen）和乔·麦克德莫特（Joe MacDermott）在中国中古时期花卉史的文学方面提供了帮助；德博拉·斯沃洛（伦敦维多利亚和阿尔伯特博物馆）也提供了印度的参考文献；戴维·艾伦（David Allen, 社会科学研究理事会）让我接触了调查材料，并在书目文献上提供了协助；在剑桥大学，斯蒂芬·休-琼斯、吉尔伯特·刘易斯和斯蒂芬·莱文森（Stephen Levinson）则竭力避免让我展示出旧大陆的偏见。

我还记得与以下人士有过交谈：Ray Abrahams, Fred Adler, Jeanne Augustins, Pascale Baboulet, John Baines, Chris Bayly, John Aubrey, Maria Pia di Bella, George Bush, Brendan Bradshaw, David Brockenshaw, Peter Brooks, Elizabeth Colson, Elizabeth Copet-Rougier, Marie-Paul Ferry, Anthony Forge, Takeo Funabiki, Ariane Gastambide, Michelle Gilbert, Heather Glen, Aaron Gurevich, Colette de la Cour Grandmaison, Françoise Héritier-Augé, Alicia Holy, Christine Hugh-Jones, Sara d'Incal, Joseph Kandert, Junzo Kawada, John Kerrigan, Pratina Khilnani, Hilda Kuper, Stephen Lansing, Peggy McCracken, Malcolm McLeod, John Middleton, Birgit Müller, Rheinhold Müller, Gyoko Murakami, Sue Naquin, Colette Piault, Zdenka Polednová, Elaine Scarry, Regina Schulte, Michaela Settis, Monika Zweite-Steinhausen, Amrit Srinivasan, Lucia Szeto, Francine Thérondel, Douglas Tsui, Dan Sperber 以及 Ruth Watt。给我寄过印刷品或信件的有格里特·克肖（Griet

Kersaw)、贝弗利·西顿和罗伊·维克里（Roy Vickery）。埃莉·阿普特（Ellie Apter）给我找到了一本书；埃丝特·古迪多次忍受了前往墓地的考察。玛丽·古迪（Mary Goody）帮我拍摄了伦敦花店和花市的照片；同样提供照片的还有：在万圣节拍摄剑桥公墓的约翰·索耶（John Sawyer），同样在万圣节期间拍摄了博洛尼亚周边公墓的克劳迪奥·波皮（Claudio Poppi），圣迭戈的迈克·科尔和索尼娅·科尔（Mike and Sonia Cole），魁北克的博古米尔·耶夫谢维茨基（Bogumil Jewsiewicki），洛杉矶的帕姆·布莱克韦尔，以及纽黑文的萧凤霞。像往常一样，我要再次感谢艾哈迈达巴德的阿莎·萨拉拜和苏赫里德·萨拉拜（Suhrid Sarabhai），那里的鲜花始终令人难忘。我还要感谢洛卡米特拉（Lokamitra）在佛教方面的教导；感谢住在浦那（Puna）的儿媳兰贾娜（Ranjana），她为花朵的应用提供了更为世俗的例子。

　　我在以下机构做过书目方面的工作：巴黎的法国国家图书馆和人类科学馆（Maison des Sciences de l'Homme），耶鲁的斯特林图书馆，斯坦福的格林图书馆（Green Library），哈佛的威德纳图书馆（Widener Library），史密森尼图书馆（Smithsonian Libraries）（以及美国国会图书馆），芝加哥的纽伯里图书馆（Newberry Library），柏林高等研究院（Wissenschaftskolleg zu Berlin）；更大量的书目工作则在盖蒂艺术与人文历史中心图书馆（Library of Getty Center for the History of Art and Humanities，通过从加利福尼亚大学洛杉矶分校图书馆的馆际互借）和剑桥大学图书馆完成。有些图书馆提供的帮助不大，而且我一直觉得应该

让它们为众人所知，以便鼓励其工作人员和管理层采取对读者更
加友好的行事方式。但我最终被人说服，这次先不要点名。

我要感谢法国民族学中心的若斯利娜·沙马拉（Josselyne Chamarat）为我提供她有关法国花卉的参考资料；也要间接感谢 A. 德卡尔·史密斯（A. de Carle Smith），她在诺维奇博物馆（Norwich Museum）以"绘画中的花卉"为题收藏了 26 卷抄本（谢谢简·西斯尔韦特［Jane Thistlewaite］，是她让我注意到这些抄本）。

我一如既往地感谢帕特里夏·威廉斯（Patricia Williams）和剑桥大学出版社的理查德·费希尔（Richard Fisher）对于全书初稿提供了总体性意见。以下人士审读了本书各章的不同版本的初稿：第一章，Anthony Forge, Stephen Hugh-Jones, Christine Hugh-Jones, Gilbert Fewis, Cesare Poppi；第二章，Dick Whittaker（及第三章），Salvatore Settis, Graeme Clark（及第三章）；第三章，Aaron Gurevich；第四章，Ziba Mir-Hoseini；第五章和第七章，Richard Beadle；第六章和第七章，Peter Burke；第十章，Martine Segalen, Pascale Baboulet；第十一章，Asha Sarabhai, Chris Bayly, André Béteille, Lokamitra；第十二章和第十三章，Helen Siu, Joe MacDermott, David McMullen, Francesca Bray。基思·哈特（Keith Hart）勇敢地读过了全稿。

对于剑桥大学出版社的文字处理工作，我要感谢 Antonia Fovelace, Dafna Capobianco, Janet Reynolds, Andrew Serjent, Jaya Pankhurst, Sue Kemsley, Hamish Park 和 Samata。在圣莫尼卡时为我提供大量帮助的人包括：Bill Young, Neil Hathaway, Brigitte Buethner, 特别是 Julie Deichmann。谢谢他们。我必须

感谢奥利弗·摩尔（Oliver Moore）检查了中文的拉丁转写。我要感谢露丝·丹尼尔（Ruth Daniel）所做的清样审订工作，还要感谢苏·凯姆斯利（Sue Kemsley）做了很多检查。

与之前写作有关烹饪的著作 * 时一样，我在花卉种植方面的实践技能微不足道。我所获得的仅有的经验知识并非来自书本，也非来自观察，而是来自家人，包括我的母亲莉莲·兰金·古迪（Lilian Rankine Goody），特别是我的妻子埃丝特·纽科姆·古迪和我的女儿雷切尔·米德·古迪（Rachel Mead Goody）。

从上面的致谢中能够看出一个事实：与大多数此类工作一样，本书在许多方面也是掠夺性的，依赖的是那些女性比男性掌握得更牢靠的知识。但我开始这样的探究，并不仅是为了汲汲于名利，以提升男性的自我价值感，也是为了理解我作为"人类观察者"的经验（我在这里使用了拿破仑时代成立的一个法国人类学家协会的名称）；与此同时，我还努力想帮助人们一面理解南北之间的异同，一面理解东西之间的异同。但归根结底，我很享受这项事业，它让我见识了一些有趣的地方和一些友好的人，在学术圈的范围里通常不太能接触得到。这要归功于本书主题的一大优点——在非洲以外的几乎任何地方，无论知识丰富与否，人们都非常愿意谈论花朵。在这个主题上，我不会说"我的朋友们帮了我一点儿忙"，因为他们帮了我的大忙。

---

* 　指 *Cooking, Cuisine and Class: A Study in Comparative Sociology*。中文版信息：［英］杰克·古迪著，王荣欣、沈南山译：《烹饪、菜肴与阶级：一项比较社会学的研究》，浙江大学出版社 2010 年版。

　　　　　　　　　　　　　　鲜花人类学

插图说明

本书出版方希望对以下提供了插图的机构表示感谢。出版社已尽力去获得复制插图的许可，因此对以下出具了正式授权的机构谨致谢意。

大英博物馆（British Museum）；大英图书馆（British Library）；托普卡珀皇宫博物馆（Topkapy Seray Museum）；维罗纳市立博物馆（Musei Civici di Verona）；剑桥大学考古人类学博物馆（Museum of Archaeology and Anthropology, University of Cambridge）；牛津大学出版社（Oxford University Press）；维也纳的奥地利国家图书馆（Österreichische Nationalbibliothek, Vienna）；马德里的普拉多国家博物馆（Museo Nacional del Prado, Madrid）；旧金山的德扬博物馆（M. H. de Jong Museum, San Francisco）；德累斯顿国家艺术收藏馆（Staatliche Kunstsammlungen, Dresden）；巴黎的民间艺术与传统国家博物馆（Musée National des Arts et Traditions Populaires, Paris）；法国国家图书馆（Bibliothèque Nationale, Paris）；维多利亚和阿尔伯特博物馆（Victoria and Albert Museum）；卢加诺的蒂森-博内米萨收藏馆（Thyssen-Bornemisza Collection, Lugano）；剑桥大学图书馆（Cambridge University Library）；纽约大都会艺

术博物馆（Metropolitan Museum of Art, New York）；剑桥大学圣约翰学院（St John's College, Cambridge）；以及剑桥大学菲茨威廉博物馆（Fitziwilliam Museum, Cambridge）馆长西蒙·杰维斯（Simon Jervis）。

出版方已尽力去联系著作权所有者，如有无意侵犯之处，敬请告知。

术语说明

在日常生活和学术用语中，"文化"（culture）这个词有多种多样的用法，大都用得不合适。我把这个术语用作路标，指向通往人类表演舞台的道路；这些表演大部分都是社会表演，但我绝不反对一些人竭力想从社会史、人类学或社会学中再划出一类文化表演的尝试。我在讲到"功利式"（utilitarian）和"审美式"（aesthetic）园艺时，也遵循了类似的思路。我说花卉种植是审美式园艺，因为虽然花卉可供药用、食用或制作香水，但它们首先是献神的祭品。我不会为这些用法做什么辩解；我很清楚，大概只有创造新词，才能把我的意思表达出来。虽然总的来说，我用"（形象）呈现"（representations）这个术语表示了许多意义，但主要指的是词语（意象）和视觉景象（图像）；对于"圣像"（icon）这个词，我尽力只用它来指那些以某种方式受到重视或标记（marked）的图像，这是一种普遍的宗教现象。

第一章　非洲没有花吗？

花文化是普世的吗？是否有某种对自然界的兴趣，在所有人类社会中都能发现以某种方式存在，而花文化是它的一部分？我本来也像其他很多人一样，想当然地以为花朵对人的吸引在全世界都存在，差不多是个生物学层次上的机制。花色、花香、花蜜和花形，不仅在植物的生殖中起着突出作用，而且似乎也像吸引动物一样吸引人类，与冠蓝鸦（blue jay）和红腹锦鸡（golden pheasant）的绚丽羽毛或是锦鲤和热带鱼的鲜艳鱼鳞非常相似。人类对花朵和羽毛的应用，与他们收集和制作彩色物品的爱好之间似乎有共通之处；就此而言，羽毛有一个优点——它们的耐久程度，只有假花能与之媲美。对于花的意义，文化人类学家也可能会提出虽然与此不同却仍然是普遍主义的假设，比如他可能赞同布隆代尔（Blondel）一个世纪以前在花环研究中提出的观点，把花与女性特质联系在一起，并断言："把花编织成花环和花冠，或者把花集合为花束，能让所有人从中感到愉悦。"[1]菲利普·奈特（Philip Knight）在阐述花朵对法国诗歌的影响时，也写到这种连续不断的、互文的"花朵崇拜"（culte des fleurs）在19世纪被精心发展为"一种新的花修辞"。[2] 按照这种观点，人人对花朵都有不同用法，这就是文化。但花文化本身却是普世的。

与此同时，也有一些报告详细记述了外来物种的成功引入、花园的普及、植物育种的发展和新品种的大量涌现，而把人们对花与日俱增的兴趣强调为西方崛起、欧洲扩张的一个方面。[3]

在人类对待自然界本身态度的文化史中，也始终有类似的二重性。有些人将之处理成伴随城市社会成长而生发的一种关注；我们正在毁灭的自然，是要用浪漫主义方式深切思考并从中获得启发的事物。另一些人则把这种现代态度的出现追溯到文艺复兴时期。然而与此不同，还有一派学者论证说，作为狩猎者的男性和作为采集者的女性，虽然对自然的兴趣呈现为较不明显的形式，但已经都在关注资源保护，并通过与他们周边世界的神秘交流，而早已预示了人类后来针对环境的很多态度。

这里有个历史分期的问题，一个连续和断裂的问题，归根结底是个如何定义的问题。定义是最麻烦的事。一位作者在他有关中国盆景的书中写道，像"热爱观赏自然"之类泛泛概括的行为，"在太多的文明中都存在，本身无法称为一种特色"。[4] 含糊的词语用法，让人们难以支持任何对连续和断裂的评价。在一般的层次上，大部分事情是连续的；在较为特殊的层次上，会有差异存在，其中一些可以从历史变迁的角度看待。仅就花卉这个特殊议题而言，它们是自然的一部分，也是社会的自然观中的一部分，因此给了我们更好的机会去处理那些在一般的层次上不太容易处理的问题。这是因为花卉也是文化的一部分：首先，它们被人类引种栽

鲜花人类学

培；其次，它们在社会生活中应用广泛，人们不仅将其用于装饰、医药和烹饪，还会利用其香气；但更重要的是，它们可以让人们建立、维持以至终结他们与死者和生者、神灵和凡人之间的关系。

很明显，随着时间推移，花文化发生了重大变化，对此产生影响的有植物学的发展、书面知识和文献的应用、闲暇的本质、复制的技艺、生产的模式和一些更紧迫的问题。然而，花文化中也有连续之处，源自人类境况本身，可以概括成一般性的规律，但又并非总有这样的一般性。尽力把这些不同的方面梳理清楚，是十分重要的。这样的一种探究，通过把人类对待自然的态度与更宽泛的社会变革联系起来，有助于让这个态度问题表现得更为具体化。因为对于花这个议题来说，我们一直都在同时探究驯化花卉与野花，同时探究图像或形象呈现与"现实"（也就是所呈现之物）；换句话说，也就是同时探究物体本身以及人们在更广泛的一套实践和信仰影响下对这些物体的应用。

体现特殊变化和态度差异的证据，必须在广泛的历史和地理情境中评估，特别是如果有极微弱的证据表明，我们所探究的东西是所谓"西方独特性"的一个方面的时候。换句话说，我所做的论述必须将重点放在东方和西方的知识和实践体系的比较上（特别是在文艺复兴时代），以及二者在现代世界发展中的相对定位上。当我开始重新思考这个问题的时候，警惕自己不要对某种普遍主义的东西做出不恰当的假设，就显得十分重要。另一方面，很多人又掉进了另一个在欧洲学者中间普遍存在的陷阱，就是过于关注欧洲的现代成就，特别是英格兰的现代成就，并把它们与亚

3 欧大陆发展的更广阔的情境割裂开来，这要么是出于"实践上的"种族中心主义，要么是出于"理论上的"有关现代化进程的观念。他们由此易于忽略欧洲早前的落后状况的影响，以及东方和近东对西方以至全世界的花文化所做的巨大贡献的影响。我自己采取的进路试图通过指出相似和差异背后的因素，把西方和东方以至北方亚欧（Eurasian North）和南方非洲（African South）之间的差距加以"合理化"，同时也缩小这些差距。在某些方面，我的论述虽然似乎被一大堆有关各种花卉的细节论述搅得不甚清晰，但代表了重新思考西方独特性问题的一种范式；在研究作为一个整体一齐发展的资本主义、知识和现代生活时，这个问题正是如此众多的研究进路的基础。我之所以要进行这样一场"环球之旅"（*tour du monde*），除了因为这个过程令人愉悦之外，便完全是因为它可以为历史变迁和足够的比较提供应有的情境。

花是……

在继续考察上面这个引发了我的探究的问题之前，我们不妨先看一下花是什么。对这个疑问，每个社会都各有其回答，但在我已经了解或熟悉的语言中，都有某种概念，可以合理地视为与英语中 flower 这个用语对应（这与"自然"和"文化"两词的广义概念是不一样的）。然而，我首先要关注的是旁观者的参照系，而非纯粹的当局者参照系，是客位的参照系而非主位的参照系，所以我先要查阅《大英百科全书》（*Encyclopaedia Britannica*），其中把 flower 定义为"常用于表示植物的花（bloom 或 blossom）的用语，并加以类推引申，指任何事物最美、最优质、最精致的部分或方面"。[5] 花是植物界中最高等的类群——有花植物（flowering plants）或叫显花植物（*Phanerogamia*）的特征，人们用这个名字指称由形态上多少呈叶状的器官构成的一种集合，与果实或种子的产生相关；这些能结种子的植物又分两类，即裸子植物（gymnosperms，意为"种子裸露"）和被子植物（angiosperms，意为"种子有覆盖"）。

从植物学的观点来看，花代表了植物生命的一种延续方法。早期植物对水环境有直接需求，其生殖靠的是受精过程。爬行动物时代在即将告终之时见证了被子植物的出现，这群有花植物"被包藏的种子"诞生于散布花粉的植物种类之中。被子植物不靠孢子繁衍，而是产生种子，可以为鸟兽和风所播散，从而为物种的扩散提供了更稳妥的方式。其生殖常依赖于花对其他物种的吸引，所依赖的特征有花色、气味、花蜜和花形，所有这些性状均已在白垩纪时发育出来。性，在花的存在中处于核心位置，当花出现在人类生活中时，性也扮演了突出的角色。与此同时，有性生殖的过程也为迅猛增长的动物种群提供了高营养密度的食物，从而提供了它们所需的能量；花蜜和花粉可以供应给昆虫，果实可以吸引大型动物，种子本身所含的成分则滋养了植物幼苗。蜂类与花朵一起繁盛。因此，是最广义的"野花"的出现，为陆生哺乳动物的优势地位铺平了道路，也决定了人类自身的出现。

上面讲了花的很多学术意义，但并非它的常见意义。现在我们来探索一下花在英语中的意义范围（我们会在后文考察它在东方语言中的意义范围）。对今天的西欧人来说，花主要意味着"装饰性的花"。假如你对花文化感兴趣，那么你谈论的将是玫瑰*、芍药和水仙，或者花园。就算是 19 世纪的英格兰乡下，花园也是与菜园有分别的。菜园当然也会开花，也有它们自己的花，但这些花不过是蔬菜和水果的前身，是生殖目的、消费品和食物的前身，它们并不像花园里的花那样，其本身就是目的。在"英格兰花园"之类表述中，花园（garden）这个单词往往暗示了村舍园艺中装饰性而非生产性的一面。花园的花是供展示的；菜园却往往隐藏在乡间房舍以围墙圈起的土地之后，在市郊住宅中屈居草坪的边角处，在公寓中干脆没有任何空间。蔬菜的竞争性展示是在其他地方体现的；这常常构成工人阶级文化的一部分，或是作为慈善义卖或乡村教堂的收获庆典的一部分。另一方面，花却要在前院（及后院）和室内展示，要在城市花园和乡村房舍中公开展示，其竞争性则体现在上层阶级的活动中，比如由英国王室正式宣布开幕的切尔西花展（Chelsea Flower Show）。

人们所珍视的不仅是花本身，还有花在花园中和室内与其他事物的结合。菜园的布局在很大程度上是"功能式"的，花园却是"审美式"的。虽然水果也可以在室内构成展示的主题，但是蔬菜却很少有这个功能。插花（flower arranging）则是一种艺术，是把花排

---

* 在植物中文名中，月季是月季花（*Rosa chinensis*）及含有其种质的栽培品种的通称，玫瑰特指原产东亚的 *R. rugosa* 这个种，蔷薇则是蔷薇属其他种和品种的通称；但在文艺领域和大众用语中，英文 rose 一词（以及其他西方语言中的对应词）通译为"玫瑰"。本书遵从文艺领域的惯例，当 rose 一词指这类花卉的花朵及其形象呈现时，译为"玫瑰"；仅在该词指植物本身时，根据具体情况分别译为"月季"或"蔷薇"。

列在专门制作的容器中，让花材的形状、颜色和高度之间彼此对比映衬，并让这种式样与安放它们的房间、大厅或教堂关联起来。

在东亚，可以见到这种食用（或生殖）与装饰、"功能"与"审美"相互分离的极端情况。在东亚，很多果树（比如樱树）专门用来赏花，而不是为了收获果实。[6]在中国，尤其是在日本，每到一年中这些果树以及其他植物盛花的绚烂时刻，人们就会外出旅行，建造观景台，安排野餐，去"观看"它们（即赏花）。

对花的喜爱胜过对果实的喜爱这一观念，也带来了很多欧洲人体会过的那种不安——折断果树正在开花的枝条，无异于让新生命流产。一方面是爱美，一方面是对炫耀性浪费的批判，折取花枝带来的这种矛盾心理，在这些高度发达的花文化中常常表现为一种或隐晦或显著的特征。

作为萌芽和前身，花是事物的"本质、精华"（the essence）；在英语中，此义是这个词的核心意义之一，正如法语的"花"（fleur）一词也有这样的核心意义（*la quintessence*）。因此，硫黄的"flowers"或 *les fleurs*——硫华——就是这种矿物的精华。碾磨过的小麦的"flower"也是它的精华，因此叫作 flour（面粉）；英语中由此出现了 flower 和 flour 这个同源词对（doublet），二者发音相同，仅在书面形式上有别。究其词源，中世纪法语中就有了 *flour de farine* 这个表述，指小麦细粉，而在现代法语中仍然可以见到 *fleur de farine* 这个说法，它们又都来自拉丁语 *flos farina*（麦粉之华），表达的都是同一品类中"最好""最精细"者之类意思。

不仅如此，在拉丁语和法语中，"花"这个词除了有"本质、

5

精华"之义外，还常常表示"表面"（比如 *fleur d'eau*，意为"水华"），类似于英语中的 bloom 一词，所以法语 *fleur* 又有"葡萄和桃子表面的霜或茸毛"（*le velouté, le duvet du raisin, d'une pêche*）之义。这背后的逻辑在于，花是生殖器官，为此目的而有花色和花香，这样一来，所展示出来的外观正是生殖的方式。表面同时也是本质；或者说，因为花会结出果实和种子（通过切萨尔皮诺［Cesalpino］等文艺复兴时期植物学家的工作，它们成为后世植物分类所依据的基础），于是表面也会变成本质。[7]

可能正是因为花与繁殖之间的关联，复数的"flowers"一词又可以指女性的月经活动。但给处女"开苞"（deflowering，也就是通过性插入使其处女膜破裂）的说法却又更多地与摘花的意象关联，也就是除去了她（作为处女）的"本质"，让她"绽放"而成为成熟女人。她当然还可以像花一样"完全成熟"（full-blown）、"过度成熟"（over-blown）甚至"邋里邋遢"（blowzy 或 blousy）；后一个词可能也来自动词 to blow（意为"开花"），比如莎士比亚剧作中就有台词"我知道野百里香开在水滩"*《仲夏夜之梦》，Ⅱ.i.249）。这个动词又派生出名词 blowing（意同 bloom）和blowen，可能还有 blowze，后两词都是"妓女"之意。[8]

在花这个例子中，英语又一次同时从罗曼语言和日耳曼语言汲取了语词：flower 来自法语，而 bloom 和 blossom 来自日耳曼语词根。在古英语中，blossom 是在 bloom 一词从古北欧语（Old

---

* 本书中莎士比亚作品的中译文均引自朱生豪译本，在必要时有改动。

Norse）借入、flower 从法语借入之前所用的词。尽管这三个词的意义有很大程度的重叠，但它们的并存却使每个词同时也都有了微妙的语义差别。与另两个词不同，flower 可以用于指称整个植株。Bloom 指精巧的花，以及葡萄皮上的粉霜；这是一种表面现象。而按照约翰逊（Johnson）博士的说法，blossoms 通常指的是那些"本身不重要，但可以作为后继某种结果的预兆"的花。

给你培植的却是一株不成材的树木，

开不出一朵花（a blossom）来酬答你的殷勤。

——莎士比亚《皆大欢喜》，Ⅱ.iii.64

不过，虽然樱花是 blossom，水仙花是 bloom，但前一个词现在也变得主要用来指与树木（不管能不能结果）和开花的高大植物有关的又大又稠密的花。但不管哪种情况，它在当前用法中基本都只有装饰性、审美式的意义，不光在城镇里是这样，在乡下也是这样。

巴厘岛的丰富

在对这番考察的一般语境做了大致勾勒之后，现在我要转而介绍一个特别的案例，正是这一案例让花文化这个论题引起了我的注意，让我生发了有关非洲花卉的疑问。乌布德（Ubud）是巴厘岛的一个镇子，昔日为藩王之都，今日为艺术之镇；它坐落在巴厘岛的群山中，从国际机场驱车两小时可达。我到达的时候，那里的众多寺庙中有一座正在举办节日庆典。这件事本身没什么稀奇。这些寺庙庆典有庄严的舞蹈，甘美兰（gamelan）音乐，以及由《摩诃婆罗多》（Māhābhārata）和《罗摩衍那》（Rāmāyaṇa）改编、一直演到深更半夜的巴厘皮影戏（wayang kulit），它们似乎一场接着一场，像流水般连续不断；与此同时，当地人栽莳、照管和收获水稻的农活也呈现为连续不断的面貌，既不分季节，也没有事先设定的播种和采收时间。这是因为人们造出了极为精细复杂的渠道系统，把灌溉用水从山上引到海滨。有时渠道经行木制的小渡槽，跨越道路上方，有时渠道又在热带景观的山谷之中蜿蜒而下，形成壮观的景象，最终都把时丰时枯但长流不断的水源引下来，通过人类的卓越管理，一路灌注给不计其数的小块稻田。[9]

我那次去巴厘岛做短暂访问，是为了能对这个岛获得一番基本的认识。此前，已经有那么多人类学家在这里工作过，玛格丽特·米德（Margeret Mead）、简·贝洛（Jane Belo）、克利福德（Clifford）和希尔德雷德·格尔茨（Hildred Geertz）都在其列；我还要特别举出格雷戈里·贝特森（Gregory Bateson），他家祖孙三代都是剑桥大学同一个学院的学生，而我本人也一直在这个学院工作。这些学者的研究，让我得以做出较为充分的准备，去理解我所见的情景。[10] 贝特森和米德都曾在科林·麦克菲（Colin McPhee）的住宅里住过，当我朝着这栋房子的废墟走去时，在路边正好遇到一场斗鸡比赛。[11] 民族志学者通过他们的视角以及文字记录研究对象的面部表情和身体运动。整个气氛确实如他们所说，十分戏剧化。然而，我很快就发现，我的理解缺少了一个重要的维度。

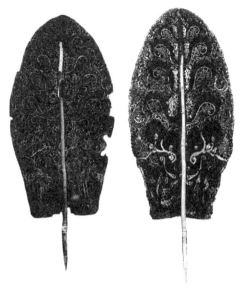

图 1.1　生命之树，巴厘皮影戏道具之一，与伊甸园之树有关。
（剑桥大学考古人类学博物馆）

　　这个问题部分要归咎于我自己。我本来应该更深入地研究学术文献和文字记录，而不是如此依赖那些兴趣和能力主要在口语领域的学者。我本来应该记起贝洛的评论——"描写巴厘岛……与描写原始社会并不相像"。[12] 我本来还应该记得格尔茨的重要著作《爪哇宗教》（*The Religion of Java*），该书分析了爪哇岛如何在伊斯兰教的框架内保持了当地宗教系统的许多早期特征。由于忽略了这些资料，我便对巴厘岛的图像艺术的发达程度以及它们与印度的明显关联感到惊讶，也对与文字模式和口头模式相关联的语言复杂性水平感到惊讶——我的意思是说，巴厘艺术在今天和过去都在引用古老的印度教和佛教经典，是对"另一种文明"的图像式改编；我还在音乐上、戏剧上、视觉呈现上都惊讶于寺庙仪式的精美，最令我惊讶之处则是巴厘文化整体的"奢华性"，还有当地农业的高产和发达程度，不仅胜过我曾经生活过的非洲稀树草原地区，即使把它与我家乡东盎格利亚的麦田相比也并不逊色。

为了这场寺庙庆典，妇女们要花费好些钟头，用煮米糕、水果和花朵来制作五颜六色的祭品；所有这些素食祭品都在一个大平盘上摆成精致的高塔状，由这些妇女顶在头上，从住宅搬到寺庙（见彩色图版I.1）。举行献祭仪式时，则是祭司（一位婆罗门）把祭品献上；根据贝洛的记述，他会在耳朵后面插一朵花，作为向神供献的标志。[13] 祭品放下的时候，他会向神念诵祈祷词；神的周围香烟缭绕，摆有鲜花——最具代表性的是万寿菊（marigold）——可以把祷词传送给神灵。[14] 我在乌布德参加的这场仪典上，在寺庙前殿如云的妇女们先是接受了水面轻轻浮动着花瓣的圣水（tirta）的拂洒，获得祝福；然后她们又把自己拿着的鲜花花瓣摘下来，先后三次投向祭坛的方向，一次祭梵天，一次祭毗湿奴，一次祭湿婆。

这种食物祭品叫作 mbantĕn；与之相当的是格尔茨所描述的爪哇岛的 slametan，即"社群盛宴"（communal feast），[15] 可用于"庆祝几乎所有的好事，改善或弥补几乎所有的坏事"。宴会上总会有熏香和特别的食物，其中包括染成多色、塑成各样的米制品。献给 mBah Buda（佛祖）神位的一场简单的 slametan 也要用到食品、熏香和鲜花；[16] 神位管理者收下食品，焚爇熏香，并把鲜花放在印度教象神犍尼萨（Ganesh）的头上。[17] 然后，他从神位上收集起一些之前供奉的花，把它们打成小包，发给所有购买这祭品的人，好让这些参与仪式的人带回家，兑在水里饮下。用于祭献的米制品和鲜花在集市上都能买到；而据格尔茨的记述，在参加葬礼的预算中，平均有15卢比花在鲜花上，是购买食物祭品的花销的四分之一；作为礼拜的一部分，它们进入了市场交易。此外，逢父母去世周年之际，人们也要把鲜花摆在他们的坟墓上。[18]

在庆生仪典上，这些祭品更为复杂，其中巨大的米糕塔也更高；[19] 而在结婚庆典中，鲜花则更为突出。在真正的婚礼之前，新娘坐在仪典用的洞房前面，她的母亲则要表演埋葬"怒放的鲜花"（kembang majang）的仪式。这是一株巨大的组装植物，以菜蕉树干为茎，以多种树木带锯齿边缘的叶片为"花"；"花"包在绿色的椰编中，象征着新娘新郎的贞操。此外还要用到其他很多花朵。传统婚礼要求新娘穿成公主的样子，用鲜花装饰她的黑色上衣，她要让三条银制的或鲜花编成的项链垂在身前。新郎同样也要在身上装饰鲜花，腰带上还要扎一把饰满鲜花的巨大波状刃短剑（kris），有意用来象征阴茎。[20] 新娘要用鲜花水洗新郎的脚，表明她对他怀有敬意。在整个东方世界，人们都广泛用鲜花来为水赋予芳香，这种鲜花水之后便可以用来提神或激发食欲。鲜花也用来装饰少女舞者的头发，有时与金属做的头冠甚至金属花搭配使用（图1.2）。[21] 不过，除了个人装饰以及在仪典中的功用之外，花朵在印度教、佛教以至一些伊斯兰教的艺术中也扮演着重要角色；

人们还会把花瓣撒在装有水的碗中，以装饰住宅和寺庙。[22] 通过这些形形色色的方式，人们把花朵用于"打扮新娘"，用于葬礼，也用在寺庙和住宅中，东方花文化也便因此与同时代的西方有了很多相似之处。

在巴厘岛，尽管所用的很多花卉在亚洲热带就有野生，但人们并不会去田野和森林中采集各色野花，作为献给神灵的祭品或送给男性的礼物。人们是把花卉种在住宅周边，然后献祭给神灵，在寺庙中的公共献祭是如此，对于家中的私人神位也是如此，而且是用于礼拜，并不像寺庙那样用于装饰。人们还把花卉植物种在一些小的田块中，这些田块大部分用于种植某些特种作物，其中有不少被我们称为芳香植物和香料——特别是香荚兰，作为一种爬藤作物十分显眼。这些花卉就像寺庙庆典上的音乐、舞蹈和戏剧一样，用来献给神灵，把他们引到尘世，为人间提供帮助。鸡蛋花（*Plumeria acutifolia*）*和素馨**是仪式祭品特别需要的两种花，小孩子们会采集鲜花，在早晨售卖。在山区，万寿菊也有商业化种植，以其鲜艳的花色、健壮的习性和持久的新鲜状态而受人喜爱。每天上午都有人一车车地把它们拉下来售卖，这与印度的集市非常相像。

---

* 本书中的植物学名，与现行的接受名常有不同。比如鸡蛋花，现在视为红鸡蛋花的品种，学名为 *Plumeria rubra* 'Acutifolia'。后文中对这类情况不再一一说明。
** 在英文中，jasmine 是素馨属（*Jasminum*）植物的通称，包括素方花（*J. officinale*）、素馨（*J. grandiflorum*）、茉莉（*J. sambac*）等种。在原文没有明确指出是哪个种时，一概译为"素馨"。

图 1.2　头饰上装饰有鲜花的巴厘岛少女舞者。(Ramseyer 1977: 231)　10

为了这类目的而种植花卉，是印度文化的重要部分，而印度文化为印尼的宗教、仪式和形象体系提供了重要元素。我们的朋友比库拜·沙尔马（Bikubhai Sharma）就在英格兰的中部城镇莱斯特（Leicester）的自家花园里种植月季，专供家庭神庙之用。[23] 在中国、日本以及印度的乡村地区，可能还有欧洲的一些地方，也有同样的情况。[24] 供展示和闲坐的花园，以及供室内外装饰之用的花朵，主要由富人而非穷人享用，但是穷人也需要花朵，用来在宗教仪式中拜神；印度教徒如此，佛教徒更是如此。事实上，见于中国的所谓"印度莲花"（*Nelumbo nucifera*，即莲花），在西方有时候就称为"佛教莲花"。[25]

非洲的缺乏

印度尼西亚的见闻令我感到震撼，部分原因在于，虽然我曾经在亚洲其他地方待过多时，知道这里也和欧洲一样拥有自己的花文化，但我对印尼的景象实在太不熟悉了。然而，最让我震撼的却在于西非与此形成了极为鲜明的对比。我曾在西非参加过许多仪典，见到人们把各式生熟食物供在不计其数的神庙里，但他们却从不用花朵。也没有人见过住宅周边种着花卉，更不用说什么花田。我唯一一次见到栽培花卉，是在一种"传统"情境中；那是在贡贾（Gonja）地区的达蒙戈（Damongo），我在一位游历甚广的穆斯林商人的宅院中见到里面种有一棵开着蓝花的藤本植物。伊斯兰教当然有自己的花文化，至少在亚洲和地中海地区是如此，在东非也多少有一些。约翰·米德尔顿（John Middleton）观察到，位于东非滨海城市拉穆（Lamu）的斯瓦希里人（Swahili）会种植红月季和素馨。[26] 然而，他们的文化已经受到了伊斯兰教、印度和印尼的很大影响。人们用粉红色的波旁（Bourbon）月季的花瓣做成花束，与素馨一起缝在由罗勒（basil）叶做成的底座上。[27] 妇女们把这些花束佩戴在头发上或衣服上，或是放在枕头下面。拉穆的所有庭园都种有包括罗勒在内的芳草[*]，月季和素馨花瓣则从专门的种植者那里得到；这些种植者既把它们种在自家住宅的土地上，又种在城镇外面主要栽培椰树的小农场里。在马达加斯加北部和留尼汪（波旁月季正是来自其旧名波旁岛），也见有月季种植，在留尼汪已逸为野生。在这个伊斯兰教为主的地区，还有亲法的马约特（Mayotte）岛以及科摩罗，那里栽培的现代经济作物中有一种是依兰（ylang-ylang），其花出产的精油在法国香水工业中用作定香剂。[28] 在讲马尔加什语（Malagasy）的村庄中，玫瑰水（*marashi*）是当地灵魂崇拜所用的重要祭品；这个斯瓦希里语词若翻译出来，意为"玫瑰水；泛指香气"，而它在伊斯兰诗歌中有时意为学识和虔诚，是某种"圣洁馨香"（odour of sanctity）。气味在很多仪式上起着中心作用，人们通常会在一盘点着的熏香上祷告。芳香的气味（*haruf*）不仅来自玫瑰水和柠檬，还包括一些花朵和一些香料。

---

[*] 英文中的 herb 和 aromatic 两词指芳香植物制品时，本书译为"芳草"。之所以不用"香草"，是因为在植物学上，香草是报春花科珍珠菜属香草亚属（*Lysimachia* subg. *Idiophyton*）植物的通称，在大众用语中，香草又是香荚兰的别名，因此容易引发混淆。

尽管妇女在头上佩戴的是干花，人们仍然声称，这些花"是根据芳香而非花色或花形挑选的"。[29]

玫瑰水在阿拉伯世界和印度有广泛应用，在拉穆也有使用，既可以引来灵魂附身，又可以在婚礼那天喷洒在盛装打扮的新娘身上；民族志学者评论道："看到有人通过化妆发生了彻底的变化，成为一种性玩偶，而她正常的人格却在其中不复存在，这是十分奇特的事。"[30]亚洲的影响显而易见：不仅这些栽培品种本身来自亚洲（素馨来自印度，月季来自中国），而且无论是熏香、香水和化妆打扮中其他手法的运用，还是人们通过焚烧沉香和其他香木来取悦灵魂的做法，也都来自亚洲。甚至连东非一些不信伊斯兰教的民众也受到了影响，比如米德尔顿还告诉我，卢格巴拉人（Lugbara）的未婚少女去跳舞的时候会在头发上佩戴鸡蛋花或猩红色的凤凰木花等异域花朵；此前在20世纪50年代，她们除了遮住羞处的叶子、珠子和瘢痕，身上便一丝不挂。

然而总体来说，非洲民众并不种植驯化的花卉。他们也不会在礼拜、礼物交换或人体装饰中以显著到不可忽略的程度使用野花。考虑到我前面对礼拜的论述，这也可以理解，因为人们献给神灵的总是他们献给人类之物中最好的东西，比如面包和葡萄酒就是世俗生活和宗教生活共同的基础，至少在那种宗教所诞生的地域是如此。然而可能更令人意外的是，不管是驯化的花卉还是野花，花朵在图案设计和创意艺术中几乎都没有用处。当然，我并没有综览过非洲的全部图像艺术作品，但就我自己的经验来说，我几乎完全没见过这样的情况。[31] 在非洲雕塑中找不到任何例子；在贝宁青铜浮雕中有一些可能代表着某种花朵的装饰，在近一千年前传到撒哈拉以南非洲的摩尔人式或埃及式的黄铜器上也有类似的"抽象"图案。然而，这些来自伊斯兰传统的"玫瑰形饰"（rosette）显然代替了花朵本身的呈现，与其说这是花朵图像，不如说是对这类图案的拒斥。[32]

13

口头艺术又如何呢？在最古老的中国诗歌中提到了大量花草，花的象征意义也在不断发展；在印度、阿拉伯和欧洲文学中也是如此。那么在非洲口头艺术中，是否也有类似现象？[33] 同样，把非洲"文学"全部都浏览一过也是不可能的，哪怕只是口头传统里记录下来的一小部分，也是浩如烟海。我只能举一个重要的例子。多年以来，我一直在记录、转写和编辑非洲最长的口头文学之一，是由西非洛达加人（LoDagaa）的巴格雷（Bagre）社会所背诵的长篇"神话"；在我做的记录中，有两个版本已经出版，而我还在与合作者 S. W. D. K. 甘达赫（Gandah）整理其他更多的版本。[34] 在这些神话中，花朵基本没有或完全没有用途，当然，这里的花朵是欧洲人通常理解的概念。神话中对花朵只有一些浅尝辄止的提及，指出它们是作物的前身；对于这种观念，我很快会在后文中论述。正如非洲艺术中缺乏植物的视觉形象，与荷兰绘画的静物传统形成鲜明对比一样，口头文学中植物形象的贫乏，也与华兹华斯（Wordsworth）的《水仙》、克莱尔（Clair）的诗作截然对立，与波德莱尔（Baudelaire）的作品、莎士比亚通过发疯的欧菲莉亚（Ophelia）之口所营造的意象迥然不同，更不用说亚洲诗歌中对花卉的频频提及了。

在这种鲜明对比第一次让我大为震惊之后，我便咨询了其他的非洲学家，想看看他们的体会是否与我一致。我的法国同行给出了令人鼓舞的反馈。阿尔弗雷德·阿德勒（Alfred Adler）非常同意我的猜测，说这正是他研究的乍得蒙当人（Moundang）的情况。伊丽莎白·科佩-鲁吉耶（Elizabeth Copet-Rougier）在喀麦隆与恩卡卡人（Nkaka）一起工作时，也发现他们对花缺乏兴趣，她对此印象深刻；不仅如此，那里还有另一个可能会让人意外的特点，就是连热带森林里的野花都相当稀少。在加纳北部，凤凰木一旦盛放出大量艳红色的花朵，在茫茫绿海中就格外醒目，[35]然而就像热带稀树草原上的其他很多树木（比如杧果、柚木和印楝）一样，凤凰木显然也是由欧洲殖民者引栽的外来种。[36]切萨雷·波皮（Cesare Poppi）曾经在给我的信中表露了他前往加纳阿布里（Aburi）的植物园参观后的失望情绪；走在雨林之中，他"发现那里几乎没有花——或者不如说完全没有。……只有单调得令人发狂的深绿色前景、中景、背景和地平线——蝴蝶就是周边唯一的'花'"。稀树草原也一样，花朵寥寥无几，彼此间隔很远，基本上唯一能形成壮观景象的种类，就是一些开着硕大的白色或紫红色花朵的百合类植物，但也只是在雨季绽放很短的时间而已。花朵是不耐久的，"非洲的装饰意味着干燥材料"。在喀麦隆，今天人们应用的唯一花卉是孤挺花（amaryllis），但这也是某个"殖民者"进口的，而且它的叶和鳞茎都可入药。[37]与其他很多非洲人群一样，草木的重要部分是叶、茎皮和根；洛达加语中表示医

14

药（*tīi*）和神位（*tiib*）的两个词显然都与树（*tie*）同源，而从表示根的词又派生出指称"草药医"或"治疗者"的几个主要用语之一（*daanyigr*）。然而在当地人背诵的神话中，照例没有提到对花朵的任何利用，反倒是动物的用途，不时就有提及。[38]

在非洲，人们对香水——或者不如说是气味本身——也相对缺乏关注，这进一步强化了花卉的缺失；他们用于表达颜色的词汇也不多，这可能也是一个因素。我没有听说过原住民在仪式、神话以至个人装饰中使用香气的情况。当然，现在也有非洲国家进口香水，通常是比较浓郁的印度类型。[39] 在受伊斯兰教影响的地区，香水的应用要多得多。[40]

与香水和嗅觉的情况一样，非洲人显然并非不能识别颜色，但是如果我们从心理上的颜色用语来考察（他们只将颜色分为基本的三大类，即白，蓝／黑，红／褐），或是从颜色在纺织或绘画和染色中的视觉应用来考察，那么会发现他们对颜色的运用范围也很有限。[41] 西非人在纺织时用的主要染料是靛青（蓝／黑色）和红色（或者更准确地说是棕红色）；假如不用染料，织物则是白色，呈现出棉毛的天然色泽。而在他们为房屋和陶器上色时，基本上凡是我们可见的实例，也都跳不出这种十分有限的词汇和色调范围。

我还曾有机会与日本人类学家川田顺造（Junzo Kawada）讨论过花卉的问题，他在布基纳法索的滕科多戈（Tenkodogo）与莫西人（Mossi）一起工作。川田说，只要他就这个话题提出疑问，那位地方酋长就会感到意外；他因此得出结论，认为这位酋长和其他人的反应都表明，与人造物品不同，他们对自然之美普遍缺

15

乏兴趣。这种推论大概是不错的，不过我们在心中也应该牢记以下三点。首先，在艺术中，欧洲人对于这种美感的兴趣也不是"原生的"，而在很大程度上是文艺复兴的产物，尽管也有人声称这是对中世纪的再发现。[42] 其次，即使非洲人对自然之美真的缺乏兴趣，这显然也并不意味着他们对自然缺乏兴趣，因为无论是野生状态还是驯化状态，自然始终都是他们密切关注的对象。他们只不过对花朵不感兴趣，而这基本不会妨碍到非洲人及其劳作。显然，这种状况并不意味着他们没有发达的审美能力，只是在口语和造型艺术中，人们将兴趣集中在人和动物的身上，而对不那么有生气的自然兴味索然罢了。[43] 再次，我想在这里提出一个新观点，并将在后文详述之。可能滕科多戈的那位酋长在他的生活环境中会把对花朵的关注视为一种道德堕落，其他一些因为非洲不断遇到饥荒而殚精竭虑的人可能也有这种想法。只有搞不清轻重缓急的人，才会去留意花朵。

我已经说过，对非洲花卉所做的总体断言需要慎重斟酌。对于这一点，我想最好是援引"巴格雷神话"作为例子。巴格雷神话会在社群新成员的成人礼仪式的进行过程中唱颂。这些仪式在旱季期间可以持续几个月，其中各个阶段的举行时间是在几种食用作物成熟前后。这些农产品一开始禁止新人食用，直到举办了合适的仪典之后，禁令才会解除。针对食物禁忌的设置和解除既强调了这些农产品对整个社会的显著意义，又强调了长者、巴格雷神话本身以及与它相关的神灵的重要性。这些神灵都可以用这种方式控制人类的基本需求，正如他们也拥有决定人类生死本身的大权

（但最终只能承认自己的无能）一样。

第一场仪典的举行时间，由乳油木（shea-nut）*的果实成熟所
预示。乳油木是一种算得上野生的乔木，其种仁可出产乳木果油，
是当地人饮食中脂肪的主要来源，又可以做肥皂。乳油木的果实本
身在熟透的时候，也像海枣一般甘甜。神话讲述了一只果蝠发现了　16
成熟的乳油木果（tāān），然后开始取食。他的伴侣也想尝尝，但他
拒绝把果子给她，说既然她昨天晚上拒绝与他性交，那么他也不
会与她分享这甜果。后来在另一场仪典上，人们也讲述了一个类似
的故事，说的是一只雄性珠鸡和一只雌性珠鸡在争夺一朵豆子花，
在打斗中那朵花掉落在地。一位老人看到后，以为那是一枚用作
货币的宝贝壳（cowry shell），但他走到那里捡起来时，才发现是
白豆的花；与乳木果一样，白豆在一开始也禁止新人食用。神话
唱道：

> 曾有一天
>
> 那个老人
>
> 上床睡觉
>
> 放下皮包。
>
> 老人是个笨蛋
>
> 要去睡觉。
>
> 一只老公鸡

---

* 学名 *Vitellaria paradoxa*。本种在《中国植物志》上叫"牛油果"，但因为牛油果
　现已成为鳄梨的通称，故这里译作"乳油木"（商业名称之一，又称乳木果）。

和他的相好

这天夜里

打打闹闹。

她不想和他

一起睡觉。

第二天清早

公鸡醒来

到高粱地里

走走跑跑

然后看见

一朵豆花

就把它啄掉。

他那相好

匆匆跑来

对他说道：

"那是什么？

让我吃掉。"

他回答说：

"昨天晚上

你为什么

就是不答应

我的请求

和我睡觉？

鲜花人类学

现在又来找。"

两只珠鸡

又在打闹

发现老人

已经来到。

他手拿拐棍

看见白花

就把它一抛

一边叫道：

"喔，我的包

有个破洞。

我的宝贝钱

从破洞掉出

眼看要被

珠鸡吃掉。"

他［把棍子］一扔

捡起贝壳

这才发现

那是豆花。

他高声叫道："唉，

孩子们也会

这样犯错

这可不好。"[44]

所以，虽然洛达加人几乎不利用花朵，但他们确实拥有这个概念。然而，这种概念的本质非常重要。"花"很可能是大部分或所有语言中描述植物的术语之一。[45] 我最开始以为，洛达加语中的"花"（*puru*）一词与"打招呼"（*puoru*）一词同源，因此短语 *ben puru* 既是"豆子花"之意，又是"向豆子打招呼"之意；也就是说，花被视为一种萌芽，一种对果实即将到来的承诺。我现在对这一词源解释不再那么确定，但对于洛达加人来说，这背后的观念仍是对的；玉米的"开花"兆示着收获，标志着在这一地区的集市上跳"锄头舞"的时间已到。在学术意义上，这种观念在英语和其他欧洲语言中也存在。比如在意大利中部，人们很早就崇拜芙萝拉（Flora）女神，她最开始司管的就是谷物、葡萄和果树的开花，这是个重要的事实。只是在后来，她才在花"这个词的完整意义上"成为花神。[46] 对芙萝拉的崇拜最初与作物歉收有关，并得到了官方承认；在公元前240年，古罗马又以她的名字设立了花神节（Floralia），并从公元前173年开始年年庆祝。从历史上来看，英文中"花"这个词似乎一开始只表示对果实的一种承诺，本身并不是一种东西。

为什么？

认识到这些有关花的观念以及与其配套的应用方式之间的差异之后，自然就会产生第一个疑问。为什么花朵在非洲生活中如此无足轻重，在亚洲和欧洲却如此重要？这个问题与在此之前人们已经生发兴趣的烹饪和菜系的差异具有类似根源，事实上是非洲文化与亚欧大陆主要文明之间更广泛的一系列特征差异之一。非洲烹饪也呈现出差异很小的特点，事实上也不够精致，基本谈不上什么高级厨艺；从这个视角来看，非洲文化基本上是同质的，即使在那些由许多社会阶层构成的政权里也一样。欧洲和亚洲当然绝非如此，那里各阶层的饮食就像婚姻一样，习惯于形成自己的圈子，具有自己的菜谱、食材、烹饪方法、餐桌礼仪和社会仪式；每个阶层在消费体系中都占据一席之地，正如在生产体系中一样；各阶层在文化中也都占据一席之地，正如在社会中一样（虽然这种对举可能有些不太合适）。两个大陆之间这种广泛的差异，在我看来与社会制度的性质有关联，特别是与"阶级"之间的关系有关联。在非洲大部分地方，族群成员之间频繁通婚，因此并不会建立自己独特的亚文化，也不会让烹饪技艺向精深发展。我曾经论述，在以锄耕农业（hoe farming）为基础、缺乏青铜器时代很多主要发明的社会中，个人和族群之间的主要差异既不集中体现在生产资料的所有权上，甚至也不集中体现在那些牵涉进这一情况的人彼此之间的关系上。同样，除了穆斯林地区之外，文字的缺失也意味着通信方式基本不会造成什么分化。当然，人群内部总会有差异，比如奴隶与酋长就彼此不同，而基于性别或代际的差异也可以想象。然而，在游徙性的锄耕农业体系下，人们对土地的利用基本上是比较开放的，因为无论是所利用的土地面积、农作物产量还是人口密度都是有限的。不仅是数量，连农作物类型都是有限的，因为除了从北非传入的柑橘树外，人们不会栽培能开花的果树，而除了受伊斯兰教影响的地区外，人们也不会栽培驯化花卉。在其他地区，这种耕作系统让人们基本不会把精力放在发明或采纳新东西上；以游耕为主的农业让人们把精力主要放在更为基础的粮食作物上，基本没有时间为了种花而种花。

就非洲的情况来说，生态因素可能也从根本上影响了人们对花和香水（二者有密切关系）的兴趣。比起欧洲或非洲来，亚洲拥有的被子植物的种类要多得多，也因此有更多独特的气味。甚至就连那些生活在孟加拉湾安达曼群岛（Andaman Islands）等地方的狩猎-采集者群体，对野花也表现出更大兴趣。对于这些岛民，拉德克利夫-布朗（Radcliffe-Brown）写道，少女们长到青春期时，会获得一个外号，来自那个时候正在开花的草木。一年到头，这些植物会一种接一种连续开花，于是人们就通过正在开花的某种植物来描述不同的时节。所有选中用于这种用途的植物，其花都可以酿蜜。每种花朵都有特别气味，让蜂蜜也带上独特风味。[47] 在这些特别气味中，有些非常浓烈；当苹婆属（*Sterculia*）的某种植物开花时，"想要摆脱那种气味基本不可能"。[48] 但不管是清淡还是浓烈，这些气味都标志着一年中的特定时节。事实上，"他们的日历就是花香的日历"，在当地人看来，每种花的花期都有各自独特的繁衍力量，其气味就是这种力量的明显标志。[49]"如果一位少女长到青春期，原住民会认为她已经在同一种自然力的影响下……开过花"，所以她会得到那种花的名字，到她生育之后则不再使用。[50]

在很多前工业社会中，来自花朵的蜂蜜是甜味的主要来源，

　　　　　　　　　　　　　　鲜花人类学

蜂蜜之于味觉，就如同香水之于嗅觉。[51] 这二者都与花朵有密切关系。在没有驯化甘蔗可种的情况下，男性和女性都会花费大量力气去获得这种奢侈享受。今天，蔗糖是非洲和太平洋地区许多新国家的主要进口商品之一，正如18和19世纪的欧洲。[52] 无怪在安达曼群岛，正是作为甜味来源的各种蜂蜜的出现标志着季节交替。无论如何，花朵都是亚洲大陆地区的生态和社会景观中的突出特色。蜂蜜在非洲也是甜味的主要来源，但这里的蜜蜂野性更强。然而，因为野花在非洲不像在其他大洲那么常见，这可能不仅造成了驯化花卉的缺乏，连蜂蜜这种花卉可以带来的最低程度的应用也受到了影响。[53]

"材料"因素可能也影响到非洲和亚欧大陆在视觉艺术中应 20 用花卉时的巨大差异，因为媒介的性质存在重大差异，而这与文字的有无存在一定关系。非洲艺术正如我们通常所理解的那样，在很大程度上是雕刻艺术，其媒介有木头和黏土，在尼日利亚部分地区是青铜，还有少量石材。此外，在布料（贴花和刺绣）上有一些图案设计，还有一些瓜雕和浅浮雕。然而，除了狩猎者、采集者和一些牧民在洞穴和岩石上创作的绘画之外，非洲几乎没有形象绘画。[54] 雕塑和岩画艺术所表现的都是人和动物，而不是花草。在非洲古代的建筑或装饰情境中，我们基本见不到花朵的应用。图案绘制于泥墙而不是岩石表面之上，形式基本是抽象的，呈现形象的绘画或素描很少发展出来。而在其他文化的传统中，与花卉外观的表现有强烈关联的是画笔和书写笔在纸张、兽皮、棉布和帆布等扁平的便携式媒介上的运用，以及与书写相关的运动技能，虽然这种关联并非绝对。

尽管如此，我认为我提出的花文化问题在一定程度上仍然可以用来对非洲与亚欧大陆之间的差异做更广泛的论述。我不仅把这种论述用于烹饪，也用于其他更具核心意义的因素。在这方面，我专门写过《非洲的技术、传统和国家》(*Technology, Tradition and the State in Africa*, 1971)、《生产和繁衍》(*Production and Reproduction*, 1973)和《东方、古代和原始》(*The Oriental, the Ancient and the Primitive*, 1990)，还在更一般的层面上写过有关文字社会和无文字社会之间的广泛差异的论著。栽培花卉在根本上是先进农业以及园艺的产物，因此我们很难在简单的锄耕农业中发现它们，除非是在某些从毗邻的社会那里把花卉借来或引来的地方。这一普遍现象，与"阶级"、角色和文化体系的复杂性有关。然而，这个开放性的问题有两个方面，另一个方面是为什么连野花在非洲文化中也只能起到如此之小的功用。光是从生态上论证还不够，因为在很多游耕社会中，这种现象与非洲的现象并无不同。斯蒂芬·休－琼斯(Stephen Hugh-Jones)曾经写过南美洲亚马孙地区的巴拉萨纳人(Barasana)，他们周边的生态环境中显然生长着丰富的野花，然而——

> 巴拉萨纳人对野花完全不感兴趣，哪怕是那些美丽而奇异的兰花(他们称之为"猴子的催情剂")也一样；只有那些指示了季节、预示着将要结出果实的花才能入其法眼。他们偶尔也用(野生)花朵装饰身体，主要是扎在耳垂上穿的孔洞

里，或是像木匠夹铅笔一样夹戴在耳朵上。我也看过南美洲其他印第安人的照片，尤其是哥伦比亚乔科省的原住民（包括恩贝拉人［Embera］、诺阿纳马人［Noanama］、瓦乌南人［Waunan］以至库纳人［Cuna］），他们也在耳朵上佩戴鲜花。南美洲的大多数低地印第安人的住宅周围都有"厨房花园"，它们也被用作试验田，用来试种新栽培品种或是种植"巫术"植物等。一些植物之所以会被选中成为巫术植物，显然是因为它们有着悦人或刺鼻的气味；虽然其中一些植物的气味由其花而非叶散出，但这里的重点在于气味。其他巫术植物则有鲜艳的颜色和带花纹的叶子，特别是五彩芋属植物（Calladium），应用和栽培都比较广泛。在西方，五彩芋是常见室内观赏植物。巴拉萨纳人给我留下的印象是，通过五彩芋的应用，"巫术"和美学开始融合——他们之所以种植这些植物，部分原因在于它们具有（巫术）用途，同时看上去也漂亮。因此，这可以视为非功利式园艺的一种初始形式。

同样是在这些厨房花园里，巴拉萨纳人有时也会种植完全无用的花，由他们从当地传教士那里获得的插枝长成。新教和天主教的传教士都有一个特点（后者更甚），就是会开辟由修女照料、印第安劳力协助打理的花坛，并在其驻地周围摆放盆栽的花卉和观叶植物（其中也包括五彩芋）。我怀疑巴拉萨纳人之所以也会种植这些花，部分是因为他们在模仿传教士的做法。巴拉萨纳人在世纪之交的时候有一种弥赛亚崇拜，他们自己在有关这种崇拜的报告中还提到，仪式参加者会带着树木花朵做的花束参加集会，还有一首仪式歌曲也提到了这些花。虽然我还不清楚这当中的情况，但当地人说他们的祭坛就像天主教圣坛一样，因此我怀疑鲜花的应用又是在模仿天主教的做法（圣坛鲜花）。最后，虽然巴拉萨纳花园中种植的植物不是严格意义上的花卉，但这些花园并没有严格的功利式布局——他们把木薯种成相当随意的一片，却把古柯树种成齐整的行列，在花园中形成一种网格图案。在其他报告中，我还见过亚马孙地区的花园中这些精心设计的"象征式"布局的其他例子，特别是巴西的克林-阿克罗雷人（Kreen-Akrore）的花园。对这一地区的花卉应用来说，我认为上面所述实际上就是其全貌——简而言之，花朵在现实生活中并不重要，在神话、仪式等方面也不重要。[55]

休-琼斯所描述的这些情况——比如所采纳的花卉来自传教士花园——与我所熟悉的非洲地区基本没有不同。洛达加人甚至不会对彩叶做出一般性应用，在他们南边的贡贾人也是如此。然而，有一种可能性总是存在的，就是某些个人会在这片或那片叶子、这朵或那朵花上发现悦人的特性，比如药用特性或审美特性，从而能够让人在他们所在的社会中多少领略到这种类型的行为。

在西非南部的热带雨林中，阿散蒂（Asante）文化从艺术和材料的角度来看更为丰富。阿散蒂人应用了多种颜色，比如最早于18世纪20年代利用从沿岸进口的丝绸和棉布材料纺织而成的肯特布（kente）就是如此；[56]他们把这些织物拆散后再重新纺织在一

起，还以类似的办法用杂色珠子制成玻璃。[57]然而，除了偶尔制作 22
的刺绣外（贡贾人有时候绣出动物图案，其他族群则主要采用源于
伊斯兰文化的抽象图案），本地纺织的棉布很少装饰，仅呈现出织
线的颜色，而且从来不会像亚洲的棉布和丝绸那样画上或印上图
案。事实上，早在欧洲开始仿制之前，葡萄牙人就把印度棉布进口
到西非，称之为"花布"（*pintados*）；印度布料在西非之所以至今
仍广受欢迎，其中一个原因无疑在于其浓重斑斓的色彩，此外也
因为它们比较轻盈。但是，即使在任何印度风格的布料上总不可
避免会出现花朵，当地人留给我的总体印象是他们仍然更喜欢动
物和人物（包括政客的面孔）图案，而不是花朵图案。[58]

　　有一片阿散蒂墓地，位于村庄之外，其中种植着灌木，具有特
别的绿色和黄色的叶子，与葬礼表演中使用的布料的黄褐色相似。
与花不同，叶子在这一地区有许多用途。[59]在西非的"部落"族群
中，女性经常把树叶作为"衣物"，来遮掩自己的裸体。[60]在阿散
蒂王国，人们在普通场合穿着的"布料"首先是树皮，然后才是棉
布。但在葬礼上，人们的正常行为常常会被反其道而用之，于是寡
妇会戴上人类学家拉特雷（Rattray）称之为"花环"的装饰。制
作这种花环的植物是大花倒地铃（*Cardiospermum grandiflorum*），
在当地语言中叫 *asuani*，意为"眼泪"。寡妇把这种植物的爬藤拉
过肩膀，在另一只胳膊下交叠。[61]拉特雷还参加了两位早已逝去的
上层女性的第二次葬礼。在葬礼上，与逝者（*wirempefo*）的亲缘
关系甚远的那些男男女女也用这种藤本植物制作头冠，然后冲进村
庄，以一种疯狂而夸张的方式大喊大叫。[62]然而，尽管周边就是热

带森林，阿散蒂人也很依赖森林为他们提供草药和献神的祭品（二者之间有很强的相关性），但他们文化中的花卉部分却微乎其微。

新几内亚的情况则非如此。在那里，装饰艺术的使用所达到的高峰，在其他无文字的文化中可能无可匹敌。以人体装饰为例，许多非洲人也在仪典场合涂绘自己的身体。[63] 东南努巴人（Southeastern Nuba）使用 65 种呈现形象的图案，主要是动物，却绝无花草。[64] 在西非，精致的人体彩绘用得不多，但在葬礼上，人们常用白色来区分出逝者。[65] 在部落族群中，节日装饰主要是缝在皮革条带上的宝贝壳，或者也多少用一些通常由木头制成的面具，以及用织物做的服装。在日常生活中，男性通常在腰部或生殖器上蒙盖一层兽皮或树皮，女性则经常把皮革条带和树叶搭配使用。[6] 在非洲的国家社会全都采用了布料和纺织，有些社会还受到伊斯兰教影响，于是其成员日用的蔽体物成了罩衣、长袍或"布衣"，在庆祝节日时则会"盛装"，体现了有衣着的文化的一般情况。但在这些社会的传统装饰中，花朵仍然是明显缺失的。

然而，新几内亚在部分方面却是显著的例外。在低地地区，吉尔伯特·刘易斯（Gilbert Lewis）观察到人们"喜欢运用装饰（bilas），其中包括鲜花"。[67] 不过，这种应用通常比较随意，刘易斯将格瑙人（Gnau）对树木和花卉的兴趣做了比较，认为前者强烈，后者近乎冷淡，形成鲜明对比。[68] 新几内亚所应用的人体装饰非常精致，花卉在其中无疑起到了一定作用。虽然这里的居民在晚近的时期从事着相对简单的农业形式，其社会组织普遍较为平等，但情况可能并非一直如此。[69] 此外，新几内亚岛与印度尼西亚和波利尼西亚都属于同一个更大的太平洋地区，这里的花文化高度发达，展现了与南亚和东南亚的明显连续性。[70] 但除了这些要考虑的情况之外，我们提出的有关"先进"农业与栽培花卉的种植和应用之间关系的假说也是一个趋势性的因素。驯化花卉的人群是拥有先进农业体系的社会，而不是游耕社会；野生花卉仅以间接的方式对此产生影响。

回到非洲人对野花没什么兴趣的问题上来。正如我们所看到的，与其他大洲相比，非洲的野花种数似乎较少；与此同时，花朵的价值在于它的未来，而不是现在，在于它将要成为什么，而不在于它本身是什么；此外，植物界引发人类兴趣的部位主要是叶、根和树皮，这些都是树木的属性，而非花卉的属性。人们对花朵这种天造之物明显缺乏兴趣的现象并不唯一；在洛达加人中间，我对他们看待果实和羽毛的相似方式也深为惊异，这二者与花有着明显的相似性。[71] 人们对自然的兴趣似乎是反身的（reflexive）；对野花表现出强烈关注兴趣的人，往往是种植驯化花卉的人，这不仅是因为野花和驯化花卉之间存在相互作用，或是因为城市与乡村之间存在对立，而且因为野生植物是园艺植物的最根本来源。这种对立的观念又引出了另一种可能性——有没有人会暗中拒绝利用花卉，至少是拒绝利用花的呈现形象？我之所以提出这个问题，是因为我发现有证据表明，非洲的一些圣像就有这种情况。[72] 在欧洲，事实表明这更是个关键的问题，因为无论是花卉还是圣像，在历史上都曾经历过被故意弃之不理的时期，虽然以另外的方式违背了普遍性的观念，但同时也意味着这些社会中存在着类似的矛盾和犹豫。因为在早期欧洲、后来的清教徒和亚洲的一些人群中，花文化都出现了中断。这种拒斥在其他方面又与反对上帝造物的其他形象，尤其是造物主上帝自己的形象有关。在非洲，人们对于以物质形式表现非物质的做法看上去确实存在一定的犹疑；虽然一般认为这些社会中的主要信仰是拜物教，但这并没有对花文化产生影响。非洲没有发展奢侈文化的相同先决条件，也就谈不上对奢侈文化的拒绝。因为驯化花卉的种植和应用就像它们在艺术和文学、图像媒介和口语媒介中的呈现一样，都是"奢侈文化"和其后的消费者社会的"大众消费文化"的发展产物。这种对等级社会中花朵的应用情况的分析——通常只是民族志描述的形式——便是我的探究所要前往的方向。

本书目标

所有这些都意味着，通过与亚欧大陆的情况作对比，可以说明非洲的情况，反之亦然。在某种意义上，本书后面的章节都是在探讨亚欧大陆的花文化；我很抱歉因为篇幅的问题而在后文中省略了美洲原住民社会，但是墨西哥与亚马孙的对立似乎非常类似亚欧大陆和非洲的对立。墨西哥人对花朵运用极多，以至我们能发现被称为"肖切曼基"（Xochemanqui）的专门的花卉贸易者；还有人将他们广泛把花朵用于礼拜和赠授的行为与"墨西哥人的园艺天赋"联系在一起。[73] 我自己的探究采取两种形式：时间的和地理的。我会回到近东和地中海的古代世界，在青铜器时代的农业发展中确立这类文化的起源，然后考察希腊和罗马，寻找欧洲传统的开端。

在打量时间维度时，我尽力勾勒出花文化在漫长历史上渐趋精细的大致方式，以及主要作为宗教式或政治式"革命"运动的产物而发生的根本性变革。这些变革也利用了拥有奢侈文化的等级社会中已经存在的矛盾。这是因为花朵的缺失不仅源于我们在论述非洲的案例时所指出的那些理由，也可以是故意拒斥的结果。我试着概述花文化在欧洲是如何衰退，又是如何在实践、呈现以及科学和诗歌的话语中逐渐变得高度活跃的过程，特别是要考虑到欧洲后来被整合到了一个一度由它所主导的世界市场中，这是一个重要的背景情境。花文化发展的一个独特方面，是城市生活中切花的广泛应用，这在荷兰特别突出，但其他地方也多有体现，特别是在巴黎；这导致了"花语"文化不同寻常的发展，我认为它既是"专家系统"苦心经营的例子，又为"象征体系"在文学中的扩展提供了新视角。在这种情况下，花文化的研究有助于让我们理解那些有显著的文字成分的文化的本质。接下来的一章会考察这种"花语"在19世纪的美国所采取的方式，以及它是怎样适应于当地情况，对清教主义的英格兰文化这样的在过去经常不重视花朵作用的文化又施加了什么影响。如今，花朵在美国应用远比过去广泛得多，但并不像在欧洲那样有"象征性"。就欧洲的象征性而言，我会给出大体描述，但也尽力把时间和社会等级的维度纳入考量，这可以修正那些把文化当成始终不随时间和空间变化的单一事物的观念。

在打量地理维度时，我的目的是阐述亚欧大陆的主要社会之间的一些相同和不同之处，包括一些打破其他主要边界的特征。在这几章中，我用观察补充文献，对当下的审视和讨论补足了对过去的理解，因为这意味着我们可以为历史记录中的大量空白填充上一些内容。[74] 通过这种方法，无论时间还是地理维度都能为文化的概念和文化分析提出一些更一般的问题。

虽然本书讨论的是花文化，但是我并不想暗示花文化是一个完善的研究主题，一个新的专业领域。我实际上是想让人注意到生态、经济以及花朵在象征意义和实践这两方面的应用之间的相互关系，但不希望让人以为某个因素完全只由其他某个因素所决定——我做的是探究，而不是断言。正如非洲的例子已经显示的，文化分析的对象不能与物质或功利分析的对象截然对立，更不用说社会分析了。

这一点在"花文化"这个提法中体现得非常明显。在听到"花文化"这个用语时，有些人会忽视它所包含的模糊性，而偏好从象征体系这样一个无所不包的解读图式的角度来理解它。然而在英语和法语所同等继承的拉丁语词汇中，"文化"（culture）一词也与土地上的"栽培"（cultivation）有关，与植物的生长有关。实际上，本书标题如用拉丁语表述，可能是 *De flori cultura*（"论花卉栽培"），颇类似于古罗马最古老的散文著作——加图（Cato，公元前234—前149）的《农业志》（*De agri cultura*）。这个词在引申的意义上指的是各种行为举止方式的"栽培"，特别是那些精细复杂的行为方式，是仔细培养的产物。这个词常常不需要任何修饰，就足以意味着"高等"文化，就像短语"有文化的人"的意思那样。

在这个意义上，"文化"这个概念也展示了"文明"（civilisation，本义是"城市文化"）一词的某些内涵。在汉语里，"文化"的意思也是用"文"（书面语）来引发变"化"。当然，这些并不是社会科学家在使用"文化"这个词作为专门术语时要表达的意思，但在日常用语中，这个词的核心意义仍然蕴含着这种"高等"意味。同样，在很多人心目中也有一种观念，认为植物种植既然从来不是一种纯粹自发的物质上或技术上的追求，那么种植工作就总是要由人的知识和意图来引导，这就需要一种复杂的社会和文化生产组织。花卉种植所受的影响显然不只是功利式的考量，还有审美式的需求；这需求又取决于人们赋予花朵的意义，以及园艺水平和更一般性的"文明"水平。

所以，虽然花文化在一些人看来可能是个狭窄局限的论题，更多与人们从事园艺和室内装饰的闲暇活动相关，而与生活中的严肃事情关系不大，但这种观点未免太狭隘了。一方面，花朵与花园和园艺相关，与第二次农业革命（第一次革命是锄耕农业的广泛应用）之后的整个后新石器时代（post-Neolithic）发展史相关。果树和玉米的花是花，樱花和七叶树的花也是花。花朵是显花植物完成生殖过程的内在本质，花形、花色、花香和花蜜在此过程中都起着作用。花香开启了香水和香膏的历史，花形和花色开启了艺术史，这既包括装饰艺术，也包括创意艺术。人们栽培花卉，用于观赏，用于获得花香（与此类似的是香木，可以制成熏香，燃烧后散出芬芳的烟雾），用于愉悦味蕾（就像芳香植物一样），用于获得甜味的来源（花蜜可以酿成蜂蜜），还用来入药（就像其他各种

各样的药用植物一样)。所有这些用途，都让花朵特别适合作为各种形式的自我装饰——比如可以在头发上插花，或是头戴玫瑰花
27 环——但它们也可以献给他人，或者表达友谊(花束)，或者体现荣耀(头冠)，或者用于嘲弄(荆棘冠)。

花朵也可能被完全排斥在艺术之外，因为某些宗教信条既禁止神的形象本身的呈现，又禁止神的一切造物的形象呈现。这些信仰对世界艺术(特别是立体雕塑和寺庙装饰)产生了深远影响，也引出了圣像、圣像破坏运动和神性的本质这一整套问题。在本书中，我对花卉图像的缺乏所给予的关注，与花朵本身的缺乏几乎一样多。这有几个理由。首先，花卉频繁成为图像和圣像中的构图成分，其呈现形象的缺乏显然会影响到人们的花卉知识、对花卉的享受及花卉种类的多寡。其次，就欧洲传统而言，这些清教戒律常常同时既反对花朵本身，又反对花朵的形象呈现，部分是因为清教徒觉得这些都是"不必要"的奢侈品，部分是因为它们常常是被清教徒斥为"异教"的那些仪式的特征。

本章作为内容提要，我必须越过论证，忽略证据，简化论题的复杂性，以便帮助读者先行了解许多主要问题和次要问题。现在，是时候让我们回到起点了。

第二章 源头：花园和乐园，花环和献祭

　　与撒哈拉以南非洲不同，近东、欧洲和地中海地区都发展出了繁荣的花文化。在本章中，我的目的是概述这些发展的性质，指出它们的内在矛盾，从而为理解欧洲后来发生的事情奠定基础。从公元前3000年起，青铜器时代的集约农业就引入和传播了新技术和驯化的食用作物新品种，这些作物产量更高，从而让财富和文化能够出现显著的等级分化。由此引发了奢侈品生产的发展，其中的一个方面就是审美式而非功利式的园艺的发展，这又涉及野生植物向驯化植物的转化；这些植物里面也包括花卉，花谢之后产生的东西不是目的，花卉本身就是目的。

　　虽然我把这种园艺称为"审美式"和"非功利式"，但我指的是人们首先不是为了食、住、医或诸如此类的目的而栽培植物。驯化花卉的早期应用之一是装饰人体，对于我们已经在非洲和其他地方见到的野生物种的这类应用而言，这是一种扩展。从这种自我装饰的形式，又发展出以花送客的礼仪，这个证据在古埃及是很明显的。除了赠人的礼仪之外，鲜花还被广泛用作祭品，既献给死者，又献给所有神祇，这并非来自"神话即史实论"

（euhemeristic）式的过渡，而是来自人们将神祇拟人的观念和接近神祇的方式。在人神的这些交往中，花朵变得不可或缺，但也正因为它们在礼拜中具有核心地位，一旦宗教发生变化，它们就会成为濒危之物，正如社会剧变之时，作为奢侈品的花卉也会遭殃一样。我主要会在后面的章节中讨论这个现象；在本章中，我想把花文化在亚洲西部和地中海地区的发展作一番编年的叙述。

第二次农业革命始于底格里斯河和幼发拉底河这两河的周边地域，引入了我泛泛称之为"先进农业"（advanced agriculture）的技术。在这片地域还诞生了文字，以及可以作为花文化出现证据的大量视觉记录。

是什么引发了花卉的驯化？虽然人们会因为医药或烹饪的价值而栽培花卉，但是它们的驯化一开始可能源于人们心中的其他目的——虽然不完全是观赏或审美的目的，也有作为祭品献给人和神的目的。它们也并不总是栽培在用于展示的专门花园里，虽然在欧洲，我们往往会产生这种联想。在巴厘岛，花卉常常种在献给神灵的其他植物中间；在日本乡村，花卉可以种在蔬菜中间，而这些蔬菜采摘后可供家用或宗教用途。[1] 尽管在寺庙和宫殿之类更具公共性的场所中当然也存在更为正式的花园，但在大众层面上，花朵的室外展示并不是最重要的特征。不过，花卉种植与用于照管它们的专用场所（花圃）之间的联系——有时还有与展示它们的专用场所（花园）之间的联系——是强烈的。这种专用场所很早就被建成由围墙、围栏或绿篱所围之地，最开始是私人领地，而绝非公共场所。其中的花卉（有时还有鸟兽），人们不仅任其生长，而且还会有意栽培和改良；本土种类采集自周围的乡村，异域种类则从其他文化和遥远的地方购得。在此后的人类历史上有一种趋势，就是王室花园常常会成为国家政府或某些"大机构"的地产，而不是王储的私产，然后要么变成植物园，供栽培植物之用，要么成为娱乐性花园，供公众赏憩之用；与此同时，在大学、医院、寺庙和修道院之类的大型机构以及市政府本身的周边也会新建其他的花园。[2]

英语里面"花园"（garden）这个词在今天继续意味着一块围封之地，其中的土地已经经过改造，用于种植各种植物。这个词可能来自法语北方方言的 *jardin*，但它也与日耳曼语中"院子"（yard）这个词的词根有联系。Yard 这个词本身也指一块围封之地，美国人既用它来指英格兰人称为花园的东西，又用来指一个有意维持其土地不开垦的院子，比如货场和庭院之类；在盎格鲁 - 撒克逊语中，花园则叫"wyrtʒerd"，字面意义是"草园"（wort-yard）。它也常常被视为一块围墙封闭之地，这在很大程度上与乔叟（Chaucer）14 世纪的作品《玫瑰传奇》（*Romaunt of the Rose*）中"gardin"一词的意义相似。然而，乔叟的概念却要向前追溯到犹太教 - 基督宗教 * 传统中那种围墙花园式的乐园以及由它衍生的意象诞生之前的时代。

---

* 本书将 Christianity 译为"基督宗教"而非"基督教"，因为在中国，基督教通常特指新教。

美索不达米亚的花园

《圣经》传统中的"乐园"（paradise）之名来自波斯语，这个概念本身又来自更早时期古巴比伦和亚述的花园，它们或是与庙宇有关，或是与王室有关。有些花园是王家的猎苑；另一些花园像伊甸园一样，是有灌溉的花园，其中最著名的就是巴比伦的空中花园（Hanging Gardens）。空中花园由尼布甲尼撒二世（Nebuchadnezzar Ⅱ）为其妻子、米底国王之女安美伊迪斯（Amyitis）所建，狄奥多罗斯（Diodorus）把它列为"世界七大奇迹"之一。[3]安美伊迪斯非常怀念她故乡波斯的山林，于是她的王夫就在宫殿旁边建造了一层层的梯级花园，用起重装置把水从下面的灌溉渠引到高处。由此就建成了一座充满异域风情的巨大花园，从中可以俯瞰巴比伦城的房顶。[4]空中花园和其他近东花园的一大特色是棕树*，它既是国家的徽标，又有更广泛的象征意义。因为在干旱地区的这些地方，凡是有水能滋润草木根柢的地方，属于棕树类的海枣树（*Phoenix dactylifera*）就一定是至为重要的栽培植物，它们甘甜的果实很容易贮存。海枣树在希伯来语中叫*tamar*，与阿拉伯语词*thamar*同源，后者则是果实的通称。

在较大的苑囿或"乐园"中，除了果树之外还有观赏树；公元前8世纪的萨尔贡二世（Sargo Ⅱ）的大型御苑中还有芳香植物。此外，其中还有包括鸟类在内的野生动物，处于半豢养状

---

* 英文中 palm (tree) 一词是棕榈科植物的通称；由于棕榈特指 *Trachycarpus fortunei* 这个种，为免混淆，本书将 palm (tree) 译为"棕树"。

态，既供狩猎，又供观赏，因为这些苑囿还是王公及其随从用于娱乐的猎场。不过，在其中也可以寻求较为静谧的乐趣，比如尼尼微（Nineveh）有一块著名的浮雕，描绘的就是国王亚述巴尼拔（Assurbanipal）与其王后在御苑中野餐的场面（图 2.1）。环绕御苑的围墙提供了私人空间，生动呈现了这个社群的等级本质；然而，花园与世间隔离开来的状态在其他方面的好处也很普遍。因为面积较大的围封之地也可以用作收藏点，或是栽培异域植物的早期植物园。它们因此起着育种苗床以至实验站的作用，因为异域植物并不会自动适应新环境，所以这样的苗圃能够在植物的繁

图 2.1　亚述巴尼拔与其王后在花园中用膳，约公元前 645 年，尼尼微。（伦敦大英博物馆）

育、改良和推广中发挥作用。最后，它们除了作为游乐园和科学园之外，也是避世之所，让人可以遗世独立，与自然亲近交流；同时又是退隐和冥思之地，这个功能对寺庙和后来的修道院格外适合；还是人们远离日常耕作的即时需求而从事集约园艺的地方。因此，宗教场所的花园可以出产粮食和花卉等农产品，既可让人饱腹，又可供礼拜和装饰之用。[5]

花园、树木和花卉在米索不达米亚艺术和建筑中有大量呈现。在史前时期属于乌拜德（Al'Ubaid）文化的饰瓶上，就已经装饰有"花环"，是"由圆形或菱形的元素构成的带状饰纹，其下悬垂有流苏状挂饰"。[6]此后，从乌鲁克（Uruk）出土的一个苏美尔封印上描绘了前往寺庙的礼拜者，其中一人手里拿着一个花环，毫无疑问是为了去装饰所崇拜的图像。[7]虽然花环很早就已出现，但佩戴用植物制作的花冠的做法似乎直到希腊人的影响到来之后才开始。事实上，或许与叙利亚和埃及的情况相同，与精致的花园文化相区别的精致的花文化只是到了一个相当晚的时期才出现。亚述花园中确实栽有花卉，因为在公元前 7 世纪亚述巴尼拔时代的契约中对它们就有提及。[8]在死亡仪式中，亚述人会在尸体旁边摆放食物，为女性和少女放置瓶装的香水和梳妆用品，后来也放置鲜花。[9]在巴勒斯坦也一样，遗体旁边常常会摆放芳草。人们自然会种植这些芳香植物，还会使用香膏，制作香水，栽培花卉。所有这些用品不光用于人，也用于神。尼尼微的一块浮雕显示了国王在献祭时手拿一枝睡莲，与其他花卉一样，这种花有时也会呈现在饰瓶之上（图 2.2）。[10]神祇自己也会手持鲜花；马里（Mari）出

图 2.2 萨尔贡国王手持"圣花"，将一头羱羊献祭，霍尔萨巴德（Khorsabad）。　32

（Parrot 1961: 3）

土的一座定年为公元前 18 世纪的雕塑就描绘了一位高等级的女神在嗅一朵花。[11] 在花卉的早期应用中，花香很明显是一个重要的可利用特征；人们尝试用香水来把这些香气保存更长时间，并把它们用于化妆，女性比男性用得更多。[12] 不过，花香在宗教方面也有应用；"香水"（perfume）这个词来自拉丁语 *per fumum*，意为"通过烟气"，其中蕴含了与天上的神灵交流以至向他们传递祷告的观念。正是在这些干旱的国度，芳草制品、熏香和香水的制造十分发达（特别是香水），因为比起北方国家来，这些地方的花卉有更浓郁的香气。[13]

除了睡莲和某种百合之外，其他花卉很难鉴定，至少在塞纳切里卜（Sennacherib）时代（约公元前 700 年）之前的情况是如此。植物的大多数呈现形式都墨守成规。[14] 植物圣像大都是装饰性的，动物和人像则不然，它们与非洲艺术一样，表达着语义含义。但有两种植物明显是例外。在迦勒底（Chaldea），棕树与至高无上的神和王权都有关联，睡莲则在整个近东地区用作馈赠的礼物和献祭的祭品。这两种植物除供装饰外，其象征性也有所应用。[15] 不过，出现在建筑物以及工艺品、衣物和地毯上的都是抽象的花朵形图案，比如棕叶饰（palmette）和玫瑰形饰（图 2.3）。[16] 玫瑰形饰、睡莲和棕叶饰母题（不是棕树本身）之间的特征性关联，在亚洲广为传播，并被融入美索不达米亚的装饰艺术之中；这时候，处在新王国时期的古埃及则建立了一个亚洲式的帝国。

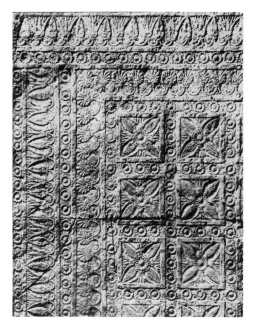

图 2.3　见于尼尼微的亚述巴尼拔北宫的石毯，其上装饰有睡莲和棕叶饰图案，　　34
约公元前 645 年。（大英博物馆）

尼罗河谷

与所有两河之间的国度一样，埃及地区也满是阳光、肥沃
土壤和给水良好的花园，出产无花果、葡萄、石榴和非洲桑叶榕
（sycamores）；在花园中央常常建有一座凉亭供人休憩。[17] 在大约　35
公元前 1570 年开始的新王国时期，今日卢克索（Luxor）附近的底
比斯（Thebes）城被重建为第十八王朝的都城（表 2.1）。陵墓的装

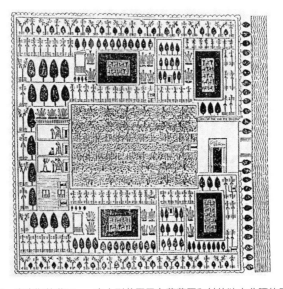

图 2.4　底比斯的墓画，一座大型花园里有葡萄园和其他独立分隔的区域、
蓄水池和一座小屋。(Wilkinson 1837: 11, 143)

饰中有很多花园的模型和形象呈现。有一幅图像显示，一座王家
花园周边围着"严实的围墙。一道水渠从其前面流过，与尼罗河相
连。在水渠和围墙之间……是种着多种树木的林荫道"（图 2.4）。
在围墙的后方，一扇大门开向葡萄园，其外面种着棕树；"四个蓄
水池边缘种着草坪，草坪上养着鹅；蓄水池里则繁茂生长着睡莲
的精致花朵，池水的用途是灌溉园地；小凉亭（kiosks）坐落在树
木荫凉之下，离水池不远；在水池旁边则可望见花坛"。[18] 与波斯
时期（公元前 525—前 332）才引入的莲花一样，古埃及的睡莲
（Nymphaea）也有强烈的宗教内涵，其中的白花和蓝花种类一直用
作献神的祭品，也用于装饰人身。[19]

表 2.1　古埃及的朝代

早王朝时期	约公元前 3100—约前 2686
古王国	约公元前 2686—约前 2160
第一中间期	约公元前 2160—前 2040
中王国	约公元前 2040—约前 1786
第二中间期	约公元前 1786—前 1567
新王国	约公元前 1570—前 1085
第三中间期	公元前 1085—前 656
后期	公元前 664—前 332
马其顿和托勒密时期	公元前 332—前 30
罗马和拜占庭埃及	公元前 30 年—642

花园本身有时候与靠近水边的陵墓有关联，但更常见的情况，是在出于王室、神圣或葬礼目的而建造的庙宇附近见到花园。[20] 它们有水灌溉，水用一种叫"沙杜夫"（*shaduf*，即桔槔）的机械汲取，利用的是杠杆原理（图 2.5）。可能是受美索不达米亚影响，埃及人从朋特之地（Land of Punt）——也就是埃塞俄比亚——引栽了芳香树木，种到了埃及南方。此后在露台花园中，剪过翅的鸟也来添光加彩，在由巧夺天工的机器汲取的清冽之水的背景前，为甜美的气味、甜美的颜色又增添了甜美的声音。在新王国时期，第十八王朝打败了入侵的喜克索斯人（Hyksos），使帝国的疆域大为扩展。哈特谢普苏特（Hatshepsut）女王向南方所做的海上远征获得许多战利品，其中有 30 多种芳香灌木，都装在篮筐里，送到底比斯种下。[21] 那里建起了一座植物园，配有栽培目录，其中既有本

图 2.5 底比斯乡村一座神庙旁的花园，其中有睡莲和果树，园丁正用"沙杜夫"汲水。注意图中呈纸草造型的立柱和睡莲形柱头。（Maspero 1895: 340）

地草木，又有从远方获得的异域植物。与美索不达米亚一样，埃及人早期的大部分兴趣似乎在于芳草、香水和香膏；盛装这些用品的雕花瓶的年代可追溯到公元前第四个千年。它们是化妆文化的一部分，这种应用了睫毛膏、散沫花染剂（henna）、镜子和沐浴的"梳妆文化"通常由女性实施，以提升个人的外在形象，增加她们对男性的魅力。气味是梳妆文化的重要组分之一；虽然花朵只有干燥后的样貌才能维持长久，它们的香气却可以保存下来。

38　　古埃及其他的统治者也都对园艺抱有很大兴趣。哈特谢普苏特的共治者和继任者图特摩斯三世（Thutmosis Ⅲ，公元前1504—前1450）把帝国扩展到亚洲，带回了那里的动植物，其形象在底比斯附近卡尔纳克（Karnak）的宴会厅中有描绘。虽然芳香植物来自南方，但新植物并非仅从南方引入；月桂、椴树和其他很多植物就来自气候更温和的地方，穿过地中海到达埃及。[22] 根据《哈里斯纸草》（Harris Papyrus, i.83f.）的记载，大约两个半世纪之后的拉美西斯三世（Ramses Ⅲ）建造了"大葡萄园，各种各样果实累累的果树为步道带来荫凉，一条圣道两边满是来自各个国家的华贵花卉"。在扩张时期的欧洲面临类似的问题之前很久，我们就能发现，完全在本土植物资源库之外的那些植物已经给古埃及带来了栽培问题和由此而来的分类问题。从本土的民间知识框架转向包罗更广泛种类的框架，并不是到亚里士多德的时候才第一次面对的问题，更不必说比亚氏还晚得多的文艺复兴和扩张时期的欧洲了；包括栽培花卉在内的植物的有意引栽，是亚欧大陆社会的历史悠久的特色。香料和芳草（也就是干燥而非新鲜状态的植物）

的贸易也是如此。埃及医生在药典中记述了大约 700 种药材，绝大多数来自植物；他们有关植物的知识传播到了毗邻的叙利亚、东非、阿拉伯等地的国家，甚至传播到了印度，并为后来希腊人和阿拉伯人的医药研究提供了范例。[23] 在文字记录的协助下，异域植物的收集意味着打破本土分类的束缚，为植物知识建立更广阔的系统，这也便成为后来文艺复兴的"科学"知识框架的先驱。

古埃及的花园最早的时候似乎更多用来种植果树和观赏树，而不是花卉；它们主要是苑囿和果园。在法老统治时期，除了睡莲以及印度田菁（*Sesbania aegyptiaca*）、散沫花之类灌木花卉之外，古埃及基本没有栽培花卉。然而，他们所种植的这寥寥几种都有广泛应用。[24] 直到新王国时期（约公元前 1570—前 1085），我们才能看到更多花卉种类的确凿栽培记录。拉美西斯三世描述过他用来献给赫利奥波利斯（Heliopolis）之神的花园，其中的池塘种满了睡莲和灯芯草，还有"来自各国的花卉，芳香而甜美"。[25]

比起后来的古罗马绘画，描绘花园的古埃及绘画较为形式化而不够写实，因此其中有关花卉的证据也更难以解读。虽然这些绘画给出了俯瞰的平面图，但是每株植物却都以侧视图绘制，而与波斯地毯的画法不同。在这些绘画中除了睡莲外，还鉴定出矢车菊、罂粟、欧银莲和一种菊类植物，可能是蒿蒿（crown chrysanthemum）。[26] 此外，在陵墓中已经发现了花环和花圈遗存，比如图坦哈蒙（Tutankhamen，死于公元前 1327 年）的陵墓中就有睡莲、矢车菊和春黄菊（mayweed），还有各种水果。[27] 这里面有些花朵可能采自野外，但有几种是栽培花卉。[28] 不过，虽然因为

39

新王国的扩张和征服、波斯的入侵和最后亚历山大的征服，古埃及的栽培植物种类一直到托勒密时代都在逐渐增加，但是这里仍然缺乏许多园艺花卉和草本植物。[29]

在最古老的时期，睡莲是古埃及首屈一指的花卉。早在第五王朝（公元前 2494—前 2345）期间，就有睡莲形象的呈现，而且与上埃及相关联，正如纸莎草被视为下埃及王国的象征一样；表示上下埃及彼此联合的纠缠在一起的花梗，则在第一王朝（约公元前 3100 年）期间最终出现。在古埃及的主要节日中，第一个节日用来献给所有男女神祇，定在托特（Toth）月的第一天。第二天则是"大睡莲"（Great Lotus）的游行。睡莲是古埃及神话中的中心形象。一个版本讲道，太阳神拉（Râ）最初还潜没在原初大海里面时，就关在睡莲花苞里。听到图穆（Toumou）的呼喊"来我这里"之后，这颗"世界开始之前的"慵懒的太阳便从绽放的睡莲里面带着日轮出现了，因此被称为"从大睡莲升起的神"（图 2.6）；[30]根据不同神学家的解读，日轮呈现的或者是神的身体，或者是神的灵魂。类似的观念也用于人类在死后的重生。在《亡灵书》（*The Book of the Dead*）中，死者从睡莲中重生，这种思想一方面与太阳崇拜有关，另一方面也因为人们把睡莲视为人类诞生的母体。[31]

花朵的应用既是宗教性的，又是世俗的。在新王国时期，人们会为了娱乐而采花。在欢宴中，只要涂抹珍贵香膏的仪典一完成，仆人就会带来一枝睡莲，供主人把玩。[32]然后宾客也会被赠予项链，制作项链的材料中也有花朵，主要是睡莲。[33]女性还可能在头上戴上花环，花环上插一枝睡莲，从前额垂下，因为睡莲花苞是

图 2.6 荷鲁斯（Horus，即年轻的太阳）从睡莲上升起。（Maspero 1895: 136）

人们普遍认同的妇女头饰的一部分（图 2.7）。[34] 在欢宴活动中，出席者带来鲜花，替换掉先前带来的那些，或者只是把它们送给喜欢花香的宾客。花朵也用来装点宴会餐桌，[35] 或是更广泛地用来装饰住宅，因为在出土文物中见有边缘割出孔洞的容器，以及陶和玻璃制的瓶罐。[36] 它们被摆在木制的桌案上，可能用于插放切花（图 2.8）。[37] 此外，还有些花朵甚至会被挂在花瓶本身的周围。[38] 不过，花朵最大的世俗用途是做成花束、花冠和花环，所用的花材是白睡莲和蓝睡莲（*Nymphaea caerulea*），也有罂粟、野菊和类似的其他野花。[39] 另一些栽培花卉和灌木则用于制作葬礼花冠：桂叶香榄（*Mimusops schimperi*）可能在第二十二王朝期间传入埃及；油橄榄花环的碎片来自第二十王朝；由金合欢花、（可能是）栎树和睡莲、印度田菁制作的花环，以及月桂叶冠，则见于由弗林德斯·佩特里（Flinders Petrie）在哈瓦拉（Hawara）发掘的希腊–罗马

图 2.7　特胡蒂霍特普（Tehoutihotep）的女儿，头上戴着白睡莲花冠，
手里拿着一枝蓝睡莲。绘于贝尔沙（El-Bersheh）的第十一王朝陵墓中。
（Foucart 1897: 87; Maspero 1895: 340）

时期的坟墓中。[40] 花冠不仅具有重大政治意义（就像用较为持久
的花材制作的代表上埃及和下埃及的那两顶花冠一样），而且在
私人和公共仪式中也有应用，就像植物材料制作的花环一样。这
些花环放置在木乃伊身上，用来"庆祝其道义的一生，满是对神
祇和邻居的敬爱"。[41] 人们一边在"神圣之冠"的上方把《鲁热仪
式》（The Ritual of Rougé）里面题为"称义之冠"（The crown of
justification）的那一章吟诵出来，一边把熏香作为祭品献给奥西
里斯（Osiris），这样便可证明一个人（无论死者还是生者）有道
义，由此对其仇敌做出反击。奥西里斯在判断此人有资格进入同

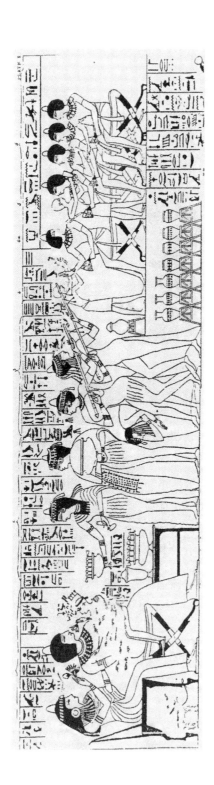

42

图 2.8　在古埃及的一场聚会上，妇女们有的拿到一枝睡莲，有的拿到放在碗中的花，有的拿到项链。注意画中摆着花瓶的桌案。

底比斯坟墓壁画。（Wilkinson 1837: ii, Plate XII）

样生长着这些植物的埃阿鲁（Earu）界之后，死者便被戴上用固定在一条棕叶上的叶子和花瓣做成的合适头冠。神祇的雕像也会以类似的方式戴上头冠。

　　睡莲是摆放在祭坛上的祭品的成分，有时以单枝花献上，但通常是做成花束。在托勒密时期用到的花草更多；今天已经从出土遗存中发现了鳄梨和油橄榄、来自欧洲的常春藤、月桂、香桃木、茉莉（来自印度）、矢车菊、紫罗兰、锦葵、柳叶菜、茼蒿（*Chrysanthemum coronarium*）、东方矢车菊（eastern cornflower）、飞蓬、克里特荠（Cretan cress）、旋花、努比亚天芥菜（Nubian heliotrope）、甘牛至（sweet marjoram）、鸡冠花、铃兰、西伯利亚鸢尾等许多植物。[42] 比这些植物更重要的是百叶蔷薇（hundred-petalled rose），虽然它后来成为埃及花园的重要出产，但到托勒密王朝时期（公元前 332—前 30）才开始栽培。所有这些花都用来制作罗马人所喜欢的花束、头冠和花环。他们会在军事胜利之后把花冠献给军队。在居家生活中，妇女把花朵佩戴在头上和胸前，但男性也会戴花，使用香水，甚至在战争中也是如此。古埃及人认为肉体在形体上的永恒是永生的前提，因此发展了尸体防腐技术。在处理遗体时，就像对待神祇与生者一样，也需要香膏、熏香和香水，虽然可用来制造悦人的气味，以盖过恶臭，但更重要的是可以愉悦死者。[43] 后来被古罗马商人接手的香料和芳草贸易，对古埃及这个国家至关重要。

　　与日常生活一样，睡莲在建筑、绘画和诗歌中也发挥着主导作用。考古发现了第十八王朝的睡莲形大杯，其中的一个黄金杯被

43

称为"祭献之莲"，[44] 而那些用方解石（alabaster）制作的大杯则用于饮酒。蓝睡莲造型的大杯是祭器，经常用在亡人的仪式中；精美的图纳（Tûna）杯则可能与赫耳墨波利斯（Hermopolis）有关，在创世神话中，太阳神在睡莲上方现身的情景就发生在这座城市所在的地方。[45]

古埃及人对纸莎草和棕树也有运用，既用在形象呈现中，又用在建筑上；庙宇的立柱会被雕刻为一捆纸草或是棕树的形象，上方又有一朵通常顶端截平的睡莲，为其柱头（见图版2.5）。[46] 位于今天塞加拉（Saqqarah）——也即古代的孟菲斯城（Memphis）——的俤伊（Ti）墓（约公元前2494—前2345）中的木制立柱上已经见有这朵睡莲的形象。这些立柱的柱头呈现为一朵半开的花，两侧又有两个花苞，以细带连接在一起；有一个柱头的花束形象是把两到三朵花捆在一起，与壁画中人物手持的花束形似。[47] 石制立柱的柱头起初比较简单，但它们继承了木制立柱的样式，也从植物界中借鉴母题。随着时间推移，这种类型的装饰越来越精细，柱体本身也装饰了叶子或花瓣组成的花环。睡莲、棕树和纸莎草这三种植物都用来装饰柱头，由玫瑰形饰、[48] 棕叶饰、葡萄以及更为抽象的元素衔接成一体。[49]

很明显，埃及人对花朵的应用中存在等级结构。是上层社会，而非下层社会，参加了奢侈的宴会和精致的葬礼，做出了那些看上去与日常生计的关联没那么紧密的复杂行为。这种情况会助长一种认知上的冲突；当上层社会开始在私人花园而非公共空间栽种对某些人来说"没有用"的花朵，而不是可食用的果实的时候，这种冲突就变得更为尖锐。尽管宫廷和庙宇中的灌溉花园有着多方用途，但它们始终是奢侈的表现，是炫耀性消费和展示的场所，哪怕它们被围墙遮蔽，而从平民的视野中部分隐去。因此，它们有时候不只是人们嫉妒的对象，而成为更宽泛的社会批评和反抗的对象，这个情况与奢侈烹饪曾经有过的遭遇是类似的。[50] 在古埃及第十九王朝（公元前1320—前1200）时期，部分是受这种反抗的影响，那些奢侈行为受到了一定程度的抑制。虽然如果没有强大的文献传统，就不可能发现这种反抗行为，但如果从一般理论基础出发，并用后世文明的例子作为对照，那么这种批判似乎是所有存在文化分层的社会的潜在特征。这种攻击的出发点，有时候在于享乐者缺乏人生有限的意识，因为在一个人死后，他的世俗财产并不能全部陪他而去，哪怕人们常常会在这个方面做出一些象征性尝试。但即使在活着的时候，人们也常常深刻地认识到快乐是转瞬即逝的。花朵本身易于凋萎的特征，就是对人们的强有力的提醒。这一直是包括阿纳克里翁（Anacreon）和贺拉斯（Horace）在内的古代不计其数的诗人歌咏的主题，以及许多道德家进行说教的主题。比如《所罗门智训》（*The Book of Wisdom*）的作者就坚持认为我们应该"饮最佳的美酒，抹最好的香膏……在春天里不放过一枝花朵。趁玫瑰花尚未凋谢，让我们把它们摘下来戴在头上"。[51] 这种态度在古埃及还不明显，但随着文学活动和民主讨论的扩展，这种思想便在古代世界后期明显地表现出来。[52] 虽然在很多文化中，这种反抗并非最占优势的主题，但在另一些文化中，它却占据了主导地位，从根本上影响了花文化的全貌。古以色列就是这样的一个社会，其成员在埃及和美索不达米亚都曾生活过，他们的意识形态对后来的犹太教、基督宗教和伊斯兰教世界都产生了极为深远的影响。

《圣经》中的花卉

在属于闪米特语的阿拉伯语中，"花园"这个词（包括"伊甸园"中的"园"）是 *gan*, *janna*，来自 *ganan*，意为保护或覆盖；花园"被保护起来，与周围的地域和陌生人的侵扰隔绝，并被高耸而遮蔽视线的树木所遮蔽"。[53] 中国、日本和印度的花园都在花文化史上起着重要作用，而西方人认知当中的花园的神话起源与历史起源一样都在近东，那里的美索不达米亚传统无疑是伊甸园这一观念的源头，其中的果树和其他树木（分别善恶树和生命树）以及受着灌溉的土地在更为干旱的地区至关重要，但在亚热带地区也需要用来提升园艺的生产力：

> 耶和华神在东方的伊甸立了一个园子，把所造的人安置在那里。耶和华神使各样的树从地里长出来，可以悦人的眼目，其上的果子好作食物。园子当中又有生命树和分别善恶的树。有河从伊甸流出来，滋润那园子，从那里分为四道。（《创世记》，2.8–2.10）*

---

* 本书中所引《圣经》（《新旧约全书》）的译文，均出自和合本。

因此，这些花园或苑囿是一片灌溉区，其中有果树，也有出于审美目的种植的树。不过，其中还有动物，特别是鸟类：

> 耶和华神用土所造成的野地各样走兽和空中各样飞鸟都带到那人面前，看他叫什么。那人怎样叫各样的活物，那就是它的名字。(《创世记》，2.19)

这个故事的后半部分大家非常熟悉。上帝创造了夏娃，她后来吃了分别善恶树上那种尚未命名就遭禁的果子。结果，女人便注定要在怀胎时多受"苦楚"，并被遭到她背叛的男人所管辖；与此同时，男人也注定要在田地里终身劳苦，无休无止地与农耕的天敌——杂草作对。因为上帝既然能创造食用植物，那当然也能创造杂草，来烦扰人类：[54]

> 地必给你长出荆棘和蒺藜来；你也要吃田间的菜蔬。你必汗流满面才得糊口，直到你归了土，因为你是从土而出的。你本是尘土，仍要归于尘土。(《创世记》，3.18–3.19)

之后，亚当便被逐出伊甸园，以免他又吃下生命树的果子而长生不死。曾被亚当短暂享受过的那种奢侈的生活，从此也成为人类孜孜以求的目标，成为人类无论走到哪里都始终忘不掉的追求。在波斯和希腊时期的希伯来语中，这些花园称为 *pardēs*（乐园），都来自波斯语中一个表示围墙所围之地的词语。[55] 希腊人自己也从波斯语借来这个词（英语词 paradise 即由此而来），用于指代大型苑囿或游乐场；公元前 3 世纪至前 2 世纪，希腊人在亚历山大把希伯来语的《圣经》译成了希腊语的七十子版（Septuagint），在其中也用这个词来翻译伊甸园这个短语。此词后来又进入教会拉丁语，德尔图良（Tertullian）用它来指代蒙福之人的居住地，于是"乐园"一词的意义就这样逐渐变化，从尘世上升到天界，从皇家苑囿成为奢侈的花园。[56]

上帝创造了动植物世界，这些动植物由亚当命名；在做出这种一般性叙述的同时，又有对上帝创造花园的明确宣示。这个近东花园的栽培必须花费很多劳力，以除灭栽培植物的天敌——杂草。换句话说，上帝创造的不是狩猎－采集者，不是游耕者，而是定居的园丁；他们属于那些建立在发达的农业和城市发展之上的"文明"。花园的历史与城市的历史是紧密交织的。

然而，闪米特人的花园有一个奇特的地方——其中没有花卉。虽然后来在但丁等人笔下，人间和天上的乐园都有花卉，但是伊甸园里却没有。事实上，在《圣经》和《塔木德》里面，提到花的地方寥寥无几。[57] 在书面词语中，人们再次把重点放在芳香气味上，更强调嗅觉，而不是视觉。《圣经》中只提到了三种花卉。虽然它们不容易鉴定，但很可能是圣母百合（*Lilium candidum*）、欧洲水仙（*Narcissus tazetta*，即所谓"野地里的百合花"）和滨海全能花（*Pancratium maritimum*，即所谓"沙仑的玫瑰花"）。全书中只有一处提到采集花卉："我的良人下入自己园中，到香花畦，在园内牧放群羊，采百合花。"（《雅歌》，6.2）这种情况并非是因为地中海地

　　　　　　　　　　　　　　　鲜花人类学

区缺乏野生或栽培的花卉。即使在今天的犹太教中，情况也依然如此。在犹太教堂和公墓，甚至在自己家中，花草通常都不会用在仪典中。尽管久而久之，一些犹太家庭也会采用他们所寄居的社群的一些行为规范，因此在今日美国，鲜花也会用在家庭活动中，但是按照传统，就连葬礼和公墓都不会使用鲜花或花环，连是否47 要在犹太教堂的院落中栽植树木也是个有争议的问题。一直到今天，人们在犹太公墓中也只能见到墓碑，而见不到鲜花；只能见到纪念，而见不到祭品。有一位作家在评论古以色列对花卉的应用时，说希伯来人是"朴实无华的民众"，只会用到禾捆（*gerbes*）和叶子。[58] 然而与非洲不同，对花冠和花环的弃用，不是因为知识的缺乏，而是出于故意的拒斥，因为犹太人非常了解他们所旅居的美索不达米亚和埃及的那些应用花朵的活动。有几个因素造成了这种传统。首先，是人类设想和接近无形的神灵的方式。其中始终存在矛盾，特别是献祭的性质，可能引发人们对实物祭品的拒斥。如果牵涉到人祭的话，这种矛盾就更明显，因为这会以尖锐的形式引发"人道"问题。在古代以色列，对花环的拒斥来源于它们的宗教含义：拒绝使用花环，代表着放弃"摩洛克"（*mol'k*）祭，这是把婴儿献给巴尔·哈蒙（Ba'al Hammon）的祭祀，当时由腓尼基人实行，又由很久之后的迦太基人所继承。他们也不是唯一进行这种献祭的人群；虽然罗马人禁止这种杀戮，但他们又允许另一种人祭，只不过采取的是角斗士表演的形式，而这又成了基督徒重点关注的问题。[59] 因此，犹太人的习俗肯定有哲学思考在里面。然而，尽管牲畜的宰杀需要仪式，但他们连牲祭也不太重视。与此同时，犹太教的礼拜无论在礼拜对象（"你不可有别的神……"）还是内容（读经和祈祷）方面都极为简朴，从而把这个共同体与其邻居区分开来。据《塔木德》的记述，非犹太人会在节日庆典上为偶像戴上玫瑰和荆棘做的头冠，而不使用这些祭品的做法，正可以把天选之人区分出来。[60]

对异教神祇的拒斥，以不同的方法礼拜自己的神，这些区分性因素起到了显著的作用。19 世纪的园艺家亨利·菲利普斯（Henry Phillips）就敏锐地把以色列人不使用花朵的做法专门归因于他们对邻居从事的"偶像崇拜"的拒斥："因为异教民族的花园或神圣树林通常都是他们进行淫秽狂欢的地方，所以这些公共的绿化地，连同雕像或绘像的竖立一起，都被这个国家的法律所禁止。"[61] 普林尼可能也正是看到犹太人拒绝采用他那时的接近神祇的方式，才会声称他们是"以藐视神力著称的种族"。[62]

48   花朵和其他自然物品的问题也不仅仅在于献给上帝的祭品的性质。耶和华的十诫的严厉性不仅体现在一神教和道德之上，而且体现在形象呈现上。"〔你〕不可为自己雕刻偶像，也不可做什么形象，仿佛上天、下地和地底下、水中的百物。"（《出埃及记》，20.4）。虽然之后的一句是"不可跪拜那些像"，特别提到了出于宗教目的而呈现形象的做法，似乎可以视为对前一句的限制，但这些诫令照着字面的严格实行不仅妨碍了艺术，而且妨碍了植物学和动物学大多数知识的获取。即使只把它们看成仪式上的拒斥，对古以色列的影响也很深远。装饰艺术、手工艺和建筑的专业中心都在巴勒斯坦境外发展起来。为了建造大卫圣殿和所罗门神庙，只能从周围地区请来工匠，由他们带来装饰母题。[63]

出于类似原因，花朵主题在其他装饰情境中也并不少见。烛台杯上的装饰得是扁桃花（"杏花"）的形象，有"球"（花萼）和"花"（花瓣）（《出埃及记》，25.33）；圣殿铜海的边缘要装饰以百合花（《列王记上》，7.26）；圣殿里铺的香柏木也"刻着野瓜和初开的花"（同上，6：18）。这种形象呈现形式并不总是与占主导地位的宗教意识形态一致，可能是因为它们只是没有特定意义的装饰物（就像玫瑰形饰一样），有时是因为它们属于世俗领域，或是因为它们由外人所创造——反正被禁止的只是创造的行为。另一方面，我们也能由这些例子看到一种普遍倾向：人们愿意精心设计仪式和利用自然物体，哪怕它们被正式的禁令所拒斥。对于花朵的实际应用来说，禁令的程度似乎要轻一些。后来的文献中提到，大祭司会戴一种形似天仙子（*Hyoscyamus*）花萼的头冠，以及用花朵制作的花环。启示录类作品中提到，处女、庆祝住棚节的人和战场上的胜者都会戴上头冠；《塔木德》则提到新郎会戴上玫瑰和香桃木做的花环。[64] 换句话说，当时犹太人对花朵的一些应用，似乎是在祭品本身的情境之外渗透进来的；它们也类似于那些在地中海地区和欧洲一直持续至今的用法。

当然，这一地区的杰里科（Jericho）等地在早期就建有树木园，既有观赏性的园子，又有果园。[65] 主要生长在干旱地区的芳香植物，在其原产地周边的这片犹太人地区长期以来备受推崇；乳香和没药仅是他们所用的所有这类产品中的区区两种而已。[66] 然而，古以色列对花卉的应用却采取了特别的态度，既是为了劝阻对伪神的崇拜，又是出于更一般的区分内群和外群的理由，还与如何接近上帝的更深远的神学原因有关。此外，还有一个问题与形象呈现有关，即模仿造物主的工作是否正确。总之，这些议题对近东和欧洲后来的历史产生了重大影响，因为基督宗教和伊斯兰教分别在不同的时间、以不同的方式都对它们作了探讨。与此不同，以色列所拒斥的近东那些主要文明却非常重视花文化，正如他们也重视更一般的圣像一样。我们下面马上要继续讨论的那些后期的进一步发展，也是他们所重视的东西，因为花文化是在希腊化时期兴起的，无论是花卉的实物应用还是其形象呈现都是如此。[67] 对此，我将首先探讨莲纹（lotiform）和相关图案在建筑和图像艺术中的传播。

图案的传播和形式化

大约从公元前 650 年开始，希腊人对埃及的拜访次数不断增加，这给了他们了解埃及石质建筑的机会，从而为"纪念性建筑和雕塑的最终发展"提供了起点。[68] 莲纹可能对爱奥尼亚式柱头产生了特别影响。爱奥尼亚式柱头是在多立克式柱头之后于希腊东部演变出来的式样，它们出现在石柱上，精心雕刻成花环形——"一种主要见于较小的器物和家具上的东方化图案"。[69] 古埃及于是通过这种方式为希腊建筑形式做出了贡献，帮助后者发展成所谓"全世界所曾见过的最全面、最稳定的设计方式"。[70]

　　莲纹可能也影响了亚述立柱和腓尼基石碑（stelai）上的柱头式样。[71] 作为一种装饰主题，睡莲在新王国的底比斯陵墓中不仅呈现为图像场景的一部分，而且还是一种装饰形式，对东方和西方艺术史都极为重要。这些埃及陵墓中一共出现了三种不同的图案元素，即莲纹、棕叶饰（一种假的花卉）和螺旋形的茎。莲纹和螺旋纹在边缘相连，并穿过广阔的墙面，其中偶尔也会加入棕叶饰。虽然这三个元素各成图案，但它们也可充当其他图案的框架或边缘。

　　随着图特摩斯一世（Thutmosis Ⅰ，公元前1525—约前 50
1512）及其继任者开展军事扩张和商业活动，古埃及装饰品传播到美索不达米亚，从那里又传播到叙利亚和包括希腊在内的爱琴海地区。[72] 因此，"公元前16世纪至前7世纪在近东发展起来的装饰艺术，提供了后来在爱琴海岛屿和希腊本土使用的词汇"。[73] 此时所用的元素包括莲纹、棕叶饰和玫瑰形饰（图2.9）。这些母题在公元前7世纪的几何时期（Geometric period）之后作为边饰出现在希腊花瓶上，特别是在科林斯（Corinth）。这些莲纹和棕叶饰图案由拱形的茎纹连接起来，后来希腊人又加上了莨苕叶（acanthus leaf）*卷纹，这是科林斯柱头的特征纹饰，或者用于托起花朵，或者用来加上一条横走的茎纹（图2.10）。[74] 虽

---

* "莨苕"为 acanthus 的音译，是建筑界的习惯译法；这种植物在植物学上叫蛤蟆花（详见本章原注74）。

然古埃及对这种起源于迈锡尼文化的莨苕叶波状卷纹一直不太熟悉，但也把它与睡莲图案结合，构成一种"对任何想要填充的区域都完全适用"的母题。[75]

图 2.9　伊特鲁里亚（Etruria）的凯雷提水罐（Caeretan *hydria*）上由茎纹连接的莲纹和棕叶饰边纹，公元前 6 世纪。（伦敦大英博物馆；Rawson 1984: 215）

图 2.10　莲纹和棕叶饰的边纹展示了莨苕叶的应用。雅典厄瑞克忒翁（Erechtheion）神庙，公元前 5 世纪后期。
（伦敦大英博物馆；Rawson 1984: 219）

　　　　　　　　　　　　　　　鲜花人类学

这些母题既出现在建筑中，也出现在绘画和雕塑中。正是亚历山大的东征，在中亚也确立了希腊化式建筑的地方形式，又"以完整的形态衍生出了"丝绸之路上的中国佛窟的装饰实践。[76] 因此，中国艺术中某些花卉图案的元素可以追溯到古埃及，可能也有一些爱琴海的影响。[77]

艺术史学家里格尔（Riegl）曾指出，东方地毯的棕叶饰边纹是后期的古典样式的衍生物，而这些后期样式又源自古典希腊艺术。[78] 阿拉伯纹样（arabesque）也同样可以视为棕叶饰的变形，甚至莨苕叶饰也被一些人视为棕叶饰的改造版本。起初，古希腊的装饰主题是保守而对称的，至少到公元前 4 世纪菲狄亚斯（Pheidias）的时代是如此。罗马艺术则试图去更为接近人们所观察到的植物形态。[79] 尽管如此，装饰母题在罗马时代仍然是图案形式库的一部分，一个由不同社会、不同文化所援引借鉴的图案集。

莨苕叶饰在拜占庭和罗马教堂中都有使用，也见于摩尔人（Moorish）艺术，最终又衍生出了更具自然主义风格的哥特式叶饰，成为亚眠（Amiens）大教堂和其他北方大教堂的特征。这种纹饰在文艺复兴时期又以其样式化的（"古典的"）形式重新出现。通过这种方式，它传遍了亚欧两大洲，为图案主题在各种复杂社会中的扩散提供了一个令人印象深刻的例子。在公元后的最初两百年间，它又穿越亚洲，来到汉代中国，还出现在印度的佛教和印度教雕塑中，从那里又传播到东南亚和印度尼西亚，甚至还作为印度布上的图案又传回欧洲。莨苕叶饰在东方更远的地方也产生了影响，沿着丝绸之路传到了唐代的中国宫廷、三国时期的朝鲜半岛[80]和奈良时代的日本。[81]不过，东方母题也同样沿着相反的方向传播。[82]通过这些双向的交流，相同的图案元素便被应用在亚欧大陆非常多样的文化中。当然，在这个过程中多少总会有些再解读。不过，这种再解读的程度是有限的，因为这些式样中有很多都是保守的，并不承载什么意义。虽然一切都在不断重塑，但形式本身却在很大程度上呈现为一种脱情境化的存在。在撰写罗马人从亚历山大港和东方所继承的遗产时，库尔博（Courbaud）评论道："[所有装饰艺术]都倾向于示意式呈现，把动植物主体转化为某种母题，或多或少一劳永逸地固定下来，例如将棕树的叶子转化成棕叶饰，将玫瑰转化成玫瑰形饰或'玫瑰饰'[rosace]。"[83]

艺术史家贡布里希（Gombrich）也看到，这些图案之所以能历经时空持续存在，是由于"习惯"（habit），人类学家则称之为"习俗"（custom），甚至"文化"（culture）。这些用语本身并没有告诉我们这种连续性背后的原因。在更具体的层面上，贡布里希则将这种传播归因于这些母题能够满足人们对装饰图案的三个基本要求，即构建框架、填充和连接。无疑，图案来源的声望也起到了一定作用，这种资源到今天还继续影响着全世界的建筑。宗教和贸易在过去很重要；其他形式的权力也是如此。希腊军队向东远征印度、罗马军队西征不列颠的军事活动，因此也成为古典意象的各个方面在欧洲和亚洲大部分地区变得普遍的部分原因。

古埃及和古典世界

在波斯人到来之前，古埃及人的园艺花卉种类似乎很少，甚至连莲花都没有。[84] 希腊人则在扩大花朵品种库以及它们作为花环的用途方面发挥了重要作用。最重要的花卉新品是蔷薇（玫瑰），它们在希腊的花卉应用、文学和流行意象中占据了主导地位，并往往会取代埃及的睡莲。希腊人于公元前 332 年征服了这个国家，公元前 30 年托勒密王朝又被古罗马取代。

对罗马人来说，与自己家乡那些看上去不那么肥沃的土地相比，埃及是一块四季鲜花盛开的土地。普林尼提到了埃及的头冠和冬天的假花；[85] 埃及也是香料和香水之乡，尽管其中许多种类来自远方。[86] 埃及的花匠和园丁享有很高声誉，花卉栽培发展成了一大产业，因为就像以前一样，当地仍需要花朵来举办精心筹备的欢宴，从而滋养了所谓"花环狂热"（Garlandomania）的亚历山大时尚。[87] 这些花卉还通过地中海出口到罗马。

国内外对花卉的需求，对埃及园艺产生了深远影响。下面这 53
封来自古罗马时代的埃及的信件，就可供思考其中所暗示的花朵和花环的生产、制造、收集及分发的性质：

> 这里的玫瑰还没有盛开——事实上它们为数甚少——
> 从所有花圃和所有花环编织工那里，我们只能与萨拉帕斯
> （Sarapas）勉强凑齐发给你的一千朵花，即使我们把那些不到

明天就不应该采摘的花也都摘了。我们有你想要的所有水仙花，所以我们发给你的不只是你要的两千朵，而是四千朵。我们希望你不要认为我们太吝啬，而在来信中取笑我们，说已经把［买花的］钱给我们了。我们明明也把你的孩子视同己出，尊重和爱护他们胜过爱自己的孩子，因此我们也像作为他们父亲的你一样快乐。［习惯问候］[88]

我们所要考虑的不仅有那些为贵族提供"自给自足"的园艺产品的大花园，还有更广阔的市场，涉及大规模的花卉商业种植和销售（有时候是赊销），以用于宗教活动和包括婚事在内的家庭用途。人们既为市场种植花卉，也直接为制作花环的作坊种植花卉。不过，花卉销售只是为城市人口提供水果和蔬菜的较大市场的一小部分。种植这类农产品的土地——其中一些为妇女所有——会受到税收和交易、买卖、租赁和转租的复杂体系的制约。在这种精细复杂的土地使用基础上，"市场园艺成为纽带，一头连接着游憩花园，另一头连接着要用到其花环和零散花朵的节日或聚会，以及有食物供应的筵席或宴会"。[89]

古希腊和古罗马的园艺和花卉业在很大程度上依赖于其东方邻国的早期成就。在不同时期，这两个国家先后占领了埃及并入侵了亚洲，从而与那些广大地区的文化成就发生了密切接触。这种接触不仅影响了大富人的苑囿，也影响了城镇里较小的花园和农场主的商业园艺。有人认为，古罗马花园，特别是那些商业性质的花园，是接受了从埃及到坎帕尼亚的希腊化影响之后发展起来的。[90]当然，埃及与庞贝（Pompeii）和其他沿岸中心城镇一直有密切的贸易关系，但那些认为希腊人在意大利南部具有至关重要的影响力的人，却对埃及作为传播中介的重要性提出了质疑。[91] 无论如何，似乎是在亚历山大时期，商业园艺达到了顶峰，能够一年到头源源不断地供应花卉，既供宗教之用，又供纯粹的社会活动之用。[92]

花园的种植

　　古代世界的早期花园主要是皇室、贵族和寺庙等社会经济权力中心的产物。这些权力中心也是与高级文化相关的艺术呈现的荟萃之处；因此，在文学和图像艺术中（无论是装饰艺术还是创意艺术），花园及其中的物品便成为重要的主题。这一传统在希腊和罗马的古典世界也延续下来。在《奥德赛》（*Odyssey*）中，阿尔喀诺俄斯（Alcinous）的宫殿花园种有果树、葡萄和常绿草本（Ⅶ）*，而卡吕普索（Calypso）的花园则种有一棵开紫色花朵的藤蔓，还有长着堇菜（violets）**和野欧芹的禾草甸（Ⅴ）。但随着古希腊民主的发展、王族的部分消亡和社会财富的增加，花园文化也扩展到宫廷之外。公元前 5 世纪，希腊富人有意模仿波斯的皇家花园，特别是居鲁士（Cyrus）在萨第斯（Sardis）的苑囿。到了希

---

*　本书对古希腊和罗马的古典文献大都标有简略的章节号，如此处括注中所示。

**　英文中 violet 这个词，现在指堇菜属（*Viola*）植物；但正如本章原注 113 所说，在古罗马，viola 常指紫罗兰（*Matthiola incana*）。因此，本书将古罗马意义上的 violet 译为"紫罗兰"，其他情况下则仍译为"堇菜"。

腊化时期，这种风尚在宗教和世俗领域继续扩展。雅典广场周围就环绕以灌木和乔木，构成庄严的布局，而与体现宗教生活的显著特征的圣林那种更为自然的氛围（比如安条克［Antioch］的达芙涅［Daphnae］圣林）形成对比。文献材料中还提到了城市家庭花园，但几乎没有考古证据能揭示其形式。[93] 古希腊的城市水源缺乏，空间拥挤；与罗马不同，尽管在城墙外面坐落着出产芳草和食用农产品的花园，但城里的列柱中庭（peristyle）——由列柱廊所围绕的开放空间——却多少是荒凉的，并不怎么栽培植物。在城里也能见到盆栽植物，但它们主要供纪念阿多尼斯（Adonis）的节日之用；哭泣的妇女为此会在花盆中播下能快速生长的茴香、莴苣或大麦的种子，以此代表春天的重生。[94]

宗教花园或苑囿主要有两种类型。一种是可耕作花园，可以出租；另一种则是乡村神庙，其中"雕像和树木共存，没有明确的规划"。此外，古希腊的体育馆或哲学学校等公共场所也通过苑囿和树荫步道相连，公园中通常会有某位神祇的神庙，或是英雄的陵墓。墓地也栽有树木和花卉，甚至还有水井和餐亭，于是成为生者可以与死者交流的地方。这些宗教场所可能是古罗马花园的前身之一，[95] 尽管后者还有其他更重要的前身。[96]

到共和国晚期，贵族和富人都拥有大面积的娱乐场地。[97] 花园在古罗马历史上发展得相当晚，至少作为一种"艺术形式"时是如此；只是在公元前 2 世纪帝国扩张之后，征服了亚洲的将领们才成为最早建立大型苑囿的人。庞贝城花园墙上的动物绘画让人可以想见这些到处都是野生动物的大庄园的景象；古希腊作家色诺芬（Xenophon）则最早用文字描述了这些庄园，他本人亲眼见过波斯的苑囿（*paradeisa*）。[98] 亚历山大在征服东方时，也控制了那里的苑囿；这些苑囿随后又被主宰了希腊化世界的罗马人接管、复制和改进。

在罗马，虽然造园的人在人口中的比例比希腊更多，但花园仍被视为奢侈的标志。[99] 在罗马郊区建造豪华别墅和花园的奢侈作风起源于公元前 1 世纪，这些地产也因为以前的用途而被称为"花园"（*horti*），由此引发了道德家们的大声反对。[100] 反对者也不限于道德家。那些造园者的炫耀，使得花园很容易成为个人嫉妒和政治掠夺的对象。在公元前 82 年至前 81 年，花园可能会给其主人带来噩运，他们会"被贪婪的独裁者苏拉（Sulla）剥夺公权，且命令还被公之于众，令人恐惧"；除此之外，苏拉还颁布了其他一些禁奢令。[101] 奢华的花园往往是对巨大财富的一种明显的公开宣示，因此很容易引来嫉妒。

花文化的变迁

无论埃及和东方做出了何等贡献，古希腊和古罗马的崛起都在多个重要的方面改变了花卉文化的面貌。首先，花园的形状不断变化，而且古希腊的花园中多有塑像，古罗马的花园则多见树木造型（topiary）。其次，文献资料记录和发展了大量有关古典花园的知识，于是我们可以通过文字记录大大扩展对这些古典花园成就的了解。这些文献既有泰奥弗拉斯托斯等人所撰的杰出的植物学论著，又有其他一些主题较不相关的著作，比如雅典奈俄斯（Athenaeus）的《宴饮丛谈》（*Deipnosophists*）。再次，王室和祭司的权力还不太明显，花文化呈现出更世俗、更有市民色彩*、可能更大众化的一面，部分原因在于知识的扩展，部分原因在于财富的扩散，还有部分原因在于某种程度的民主的实施，或是技术的发展。复次，当时在地中海地区东部栽培的花卉种类也迅猛增长。

56

在地中海以北的这些地区，无论是在园艺还是文学中，也无论是在生活还是艺术中，占据主导地位的都是玫瑰，而不是睡莲。在文学中，玫瑰是最美丽的花朵，是众神的欢乐，是丘比特的枕头，是阿芙洛狄忒（Aphrodite）的外衣。[102] 它很快就在诗歌语言的标准意象中占据了一席之地（比如"玫瑰色的黎明"），在散文（可能还有日常用语）中也是如此。在绘画中，五瓣玫瑰的形态早在公元前第二个千年时克里特岛（Crete，这里也是番红花的原产地）的克诺索斯（Knossos）宫殿中的蓝鸟（Blue Bird）壁画中就有呈现；玫瑰的形态也被表现在织物上，比如带有玫瑰图案的紫色双网，就是赫克托耳（Hector）在特洛伊牺牲时安德洛玛刻（Andromache）所织之布的一部分。[103]

玫瑰又进一步成为奢侈的象征。宙斯曾在番红花、睡莲和风信子的床上睡觉，但玫瑰花瓣之床却是古罗马美好生活的缩影。[104] 然而，玫瑰也有较为忧郁的一面，这不仅是因为它在葬礼上也占

---

* 本书中的 bourgeois(ie) 视具体语境做不同处理，大多译为"市民（阶层）"，个别地方译为"资产阶级"。

据一席之地，甚至也不是因为它长着刺，而是因为它与后来其他文化中的其他切花一样，象征着快乐会转瞬即逝的本质。因此，玫瑰花不仅是奢侈的象征，而且传达了有关生命本身的警讯；在玫瑰花中，始终生有溃疡。

绘成画的花

我们对古罗马花文化的了解并非仅仅来自文学描述，甚至也不完全依赖于近年来所开展的花园考古的细致工作，尤其是在维苏威火山的阴影所笼罩的地区。庞贝的花园中有一些终年有叶的常绿植物。较大的花园可能会有一些树木造型，普林尼很喜欢它们；许多花园会有希腊雕塑的复制品。虽然真正的花朵只起着"偶尔的作用"，但它们的形象呈现却很常见。[105] 因为庞贝城的居民会用他们所购买或种植的花朵的绘画来装饰位于他们住宅中央的列柱中庭花园，部分目的在于通过一种"视觉陷阱"（*trompe l'œil*）来让花园显得更大（彩色图版 II.1）。[106] 绘画中最受欢迎的花卉之一是夹竹桃，但鸟类也有应用，有时还会出现野生动物和神话形象。通过这种方法，花朵得到了永恒的呈现，甚至能为光秃秃的庭院提供永久的背景，就像空荡荡的池塘有时也会画上鱼，而素净的墙面上会画上塑像和花环一样。

花卉绘画并不局限于花园。人们也会在嵌于房屋天花板上的镶框饰板的深色背景上绘出一朵玫瑰、矢车菊或其他花朵。就像马赛克和其他形式的古罗马艺术一样，这些绘画可能也是试图以更廉价、更持久的方式复制亚历山大和帕加马（Pergamum）等希腊化城市的成就。[107] 罗马皇帝埃拉加巴卢斯（Elagabalus）曾经利用一种可翻转的天花板，让正在享用晚宴的宾客被坠落的鲜花闷死。这些绘画也许就是这种翻转天花板的平面版本？[108]

庞贝城的这些绘画非常清楚地说明，为什么一些人——不只是清教徒——会反对在剧院或艺术中应用那种欺骗式的形象呈现。在罗马人的家庭神龛室（lararia）的墙上绘有花环，表示那是献给守护神的永久祭品。同样，今天在坟墓上所摆放的塑料花也有这种特点，也引发了一些人类似的反对意见。这些做法都是把用作祭品的花或植物之类不耐久的东西做成了永久的形式。虽然它们作为一种装饰可以被人接受，但如果作为礼物送给他人，特别是无法立即做出反应的死者，那么它们就失去了价值。对一些人来说，这就是欺诈行为。当然，创造这种假花环的人并不会以这种方式看待它们，但这种观点——清教徒式的观点——在今天仍然随时有可能对人类的这种行为做出反应。

花的销售

在雅典，哲学家伊壁鸠鲁（Epicurus）是为数不多的建有花园的人之一，这与他的哲学学派有关。但到了古罗马时代，有大量证据能表明私人花园的流行程度，比如庞贝城中及其周围的情况。58 在古罗马早期，所谓"花园"（hortus）主要是家庭菜园，花卉则栽培在带中庭的住宅中。然而，保存相当完好、定年为公元 79 年的庞贝城遗迹，却为坎帕尼亚（Campania）这片沃土（普林尼曾称赞过这里的玫瑰）之上花文化的流行程度提供了坚实的证据。古罗马的渡槽为这座城市引来了充足的水源，让人们可以建造水池、喷泉和灌溉花坛，因此城外的花园中不再只限于种植香桃木、夹竹桃和常春藤等常绿植物，而是因时令花卉的花色点染而显得生机勃勃。[109] 即使在今天，坎帕尼亚的气候和土壤仍然能保证一年三熟，其中一季作物便是花卉；这一地区也在为欧洲的许多大型种子公司生产植物。此外，康乃馨[*]、月季、唐菖蒲和晚香玉也都有种植，以供应庞大的切花市场。[110]

在古代，庞贝城的花卉种植有两个主要目的：供制花环（coronae）和香水（odor）。花环的制作和应用，在许多素描和绘画中都有展示。花卉经销商自己制作花环，又把鲜花出售给其他人制作花环，这非常类似今天的印度花卉市场。事实上，罗马花环（古希腊语叫 stephanos）似乎是根据印度风格的花环（corona longa；古希腊语 hypothymiades，意为"以香水熏蒸"）创造出来的，用来环绕在男性的头上和动物的颈上。此外尚有用叶子做的叶冠，其形象出现在大量绘画中，显示其中的叶子被缝合在一起。考古发掘表明，庞贝城花园的出现频率很高，其中一些花园可能为集市和家庭供应了鲜花。然而，大多数花卉似乎都来自住在城市附近的农场主，他们所耕种的土地由富有的土地主所有。

最古老的章节连贯的拉丁语散文集是加图的著作《农业志》。

---

[*]　植物学上叫"香石竹"，但本书采用了文艺领域和大众用语中的习惯译法。

他在书中描述了一个分为九部分的庄园，在介绍过第一部分的葡萄园之后，第二部分就是灌溉花园。如果这个庄园靠近城镇，那么其中应该也种植蔬菜和供制花环的花卉。[111] 加图声称庄园离城镇不远，这意味着我们不能简单地把它当成一座"近郊"的乡下隐居地（用维特鲁威［Vitruvius］的用语来说是"伪城市别墅"［*villa pseudourbana*]），而应该考虑它可能也会同时为城镇住宅和市场提供农产品。[112] 瓦罗（Varro）对花园位置提出过同样的建议："因此，在城市附近拥有大规模的花园是有利可图的；例如，花园中可以种植紫罗兰、蔷薇以及其他许多在城市中有需求的产品。"[113] 事实上，罗马的外围地区就以发达的市场化园艺而著称。[114]

在托勒密时期的埃及（特别是亚历山大）、古希腊以及共和国后期的罗马，花卉都是有销路的大宗商品，不仅需要种植者（必须是专业种植者），而且需要销售者。花的销售主要通过四种方式进行，与后来的欧洲基本一样；这四种方式是集市、花店、半固定摊位和卖花游商（图 2.11）。在号称"鲜花之城"（la ville des fleurs）的亚历山大专门有一个城区，其中的妇女从事制作头冠的工作，表明那里有这样一个职业群体存在。[115] 庞贝城的绘画中则展示了小丘比特充当卖花人以及葡萄酒酿造者和香膏制造者的形象（图 2.12）。[116] 不过，现实生活中的花商的生活在很多方面都比较艰苦。古希腊剧作家阿里斯托芬（Aristophanes）曾讽刺地写道，一位拉扯着五个孩子的寡妇正竭力要在香桃木集市上"为众神编织头冠"，以此来养家糊口。[117] 她本来已经成功地做到了这一点，但悲剧作家欧里庇得斯（Euripides）却说服公众相信世上并无神祇，

图 2.11 描绘了鲜花售卖者的古罗马图画，在这些售卖花环者中既有坐贾，又有行商。

（Jashemski 1979: 268）

结果从那时起，她的头冠销量就下降了一半。尽管如此，她仍然还有二十个还愿用的头冠要交付订购者。这个段落揭示了花朵与众神之间存在密切关系，因此花朵与众神的圣像之间也存在密切关系；毕竟，给"不可见的上帝"供献任何祭品是很难做到的事情。

其他一些毫无疑问地位较低的卖家，则会在街头叫卖；[118]另一群人则是生意做得更大的花商。其中有一位名叫格吕凯拉（Glycera）的女子，她是个花环匠，也是古希腊画家波西亚斯（Pausias）的情人。波西亚斯努力想把格吕凯拉创作的那些花环呈现在他自己的画作上，[119]而她总是改变花朵的排列方式来考验他的技艺，于是二人便在"艺术和自然之间展开了一场决斗"。[120]

图 2.12　庞贝城绘画中化身为鲜花卖售者的丘比特和普叙刻（Psyche）。

（Jashemski 1979: 268）

显然，正如后来历史上的情况一样，卖花女孩往往是令人赏心悦目的对象，部分原因在于她们是根据长相被挑选出来的，部分原因在于她们的商品有吸引力，还有部分原因在于，她们所从事的商业活动的性质决定了她们要与客户直接打交道。卖花人大都是女性。"那些用鲜花编织花环的人，"萨福（Sappho）写道，"总是女孩们。"[121] 在其他地方，虽然花环编织工并不都是女性，但通常是女性，销售者也通常是女性。比萨福晚得多的《希腊文选》（*Greek Anthology*, V.81）中，有这样一首诗："你带着玫瑰，你有玫瑰色的魅力；但是你所售为何物？是你自己还是玫瑰，还是两者都卖？"[122] 这首诗的作者被认为是智者狄奥尼修斯（Dionysius the Sophist）。花朵的佩戴和销售，不仅与性有关联，而且与性交易有关联，这让古希腊艺伎（*hetaerae*）对其买家更具吸引力。[123]

花冠当然是两性均可使用，但主要由男性佩戴。虽然有些人会自己制作，另一些人会把它们带到市场上售卖，但王室和富人在其宅邸中都养有自己的雇工，专门从事这项工作。亚历山大的古埃及工匠尤其受人重视，但其他国家也有人从事花卉编织工的职业。亚历山大的征服大军在占领波斯皇帝大流士三世（Darius Ⅲ）的宫殿之后，就发现其中有46名受雇来编织头冠的男子，以及14位香水制造工，此外还有其他许多专职人员，包括329名身兼音乐家的妾侍。[124]

奢侈品贸易及其批评者

园艺通常是商业和美学的混合产物。在加图之后的下一个世纪，我们看到普林尼只用审美的用语重新解读了加图的评述，认为加图是在鼓励人们在花园植物中加入"头冠花卉"，这"主要是因为它们的花朵精致得难以形容"。这些花之所以受人珍视，并不是因为它们有用处（usus），"而是［因为大自然］让这些花朵及其芳香只有一天的寿命——这对人类来说是明显的警告：最赏心悦目的花朵，也最容易凋谢"，[125] 这样就再次触及我们已经讨论过的那个在哲学、宗教和艺术中非常普遍的主题。但另一方面，普林尼又声称，头冠最早不是用花朵做的，而是用树枝和叶子做的，用于神圣的场合。事实上，普林尼提到禾草做的头冠在军队和平民中都代表着最高荣誉，[126] 这种观念"在现在的日耳曼人中仍有留存"。[127] 这种从原本的质朴状态开始堕落的思想，以及对日耳曼人更淳朴的风俗的有意提及，都构成了对奢侈和颓废的更全面批判的一部分，类似的批判也见于塔西佗（Tacitus）在《日耳曼尼亚志》（Germania）中对日耳曼人家庭生活的描述。普林尼声称，花朵的应用只是晚近之事，包括"所谓的埃及头冠，然后又有冬天的头冠，在大地拒绝花朵的季节用染色的兽角切片制成"。[128] 无论是在西方还是东方，反季应用假花，或是把假花用于不宜使用鲜花的目的，都与栽培花卉本身的应用一样具有悠久的历史。普林尼写道，"我们的女性为了奢华而采取的最新形式"，是"用甘松叶［folia］制作"[129] 的头冠，或"用浸过香水的多色丝绸"做的头冠；[130] 就连鲜花本身，有时也会用香水浸透。在他笔下，外来起源、反季节的行为和多变的时尚是他批判的基本主题。他宣称，没有一款头冠是时尚的，"除非是那些只用真正的花瓣缝合在一起做成的产品，目前只有那些从印度甚至更远的地方运来的头冠是这样"。

虽然人们把干花、假花和香水贸易看成古罗马与埃及和东方开展的奢侈品贸易的一部分，但很少有人谈论鲜花贸易的性质。由于罗马人在他们的花园里种植的供制头冠的花卉种类很少，"实际上只有紫罗兰和玫瑰"，[131] 对鲜花必然有相当需求。普林尼声称，鸢尾花作为花朵来说是无用的，因为它不宜用来制作头冠，但它的根却可以用于制作香膏和入药。来自利比亚西北部昔兰尼（Cyrene）的玫瑰据说具有最好的馥郁气息，而西班牙的品种则因为能全年开花而备受赞誉。[132] 因此，罗马人了解来自地中海其他地区和更远地区的花卉，并拿来应用；维吉尔（Virgil）写过叙利亚的玫瑰；贺拉斯也写过波斯的花环，就像今天的人们谈论法国波尔多干红葡萄酒和德国莱茵白葡萄酒一样。[133] 不过在这种贸易中，埃及是主要产地，也因此一直是批评之声集中的地方。[134] 马提亚尔（Martial）在一首诙谐短诗中就描写了这种商业活动，我把此诗完整引用在下面，因为它整首都与花文化有关：

> 尼罗河把冬日的玫瑰送给你，
>
> 恺撒，你自吹自擂，认为它们很珍稀；
>
> 但现在她的特使却诧异地看到
>
> 你的大门后面的法罗斯花园何等荒凉贫瘠；
>
> 他把芙萝拉的甜蜜宝藏到处标记

还有来自派斯坦玫瑰园的光辉壮丽；

凡是他转身的地方，都会撞上他迷惘的双眼
是闪耀着花环的街道，是饰满鲜花的罗马。

埃及，你配不上我们罗马的青天，
把禾捆还给我们吧，把我们的玫瑰带回你家。[135]

　　这番对花朵的评论露出了批判的锋芒；我们再一次将必需品换成奢侈品，而不是反过来。这些进口的奢侈品不仅包括普通用途的反季花卉（可能是盆栽花卉，而不是花环），而且在埃及成为罗马的行省之后，还包括从那里引入的"东方"祭仪所需的特定花卉。[136]比如对生育女神伊西斯（Isis）的崇拜就需要莲花冠以及棕树枝和玫瑰枝。[137]亚历山大的不凋花（amarynths）因其持久性而备受珍视，它们可能也是进口的，因为普林尼说它们沾沾湿气就能复苏。[138]

　　罗马人自己发明了一些催花技术，一般是把花卉放在温室里，即便没有温室，至少也会加热。[139]这个工艺最终让他们减少了对外部供应的依赖，但也招来了批评，认为这些人在搜求奢侈品的过程中毫无必要地干扰了自然。[140]法国园艺史家吉博（Gibault）提出了"催长文化"（culture forcée）一语，指的是只能在非常先进的文明时期发展出来的"奢华文化"（la culture de luxe）。[141]我们有大量证据表明，古罗马和亚欧大陆其他地方都有这种园艺。芦笋（石刁柏）和菜蓟等蔬菜如要反季种植，可以使用热水或蒸汽（可以由古罗马的地下火暖系统［hypocaust］供给），可以使用安有透明石头（specularia，那时还没有玻璃）的温室，或者也可以把蔬菜种在带轮的手推车（horti pensiles）上，需要时把推车推到太阳下。这样的农活并不普遍，而且受到了斯多葛派（Stoic）哲学家的谴责，他们建议人们坚持吃穷人的蔬菜。但在贵族中，这些奢侈品的消费是惊人的；特别是玫瑰，每一场盛大的宴会都离不开它。苏埃托尼乌斯（Suetonius）就写道，尼禄（Nero）的一位朋友举办了一场盛宴，用到的玫瑰价值高达 400 万赛斯特提 *。为了满足如此巨大的需求，玫瑰必须从埃及和坎帕尼亚进口，以弥补罗马当地通过催长生产的花朵的不足。

来自花朵的香水

虽然头冠肯定是花朵的主要用途，但花也可以撒在地板上，或者供人食用，通常都带着普林尼详细讨论过的药用意图。此外，罗马人也开始从事香水制造，用油作为基料，用色素上色，又加入树胶或树脂来延缓蒸发。[142] 比起花冠来，花香常常与不同的地方产生更为具体的联系。鸢尾香水主要产自科林斯，玫瑰精油产自法塞利斯（Phaselis），番红花油产自奇里乞亚（Cilicia）的索利（Soli），葡萄花和香柏的气味来自塞浦路斯，甘牛至和榅桲花香则

65

---

* 拉丁语为 sestertius，为古罗马货币单位名。

来自科斯岛（Cos）；此外，还有扁桃仁、水仙等多种其他香气。香水和香膏的一些成分（所谓"外国香精"）来自更远的地方。遥远的来源地，再加上制作过程中所涉及的所有因素，使得香水非常昂贵，是"所有形式的奢侈品中最多余的一种"，女性和男性都用它来增添魅力。[143] 就像熏香一样，香水也是一种祭品，军队的雕鸟和军旗在节日之时都要用香水搽抹，就像普林尼所说的：贿赂军雕来征服世界。[144] 与花冠一样，香水的应用也不完全与性别有关。

长久以来，油不仅用于搽抹和烹饪，也用作香水和香膏的基料，以保存和调配花朵的"精华"。香水在整个古代世界的广泛使用，在两个意义上是时髦风尚的表现。因为香水的原料大多来自异域，价格昂贵，所以它们的应用便把富人与穷人区分开来——或者更确切地说，将一些时髦的富人与其他人区分开来。也有一些人，虽然家财不菲，但反对奢靡的花费，也就是说他们会保持一种清教徒式的作风，像德尔图良之类的早期基督徒很容易接受这种态度。而如果从另一个相关的意义上来说，这些做法之所以成为时尚，是因为人们的偏好总是在变化；正如普林尼所言，为了迎合时尚，香水时而流行，时而过气，正如它们的产地也在不断变化，同一地方的制造者也会变化。[146] 这种没完没了的变化同样也会招致批评的火力，因为这表明人们的生活缺乏严肃目的。

用于花卉种植的土地和为此投入的精力越多，可用于种植谷物的土地和精力就越少，这种农业重点的转移又一次引发了对奢侈的批判。这种批判似乎是在呼吁，要把粮食送给我们，这样我们自己就会种植它们。然而，外部的对立反映了内部的分裂。花文化的发展代表着富人生活水平的提高。它从一开始就反映了人群分化和奢侈化的问题，反映了有限的资源和人力被转移到为少数群体生产商品和提供服务之上。在一个穷人如此之多的社会中，假如新近出现了某些做法，被人们视为起源于外国，假如人们还意识到土地正被人从基本用途转而投入非基本用途，从功利式用途转而投入"审美式"用途，那么消费受到阶级限制的矛盾就会变得格外明显。

普林尼的抱怨既不是完全匪夷所思的表达，也不是纯粹的文学抒发，因为就像花园本身一样，古罗马花冠的广泛应用在他那时似乎是帝国刚出现时的做法。在此之前，只有勇士会被授予花冠。在致敬芙萝拉的节日期间，人们也会佩戴花冠，但不会在吃正餐的时候佩戴，当然也不会在公共场合佩戴。[147] 但随着对东方的征服和对希腊化生活方式更为随意的采用，花冠的应用范围也发生了扩展。虽然这被视为富裕和文明的标志，但一些批评家却将它视为一种潜在的祸患，会导致古罗马政权的衰弱，甚至可能导致它的崩溃。

花冠和花环的应用

许多专门就花卉、花冠和香水这一主题写作的古典作家，都暗示了它们的重要性。在《自然志》这部巨著中，普林尼专辟一章讨论"头冠"，其中既包括用花朵制作的花冠，又包括用叶子制作的叶冠。他声称克劳迪乌斯·萨图尼努斯（Claudius Saturninus）所写的一本书是他的资料来源之一，其他参考文献则有埃斯基努斯（Eschinus）、帕斯卡利乌斯（Paschalius）、阿斯克勒皮亚德斯（Asclepiades）、阿波罗多罗斯（Apollodorus）、菲洛尼德斯（Philonides）和赫淮斯提翁（Hephaestion）等人有关这一主题的著作。这整个有关花冠的主题显然是一个很有文学意义的话题。

花冠的实际用途有很多，主要用于欢乐的场合。尽管在逝者的棺材上也会放置花冠，但人们从来不会在出席葬礼时佩戴它们。虽然我们也听说农民会使用头冠，甚至还会用一些野花来制作，但我们从艺术和文学中所发现的，却是它们在上层社会中的作用。在荷马时代，人们已经开始使用花冠。由赫淮斯托斯（Hephaestus）为阿喀琉斯（Achilles）打造的盾牌上就装饰有一幅绘画，画的是年轻人和适婚少女把手搭在彼此的手腕上跳舞的场景，其中的"姑娘们穿着亚麻细布的衣裳，头上戴着可爱的花环"。[148] 然而从另一方面来看，这唯一的例子又表明，在亚该亚时期的古希腊，花冠的应用还没有充分发展出来。[149]

在古典时期的希腊，花冠的世俗用途伴随宗教用途而生；在献祭时，需要为牺牲和主祭人都佩戴花环，有时还需要为所供奉的神祇的塑像佩戴花环。根据雅典奈俄斯的说法，希腊人最早应用花冠的目的，是把它们戴在头上，以向神灵致敬。萨福就曾恳求迪卡（Dika）用新鲜的绿叶为她编一个花环：

因为我们可以相信，那些装饰着鲜花的人比那些没有佩戴花环的人更能蒙受恩典。

雅典奈俄斯在另一处评论中又补充说，萨福要求人们在献祭时佩戴花环，"因为一样东西花饰越多，它在众神的眼中也就越合意"。[150]

在古罗马，花卉也被广泛用于宗教情境。[151] 葬礼需要大量花 朵；死者的遗体要用花朵装饰，这是"荣誉与敬爱的表达"；骨灰瓮也要做类似的装饰；在葬礼筵席上，要把鲜花撒在客人身上；还要把干花或假花做成的花环摆放在坟墓里。[152] 在罗马附近有一面定年为弗拉维王朝（Flavian）后期到图拉真（Trajanic）时代前期的大理石浮雕，表现了一名将要被安葬的女性，在她上方放置着两个高大的花瓶，上面装饰着水果和鲜花。她的头发上环绕着一个轻盈的花环，还有一位站立的男子准备在她的颈上再戴上一个沉重的花环。[153] 浮雕左侧的莨苕叶可能呈现了放置在门前的叶饰，以表明遗体的在场。即使在葬礼过后，逝者也不会被忘记。人们普遍会用鲜花——特别是玫瑰、百合和紫罗兰——来装饰坟墓，作为纪念，并表明逝者仍被他们所铭记。[154] 无论是个人还是殡葬团队，都会安排仪式所用的花朵。在 2 月 13 日至 21 日举行的祖灵节（Parentalia）庆典上，家家都带着鲜花和食品来到坟墓，并常常在那里摆开筵席。而在玫瑰节（Rosalia）和紫罗兰节（Violatio），人们又会分别把玫瑰和紫罗兰放在那里。[155] 坟墓本身有时也会被花园所围绕，这块土地出产的农产品的销售所得可以用于坟墓的保养或守护（*tutela*）。[156] 一些墓穴的墙壁和拱顶上甚至绘有"假花"图案，作为永生的保证。[157]

人们还向家中供奉的众神献花。在《一坛黄金》（*The Pot of Gold*）的序幕中，普劳图斯（Plautus）甚至写道，剧中这个家庭的女儿一直不断地向家庭神龛（*lar familiaris*）祈祷，每天都会献上"熏香、葡萄酒或别的什么：她会把花环献给我"。但与普劳图斯的描述不同，加图声称花环只在神圣的节日供献，这个说法似乎更有可能。[158] 在庞贝城已经发现了悬挂这些祭品的挂钩，以及绘在家庭神龛室墙壁上的花环；这种花卉绘画同样也是假花的缩影，后来在 17 世纪的低地国家十分流行。

68　　在世俗生活中，筵席和酒宴上的宾客都会戴上花冠。花冠通常不仅戴在头上，也会放在酒杯本身的周边；有时候，从花冠上摘下的叶子或花朵甚至会被放在酒杯里，这种做法被称为"喝花冠"（*coronas bibere*）。[159] 花卉摆设的应用还被扩展到船舶装饰，比如僭主狄奥尼修斯（Dionysius）就曾派出一艘装饰着花环的船去见"智慧的大祭司"柏拉图。[160] 在某些特殊活动期间，整个城市的人都可能会佩戴花环；比如在举办"阿芙洛狄忒"的"婚礼"时，在新娘要走的路两边到处都是紫红色的长袍和外套，以及玫瑰和紫罗兰。[161] 情侣们会在他们所爱之人的家门上放置花冠，这也是孩子已经出生的标志。"用花环给你的家门加冕吧，现在你终于成为一名父亲了。"[162] 在古希腊，孩子出生之后的第八天要举办家庭仪典。如果所生是男孩，就在门上挂一个橄榄叶冠；如果是女孩，就在门上挂一条羊毛带。[163] 其中的关联显而易见。橄榄叶冠不仅会戴在奥林匹克竞技会优胜者的头上，也会戴在诗人的头上。不过，据说荷马和品达（Pindar）所戴的是月桂枝叶做的桂冠，祭司和一些优胜者，还有那些向阿波罗祈求神谕的人也会戴上桂冠。

军事演习和诗歌中的优胜者所戴的叶冠，大概是我们最常听说的头冠。但人们也会戴上花朵头冠发表公众演讲，并赠送给将要出发的远征之人。[164]人们也会把花冠奖赏给戏剧表演的演员和作家，希罗多德声称这种做法来自东方。在古代世界，人们甚至会把珠宝和布做的物件撒在成功人士身上。16世纪欧洲的剧院复兴之后，献花的仪式就一直持续到今天。

鉴于头冠的用法如此广泛多样，因此并不意外的是，构成它们的花朵往往会依具体的情境不同而不同。在奥林匹克竞技会上，优胜者通常会戴上用橄榄枝做的花冠；恋人会戴玫瑰冠。情侣们还可以交换花冠，或是把一顶花冠连同一个自己咬过的苹果一起送给对方作为礼物。松树的花冠可能与贞洁有关；而常春藤与酒神和葡萄树有关，所以人们会在晚餐时佩戴常春藤花冠，相信它有助于避免头痛和宿醉。不过，玫瑰也可以用于这些场合，事实上也用于其他许多吉利的场合。

虽然我没有对古典时代各种类型的花冠的用途加以分别讨论，但我们应该清楚地认识到，用叶子做的头冠和用花朵做的头冠具有不同用途，部分原因在于这种区分在后期的重要性。[165]虽然叶冠和花冠的区别在古典时代并不是绝对的，但叶子往往用于编成优胜者的头冠，而花朵头冠则用于为社交活动带来快乐，或是用于爱情、婚姻、春天和饮宴。

富有的优胜者也会制作金银头冠；显然，其他文化中的王冠与古希腊优胜者的头冠之间具有观念上的联系。[166] 这是一个双向影响的过程。历史上，花朵和叶子做的头冠的出现可能早于贵金属做的头冠。一旦王室开始使用王冠，平民对头冠的使用便可能被加以限制，除非有人故意改变这种局面，或是只戴纸做的帽子，或是在需要美化仪容的非政治性场合下使用（比如新娘的头冠）。但在古希腊和古罗马，花冠的大量应用都不是来自这些原因，因为这种习俗是在世袭统治者被民众抛弃的情境下产生的。诚然，在希腊化时期的希腊和罗马帝国，贵重头冠的广泛应用很难视为民主统治胜利的表现；但另一方面，它作为证据也表明，财富和权力延伸到了社会中更多的人群中，而且以成就论地位的做法在社会的分层体系中起到了一定作用。虽然这种社会结构与东方邻国的先赋性等级制（ascriptive ranking）并不是截然对立的关系，但无论是和平的诗歌艺术，还是军人的武功，还是运动员在竞技会上的胜利（这可能最典型、最具象征意义），后致性的成就都在其社会运作中占据中心位置。出于这种目的，用花冠作为成就的奖赏，就与通过继承而先赋地获得王冠形成了鲜明对比。

人们曾经试图为不同类型的花冠的意义建立一套全面的符码（code）。当然，一些持久的意义联系确实存在。19 世纪末，布隆代尔在其著作中甚至声称，花冠的应用与他那个时代非常流行的花语一样，有着严格的符码，比如情侣们会用花色来表示约会地点。他接着又写道，这个意义系统还可以追溯得更远，"来自东方；而东方的这种无声的语言又可以追溯到最古老的时代"。[167] 布隆代尔对花冠和花语的这种看法，正是 19 世纪的花语作者的主张，由此推翻了符码具有文化特异性的观念。然而，来自古希腊和古罗马的证据表明，虽然人们确实为多种不同的花、叶和枝条赋予了通用的含义，但它们在用法上却相当灵活；除了人们事先会就特定情境中的特定意义达成一致外，在任何有用的意义上，这些用法都不能算作"语言"。

人们给不同的头冠起了不同的名字，这体现了花冠与后世的花语有关联的另一个特征。雅典奈俄斯在他本人称之为"花环丛谈"（wreath-laden lecture）[168] 的文字中，就开列了一系列花环的名字，如瑙克拉提斯花环（Naucratite，以埃及城市命名）、地峡花环（Isthmian）、亚历山大的安提诺埃花环（Antinoeis）等。这里面有很多花环的名字来自其他文献。在其著作《宴饮丛谈》所关注的宴饮情境之下，这个花环名录像是一种游戏，一种竞赛，由此会产生更多的名字，哪怕会让一般人觉得特别费解，或是与花环的实际应用毫不相干，也都无所谓。甚至连宴饮中这些游戏的总体面貌，在很大程度上似乎也是一种文学活动。在日常生活中，不同花冠的含义并不是排他性的，而是相互重叠的，这是付诸实践的符码的常态。花冠的名字虽然很精确，但这些文学发明的意义却微乎其微，这又是文字符码的常态。

作为献神祭品的血与花

在某种意义上，花文化始终受到这种围绕富裕与贫穷、奢侈

70

与节制而生的内部矛盾的威胁。然而，虽然具有与生俱来的内部矛盾，但是花文化在地中海地区和近东的大多数社会中都有着深厚的根基，只被古以色列所拒斥。前文已述，以色列人既不接受与他们毗邻的族群向其异教神所做的献祭，也不接受加在这些祭品之上的花环。

在较古老的时代，血祭是与神灵打交道的主要方式之一，一直到晚近，在大多数无文字的社群中，血祭仍然起着这种作用。血祭的形式是将动物屠宰，献给神灵，其肉则由会众分食，作为一顿公共餐或圣餐。对这个仪式过程，罗伯逊·史密斯（Robertson Smith）曾经做过经典而未免有些理想化的描述。另一方面，在佛教、印度教和耆那教盛行的地方，鲜花是献神祭品中的主要成分，取代了在撒哈拉以南非洲占主流地位的牲祭。这种替代就像是在圣经故事中，神命令亚伯拉罕不要杀死他的儿子以撒，而是以一只公羊代替，也就是说，用牲畜来代替人。[169]

巴厘岛没有这种普遍化的替代。虽然有些祭品是素食，但也有些祭品是荤腥。近东大部分地区的情况也非如此，那里把花朵搭配牲祭来用，而不是作为牲祭的替代品。然而也是在这些地方，花朵的广泛使用已经隐隐有替代血祭的趋势，这可能体现了一种隐蔽的矛盾。花环——包括彩绘和雕刻的形象在内——逐渐变得比祭品还重要；在庞贝的家庭神龛室的壁画上，人们只是偶尔才会描绘牲祭的场面。[170]

虽然花环会与血祭搭配使用，但有证据表明，人们认为它们更适合于无血献祭（*sacrificium incruentum*）。向神祇和死者供奉祭品的行为一直持续到古代结束之时，这两类祭品在儒略神（Divus Julius）和奥古斯都神（Divus Augustus）等神化皇帝的寺庙中还会合二为一，但献祭的侧重点往往会发生变化。祭品中的花环有时候用来代替盾牌，[171] 这样就把战争的象征转变成了和平的象征。事实上，在有些场合下，花环是专门用来替代祭品中的带血部分的。在古代后期，一些公墓中的皇帝画像中甚至也会绘上花环，一般人的肖像画则用花朵、花环和莨苕叶等植物性元素加以装饰。[172]

就像对献祭的完全拒斥一样，上述转变似乎也源于这些仪式中持续存在的、稍一思考便不难想见的矛盾。起初，供奉给神灵的食物会被人吃掉。在古希腊，赫西俄德就在他所讲述的普罗米修斯的故事中明确指出了这个问题。普罗米修斯欺骗宙斯，让他在由一头大公牛做的两堆祭品里选中了用闪亮的牛脂包裹着牛骨的那一堆；[173] 正是因为这场欺骗，宙斯才拒绝让人类用火。[174] 对食物的争夺甚至会让众神反目；在向神灵敬献具体的祭品之时，因为神灵显然不会以人类的方式享用这些祭品，所以有形之物和无形之灵之间总是处于某种矛盾状态。与此同时，古人也从不同的哲学角度对血祭的观念提出了批评。公元前 5 世纪的哲学家恩培多克勒（Empedocles）将所有剥夺生命的行为（特别是献祭）都视为亵渎，这一观点与轮回的观念有关："他们的祭坛没有被（不忍提及的）公牛屠宰所打湿，但这是人类所施行的最大的亵渎——剥夺生命，吃掉高贵的四肢。"[175] 在几百年之后的公元 3 世纪后期，新柏拉图主义者波菲利（Porphyry）也谴责基督徒在任何时候都肉不离口。[176] 这些观念正体现了"人道主义"（humanitarian）这个词的字面意义——他们把动物当作人类来对待，至少对于流血这件事来说是这样。公元 5 世纪的梵语戏剧《沙恭达罗》（*Śakuntalā*）中的那位渔夫，在谈到自己那打鱼的职业时，也言简意赅地表达了类似的矛盾情绪：

> 祭司
> 残酷地屠宰牲畜
> 却在神圣仪式上
> 对它们大发慈悲。[177]

对于杀害他人和动物的行为，人类一直有一种态度，就是对挥刀和放血持有矛盾心理；对于向无形的神灵敬献有形之礼的问题，人类也一直持犹疑态度。上面这些观点的树立，就是对这种普遍存在的矛盾心理的进一步阐发。对于放血来说，一种部分性的解决方案是使用花朵作为替代品。但在古代世界，它们常常只是一种附加的祭品，结果因为它们在献祭中扮演的这种角色，而被一些人视为遭到"玷污"之物。即使在没有这种玷污发生的地方，我们也能察觉到一种暗中的犹疑情绪，不仅把花朵的审美式应用视为奢侈，而且认为这样会伤风败俗，让农民吃不饱肚子。在本章中我试图指出，近东和地中海地区花文化的诞生，促使古罗马发展出那些高度精致的实践，并且由此引发了内部批评。在蛮族到来和基督宗教兴起的时候，这些观点早已经在欧洲出现了。尽管发生了后来这些历史事件，古罗马仍然为此后的欧洲提供了一个人们持续关注的议题；花文化的衰落和之后的复兴，很大程度上是在古典背景之下发生的事情。在接下来的几章中，我会探讨欧洲文化史上这些同时发生之事造成的后果。

73

第三章　欧洲花文化的衰落

罗马的衰落，对欧洲花文化的知识和实践都产生了毁灭性影响。植物学的学识不仅没有增长，实际上还衰退了。与植物有关的其他形式的知识也是如此。尽管基督宗教僧侣保存着迪奥斯科里季斯（Dioscorides）、普林尼和盖伦（Galen）著作的抄本，从而让本草学还维持着一种微弱的活力，但医学专业却几乎消失了。[1]

花园与花卉

花卉种植本身也是如此。希腊和罗马的古典花园并没有马上消失。一位来自里昂、名叫西多尼乌斯·阿波利纳里乌斯（Sidonius Apollinarius，约431—486）的高卢-罗马贵族，后来成为阿维尔尼人（Arverni）的主教，就在克莱蒙（Clermont）附近拥有一座别墅，带有精致的花园。5世纪时，许多高卢贵族都在别墅中保留了柱廊和花园。西多尼乌斯这样描述一位住在尼姆（Nîmes）附近的朋友：

他那隐秘的花园就像位于盛产蜂蜜的许布拉［Hybla，在西西里岛］等地那些鲜花盛开的花园；漫步其中，就像科吕库斯（Corycus）的那位老人一样快乐……可以身处紫罗兰、滨香草、女贞、百里香、肉桂、番红花、金盏花、水仙和风信子花之中……也可以选择在山脚边的人造洞穴里休息……谁还会羡慕印度国王的古老果园和金色的葡萄藤呢？[2]

花园之所以幸存下来，部分原因在于征服了高卢南部和罗马帝国在西方的其他地区的那些蛮族愿意罗马化。因为虽然他们的文化在很大程度上与这些奢侈品格格不入，但统治精英在诱导之下却接受了他们所征服的文明的许多方面。然而出于多种原因，除了拜占庭之外，这种花园一般都很难持久存在。在文艺复兴时期的意大利，人们在试图恢复古罗马花园的结构时，发现仅靠书面记载很难把这些花园重建出来，这标志着罗马帝国在西方的消亡所带来的花文化中断。一位历史学家评论道："随着西罗马帝国的崩溃，花园和花园艺术极为萎缩，可以毫不夸张地说，它们实际上已经消失了。"[3] 另一位作家也写道，与近东和远东相比，欧洲普遍对花朵视而不见。[4] 或者，正如一位艺术史家以更有诗意的方式所指出的那样："在中世纪早期，欧洲大部分地区已回归荒野。"[5]

74

可能这样的说法未免有些夸张，然而，就算征服者的意识形态和行动可能会转向奢华，但经济条件无法维持欧洲早期的富足，城市生活也在衰落。庞贝城丰富的花园文化与那里的绘画、雕像和经济作物一起消失了。与之相关的园艺技术也是如此；花卉催长的实践乃至知识似乎好几个世纪都不复存在。古罗马这个国家本身也发生了变化。起初，面对越来越多的由大型房屋构成的防御工事，一些花园还能苟延残喘。但随着时局越发混乱动荡，防御入侵者便成为土地使用和居民住宅的主要考虑因素。[6] 然而，这些变化不仅仅是个如何生存的问题。如果早期基督教会没有在许多宗教情境中积极反对异教徒的行事方式的话，那么花文化本来有可能以某种形式继续存在，甚至以另一种形式复兴。带有"偶像崇拜"意味的行为，为基督宗教所严令禁止，就像犹太教所做的那样；给神像、要作为祭品供献的兽畜和祭献者本人戴上花环，就在这些需要禁止的行为之列。对西方来说，典型的异教徒场景就像 19 世纪的约翰·济慈（John Keats）在他的诗歌《希腊古瓮颂》（Ode on a Grecian Urn）所描绘的那样：

> 这些人是谁啊，都去赶祭祀？
> 这作牺牲的小牛，对天鸣叫，
> 你要牵它到哪儿，神秘的祭司？
> 花环缀满着它光滑的身腰。（V.Ⅳ）*

在世俗生活中，尤其是在受到东方更强烈影响的拜占庭，花朵的应用仍有延续。所谓"城市加冕礼"（*coronatio urbis*），也就是在皇帝露面之前用花朵装饰城市，在基督徒皇帝在位期间还在进行。[7]

---

* 查良铮译。

从某种意义上说，这为后来教堂的装饰奠定了基础，但世俗应用和礼拜应用本身之间的界限千百年来一直是摆在神学家面前的难题。图尔的格列高利（Gregory of Tours）在提到花朵时，指出了它们与圣骨崇拜的关系，人们对待这些圣骨的态度就像对待得胜凯旋的皇帝一样。[8] 圣徒的遗骨在高卢成了治病的灵丹，也是朝圣 和礼拜的对象。不过，这种做法很早就遭到批评，一位名叫维吉兰提乌斯（Vigilantius）的祭司指责干这种事的基督徒是"骨灰贩子"，是在替异教徒举办仪式。到了 6 世纪，圣骨崇拜更为流行；一些地方贵族家庭因为出了很多教堂主教，成了圣徒的后裔，于是圣骨崇拜便令其声名更为显赫。他们到某个地方就职时，盛况有如庆祝皇帝或其画像莅临某座城市时所举办的临御（adventus）仪典。不过，在评论 4 世纪末或 5 世纪初鲁昂（Rouen）迎圣骨的活动时，主教维特里修斯（Vitricius）却提请人们注意这两种活动之间的巨大差异。在基督宗教的仪典上，皇袍为"永恒之光的外衣"所代替。通过这类方式，传统仪式便得到了隐喻性解读。然而，并不是所有物件都是隐喻，也不是所有花环都是天上的王冠。虽然正如下面的章节所述，花朵逐渐融入了世俗和宗教表演之中，但是其方式与古典时代明显不同，人们的犹疑情绪也更加强烈，教父们更是如此。花朵的应用明显减少，其栽培和相关知识也随之一并衰落。在某些情境中，因为花朵在异教仪典中扮演着重要角色，特别是以花环或其他形式加在献神的祭品上，或是以类似的方式为祭司、献祭的动物以及通常安置在花园周围的神像加冕，它们的应用甚至受到了较为激进的教父的强烈谴责。

第三章　欧洲花文化的衰落

花冠

把花朵做成花冠或花环来应用，特别是用在异教徒神灵的塑像上，是被基督宗教严厉谴责的做法。事实上，有些基督徒完全拒绝使用任何类型的花冠。正如前文所述，花冠对古典世界的深远意义可以体现在以古罗马花冠为主题的著作数量上，或是体现在泰奥弗拉斯托斯和普林尼等作者在他们更为渊博的研究中对古罗马花冠的关注上。花冠对很多早期基督徒的意义，在基督教会的教父德尔图良（Tertullian）与正教派决裂并接受了孟他努主义（Montanism）的极端教义之后所撰的一部著作中也有同样强烈的体现。在《论头冠》（*The Chaplet*，公元 211 年）的开头，德尔图良讲了一个罗马士兵的故事。这位士兵作为一名基督徒，在领受御赏（*donativum*，在这个故事中是因为皇帝塞普蒂米乌斯·塞维鲁［Septimius Severus］去世而赏赐的一笔金钱）时拒绝把桂冠戴在头上。结果他被逮捕，投入监狱。德尔图良面临的难题是如何在《圣经》中没有禁用花冠的权威文字的情况下为拒绝戴花冠的行为辩护，最后，他不得不诉诸习俗（*consuetudo*），说这些习俗是一些基督徒希望无视的东西，然后又用"默证法"来论述——既然《圣经》文本中没有提到戴花冠的做法，那么就不应该戴。

76　　他的推理是这样的：首先，在头上戴花冠，与在花束中使用花朵不同，是违背自然的行为。要注意形式上的对立。其次，根据希腊神话，花冠是由魔鬼发明的，创造它们是为了偶像崇拜的目的。因为"花冠是献给偶像的祭品"（10.5）；"花冠装饰着门、牺牲和偶像的祭坛；他们的大小祭司也戴着它们"（10.9）。另一方面，

> 族长或先知、利未人、祭司或统治者一概不戴花冠；在《新约》中，我们也看不到有任何文字记载哪一位使徒、福音传道者或主教戴着花冠。我相信，不只上帝的圣殿，还有约柜，法柜，祭坛，［七枝］烛台，它们也都从来没有用花冠装饰过。由此可见，如果花冠配得上上帝，那么无论是在首次奉献仪典上，还是在回归故土的庆祝活动中，花冠都应该拿出来供装饰之用。（9.1）

德尔图良通过引用犹太人的神圣历史，确证了基督徒本来就有避用一切花冠的习俗，其中也包括新郎戴的结婚花冠（这就是"我们不会与异教徒结婚的原因"，13.4）、门上的花冠、地方官员的专用花冠甚至那些可以让女性把头发巧妙地编入其中的花冠（14.2）。虽然基督被迫戴上荆棘冠，但在天上，他戴的却是黄金冠。作为一名基督徒，"当命运注定要你戴上冠冕时"，你不应该"用那种小头冠和扭曲的头带来玷污你的额头"（15.2）。跟随着基督，地上的冠冕可以被天上的冠冕替换。另一位前君士坦丁时代的禁欲派领袖亚历山大的克莱门特（Clement of Alexandria）则特意将他对花冠的反对与基督的故事联系在一起，声称应用花冠的行为"对于我们这些歌颂我主所蒙受的神圣苦难的人来说，是言行不一，因为我们知道我主戴着荆棘冠，但我们自己却戴着鲜

花"。[9]这些反对意见的第三个理由，则阐述了许多文化中的一个共通的意象，就是花朵的非持久性。用以赛亚的话来说，"高傲的冠冕"与通过礼拜上帝而获得的"荣冠华冕"是截然对立的；用《新约》中的习语来说，这种对立则是终将枯萎的异教徒花环与基督徒的"不朽"冠冕的对立。[10]这里所说的冠冕不是天上的，而是心灵上的，甚至可能是隐喻性的。

基督宗教的早期教父米努修斯·费利克斯（Minucius Felix）的著作也对环绕头部的花冠表示了反对意见。他有时会提出奇怪的观点，在拒绝花冠的同时，却不拒绝花朵或花环本身。在他笔下，他让异教的支持者凯西利乌斯（Caecilius）攻击基督徒，因为他们反对应用花环："你们不把花环戴在头上；你们不用气味来装饰身体；你们留下香膏供葬礼之用；你们甚至拒绝把花环放在墓地里。"[11]这些反对意见让人回想起普林尼对犹太人的批判，随后又更进一步，批判起基督徒不用祭坛、庙宇和"公认的画像"的行为来，这让他们"既无法展示，也看不见"他们的神，"他无处不在"。在后文中，我会讨论早期基督宗教中与此相关的无圣像化倾向，但很显然，人们是会把图像的缺失与祭品的缺失以及上帝无形、无所不在和无所不能的本质联系起来的。[12]

对于这些攻击，米努修斯·费利克斯笔下的基督徒屋大维（Octavius）做了长篇回应。我们在春天采集花朵，特别是玫瑰和百合，以获取它们的花香和颜色；我们也会把鲜花撒落，或是做成花环，随意地戴在脖子上。但是，"很抱歉，我们确实不把花冠戴在头上；我们习惯于通过鼻孔嗅闻一朵甜蜜之花的芳香，而不是用

　　　　　　　　　　　　　　　　　　鲜花人类学

后脑勺或头发来吸气。我们也不为死者戴冠",因为他们什么也闻不到。"我们只戴上帝赐予我们的一种有着永恒花朵的鲜活之冠",而不会戴那些"会枯萎的花环"。[13] 对基督徒行为方式所做的这种辩护,专门反对了戴在头上的花冠。然而,这场争论背后并不仅有对上帝的不同理解(他"无处不在"而不可见)和对献给上帝的祭品的不同理解,而且还有一种自觉的意识,认为与他永恒的荣耀相比,花朵只有易逝的美丽;在这个鲜明的对比中,一边是轻浮和奢侈,另一边则是庄重和克制。

隐喻式的解读,被明确地用于"解释"《旧约全书》或古典作者的文字,甚至"实践"本身;这种做法,是早期基督宗教卫道士的一种特别常用的手段:"永远不会凋谢的美丽花冠,在等待着那些生活幸福的人……只有天堂葆有让它开花的秘密"。[14] 还有更夸张的说法:"必须把女人的丈夫看成她的冠冕。"当然,对于旁观者来说是隐喻的东西,对于当局者来说可能却是真实的。因为一些实践者虽然认为《圣经》文本神圣而极为重要,但他们不能接受对《圣经》的那种"逐字逐句"的阅读,也就是纯从字面来理解,于是只能被迫接受这些隐喻式解读。正如莱恩·福克斯(Lane Fox)所言,"基督宗教与文本有着特殊关系。"古罗马地下墓室中的几幅绘画表明,迎来最后审判的基督徒手里都紧紧抓着《圣经》,这本书在基督宗教的圣像绘制中是永恒的主题。《圣经》文本以传统的纸草抄本的形式取代了基于"神话和猜测的口头文化"的宗教。[15] 虽然古罗马社会绝非一个没有文字的社会,但基督徒却将文字更集中而广泛地用于其宗教目的。在应用文字时,基督徒便对早期的希伯来语文本重新加以解读，使之适应后来的实践和教义，也就是说，使之可以用作寓言、隐喻和类似的修辞手段。这些修辞中会提到花朵，特别是在模仿古典作者的华丽段落中。以迦太基的居普良（Cyprian of Carthage）的第十封信为例，他在教堂的花朵中发现了百合和玫瑰："现在让每个人都为各自领地上的最高荣誉而奋斗吧。让他们都赢得冠冕——白色代表善行，深红色代表受难。在天上的堡垒里，和平与战争都有自己的花朵，好让基督的战士能在荣耀中戴上用它们所做的花环。" 16

供制作那些被禁止使用的头冠的花卉，几乎涵盖了花卉世界里的所有品种："你会看到，没有一朵美丽的花，没有一片翠绿的叶子，也没有一片草皮或一枝藤蔓没有被敬献给这个人或那个人的头项。"（7.7）从这个意义上说，所有花卉都有嫌疑。然而，德尔图良对头冠的反对是有节制的，并没有扩大到连花朵本身的应用也要谴责的程度；他甚至也没有谴责所有头冠，只要它们只是随身携带之物，而没有佩戴起来，就没有关系——也就是说，只要是不戴在头上的花束就行。对德尔图良来说，需要谴责的只是花冠或头冠这种形式：

> 然而，一件物品的某种非同寻常的使用方式，并不妨碍它的一般性使用。因此，你可以继续应用花朵，哪怕它们是用线和草篾捆扎在一起，并扭曲［成冠冕的形状］，正如你可以继续应用单朵的、松散的花一样，它们都是可以看、可以嗅的东西。我还可以说，如果一束花捆在一起成为连续的一列，你也可以把它当成一个花冠，这样你就可以同时携带许多花，同时

　　　　　　　　　　　　　　　　鲜花人类学

享受它们全部的色与香。如果它们非常纯洁，那么可以放在胸前；如果它们非常柔软，那么可以铺在床上；如果它们对人无毒的话，那么你甚至可以泡在酒杯里。请享受它们影响感官的每一种方式吧。（5.3）

然而，尽管他对花卉的其他用途没有提出同样的反对意见，但无论是在这封信中，还是在其著作《论妇女的衣着》（*The Clothing of Women*）和《论演出》（*Spectacles*）中，他的禁令的整个主旨，都是反对奢侈或几乎任何类型的展示；这种极端的清教主义态度，导致他谴责剧院、珠宝的佩戴、化妆品的使用和彩布的穿着。最后这项禁令的论证理由很奇怪——如果上帝要我们穿这样的衣服，那他本来应该赐予我们长着红毛和蓝毛的绵羊。我们不能将这些观点视为那个时代的典型。德尔图良的这些作品是在他信仰孟他努主义的时期创作的，当时的社会还是一个君士坦丁改宗基督宗教之前的社会，基督徒只占少数。米努修斯·费利克斯也是如此。然而，尽管他们的那些论证似乎特别牵强，却算不上独特；人们针对古罗马生活的其他方面，也常常以反对奢侈为由提出更为慎重的批评。这又一次清楚地展现了早期基督徒与古罗马道德家的联系；二者的不同之处，只在于作者与其受众的关系而已。[17]

塑像

在古罗马世界，花冠和花环在世俗和宗教领域都占有一席之地。它们被用来装饰神的塑像，作为礼拜和祭祀的一部分。因此，塑像也是可疑对象，特别是因为它们不只是神祇在场的象征，连它们本身也能够做出"神力的善行"。遵照古埃及流传下来的传统，人们会举行秘密仪式来"激活"他们："直到基督宗教帝国已经建立很久之后，仍然有些纸草会记录下咒语；把这些咒语写在纸条上，张贴在塑像身上，就可以让它'活起来'。"[18] 从荷马时代开始，一直到罗马帝国后期，传统信仰中的神祇都能够以多种形式向人类显现，神的塑像因此也是神的化身之一，然而，塑像本身也可以拥有神力。在君士坦丁取得内战胜利前不久，东部皇帝马克西米努斯（Maximinus）就讲述了各个城市的民众如何携带着他们的神祇的形象，向他请求再次对基督徒施加迫害。[19]

在一些基督徒看来，塑像的意义已经足够显豁，就是些杵在他们面前的恶魔作品，与真正的宗教全然对立。提奥菲罗（Theophilus）质问道："如果你相信你信仰的那些神祇会通过人造的塑像创造奇迹，那么为什么你不相信上帝肉身的复活？"莱恩·福克斯也评述道："一直到拜占庭帝国建立之后很久，基督徒仍然将他们生活的城市中的古老异教塑像视为恶魔现身的场所。塑像不再是美丽的艺术品，它们是恶魔寄身之物。"[20] 基督宗教的许多早期主教连教堂内的绘画都要谴责，位于西班牙的埃尔维拉公会（Council of Elvira）甚至通过决议给这类绘画下了禁令。[21] 有时候，他们还怂恿教徒毁坏塑像。另一方面，也有塑像作为装饰品而幸免于难，比如在君士坦丁堡就是这样，于是在基督宗教的这些新中心，它们便作为"恶魔的"遗物幸存下来。[22] 但总的来

　　　　　　　　　　　　鲜花人类学

说，尽管在君士坦丁堡有少量《圣经》人物塑像，但三维立体塑像已经变得非常罕见。在世俗情境中，古罗马皇帝的一些画像在拜占庭时期仍继续有所创作，花朵做的花环是这些画像的标准特征。然而，一些基督徒甚至连世俗的塑像都要用怀疑的眼光打量；他们遵循了犹太教传统，认为一切塑像都是"人造的"，都与上帝的工作——无论是他的创世工作还是其肉身的复活——相对立。这两方面的工作都是神的属性。

塑像本是古代世界最伟大的成就之一，是对人、神和英雄的立体呈现。但从 5 世纪开始，它们就基本消失了。君士坦丁堡、叙利亚或埃及几乎都没有拜占庭时代的塑像。[23] 在西部基本也是如此。虽然雕塑还以其他形式存在，但塑像却已不存。就像花卉的情况一样，对异教的拒斥，加上更早以前犹太教的反对，一齐改变了欧洲文化的面貌，改变了欧洲立体式呈现的传统。虽然肯定也有一些例外，但这种鲜明的对比依然存在。这种局面的出现，与其说是因为技术的丢失或经济的衰退，不如说是出于故意的拒斥；这种拒斥的态度，在基督宗教中的根基比其他任何一种宗教都埋得更深。

献祭

因此，从新教会的立场来看，古典花园及其中的塑像都是可疑的。它们与崇拜其他神祇的行为有关。古罗马和古希腊的庙宇在献祭时都会挂上花环，有时候私人住宅也是如此。这些祭拜中心一直活跃到君士坦丁时代，在异教徒和基督徒双方来看，参与这些地方举办的献祭活动的意愿，都是自己与对方的关键区别，因此这种意愿不仅是个神学问题，也与迫害有关。虽然献给神祇的祭品有多种多样的形式，但血祭仍然是大多数祭拜的核心，为此招致了哲学家和其他评论家的许多批评；此外，"献祭还是一个受人公认的场合，可以在此食用希腊（但不是罗马）饮食文化中的肉类"。[24] 公元 303 年，戴克里先（Diocletian）为了复兴帝国，让它重新恢复稳定，颁布了一道敕令，要求向神祇、国家和皇帝献祭。祭品的性质及其享用者给基督宗教、犹太教以及其他宗教的信徒带来了巨大难题，因为他们信仰一个不可见的上帝，献给他的应该是祷告，而不是物质性的祭品。

前文已述，对血祭的理论和实践的矛盾心理在古典社会中已经存在，并不限于那些道德家。[25] 犹太教的情况也是如此。服从上帝的诚令，比献祭更好（"听命胜于献祭"，《撒母耳记上》，15.22）；先知的批评针对的是忽视了内心态度的外在顺从。此外，公元 70 年第二圣殿被毁后的犹太教，以及基督宗教和伊斯兰教，至少在原则上都彻底拒斥献祭活动。[26] 这种拒斥有两种类型。首先，必须避免使用异教徒的祭品。虽然异教徒皇帝认为食用祭肉是顺从的标志，但基督徒认为这是恶魔的内化，是抛弃了信仰。因此，当基督徒皇帝禁止献祭时，"他们的目标在于对付异教徒崇拜行为的鲜活内心"。[27] 其次，无论是血祭，还是其他任何物质性的祭品，都不得献给不可见的上帝。有时候，也有人会给出这种拒斥的复杂原因。米努修斯·费利克斯让他笔下的屋大维发问，"我"

是否"应该把他所赠之礼掷还给他"，这个主题在17世纪的诗歌中反复出现，显然适用于献给上帝的各种祭品——你不可能把任何东西给予造物主，也就是一切东西的给予者。[28] 因此，献祭观念的一部分含义转移到了其他物品和其他行为上。基督为了世人牺牲了自己，颠覆了神祇的通常角色；根据《希伯来书》，公牛的血与基督的血形成了鲜明对比，后者远远胜过前者：

> 并且不用山羊和牛犊的血，乃用自己的血，只一次进入圣所，成了永远赎罪的事。若山羊和公牛的血，并母牛犊的灰，洒在不洁的人身上，尚且叫人成圣，身体洁净，何况基督……的血岂不更能洗净你们的心……[29]

与此同时，早期的教会也摒弃了献祭的意象和语言，"献给恶魔的血祭，变成了基督徒把自己的施舍和初熟的果子献给主教"。[30]

诚然，在北非的基督徒中也可以见到以"上帝的羔羊"献祭的观念，这种观念又是从萨图恩-巴尔（Saturn-Ba'al）神崇拜那里继承而来。但这些属于多纳图斯派（Donatist）的教会只是以隐喻的方式延续了这一传统而已；[31] 事实上，血祭的实践遭到了拉克坦提乌斯（Lactantius）等作者的恶毒谴责。[32] 不过多纳图斯派认为，这种改造后的献祭既可以拯救牺牲，又可以拯救献祭者；而在其他地方，对"上帝的羔羊"的献祭和崇拜则是另一种隐喻式的行为。当然，在南亚和东亚，对血祭的拒斥又以更为激进的形式出现。许多因素促成了这种普遍性的发展，其中包括意识形态因素[33]

和社会经济因素 [34]，与全职的教职人员（司铎和僧侣）和部分独立的教会的出现有关；这些教会需要供品来满足自己的生存，而无法再依靠会众之间分享的公共餐；事实上，公共餐或圣餐现在已经成了非常不同的另一种象征，尽管这种象征又随着基督宗教教派的不同而不同。

《使徒行传》中有一段关于皈依上帝的人是否需要按照摩西律法来接受割礼的讨论，众人一致认为，应该以另一种方式对待外邦人。雅各建议他们不要对那些归服上帝的人施加令人讨厌的限制，而"只要写信，吩咐他们禁戒偶像的污秽和奸淫，并勒死的牲畜和血"。[35] 血液当然经常会被偶像玷污，不过雅各这里的说法后来也被解读为所有吃下血液的行为。然而，这种与偶像的接触，也让花朵祭品因此遭殃。根据圣奥古斯丁的说法，古罗马有为期一个月的一系列仪式，献给利伯（Liber）这位司管包括精液在内的液体种子的男神；这些仪式的高潮，是一位夫人给一枚阴茎套上花环。[36] 不管是血、食物还是花环，向异教神祇献上祭品的做法，都令这个新宗教的成员极为憎恶；他们那不可见而全能的上帝只需要赞美和崇拜。礼物是供给教会的，不是给上帝自己的。

在实践层面，一些献祭仍然存在；人们会继续把一些物品放在坟墓中。按照一个古老的习俗，马匹作为男人的亲密伴侣，有时会在主人去世的时候宰杀。正如伊本·法德兰（Ibn Fadlan）在谈到他在大约公元 920 年拜访乌古斯人（Oguzians）时所写的那样，在伊斯兰教中（可能也在基督宗教中）存在着这样一种观念，即主人可以骑着他的马上天堂。迟至 1781 年，在德意志地区仍有这种做法的报告，但遭到了教宗格列高利三世（Gregory Ⅲ）的谴责。在格林（Grimm）看来，拒绝宰杀马匹和食用马肉，是改宗基督宗教者的显著特征。[37]

其他祭品

花朵只是禁止献给众神和死者的物品中的一类。同样受到谴责的还有其他形式的祭品。不得有动物为此宰杀，也不得有食物献给众神。在改宗基督宗教之后，异教徒的神祇自然而然就变得无关紧要；对于这位新信仰的上帝，人们只需要祷告，而不是献上物质性的供品。事实上，上帝在一开始根本没有物质性的显现形式，可供人们献上祭品。早期教父们都强调了基督宗教与一切形式的偶像崇拜的根本差别；前者礼拜不可见的上帝，而后者礼拜神祇的视觉呈现形象。[38]希腊人因为认为人只不过是"身体的可见形式"，便被打为异教徒，因为这种认识是崇拜偶像者的异教观念；基督徒则强调对灵魂的理性认知。"感性"（*aisthēsis*）是与"理性"（*logos*）对立的。[39]异教徒从事感性的礼拜，会"嗅闻"熏香的"香气"，或是观看"献祭的血液或脂肪"的视觉场景。基督徒的"无血的献祭"则不依赖于感官。[40]用圣约翰·克吕索斯托姆（St John Chrysostom）的话来说，基督徒的献祭是"不用到任何具实体的、粗笨的或与感官生活纠缠在一起的东西的礼拜"。[41]就连熏香，也被以这种理由拒斥，而排除在早期基督宗教的礼拜之外，尽管在更早之前的犹太教仪式中，芳草仍占有一席之地。直到6世纪前期，我们才在东方教会中发现使用熏香的证据；在西方教会，这种做法要晚得多。[42]

熏香的应用提供了一个重要例子，说明对"他者"的实践的拒斥可以用来界定仪式身份。在中国、印度和古代近东广泛使用的熏香，是所有主要文明中花卉、芳草和香水文化的一部分。在古以色列，熏香专用于献给雅威（Yahveh）；而在《诗篇》141 中，它被比作祷告；不过《雅歌》3.6 也提到熏香可用于世俗目的。在伊斯兰教中，人们在礼拜场所焚爇熏香，以产生令人愉悦的气味，但没有特殊含义。然而，早期的两位教父亚历山大的西里尔（Cyril of Alexandria）和圣克吕索斯托姆都谴责了熏香的应用，因为它与异教习俗有关；倒是亚历山大的克莱门特，认为它可以用在仪式中。通过拒绝向皇帝塑像献香的做法，可以识别出一个人的基督徒身份，一些人不幸因此殉教。那些为了逃避一死而妥协的人则被称为 *turificati*，意为"焚香人"。在君士坦丁时代之前，熏香在基督教会的公共礼拜中丝毫没有用处；到了 9 世纪，一些教堂才开始使用熏香，后来才在东西方得到更为广泛的应用。[43]

真正的问题在于如何对待死者，因为去世的家人（我们的亡人）与殉教者一样永远与我们同在。改宗基督宗教可能会改变想象和对待死者的行为方式，但不会改变这些死者本身的存在。罗马人向他们献上祭品和礼物，特别是花朵，并在与他们告别的时候把一些物品埋葬在其坟墓中。虽然火葬也是处理死者的一种常见方式，但众人的礼物和死者的个人物品也会被放在火葬堆上；火葬堆本身往往放有花环，而死者的眼睛也会被人拉开，这样就能看到献给自己的供品。献祭仪式是在坟墓的建造过程中进行的，人们把物品放在里面，坟墓本身则通常用玫瑰来装饰。[44] 在东方希腊世界（Greek East），人们有时也倾向于把玫瑰节（Rosalia）作为向死者致敬的一种方式。[45]

到了基督宗教统治的时期，所有向死者提供的物质性祭品都被禁止，与献给神祇的祭品同等待遇。携带饮食前往墓园是一种罪恶，尽管正如我们可以在若干文献中看到的那样，这种做法在这个时代仍然一直延续下来。[46] 献上这样的祭品，就是认为死者仍是可以影响人间事务的人，然而基督徒本来只有通过上帝才能与他们打交道。就连在坟墓中随葬物品也被禁止，不管这是为了向死者致敬，还是为了让这些物品陪他去另一个世界。在 7 世纪，随葬品逐渐从英格兰的盎格鲁-撒克逊人墓地中消失，尽管一度也有一个过渡时期，其间基督宗教的标志（emblems）可能会与死者一同埋葬。[47] 不必说从古代中国一直到古埃及，在整个旧大陆的墓葬中都可以发掘出精美的随葬品，单说萨顿胡（Sutton Hoo）船葬这种墓葬形式，就让盎格鲁-撒克逊人的瑰宝得以幸存下来，但它终于被严格禁欲主义和空无一物的基督徒坟墓取而代之。[48] 当花朵后来重新回到坟墓时，它们比饮食和墓葬用品更易为人接受，因为它们可以被理解为装饰物或纪念物，而不是祭品、公共餐或"礼拜用品"（ornaments）。

尽管如此，基督宗教还是抓住时机牢牢控制了西欧，至少在墓葬建筑方面如此，尤其是在农村地区。早期基督徒将棕树和花环作为其坟墓的地下墓穴中的图案，部分是为了隐蔽，部分是出于传统，部分也因为并非所有早期教父都同样严格地禁止圣像和相关习俗。[49] 在欧洲其他地方，基督宗教化的进程较为缓慢。高卢–罗马社会到公元 407 年和 451 年遭到两次大规模入侵时，才被蛮族的"洪流"所破坏。当时，这个人群可能在名义上已经是基督徒，但只有在法兰克人改宗后，他们的习俗才在"一个非常缓慢的渐进过程"中发生了很大变化。[50] 到 7 世纪末时，除了一些王室成员的墓葬和死者的穿戴之外，随葬品便消失了。[51] 虽然由教堂主导的墓葬出现得更早，但直到 8 世纪，大多数墓葬才安排在教堂庭园中，"尽可能靠近这神圣的建筑，处在其屋顶落下的水滴之下——*sub stillicidio*"。[52] 教堂庭园现在就是墓地的同义词，在非常具体的意义上说，它已经成为圣地，以最直接的方式受到神职人员监督。若无教会的许可，那里不得从事任何活动。只有在 17 世纪新英格兰的清教徒统治下，墓地才再次世俗化，并置于市政管理之下。[53]

85　　　然而，饮食祭品很难完全根除。6 世纪，阿尔勒的圣凯撒留斯（St Caesarius of Arles，约 470—542）对基督徒和异教徒都提出抗议，因为他们"把酒食带到死者的坟墓那里，仿佛离开肉体的灵魂还需要俗世的供给……但那些声称要给他们所亲爱的人设宴的人，却把这些酒食自行吃掉；他们把满足了自己胃口的东西当成施舍"。[54] 这番批评很有代表性，因为它涉及早期评论者所关注的基督徒和异教徒的主题。新时代要求人们通过教会提供施舍，然而一些早期的做法仍然存在。在图卢兹（Toulouse）地区，尽管遭到教会不断批评，但为死者提供饮食、举办宴席和表演"骷髅之舞"

（*danse macabre*）的习俗仍然持续了很长一段时间。[55] 参与这些越界行为的人并非只有俗众。大约 748 年的时候，圣博尼法斯（St Boniface）还抱怨说，亵渎神灵的司铎们竟向异教神祇献上公牛和牛骨作为祭品，在吃掉它们之后又开始性狂欢。[56]

消灭"异教徒"习俗的努力持续了很多个世纪，这表明这些习俗从未能被彻底除灭。11 世纪，沃姆斯的布尔夏德（Burchard of Worms）在赎罪书（penitential）中严格禁止向死者献祭、举行异教徒葬礼仪式、在葬礼上守灵和设宴，还谴责了饮酒和寻欢作乐的行为。他对巫术和魔法的疑问听上去很有非洲的味道。[57] 甚至使用草药也被视为有潜在危险的行为，因为草药与巫术信仰有关，因此在采集药用植物时，必须念诵信经和主祷文。[58] 但流血的仪式尤其令教会担忧，因为任何这样的献祭都必然会献给其他神祇。[59] 在基督徒的献祭中，唯一可以流的血是基督自己的血，由信众在弥撒仪式中以实质性的方式而不仅仅是象征性的方式饮下；于是教堂成为进行"圣餐"（公共餐）的地点，其他地方则禁止举行祭餐。

圣奥古斯丁在《上帝之城》（*The City of God*）中有力地表达了这种对待各种献给神和死者的祭品的态度，其中始终如一的主题是拒绝各种类型的献祭。他问道，谁听说过任何向殉教者献祭的事？从心灵上的意义来理解，"献祭"只能是献给上帝。我们可以效仿殉教者们，"赢得一样的冠冕（*coronae*）和棕树"。然而，只有当祭品纯粹只有"装饰性"的目的之时，只有当祭品"意在用于表示对他们的纪念，而不是作为圣物或是献祭的牺牲（*sacrificia mortuorum*），仿佛把死者当成神祇一样，那么献给他们的圣坛的祭 86

品才是可以接受的。[60] 他描述了一种习俗，"更好的基督徒不会去做"，就是把食物带到死者的圣坛，就像罗马人在祖灵节的做法一样，或是像非洲长久以来的习俗一样。然而，基督徒的意图和对待食物的方式仍然与后二者不同。他们"把食物在圣坛旁边放下，祷告，然后把食物拿走吃掉，或者把其中一些送给穷人"。显然，这一习俗是北非的基督徒所实行的，因为当奥古斯丁的母亲莫妮卡（Monica）第一次从迦太基来到米兰时，她就把食物带到了殉道者圣坛，并不知道圣安布罗斯（St Ambrose）已经禁止了这一习俗。奥古斯丁和后来的作者一样谴责这些祭品，因为"我们既不以神圣的荣誉也不以人类的罪行来纪念我们的殉教者……我们也不会献上祭品"。祭品被转化为施舍，通过教会管理，以维系教会本身和他人的活计。通过这种方式，上帝所直接给予的东西便可以通过他的教会间接地归还给他。[61]

因此，祭品（特别是血祭）的缺失，成为犹太教和基督宗教的一个重要的区分性特征，并与犹太教中连抽象的上帝形象呈现也不存在有关。人们反对向上帝敬献牺牲和其他祭品，其范围扩大到所献的花环、种植花卉的花园以及接受花朵的众神的塑像。因为即使是像古罗马广场这样的花园里也有萨提尔（satyrs）*的塑像，而据普林尼所说，萨提尔像"是一种符咒，用来对抗嫉妒者的魔法"。结果，与异教神的祭祀有关的物品都被基督徒以怀疑的

---

* 希腊神话中的一群精灵，全为男性，长着人的身子而又带有马或山羊的特征，生性放纵淫荡，是酒神狄俄尼索斯的随从。

眼光打量，而"献祭"一词也与其他许多用语一样，得到了新的解读。通过类似的方式，下界的花园有时也可以用于调换成天上的花园。诺拉的保利努斯（Paulinus of Nola, 353—431）就曾宣称，他没有放弃他在阿基塔尼亚（Aquitania）的庄园埃布罗马古斯（Ebromagus），为的是可以栽培一个小花园；"我更喜欢天堂花园，而不是我继承的遗产和故乡"。[62]

禁欲主义与奢侈

对于苦修者来说，基督宗教的乐园在天上的极乐世界，而不是在下界的皇家花园。波斯先知摩尼（Mani）在让一位美索不达米亚王子皈依摩尼教的过程中，也表达了类似的观点。这位王子是一位优秀的园艺师，反对摩尼教徒拒不耕种土地、修剪草木的做法。有一天，摩尼走进王子的花园，王子问他："你在天上乐园里布道，这个乐园会和我的花园一样好吗？"于是，王子被带到天上乐园参观，然后就皈依了。[63] 摩尼对花园的反对，与他对动植物的深切敬重有关，但从他对狩猎和花园的强烈反对态度中似乎也能看出他对富人的奢侈生活方式的谴责。[64] 不可低估这种拒绝主义的吸引力；居普良也认为自己之所以改宗基督宗教，与他厌恶他人炫耀地位和财富有关。[65]

这些反对奢侈的态度出现在许多教父的笔下，他们的著作不仅以《圣经》为基础，而且借鉴了古典时代的道德家和讽刺作家的作品。亚历山大的克莱门特在一本文艺复兴时期广为人们所阅读

87

的书中谴责了所有的奢侈行为，这为后来的清教徒提供了充分的示范。他反对女性使用香水，反对男性剃发，反对过度饮食。他甚至反对沐浴，要求男性（与女性不同）只能出于健康而非享受的目的来沐浴，因此男性只能洗冷水澡。在他列出的那份长长的不良行为清单中，他不仅谴责花冠的佩戴，而且谴责摘花：

> 春天，可以在有露水沾湿的柔软草地上逗留，在各种鲜花中逗留，像蜜蜂一样从它们纯净天然的香气中汲取营养；但智者不会"用田间采集的花朵编织花冠"，然后把它带回家里；不要为了快活，就用玫瑰花苞、紫罗兰、百合和其他花朵来装点垂放的头发，这是从自然中掠夺了属于她的东西。[66]

在礼拜上帝时，可以用眼睛来欣赏花朵，但不要把它们当成礼拜的用具，因为它们很快就会凋谢，人们因此毫无意义地掠夺了自然。克莱门特声称花冠不是希腊本土的东西，只能在隐喻的意义上欣赏；现实中的花冠则是献给偶像的。[67]出于这个理由，花冠是他攻击的主要目标。花和它们的香气本身并没有害处；它们可以入药，甚至在某些情况下用于明智而适度的消遣。因为花朵和芳香植物的存在是为了满足我们的需要，而不是把我们引向炫耀和奢侈。他总结说，可以享受花香，但不要把它们用作花冠。[68]换句话说，花朵的药用和被动享受是允许的，但把它们用于节日、家庭娱乐以至仪式和宗教则是必须谴责的。[69]

88　　这种对奢侈的批判并不限于基督徒，因为与此类似，一些早前的古罗马作家也批判过财富的展示，另一些作家则批判了献祭和杀戮的理由，因此在他们笔下，节日庆典也因其放纵而受到谴责。在一些这样的节日庆典中，花朵扮演了重要角色，导致它们遭到早期基督徒作家的谴责。比如在古罗马的花神节庆典中就有妓女应观众的邀请脱衣的场面。[70] 通过这种方式，花朵与具有繁殖力的果实、淫荡的动物以及公开展示的性欲联系在一起；这种性欲的公开展示，虽然有奥维德（Ovid）和马提亚尔极力为之辩护，却也引发了尤文纳尔（Juvenal）和塞内加（Seneca）等道德家和讽刺作家同样强有力的谴责。[71] 这个论题，后来便被基督徒以更大的热情接了过去。于公元 300 年左右改宗基督宗教的作家拉克坦提乌斯，就谴责了花神节，并在一篇用神话即史实论式的方法解构罗马神话的奇文中试图论证，颂扬花神是在有意掩盖她那与一个名叫"花"的声名狼藉的少女有关的不洁起源。"如果连荡妇也能永垂不朽，那么这种不朽又能有多了不起呢? 当芙萝拉通过充当娼妓赚取了巨大财富后，她便指定民众为自己的继承人，并留下了一笔钱；人们用这笔钱每年的利息为她庆祝生日，其间展示各种游艺，这就是花神节。"他声称，为了掩盖这个节日可耻的起源，元老院决定将庆祝活动与节日名字本身更紧密地联系起来，以便让节日更体面一些。但放荡的行为仍然十分显眼。"因为妓女们除了在其狂言浪语中极尽猥亵之能事外，还会在民众的坚持之下脱掉衣服。"[72] 花朵及其节日于是不仅意味着向错误的神献祭，而且意味着人们会在他们自己的神的怂恿下从事不道德行为。这样的事情，在 17 世纪旧英格兰和新英格兰的清教徒反对过五月节时，又重新上演了一回。事实上，无论对节日的攻击，还是对节日的辩护，古罗马的情形都与后来那个时代的争议近乎一模一样。

玫瑰

对祭品、异教仪式和奢侈的反对，意味着花朵虽然也被允许有少量应用，有一定的自由空间，但花文化却受到了巨大冲击。尤其是花冠和花环，其使用承受了很大压力。花环的遭遇也发生在众花之花——玫瑰身上。在写到玫瑰的历史时，若雷（Joret）评论道："它的文化在整个罗马帝国曾经得到了高度发展，却因为持续不断的战争而被人忽视了——如果不说是完全被抛弃的话。"[73] 但战争并不是唯一因素。基督徒作家也谴责这种花所扮演的角色。[74] 他们并不喜欢玫瑰，因为它与维纳斯有关。只是到后来，它才逐渐出现在基督宗教的形象体系中。[75] 亚历山大的克莱门特（150—211/215）禁止使用花冠，而且特意挑出用玫瑰和百合做的花冠点名；[76] 西班牙诗人普鲁登修斯（Prudentius, 348—约405）的作品在后来的中世纪非常有影响力，他也在诗中吹嘘自己既不用玫瑰，也不用芳香植物：

89

> 在这里我不摘一朵玫瑰，
> 鼻孔里也没有香料的气味。[77]

他称赞圣尤拉莉亚（St Eulalia）对玫瑰花冠、琥珀首饰和金项链抱以蔑视。[78] 一些人甚至连婚礼上的新娘花环也拒不接受，认为它们与异教徒的欢宴有关联。[79] 基督宗教创立伊始时，婚礼上连婚冠都没有。[80]

玫瑰就这样变得黯然失色，因为在古罗马，尽管它通常用于葬礼，但已成为"妩媚和放荡的象征"。[81] 即使在这种情境下，这种花也免不了要被批评为一种奢靡，浪费了本可以更好地利用的资源。圣哲罗姆（St Jerome）把其他丈夫放在妻子的骨灰瓮上的紫罗兰（*violas*）、玫瑰和百合与帕马基乌斯（Pammachius）[*] 为了纪念保利娜（Paulina）而做的布施做了对比。[82] 他要讲的道德很明确：应该把财物通过教堂施予他人，而不是花在如此浪费的开支之上。虽然克莱门特并不完全反对花朵的应用，但他认为应该只在有必要的时候利用，而不是作为奢侈品来滥用；因为必要的需求肯定与健康相关，所以只有药用才值得提倡。[83] 花朵可以在户外草地上欣赏，但在室内佩戴花环却不是"理智之人"所为。[84] 因此，花冠被视为不自然的奢侈品，而最重要的是，它们还被视为偶像，不得带进室内。

另一方面，作为影响死者或神的方式而被拒斥的花朵，可以作为装饰而被接受。人们的使用意图很重要，这里因此发生了从意义向图案的转变。因此，早期基督宗教中较为温和的派别，对

---

[*]　帕马基乌斯（？—410）是古罗马的一位元老，397 年其妻保利娜去世之后，他不仅向穷人做了大量布施，以求妻子灵魂的安宁，而且还在朋友诺拉的保利努斯建议之下投身慈善事业。

于在世俗生活中运用和为了其他装饰目的而运用的花朵也多少网开一面。奥古斯丁引用了基督有关"野地里的百合花"的演说，并引用了新柏拉图主义者普罗提诺（Plotinus）的话，说"在微小的花朵和叶子上看到的美丽"来自"上帝的天佑的强大之手"。[85] 这种情感让鲜花不再用来代替牺牲和献祭用的饮食，而是作为一种完全不同的赠予物，用于装饰和表达尊重；它不再是那种献给死者的礼物（gift to the dead），而是为死者而献的礼物（gift for the dead），一种"真正"的礼物，不期待任何回报。或者最好说它们是一种装饰品，而不是祭品或礼拜用品，因为至少在同一特定意义上，装饰品（decorations）用于指代不具备任何意义的装饰，而在教会的情境中，礼拜用品（ornaments）则是指仪式所必需的配饰。

起初，圣哲罗姆和圣安布罗斯等人都谴责在坟墓上献花的做法。然而，犹豫与分歧也同时存在；圣徒们的做法并不总是与他们的言辞一致，于是出现了一种用鲜花纪念死者的倾向。在给赫利奥多罗斯（Heliodorus）* 的一封信中，圣哲罗姆提到了这一做法，但采用的是暗喻形式，说的是在尼波提安（Nepotian）的墓上撒下雄辩之花。[86] 在更具体的层面上，普鲁登修斯则建议年轻人在圣尤拉莉亚殉道后，为这位曾经蔑视过玫瑰花冠的圣徒采集紫罗兰和番红花，置于她的圣坛上：

90

---

* 阿尔提努姆的赫利奥多罗斯（Heliodorus of Altino，？—约410）是阿尔提努姆（今意大利阿尔蒂诺）的第一任主教，也是圣哲罗姆的朋友。尼波提安为其侄。

我们要多多地用紫罗兰和绿叶

来照顾埋在墓中的圣骨，

还要把芳香的精油洒在

刻着墓志铭的冰冷石头上。[87]

与同样见证了花朵的应用的圣奥古斯丁一样，他们也都反对在其他情境下使用花朵。[88]熏香也是如此。虽然香水对人类来说是一种浪费的奢侈品，搽香水的女性表现出了"极端的鄙俗"，但亚历山大的克莱门特认为，在礼拜中使用熏香是可以允许的，因为它的含义已经发生了很大变化；熏香不再是一种献祭，而是"可以接受的表达爱的礼物"。[89]花也是如此。在 6 世纪，普瓦捷（Poitiers）主教福图塔努斯（Fortunatus）的一首诗歌颂了春花的荣耀，特别是当它们用于装饰教堂时："那么男人就用花朵装饰门和房子，女人就用甜美的玫瑰装饰自己。但你们不是为了自己，而是为了基督，才采集这些初熟的果子；你们要把它们带到教堂里，用它们环绕圣坛，让它们散发光彩。"[90]每一位教士的侧重点不 [91]同，有些人自己也很矛盾，还有一些人在隐喻中找到了解决之道。但他们的这些态度，对花文化的繁荣基本没有作用。

艺术与苦行

是拒绝古罗马的"异教"模式，还是被它们吸引，类似的问题也出现在文学和艺术中。一些早期基督徒作家——包括那些攻击圣安布罗斯的作家——故意回避引用古典作家的文字。[91] 其他人则遵循传统，将维吉尔等诗人的文字加以改编，使之符合基督宗教思想，这一模式在 4 世纪后占据主导地位。在最初的批评之后，对花朵的提及自然少了很多，不过在文学中的连续性比在艺术中更明显一些，这可能是因为花朵隐喻一直有其重要性。然而在艺术中，有一个更广泛的问题影响着整体的视觉呈现，主要涉及立体呈现和宗教呈现，但也涉及平面呈现和世俗呈现。

与古典作者的作品一样，现有的宗教艺术存在一个明显的问题，就是它们的异教起源。格雷戈里认为很有必要摒弃这种艺术，他发现这些东西是偶像，是"用森林和水里的生物、用鸟兽创造出来的"，或者是他的叔叔加卢斯（Gallus）在科隆（Cologne）毁坏的那些东西，加卢斯后来侥幸逃出一命。[92] 但早期基督宗教中的另一个重要派别更进一步，从神学理由出发谴责所有神像的创造和崇拜，而不仅仅是异教的神像。[93] 这一派的观点并非总是占主导地位，事实上后来在东正教和天主教会中便逐渐绝迹。基督的平面图像出现在西罗马和东罗马的古代晚期艺术中，经常在诸如临御仪式之类的仪典中代替皇帝；还出现在 4 世纪末的巴索斯（Bassus）石棺上，5 世纪的巴贝里尼双联画（Barberini diptych）和 6 世纪的拉文纳（Ravenna）马赛克中。[94] 当时的皇家仪典还用到了花朵装饰。311 年，当君士坦丁抵达奥顿（Autun）时，那里通往宫殿的街道就做了装饰。然而，其他基督徒作家却反对在临御仪式上使用装饰品，认为它们不适合这一新宗教；[95] 一些明显的冲突，在基督宗教内部总是存在。

北非的古罗马马赛克传统在公元 2 至 4 世纪之间十分发达，
并在基督教堂的地面上延续下来，尽管与之前的艺术相比，这些
教堂作品只能给人"图像贫乏"的印象。[96]大主教教堂铺有几何
图案或花朵图案的地面。这种图像上的贫乏，部分原因在于这
里的人们不情愿在地面上放置任何可能被视为神圣"图像"的东
西，这是整个帝国境内普遍禁止的行为。[97]特别是在汪达尔人征
服北非之前的早期，巴西利卡（basilica）*的装饰受到严格限制；
拜占庭重新占领这里之后，装饰才变得较为大胆，比如萨布拉塔
（Sabratha）的查士丁尼时期的大型巴西利卡的中堂就是如此。在
形象呈现上，东罗马肯定比西罗马丰富。那里的象征传统在很大程
度上继承了早前的北非现实主义传统。它给人的主要感觉，一开
始是"仍然像一个富饶和繁花似锦的乐园"，但后来便受制于一个
"随着时间的推移越来越形式化、装饰化"的体系。

然而，艺术史家格拉巴（Grabar）指出，在最初的两个世纪
中，基督宗教与犹太教一样，传统上是无圣像的（aniconic）。[98]3
世纪上半叶，基督宗教才开始出现形象体系，最初见于为葬礼目的
而建的罗马式地下墓穴。在最早的时期，在基督徒可以自由实践信
仰之前，他们的艺术不可避免地会倾向于使用古典主题，为它们
赋予隐蔽的基督宗教含义。艺术家在建筑中描摹了叶子、鸟和花
的背景，它们暗示着天堂乐园中的基督灵魂。[99]在这种情况下，他

---

* 古罗马时期用作法庭和公众集合场所的大型建筑，后被初期基督教堂所沿用，其基本
形制是一个长方形大厅，被纵向柱列分为几部分，中厅柱列的透视效果把视线引向端
部圣坛，使内部空间感觉比实际的深远。

们为现有的象征系统增添了意义，而不是改变其意义，从而在受到迫害的压力之下为图像提供了必要的隐晦性。例如，棕树是优胜的象征，如果献给一位殉教者，那就意味着这位殉教者虽然已死，但"作为上帝的竞技者"却取得了优胜；[100] 酒神巴克斯（Bacchus）和葡萄叶则代表着圣餐中的葡萄酒。基督宗教在成为国教之后，图像的意义便不再是以同样的方式表达的"双关语"；但另一方面，富有的罗马人会继续运用一些古典主题，比如罗马圣科斯坦扎（Santa Costanza）教堂（约 358 年）的马赛克屋顶上就绘有叶子图案，其中还画着在葡萄园工作的小裸童（*putti*）。

塞普蒂米乌斯·塞维鲁（193—211）统治时期，在罗马帝国和波斯之间幼发拉底河边境的杜拉-欧罗波斯（Dura-Europos）的礼拜场所的墙上也出现了犹太教和基督宗教的图像体系。不久之后，由摩尼新成立的教派在其传教过程中明确地利用了图像，包括上帝的图像和先知本人的图像。[101] 将图像用于崇拜目的的这些发展，彼此似乎有关联，因为在这个习俗中心地，兼有对古罗马、古希腊、闪族和波斯众神的礼拜。密特拉洞窟（Mithraeum）和贝尔神庙的墙壁上画满了波斯风格的壁画；犹太会堂和基督宗教洗礼堂也是如此，曾被称为"拜占庭绘画的东方先驱"。因为这些内容显然受到了东方的影响，正如绘画的引入可能是为了迎合当地习俗，而与像安条克（Antioch）这样的城市中延续的古希腊艺术传统非常不同。事实上，杜拉教会的会众成员可能已经有意区分了"雕刻的形象"和绘画，前者包括被视为神的化身的塑像和崇拜图像，是被实际礼拜之物，后者则传达了犹太人的团结和救赎的意旨。[102]

　　随着东部基督宗教在公元 2—3 世纪逐渐希腊化，它也采取了一些形象呈现艺术。[103] 从 3 世纪中期到后期，还发现了描绘约拿（Jonah）故事的小型雕塑。所有这些最早期的基督宗教图像都出现在公元 200 年左右，格拉巴称它们为图形符号（pictorial signs）；其中大多数表现了上帝实施干预的场景，并且通常与对永生的渴望有关联。[104] 君士坦丁颁布宽容敕令之后，似乎迎来了一段人物形象极少出现的时期。在人们本来预计这类形象会迅猛增加的时候，宗教图像却少得惊人。君士坦丁皇帝本人并不反对世俗艺术，包括对他自己形象的呈现。但另一方面，在宗教情境下，他在帝国旗帜上采用了希腊字母 X（希）和 P（柔）组成的符号 * 作为基督的标志，但没有用到图像。事实上，有人认为"君士坦丁与偶像崇拜决裂之后，可能非常希望能将呈现形象的图像与基督的宗教彼此分离"。[105] 虽然罗马帝国在 4 世纪奉基督宗教为国教，但是帝国的一些领导成员仍然对艺术感到疑虑。"艺术只有在作为一种教导工具、一种沿袭下来的用于重大纪念活动的方式时，才具有实用价值，才能让那些图像获允使用，否则人们会认为这些图像过于世俗和浮华，太容易让人想起异教徒的偶像崇拜。立体雕塑尤其易于遭受偶像崇拜的指控，因为它们容易让人们与异教世界的众神发生联系。"[106] 但更重要的是，立体雕塑的"形象呈现性"太强，过于接近现实。古典时代那些大多为裸体的塑像之所以会

＊　即这两个希腊字母叠加而成的合体符号ℛ。

消失，还可能有另一个促进因素，就是基督徒作家对人体所持的矛盾心理，也就是勒高夫（le Goff）所谓的中世纪的"肉体的教义性毁灭"（la déroute doctrinale du corporel）。[107] 不过，塑像也与偶像关系密切，并与异教徒相关联。同样的反对意见则并不总是会用来攻击马赛克和绘画等平面形式，也不完全适用于浮雕之类的其他立体形式。然而，也有一股思想的暗潮，通过回顾摩西律法以及律法所反对的异教实践，而谴责所有圣像式的活动。这种思潮一直有延续，但对它的抗议也一直不绝。

94　　　因此，尽管东方的图像传统很快东山再起，但这一运动也受到了阻力。到了4世纪中叶，教会史学者凯撒利亚的尤西比乌斯（Eusebius of Caesarea，约264—340）将塑像与外邦人的习俗联系在一起，说他们会对塑像一视同仁地致敬。[108] 由于圣像不能放置在圣所内，因此人们更偏爱小型的便携式物品。萨拉米斯的埃皮法尼乌斯（Epiphanius of Salamis）撕毁了一幅绘在帷幕上的图像，认为这是偶像崇拜。[109] 这种拒斥也不是绝对的，甚至对宗教图像也有网开一面的时候；但没有任何这样的图像能够进入圣殿，至少立体形式是绝无可能的。平面类型虽然确有出现，但不是用于礼拜，而是用于教导。这些平面图像，在东部有拜占庭的圣像，在北非有马赛克，在西部则是湿壁画。5世纪的主教佩尔佩图斯（Perpetuus）在图尔的圣马丁（St Martin）教堂的墙壁上画满了展示圣徒传奇故事的湿壁画，[110] 便是用于教育目的。

除了无圣像化的趋势外，基督宗教内还有对世俗物品的拒斥，以及甘于现实贫困的苦行，这些都造成基督徒的一些群体拒绝艺术和纪念性建筑，视之为与礼拜场所的建造完全不同的活动。[111] 无论出于何种原因，不管是为了忏悔还是经济上的理由，安纳托利亚（Anatolia）的坟墓建筑也发生了类似的变化。"3世纪的基督徒与异教徒邻居一样，都对家族墓地和亲缘纽带在死亡中的延续满心关切；到了6世纪，这种意识则被'最后一天的可怕赤裸'（nudité redoutable du dernier jour）取而代之。"[112] 这种变化与亲属制度中正在发生的变化以及"心灵上的"亲属部分替代了血缘亲属的情况基本一致。然而，这样的禁欲带给艺术的后果却是毁灭性的。

前文已述，在某种程度上，这种禁欲主义是出自神学、哲学和智识的理由，与很多社会所感受到的那些逻辑矛盾——一边是用牲血献祭，一边又对流血感到厌恶——有关。因此，对神的形象的拒斥，也体现了对超自然者的另一种看法，这意味着它不能以物质的形式表达、封存和呈现；道，也就是概念，如果只是一种客观的所指物，一种物理上的对应物，那就不可能成为肉身。与这种看法不同，另一些人认为可以把形象呈现创造出来，只是要加以限制；图像应该被排除在圣所之外，应该用平面艺术或浮雕来表现，或者只允许用于次要的人物。在其他一些新兴的或得到改革的宗教中，在它们被俗世"败坏"之前，也能见到更为激进的观念。早期的佛教雕塑从来不会呈现佛的形象，而只呈现他成佛之前的化身，也就是菩萨的形象。[113] 虽然从图形艺术和造型艺术的立场来看，基督宗教和佛教——在一定程度上还有犹太教和伊斯兰教——在前期和后期之间的对比至为重要，但这些阶段在观念 95

上的差异可能没有表面看起来那么明显。即使在前期的各个阶段，上帝也从来不是完全非物质的，仍然存在于符号和象征中，或是化为风、鬼和灵；同样，即使在后期的各个阶段，上帝也从来不是完全肉身化的。至少在人类的观念中不可能发生这样的事。正如吉尔伯特·刘易斯（Gilbert Lewis）在一篇文章中所敏锐指出的那样，两方面的矛盾始终存在，从而为怀疑论和信仰都开拓了道路。[114] 考虑到这些矛盾，再考虑到《圣经》本身的语境，向无圣像化倾向的回归是随时可能发生的。

这种无圣像式的做法，还引发了其他有趣的后果。由于事实上没有标准化的形象，宣称自己看到宗教异象的人所看到的基督和其他人物便可以是从儿童、青年到中年人的各种形象。[115] 在形象呈现上，没有什么艺术能比得上古希腊精致的宗教艺术，它也因此一直被用来与犹太教构想神性的方式做对比——前者把神性美视为视觉上的和谐美，而后者则通过万籁、人声和光与色的效应来体验这种美。根据犹太教的教义，上帝永远无法通过凡胎肉眼来理解，只能通过经书来理解；基督徒和穆斯林也看重经文，重点关注神的教诲。虽然文字在原则上可以提供对超自然者的详细描述，但经书文本却改而通过明喻和象征、通过暗示以至回避来实现对上帝的理解。

这个问题的部分原因在于，与任何新教派一样，基督宗教最初也缺乏自己的建筑和艺术，尤其是表现其先知或神祇的艺术。公元200年左右的一些石棺上出现了耶稣的形象。有一群边缘的基督徒则拥有基督的肖像。[116] 但主教们反对形象呈现艺术，其他

　　　　　　　　　　　　　　　　　鲜花人类学

人也对它持怀疑态度。《新约》次经中有一篇是《约翰行传》（据考证是在 2 世纪或更晚时来自小亚细亚的希腊文本），其中就讲到，使徒约翰的一个门徒秘密安排了一位画家为他的主人画像。这位门徒把画像放在卧室里，给它戴上花冠，又在前面摆上蜡烛和祭坛。约翰谴责这个门徒，认为他仍然"以异教徒的方式"生活；但当他得知这是他自己的画像时，又谴责它作为"肉身形象"存在缺陷。[117]

　　与犹太人一样，这种拒绝显然是出于神学理由，同时也是对其他人信仰的拒绝；与此类似的还有各种仪式的变化，如丧服的颜色[118]和安息日的时间安排等。[119]但除此之外还有另外两个重要的因素，作为这一讨论的次主题在前文已经提及。首先，在日耳曼欧洲，过去要把一个人财产的三分之一陪葬（所谓"灵魂的三分之一"），现在则被视为上帝的份额和基督的份额，要交由教会照管。[120]正是这三分之一的遗产，加上君士坦丁改宗之后几个世纪中的其他财产转让，使教会在欧洲社会中获得了十分强大的地位，建造了美轮美奂的宏大建筑，拥有了面积广阔的地产。想要让教会财产如此迅猛地增长，人们如果不放弃赠予死者的礼物——实际上就是赠予神灵本身的礼物——是办不到的。人们并非不愿意赠予礼物，但必须经由教会及其神职人员的中介，这个做法对于维持教会的运转来说是必需的。现在，教会便是"献祭"的接受者，这里说的不是耶稣的献祭，而是会众以祭品的形式所进行的献祭，其中一部分祭品也会分给穷人。[121]

　　第二个次主题，暗含在格雷戈里对"由森林的生物创造出来

96

的"偶像的谴责之中。这个主题与反对异教没有直接关系，也与宗教圣像的应用没有直接关系，而是与创造自然造物的任何形象呈现的行为有关。正是在这一点上，无圣像的倾向对花文化产生了很大影响，因为这种做法使得我们在庞贝所发现的任何一幅精美的世俗绘画都再不可能出现，而在极端情况下，任何对植物学来说非常有价值的形象呈现也都再不可能出现。这些传统需要很长时间才能恢复；一个明显的特征是，当圣像终于出现时，它已属于宗教领域，而不是世俗领域，更关注圣徒的一生和圣经故事，而不是植物的一生——尤其是花朵的一生。

植物学知识的影响

西方花文化的衰落，与基督宗教排斥其他宗教、限制奢侈、鼓励施舍、遵从《旧约》诫令、对神性采取新观点以及如何对待神性的意愿都有关系。此外，还与西方的蛮族入侵有关，而这些蛮族最终却成为西方基督宗教的中流砥柱。然而，虽然亚洲也不断遭受来自亚欧草原和荒漠地带的类似的游牧民族入侵，其花文化却没有受到同样的影响。这在对植物本身的研究进展中表现得最为清楚。在总结植物学的历史时，李约瑟（Joseph Needham）的结论是："就像其他很多领域一样……在中国，有关植物的知识也以缓慢但相当稳定的步伐在增长，根本没有黑暗时代。"[122] 他认为，古希腊和中国大致同时为植物学奠定了基础。但在西方，亚里士多德的学生厄瑞索斯的泰奥弗拉斯托斯（Theophrastus of

Eresus，公元前 371—前 287）的伟大成就在接下来的整整 16 个世纪都没有等来真正继承它们的后学。不仅如此，植物学知识实际上也在衰退，因此，虽然逍遥学派的名单上的植物数量多达600 种，但在 12 世纪，得到描述的植物数量已经下降到了 77 种，到 15 世纪末才陡然上升。[123] 与花园、花环和玫瑰的情况一样，植物学本身也经受了急剧衰落，部分原因在于外族入侵和生活的苦难，但也有部分原因在于基督宗教的兴起，以及书写传统转移到了宗教目的之上。从一件事可以多少看出中世纪欧洲的知识水平：迪奥斯科里季斯撰于公元 1 世纪的著作，把植物分为烹饪、芳香和药用等类别，是首部被配上插画的专著；在此后的 1500 年间，它一直都是欧洲最为重要的药用植物学著作。书中的插画，也正如书中的信息一样，被作为公认的真理代代传递。[124]

知识水平的这种停滞并不是罕见之事，特别是在依赖人手而非机器的抄本文化中。在这类文化中，知识传播所面对的问题之一是，与口语社会的先例一样，人们倾向于把复制和积累的过程融合在一起，把本应相互区分的抄写者和创作者的角色混为一谈。神圣的文本必须由个人精确地摹抄，任何后续的增补都只能以评注的形式给出，而评注的地位必然较低。同样，其他文本如果想要流通或存世，也必须逐字逐句地手抄。这个过程没有为改进留下什么余地；"作者"的工作不过是重复，这样一来，即使是非神圣的文本，也可能具有神圣文本或仪式文本的特点。任何文本通过"作者"之手不断摹抄而得到保存和传播的过程都是高度保守的。在很长一段时间里，迪奥斯科里季斯的文本便一直以这种方式摹抄，因为人们没有其他的替代方式。插画水平停滞不前而无法改进，也是抄本文化中这种重复倾向造成的现象；在植物学的情境中，便导致人们只会反复临摹前人的杰作，而不是观察自然本身。只有印刷，也就是机械复制，才在科学或文学作品领域基本清除了"抄书人"，而把书写和写作的角色明确区分开来，也就是把摹抄和创作之间的角色明确区分开来。

罗马与欧洲西陲

来自罗马的两种潮流，以截然不同的方式影响了西欧的花文化。首先，作为他们文化包袱（cultural baggage）的组成部分，罗马人从南欧入侵到凯尔特人和日耳曼人生活的欧洲北部，也带去了很多他们喜欢的植物和食物。通过这种方式，罗马人改变了不列颠园艺的性质。通过入侵者引进、驯化或广为种植的栽培植物名单，可以多少了解他们入侵前后的生活情况；其上的作物有：葡萄、黑桑（*Morus nigra*）、胡桃、无花果、欧洲李、西洋李（damson）、樱桃、扁桃、意大利松（Italian stone-pine）、油橄榄、欧洲栗、白芥、萝卜、莳萝、欧芹、茴香、芫荽、罂粟、豌豆、芜菁、梨、黄瓜、卷心菜、胡萝卜、芹菜、草莓、覆盆子、黑莓和苹果。在这些作物中，最后七种虽然在罗马人到来之前就已存在，但可能还只是野生种。[125] 从罗马世界进口而来的植物与其说是花卉，不如说是开花的果树和其他食用作物；其中也包括芳香植物，很多种类本身也是来自更遥远的东方，之后在从地中海地区向北

　　　　　　　　　　　　　　　　鲜花人类学

引栽的过程中，其栽培品种不断适应着欧洲北部较为严酷的气候，最终大大拓宽了当地的食材范围。这些作物因此呈现了地中海园艺的核心方面向外围延伸的过程。

随后蛮族便来了，带着禁令和规劝的基督宗教也来了。这些都进一步把（古罗马）书写系统及相应的书面语言（拉丁语）扩散出去，使外围地区能够获得比当地社会提供的知识更广泛的知识资源。人们接受了那些食用作物，包括用于祭祀和世俗目的的葡萄。但"野蛮人"和宗教改革却把花文化推下了历史舞台。当然，在罗马人到来之前和之后，花卉无疑都具备一些用途。但从这个剧场的剧目中消失的，是我们已经在地中海社会中见到的那种"高等"类型的文化活动，这些社会在经济、政治、宗教、智识等方面都存在复杂的层级分化。因为这些古代文化基本谈不上同质可言，所以不同的人群对花朵的应用也各不相同，并在这个过程中赋予它们不同的意义。如今，这种"高等"文化却深受一种新兴宗教的影响，这种宗教拒绝向上帝敬献物质祭品，不管是鲜花还是其他更有争议性的祭品统统都不允许，但可以向其教会捐赠，于是教会很快成为富有的竞争者。[126] 特别是我们已经看到，花冠和花环成为信徒尤其反对的东西，它们的应用禁令从宗教用途延伸到了世俗用途。在前基督宗教世界，献祭者、神祇和牺牲本身都会用花环装饰。根据布隆代尔的说法，第一批基督徒"怀着恐惧，拒绝像异教徒那样应用花冠，似乎是害怕这些亵渎神明的装饰会玷污他们经过洗礼后已经变得圣洁的额头"。[127] 与此同时，早期基督徒之所以对花冠的使用感到不安，还有一个特殊原因，就是玫瑰冠与荆

棘冠之间存在明显的对立。不过，虽然玫瑰和荆棘在某种意义上

99 可以分别作为异教徒和基督徒的象征，但二者来自同一种植物，很难想象其中一样消失之后，另一样还存在。于是在中世纪，欧洲的花园和花环的使用又逐渐恢复，植物学和园艺也随之复苏。

　　基督徒与异教徒的观念和实践之间的这种对立，与早期希伯来人和异教徒之间的对立呈现为相同的方式；基督徒会引用相同的神圣文本，既不支持把物质祭品献给上帝，也不支持对上帝形象的任何呈现，更有甚者，连对上帝所创造之物的任何形象的呈现也一概反对。这种禁令深刻地影响了艺术的实践和观念化。前文已述，图像问题并不仅仅是个拒斥毗邻族群的宗教的问题，而是重新形成有关神性和创世活动的本质的宗教思想问题。对上帝及其造物的形象表现竭力加以禁止，几乎剥夺了艺术家的创作空间，基本只剩下那些抽象、形式化或几何形的元素。连花朵也都基本上排除在外。上帝不是在视觉上化为肉身的，而是在语言（"道"）*上化为肉身的，这种思想与同为"有经者之教"的犹太教、基督宗教和伊斯兰教对经书的热爱是一致的。阅读早期基督教父的著作时，也正如阅读犹太教的《塔木德》和伊斯兰教的《圣训》一样，人们会震惊于其中对《圣经》的极力强调，对经文的不断引用，以及对每一段经文的深入推敲；换言之，无论是对经文神圣性的推崇，还是对经文的细致分析，都让人惊愕不已。"太初有道"，不仅是上帝的道，也是其先知、门徒和注解者的道。因此，即使是在亚

---

* "道"是和合本的译法；中国天主教会译为"言"或"圣言"。

　　　　　　　　　　　　　　　　　　　　　鲜花人类学

欧大陆西陲的不列颠，书面文字也很重要。

　　基督徒对花朵的应用持有明确的反对意见，至少教会的许多神甫是如此。虽然在大众层面上会继续使用花朵，但在艺术和文学中，它们却是缺席的，而且应该将此视为基督徒对自然更普遍的态度的一部分，也就是苦修者的"轻世"（contemptus mundi，意为"对人世间的蔑视"），这种态度几乎影响了整个世界。自然服从于神，甚至服从于人类自己。直到中世纪后期，我们才在艺术中见到人们对自然风景产生了深刻而广泛的认识。[128]

　　基督宗教对人类自然观的影响不限于对花朵和花环的犹豫态度。世界本身也必须用那些原则上摒弃了世俗用语的宗教用语来看待和理解；在艺术——特别是视觉艺术中——人们以"象征性"而非自然主义的方式来解读自然。当然，这是一种"高等学识"，虽然会影响到更大众化的活动和信仰，但也不能始终控制它们。即使在高等学识这个层次上，一种更为世俗的观点也逐渐建立起来，尽管它在很大程度上与宗教观点相对立。拉丁语的复兴意味着人们可以去阅读古典文本，不过读的是选本。1210 年，正当大学处在脱离早期学校而发展的转折阶段时，巴黎的一个省议会仍然禁止阅读或教授亚里士多德论自然科学的著作，违者将被开除教籍。[129] 这一事件说明，即使在 1500 年之后，欧洲的世俗学识也依然有很长的路要走。

　　这与艺术的情况是类似的。可能除了建造教堂所需的建筑技艺本身之外，基督宗教与所有的艺术都表现出了矛盾暧昧的关系。一些人认为，音乐会分散人们对布道词和礼拜本身的注意力。即使在 6 世纪，基督徒已经从犹太教堂那里借鉴了简单圣歌的形式来使用音乐，它的正当性也只是在于可以增强祷告词的可闻度和意义而已。视觉艺术也是如此。即使在允许使用圣像的情况下，罗马绘画和雕塑中的现实主义也被有意放弃，取而代之的是从东方艺术中借鉴的更抽象的灵性形式，这在爱尔兰表现得尤为活跃。与此同时，也有另一方面的压力，要求将绘画、湿壁画、彩色插画和马赛克作为不识字者用书，以这种手段教导他们专注于基督圣像、圣母和使徒等人物。那时也有一些呈现《圣经》场景的绘画，尽管其中很少有类似现实主义景观的场景。这些绘画都是罗马式风格，只是在哥特式风格兴起后才有所改变。戏剧也是如此。在罗马帝国晚期，戏剧已经沦为与人们对基督徒的嘲弄和迫害有关联的戏仿和体育比赛，因此受到从圣克吕索斯托姆到圣奥古斯丁和圣哲罗姆这些教父们的强烈谴责。6 世纪的蛮族入侵者最终废除了这些教父们无力阻止的东西。直到 11—12 世纪期间，"基督徒社会［才做好］准备……将戏剧艺术视为一种为信仰服务的教学工具"。[130] 到 12 世纪末，戏剧艺术才在整个基督宗教世界重又确立了地位。

玫瑰的回归、植物学的发展、自然主义绘画的重生、立体雕塑的接受，这些都是一个漫长、缓慢且备受争议的过程的不同侧面；它们与宗教的联系越密切，这个过程就越漫长。在这个回归进程中，伊斯兰化的东方起了重要作用，因为在花文化方面，伊斯兰世界与西方形成了极为鲜明的对比，这并非体现在呈现方式上（因为伊斯兰教也遵循《圣经》式的教义），而是体现在花朵的用途和文学描写上。

第四章　伊斯兰文化中无形象呈现的花

在古罗马衰落和基督宗教兴起之时，无论是政治还是经济，近东都没有发生与欧洲相似的退步。与西方相比，来自外部的攻击以及内部的经济和城市衰落在近东都不那么明显。花文化的物质条件因此没有受到同样的威胁，至少到阿拉伯人入侵之前一直是这样。

与此同时，东方基督宗教对形象呈现的要求已经不那么苛刻；前文已述，一种受到一定的波斯影响的圣像传统，已经于 3 世纪出现在杜拉-欧罗波斯的壁画中，在犹太会堂和基督宗教洗礼堂中都有发现。尽管如此，对图像的禁令却写在《圣经》中，它不仅是犹太教和基督宗教的共同经书，也是伊斯兰教承认的圣书。7世纪后，伊斯兰教在阿拉伯地区四处传播，几乎在整个地区占据了优势地位。事实上，在执行宗教和世俗图像的禁令时，伊斯兰教更为严格，并批评另外两种宗教的堕落，因此几乎没有给任何形象体系留下发展空间，特别是对作为上帝造物的自然的呈现。但在花园和花卉种植方面，情况就与西方截然不同了。尽管在阿拉伯人入侵的时候，近东的经济生活一度发生了一定程度的衰退，导致当地一开始忽视了对灌溉渠和梯田的维护和兴建，但这里却没有发生类似西方那样的知识损失。相反，伊斯兰教是古典学识后来得以回归欧洲的主要渠道之一，因为阿拉伯学者翻译了许多古典文本，部分目的是寻找他们认为可以获益的内容。[1] 公元 636 或 637 年，波斯萨珊（Sāsānian）帝国被阿拉伯军队击败后，阿拔斯王朝的哈里发帝国最终于 750 年在巴格达（Baghdad）建立，这使波斯在伊斯兰世界的影响力不断增长。伊斯兰学者翻译的著作既有来自印度的作品，也有拜占庭文献。伊斯兰文明基本上是 8—9 世纪期间在巴格达这座城市形成的。当信奉他们那种经过改革的宗教的阿拉伯入侵者接受了伊朗文化，包括其宫廷文化之后，他们就比

102 西方的基督徒保留了更多的前人成就。这在花文化的连续性上就有体现。尽管他们对待宗教圣像和自然物体的呈现更为严苛，但正如我们从西班牙南部壮丽的摩尔人花园中所看到的那样，园艺实践并没有被废弃。[2] 人们继续种植花卉，继续在世俗生活中应用花卉。尽管伊斯兰教继承了古以色列的无圣像传统，但对图像的禁令并没有对实践产生负面影响。作为一种既通过武力征服又能以教义感化的力量，伊斯兰教并不像早期基督宗教或犹太教那样，将自己与周围的异教文化截然对立。它并没有处于那两种宗教当初在政治上的劣势地位。事实上，伊斯兰教的反对者往往是那两种信仰的追随者。不仅如此，在伊斯兰教征服开罗（Cairo）、大马士革（Damascus）和巴格达之后，统治者便采用了当地宫廷的奢华世俗生活方式，比同时代的欧洲北部和西欧所体会过的任何生活方式都要丰富多彩；与此同时，南欧大部分地区的文化却受到了

外来蛮族和内部基督徒的严重阻碍。

花园

远东和近东，是后来让西方花文化兴起的主要资源地；整个亚洲都为西方提供了植物，后来又提供了在纸、织物和瓷器上呈现植物图案的技术，以及假花、香水、芳草和香料，近东则持续为欧洲提供了封闭式花园的示范。虽然这一示范也出现在《圣经》对伊甸园的描述中，但它之所以能与西方人更为接近，既是因为文学作品的流传和归来的十字军的影响，又是因为伊斯兰教在西班牙南部、意大利南部以及随后在东欧的落足。[3] 伊朗和古代美索不达米亚的苑囿（乐园）是伊斯兰花园的直接祖先，在神话中如此，在现实中也是如此。这种连续性是显而易见的。有报告称，在公元2世纪帕提亚帝国时期的亚兹德格尔德要塞（Qaleh-i Yazdigird）遗址中有座苑囿，其中坐落着一座宫殿。[4] 在萨珊王朝统治下，以及在阿拔斯王朝政权到来之后，这一传统仍然延续下来。阿拔斯王朝把伊斯兰世界的中心从大马士革迁移到了巴格达，波斯花园的形式也被带到了地中海、埃及和马格里布（Maghreb）地区。[5]

与南亚和东亚的文明一样，波斯文明也同样拥有发达的花文化。这个国家位于美索不达米亚两条河流之间的干旱高原上，年平均降雨量为300毫米。里海以南地区是横贯亚欧大陆的温带气候带的一部分，果树和其他有花植物在这里生长得很好。在这个国家其他地区，灌溉水对大多数耕作至关重要；围墙花园不仅是一片绿洲，而且是一个分为四部（*chahar bagh*）的微宇宙，其正中是一个水池或亭子。[6] 在阿拉伯语中，天堂乐园被称为 *al-janna*，就是"花园"这个词。虽然后来的波斯花园与伊甸园的布局并没有任何特别相似之处，但它们通常围绕一条水道营建，其次轴线与水道垂直，可以只由小径组成；花园四周以芳香灌木和草本为边界，正中有一个亭子。[7] 这个地块的中间部分主要起装饰作用，建有带遮棚的步道，但越靠近外围，其功能性就越强，由此形成的结构与其说是现代意义上的花园（garden，有人认为这只是一个文艺复兴时期的概念），不如说是古罗马和黎凡特意义上的花园（*horti*）。[8] 与欧洲花园不同，水源对波斯花园非常重要，因为这些花园位于干旱地区，树木和其他植被稀少，需要仔细培植保护。在欧洲，水道往往被小径替代；这些小径为花园带来的四部布局，在西方发现新世界之后，又由西方最早那批植物园所继承（图 4.1）。[9] 从前由四条河流分隔开的四部分，这时则被视为四大洲，即欧洲、亚洲、非洲和美洲。

人们密切关注花卉和食用作物。在花园里，玫瑰（*gul*）力压所有其他花卉，甚至还有自己的专门空间——玫瑰园（*gulistan*）。在 19 世纪前期，一位访客评论道："世界上没有哪个国家的玫瑰长得如此完美。"[10] 花瓣可以用于制作洒在客人身上的玫瑰水，就像古代世界会为客人戴上玫瑰花环一样；花朵则是果子露（sherbets）和油酥糕点（pastries）之类风味甜点的原料。与中世纪早期的欧洲一样，似乎很少有人利用头冠以至花环作为个人装饰。男人会在头上戴缠头巾，作为复杂身份符码的一部分；女人则

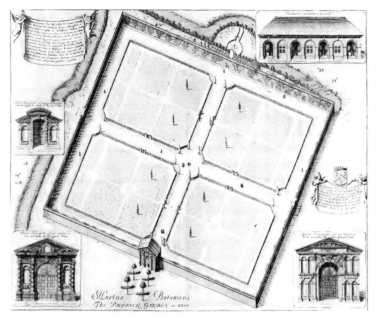

图 4.1　牛津大学植物园。

（Loggan, 'Hortus Botanicus' from *Oxonia Illustrata*, 1675, Oxford）

在头上戴面纱或头巾。花和叶的个人应用，显然与其身穿织物和佩戴珠宝饰品的方式密切相关，而这又与出现在他人和真主面前时的礼节考虑有关。在近东，把头部用织物遮住，比戴上冠冕更重要；而作为女性嫁妆的一部分，可以一直佩戴的项链和其他形式的珠宝的使用，也要胜过那些不能一直佩戴的装饰。在基督宗教到来之前的古埃及十分流行的花环，现在只有在印度才能见到人们还在继续应用。除了个人装饰外，花文化的繁荣便主要体现在花园之上，因为它们与宗教礼拜无关。

　　花园文化和花文化从伊朗同时向东西方传播。伊斯兰花园于9世纪出现在突尼斯，并从那里传到西班牙。[11]考古证据显示，花园里栽有橙树、蔷薇和种在盆中的矮化树木；这种盆栽像是普林尼所报告的古罗马时期的同类作品，像是后世印度的微缩花园，也像是同时代东亚的盆景艺术。为了灌溉所需而建造的低矮花坛让小径的几何结构更为显眼，并成为人们可以走在上面的花毯。[12]这样的花园最初仅见于宫廷，但后来逐渐被富有的市民所采用，这个现象在16世纪初就被莱奥·阿非利加努斯（Leo the African）在特莱姆森（Tlemcen）注意到了。它们的数量和奢华程度，给那时的欧洲访客留下了深刻印象。大约1470年时，一位前往突尼斯城的佛兰德斯旅行者声称，该城周边有多达4000个独立的灌溉花园，栽满了果树和香气四溢的鲜花。很多这样的庄园由基督徒俘虏照管，它们在炎热的夏月就是其所有者的城外别墅。因此，早在地中海以北的土地上建起贵族花园和更晚出现的市民阶层花园之前，那里的人就已经见过这些花园的原型了。

　　近东的封闭式花园把很多特色一直保留到了比较晚近的时期。围墙保护了其中的宝贵财产不会受到其他人和野兽的侵害；在一夫多妻制的伊斯兰社会中，妇女和花卉都与外部世界隔绝。18世纪初，玛丽·沃特利·蒙塔古（Mary Wortley Montagu）夫人便用以下文字描述了伊斯坦布尔的苏丹花园：

　　　　这些女眷的后宫都朝向后方，远离视线，除了花园就看不到其他风景，而花园四周又围着很高的墙。花园里没有我们那种花坛，而是种着高大的树木，投下了惬意的树荫，在我想来，是一种宜人的景色。花园中央有一座凉亭，是一处比较大的建筑，通常在中央用一个漂亮的喷泉来美化。它有 9 到 10 级台阶，四周围有镀金的格栅，葡萄、素馨和忍冬缠绕其上，形成了一道绿墙。环绕凉亭种着大树，这里是女眷们最感快乐的地方，也是她们用音乐或刺绣来消磨大多数时光的地方。在公共花园里，有一些公共凉亭，家里饭吃得不满意的人，会来这里喝咖啡、果子露等饮料。[13]

在河边的树下铺上地毯，以便坐下来喝咖啡、听音乐，这是当时"最显赫的土耳其名流"的娱乐之一。[14] 那里的城市被这样的娱乐区所包围，"在阿德里安堡（Adrianople）周围几英里的地方，整片土地都辟为花园"，既供娱乐之用，又可盈利；[15] 园丁主要是希腊人，为城市供应水果和蔬菜。尽管游乐园与商业区在这里合二为一，但其环境与 19 世纪后期的绘画《草地上的午餐》（*Le déjeuner sur l'herbe*）中所绘的巴黎郊外的布洛涅林苑（Bois de Boulogne）并无本质区别。[16] 这类花园代表了一种可以追溯到古代近东的传统，千百年来多少算是持续地继承下来，到蒙塔古夫人的时代才被西方广泛采用；这不仅是因为欧洲的天气比较恶劣，也因为除了神职人员和贵族的花园外，供平民享用的公共园林以及供家庭用途的私家花园的总体发展过于缓慢。

106

文学作品

在伊斯兰教统治下，花园从一开始就在文学中扮演着核心角色，因为它代表着天堂乐园。事实上，研究阿拉伯园艺对于理解阿拉伯诗歌至关重要。在阿拉伯诗歌中，花卉诗（*nawrīyāt*）和花园诗（*rauḍīyāt*）在西班牙–阿拉伯诗人中都处于最受欢迎的文学体裁之列，从而为基督宗教欧洲提供了又一种潜在的范式。[17]

与英语中 anthology（文选）一词及作为其词源的那个希腊语词（*anthologia*，意为"花"[*anthos*] 之"词语，道"[*logos*]）一样，收集起来的花朵可以用来代指言语之"花"——诗歌——的文集。[18]出于同样的方式，普鲁登修斯也用 *peristephanon*（花冠）一词，作为他撰写的殉教者传记诗的诗题。

几乎没有其他地方的文学像波斯文学那样，花朵无处不在。中国文学当然是例外；在后来的西方文学中，偶尔也有罗伯特·赫里克等个别人的作品有这个特点。当诗人菲尔多西（Firdausi）于公元 1010 年创作伊朗的民族史诗《列王纪》（*Book of Kings*），以便作为女儿的嫁妆时，在诗中对自然（主要是驯化的自然）做了很多描写（彩色图版Ⅳ.1）。比如对于里海沿岸这片花果繁盛的肥沃之土，他写道：

> 马赞德兰是春天的闺房……
>
> 郁金香和风信子在所有草地上

绽放；四野的繁花

如同花园最美好的模样，

被这和煦的天气滋养。

这种世俗文学在安达卢西亚（Andalusia）也很繁荣；像伊本·哈兹姆（Ibn Ḥazim，994—1064）这样的作家创作的《斑鸠的项圈》（*The Ring of the Dove*）等作品，一般认为对法国南部的抒情诗有所影响，特别是游吟诗人的抒情诗和歌咏宫廷爱情的传统。[19]

在天界上，《古兰经》向信士们许诺，他们可以进入永生的乐园，其中包括鲜花、水果和"贤淑佳丽的女子"。[20] 但是花也以图像和隐喻的形式出现，这就可能会被一些人用作理据，对实际的花文化表示反对，其方式与基督宗教中"冠冕"一词的意义向隐喻的转变非常相似。因为在早期的哲学家和神秘主义者中，就有人批评了感官描述，其中一些人将乐园的概念灵性化，发现礼拜真主的恰当方式是对他的作品加以苦思冥想。[21] 特别是苏非派，他们发现真主创世的不同方面之间存在复杂的类比。人本身是心灵的花园，麦尔彦（马利亚）是花蕾，她生下的尔撒（耶稣）是玫瑰花。但作为使者最喜欢的花，玫瑰还有其他含义；它与"作为天启传达者的几乎所有伟大的宗教人物"有关，与易卜拉欣（亚伯拉罕）、穆萨（摩西）、优素福（约瑟）和素莱曼（所罗门）都有关联。[22] 灵性象征性地取代了奢华，而没有一种单一的方法可以洞彻这种取代。

107

创造和批判

不过，对俗世花园的批判来自另一个方向，因为从神学角度来看，这些花园的完美性可能会对真主创造力的独一无二性构成挑战。据说阿拉伯南部有一位国王，试图在人间的伊拉姆（Iram）花园里模仿天堂乐园。结果，他造的园子被真主摧毁了。[23] 这个传说成了文学和道德说教关注的焦点。人类的创造物不得与真主的造物相匹敌。花园可能会接近这个危险状态，因为花园里会开满美丽的花朵。有极端观点认为，建造花园的行为与创造其他形象呈现物都是同类行径，因为所有这些行径都是在模仿真主的手艺，模仿他最初实施的独一无二的创世行动；比如伊甸园，就是最初的围墙花园。

虽然看待花园的这种观点不甚流行，但对于圣像，情况就完全不同了。对圣像的反对，在一定程度上就是对礼拜其他神祇的形象的反对。穆罕默德把天房（Ka'bah）里的偶像全部清空，并特别谴责了偶像崇拜的不纯洁性；他所谴责的偶像崇拜，是当时在阿拉伯地区盛行的所有其他宗教实施的呈现形象的做法，犹太教和基督宗教也包括在内。但他针对的不仅是其他神祇的圣像，还有真主的所有造物的圣像。《古兰经》指出，如果画家或雕塑家试图模仿真主的力量，那么他们的创造性工作就违背了律法。后来成书的使者言论集《圣训》清楚地表明，妄行上帝的权力是渎神，因为艺术家擅自充当了"穆萨维尔"（*muṣawwir*，意为"造物者"或"赋形者")的角色。这些评论者发展了《圣经》中的概念，将形象呈现等同于造物的尝试。有一个归于使者的传统，声称如果一个人曾经画过某种活物的画像，那么在审判日，安拉会要求他"让他所创造的东西活起来"。[24] 与此相关的另一个观念认为，图像的赋形行为试图与真主的手艺相匹敌，是受了徒劳无益的骄傲之心的驱使。这种概念在大马士革的倭马亚（Umayyad）王朝（660—750）统治期间形成，其间倭马亚王朝接管了叙利亚的基督徒作坊。[25] 但也有一些评论者不赞同这一观念，其他统治者也允许例外情况出现，其程度随时代和地域的不同而不同。这些例外情况包括织物上的人像作品，以及出于某些装饰目的而使用黄金和宝石。[26] 然而，信士最好不要做这样的事。

108

对自然形象的禁令总有网开一面的时候，坚持否认这一点是错误的。[27] 尽管伊斯兰教的一些早期思想批判了奢侈行为，但花园本身通常是安全的。即使在几乎没有形象呈现的艺术领域，我们也能找到一些对花园的描绘，更不用说经过后期的发展，地毯图案虽然通常主要是几何图形，但有时却是写实主义风格。在耶路撒冷的圆顶清真寺（Dome of the Rock）和大马士革的大清真寺（Great Mosque）中发现有伊斯兰世界最早的图画呈现，其中就有带树木的风景。[28] 此外，在宫殿的私人住房中，也允许有各种各样的图画，什叶派的宫殿尤其如此。然而，人们通常更为强调对规矩的遵守，于是装饰就成为降低人物形象呈现程度的一种手段。用边饰为图片加上框架，可以让形象与现实相去更远，正如人们认为浅浮雕不如立体雕塑那么令人反感一样。东方的圣像传统也确实对伊斯兰艺术有所影响，首先体现在塞尔柱突厥人的作品中，之后又在 15 和 16 世纪为蒙古人王朝（1220—1500）和萨非（Safavid）王朝（1501—1732）工作的波斯细密画匠人的作品中达到巅峰。是书籍的插画，造就了细密画的传统；与欧洲的插画传统一样，细密画艺术也源于文字。751 年的怛罗斯之战（Battle of Talas）让一群中国造纸匠成为俘虏，随后在伟大的哈伦·拉希德（Hārūn ar-Rashīd，786—809）在位期间，图书出版业在巴格达有了长足发展。但圣像艺术以及那些依赖于形象呈现的知识领域都略无长进，直到萨非王朝时代才改观。细密画是具有例外性的创造，受到了主要来自中国的外部因素的影响。[29] 如果没有这些影响，那就会像一位法国权威研究者所说的那样，"穆斯林艺术中缺乏图像式的大型雕塑，而这是古希腊和古罗马艺术、基督宗教艺术以及印度、高棉和中国艺术的表现手法"。[30]

无论世俗生活中允许应用什么样的图像，神圣的地方实际上都没有圣像。虽然在法蒂玛（Fāṭimid）王朝期间，埃及社会对生物形象的应用比其他大多数伊斯兰社会都多，还建造了少量立体雕塑，但在那里的清真寺中也绝对找不到任何形象呈现。与此类似的还有大马士革的倭马亚王朝，以及发展了波斯世俗绘画传统的印度莫卧儿帝国。[31] 图像绝不会出现在宗教环境中。在法蒂玛王朝建有海军基地的西西里岛，当诺曼人（Norman）征服那里时，是那些在丝绸上摹绘了波斯狮子和狮鹫（griffins）形象的基督徒，把图像引入了他们的礼拜场所。巴勒莫（Palermo）著名的行宫礼拜堂（Cappella Palatina）由西西里岛的诺曼人国王建造，并由法蒂玛画家装潢；于是他们便把世俗传统应用于"不信者"的宗教艺术中。此时，与东方截然不同的穆斯林西方有意从其室内装饰中去除所有人和动物的形象呈现；非洲的穆拉比特王朝（Almoravids）及后继的王朝带来了沙漠伊斯兰教的简朴严格作风。1085年扩张到西班牙并令基督徒止步不前的穆拉比特王朝，是来自沙漠的柏柏尔人（Berber）所建的王朝。他们是倭马亚王朝的后继者，将强烈的清教徒式元素引入了艺术领域，仅在纺织和牙雕等"次要"的装饰艺术中有意运用装饰图案。在建造清真寺时，他们弃用了倭马亚王朝晚期风格的奢华装饰。甚至在世俗领域，他们也避免建造奢华的宫殿和纪念碑。在11世纪之后的伊斯兰西方，基本上普遍见不到任何生物的形象呈现。

只有在科尔多瓦（Cordova）哈里发王国（929—1031）和14世纪后期的格拉纳达（Granada）苏丹王国时期，我们才发现一些延续下来的早期波斯传统。比如阿尔汉布拉宫（Alhambra palace）就有狮子喷泉，该宫殿中还有13世纪的建造者花园（Garden of the Builder，即赫内拉利费花园）。宫廷的东方化，使得穆斯林西班牙的艺术和建筑领域以及花园的布局和内容越来越精致，后来便在基督宗教欧洲不断变化的局势中发挥了作用。

除了神学批判之外，对花园和形象体系的这些发展的批判还有另一个来源，与游牧的贝督因人（Bedouin）和在城镇里定居的阿拉伯人之间的差异有关。这是沙漠里的简朴生活与城镇中的奢华生活的对立，是埋伏在伊本·赫勒敦（Ibn Khaldun）对穆斯林王朝兴衰的分析背后的线索，但它在整个伊斯兰教历史上也都具有重要意义。特别是伊斯兰教在征服大马士革和巴格达后，对当地存在的近东文化做出了妥协，于是成了这种差异格外关注的方面。[32]

王室与奢侈

与宫廷和乐园中的惬意生活有关的早期花园，不仅是祈祷和冥思的中心，也是狂欢和性欲的中心，其中的一些亭子"特意为了情爱的目的而建造"。[33]15 世纪的统治者可能会在受到寝宫墙壁上栩栩如生的色情绘画的刺激后，来到他的后宫沐浴用的水池周边寻欢作乐；在西方访客眼中，这些绘画自然应遭谴责。其他绘画则显示了在花园里的花卉地毯上做爱的场景。[34]这些用于居所内外的花卉地毯是细密画册中的常见元素；特别是在印度，这种艺术体裁自 1500 年左右从波斯传来之后，便与传统的印度教风格融合在一起。[35]

这是因为波斯的花文化和花园文化的影响在东方也像在西方一样强烈。自公元 642 年起统治波斯的巴格达哈里发国于 1220 年被成吉思汗的蒙古部下征服。那时，伊斯兰花园在西班牙已经建造了很长时间；但在东方，只有在帖木儿王朝及其东征西战的突厥军队来到波斯之后，才有一系列皇家花园得以创建。[36]帖木儿在大约 1369 年成为撒马尔罕（Samarqand）的君主，1381 年他向西征战到达伊朗。在把建筑师从波斯带回撒马尔罕之后，他在 1396 年下令修建一个名为迪尔古沙（Dilgusha，意为"欣愉之心"）的花园，准备建在一片被称为"花房"（House of Fowers）的草甸上，要求建筑师以游牧营地的定位去调整他们的设计。[37] 在此之后，包括古勒巴格（Gul Bagh，意为"玫瑰园"）在内的许多花园也陆续建了起来。1404 年卡斯蒂利亚－莱昂（Castilia and Leon）的大使克拉维霍（Clavijo）访问该城时，这些突厥统治者在那里修建的许多花园中的第一批花园已经让市貌发生了巨变。克拉维霍认为在这些花园中，"新花园"（New Garden）是他见过的最好的花园。然而，后来几个世纪中建造的花园的平面结构都是相似的，其布局类似于美索不达米亚花园和《圣经》式花园。"最大的特色包括以高墙围地，这块所围之地再分为四部，以水作为主轴，并在园地中央的位置上建造一座宫殿或亭子；为了确保正确的水流方向，会挑选一处自然斜坡，或是创建一座人工假山；还有就是把功利式的葡萄园和果园与游憩园合二为一。"[38]

帖木儿帝国于公元 1500 年解体，但 26 年后，帖木儿的六世孙巴布尔（Babur）击败了德里穆斯林苏丹国（1206—1526）的统治者，在印度建立了莫卧儿王朝。然后，他试图使波斯花园能够适应更偏南的气候。花园主要位于宫殿周围，但也建在清真寺、神殿和陵墓的周围。陵墓是阿拉伯语词 rauda（或 rawḍa）一词的含义之一。所有 rauda 中最宏伟的一座，是妻子死后不再续弦的沙贾汉（Shah Jahān, 1592—1666）为他最爱的亡后（殁于 1631 年）修建的纪念建筑——泰姬陵。这座宏伟的建筑意在供公众观赏和私人冥想。甚至连皇家花园有时候也分为三部分，一部分供皇帝使用，一部分供后宫使用，一部分面向公众。不过莫卧儿人在印度建造的花园不只为了游憩，也是为了获得收入。深受其波斯皇后及其家族影响的贾汉吉尔（Jahāngir）皇帝在位期间（1605—1627），据说在克什米尔山谷建造了不少于 777 座花园。这当然只是一个想象的数字，但不管那里具体建了多少，这些花园都通过出售玫瑰和"麝香柳"（bedmusk，可能是黄葵 [*Hibiscus abelmoschus*]）而获得了可观的收入，后者的种子能散发出麝香般的气味，撒在衣物中可以防虫。[39] 随着需求增长，客户群体扩大，商人也再一次深深地介入了花文化。

在向西方和东方传播波斯的花园设计和花卉的栽培法时，伊斯兰教鼓励花卉的世俗应用。虽然都遭到了类似的入侵，也都源于相同的犹太教传统，但伊斯兰世界在这方面与基督宗教世界并不相同。受大马士革和巴格达宫廷的影响，伊斯兰教获得了古代西亚盛行的许多奢侈传统。然而，犹太教对形象呈现的诫令仍然产生了深远影响，穆斯林对印度的冲击就是明证。印度教艺术主要集中在庙宇中，这些庙宇里有大量雕塑，多数是人和神的形象。但作为礼拜的一部分，花草（特别是莲花）则出现在许多雕刻上。[40] 尽管莫卧儿人适应了印度教文化，但他们的艺术处理方式和形象体系仍然非常不同。在帝国的各个地方，印度教雕塑都经常遭到物理上的污损，颇类似西方的圣像破坏运动。莫卧儿人自己的宗教建筑上不得出现人形和动物形，它们的装饰倾向于使用花卉元素和形式抽象的书法；[41] 在这种情境中，图像是几何形的，从而可以避免遭人指责，说这是在模仿真主造物。即使是花园，其布局也往往高度形式化，就像呈现在波斯地毯上的水景园（虽然不是那些大型苑囿）一样。然而，这些艺术多数仍然属于规矩较为宽

　　　　　　　　　　　　　　　　　　鲜花人类学

松的世俗领域，因此像波斯细密画和莫卧儿绘画等其他艺术形式，也能有发展的空间。

地毯

早在 6 世纪，波斯诸王就试图通过制作呈现花园的巨大地毯，来克服他们苑囿景观的季节局限，地毯的形式和颜色可以让人回想起一年中更美好的时节。[42] 公元 590 年至 628 年间在位的萨珊国王霍斯劳二世（Khosrau II）所用的地毯非常之大，以至于那些洗劫他的宫殿的人把它一分为四。[43] 在游牧民、农民和城市居民所使用的东方地毯上，花园成了一个常规主题。虽然很少有人能拥有花园，但大多数人都可以拥有地毯，一年到头它们都不需要浇水，却一直在开花。对于地毯，那个观念再次起效，就是在伊斯兰思想中，任何复制品都不能是完美的，即使在这些呈现世界形象的物品中，据说也必须故意留下一些缺陷。只有真主是完美的，或者说可以创造完美。

另一种做法是采用形式化的几何图案，不去试图模仿自然，特别适合栽绒地毯（knotted carpet）。一种叫作"花园地毯"的特殊品种是 17 和 18 世纪至 19 世纪前期的典型地毯品种。然而，所有时期的大多数波斯地毯其实都是广义的花园地毯，其上使用花朵图案，通常还以花园图案为其形式框架。这些图案反过来又被用于真正的花园中，尽管生活模仿艺术直到很晚才出现。[44] 最简单的平面布局是伊甸园、美索不达米亚花园和撒马尔罕花园的平面布局。这样的地毯呈现了一片分为四部分的区域，分隔它们的是由水渠构成的两条相互垂直的交叉轴线，轴线的交点处则建有一座建筑，可能是一座凉亭或一座喷泉（彩色图板Ⅳ.2）。整个图案再一次模仿了宇宙，世界分为四个部分，每个部分的主要河流分别朝向四个基本方位，即伊甸园的四"端"，并在一座中央山峰四周汇聚。因此，地毯呈现了花园，而花园又是世界及其起源的缩影。王子拥有这件华丽奢侈的宫廷物品（栽绒地毯有别于更常用的织锦地毯［*kelim*］），这件事本身可能就是他统治这个世界的象征。

形式化的花朵是几何纹地毯（特别是波斯地毯）的固有图案。它们的运用与技术因素有关。在土耳其结或吉奥德结（Ghiordes knot）中，羊毛绕过两根经纱，然后在它们中间挺立为绒束；在波斯结或塞内结（Senneh knot）中，两根经纱之间只有一根线挺立。由于土耳其结中经纱之间存在间隙，这种织法不适合呈现曲线，而是适合呈现直线；[45] 相比之下，波斯结使织工能够更容易地呈现花朵，尤其是织毯工艺到 15 世纪末经历了发展之后。

15 世纪在许多方面都是一个关键时期，主要是因为来自东方的影响日益增大，这有助于伊斯兰教在波斯对待形象呈现的态度，也让这个国家的萨非王朝传统以及后来印度的莫卧儿王朝传统与其他穆斯林地区流行的传统出现了很大不同，这既体现在书籍插画上，又体现在地毯或细密画上。宗教艺术、清真寺、建筑和雕塑则基本没有受到影响，变化只发生在一个世俗程度很高的领域。

体现在地毯上的这种影响是惊人的。在那个时期，"天才艺术家会将书籍插画和制作得十分完美的书籍封面改造成毯饰"。[46]

动物形象也有呈现，但在中国新疆地区，地毯上已经有了"如此丰富的花朵、开花灌木、石榴树和玫瑰形饰，于是没有给动物的摹绘留下空间"。[47]这种变化十分显著，受到了来自中国东部的影响。在中原地区，"花卉装饰（莲花、牡丹、菊花等）的自然主义摹绘在风格上已臻完美"。[48]中国地毯中有龙和一些象征性的母题，只是织工们经常无法解释它们的含义。[49]有些图案甚至可以在波斯地毯上找到——云间会出现飘扬的"旗"，龙则会与凤搏斗。[50]

来自东亚的自然主义影响

来自中国的母题，通过织物、布料、金属制品和绘画的贸易在西亚留下了印记，而需求反过来又影响了所供应商品的图案。因为伊朗族群是西方和东方之间的重要中介，他们曾经广泛居住在一片直达中国新疆的地区。虽然中国风（Chinoiserie）直到18世纪才在西欧兴起，但继蒙古帝国之后崛起的萨非王朝时期的波斯细密画却有一个显著特点，就是其中的西北大不里士（Tabriz）流派借用了很多中国母题；特别是与东部地区帖木儿帝国的中心赫拉特（Herat）的类似作品相比，这个特点就更明显。[51]大不里士是土库曼人（Turkman）政权的都城，在14世纪被蒙古人占领，蒙古人从东亚带来了艺术图案的样式、主题和母题。然而在此之前，大不里士长期以来就一直是丝绸之路沿线贸易的主要商品集散地，至少从希腊化时代起就在与中国商品和图案打交道，此外还有来自印度和欧洲的商品和图案（图4.2）。这里的土库曼风格的花园

图 4.2 《风景中的狮子》。这幅约 1480 年绘于大不里士的土库曼风格的
素描画显示了来自中国的影响。

（托普卡珀皇宫博物馆的伊斯坦布尔画集，Library H. 2153; Welch 1972: 41）

明显受到来自中国的影响，当中有东方花鸟、花木、巉岩和龙的元
素。"边缘黄色的长条花瓣弯曲扭转，巨大的牡丹花和棕叶饰似乎
在页面上展开……"[52] 受到影响的不仅是绘画，还有花园建筑本
身——墙上覆盖着中国瓷器和壁纸，交错的木条图案来自中国，大
理石墙裙来自印度。[53]

从艺术的立场来看，波斯在伊斯兰世界中占有非常特殊的地
位，因为它位于长途贸易路线的中心位置，在具象艺术方面有着
广泛的地方传统，又有来自东方的蛮族统治者。这些发展对花卉

的呈现有何影响呢? 除波斯外，伊斯兰艺术中所用的图案高度形式化、类型化甚至几何化。对花来说也是这样。马尔塞（Marçais）回忆道，他曾多次看到阿尔及利亚工匠在一个插着一枝花的花瓶前工作，或是在头上戴的平顶毡帽里别着茉莉花或橙花。[54] 但他们从来不会把这些花摹绘下来，也没有受到它们启发，去为装饰库增添新图案；这个装饰库中大部分图案都是古典的莨苕叶饰和藤纹，是经由基督徒艺术家学到的。这种摹画现成图案的做法并不罕见；它也是欧洲和东亚艺术传统中的重要方面。但这种做法在装饰图案的绘制中更为流行，而部分出于神学原因，装饰图案在伊斯兰艺术中占据了主导地位。事实上，这种艺术是装饰艺术，而非形象呈现艺术，与阿拉伯纹样的性质类似，而与文字本身颇不相类。对于从观念上或实践上禁止生物形象呈现的局面来说，这或许是人们比较喜欢的一种能绕过禁令的有利特征。因为这些图案既不是形象呈现性的，又不是象征性的；它们本身不带有"意义"。但图案的种类也是有限的，更多的花卉图案只能在波斯艺术中见到。

115

前文已述，伊斯兰教的特征之一，也是对花文化造成强烈影响的特征之一，是世俗与宗教之间的分离，这与呈现与"现实"之间的分离是并行的。人们在礼拜时不用花朵，但它们在整个文化中仍然起着重要作用。这种分离今天仍体现在伊朗的生活中。[55] 另一方面，与其他伊斯兰文化不同的是，15世纪后，波斯不再禁止花卉的世俗呈现，而在几乎所有地方，花园、花朵和玫瑰在生活和文学中都极为重要。在家庭仪式或诸如诺鲁孜节（Nauruz，伊朗的新年为拜火教起源，即非伊斯兰教起源）之类的活动中，花朵也不被禁止使用。阿富汗人和库尔德人也过诺鲁孜节，它是个具有世俗意义的节日；风信子在节庆期间起着重要作用，是仪典中用到的波斯语中以字母 S 开头的"七喜"之一。

对基督宗教西方的影响

尽管西方花文化处于低迷期，但近东花园仍然继续为西方提供了一个有可能模仿的原型；正是从这一原型和其他东方资源开始，西方后来的花文化中有许多成分经由地中海地区的中介传到了欧洲。受欧洲内部的变化、阿拉伯人对南欧的征服和十字军东征的影响，西方的少数修道院花园逐渐发展，到 12 和 13 世纪便出现了欧洲宫廷的玫瑰园。虽然伊斯兰教对西班牙的占领一直持续到 15 世纪，具体来说是 711 年到 1492 年，但其影响持续的时间要长得多；尤其是西班牙南部的摩尔人花园的形式，仍然保持着以围墙封闭园地的观念，并在住宅和花园之间建有露台，就像玛丽·沃特利·蒙塔古夫人所描述的那样。

116　　玛丽夫人所见到的花园，是土耳其人统治者积极修建的那类花园的衍生品；早在 1453 年攻克君士坦丁堡之前，以及之后修建托普卡珀皇宫（Topkapi Sarayi）的时候，这类花园就已开始营造了。在奥斯曼帝国以埃迪尔内（Edirne，即阿德里安堡）为都时，土耳其人似乎已经特别重视装饰性园艺，他们的技术可能比除格拉纳达以外的西方任何地方都要好。"在奥吉尔·吉塞林·德布斯贝克（Ogier Ghiselin de Busbecq）于 1554 到 1562 年担任大使期间将伊斯坦布尔的宝藏开放展示给欧洲国家之前，整整一个世纪，伊斯坦布尔都是花园爱好者的乐园。"[56] 这些宝藏中有郁金香，可能还有康乃馨，它们从东方进入欧洲；其他植物和技术则来自西班牙的穆斯林。因此，在中世纪时，西班牙的园艺著作是欧洲最好的著作，始于伊本·巴萨尔（Ibn Baṣṣal）和伊本·阿瓦姆（Ibn al-'Awwām）分别于约 1080 年和约 1180 年撰成的两部"宏著"；这些著作以详细的篇幅介绍了摩尔人在托莱多和安达卢西亚所种植的植物，包括那些"出于纯粹的审美式趣味"的植物。[57]

12 世纪欧洲的封闭式花园（*hortus conclusus*）可以追溯至《圣经》，但也部分模仿了东方花园，究其根源则是模仿了波斯花园。欧洲人通过十字军东征以及前往西西里岛、北非和穆斯林西班牙的旅行者的讲述，了解到这些东方花园的实例，"围墙花园、水池和亭子的雏形"由此被带到法国、英格兰和低地国家。[58] 在古代为《圣经》中的伊甸园提供了原型的同一地理区域的资源继续影响着西方；在 12 世纪到 15 世纪期间，许多相似的观念——比如波斯花园的形状——影响了欧洲的园艺描述和呈现，尽管直到 14 世纪后期，欧洲才出现这些视觉形式。早期文献曾提到从亚历山大带回的树木，用在《玫瑰传奇》（*Roman de la Rose*）所说的爱情花园之中；[59]14 世纪，欧洲人还见到了一篇穆罕默德访问天堂乐园的文字记录。西西里岛和威尼斯当时是来自东方的香料、染料和纺织品的贸易中心，这个地位至关重要；有人曾推测威尼斯就是 14 至 15 世纪花园圣母像的起源地，是绘有情人和朝臣的花园绘画的宗教版本。[60] 斯特凡诺·达·泽维奥（Stefano da Zevio）创作的名画《玫

图 4.3　斯特凡诺·达·泽维奥《玫瑰园中的圣母》，创作于 15 世纪前期。（维罗纳老城堡博物馆 [Museo del Castelvecchio]）

117

118

瑰园中的圣母》(*Madonna in a Rose Garden*)可能受到了 14 世纪一幅波斯画作的启发[61](图 4.3)。

与东方相比，西方花文化衰落的一个原因是花卉或蔬菜的催长技术完全失传。随着罗马帝国的衰落，所有园艺都发生了根本性变化。甚至连查理曼都不再在他的花园里种植以前为富人种植的蔬菜，也就是芦笋、菜蓟、甜瓜和刺苞菜蓟。[62]在整个中世纪，我们发现只有一种文献提到了温室。大阿尔伯特（Albertus Magnus）在回顾自己一生的著作中记述，这位博学的多明我会修士曾在 1249 年 1 月 6 日主显节那天，在他供职的科隆的修道院中为皇帝荷兰的威廉（William of Holland）举行了一场宴会。宴会厅里装饰着开满了花的玫瑰树，还有很多果实累累的果树，他的技艺被人们视为魔法。与此同时，比欧洲北部的人群更有知识的西班牙阿拉伯人则在利用新鲜粪肥的热量来种植蔬菜。但在欧洲北部，这种做法在文艺复兴时期才出现，当时催长栽培的传统终于开始重新建立。

在伊斯兰教统治下，园艺技术的发展也和其他许多领域一样，比欧洲更为持续。尽管在早期的信仰中明显存在"清教主义"式的成分，尽管除了个别情况外，作为圣像、用于礼拜的花朵的形象呈现已不复存在，但无论是在实用和世俗的意义上，还是在文字记录中，花文化都没有灭绝。这种基本没有形象呈现的花文化，一直到受远东艺术影响的波斯萨非王朝时期才有所改观。

为什么伊斯兰教在历史上曾经对世俗花朵更加宽宏大量（但只是偶尔允许对花朵进行形象呈现），而对宗教情境中的花朵却更不能容忍？无圣像的严格立场以神学理论为基础，并成为把伊斯兰教与堕落的基督宗教和其他任何异教区分开来的关键特征。这种沙漠信仰，连同对圣言的高度敬重，都要求其信徒严格遵守。无论是伊斯兰教还是犹太教，都没有发展出任何隐修制度（monasticism），也没有发展出在经书的解读中并未直接提及的任何宗教等级制。而在基督宗教中，妥协和改良的诱惑和机会都要大得多。

在伊斯兰教统治下，从大马士革和巴格达的早期统治者那里连同近东精细的灌溉农业一起继承下来的宫廷，也做出了一些妥协。宫廷文化允许以壁画、细密画、瓷器和地毯的形式呈现世俗形象。将这种文化引以为傲的花园，建立在比西方更为精细的园艺体系之上；相比之下，西方的宫廷生活和古罗马世界的经济在基督宗教和入侵者的共同影响下都遭受了巨大损失。

在本章中，我竭力想要说明的是，虽然在罗马帝国之后，基督宗教欧洲的花卉园艺急剧衰落，但早期的传统在伊斯兰教的统治下却得以延续和拓展。来自东方的影响促成了中世纪欧洲花文化的缓慢复兴；土耳其、印度和中国在其后来的发展中都继续发挥了重要作用。这些影响对花卉和花卉圣像都很重要。在西方思想、生活和文学的历史上，东方的贡献往往会被低估。比如古典学者就以轻描淡写的态度看待闪族人对字母表和古典世界其他方面的影响。基督宗教与犹太教和伊斯兰教一样，是一种亚洲宗教（虽然在阿拉伯语中，"拿撒勒的"［Nazarene］一词现已意为"欧洲的"）。古典作家文本的阿拉伯语译本为学识的复兴做出了巨大贡献，中世纪的建筑师从他们的南方邻国那里受教良多，中世纪的游吟诗人（阿拉伯语叫 *ṭaralsa*）也受到了西班牙-阿拉伯诗歌的启发。[63] 虽然这些贡献很容易被夸大，但是人们早就认识到，欧洲 12 世纪的复兴含有许多源自伊斯兰教的特色。[64] 伊斯兰文化对医学历史的贡献众所周知。[65] 阿威罗伊（Averroes）对哲学史的影响也是如此。虽然欧洲的围墙花园还有其他源头，但西班牙南部、西西里岛和地中海地区的伊斯兰花文化，在花园的形式、内容和使用态度上给欧洲花文化提供了范式，为其复兴起到了重要作用。

第五章　玫瑰在中世纪西欧的回归

　　无论是出于清教主义，还是因为反对其他崇拜，基督宗教中的重要原则不仅要求弃用血祭，而且要求把宗教生活中与献给神的物质祭品有关的那些活动也都放弃，这些物质祭品包括塑像、花朵、熏香、香水以及圣像本身。在其中一些问题上，基督宗教的看法与犹太教信仰一致；在另一些问题上，他们的看法则类似古罗马道德家看待奢侈的观点。

　　血祭和其他献神的祭品并没有出现任何有意义的回归。这些做法与如何同"看不见的上帝"打交道的神学教义的冲突实在太大。但在公元第二个千年中，昔日生活中的其他一些习俗确实在不同的时刻又重新出现了。其中，花朵应用的回归是最难考证的问题之一。我们在很大程度上只能依赖于文学和艺术证据，而其中一些作品也许只是对较早历史时期的回顾，可能只是以隐喻或至少是想象的方式用到了古典传统中的意象和图像而已。

　　隐喻和寓言的问题对任何讨论来说都至关重要。在像"花"这样的词语所暗指的意义范围内，基督宗教经常选择隐喻意义。对于花环、花冠、收养、牺牲等概念就更是如此。这种词义转变，使得一些文献难以作为证据使用；圣像（这里专指图像，而与文字意象不同）相对来说要明晰一些，但即使把它们作为证据，也是问题重重，因为即使在花环之类的对象本身消失之后，它们仍可能继续呈现为圣像。

这是一次重来，而非新来；是一次重生，而非新生。在西欧，历史学家和其他学者有时会讨论文化以及更一般的社会生活的进步，好像前工业时代知识的增长和社会组织的发展——在国家层面上越来越复杂，在家庭层面上越来越简单——是人类历史上第一次发生的过程似的。欧洲学者实在是太容易过度看重西方历史中建构的那些序列，以为历史就是一个不可避免会从古代社会进步到封建主义，再进步到资本主义的故事。但从更广泛的视角来看，真实的情况很少如此。正如李约瑟在他有关植物学史的论述中所展示的那样，欧洲所经历的那种知识的巨大衰落，在东方并没有以相同的程度发生。在东方，人们很少认为游牧的蛮族会造成如此具有破坏性的影响，他们反而可能更容易被吸收融合到主流民族中。不管怎样，亚洲的发展都更为连续，更少有中断。8 世纪查理曼统治的时期，世界上最大的城市是位于丝绸之路两端的巴格达和长安（今西安）。事实上，西方在后来的"现代化"历程中的优势之一，恰恰在于它在黑暗时代的相对"落后"，这让西方能够更为从容地选择改造自身的方式，从而在印刷术出现、贸易的发展和欧洲利益在物质层面的扩张也带来经济发展的时候，能够以建设性的态度应对由这些事件所激发的知识增长。

有几个因素导致了这种非常缓慢的复兴。首先，入侵者适应了原有的文化。但就花文化而言，这个因素相对较不重要，因为入侵者从一开始就更倾向于把自己改造成基督徒，而不是改造成罗马人。其次，是受到了"大众文化"的深重影响。这种影响到底有多深重，可能永远难以确定，因为普通大众的文化并非一成不变，有时候甚至不只会发生巨大变化，而且会因为服从于宗教或政治制度而发生彻底的逆转。比如宗教改革运动传入之后的苏格兰和新英格兰就是如此，当时的英格兰本身有时也是如此。在17世纪的新英格兰，不管是大众仪式还是教会仪式都十分稀少，甚至到了连葬礼和纪念死者的活动都草率为之的程度，尽管随着时间推移，以及在圣公会（Episcopalians）的影响下，这些仪式也具备了一些有限的精致性。[1]对大众仪式的压制和破坏圣像的运动往往齐头并进。虽然很难说这对欧洲早期的基督宗教产生了多大影响，但是教会的潜在影响无疑是激进的，因为大众文化被他们视为异教习俗，因此是必须摧毁的东西。在每个教区就职的司铎都扮演着文化督察者的角色。花文化的发展代表着大众利益的重新确立，但除非能受到控制，否则这些发展往往会因为它们与"异教"的联系而让一直竭力想要禁止这种联系或把它们基督宗教化的教会感到担忧。正如教堂常常会建在异教崇拜的场所一样，花草也会经受"施洗"，被重新命名为"马利亚草"（Mary's wort）或"约翰草"（John's weed）等。即使如此，在采集草药时，也必须念出祈祷词，就像日常生活中的其他许多行为在进行之前都得用先用手画一个十字一样。不过，无论教会的说辞是什么，树叶和花草对于医学和相关用途来说始终非常重要。它们的实用性，为审美式用途以及与大众文化的妥协留出了机会。因为人们总有一种有意无意的倾向，会让仪式精致化，向其中引入花卉之类的物质元素；甚至在崇拜"看不见的上帝"的时候也是如此，比起社会行为中的任何实际连续性来，这种场合的引入更为重要。

再次，前文已述，基督教会的早期教父们对一些被拒斥的事物（特别是花朵）存在矛盾心理，于是教会便可能在早期就做出了某种妥协。虽然早期的基督宗教主要是无圣像的，但在宗教领域，仍然慢慢形成了一种形象呈现艺术。约公元 330—340 年间，多塞特（Dorset）郡的一幅地板马赛克画就表现了基督肖像。到约 380—400 年间，圣徒之龛在教堂中占据了主导地位，并被艺术品所包围。而在下一个世纪，"一种新兴的肖像艺术"正在"帮助基督徒形成更清晰的'神圣临在'的感觉"。[2] 不过在这门艺术中，花朵基本毫无用处。

虽然人们对花朵和图像的态度充满犹疑，但早期教会的一些令人敬畏的人物并不反对使用它们。尽管早期基督徒拒绝使用花冠，但早在 4 世纪，就有基督徒作家提倡将花冠用于特定目的。[3] 在婚姻仪式或死亡仪式中需要对童贞予以奖赏的特别情境下，圣克吕索斯托姆宣称："花环通常戴在新娘头上，作为胜利的象征，预示着她们以没有被快乐所征服的状态走进洞房。"[4] 结婚时戴花冠的习俗由此得以恢复；在东方教会，这种仪式本身便被称为"花环仪典"。如今，婚礼花环或花冠由柑橘枝编成，可以用人造的假枝或天然的真枝。结婚和戴花环成了同义词；牧师把它戴在新婚夫妇的头上，并要求上帝用"荣耀"为他们加冕，这样就用圣灵赐予的一种隐喻性的冠冕让花冠的用途变得神圣起来。花冠有时在其他情境下也有应用。5 世纪的罗穆卢斯凹雕（Romulus intaglio）描绘了三个戴着月桂花环的人物，他们得到了胜利和 XP 符号的加冕。在拜占庭，花冠是由基督和圣母授予的，但它们也同样代表着隐喻性的冠冕。

一些人也允许在教堂里使用花朵。圣奥古斯丁在《上帝之城》第廿二卷中提到了花朵的用途。虽然花朵不再作为祭品，而是作为装饰品，其功能已从宗教上的"功利式"用途转变为宗教上的"审美式"用途，但中世纪的圣坛上有时仍然装饰着鲜花，主要是百合花，这样便可以让永恒的春天看上去始终洋溢在圣殿中。诺拉的保利努斯建议参加圣费利克斯（St Felix）节的信徒们在地上铺开鲜花，并用花环装饰教堂的门槛，以加快春天的到来。[5] 圣哲罗姆赞扬了尼波提安主教在巴西利卡和圣徒礼拜堂中摆放花和叶子的做法。[6] 奥古斯丁在《上帝之城》中写道，当抬着圣司提反遗骨的主教把仪式中使用的一些花朵递给一位盲女之后，她就奇迹般地复明了。[7] 据说图尔的格列高利也做过类似的事，因此这种做法似乎已被广泛采用。花朵就这样逐渐地、越来越深入地融合到仪式中，特别是那些引人前往圣徒坟墓的仪式。因为这些大理石坟墓本身就成了崇拜对象，它们拥有可以治愈疾病、禳解厄运的力量。有些图像描绘了民众向坟墓抛撒花朵和叶子的场景，为的是获得圣徒的祝福。虽然食物的馈赠和牺牲祭绝无可能解禁，但与此同时，那些花和叶子的祭品却在实际上得到了教会的容忍。[8]

教父们的矛盾心理所造成的这些妥协，不仅源于"大众文化"

和基督徒将自己的仪式不断精致化的努力，也是由于古罗马习俗在西方各地持续存在，不断复苏，从而引发了他们的关注。确实，古罗马的纪念碑在日耳曼地区也有发现，但其数量显然与查理曼亲征的法国南部或罗马本身不可同日而语。昔日辉煌的遗迹，以有形的方式在居民眼前展现；正是由于它们这种真实的在场，才使古罗马在 12 世纪又产生了新的魅力。因为这些纪念碑并不仅仅是古董和文物，也有可能成为模型和线索。[9] 与那些在大地上建造和在木头上雕刻的非洲社会不同，已经消失的人群的形象体系传统和遥远过去的那些已经客体化的文化，对后古典时代的欧洲产生了深远影响。古罗马文明的产物，就这样以更为直接和持久的方式持续地影响着未来。结果，过去总是作为客体而在场。事实上，很多新建筑都建造在遗址上，或者是用早期的古罗马建筑的材料建造。在 7 世纪的墨洛温（Merovingian）时代，法国的一些早期修道院建筑就建在由当地贵族授予教会的古罗马别墅遗址之上；位于法国西南部的穆瓦萨克（Moissac）修道院之下可能就有这样的遗迹。墓地也以同样的方式建造，人们会在马赛克地板上切割出墓穴；甚至连一些残存的古罗马堡垒，有时候也会为了这些目的而加以改造，它们的围墙正好把一片土地圈隔出来。[10]

　　基督徒以许多方式与过去的文化做了彻底而故意的决裂。在与墓葬建筑不同的教会建筑中，基督徒决心摒弃早期的宗教形式。当帝国的改宗使这些建筑得到更充分的发展时，他们就不再采用早前的神庙形式，转而选择了巴西利卡、大会堂和陵墓的形式。无论早期基督宗教艺术与古希腊－古罗马有多么紧密的联系，其内容都发生了巨大变化。这种剧变也不限于内容，因为纪念性的公共雕塑实际上已不复存在；立体塑像以前占主导地位，但如今只有一些小型雕像和私人纪念像还在采取这种形式。

还有一个重要因素，则是伊斯兰教在南方的示范，特别是在园艺上的示范，这在上一章中已有介绍。最后，教会本身在花文化的复兴中也扮演着矛盾的角色。

我想以 12 世纪作为大致的分界线，将欧洲中世纪分成两段，来讨论这一时期花朵和花朵圣像的回归。然后，我想专辟几节论述花园中的花卉、文学中的花、艺术（图像艺术）中的花和建筑中的花等几个彼此关联的主题。

12 世纪前的花卉和修道院花园

虽然花朵在下界不受待见，但在天堂的乐园里仍然可以找到它们。3 世纪有一位宣称自己看到了宗教异象的人叫萨图鲁斯（Saturus），他描述了自己在升天之后，发现天堂花园中种有玫瑰和柏木。[11] 至少在语言意象和末世景象中，花朵依然存在。因此，拒绝将鲜花用于宗教只是早期基督宗教的一个侧面而已。在天主教会中就出现了另一种趋势，就是对花朵的应用再次出现。在早期阶段，主要是教会的修道院部门推动了园艺发展，最终促进了园艺生产和应用。长期以来近东的世俗花园都积极弘扬的玫瑰文化，在欧洲并未完全被忽视。修道院花园里不仅有水果、蔬菜和遮阴树，后来也种植那些在圣日用来装饰圣坛的植物。许多早期修道院花园都比较重视花卉，因为它们具有药用价值和相关的烹饪价值。但久而久之，从礼拜的情境中便生发了审美的方面，因为教堂中若要使用花朵，那么它们只能是装饰，而不能是祭品。因此与古罗马时代一样，来自南欧的花果便在这些受保护的圈占地里面逐渐适应了德国和英格兰等北方国家的气候。不过这是一个漫长的过程，历时数千年之久。

说来也巧，这一新的传统仍是始于埃及。圣安东尼（St Anthony）在 286 年到一座偏远的山上隐居，为自己建造了一个有葡萄藤和水池的小花园；他得到了一群沙漠教父的追随。事实上，很多沙漠教父就生活在尼罗河的宜人河谷附近，为自己种植蔬菜，有时也种植果树。除了隐士之外，遵循群体修道式（cenobitic）或社群式传统的僧侣们，也按照这一制度的创始人帕科缪（Pachomius）的目标，试图在修道院的围墙范围之内自己养活自己。[12] 305 年，第一座修道院在法尤姆（Fayum）建立，隐修制度随后从那里传播到地中海北岸。6 世纪前期，另一位上层社会成员圣本笃（St Benedict）厌恶了他那个阶层的放荡生活，于是退隐到罗马东边的苏比亚科（Subiaco），成为一名隐士，并种起了玫瑰丛（il roseto），它的花可以取悦感官，但刺却可以用于苦修。[13]

本笃提出了一个隐修制度的模式，要求修道院自行管理，这样它们就可以成为天主教和拉丁传统的据点。正是这些修道院支持了天主教教宗，反对拜占庭希腊人和信仰阿里乌教派的伦巴第人。但在 8 世纪中期，罗马不得不向加洛林（Carolingian）法兰克人乞求军事援助，从而击败了伦巴第人（虽然他们当时已经改宗天主教），并建立了教宗国，其中一部分土地是原来的拜占庭领土。早在这个世纪前期的 725 年，这片领土已经因为拜占庭皇帝利奥三世（Leo Ⅲ）谴责形象崇拜的敕令而陷入争论的折磨中，这是西方开始圣像破坏争论的标志。法兰克人对意大利的征服，不仅让查理曼在 800 年的圣诞节加冕为皇帝，而且还导致了"帝国的复兴"（*renovatio imperii*），特别是拉丁语在艺术和文学层面的复兴。

有趣的是，作为中世纪后期社会生活的一个普遍特征的本草园，在前期的几个世纪中似乎并不存在。植物作为草药的价值，在那个时代有时候会受到基督宗教科学追随者的质疑，他们的理由是治疗只能出自上帝之手。卡西奥多罗斯（Cassiodorus）就警告僧侣们"不要相信草药，也不要向人寻求治疗建议"。[14] 修道院中的严肃医疗实践似乎是加洛林复兴的结果，并一直持续到蒙彼利埃、萨勒诺（Salerno）和其他地方的医学院相继兴起时；之后，修道院僧侣便被禁止行医。[15] 本草园当然是一处芳香的隐居地，僧侣们可以在此游憩；特别是因为南欧的气温比欧洲北部高，所以其中种植的植物更为多样，气味也更浓郁。然而，一方面是像走入荒野的沙漠教父们那样，对世俗事物加以拒斥，另一方面是在上帝的造物中寻找上帝，这二者之间始终存在矛盾。正是在后一方面的情境下，我们见到了草坪和花园或紫罗兰花坛（*violaria*）的发展。[16]

意大利南部原先一直是拜占庭帝国的一部分，后来阿拉伯人最终占领了西西里岛（827—878），随后诺曼人在进攻地中海的过程中不仅再次征服该岛（1061—1091），而且还征服了意大利的南部省份普利亚（Puglia）和卡拉布里亚（Calabria）（1071）。在阿拉伯人统治下的两百年间，西西里岛经济繁荣。葡萄园变成了果园，其中引栽了柑橘、甘蔗、海枣和用于养蚕的桑树（*Morus alba*），并建设了灌溉系统。阿拉伯人促进了伊斯兰艺术和科学的发展，还建造了宫殿、清真寺和精致的花园。从某种意义上说，通过地中海地区贸易的扩展以及园艺、科学和艺术的发展，阿拉伯人的这些活动引领了欧洲的复兴。随后诺曼人的西西里王国也维持了高水平的市民生活和文化，在所有这些领域中都充当了地中海地区的穆斯林世界和基督宗教世界之间的中介，并与西班牙一起加强和扩大了古代地中海地区的影响，为园艺和花文化的逐渐复兴做出了贡献。

这种"审美式"花园的发展很慢，而且只有有限证据表明欧洲北部最早那批修道院里面种有花卉。尽管早期修道院就与园艺有着密切联系，但其中的地块上种的主要是可食用的农产品，比如葡萄、其他果实和芳草。11世纪末的克吕尼（Cluniac）运动创造了一套手语姿势，让僧侣在沉默的时段也能交流；虽然花朵也出现在这套手势列表中，但罂粟、百合和玫瑰却被列入"蔬菜"的范畴，有别于豆类。在其他花卉中，羽扇豆也被广泛食用。[17]虽然这似乎是这些修道院的农活在向"审美式"园艺转变的迹象，但已有证据却表明功利式园艺才是主要方向。花园里虽然盛开着花朵，特别是果树的春花，但它们的存在通常是出于实用目的，而不在于花朵本身。有早期证据表明，在回廊内的露天中庭里，会分隔出一块地作为功利式花园，比如著名的圣加伦（St Gall）修道院就是如此，这种布局常常在模仿近东的原型。精心保养的草坪（*prau*）分出四条小径（四条河），正中央通常栽有一棵树，在象征意义上连接着天与地。[18] 就圣加伦修道院来说，中庭的四隅种有开花的果树。但基本没有证据表明早期修道院中建有专门的花卉园，也就是 19 世纪后期的评论者所称的"天堂花园"。不过，花卉的缺乏，以及它们主要用于功利目的的事实，并没有妨碍它们受人赞誉；早在艺术作品开始赞美花朵之前，人们在文学作品中就已经这么做了。

文学中的花

虽然古罗马的物质遗迹仍然是未来艺术革新的潜在来源，但127 对花文化来说，更为重要的是文本——哪怕是基督宗教的文本。在对乐园的描述中，玫瑰和百合是基本元素；在公元 5 世纪后叶参与了北非文学复兴的诗人德拉康提乌斯（Dracontius）就写道，亚当和夏娃走在伊甸园里的"鲜花和大簇玫瑰之中"。[19] 在同一世纪，凯尔特圣徒布伦丹（Brendan）也展开了一次奇航，来到了乐园，那里——

> 每一种草都开满了花；
> 每一棵树都结满了果。[20]

虽然就像人们后来为伊甸园添加的花卉一样，这里的描写可能只是纯粹的文学姿态，但是这可以促进花卉重返演出舞台。

头冠的概念也存在于其他文学形式中，特别是"文选"（*stephanos*），这是人们在编选诗歌时采用的形式。[21] 在早期世俗文学中，把玫瑰用于编制花环的提法从来就没有完全绝迹，但这在多大程度上只是一种形式化的传统，却难以判断。有一首题为《叙利亚舞女》（Copa）的诗，不管视之为维吉尔的作品，还是后世模仿者的作品，其中提到的许多花朵用法都是宝贵的记录：

> 还有给你的花环，编着番红花与紫罗兰，
>
> 金色草木樨与深红色玫瑰相互纠缠，
>
> 还有摘来的百合，原本长在处女河畔。

后文又写道——

> 啊哈，但躺在葡萄藤下也令人心欢，
>
> 再在你沉重的头上戴一个玫瑰花环，
>
> 再收获一位妙龄少女的红唇烈焰。
>
> —— 但你真该死，眉毛的样子实在古板！
>
> 一撮冷灰，岂会感谢花环的香甜？[22]

6 世纪的诗《可爱的维纳斯》（Lovely Venus）可能创作于北非，也提到了《叙利亚舞女》中描写的那三种花：

> 紫罗兰在凋枯，虽然有露水，

128

> 玫瑰在阳光下枯萎，
>
> 洁白的百合污痕累累。

波尔多的奥索尼乌斯（Ausonius of Bordeaux，约310—约395）也经常提到玫瑰；还有伊壁鸠鲁派诗人福尔图纳图斯（Fortunatus，348—约405）也是如此，他写道：

> 假如现在是百合的季节，
>
> 或者有深红色玫瑰在盛开，
>
> 那么我会从野外为你采撷，
>
> 或是从小花园就近摘来。

因此，无论在宗教或世俗领域中花朵的命运如何，它们都既出现在古代世界遗留下来的艺术和建筑作品中，又出现在以某种形式把古典传统延续下来的拉丁诗歌中。

虽然在古罗马崩溃后，诗歌和其他拉丁文作品的创作多少仍有延续，但后来是查理曼特意鼓励人们使用这种语言，企图为他那北起不来梅（Bremen）、南到布林迪西（Brindisi）的广袤的法兰克帝国提供一种统一的交流手段。罗马教会对拉丁文的早期使用，不可避免会导致异教徒作者阅读到拉丁文著作，因此对古罗马文化和社会有所了解。然而查理曼及其追随者把那些早前的作品视为典范，则是刻意为之，这样可以把"古代的高等文化与基督宗教的正统"结合起来。[23] 没有别的作品像狄奥多夫（Theodulf）

的诗《我曾读过的书》(The Books I Used to Read) 那样，把这样一种意图表达得如此清楚：

> 我经常读格列高利和奥古斯丁……
> 我经常读异教徒圣人的著作
> 他们在很多领域都成绩出色，
> 我还读"维吉尔和文辞滔滔的奥维德"。[24]

在这一时期创作的诗歌中，有一些提到花文化和花园文化，它们部分借鉴了古典范例，部分借鉴了当时的经验。埃因哈德(Einhard)曾描述过查理曼的猎苑周边的围墙，里面围的满满都是树林、草坪、草甸和鸟兽。[25] 虽然这些都是皇室关注的事物，着重于狩猎的消遣，但约克郡(York)的僧侣阿尔昆(Alcuin)在《亚琛大帝的挽歌》(Elegy on His Life at Aachen) 中，也用充满乡村气息的语言回顾了查理曼的早年生平：

> 您的范围里，苹果枝处处散发着香味，
> 白色的百合和小红玫瑰交错点缀。[26]

在阿尔昆的另一首诗中，他想象春天戴着一个"花环"；里昂的弗洛鲁斯(Florus of Lyons) 则更为具体地运用了这一意象，说权力"就像从他头上扔下的花环[corona]"。[27] 与这一意象相关的是王冠的失落[28] 和加洛林帝国的衰落。[29]

在这些中世纪的拉丁诗歌中，还有瓦拉弗里德（Walahfrid）的《论花园的培植》（*De cultura hortorum*），是对修道院花园所做的最早的详细描述。这首有关花园文化的诗，既以作者对自己"身边的小花园"的观察为依据，又大量参照了他所读过的古典作品。不过，诗中提到查理曼的三个女儿分别把那三种常见花朵献给大帝，这些花可能是从皇家花园摘取的：

> 伯莎送玫瑰，赫罗斯鲁德送紫罗兰，吉塞拉送百合……[30]

瓦拉弗里德这首诗似乎步了维吉尔《农事诗》（*Georgics*）的音律，其中所提到的 29 种植物大都是草本植物，可用于入药，而非只有纯粹的烹饪用途。除了开花的果树之外，我们只能找到四种"花"，即鸢尾、罂粟、百合和玫瑰。对于后两种花，他提供了一系列象征性的联想，本质上具有宗教性质。如果没有宗教的加持，花朵的文学意味便只能以晦暗不明的方式发展。

对花朵的享受并非只能是被动的，因为在诗歌中，花朵也会撒在情人的房间里，那里飘荡着新鲜芳草的气味。[31] 年代较晚的诗人让布卢的西日贝尔（Sigebert of Gembloux，约 1030—1112）在一首献给殉教贞女的诗中，说她们"漫步在清新的原野"：

> 采集鲜花，做成花束，
> 采集红玫瑰纪念受难，
> 百合和紫罗兰纪念爱恋。[32]

作为俗套，这三种花又同时出现。但玫瑰现在也有了宗教意义，红玫瑰代表了基督在十字架上的受难，而不是早期教父所拒斥的世俗之爱，因此其象征意义已经基督宗教化。不过，在宗教情境中应用花朵，此时并非完全没有接受问题。同一作者的另一首诗（《底比斯军团的殉教》[The Martyrdom of the Theban Legion]）就生动地表达了基督徒作家对于把花用于礼拜的矛盾心理。没有哪种花可以好到能献给殉教者的程度，更不要说献给上帝了：

> 我想尽力为圣徒建一座花园……
>
> 我不种百合，也不种玫瑰和紫罗兰，
>
> 百合不够纯洁，玫瑰也纪念不了受难。（第 1—3 行）

因此作为替代，他便用女贞花编织了"简陋的冠冕"，作为更 ₁₃₀ 为卑微的祭品，它的唯一价值，就是它所提供的爱。[33] 诗人出于谦卑，拒斥了花朵的奢华。这些诗句并不仅是文学隐喻。在大众节日中确实可以看到花环的应用，特别是在过五月节时，花环的制作，与姑娘要在相互竞争的情人中做出选择，以及五月女王的遴选有关。不过，布鲁恩的罗伯特·曼宁（Robert Manning of Brunne）在 1303 年的《赎罪书》（*Handlyng Synne*）中明确谴责了对待这些活动的犹疑态度。曼宁在该书中写道，让姑娘们采集花朵编制花环或花冠，以便在她加冕时看看谁最适合她，是违背上帝诫令的行径。[34]

花卉在文学和艺术中的回归，是人们在以风景为观察对象时向着更宽广的自然回归的表现之一。这种变化具有明确的长期方向："之前人们在观察自然时，总是系统性地把自然现象强行套进更大的哲学和精神意义，这些意义具有象征性的本质；后来人们在观察自然时，则会发现其外观就具有美感，既可以在哲学上解释，又可以满足审美需求，因此只需以其形式为依据即可。"[35] 有两个因素促成了这一变革。一个因素是对风景产生的文学兴趣，在一定程度上是从后古典的修辞传统中重新生发的；这种修辞传统要求人们"描写其地"（descriptio loci），那些描写春景和花园的套路文字就是这样写成的，为后来的《玫瑰传奇》中更为精细的景观描写开了先河，而且在 9 世纪的加洛林复兴、10 世纪的奥托（Ottonian）复兴、12 世纪的文艺复兴以及拜占庭的影响所导致的形形色色的拉丁学术复兴中也颇受推崇。引入欧洲的东方文艺母题，人间乐园观念的萌生，在传奇故事中复苏的古典影响，以及相对来说影响不那么直接的百科全书（比如伊西多尔［Isidore］的著作）的出现，也都进一步推动了"美景"（plesaunce）的发展；与之密切相关的，还有把世俗之爱也纳入爱的整个修辞范围中的观念。[36]

艺术中的花

　　无论是在形象呈现中还是在现实中，人们对花朵的兴趣都明显地复苏了。然而，艺术和建筑中花朵形象的重生，比花朵本身的重生花费了更久的时间，正如立体艺术要重新建立，需要的时间

　　　　　　　　　　　　　鲜花人类学

也比平面艺术更久一样。在公元 1 世纪末发展起来的书籍中，古典绘画和古埃及绘画的传统继续以插画的形式与文本关联在一起。在古代后期的荷马和维吉尔著作的手抄本中，这一传统蓬勃发展。梵蒂冈维吉尔抄本（4 世纪末 5 世纪初）和罗马维吉尔抄本（5 世纪初）中都出现了古典类型的场景。其他插画则来自东罗马帝国。其中较为重要的是 6 世纪初在君士坦丁堡绘制的迪奥斯科里季斯著作的版本，其中包括 400 幅富于细节的植物细密画、25 幅蛇的细密画和 47 幅鸟的细密画。此后，仍不断有人为迪氏这部 1 世纪的著作抄本绘制插画，直至 15 世纪，因为能够与该书比肩的其他著作几乎不存在。拜占庭传统从一开始就对西方艺术产生了持续影响，有时候会引导它朝向更写实的方向发展；11 世纪前期，奥皮安（Oppian）《狩猎》（*Cynergetica*）一书的抄本中就包含了大量插画，呈现了狩猎、捕鱼和神话的场景与战斗的画面，将幻想与仔细的观察结合在一起。[37]但一般来说，西方插画是为了教育目的而绘制，以《圣经》场景为主题，主要关注人物形象。

《圣经》主题稳居于古老的地中海城镇所绘制的早期基督宗教插画的中心。有些插画遵循了前人在绘制内容丰富的风景时所用的幻觉技艺，还有些根据马赛克和湿壁画改绘。为了教导和劝人改宗的目的而应用圣像的做法，并没有像在神圣宗教区域内应用圣像那样遭受反对，因为在神圣区域内的圣像看上去很像人们要崇拜的偶像。比德（Bede）回忆说，当圣奥古斯丁于公元 597 年在英格兰东南部登陆，使这个国家改宗基督宗教的时候，国王安排了接见，在仪式上他们举起了十字架，以及绘有基督画像的木

图 5.1 达勒姆（Durham）大教堂的圣卡思伯特圣带（St Cuthbert's stole）上的先知但以理（Daniel），约 910 年。此织像为温切斯特风格，应用了包括茛苕叶在内的来自加洛林时代的植物装饰。（Wilson 1984: 155）

板。这群改宗者第一次来到坎特伯雷（Canterbury）时，也做了同样的事情。几年后的 601 年，更多的传教士带着"许多图书"来到了英格兰。这些书中可能就包括 6 世纪的《意大利福音书》，现藏于剑桥大学基督圣体学院图书馆，其中包含两幅整页的绘画，展示了基督生平的细节。在东部，就像《圣奥古斯丁福音书》一样，对线条图案的重视可以视为有意抽象化的开端，这个过程在各个行省进展更快。[38] 东部地区也对图像装饰（特别是边纹）产生了浓厚兴趣。在 8 世纪，随着中世纪的到来，我们又可以发现一种新传统，即"构图不再墨守自然空间"，这为西方后来的插画发展埋下了伏笔。[39]

中世纪风景画的匮乏，曾被归因于所谓"中世纪思维"，为了发挥其"象征化才能"而摒弃了希腊化传统。[40] 对自然的现实主义呈现之所以迟迟不出现，部分原因在于圣像的绘制被人们视为怀有重复上帝创世行动的企图，部分原因在于在图像艺术的宗教传统之外，事实上并不存在另一个世俗的传统；最后还有一个可能的原因，则在于日耳曼人和凯尔特人的原生艺术中出现的自然元素主要是动物，而不是植物。

在不列颠群岛的艺术中，欧洲北部这种复兴的缓慢是显而易见的。虽然上帝的道至高无上，但文本也再次为图像的重生提供了重要关注点。阅读文本的能力开启了古典文献的宝藏，这些文献来源奠定了千百年来发生的一系列文艺复兴的基础。但文本本身最初只不过是朴素的抄本，因此为人们以更直接的方式创作圣像提供了机会（图 5.1）。在 7 世纪的盎格鲁－撒克逊英格兰，许多教会抄本都没有插画，其中包括《斯托尼赫斯特福音书》（Stonyhurst Gospel）等著名仪式手册。然而，大多数篇幅较大的图书"至少对篇首字母略加装饰，有时仅用薄薄一层彩色来填充"。[41] 起初，这些图书只有书法类型的插图、阿拉伯纹样的饰线和精致的罗马花体，在爱尔兰抄本中有一些"不显眼"的装饰。图案化的篇首字母在欧洲的首次出现，见于746年的《列宁格勒比德抄本》（Leningrad manuscript of Bede）；而叙事性图画迟至12世纪才开始普及。[42] 一种潜在的压力要求手稿日益精致化，于是沿着这一方向，在盎格鲁－撒克逊时代的圣诗集中零星出现的装饰，便逐渐发展为《时祷书》（Books of Hours）中华丽的细密画；玫瑰（至少是植物）也随之回归，尽管其周遭的图像长期以来仍然一直是人类和动物，而不是花卉（图5.2）。[43]

在盎格鲁－撒克逊艺术中，南方的坎特伯雷画派受到了强烈的外来影响，包括意大利、高卢、拜占庭的影响，还有597年随奥古斯丁一同前来或在他之后到来的其他传教士的影响。在诺森布里亚（Northumbria），林迪斯法恩（Lindisfarne）等修道院在7世纪所带动的学术复兴，也刺激了抄本中那种与爱尔兰及当地凯尔特人的曲线形式传统相关联的抄本插画的发展。盎格鲁－撒克逊人遵从日耳曼传统，喜欢用抽象的图案和相互交织的动物形纹样填满每处空白（所谓"留白恐惧"[horror vacui]）；花草在其中通常只起到很小的作用。在地中海地区的影响下，人像则被引入爱尔兰－撒克逊（Hiberno-Saxon）艺术中。

一些抽象类型的花朵图案也确实有出现，主要作为文本装

图 5.2 《圣埃瑟尔沃尔德祝祷书》(Benedictional of St Aethelwold) 中，手持一朵百合的圣埃瑟尔德雷达 (St Aetheldreda)。此插画为高温切斯特风格，采用了繁丽的茛苕叶装饰。(大英图书馆，Add. 49598, fol.90V., 约 971 年；Wilson 1984: 167) 134

饰。6 世纪后期的《圣奥古斯丁福音书》中就有带叶子的卷纹，装饰了圣路加（St Luke）的肖像；[44]《斯托尼赫斯特福音书》的订口处则有一道精细的植物卷纹。然而，这类抄本中的大部分装饰是由交织纹、螺旋纹和动物图案构成的。[45] 在法国加洛林王朝时期，人们采用了有限的一些自然形象，作为圣徒画像（图 5.3）和《圣经》场景（彩色图版 V.1）的背景，并用在抄本里描述季节的历书部分中。9 世纪前 25 年中的一幅图像在呈现五月时，画了一位男性用一只手拿着一束花，另一只手则拿着某种花环。[46] 这种呈现可能具有古典自然主义的风格，技法上像古罗马，而不是当时的加洛林画法，正如当时的占星术文章也继续在黄道十二宫的符号上添加花环或花冠的形象呈现一样。[47] 学术的复兴，还在 10 世纪前期将莨苕叶引入了英格兰抄本艺术；[48] 而在此之前，另一种具有异国情调的藤蔓卷纹已经成为其传统元素了。[49]10 世纪下半叶的温切斯特（Winchester）样式，与丹麦人入侵后英格兰修道院的复兴有关；它将 10 世纪前期克吕尼改革引入的那些主题与本地主题融合在一起。[50] 不过，这类情况所展示的似乎更可能是大众层面上发生的事情。我们发现了更有力的证据，表明在基督徒习惯用来埋葬杰出逝者的坟墓所应用的雕塑形式中，花文化和叶文化具有连续性。在 4 至 6 世纪期间的高卢，石棺上一直装饰着浅浮雕，只是主题发生了很大变化；虽然基督宗教的形象体系占据主导地位，但其风格和装饰中也包括一些早前的母题。某些墓葬对旧有的坟墓做了重新利用；但对于另一些墓葬，传统的手工作坊会继续为它们添加花篮和头冠。[51] 在突尼斯城的一座圣洗池中，可以见到一位拿着花

图 5.3　正在传布《马太福音》的圣约翰·克吕索斯托姆，来自萨尔茨堡的抄本。　135

（维也纳，奥地利国家图书馆）

的女性形象。这些主题的应用，为纯粹主义者提供了很好的抱怨理由。

　　不过，虽然玫瑰和其他花卉继续出现在一些早期基督徒的坟墓中，出现在罗马的许多早期教堂和拉文纳的拜占庭马赛克中，也出现在一些服装上的装饰中，但是一直到罗马式艺术时期，这种重要的花卉都基本不见于西欧的形象体系；第一批玫瑰形象乃是来自叙利亚、西班牙和意大利。[52] 虽然在古典时代存在先例，但花

朵在视觉艺术中（哪怕只是作为装饰主题）重新大量出现的进展
却非常缓慢，自基督宗教诞生之后花了1000多年的时间。

圣像和圣像破坏运动

在早期基督宗教中，很少有花朵成为圣像，这与艺术具有强
烈的宗教特征有关。虽然在伊西斯崇拜等神秘宗教中存在花朵绘
画，但在基督宗教中，花朵（特别是玫瑰）的在场从一开始就受到
质疑。因为正如前文所述，早期教会的一些教父对圣像本身做出
了严厉的谴责，就像在他们之前担心模仿会带来欺骗的新柏拉图
主义者普罗提诺一样。此外，基督徒还有其他理由。哲学家塞尔
苏斯（Celsus）曾批评犹太人和基督教徒对图像怀有敌意；3世
纪时，亚历山大的奥利金（Origen of Alexandria）对此做出回应，
引用了谴责这种行为的摩西十诫，呼吁基督徒宁可殉教，也不要
屈从于异教徒的压力。正是这种对有别于"感官性"（或者不如说
是感官体验）的对灵性的坚持，让基督徒站到了异教徒的对立面。

然而前文已述，除了抄本中的圣像之外，其他圣像也已经开
始成为基督宗教的习惯。人们继续创作世俗图像，它们出现在宫
殿中，在那里绘制花鸟是完全没有问题的。[53] 在宗教领域，插画继
续成为图书制作的部分内容，所阐释的只是文本中的道，并无意
挑战上帝的创造，更重要的是无意作为"偶像"，在崇拜的情境中
发挥作用。但即便如此，克莱门特和奥利金的"基督教唯心主义"
仍然得到了后起的"基督教唯物主义"的补充。[54] 这又带来了有

关"世界观"的其他基本问题。一些基督徒作家有意把上帝的可见性与《旧约全书》中上帝的不可见性对立起来。大马士革的约翰（John of Damascus）就宣称："古以色列人没有见过上帝，只是见过我主的荣耀，而这荣耀是通过我主的面容展示给我们的。"[55] 出于教导的目的，这种说法是可以接受的。正如读书人读《圣经》一样，不识字的人可以看圣像。燃烧的荆棘（Burning Bush）中上帝那隐秘的临在，与启示（revelation）这个概念的具体意义是对立的。

在这次复兴中，希腊化的基督徒更愿意接受绘画；相比之下，出自异教传统的那种高度写实的雕像就不受欢迎，他们认为应该拒绝。4世纪时，人们通常认为教堂的绘画与私人所有的小型可携带图画不同，属于偶像崇拜。生活在这个时代的凯撒利亚的尤塞比乌斯（Eusebius of Caesarea，约263—340）主教曾提到基督圣像和其他宗教人物的形象；作为阿里乌主义的支持者，他谴责了这些形象的应用。[56]

这里的问题不仅仅出在圣像本身，还与对它们的崇拜有关。在这次复兴中，利用圣骨来召唤圣徒的临在，现在已被视为"后世的形象崇拜的根源"之一。[57] 君士坦丁的母亲圣海伦娜（St Helena）在耶路撒冷发现那个她声称的真正十字架之后，便将它的一部分送给大帝，用来封装在他自己的塑像中。[58]

圣像在圣地的回归并非无人质疑。有一个重要的历史事件，是倭马亚王朝的哈里发亚耶齐德二世（Yazid Ⅱ）在724年颁布了一项圣像破坏敕令，并得到了非常严格的执行，这比拜占庭皇帝利奥三世的著名敕令还早了三年。哈里发要求把他统治下的基督教堂里能见到的所有圣像悉数摧毁，在一些学者（特别是伊斯兰学者）看来，这个事件对于引发后来基督宗教内部同样的争议至关重要。[59] 利奥三世敕令的颁布，似乎遵循了他的军队所表现出的当地传统；当时的圣像崇拜者会抬着圣像在城镇里到处游行，相信这样就能祛除各种灾祸，利奥的士兵们则反对这种崇拜。在叙利亚和埃及很有名的基督一性论者（Monophysites）看来，基督只具有神性，所以他们无法接受有人把基督的形象描绘出来。利奥之子后来成为其父的继任者，更是对圣母崇拜（Mariolatry）、圣骨以及圣徒名号都十分厌恶。[60] 虽然利奥本人曾被指控为半个穆斯林（他确实成功躲开了穆斯林军队的攻击），但他反对圣像的观念却来自东方基督宗教。不过，圣像破坏运动并不反对一切上帝创造物的形象呈现，这与伊斯兰教的情况是一样的。虽然归根结底，可以认为这一禁令是基于摩西十诫中反对偶像的诫令——按此诫令，制造偶像是恶，崇拜偶像就更恶——但是这场争议也展示了基督宗教的独特性质。一方面，人们反对描绘基督，因为不可能给他的神性"加上限制"。然而，圣像破坏者还反对圣徒的圣像，因此利奥下令把它们从教堂中撤除。不过在意大利南部和拜占庭帝国的其他部分地区，这项规定几乎没有效果。[61]

总之，公元726年圣像破坏运动的爆发导致了人们去攻击呈现了圣徒和虔诚场景的形象，这些形象无论大小，也不论媒介（包括钱币在内），统统逃不过破坏。[62] 教父们被迫为他们所持的图像辩护，说它们描绘的不是基督的神性，而是基督的人性。人们对待形象呈现物的态度存在差异，受到了有关基督本性的神学学说的影响。因为如果他的神性与人性彼此分离，那么就有可能只描绘人性而不描绘神性。但阿里乌派学说却否认圣父和圣子的同时性（contemporaneity）；基督一性论教会（比如埃及和阿比西尼亚的科普特教会）一开始也采取了反对呈现基督形象的态度，因为他们无法接受神性和人性彼此分离的观念。同样，聂斯脱利派（Nestorian）教会[*]也不认为基督的两种本性可以全然分开。

这种聚讼不休的局面并没有一直持续下去。公元 787 年召开的第二次尼西亚大公会（Council of Nicaea）确立了图像及其崇拜是正统的、蒙神喜悦的。[63] 早期教父曾强调，基督徒对无形上帝的崇拜与异教徒对神祇的有形呈现物所做的各种偶像崇拜之间存在根本分歧。[64] 但是很大程度上由圣像崇拜者发展的有关道成肉身的正统解释，却声称基督兼具神性和人性，于是其神性也变得有形而可见。5 个世纪之后，大马士革的约翰（John of Damascus）又以教诲不识字者为理由替图像的应用做了辩护。尽管如此，圣所本身仍然不允许圣像进入。

这种拒斥有一个原因并非特别针对异教，而是比任何具体的教义争论都更宽泛。它与一个更大的问题相关，就是一个人是否可以用物质形式来与神性打交道，甚至用来呈现神性；换言之，就是宗教艺术是否可能存在。这个问题对立体形式来说尤其尖锐，因为它们更近似物质实在。在中世纪早期，这个形式在很大程度上遭到了基督宗教的拒斥，但这也不是基督宗教特有的做法。早

¹³⁹

---

[*] 这个教派曾在唐朝时传入中国，中国古代称为"景教"。

在古典时代就有迹象表明，人们有关神性的思想已经发生了这样一种观念上的变化。在古希腊和古罗马早期，神祇崇拜主要针对神庙里的塑像进行；出于私人崇拜的目的，人们还把塑像的复制品放在住宅房间或花园中的神龛里。但在公元 3 世纪，雕塑便往往被扁平浮雕所取代，之后浮雕又被绘画取代，这常常是那些秘密宗教的情况。有人认为这些变化源于人们的先验观念，他们发现"以去物质化的方式来表现人体，是对神祇的更合适的表达"。[65]因此，圣像崇拜与圣像破坏的来回摇摆，牵涉到了人所关注的更宽泛的议题。

雕塑的回归

在较早的时代，人们运用包括马赛克和金属在内的多种材料来制作圣像，雕塑也是一种材料。不过，通常来说平浮雕更受欢迎，这样"可以尽量不给人带来明显的肉体感"。[66]在拜占庭帝国中期，我们可以见到成组的人物塑像，以及对重大节日的呈现。

但是这种发展绝不是单向的。在 11 世纪和 12 世纪，由于人们继续把偶像崇拜与大理石立体塑像关联在一起，对人体继续"去物质化"的意图便导致塑像的数量又一次衰退。那一时期只雕刻了一些小雕像，可能用来摆在神龛中；浅浮雕则用在遮障和栏杆上。因此，虽然在后尼西亚时期，东方教会并没有专门禁止雕塑的应用，但绘画占据了主导地位，希腊世界中几乎没有自由创作雕塑的空间。

140　　　西欧的拉丁语地区则不同，并没有像东部那样发生过广泛的圣像破坏运动。然而在大约 599 年，马赛主教塞雷努斯（Serenus）也希望毁掉教堂中的绘制图像（*imagines*），因为这些作品受到了会众的崇拜。不过，教宗格列高利一世（Gregory the Great）却赞同在圣所绘制圣徒的生平，作为教育不识字者的手段。以教宗的这个态度以及其他文本为据，法国学者于贝尔（Hubert）便认为，宗教塑像在中世纪早期也一直有延续。然而与浅浮雕不同，立体雕塑的实物证据却非常少。这个状况到加洛林王朝时期才改观。也正是那时，在一个根本问题——对宗教图像的观点的性质——之上，西欧终于与东方分离。[67] 西方虽然拒绝了圣像破坏运动，但加洛林王朝也并不赞成第二次尼西亚大公会的决议。在他们看来，那些决议声称可以提供一种与所呈现的圣徒进行交流的方式，而这太像是形象崇拜。在西方人的心目中，图像是对那些无法阅读的人起到教育作用的实物。虽然任何崇拜的苗头都会被禁止，但在教育的名目下，图像的创作是受到鼓励的。

虽然独立式雕塑的复兴可以追溯到 8 世纪后期的文学材料，但这是一次漫长而艰辛的重生。[68] 有一座著名的古典风格塑像，呈现了一位戴着皇冠的皇帝的骑马形象，一些人认为这是查理曼。[69] 在这一时期，印章和钱币上也出现了戴着桂冠或冠冕的头像。塑像的应用还有其他证据。呈现了哥特人国王狄奥多里克（Theodoric）骑马形象的黄金塑像被路易（Louis）皇帝从拉文纳带到了亚琛；至少对 9 世纪的诗人瓦拉弗里德来说，这尊塑像就是专制统治的象征。[70]

虽然西方没有经历过反对圣像的公开运动，但那种独立的宗教绘画本来也没有过同等程度的发展。有报告显示，一些湿壁画绘在不受任何禁令限制的墙上。[71] 还有一种形式的塑像，后来变得非得重要，这就是十架苦像（crucifix），也即钉在十字架上的基督形象。科隆大教堂中的格罗（Gero）十架苦像以橡木雕刻，定年为 986 年之前；基督的身体明显超出十字架本身，其周围环绕着光环，这是一种起源于古埃及的天堂冠冕。[72] 这一雕像体现了在复兴的西欧雕塑传统中发展起来的现实主义风格。希尔德斯海姆（Hildesheim）的圣米迦勒（St Michael）教堂中有螺旋柱（约 1020 年），展示了基督的生平，是奥托王朝艺术的代表作。奥托王朝艺术的创作者是撒克逊人，他们在加洛林王朝之后继任为神圣罗马帝国的统治者，与前一王朝一样也促进了古典的复兴。这根螺旋柱承上启下，一方面继承了图拉真和马可·奥勒留（Marcus Aurelius）凯旋柱的风格，另一方面又启发了法国西南部穆瓦萨克著名的罗马式修道院的精细雕塑，既包括其大门上方的山花（tympanum），又包括回廊柱头上的精美雕刻。

141

作为对第二次尼西亚大公会的回应，加洛林王朝认定，把图像作为圣体来崇敬，是合乎教义的；所谓"圣体"，包括了基督的身体、十字架、《圣经》和弥撒用的圣瓶，最后还有圣徒的遗骨。在《加洛林书》（*Libri Carolini*）中，他们则明确拒斥了其他物品；这部仪式手册本身试图在圣像破坏运动和他们在第二次尼西亚大公会决议中看到的偶像崇拜之间寻找一种平衡。[73] 于是十架苦像又一次回避了呈现神的形象的问题，因为这个形象展现的只是基督作为人的一面，因此与他具有双重本性的观念是一致的。神学上的考量，就这样在形象呈现的观念中占据了主导地位。

圣骨匣塑像的发展

在立体形象呈现逐渐合法化的过程中，有一种早期出现的形式是圣骨匣塑像（reliquare-statue）。对这种形式来说，由于塑像里面有圣徒的遗骨，它的在场，使得人们从一开始就认为这样可以绕过针对偶像崇拜的禁令；因为部分代表整体，于是礼拜者实际上是在与圣徒本人打交道。6世纪期间曾在整个欧洲流行一时的圣骨崇拜，到十字军带着战利品从东方凯旋时再度流行。它非常符合那时的圣像破坏思潮，因为人们所崇拜的不是图像，而是真实的物品——不管它是圣克里斯托弗的骨头，还是基督的包皮。也有人论证说，圣骨匣塑像的功能之一，是让雕塑能够有合法的理由重返欧洲传统。[74] 然而其他人并不认同这一论点，因为无论是戴有冠冕的庄严基督像（*Maiestas*），还是圣母的坐姿塑像，都完全不是圣骨匣。不过，克莱蒙-费朗（Clermont-Ferrand）那尊来自9世纪后期的黄金圣母塑像却是地道的这种形式；加洛林时期的其他一些塑像也是如此。

这类塑像在19世纪最后25年中出现在法国；位于罗讷河（Rhône）谷的维埃纳（Vienne）的圣莫里斯（St Maurice）像呈现为戴冠冕的形象，制作于879—887年间；鲁埃格（Rouergue）地区孔克（Conques）的圣斐德斯（Sainte-Foy，即St Faith）像也创作于差不多同一时间（彩色图版V.2）。[75] 同样，法国南方地区这些遗骨匣的应用并非毫无争议，北方的正统观念对此颇有质疑。大约125年后的1013年，卢瓦尔（Loire）有一位神职人员叫昂热的贝尔纳（Bernard of Angers），在前往奥弗涅（Auvergne）朝拜时，对那地方的"旧习惯"和"古老习俗"十分惊讶。[76] 在鲁埃格以及图卢兹周边，他见到用贵金属打造的守护圣徒的塑像后，完全没有掩饰自己的第一反应："无意冒犯，不过这种做法在有学问的人看来就是迷信；这种仪式实际上是以众神——或者不如说是众魔鬼——为对象的崇拜仪式的残余。"[77] 他自己把这种崇拜视为"完全与基督宗教的律法相背"。当他在奥里亚克（Aurillac）第一次见到这样一尊圣骨匣时，他便转向另一位同行者，用拉丁语说道："哥们儿，你怎么看这座偶像？朱庇特和马尔斯会觉得塑像配不上他们吗？"因为他们这些北方神职人员早就被教导，"既然最高形式的崇拜只能归于一位真正的、至高无上的神，那么用石头、木头或青铜来制作塑像，就是不合适的、荒谬的做法，除非所要呈现的是我主钉在十字架上的形象"。雕塑或金属制品只能用于表现十字架，这是唯一的例外；至于那些圣徒，要呈现他们，就只限于文字或壁画形式。"我们之所以容忍了圣徒的塑像，仅仅是因为这种滥用古已有之，而要改造头脑简单的大众的思想也非常困难。"

三天后，两人又参观了孔克，看到那里的人们拜伏在圣斐德斯的塑像前；民众竟然会如此执迷于与不能说话、没有智力的物质对象打交道，这再次让贝尔纳大感震惊。他甚至还提到了维纳斯和狄阿娜（Diana）这两个女神名。他把圣徒类比于古典神祇，即使在非常直接的意义上，也并非没有道理。最近就有研究表明，

图 5.4 古罗马帝国后期一位皇帝带月 143
桂枝的黄金面具，是法国孔克的圣斐
德斯圣骨匣塑像的主要部分。(Hubert
1985: 358)

圣斐德斯的圣骨匣是依托一个年代较早的头戴月桂枝的黄金面具
建造的；这个古罗马面具呈现的本是那个已经灭亡的帝国的一位
皇帝的形象（图5.4）。[78] 但对于这第二次的目击，贝尔纳却没有产
生任何疑虑，突然就"改宗"了。这一方面是因为塑像也是圣骨
匣，一方面是因为曾经有与塑像相关的"神迹"（把戏）发生，但
最主要的原因在于他认识到这尊塑像不能视为"一位给人神谕的
女祭司，或是一座接受祭献的偶像；人们敬仰它，只是为了纪念那
位神圣的殉教者，由此可以愈显至高之神的荣耀"。[79] 也就是说，
人们是通过尊崇和纪念圣徒来崇拜上帝的。

在于贝尔看来，圣骨匣塑像在奥弗涅地区的分布，是诺斯人
（Norse）侵袭造成的结果。这些侵袭让沿着注入大西洋的河流上

溯可达的低地地区人心惶惶，只有较为偏远的丘陵地区才能免遭劫掠。因此于贝尔不同意说这些塑像代表了"在几个世纪的遗忘之后重新回归的人类形象呈现"。他也不同意把法国分成两个地区——北方对图像怀有敌意，南方则较为宽松。他认为，西方几乎没有受到东方那种圣像破坏运动的影响，因此艺术形式从帝国晚期开始就一直有延续性。

　　虽然这一论述避免了南北、城乡、高地和低地的二分法，但仍然在东方和西方之间画出了过于生硬的界线。圣像破坏的思想并不只是东方教会要面对的问题；它是犹太教、基督宗教和伊斯兰教传统的题中应有之义。尽管因为人们偏爱扩大平面和立体形象的应用范围，于是这些思想总是处在社会-文化力量的压力之下，但是它们也始终是钳制这些行为的潜在力量。因为这些观念是写在《圣经》里的，并由早期教父的评注加以扩充；当人们越来越怀疑通过物质手段来崇拜和呈现无形上帝的做法时，这些观念自然又会发挥作用。

143

　　即使在西方，昂热的贝尔纳在早期所表达的怀疑，也代表了一股强大的思潮。在马赛的塞雷努斯之后，"嗣子说（adoptionist）这种异端邪说开始产生一定影响；信奉该学说的都灵的克劳迪乌斯（Claudius of Turin）既谴责图像，又谴责十字架，因为基督只是人，是上帝的嗣子，而不是上帝自己，794 年的法兰克福会议则针对他的活动宣布这种学说是异端"。[80] 后来，西欧又多次公开出现类似的圣像破坏思潮，特别是当教会试图恢复使用雕塑的时候。在公元第二个千年伊始时出现的最早的宗教异议事件中，有一个

144

案例格外有趣，相关的报道来自正统教会的材料。马恩（Marne）一个叫勒塔尔（Leutard）的农民梦见了一群蜜蜂，然后将之解释为上帝的启示。他回家之后，与妻子离婚，又前往当地教堂，在那里"拆下十字架，砸烂基督的肖像"。[81] 他的名声由此不胫而走，在当地赢得了一批追随者，于是他劝他们"不要缴什一税"，并声称在他看来，《圣经》中的先知在"有用的话"里面掺入了"谎言"。正如斯托克（Stock）在一篇有关"异端"的杰出论著中所述，勒塔尔的观点不仅是卡特里派（Cathar）二元论的早期代表，也不只是反对新生的封建主义的标志；我们有理由将勒塔尔视为"一个受到启发的俗家信徒，一个自封的《圣经》解读者和宣传者，是受了'召唤'来执行上帝交办的工作"。[82] 换句话说，应当把他看成一个上帝之道所约束的人，这些"道"在1500多年前就已写下，并以固定的文本垂示后人。也有人把这个事件视为寻求公众关注的例子，它无疑激励了当今个别的绘画破坏者。[83] 然而这类的观念之所以会产生，宗教方面的因素——包括神性的呈现和《圣经》文本的神圣性——无疑在背后起了重要作用，因为这种异议的宣示还远远看不到结束的迹象。这场争论就像一条伏流的河溪，随时可能冲出地面。

加洛林复兴

当然，一定程度的连续性是存在的，尤其是在欧洲地中海地区；在文学和物质作品中，罗马模式仍有遗存，随处可见，于是这些古典形式和图像便有了复兴的可能。由于这些形式来源于异教或世俗生活，它们往往会威胁到宗教的全面统治地位。然而，这种复兴仍然是文化史上不断出现的现象，而不仅仅是西方基督宗教的特征。在东方教会，圣像破坏运动时期（726—842）结束之后，紧接着就是一场古典复兴，人们可能试图通过允许宗教图像艺术的创作，来摆脱这场运动的限制。[84] 也就是说，在 9 世纪的时候，人们又回到了古典模式。这场圣像破坏争议，也是导致教宗向法兰克人寻求支持的一个原因，查理曼由此便建立了后来成为神圣罗马帝国的政权，并掀起了一场与之相关的文化"革新"（*renovatio*），这是其朝廷上的文士对这场复兴的称呼。其中一位文士就声称："我们的时代正在向古典文明转变。金色罗马正在重生，而复归于世界。"[85] 当然，意大利向过去的回归是比较早的，比起其他地方，人们在那里明显能够更强烈地回忆起古罗马的伟大，那里的经济和社会也比欧洲北部更活跃。中世纪早期的意大利从来就不是完全封闭的经济体。它的许多市场都需要使用货币，因此拜占庭所统治的南部与东方之间存在积极主动的关系，比如阿马尔菲（Amalfi）就在君士坦丁堡和亚洲其他地方拥有殖民地和仓库。

由于当时意大利所具备的政治条件，在民事和世俗领域，必然会驻于各重要城市的那些主教们都担负着地方诸侯的职能。为了保护古罗马的公民和民事传统（包括罗马法的基本原则），他们要有所作为；在加洛林时代，很多主教于是成了一城之主。就是这个时期，我们可以见到复兴古罗马荣耀的种种尝试，其强烈的意图为前代所无。新帝国的利益，与其学者展现出来的对古代学识的热爱相辅相成；这些学者不仅是教会中人，而且应召承担了官僚机构的管理工作。

在社会–文化层面上，对罗马的借鉴总是存在矛盾态度。一方面，古罗马帝国是异教政权，站在真理的反面，致力于崇拜死人，向塑像敬献花环，并用牲畜或其他物品来祭献。但另一方面，它又是文明之邦和世俗学识之邦。无论是修辞学、植物学还是天文学，只要中世纪需要利用任何这样的学识，那就必须去古典著作中追溯。加洛林艺术中有一件重要作品叫《莱顿阿拉图斯书》(*Leiden Aratea*)，是 3 世纪撰成的一部天文学和气象学专著的 9 世纪摹本，其中的 39 幅有关星座、季节和行星的细密画据推测可能摹自一部现已佚亡的年代较晚的古代抄本。与这部抄本中的俗大写体 (rustica capitals) 字体一样，整部书的样式是罗马式的，它本身也起源于古罗马。[86] 书中一幅插画包含了一个古典类型的花冠，题为《北冕座》(*Corona Borealis*，彩色图版 V.3)。"北冕"除了用作天文术语外，其中的"冕"一词还有"冠冕、头冠"的本义。显现在天上和书页上的北冕，令人回想起古代的风俗，于是成了意象以至实践的潜在素材。实际上，"天"这个观念本身也是如此。因为虽然基督宗教建立了一种新的末世论，要么禁止了异端的神庙和神祇，要么将它们改造利用，但它想要连以前的时间和空间名称也都加以改变的企图却不成功，特别是天上空间中的那些事物。尽管后来的清教徒启用了"主日"(the Lord's Day) 一名，意图避免使用"星期日"(Sunday) 这个传统名称，但后者从来就没有消亡。为了确定宗教仪式的时间，教会强行推广了教历，在一年中体现了先知（基督）的一生；教历因此改变了纪元的整个方式，所开创的基督纪年法到今天便成了远远胜过其他纪年法的"公历"。然而事实表明，日份和月份的名称要顽固得多，部分原因在于这些名称是与天文学者和占星术士对天上空间的测绘绑定在一起的。来自古巴比伦科学的黄道星座，仍然作为永恒的奥秘保留下来，对后世来说成了具有神秘魅力的潜在素材。希腊人和罗马人命名的星座，没有一个被重新命名，于是它们继续成为指向古代神话的线索。"俄里翁（Orion，即猎户座）是谁？"只要提到他那腰带*，人们便可能生发这样的质问。虽然有些天象的名称是地方性的，但在有学识的人看来，"犁星"**（Plough）和"启明星"（Morning Star）其实就是拉丁语文化中的大熊座（Ursa Major）和金星（Venus，即维纳斯）；这样一来，天空便继续向人们提醒着异教徒的神话，即使对于"没文化的人"也是如此。正如前文所论述的文学艺术作品中的花卉一样，加洛林复兴时期的那些形象试图扩展的，就是这样一些潜在的联系。

更晚的时期

到 12 世纪的时候，至少在某种程度上，花朵已经回归了修道院和王室花园，回归了大众的应用和诗歌。虽然花朵从未完全消失，但它们现在已成为欣欣向荣的高级文化的一部分，可能也是大

---

* 即中国天文学中所说的"参宿三星"。

** 即北斗七星。

众文化的一部分。然而在视觉艺术方面，留给花朵的空间仍然很小；人们还没有在艺术中给予花朵太多的重视，立体雕塑更是如此。在基督宗教主宰了欧洲如此众多的智识领域，也主宰了欧洲艺术家近千年之后，花朵才有了进一步的复兴。这场复兴始于罗马式（Romanesque）建筑出现的时期，但在哥特式（Gothic）建筑传统出现的时代更为活跃。不过，这些发展也只是一系列变化中最明显的例子；不仅是建筑和艺术在变化，社会本身也在变化。

罗马式建筑

在西方纪念性雕塑的复兴中，阿普利亚（Apulia）和西西里岛在早期起到了引领作用，古典时代、拜占庭和伊斯兰的多方艺术在此会聚，水乳交融。这些艺术造成的影响融合在巴里（Bari）的圣尼古拉（St Nicola）大教堂中，该教堂始建于1089年，为的是容纳新获得的圣徒遗骨，并为前来崇拜这些遗骨的朝圣者提供场所。教堂的立柱位于狮子的背上，那位大主教的大理石座位则放置在代表全世界人群的三个人像的肩膀上。

在欧洲北部，复兴的纪念石雕采取了抄本中的插画作为主题（于是图书又一次成为模型），此外也会借鉴奥托王朝时期的黄金和青铜艺术品。但正是在罗马式教堂中，纪念雕塑开始强有力地回归，创作它们的雕塑家经常从插画师那里获得灵感，比如穆瓦萨克的克吕尼派小修道院的山花就是这样。[87]

这一时期法国西南部的另一座杰出的罗马式山花修建于孔克。147

孔克教堂是经过法国前往西班牙北部孔波斯特拉（Compostella）的圣地亚哥（Santiago，又名 St Jacques）圣殿的朝圣路线上的四座主要教堂之一，也是圣斐德斯的圣骨最终安置之地。9 世纪在孔波斯特拉发现圣雅各（St James）墓之后，作为圣地，那里很快就变得与圣彼得墓不分轩轾。这条朝圣路上另外三座主要的罗马式教堂则是图尔的圣马丁教堂、图卢兹的圣塞尔南（St Sernin）教堂和利摩日（Limoges）的圣马夏尔（St Martial）教堂；所有这些教堂可能都雇用了同一批工匠。在这些建筑中都建造了纪念雕塑，试图让众多的朝圣者能够马上就对基督的事迹刻骨铭心。因此，它们是引致叙事艺术复兴的教育手段的一部分。虽然这种教育目的已经体现在早前的一些湿壁画中，但那些有关圣徒生平的叙事绘画脱胎于 11 世纪的历书圣像，到 12 世纪末才发展起来。

穆斯林对罗马式建筑的影响也表现为多种形式，比如作为图卢兹圣塞尔南教堂大门框架的装饰性梁托（corbels），就雕有硕大的花朵。[88] 与花卉图案从南方引入的同时，花朵意象也出现了，说明作为游吟诗人的世俗诗歌的普罗旺斯诗歌以及真实的花卉和花园都受到了穆斯林的影响。不过对建筑来说，更重要的是在哥特式时期发展起来的尖拱和其他装饰特征。

哥特式艺术

在图形艺术方面，在加洛林王朝时代之后，拜占庭东方仍然一直持续影响着西方。威尼斯和意大利南部是这种影响的主要渠道，其中威尼斯与君士坦丁堡一直保持着关联，而意大利南部在970年左右被东方重新征服，只有西西里岛一直掌控在穆斯林手中。然而在12世纪初，西西里岛也被诺曼人夺取，然后诺曼诸王便把这里作为文化的发展中心，从君丁坦丁堡引入工匠，从法蒂玛王朝的埃及引入画匠，让他们装饰新建的大教堂。与此同时，拜占庭对东加洛林帝国的后继者德意志奥托王朝的影响格外明显。[89]那里一直是绘画艺术的主导力量，后来才被14世纪作为"第一束光"（*i primi lumi*）出现的意大利大师所取代；[90]此后，意大利开始赶上法国在过去150年中的地位，特别是在插画书籍艺术这个领域。

拜占庭的图像制作对奥托王朝宫廷的影响，也开始改变人们此前模棱两可的态度。[91]在接下来的两个世纪中，西方教会也采取了它之前谴责过的希腊人的那种立场。于是十字架变成了十架苦像，有时候其中还放有圣骨，而且始终强调了基督作为人的一面。早在9世纪末的法国，我们就已经看到圣骨匣如何从单纯的容器发展为立体塑像；此后，单纯的塑像也出现了。[92]

这些发展理所当然再次引发了抗议。11世纪初出现了一些反对这些介于上帝与人之间的"人造"调和形式的流行异端。公元1000年前后活跃的异端分子维图斯的勒塔尔（Leutard of Vertus）就在其活动中明确拒斥使用十字架；在拒斥十字架的同时，异端人士通常还完全拒绝图像的应用，比如后来的卡特里派（Cathars）和瓦勒度派（Waldensians）就是如此。[93]与应对圣像破坏者的情况一样，11世纪初的这场运动也引发了正统教会对图像的辩护和阐释，其中就包括绪热院长（Abbe Suger）和圣托马斯·阿奎那

（St Thomas Aquinas）的著作。绪热于 11 世纪后期在巴黎附近的圣德尼（St Denis）建造了第一座哥特式大教堂；阿奎那的"宗教图像观念，与作为西方艺术新事物的那些由信徒所创作的绘画作品的大量出现彼此同步"。[94] 在意大利，这些绘画作品包括了 13 世纪由皮萨诺（Pisano）、契马布埃（Cimabue）和乔托（Giotto）所创作的那些杰作，以及 1204 年十字军占领君士坦丁堡之后从东方带来的圣像。同样也在这个时候，方济各会（Franciscans）和多明我会（Dominicans）这些新的宗教修会以及附属于它们的俗家信徒团体也促进了图像的应用，因为教会在封建主义的最早阶段需要一切援助力量来击败异端、捍卫自身。[95]

对于平面图像来说，整页的手稿插画的发展，以及在西方最终出现的木板绘画（panel painting），在很大程度上都是受到了东方圣像传统的启发。[96] 这些插画又进一步被罗马式雕塑家作为创作的原型。当然，这方面的进步照例也遭到了阻挠。克莱尔沃的圣伯尔纳多（St Bernard of Clairvaux, 1090—1153）就劝说熙笃会教士（Cistercians）不仅不要在他们的建筑作品中采用塑像和视觉呈现，还要放弃在文字著作中使用整页插画，哪怕只是把篇首字母加以装饰化也不行。所有这些行为都分散了人们对上帝之道的注意力，干扰了修道院回廊中的认真阅读："我们更容易被引诱去观看雕像，而不是去读书。"圣伯尔纳多接着又说，即使人们不为这些愚蠢行为感到羞耻，那他们至少也应该为这些花销感到羞耻。视觉艺术对他来说是一种可憎的东西，既能让人分心，又是奢侈品；这种感觉也像看待艺术作品那样延伸到了建筑之上。[97]

　　　　　　　　　　　　　　　　　　鲜花人类学

在 950 年至 1050 年间，建筑方法的改进、建筑物的宏大规模、必能实现的设计、砖石拱顶技术的日臻娴熟以及叶形和人形雕塑的大量运用，所有这些方面都体现了罗马式建筑风格的发展，使之在西欧占据了主导地位。但绘画和雕塑遇到的事情，建筑装饰也一样会遇到。[98] 熙笃会强烈反对任何形式的装饰，该修会的教堂——如丰特奈（Fontenay）教堂（1139—1147）——就以优雅的简洁风格建造，完全不用绘画和雕塑。熙笃会对形象呈现的强烈反应是极端的，因为他们甚至对插画书籍也忧心忡忡。该修会在 1131 年的法令中声明，篇首字母只能采用一种颜色，不得绘成图画。[99] 伯尔纳多本人也强烈抗议 12 世纪前期蓬勃发展的克吕尼艺术，部分是出于阻止世俗主题侵入宗教艺术的企图。[100] 这种对分隔和限制的诉求，作为"轻世"思想的一部分反复出现，产生了广泛影响。比如两个世纪前的苦修改革运动，在 10 世纪上半叶从法国的克吕尼修道院传遍了西欧，就不建议教士为俗家信徒写作。于是在之后一个世纪，便几乎没有用俗语创作的作品。

叙事图案可供教育不识字者之用。玫瑰窗本身也是这座修道院的创新。虽然在罗马式建筑时期，圆窗已经存在，比如意大利的蓬波萨圣马利亚（Santa Maria in Pomposa）教堂就有 10 世纪的实例，但是以装饰丰富著称的玫瑰窗却在十字军东征之后大约公元 1200 年的时候才出现，那时候它成了许多过渡性的教堂和早期哥特式教堂的特色之一，首先出现在法国，之后又见于英格兰、意大利、西班牙和德国。[103]

圣伯尔纳多出身高贵，是克莱尔沃修道院长，也是作为欧洲最大精神势力的圣座的导师；绪热出身平平，是阿贝拉尔（Abelard）的继任者，也是作为法国最大政治势力的国王的顾问。他们二人之间的对立，代表了与上帝打交道的不同想法之间长期持续的斗争——一方以道为中介，另一方以物为中介；一方要沉思冥想，另一方要积极行动；一方克己而俭朴，另一方却不惮奢华。绪热在制度上对修道院的管理做了改革之后，得以攒够资金，重建这座献给到高卢人那里传道的使徒圣德尼的教堂。于是圣德尼修道院便成了欧洲第一座主要的哥特式建筑，装饰精致，美轮美奂，体现了与圣伯尔纳多所喜爱的那种平实的罗马式风格迥异的另一种精神。圣伯尔纳多曾经写道："但是我们这些人，已经以基督的名义把任何以美丽眩目、以妙音刺耳、以香气扑鼻、悦人味觉、愉人触感的东西视若粪土——我要问的是，我们打算通过这样一些东西引诱什么人来礼敬上帝呢？"[104] 他接着又提出了另一个问题："黄金在圣所里能有什么用？"然而，绪热持有完全相反的观点，尽力想要用任何可以获得的奢侈之物来装饰他的教堂，以向上帝和圣徒致敬。他读过刚由苏格兰的约翰（John the Scot）译出的亚略巴古的狄奥尼修斯（Dionysius the Areopagite）的著作，接受了这样一个观点：无形者只能通过有形的物质才能接触得到。这样一来，整个有形的宇宙就成了一束巨"光"；[105]物象征了上帝之道，把光投在道上，就像他那座宏伟教堂的彩色玻璃窗上开启了理解之路一样。这里面再一次涉及了如何与无形者沟通交流的问题。[106]

因此，玫瑰的回归在意识形态上也有对应，所对应的是 13 世纪的哲学家向亚里士多德主义的回归，包括唯名论（nominalism）"恢复了对具体事物的观察和相关的经验知识，托马斯·阿奎那、罗杰·培根（Roger Bacon）和奥卡姆的威廉（William of Occam）将神学思想与人的感觉和对自然的体会调和起来"。[107]通过这种方式，上帝变得越来越可以通过其造物来认知；这样一种准世俗化的过程，因为教会本身的行为而获得了正当性，同时也与人们对直接呈现圣者的日益反感彼此一致。

这个时期，植物的学术研究也回归了。虽然植物学方面的书面著作在欧洲中世纪并没有完全绝迹，但我们很难认为那些盎格鲁－撒克逊的本草书所包含的知识总量有所增加，甚至很难认为它们维持了原先的总量。在 13 世纪则出现了李约瑟所说的"拉丁语西方唯一的理论植物学"，体现在雷根斯堡（Regensberg）主教大阿尔伯特的著作《论植物》（*De vegetabilibus*，约 1265 年）中。被这本书借鉴颇多的伪亚里士多德的论著《论植物》（*De plantis*），现在考证出来是大马士革的尼古拉斯（Nicolaus of Damascus,

公元前 1 世纪）的作品，是那个时候先是翻译成阿拉伯文、最终又译成拉丁文为欧洲人所用的许多古典研究之一。[108] 然而，植物研究的最大进步，是后来 1475 年梅根伯格的康拉德（Konrad von Megenberg, 1309—1374）那部较早作品的印行，该书大部分内容译自比利时人康坦普雷的托马斯（Thomas of Cantimpré, 1201—1263）更早撰成的拉丁文著作。[109] 英格兰的巴塞洛缪

151 （Bartholomew the Englishman）也有一部专著撰于 1250 年前后，其中列出了 154 种植物，这本书最终在康拉德的著作出版之前不久的 1470 年左右印行。但相比之下，康拉德著作的主要成就在于插画，而非文字，因为其中所包含的木刻画可能是最早的有意用来"识别植物而非供装饰之用"的插画。[110] 之后，"这方面的进展相当迅速"，部分原因在于拜占庭帝国的陷落导致了古典知识的进一步复苏，从而起到了促进作用，还有"部分原因在于新近出现的（来自中国的）*印刷术发明让印刷品的大规模传播成为可能"。[111] 虽然书面语言对那时候的其他大多数知识体系的发展非常重要，但物理呈现对植物学和其他自然科学门类却至关重要，因为它们要求人们必须去识别世界上存在的物体。比起对整体和局部的写实呈现来说，象征意义和装饰图案的价值就差远了。大约 4 个世纪之前，随着 9 世纪印刷术的发展，中国也取得了类似的进步。在这些方面，中世纪后期和文艺复兴时期的欧洲必须赶上中国，以及

---

* 李约瑟在这里说的是中国北宋发明的活字印刷术。不过，科技史界主流观点认为，欧洲的活字印刷术为独立起源。

鲜花人类学

过去的自己。植物学学识在 13 世纪和 14 世纪开始成形之后，便逐渐提升，并传播到整个欧洲。这与园艺和发展和花卉的种植密切相关，因为"15 世纪欧洲北部很多乐园式花园之所以能打造出满是鲜花的环境，要特别归功于之前几十年间意大利的植物学研究"。[112]

花卉不仅出现在植物学文本中，而且从 13 世纪起也引入了建筑装饰；用石材、木头和金属来呈现自然受到了鼓励。法国北部的城市大教堂的装饰就"直接来自大自然"，将多种花和叶的形象融入柱头装饰中。[113] 在利西厄（Lisieux）的圣彼得教堂（建于约 1200 年）上，从紧密排列的罗马式叶饰中开始萌发出"多少带点自然主义意味的花蕾"。之后在拉昂（Laon）以及鲁昂大教堂上，这些装饰焕发了生机，变得更具自然主义风格；在巴黎圣母院上有一条豆瓣菜檐壁（frieze），其上又有来自白屈菜（greater celandine）叶和金鱼草花的母题。在这些早期阶段，装饰用的叶和花都是中世纪花园中的小型植物，但其种类比以前要多得多，包括耧斗菜、报春花、毛茛、老鹳草、堇菜、乌头、豌豆、芸香、金雀花（broom）、番红花、铃兰等，还有不少溪畔植物，如欧洲蕨、车前、斑点疆南星（wild arum）、十字花科植物、睡莲、三叶草和欧洲对开蕨（hart's-tongue fern）等。在这一世纪后期，香槟（Champagne）地区花园中的所有植物都陆续呈现为装饰形式。兰斯（Rheims）大教堂的柱头上就雕饰了 30 多种植物，包括玫瑰在内。那种传统上的形式化的叶卷纹（*rinceau*）消失了，取而代之的是简洁的叶饰和连串的花朵，雕得"仿佛倚石而生"。[114] 这种自

152 然主义风格从法国北部传播到了英格兰，于是那里的建筑也开始使用槭叶、异株泻根（bryony）、白屈菜、山楂、楼斗菜和其他很多花草元素。那些形态流畅的哥特式建筑的营建者们"在柱头上装饰了天然植物的枝叶，又用花园和果园中种植的植物装饰其墙壁"。[115] 此时所见的已经不再只有摹仿前代雕匠的古典柱头上的那些形式化装饰，还有以花园植物为原型的母题。至少修道院和王

153 室的花园，也就是大阿尔伯特所描述的那类花园，在此时已经成为人工驯化环境的突出体现；它们不仅能满足功利式需求，也能提供视觉和嗅觉的愉悦。[116]

一种类似的"自然主义"也影响了平面艺术。正是在 12 世纪和 13 世纪，风景在西方传统中重新出现，明显借鉴了拜占庭的先例。[117] 前文已述，之前几个世纪中在绘画或诗歌中几乎没有风景，只在意大利有个别受到古典影响的孤立案例，但比起其他任何地方来，意大利之前本就有"欧洲其他地方所无的"丰富的"实物证据"。与之相反，爱尔兰和爱尔兰－撒克逊艺术是"完全的非自然主义风格"，而中世纪文学的发展趋势也是"把所有风景都极化为天堂和地狱的象征"。只有拜占庭传统能为后世的复兴提供一些古典风景传统的"枯干的遗物"，反倒是西西里岛的阿拉伯人，在装饰主题和花园本身两方面都做出了贡献，向人们提醒"东方的非具象主义在所有东方基督宗教艺术里都暗中存在"。[118]

在 13 世纪后半叶，为爱德华一世或其王后所创作的《启示录》（Apocalypse）抄本中，有一些单株的树木插画。在世俗刺绣作品中，林中狩猎时所遇到的草木是特别受欢迎的题材。在中世

图 5.5 哥特式挂毯《森林》(*La Fôret*)，约 1500 年。

（巴黎，私人藏品；Kjellberg 1963: 163）

纪晚期，织毯（法文叫 *tapis sarrazinois*，意为"萨拉森人之毯"）越来越多地被欧洲人用作地板的覆盖物，或是作为挂毯悬挂在墙上，这些织毯本身有时又像波斯传统一样再铺上一层鲜花（图 5.5）。在中世纪欧洲艺术和文学中，乐园、人间的伊甸园以及它在天上对应的天堂乐园的呈现都是可以把花朵引入风景之中的机会。

在这个发展过程中，对于乐园这一概念所蕴含的各种可能的理解，并不能梳理出清晰的时间脉络。在基督宗教早期的几百年间，寓言性的解读占据主导地位；到中世纪末，则出现了更为具体的解读。

花的实际运用

乐园中开满花朵的观念，很可能促进了花卉本身的种植，因为修道院花园也是一种实验性质的集约式园艺的实践地点。然而，
154 在附属于修道院的所谓"乐园式花园"中种上一些花的做法，与其说是受到了含有献给异教神祇的塑像的希腊花园或更常用树木造型来造景的罗马式变体的影响，不如说是受到了拜占庭教会的影响，把波斯花园与古典庭院结合在一起。[119] 然而这种发展并不算早，因为英语中"乐园"一词的首次使用大约是在公元 1000 年。[120] 修道院花园的栽培并非仅是遵循传统的工作，也是一种创新。比如人们采用并改进了复杂的嫁接技术；而在教会统治下，也正如在古罗马统治下一样，小麦和葡萄作为麦饼和葡萄酒的重要原料，其种植不断向北推进，逐渐适应了新的气候和土壤。[121]

此后的修道院花园里种有各式各样的植物，包括为圣坛以及整个教堂提供装饰的花卉，以及出于医药、精神和美学目的种植的植物。花园是休憩之地，也是美景；其中的花朵可用于宗教活动、为司铎加冕[122]、为蜡烛加上花环以及装饰神龛。因此，不仅修道院需要花朵，大大小小的教堂也需要花朵；有些重要场合所用的花还必须去购买，这样就创造了世俗的花市。

花朵还与教会的神秘思维一致。12 世纪后期的门德（Mende）主教杜兰杜斯（Durandus）把花朵视为善的象征，建议人们于棕枝主日（Palm Sunday）这天在身上佩戴鲜花、橄榄枝和棕枝，因为花朵象征着基督的美德，橄榄枝象征着基督是带来和平的角色，而棕枝是胜利的标志。[123] 这时候，象征体系已经发展成为理解教义的手段，特别是能帮助到那些不识字的人。对另一些人来说，花草又分为有益和有害、有助于人或妨碍到人的两类。这样一来，花朵就获得了更多的象征意义，在教会活动中有了大量新用途。到 1366 年时，已经有人把基督升天日（Ascension）叫作"玫瑰节"；但在教会活动开始呈现出古罗马节日的一些奢华特色的时候，这个名号更常用于称呼圣灵降临日（Pentecost，又名五旬节）。[124] 在这个节日期间——特别是在法国——人们会以古罗马皇帝埃拉加巴卢斯（Elagabalus）的方式，从高处撒下大量花朵，象征着圣灵的降临。与此同时，号角也会吹响，鸽子飞向天空。可追溯到 15 世纪的记录还显示，人们会在棕枝主日购买黄杨枝和棕枝，在复活节购买金雀花，在基督圣体节购买花环（或玫瑰），在 6 月 11 日的圣巴纳巴斯节（St Barnabas）购买更多花环，在仲夏节购买桦树枝，在圣诞节购买欧洲枸骨和常春藤。[125] 在某些地方，即使在宗教改革之后，这些习俗似乎仍然延续了很久。[126]

许多这类仪式已经融入天主教会的仪式中。在意大利，人们会用到红玫瑰，因此圣灵降临期（Whitsuntide）又名为"玫瑰色的复活节"（Pasqua rosa）。然而，尽管 19 世纪中叶，西西里岛的墨西拿（Messina）仍在进行"散花"（*immissio florum*）表

155

演，但对该仪式的滥用导致它遭到了教会禁止。[127] 在德国，圣灵降临期使用的花朵是芍药，因此这类花卉又名为"五旬节玫瑰"（*Pfingstrose*）。在其他仪式上，玫瑰也有用处；在荷兰用于圣约翰节，在比利时则用于圣彼得节。在罗马，8月5日会有一场白色素馨花的花雨从圣母马利亚教堂的屋顶落下，以纪念这座巴西利卡的起源。[128] 五月是纪念马利亚的月份，是举办宗教和世俗的花朵庆典的特别时段。在意大利，整个五月期间，人们都在礼拜室里和梳妆台上放置玫瑰，甚至连仆人都会为自己住的房间购买玫瑰。

在节日期间，教堂里不仅普遍可见鲜花，还有花环。1405年，伦敦圣保罗大教堂的主教曾在圣保罗节纪念活动上佩戴红玫瑰头冠（*garlandis de rosis rubris*），来自欧洲大陆的访客因此对这一英国习俗发表了评论。[129] 在德国、法国和意大利，圣体游行的许多参与者也都戴着玫瑰头冠。在其他通过仪式（rites of passage）上，神职人员也会佩戴玫瑰；比如在诺拉（Nola），当教区司铎每年向主教致敬时，便会把头冠递给这座城市的已婚女性。

宗教象征

杜兰杜斯的观念强调，花文化的发展有其象征性的一面；特别是在宗教领域，花卉与绘画一样可用于教诲目的。在教会建筑中，用于表达对圣母的挚爱的象征元素尤其精细复杂。在古以色列和古罗马都曾出现过用封闭花园中的花象征处女的图像。[130] 而在中世纪欧洲的艺术和文学中，圣母马利亚有时候被想象为封闭的花园，有时候则被比拟为这种花园里的一朵玫瑰；她是没有刺的玫瑰（常为白色）。[131] 曾经对古罗马诸神有着重要意义的玫瑰，于是转变成了一种符号，象征着复杂的，甚至可以说是自相矛盾的形象。在世俗情境中，红玫瑰是春天的标志，也是爱情的标志，但它同时也代表着献神的血祭或殉教者的鲜血，又因为它长着刺，还象征着死亡本身。按照基督徒诗人的说法，"马利亚作为母亲，将整个天地包在她的子宫之中，包在一朵圆圆的玫瑰花里面"。[132] 这种花朵的意象是相互重叠的，而不是彼此互斥的，因为人们还把圣母比作百合和紫罗兰，而且正如前文所述，人们同时又把基督比作红玫瑰，花上沾的是他的血。有一个故事就讲到，基督把编成花环的红玫瑰献给了把他作为爱人来敬慕的苏丹女儿。[133]

圣母还以非常不同的另一种方式与鲜花联系在一起。正如花园在建到修道院里面之后就被"基督宗教化"一样，花卉也被起了"教名"。11世纪圣母崇拜日益流行之后，金盏花就成为与圣母马利亚有关的众多花卉之一。在著名的大教堂里，蒙神祝福的圣母的塑像常常穿着由怀着感恩之情的祈求者敬献的贵重长袍；这些衣服不时更换，在圣母塑像被游行队伍抬行时，更是格外繁丽。献给这些塑像的花也越来越多。

野花经历了一个更为广泛的更名过程，因为这样的改名可以让野花不再那么有异教感，也不再适用于"巫术"疗法。与此同时，乡下的宗教教师又在其著作文本中加入了野花的插画，在教会的活动中应用它们，其方式与文艺作品中那些象征的用法一模一样。这样一来，在教会和民众、宗教文化和大众文化的共同努力下，圣母全身都佩戴上了路边的植物。这一时期，这些野花的名称往往以"圣母的"（Lady's）一词开头，更正式的名称则以"我们圣母的"（Our Lady's）开头，但在宗教改革期间，这些名称却被归类为"教宗的胡说八道"，其宗教意义也被剥夺。[134] 在后来恢复原名之前被这样一度改名的植物相当多，比如：

浆果薯蓣（Black Bryony）叫"念珠草"（Rosaries），

羽衣草（Alchemilla）叫"圣母袍"（Our Lady's Mantle），

打碗花（Greater Budweed 或 Convolvulus）叫"圣母睡帽"（Our Lady's Nightcap），

鹳草叫"圣母丝带或袜带（Our Lady's Ribands 或 Garters）"，

旋果蚊子草（Meadowsweet 或 Bridewort）叫"圣母腰带"（Our Lady's Girdle），

菟丝子（Dodder 或 Strangleweed）叫"圣母花边"（Our Lady's Laces），

杓兰（Slipper Orchid）叫"圣母拖鞋"（Our Lady's Slipper），

草甸碎米荠（Cuckoo-flowers 或 Milkmaids）叫"圣母衬衫"（Our Lady's Smocks），

圆叶风铃草叫"圣母顶针"（Our Lady's Thimble），

毛地黄（Canterbury Bells 或 Foxgloves）叫"圣母手套"（Our Ladys' Gloves），

岩豆（Kidney Vetch 或 Lambs Toes 等）叫"圣母手指"（Our Lady's Fingers），

野生兰花叫"圣母发绺"（Our Lady's Tresses），

黄花九轮草（Cowslip 或 Primula）叫"圣母钥匙"（Our Lady's Keys），

海石竹（Thrift）叫"圣母垫"（Our Lady's Cushion），

马齿苋叫"圣母荷包"（Our Lady's Purse），

牛唇报春叫"圣母烛台"（Our Lady's Candlestick），

黄精（Solomon's Seal）叫"圣母印"（Our Lady's Seal），

铁线莲叫"圣母藤架"（Virgin's Bower），

欧活血丹（Ground Ivy）叫"圣母草"（Herb of the Madonna），

薄荷叫"圣马利亚草"（Herbae Sanctae Mariae），

欧芹叫"圣母藤"（Our Lady's Vine），

肺草（Lungwort）叫"圣母泪"（Our Lady's Tears），

百合叫"圣母百合"（Madonna Lily）。

通过把花园里的花和野花重新命名，它们也就被纳入到了新的宗教制度之中。[135]

日常生活中的花

花卉和花卉象征体系的应用，并非只在宗教情境中发展，也在世俗生活中发展，从诗歌中可以看到一些迹象。在 12 世纪后期创作的《布兰诗歌》（*Carmina Burana*）中，可以发现诗人提到了摘取野花和花园中的花，提到了在所爱之人的房间里撒满鲜花和芳草，提到了把玫瑰赠予情人，特别是还从春花联想到了爱情、美貌、舞蹈和绿叶茂密的林中树木：

> 少女们走来这边
> 头上戴着花环。[136]

这个时代，游憩花园的概念显然已经出现在贵族生活中。在《埃雷克和埃尼德》（*Erec and Enide*）这一亚瑟王传奇中，有一个永恒地开满鲜花、缀满成熟果实的花园，虽然没有围墙，但"悬在空中，于是无人能进"（第 5739 行）。不过，亚瑟王和埃尼德还是得以骑马进入，享受到了"极大的欢乐"，还有一大群人跟在他们后面。《克利热》（*Cligés*）则描写了一种更贴近人间生活的快乐。费尼斯（Fenice）告诉她的情人，如果有一座"能在里面游玩的花园，那我会非常喜欢"。于是他就造了一座花园，两人走进去行云雨之事，却不幸被外出鹰猎的骑士贝特朗（Bertrand）发现他们赤身裸体躺在地上（第 6347 行以下）。

花朵的主要用途之一是制作花冠，也就是用叶或花做的头冠。花冠的应用，在 13 世纪初到 15 世纪后半叶达到了鼎盛，不过在德国似乎开始得更早。[137] 这些花冠有时候以一种现成的帽饰（比如骑士的头盔）为依托来制作，但它们也需要一个由柔韧的带叶枝条或茎秆（比如柳枝或苇秆）做的圆圈，以便把花朵贴附在上面。

正是在 13 世纪，法国的传奇作品——比如让·勒纳尔（Jean

158

Renart）的《加勒朗》（*Galeran*）——开始描述主人公身上绣有花朵的衣服，以及头上所戴的花冠。[138] 在法国北部的剧作家亚当·德拉阿勒（Adam de la Halle）创作的戏剧《罗班和马里翁的故事》（*Le feu de Robin et de Marion*，约 1283 年）中，女主角就戴着"花冠"，是这位放牧女王的"传统"花环，然后她又把花冠戴在情人头上，作为爱情信物。[139] 在很多仪典中，人们会戴"花帽"（*chapeau*），也就是玫瑰头冠；修女也会在游行活动中佩戴，而少女们会在结婚时佩戴。在德国，婚礼上戴花冠的习俗可以追溯到 10 世纪，但文艺复兴之后，玫瑰花冠让位于橙花冠；与此不同，红玫瑰在俄罗斯一直用到了 18 世纪。[140] 那些人们已经知道不是处女的新娘，则只能将就戴上禾秆头冠；已婚妇女有时候也会在其他帽饰之上再戴花冠。

男性也会戴花或叶做的头冠。这些头冠可以用绿色的枝叶或草本植物做成，在其上再附上小花束。戴这种头冠的人大都是贵族，制作它们的花和叶通常来自芳香草本，比如芸香、薄荷和艾蒿。《加勒朗》中有一位年轻男子戴着紫罗兰和玫瑰的头冠，为了让这种头冠保持新鲜，还有特别的窍门。在佛罗伦萨，在主教首次进入其城市的两天中，主教辖区的临时管理者（*vicedomini*）会佩戴绿色枝叶做的花环，最早详细描述这种礼仪的记录写成于 1286 年。[141] 在《湖上骑士兰斯洛特》（*Lancelot de Lac*）中，这位未来会成为骑士的主人公每天早上都会在枕边发现一个红玫瑰花环，由他的养母放在那里。[142]

不过，花冠的应用也不限于贵族或掌权者。在乔叟的《坎特伯雷故事集》（*Canterbury Tales*）中，那位好色的教会法庭差人在喝醉之时，头上就戴着一个"花环"（gerland，第 666 行）。在《骑士的故事》（*The Knightes Tale*，第 1505—1508 行）中，阿塞特（Arcite）来到树林中，用忍冬或山楂做了一个花环，用来庆祝五月节；埃米莉（Emelye）则在花园里采花，给她自己做了一个"戴在头上的精致花环"。甚至一些仆人，也会像他们的主人那样戴花冠，比如送信人和雕匠在吃饭的时候。[143] 但最主要的佩戴者还是恋人，以及爱情女神自己（《骑士的故事》，第 1962 行）。因此，花冠也会在舞会上佩戴，并被作为礼物赠送。

本着同样的精神，花环也会奖给大众游艺、舞蹈和诗歌比赛的优胜者，这种习俗在德国一直延续到 16 世纪。[144] 然而与此同时，玫瑰冠作为爱情的奖赏或信物，也可以由地位较低者献给地位较高者，作为屈服的标志，或是作为租地税（*cens*）的一部分。从 1124 年起，在法国和英格兰都有这种习俗的记录，[145] 在 14 世纪到 15 世纪尤为普遍。[146] 这两个国家的租地契约都提到要上缴玫瑰，就租金而言，一朵玫瑰等同于一粒胡椒，而且显然是依附的标志；玫瑰与手套、镀金马刺、铁矛头和剑一起，都可用于缴纳租地税。[147] "玫瑰租"（*baillée des roses*）在法国是一种封建义务，法国的封臣要在 4 月、5 月和 6 月将它缴纳给参议会，这在当时代表了他们所效忠的国王。曾有一位封臣把玫瑰撒在参议院的各个房间里，有人在他前面端着银盘，里面盛着他要献给高级执政官的玫瑰和假花。这种习俗一直延续到 16 世纪，类似的做法也见于图卢兹和鲁昂的参议院。[148] 就巴黎的情况来说，做这类用途的花朵

鲜花人类学

里面一部分来自贵族的宅邸，在那里花朵会被编成花环；但玫瑰主要来自巴黎郊区的丰特奈奥罗斯（Fontenay-aux-Roses）*等地，人们在那里的"小花园"（courtils）中开展包括玫瑰贸易在内的广泛市场活动；曾有一份记录报告说，他们从"女绸缎商玛格丽特"（Marguerite la mercière）那里采购了玫瑰，这凸显了花朵与服装之间的密切联系。

当时，这样的头冠基本已经从其过去的象征意义中解放出来，至少人们可以大胆地供个人使用，甚至用来装饰圣徒的塑像。玫瑰冠之所以能实现基督宗教化，部分原因在于马利亚崇拜的扩展。人们把这花中女王与"天堂女王"马利亚等同起来，于是用玫瑰来装饰新塑像和贞良少女（所谓"玫瑰少女"[rosières]），丝毫不顾这种花此前引发的那些联想。不过，这种习俗并非没有批评者，对这些人来说，区分装饰和"礼拜用品"至关重要。圣女贞德（Jeanne d'Arc）在受审时，就被指控曾经编织花环，做成献给栋 160雷米（Domrémy）的圣母像以及圣卡特琳（St Catherine）和圣玛格丽特（St Marguerite）的头冠。宗教裁判官能做出这样的审问，意味着他们在这些行为中察觉到了异教元素，特别是这些行为又被与一棵名叫"五月美人"（le beau may）的欧洲水青冈古树关联起来，据说那棵树经常有仙子光顾。[149] 于是这棵林中绿树或五月柱便给贞德带来了麻烦。她还面临着另一个麻烦，就是把这类物品献给圣徒的行为到底是"崇敬"还是"崇拜"，这二者之间只有

---

* 这一地名直译即"玫瑰泉"。

一线之差，关键在于表达背后的意图。

从 12 世纪开始，随着骑士精神的发展，以及上层社会日益奢侈，花朵也有了多种用途。在喜庆的场合，比如举办婚礼的时候，人们把玫瑰花瓣撒在屋中和街上；除了玫瑰，也会用到百合。房屋——有时候还有餐桌——会用花朵来装饰，墙裙上会挂上花环；所用的鲜花不仅可赏其美丽，而且可嗅其芳香。那个时候有一种模拟的"鲜花之战"，淑女们要用玫瑰守卫爱情城堡，骑士们则用玫瑰来攻击这城堡。这场战争以其他的形式一直持续到今天，或者说在今天又重新开始了。[150] 在沐浴时，人们也在洗澡水里撒上玫瑰花瓣；在一部以普罗旺斯民谣为底本的恋歌（*Minnesaenger*，是描述中世纪宫廷爱情的德国诗歌）抄本中，便有一位骑士斜躺在花瓣水中，一位淑女为他献上玫瑰头冠。[151]

曾有人认为，这种广泛使用花朵进行自我装饰的做法可以追溯到教会在宗教游行中所保留的传统，[152] 但没有提供任何证据出处。尽管教会中确实有一些人鼓励把花朵用于基督宗教的目的，但对于较早的时期，这一说法很值得怀疑。根据时尚史学者恩拉特（Enlart）的说法，佩戴"花草冠"（chapeaux de fleurs et d'herbes）的习俗是中世纪的人采纳的许多古代习俗之一，这种习俗的广泛实行，是 12 世纪复兴的特征之一。相关报告最早出现在德国，后来在法国普遍实行，还传到了英格兰、意大利、西班牙和斯拉夫国家。这种习俗一直繁盛到 15 世纪后半叶，之后因为头发必须用更复杂的方式遮盖，要用到金属做的假花或假叶，法语

　　　　　　　　　　　　　　　　鲜花人类学

chapeau（头冠）一词才有了另一种含义。*

世俗花园

　　人们在重新对花卉生发了更广泛兴趣的同时，也对世俗花园生发了同样的兴趣。中世纪早期，在高度重视体力劳动的修道院之外就基本见不到什么花园。负责打理花园的僧侣在拉丁语中被称为 *hortulanus* 或 *gardinarius*，都是"园丁"之意，在古罗马，这两个词常用于称呼在花园里种花供售卖的人；此外，这些僧侣还有一个任务，就是用合适的花朵来装饰教堂。¹⁵³修道院的花园由教堂司事（Sacristan）管理，在阿宾顿（Abingdon），他必须从"园丁"那里租用花园。英格兰最早见诸记录的"司事花园"（gardinum Sacristae）位于 9 世纪的温切斯特，那个地方今天还留着"乐园"（Paradise）这一地名。¹⁵⁴

　　封建时代的动荡局势，在一定程度上意味着世俗花园只能在贵族的宅邸中见到。13 世纪时，富人住所周围才开始铺设小块草地，其中立有藤架。这样的花园常种有小乔木、花卉和草坪。14 世纪时，又出现了建有亭子的更复杂的花园结构，随后又出现了迷宫、树木造型以至人工石洞（grotto）等时兴的设施。¹⁵⁵虽然花卉种类不多，但 13 世纪时，威斯敏斯特（Westminster）的王室花园已经被人提到种有大量蔷薇和百合，而林肯（Lincoln）伯爵的花

---

* 在现代法语中，chapeau 是所有帽子的统称。

园（后来成为林肯律师学院［Lincoln's Inn］）则只被提到种有蔷薇。[156] 1372 年时，法国勃艮第公爵的庄园中有一位园丁被支付了额外的报酬，去照管主要种着蔷薇的"圣母花园"。园中还种有其他花卉和芳香植物，供家庭日常使用，比如可以编制头冠、覆盖地板、制作香水和淡香水，都是这样的家庭必不可少的日用品。[157] 不过，尽管游憩式花园最初仅限于上流阶层的住所，花卉本身却不是这样。除了贵族宅邸和修道院之外，私家花园最早似乎是在城市环境中发展起来的，也即中世纪早期意大利和德国自治城市的郊区。[158] 与此同时，人们也在窗台上种起了芳草。早在 1417 年，巴黎的教士长（provost）就警告市民，不要让这些花盆掉下来砸中街上的行人。[159] 在今天的巴黎，这种危险仍然存在，部分地区仍然在执行同样的禁令。

市场与行会

与僧侣不同，贵族们自己显然不会去耕耘土地，而是雇人来干活。这项工作往往代代相传，甚至可以传给园丁的遗孀和女儿，于是在中世纪晚期，有很多女性得到雇佣。[160] 在私家花园和商业花园中都有园丁工作。私家花园虽然主要供那些大户享用，但一些产品也能流向市场；早期的主教以至伦敦市民（其中既有外来侨民又有自由民）所雇的园丁便习惯在圣保罗大教堂庭院的大门旁边向公众售卖水果和蔬菜。不过，相关文献中没有提到花卉。1345 年时，尽管这种售卖花园产品的做法遭到了投诉，但市长和市政官坚持把这些"古老的用途"延续下来，因为它们在城市生活中显然必不可少。[161] 在爱德华三世（Edward Ⅲ，1327—1377 年在位）统治期间，这些商品的销售地点受到了规章的管制，园丁们自己也对这一职业的招募施加了限制，仔细地把"外来者"排挤在外。几个世纪以来，园丁们已经形成了一种秘密团队、一种帮会，最终他们在 1605 年组建成为商会，其中既有销售者又有种植者。所销售和种植的除了一般植物和种子之外，可能还有花卉，因为它们都出现在商会的盾形纹章图案上。[162]

现有证据表明，13 世纪时职业园艺师的出现，与市场的增长同步。巴黎行会的王室章程可以追溯到 13 世纪，也是这个市场存在的证据。这些商会更为直接地参与到头冠的供应中，它们由教士长管辖，所开展的广泛活动都受到教士长的管理。那个时候，帽匠（*chapeliers*）有 4 个商会，因为虽然人们穿着的衣服可能非常相似，但他们往往会在头饰上展示出个人偏好。制作这些头饰的有毡帽行会、棉帽行会和孔雀羽毛帽行会，其产品既在圣马丁街（rue Saint-Martin）的纺织商人的店铺中售卖，又在宫廷附近售卖。[163]这个时期，男性会在头盔下面戴便帽，它们就是由棉帽行会所生产；棉花这种还比较珍稀的材料会与羊毛混纺，制成便帽、分指手套和连指手套。行会的这些规矩制定出来之时，孔雀羽毛帽行会已不再使用孔雀羽毛，而只生产黄金和宝石制作的头饰。最后还有一个"芳草师"（*herbiers*）或"花帽匠"（*chapeliers de fleurs*）的行会，生产由鲜花（特别是玫瑰）制作的头冠。在巴黎城墙外的花园里，他们会种植花卉和芳草，既可以用于制作男女都会佩戴的头冠，又可以撒在住宅的地板上。干这行的家庭通常既是园丁又是花商，在花开的时节制作"花彩"（tresses）和头冠，一年中的其他时间里则从事园艺工作。[164] 那时候可能与 18 世纪一样，已经有了性别分工，男性负责园艺，女性负责卖花。花朵可以在星期日以外的任何一天售卖，但只要向国王的国库缴纳罚金，在星期日也允许售卖玫瑰。与组织成为行会的其他很多职业一样，花商行会也是奢侈品行业的一部分。事实上，他们所供应的这类头饰本来专供"绅士"（les gentiuz hommes）使用，也就是专供贵族而非市民阶层使用。[165]

虽然"花帽匠"们的商会到 14 世纪以后即已不存，但由花商和园丁组成的行会却继续存在下来，其成员可能仍在继续制作头冠。这是因为后来的人们虽然还会戴"头冠"，但它们已经不再用鲜花制作，而是改用金色或银色布料的绫带制作。德平（Depping）写道："自然的奢华被置于一边，取而代之是人造的奢华。"[166]

由于对玫瑰的需求如此之大，这种花朵明显的季节性显然成了一个问题。尽管用到玫瑰花的宗教仪典都是夏季仪典，但并非所有婚礼都挤在 6 月举办，更不用说还有不计其数的其他活动也都要用到玫瑰。虽然人们在玫瑰花蕾的保鲜上下了很大功夫，[167] 但还是不得不经常要用到干花、假花和金属花，当然也少不了用叶子做的"绿头冠"（le chapelet vert）。

高端与低端

在本章中，我试图勾勒出文艺复兴时期花卉在西方的文化史，希望将它作为体现宗教改革、不断扩大的市场和整个文化领域一定程度的世俗化这三者彼此之间相互作用的一个范式。我特别关注了种种的压力，不仅有让人们去使用花朵的压力，也有在很多场合下都反对把花朵用于宗教礼拜目的的压力，因为它们是奢侈的象征；激进的宗教改革者更是在非常广泛的情境下都反对花朵的应用。

本节作为最后的总结，还要强调两点，其一是文化行为边界所具的等级和空间性质，另一是中世纪欧洲变革背后的原因。在任何地方，花文化都分化为多种形式。玫瑰的回归，以至花卉的回归，是源于来自下面的压力，还是来自上面的压力？不可避免的是，我们的大多数证据都来自较高等的文化领域，来自贵族群体、教堂艺术和建筑以及绝大多数（虽非全部）由上层阶级创作的文学作品。最开始的时候，这个市场主要面向的就是他们。然而，也有一些证据表明大众也在应用花朵，不仅用于婚礼，用于围着坟墓和塑像打转的半官方性质的崇拜，而且用在那些严令禁止的巫术活动中。11 世纪，沃姆斯的布尔夏德在其"纠错录"（赎罪书）中就生动地描述了这些活动，表明花冠一直都被用于"异教"目的。在该书中，这位司铎如此询问他的教区民众："94. 你吃过任何偶像的供品吗？这指的是一些地方供在死者坟墓、泉水、岩石或十字路 164

口处的祭品。或者，（你）是否曾把石头添到石堆上，或是把花环献给竖在十字路口的十字架？"这段引文中，翻译成"花环"的那个拉丁语单词是 *ligatura*，字面意思是纽结或绷带，但在巫术中更宽泛地指"编结之物"；该词在法语中所对应的 *noeuds*（纽结）一词也用来指小型花束。[168] 出于这类目的应用的叶子来自居民的牧场或花园，而非购自集市。

因此毫无疑问，更为世俗的大众应用，在那时已经存在。虽然头冠通常是贵族的特权，但来自那些带插画的抄本的证据却表明，其他人也在应用花环，用途更广，时间也更早。不过，花朵那时是否已经在社会的某个层级上发挥着重要作用？当它们强力回归时，是否因此也在贵族和教会中发挥了同样的作用？这些似乎颇值得怀疑。后来，市民阶层的城市花园也出现了，给五月女王加冕之类的"大众"仪式的证据也出现了。很明显，在婚礼和五月狂欢中使用花冠，以及在法国给"玫瑰少女"戴花冠，都属于要求参与者"盛装打扮"、看起来像是拥有更高地位的人的做法，就像中国、印度和近东的新娘一样。由此似乎很容易得出这样的结论：这些仪式由上层社会发展出来，然后被下层接受。然而，正如后文在论述"五月节伴谬"时所述，这些仪式经常得到来自上层的支持，比如庄园主经常会操办罗宾汉主题戏剧的演出，王室也会参加五月节。[169]

因此，新的花文化是在高端与低端的互动中产生的。一方面，贵族文化和后来的市民阶层文化变得越来越丰富精致。与此同时，占优势地位的教会对待各种类型的形象呈现的姿态也发生了变化，这从教会对待圣像和祭品以及对待礼拜的物质方面的整体态度就能看出来。虽然花朵从来没有完全消失，并在这几百年间逐渐回归，但到了 12 世纪的罗马式建筑以至更重要的哥特式建筑那里，我们才见到了玫瑰的回归。

为什么是 12 世纪？这个时候是所谓中世纪文艺复兴时期，意大利在地中海的贸易兴旺起来，十字军也开始东征，由此带来了与东方的一种新类型的互动。这个世纪开始时，大教堂学校还十分兴盛；到这个世纪结束时，多所大学已经成立。这个世纪，学者对罗马法和教会法开展了研究，以应对不断变化的社会经济局势；这个世纪，罗马式和哥特式建筑充分发展，意大利和法国的俗语文学也繁荣起来，与拉丁语文学分庭抗礼——而在英国，类似的俗语文学早已有之。也是在这个世纪，主要从西班牙北部和西西里岛开始，新古典著作对欧洲文化产生了很大影响。科学、医学和哲学随后都取得了显著进展。在政治方面，现代官僚国家也开始出现了。[170]

有许多因素促成了这场复兴，比如贸易的增长和学识的开放，但大部分因素都与伊斯兰世界有关。当时，伊斯兰政权还牢牢掌握着西班牙和西西里岛，并控制着地中海地区的大部分贸易，更不用说经由海路和陆路向东到达中国、印度和香料群岛的贸易了。这些发展为后来意大利的文艺复兴以及更后来欧洲西北部的艺术和经济繁荣埋下了伏笔——正是在这些地方、这些时代，玫瑰迎来了全面的回归。

第六章　文艺复兴时期的圣像和圣像破坏运动

　　在本章中，我想探讨在文学、艺术和民众的整个生活中体现出来的圣像与圣像破坏、花朵与对花朵的拒斥（或花朵的隐喻变形）之间的相互作用，因为在所有这三个领域，这种相互作用都体现为多种形式。

　　这种相互作用并不能简单看成周期性运动，因为我们必须看到，这些波动背后是市场增长的背景，而正是市场的增长，最终将奢侈品文化转变成了大众消费文化。18 世纪蔗糖开始大规模生产之时，甜味文化就出现了这种情况。而在工业化初期，棉布的大规模生产使得人们可以进行大规模消费，于是棉布也出现了这种情况。19 世纪初，花朵也经历了这样的变化，其结果我将在后文中再加考察。

　　现在仍让我们回到文艺复兴时期。在思考花文化的周期性变化和重生时，我们再次发现有必要考虑古典模式、近东和更远地区以及所谓大众文化在其中的作用。但同时也要再次审视宗教的诸方面，审视正教和异端、天主教和新教之间的斗争，因为这些斗争同时影响了花朵和圣像。这些相互关联的因素又引出了另一个一般性的主题，即花卉的象征及其符码化的性质。

欧洲花文化的复兴是整个社会生活重生和复兴的一部分，而不仅仅是从古代经过封建社会再发展到资本主义社会的一个阶段。也就是说，欧洲花文化的复兴是其文化成就的一个方面，就像 12 世纪文字的运用一样，[1] 是已经消失的东西的恢复，虽然恢复出来的文化肯定会有不同的形式、不同的情境和不同的含义，其中一些新内容与我们已经见到的从花文化内部开展的批判有关。在本章中，我想打量文艺复兴时期的这种文化，看看花卉如何融入文学和圣像传统，然后再考察这种融入如何受到文化重生后宗教改革带来的无圣像化、反"异端"、"禁欲主义"思想倾向的影响。

欧洲文化的复兴并不是到了意大利出现文艺大复兴时才发生。自罗马帝国衰亡以来，即使是古典学识的复苏，也曾多次发生。5 世纪的西斯廷复兴（Sixtine Renaissance）对古典学识有所恢复，特别是在宗教建筑领域，从而让罗马得以建起圣母大殿（Santa Maria Maggiore）这座巴西利卡式教堂。[2] 随后在 9 世纪的法国和 10 世纪的德国先后又有加洛林复兴和奥托复兴。由于穆斯林一度占据了欧洲广阔地域，甚至还把语言留在了地中海岛屿马耳他，后来在他们所移译的文本的促进下，古典知识又开始增长。许多学者特别关注这些文化成就，另一些人则关注 12 世纪的成就。[3] 前文已述，所有这些"重生"都有助于人们恢复对花文化的兴趣。但是 12 世纪玫瑰回归之后，直到 14 世纪才在意大利那座富裕而饶有创新性的城市特雷森托（Trecento）迎来了怒

167

放。玫瑰的回归，是更广泛的自然主义转向的一部分；这种转向又与修道院世界观中"轻世"思想的衰落有关，这个时候，圣方济各（St Francis）和阿奎那分别从神学和哲学角度表达了对自然的喜悦，这也体现在绍斯韦尔大教堂（Southwell minster）的叶子雕塑和大阿尔伯特的详细阐述中。[4] 于是人们在一定程度上更多将自然元素用在绘画之中，但花朵的应用及它们在圣像中的体现却又是让方济各会对之采取拒斥态度的奢侈文化的一部分。与此同时，这些做法还形成了对早期罗马典范的回归，比如前文在论述古典花冠的复兴时就已经清楚地指出，尽管时过境迁，但月桂和香桃木在那时往往会取代玫瑰花冠。再后来，这两种花冠又都被盆栽花卉（所谓"住宅之花"[fleurs d'appartement]）和插在花瓶中的切花所取代。这两样东西也不是全新之物，在早期的圣母领报（Annunciation）场景中就已经出现了百合花，然而这时候，它们的应用规模已大大超过了以前的时代。

文艺复兴时期意大利的花冠

到 16 世纪时，头冠已经绝迹，法文中本来表示"头冠"之义的 chapeau 一词也有了其他意义。头巾以及孔雀和鸵鸟的羽毛取代了花的作用。不过，领圣餐者和"玫瑰少女"仍在应用花冠，婚礼上用橙花取代了玫瑰，而教堂的墙壁和宴会餐桌上也都有鲜花装饰。[5] 在其他很多用途上，花冠和花环也被花束所取代，既包括艺术领域（花卉绘画）和文学领域（posy 和 nosegay 这两个表示

"小花束"的词，也可以用于指"诗选"），又包括实践领域，如在赠授时，或是在与房屋装饰有关的事宜上。从花冠到花束的变迁，与早期基督宗教有关花冠的思想以及16世纪宗教改革者的新观念是一致的，虽然这只是导致变迁的原因之一。不过在文艺复兴伊始的时候，古典花冠却在一个重要的领域得以回归。 ¹⁶⁸

曾有人认为，文艺复兴时期意大利的一个重要特征是其城市环境以及更偏重医学和法律的智识背景，与具有法国特色的那种神学和形而上学智识背景不同。[6]也就是说，意大利更具世俗色彩，教会色彩更少；人们会更多地援引《法典》（Codex）和《汇编》（Digest）而非《圣经》，更多地回顾罗马，而非耶路撒冷。罗马法体系的全面恢复，发生在经济活动和城市发展的背景之下，发生在罗马、帕维亚（Pavia）和拉文纳，特别是11世纪和12世纪的博洛尼亚（Bologna）。在那些受到古典散发的新魅力熏陶的最为杰出的学者中，有一位是帕多瓦的阿尔贝蒂诺·穆萨托（Albertino Mussato of Padua, 1261—1329）；作为一位诗人，他的创作风格受到的古典榜样的影响比其他意大利诗人更多，并在1315年成为第一位戴上桂冠的诗人。很难把这场运动看成革命性的变革，因为它与意大利此前的活动有很强的连续性；而且法国在更早之前就已经复兴了拉丁文写作，甚至帕多瓦也可能是受此影响，正如在艺术方面，皮萨诺和乔托很可能也受到了更早的法国作品的影响。然而，正是14世纪的意大利，为欧洲文化活动进程的改变提供了动力。

文艺复兴的特征，是同类事物向过去的回归，其中一个核心特征体现在文学和图像方面。在这些方面，文艺复兴依赖于非口头的回忆，也就是不依靠人的记忆，而是依靠那些所有记忆都已经泯灭之后仍然保存下来的著作的重见天日。文艺复兴依赖的对象，一旦被创造出来，在一定程度上就有了独立于人的自治性，在这方面与那些通过面对面交谈和其他这类在心智以外留不下痕迹的交流而传递的文化（主要是口语文化）不同。有了书写下来的话语，也正如有了图像艺术，可以把互动向后推迟一年或一个世纪，就文艺复兴来说，则是推迟了1000年。[7]

这场运动有总体目标，但它们通常体现在具体的内容提取行为中，比如有人对古典文学和古典主题重新生发兴趣，有人在公共生活中重新用起大小花环。文艺复兴早期的关键人物彼特拉克（Petrarch）在1341年像穆萨托一样，在罗马的卡皮托利山（Capitol）上获得了一顶不朽的桂冠，显然是为了表彰他的拉丁文创作，而不是俗语写作。[8]接受这项荣誉，意味着他坚决反对但丁的决定；当年有人向但丁建议，只要他放弃俗语写作，改用拉丁语写一首诗，就可以在博洛尼亚为他戴冠，然而但丁拒绝了这个建议，他不想为了获得学术荣誉而拒斥意大利语。[9]不过，彼特拉克其人的作品对本书的论述还有其他意义，因为有人说他"让针对自然的有文化内涵的享受重新出现"，这个说法同时强调了文化和自然。[10]

彼特拉克选择在罗马获得桂冠，而不是巴黎，是因为他意识到一种古老的习俗正在重生。在所谓的"文艺复兴第一宣言"中，他宣称这种习俗不仅已经消失，而且"沦为了一种陌生的传说，中断了1200多年".[11] 当然，出现这种中断的原因是因为其中的异教意味。在经历了这么漫长的时间之后，即使有了新发现的古典著作的威望为其背书，这种习俗仍然不是完全安全的。1468年，在经历一场小规模的共和阴谋之后，教宗对诗歌研究中的异教倾向发表了一些强硬言论。[12] 后来，文艺复兴的异教根基——至少就宗教图像而言——在16世纪成了新教改革者争论的主题。

但这不仅是一个沉迷异教的问题，而且是恢复世俗生活的问题。因为在文艺复兴时期，人们对教会教义的态度发生了广泛的变化。海（Hay）就评论说，僧侣不再垄断美德，[13] 商人和士兵的活动在意识形态上得到了更多重视。财富不再受制于所谓"有罪的良心"，而需要捐给修道院和教堂，因为拥有尘世的物品可以让人行使公民的美德。[14] 在新制度下，"仁爱"（charitas）的观念和受众都发生了巨大变化。然而，财富分配不均和享受不均的意识并不那么容易消除。比如荷兰在16世纪和17世纪从意大利那里接过了文化和商业的领导地位，由于欧洲与南北美洲开展了海上贸易，又绕过好望角与东方开展了海上贸易，结果商贸活动就改而集中在欧洲北部进行。但就是在荷兰的这个黄金时代，沙玛（Schama）也坚持认为，财富还是会令人尴尬。[15] 人们一方面要利用财富，一方面又为之难堪，这种态度是在设法调和资本主义和新教精神——资本主义建立在一个人要享受他所拥有的尘世财产之上，但新教精神却鼓励人们拒斥这种享受。这样一来，市民阶层一方面拒绝让形象呈现在教会中发挥作用，一方面又把绘画、花卉和各式各样的奢侈品带进自己家中。甚至在文艺复兴的早期诸阶段，也存在一种公开承认的反教士主义（anti-clericalism），一种为异教世界所吸引的心态；在一些人那里更是出现了世俗和宗教领域的分裂，表现在艺术上，就是艺术家对古典主题和宗教主题同时具有深重的依赖。

插画中的花卉

由于文艺复兴特别关注形象呈现，既有积极的态度，又有消极的评价，由此便提供了非常丰富的证据。我在这里首先要延续上一章有关英格兰的讨论，继续论述艺术中的花卉作为圣像的进一步发展。这种艺术的开端是有插画的抄本，与图书有密切关系。盎格鲁－撒克逊艺术家不仅发展了章首字母艺术，而且还设计了插画框饰。这种框饰是由交织纹样、动物和其他图案构成的繁丽的装饰。在温切斯特画派的作品中，这些早期传统与加洛林传统融合，从而引入了古典的莨苕叶饰。诺曼人入侵后，在《圣奥尔本斯圣咏集》（St Albans Psalter，约 1120 年）中可以见到完全的罗马式风格，其中显示了奥托王朝和拜占庭的影响。这种风格后来又被 13 世纪后期早期哥特式艺术的更强烈的自然主义所取代。到了这个时候，图书的制作不仅在修道院和宫廷进行，也在新的大学城中的书坊进行。早在 12 世纪，意大利的图书生产就开始由专业人士来完成。[16] 在东盎格利亚繁盛一时的后期哥特式抄本（约1290—1500）乃是为富有的俗家赞助人制作，其中可以见到制作者越来越关注自然主义的描绘方式；这是受到了意大利特雷森托的影响，让·皮塞勒（Jean Pucelle）等法国艺术家在其中可能起到了中介作用。最后，来自尼德兰的范本，又让英格兰艺术呈现出了国际哥特式的新现实主义风格。[17]

在最后这种风格中，可以见到新型的边饰，比如佛罗伦萨的僧侣洛伦佐（Lorenzo Monaco）的作品。在可能是他为洛伦佐·德·美第奇（Lorenzo de' Medici）绘制的1485年插画版《时祷书》中，其边饰中有一系列果实、花和叶的形式，还有小裸童、丰饶角、灯台以及一系列其他的古典式和文艺复兴式的主题。边饰在15世纪之所以能进一步发展，似乎是因为通过单个消失点（single-vanishing-point）透视的运用，解决了把三维空间呈现在二维表面上的难题。于是在这本插画书中，必须以二维的方式阅读的文字，便与必须理解为三维形象的图画结合在一起。在读者的视线从文到图或从图到文转换之时，因为文本周围有一圈主要是二维形态的宽阔喷雾状边框，形成了某种中和区，这样就避免了混乱感（彩色图版Ⅵ.1）。[18] 拿骚的恩格尔伯特（Engelbert of Nassau）的《时祷书》（约1477—1490）由早期尼德兰画派中的重要画家勃艮第的玛丽画师（Master of Mary of Burgundy）绘画，该书运用了"视觉陷阱"式边饰[19]，创造了一种"窗式外观"。[20] 在很多书页上，这种边饰在四个边上都有，以墨笔绘成稀疏喷雾状，并饰有精美的花、叶和果实。[21]

图画本身则进一步应用了花朵；在一幅画中，勃艮第的玛丽正在祷告，她的形象由一个玻璃花瓶中高高的一束鸢尾花所平衡。一幅圣母领报的场景中绘出了一盆花，其中有圣母百合。还有一对插画，其边饰不同寻常，是用花盆构成的，包括两个玻璃花盆和一个水壶，全都生有花朵，水壶上还装饰着一根孔雀翎。再接下来的一步，则是弃用"静物画式的花絮，只是简单地把花朵或珠宝随机地散绘在彩色背景上"。[22] 当时的另一部抄本描绘了女士们把花朵从柳条筐里倾倒在花边上的画面；这些花边都画得非常细致，以让读者能凑近观赏。

因此，我们可以看到欧洲的图书边饰从千篇一律的链状叶纹和中世纪早期较为写实的动物图案开始变化，在相当于哥特式建筑出现的时代转变成了更自然主义的花朵。"以逼真的方式绘制花朵"的能力，"是从 15 世纪初开始的弗兰德斯艺术的一大特色"。[23] 边饰画得越来越大，最终在专业画家扬·勃鲁盖尔（Jan Breughel，约1568—1642，绰号"天鹅绒"）的画作《花环中的圣母》（*Garland of Flowers with the Virgin*，图 6.1）中，花朵跳出了边界，形成了围绕圣母的花环。这幅画采取了玫瑰园中的圣母这一早已有之的主题，在这方面受到了波斯绘画的影响。勃鲁盖尔曾在意大利学习，与米兰大主教、红衣主教费德里戈·博罗梅奥（Federigo Borromeo）有联系；博罗梅奥在反宗教改革运动中对绘画艺术赞助良多，可能正是出于他的指示，勃鲁盖尔便在 1608 年左右为圣母马利亚创造了这种形式的绘画。[24] 与中世纪晚期一样，天主教会鼓励人们应用花朵、描绘花朵，也鼓励人们多画、多用圣母的画像（她本人也是一朵花），这一方面是接近上帝的手段，一方面也是远离"宗教改革者"的目标的方法。此外，教会的优势地位并不只体现在意识形态上；通过赞助，教会也对绘画的主题产生了决定性影响。[25]

　　　　　　　　　　　　　　　　　　　鲜花人类学

图 6.1　扬·勃鲁盖尔（与鲁本斯［Rubens］合作）《花环中的圣母、　172
圣婴耶稣和天使》。（马德里，普拉多国家博物馆。
摄影：安德森［Anderson］，Eemans 1964: 图版 1）

对勃鲁盖尔产生影响的，不仅有来自勃艮第和低地国家的北方插画师，而且还有南欧对古罗马作品重新萌发的兴趣。正是他的学生、耶稣会士丹尼尔·塞格斯（Daniel Seghers，生于1590年）把这种花环画到了基督和圣徒周围，画到了画像本身的周围。[26] 后来，其中的内窗消失，由花朵取代，但通常以静物画形式绘制，于是绘画的对象成为花瓶，而不是花环或花彩。这便是17世纪早期在低地国家十分兴盛的花卉绘画传统的开端，成为静物画的主要体裁之一。

低地国家的静物画

静物绘画传统代表了花卉绘画发展的另一个重要贡献因素。幻觉性边饰的那些出色的创造者，是文艺复兴后期的弗兰德斯抄本插画师；这些人有时候被归为根特–布鲁日（Ghent-Bruges）画派，1475年以后在当时统治势力远达瑞士的勃艮第公国的官方赞助下兴盛起来。幻觉性手法本身可以追溯到古典时代，那时候，透视和"视觉陷阱"呈现的效果已经被融入绘画之中。如今这些插画师本身又是受到了木板画家的影响，比如扬·凡·艾克（Jan van Eyck）和汉斯·梅姆林（Hans Memling）曾经在布鲁日活动，而雨果·范德胡斯（Hugo van der Goes）和约斯·范根特（Joos van Ghent）曾经在根特活动。[27] 这些画家对实物给予了细致的关注，其中就包括梅姆林笔下的花环。不过，虽然前文已述，这个时候花卉绘画在弗兰德斯地区的安特卫普（Antwerp）

的天主教环境下比较繁盛，但静物画（法文 *nature morte*，意为"死的自然"）却是在更北面的尼德兰迎来了大发展，时间是16世纪末。[28]

静物画这种体裁的观念萌芽，始于画家把圣卡特琳之轮等"死物"引入宗教图像的实践。[29]拉斐尔（Raphael, 1483—1520）曾经雇用一名画师，细致地描绘了圣塞西莉亚（St Cecilia）脚下的各种乐器，从而为这一传统做出了重要贡献。大约16世纪中叶时，《圣经》图像成了"一种托词，可以用于展示厨房和市场，让蔬菜和大块的肉类肆无忌惮地占据前景的位置"。[30]这种体裁在荷兰地区根基深厚，那里"广大中产阶级……为门类多得惊人的世俗绘画提供了市场，这包括风俗画和风景画，还有静物画"。[31]其中的静物画受欢迎的程度，在新教国家里是绝无仅有的。尽管法国和德国这两个国家与西班牙和意大利一起对花卉绘画做出了贡献，但那里的画家关注的是其他艺术形式。而且，虽然英国人对花卉和花园很感兴趣，静物画这种体裁却基本不存在。

174

低地国家之所以流行更写实的绘画，与其赞助人有很大关系。蒙蒂亚斯评论道："在荷兰艺术史领域，一个司空见惯的现象是，画家的客户在塑造市场需求方面具有重要性，因此把时尚的主题从取材于古典文学的神话转移到了现实主义的风景画、静物画和风俗画之上。"[32]在代尔夫特（Delft），购买画作的主顾是杰出的工匠、小商人和市民贵族，他们提供了"或多或少匿名的市场需求"，与此前传统的教会赞助人非常不同。这种主题上的变迁是逐渐发生的，始于16世纪末；随着17世纪的推移，教会和神话题材慢慢让位于更写实的形式。[33]

　　花卉绘画也开始构成这种静物画传统的一部分，延续了之前的意大利画家把瓶花绘在宗教绘画中的实践。[34]1565 年，德国的卢德格尔·托姆林（Ludger tom Ring，生于 1522 年）绘制的画作可能是这个体裁的最早作品；[35]随后，这一体裁又由两位弗兰德斯人从德国引入低地国家，一位是乌得勒支（Utrecht）的鲁兰特·萨弗里（Roelant Savery），另一位是海牙（The Hague）的雅各布·德黑因二世（Jacob II de Gheyn，1565 年生于安特卫普）。17 世纪时，静物画在低地国家蓬勃发展，其中一部分用作装饰艺术，而花卉画在装饰艺术中发挥了重要作用。但在天主教的南欧，与新教的欧洲北部不同，花卉用得更多。在中世纪，人们就已经从文学资源中汲取了花朵的许多象征意义，首先是《圣经》，然后是《圣经》评注——特别是教父文集（*florilegium*），是佚文、格言、名人名言以及对《圣经》的诠释的汇编，因此被视为装成一篮的花朵。在这些著作中，花园代表了教会或《圣经》，其中所有种类的植物都用于诠释上帝之道。到中世纪结束时，以《花园》（*Hortus*）或《小花园》（*Hortulus*）为题的祷告用书大量出现。这些"花园"指的是灵魂的花园，同时又是圣母的"封闭花园"，有时候还被等同于维纳斯的爱情花园，以及由回廊围绕的修道院花园。这些书的撰者主要是低级神职人员和多明我会的宣道兄弟（preaching friars），在 15 世纪、16 世纪和 17 世纪都有多个不同的撰述中心，但主要是在安特卫普。在耶稣会士手中，这些著作继续发展了在绪热的实践中已经存在的观念，即花朵（以及作为整体的自然）揭

175

　　　　　　　　　　　　　　　　鲜花人类学

示了深刻的宗教真理。[36]

　　在 17 世纪走出了许多画坛巨匠的安特卫普，塞格斯用花环装饰了圣坛和祷告画。花朵与圣母的关联，在反宗教改革运动中得到详尽阐述，具有重要的神学和政治意义。新画派的花卉画家在圣母像周围绘上花环，这样在圣母本人的形象呈现遭到新教圣像破坏者的攻击之时，可以巩固她的地位。在 1566 年阿姆斯特丹那场反圣像大骚乱前夕遭到投石攻击和嘲弄的，正是圣母那本来备受尊敬的圣像。这种圣像破坏运动除了引发神学回应外，还引发了图像上的回应；人们在具体回应的时候，可能不仅用到了花园中的圣母绘画，还用到了环绕着念珠的圣母像，然后是环绕着玫瑰的圣母像，接下来是环绕着花环的圣母像——至少从 15 世纪中叶开始，真实花环的形象呈现就常常被用作圣母像的装饰了。[37]

　　这些天主教花环中的花通常具有复杂的象征解读。[38] 曾有人对归于弗朗斯·伊文斯（Frans Yvens）和赫拉德·塞格斯（Gérard Seghers）名下的画作《花环中的圣母子》（*The Virgin and Child in a Garland*）做出了如下分析：

　　　　玫瑰令人想起圣母的爱；百合花令人想起她的纯洁、三重童贞和威严；康乃馨令人想起她的芬芳和她的救赎。橙花象征着马利亚的神秘订婚，就像教父所说的那样，其灵感来自《雅歌》。栗子同样意味着纯洁（这种坚果保存在意味着原罪的尖刺中）和贞节（栗子［chestnut］和贞节［chastity］有着相同的词源，都来自 *casta*）。无花果和榛子一样，是拯救、复活和仁爱的象征。在古代具有奢侈意味的无花果，后来成了圣母这位"新夏娃"之果。马利亚通过牺牲其子，参与到了救赎之中。[39]

对这幅画发出上述评论的两位作者继续指出，"每种花的意义都属于传统，存在于所有的圣典、文学作品和寓意书（emblems）中"；它们把宗教意义和世俗意义融合起来，并随着时间的推移而层层叠加。既然发生了如此多的层叠，那么花朵也就没有独特的含义，换句话说就是"在用语的语言学意义上不具信息"。但在我看来，花朵的象征性用法通常比这句话所暗示的那样更具情境性，比如大教堂的玫瑰窗显然与爱情花园中的玫瑰相去甚远。然而，重叠是存在的，回避和重新定义是存在的。即使是像扬·勃鲁盖尔和丹尼尔·塞格斯这样的天主教画家，在他们的文字著作中也从未提过象征意义。有人可能会说，这些含义已经隐含地呈现给了观众。然而他们在应用花朵时，并不是像一些耶稣会士那样故意地以说教的方式来用，而是用到了花形、花色以及它们所蕴含的奢华、虚空和尘世事物转瞬即逝之美等一些更为人所熟知的意义（彩色图版Ⅶ.2）。因此，他们的绘画中既充满着一些虚空（vanitas）的象征，又充满着在寓意书或里帕（Ripa）的《图像手册》（Iconologia）中可以见到的更广泛的意义。

意大利是这类著作的终极来源，它们很快就在西欧各地广受欢迎，既受新教青睐，又受天主教青睐。[40] 但双方的应用——特别是有关花朵及其形象呈现的应用——体现了不同的道德考量，来自看待自然时的两种不同神学观点。许多加尔文主义者以至许多天主教徒都认为，自然界之美可能会分散人们对上帝之道意义的关注。与此不同，另一种教义认为物质世界之美是理解上帝智慧的一种手段，这种学说在起源上就有天主教色彩，当时与耶稣会士以及意大利的费德里戈·博罗梅奥派系关系十分密切。[41]然而，要在一幅特定的画作中看出它体现了哪种观点，并非总是容易之事，因为像德国画家格奥尔格·弗莱格尔（Georg Flegel，生于1566年）这样的艺术家可能同时会呈现出两种观点。但随着17世纪的推移，花卉绘画中的宗教象征元素逐渐消失，因此新教画家安布罗修斯·博斯谢尔特（Ambrosius Bosschaert, 1573—1645）之子约翰内斯（Johannes）所画的《篮花》（*Basket of Flowers*，约1630年）并没有任何象征意义——其中的花就只是花而已。[42]

花卉绘画本身的流行始于17世纪。那时，低地国家富有的新教徒商人不再委托制作绘有花环的还愿画，而是把兴趣转向了装饰房屋的花朵，其中既有真花，又有绘制的花。虽然在阿姆斯特丹和安特卫普也有花卉绘画，但其主要中心是海港城市米德尔堡（Middelburg）；安布罗修斯·博斯谢尔特为了逃避天主教的迫害，从安特卫普移居此地。在米德尔堡，天主教的"花冠"被新教徒的花束——或者更确切地说是世俗的花束——取而代之。从1610年起，博斯谢尔特受到了植物学研究的强烈影响，与他的几个儿子以及内弟一起致力于花卉画创作。[43]他在《篮花》（*Basket of Flowers*, 1614）中画了许多在桌子上绽放的鲜花，还紧紧追随着幻觉性边饰画家的风格，画上了一只蝴蝶和一只蜻蜓。

尽管静物画的地位要比历史画低，但它的需求量很大。卖掉一幅花卉画所挣的钱，要比鲁本斯画的很多大型宗教画还多；而一幅围了一圈花环的圣母像也能提升这种画像的价值。[44] 这些新式的花园圣母像，是在 17 世纪伊始花卉画作为独立的门类得到人们完全接受之后过了几年出现的。有必要补充说明的是，在天主教和新教国家，花朵也被用于献给古罗马女神芙萝拉。她的形象呈现在欧洲艺术中变得很常见，不仅得到了波提切利（Botticelli）、鲁本斯、扬·勃鲁盖尔、乔达诺、伦勃朗（Rembrandt）和普桑（Poussin）的关注，而且还被做成了面具。事实上，正是因为英格兰王后装扮成了芙萝拉的样子，才引来了清教徒作家对戏剧演出的批评。[45]

绘画与生活的互动，在商业和科学两个层面上展开。差不多在郁金香球根价格上涨的时候，花卉画的价值也大幅上涨。这些球根上市之日，是植物学不断取得激动人心的进步、许多新植物源源不断进口到欧洲之时。事实上，一些早期的绘画甚至可能是应要求而绘制，为的是展示"植物学家已经创造了"什么样的"新奇迹"。[46]

这个时候，植物学确实进步迅速，一方面是因为新种的到来，另一方面则是因为记录和鉴定老种的方法也有所发展。在欧洲，特意进行植物学考察的时代始于 16 世纪，先有 1546—1548 年皮埃尔·贝隆（Pierre Belon）的黎凡特之旅，之后有德比斯贝克（de Busbecq）在 1554—1562 年间被任命为帝国驻土耳其大使；再之后，"新种突然潮水般涌入"维也纳、安特卫普、巴黎和伦敦，把它们带回欧洲的通常是因为德比斯贝克的考察任务圆满完成而备受鼓舞的商人。[47]

然而，植物学也需要人们对已知植物加以鉴定和分类。印刷术的出现（特别是在德国和低地国家）以及复制绘画的简易性激发了人们对植物学的兴趣，于是本草书以及以植物为主题的图鉴类著作都成了流行读物。这样一来，无论是绘画的发展，还是植物学的发展，便都要在16世纪富克斯、德莱克吕兹等人著作中的植物学插画流行一时的情境中加以审视。这些学术活动，导致了植物在艺术、文学以及实际生活中都有了多得多的出场机会。

如果将16世纪前期抄本中出现的花朵数量与该世纪后期印刷的本草书中的花朵数量加以对比，可以见到惊人的差异。威尼斯的格里马尼（Grimani）日课经在页边画了59种植物；到莱昂哈特·富克斯（Leonhard Fuchs, 1501—1567）的《草木志》（*De historia stirpium*）中就增加到515种植物，大部分是有花植物；而在兰伯特·多东斯（Rembert Dodoens, 1617—1685）的《草木志》（*De stirpium historia*）中，这个数字成了840种。[48] 这些著作中既有新加入的老植物，又有从境外传入的新植物，其栽培一开始仅限于贵族和为贵族服务的学者所组成的小圈子。但这些知识逐渐会传到职业植物学家那里，并在市民阶层中发展出重要的市场。

低地国家的花卉静物绘画，与意大利只把花卉用于较为狭隘的装饰用途形成了对比，这不仅与商业经济和市民社会的性质有关，与需求来自较小的城市住宅而非大"宫殿"（*palazzi*）有关，与新教的兴起使宗教艺术丧失了核心地位有关，而且也应看到，还与受到了印刷术的机械复制促进的植物学文本的流通有关，与从意大利引进并得到改造的实用而集约的园艺技术有关，与大众对各种类型的花朵的巨大需求有关。[49]

文学中的花

　　花朵在文学中的应用，与在艺术中的应用是同时流行的风尚，只是一般来说，文学的受众更为世俗。在《神曲》（*Divina commedia*）中，但丁多次提到花朵，但基本都有宗教语境。对他来说，地上乐园（Terrestrial Paradise）就像安杰利科修士（Fra Angelico）和贝诺佐·戈佐利（Benozzo Gozzoli）画作中的花园所呈现的样子，因此其原型来自佛罗伦萨，而非《圣经》。然而，虽然但丁知道有关"野兽"的民间知识，但是他提到的花卉种类不多，作品中也没有任何植物民间知识的迹象。[50] 在他所提及的花卉中，花中女王无疑是玫瑰，而非百合；它象征着圣母马利亚，她是"那美丽的花"（quel bel fior），是"玫瑰"（la rosa）。但与此同时，他也用雪白色的玫瑰形容圣徒群体。[51] 较之更具体的是，他写到圣徒的头上不仅戴着百合花，更戴着玫瑰花，"都在他们眉毛上方熠熠如火"（che tanti ardesser di sopra da i cigli）。[52]

　　这时候，花冠和花环都为花束所取代。同样是在 17 世纪，欧洲开始有插花的记载；虽然某些种类的审美式展示显然在更早的时代就存在，但直到花卉绘画的伟大时代到来，插花才得到人们有意识的发展。比起东亚来，这个发展速度是很慢的，因为在中国，它早就随着佛教的到来而出现，并在 7 世纪就被日本人接受，在较晚近的年代又发展成一套高度专业化的专家知识体系（花道）。[53] 在 14 世纪的英格兰，乔叟描述了花朵在贵族服装上大量而精心的运用，以及它们在花园中的展示。在《玫瑰传奇》中，爱情被描写成下面这个样子：

> 因为他通体一丝不着，
> 全是大大小小的花朵，
> 全都染着爱情的颜色……
> 他的衣服，从头到脚
> 上面缀着的都是花朵，
> 混着丰富多彩的颜色。
> 花朵有许多不同模样
> 排列在衣服每个地方；
> 我家种的花全能找见，
> 甚至还有金雀花的花串，
> 有蔓长春花，有紫罗兰，
> 能想到的花全在上面，
> 还有很多饱满玫瑰叶
> 长在花间，相互纠结：
> 连他的头上也不空闲，
> 戴着一顶玫瑰的花冠。（第 890—892，896—908 行）

179

这样一座爱情花园显然与乐园的概念有关。正如贾马蒂（Giamatti）所言，"人间天堂的形象时常在《玫瑰传奇》中出现，而《玫瑰传奇》又时常在接下来几个世纪的文学作品中出现"。[54] 不过在都铎（Tudor）、伊丽莎白（Elizabethan）和詹姆斯（Jacobean）时代，人们用到了更多花朵的意象，这与宗教和世俗艺术的发展、与花园及其中的园花的发展都是一致的。特别是莎士比亚的作品，以及后来的赫里克及其他骑士诗人的作品，提到的花卉尤其多。由此便带来两个问题，它们都曾在前文有所讨论。第一个问题是这种发展对于民众本身的社会意义和政治意义，后文有关圣像破坏的阐述即以此为主题。第二个问题则与前一章提到的象征体系有关。花卉的意象与其背后具有更一般性意义的符码之间，有多深的关系？前文已经提到，在花卉之上已经出现了一套有限但相互重叠的宗教意义，那么世俗的应用也或多或少具备体系性吗？如果其体系性更强，那么在文学的领域之外，这套意义在多大程度上可以表现为普通社会生活中共通的文化符码？

花文化的一个经典体现，是《哈姆雷特》（*Hamlet*）中发疯的欧菲莉亚的台词：

欧：（给雷尔提）这是迷迭香，它代表了回忆；我求你，亲爱的，记着……这些是三色堇，它代表了心意。

雷：这是疯症的训诲：回忆与心意，缔结为一。

欧：（对国王）这儿有茴香，还有耧斗菜*，给您。（对王后）这些芸香给您，也留一些给我，在礼拜天，我们可称它为"恩典之花"。您戴芸香，就应如戴您的纹章一般。这儿还有些雏菊。我也应给您些紫罗兰，可是，当我父亲死时，它们全都枯萎了。人们都说他得到了善终。（Ⅳ.5.174—185）

欧菲莉亚分发花朵的这个场景，一直让学者们困惑不解。她把不同的花送给不同的人是什么意思？我们如何确定、决定这些花卉在她这位讲者看来或者在我们这些观众看来有什么样的象征意义？对于她最先提到的两种花——迷迭香和三色堇，雷尔提（Laertes）接受了其中的"象征意义"——这是莎翁作品的一位现代编者的说法；它们与回忆和心意的联系当然是人所共知的。这位编者接着声称，较为习惯于这种"象征用法"的有知识的观众也可以用类似的方式解读其他花卉，前提是它们的意义不应该在本草书中寻找，而应该在大众信仰中寻找。用剧作家博蒙特（Beaumont）和弗莱彻（Fletcher）的话来说，"在乡下人们拿的每一朵花，都有它的意义"。[55]这位编者接下来又遗憾地说，虽然那种"神秘语言"能给出花朵的不同含义，但有许多"今已不存"，于是引出了"如何选择适用于该戏剧的含义"的问题。[56]虽然这种选择应该以"大众信仰"为根据，但事实上，其应用证据却来自寓意书、本草书和其他文学作品。认为这些著作达到了可供大众使

180

---

* 朱生豪原译为"漏斗花"，此处改为植物分类学上的通用名称。

用或可供一般性使用的程度，显然是有问题的，因为寓意书和本草书通常会比较广泛地从欧洲文献中取材，是不具备地方特色的文学文化的产物，这种文化往往注重把精挑细选的概念做形式化处理。

《哈姆雷特》的另一位编者则写道，茴香意味着奉承，楼斗菜意味着私通，芸香意味着不幸和遗憾，雏菊意味着瞒骗，紫罗兰（堇菜）则意味着忠诚。然而，虽然这些对应的含义在《哈姆雷特》的语境下可能具有特定的意义，但它们并非都属于遍及欧洲的持久符码。19 世纪法国有关花语的书籍中就给出了截然不同的另一套含义。比如夏洛特·德拉图尔（见第八章）在花语的发展中起到了重要作用，但在她的著作中却有如下的列表：

茴香，力量
芸香，"风俗"（moeurs）
堇菜，谦虚

只有数量很有限的花卉具有与莎士比亚作品相同的意义。不过在很多人看来，莎士比亚作品的这个片段仍然暗示了一套被接受的符码，虽然也许并非在整个社会中普遍适用，但至少体现了一部分人的实践。有些人就是抱着这种观念引用这几段台词的，仿佛它们揭示了那个时代流行的一些一般性的花卉含义。奥尔特（Ault）是一部伊丽莎白时代经典抒情诗选集的编者，他指出莎士比亚"引用了"当时的一首可能由亨尼斯（Hunnis）创作的抒情诗。这首诗收在 1584 年克莱门特·鲁宾逊（Clement Robinson）

选编的《赏心悦事集》(*A Handefull of Pleasant Delites*) 中，是这样写的：

没有鲜花的小花束，

现在我要送给你。(第1—2行)

这束花中包括以下花朵，该诗将它们的意义逐一道来：

薰衣草 (lavander) 代表真心恋人 (lovers true) ……　　181

迷迭香 (rosemarie) 代表回忆 (remembrance) ……

鼠尾草 (sage) 代表维持 (sustenance) ……

茴香 (fenel) 代表奉承者 (flaterers) ……

紫罗兰 (violet) 代表忠诚 (faithfulness) ……

百里香 (thyme) 是要考验 (trie) 我……

玫瑰 (roses) 是要支配 (rule) 我……

桂竹香 (jeliflowers) 代表温雅 (gentlenesse) ……

康乃馨 (carnations) 代表和蔼 (graciousnesse) ……

金盏花 (marigolds) 代表婚姻 (marriage) ……

薄荷 (penniriall) 是要印下你的爱 (print your love) ……

报春花 (cowsloppes) 代表忠告 (counsel) ……

这首诗最后写道：

我求你好好留下这花束，

愿它能受到你的珍视。

　　每一朵花所附带的意义，显然源于诗人对谐音的追求，因为花名及其意义的首字母要么一致，要么发音近似；所以会有"金盏花代表婚姻""迷迭香代表回忆"这些说法。在实际生活中，新娘和新郎会在婚礼上向朋友赠送迷迭香，可能是为了回忆；同一种植物也广泛用在葬礼上，与其他常绿植物一起象征着永垂不朽。[57]公众对迷迭香的美好性质深信不疑，此后相当一段时间内，这种习俗一直都存在。19世纪一位评论者在回顾花卉的大众用途时就说："镀金的迷迭香曾用于婚礼，就像栎树叶用在国王查理纪念日上一样；人们把它挂在门廊和门柱上，相信它可以给家里带来好运。它还能防贼，最重要的是可以返老还童。"[58]这也就是说，迷迭香的实际意义范围比起亨尼斯或莎士比亚的描述来要宽广得多。那两位作家的书面符码在很大程度上是一种文学构思，其意义经过了重塑或重构，以便适应诗歌形式。虽然有些符码合于更广泛的经验，但在《哈姆雷特》的这段关键文字中，莎士比亚主要采纳的只是这些文学意义。

　　在文艺复兴时期的文学作品中，令人印象深刻的是人们非常强调花朵作为香气和甜味来源的一面。就甜味来说，这是因为蔗糖那时还只是一种昂贵的舶来品。[59]直到18世纪后期，蔗糖才进入大众文化。因此，蜜蜂所叮之处，对所有人都非常重要。就香气来说，也有一个原因在于可替代的香水相对来说还比较缺乏，特

别是在清教徒的圈子里；然而还有一个原因在于人们已经不常利用
催花技术和遗传操纵来种花，花香在一个人的生活中实际上发挥
了更大作用——何况这个人八成过的是乡下人的生活。相比之下，
中世纪和文艺复兴早期的人们就不太关注花香，而更看重花色和
花形。[60]

正是在伊丽莎白时代，香水的应用大为扩展。此前的英格兰
人并非对香水一无所知；十字军就带回了一些近东的化妆品，显
得他们的战利品琳琅满目。但正是在16世纪，香水才开始广泛流
通，而且可以预见，它必然会引来更喜欢天然物而非人造物的清
教徒的反对。

花与花园

艺术中的形象呈现和文学中的征引，是花文化不断发展、影
响到社会的各个层面的两个方面。贵族群体中花园的正式兴起，
也从多方力量那里汲取到了足够的资源。可以说，花园在欧洲的
重生，与知识——正式的知识——在文艺复兴时期的重生有密切
关系，与防御性的城堡转变为乡村宅邸也密切相关。[61]那时还有
人试图复苏花园的古典形式，不过正如麦克杜格尔（MacDougall）
所评论的，如果人们想要营建古典模式的花园，那么除了与现实相
隔甚远的文学和图像资料之外，他们便再无可供利用的资源。花
园本身并没有幸存下来，没有平面图存世。即使是普林尼这位多
产的古典作家对花园所做的详细描述，从中也仍然能提炼出多种

可能的布局供参考。在花园营建上存在着太大的空白，只能靠新时代园艺师的想象去填补，于是艺匠们要么以中世纪晚期的封闭花园为原型加以营建，要么凭着想象建造出完全不同风格的景观。这项事业不仅让相关技艺越来越专门化，也让从业人员的地位发生了变化。

在中世纪晚期，花卉栽培不仅在王宫和修道院里发展起来，也在斯瓦比亚（Swabia）、巴伐利亚和莱茵河谷等地的富商花园中发展起来，此后又扩展到奥格斯堡（Augsburg）、乌尔姆（Ulm）、纽伦堡（Nuremberg）、巴塞尔（Basle）、科隆以及低地国家的市镇花园中。14 世纪的《巴黎管家》中提到了巴黎市民阶层的花园；其中可能种有蔷薇、堇菜、薰衣草、康乃馨和芳草，可能还有栽培着金盏花的窗台花箱。[62] 但一直要到相当晚的路易十四在位时期，催花技术才重新开始有了大规模应用。

16 世纪时，人们开始采用简易的栽培手段。1600 年，奥利维耶·德塞尔（Olivier de Serres）在其《农业文集》（*Théatre d'agriculture*）中提倡在法国北部使用玻璃钟罩来栽培甜瓜。不过，最受人们关注的是早熟豌豆，在 1657 年的一位荷兰访客、该世纪末的曼特农夫人（Mme de Maintemon）以及其他很多作者的笔下都有提及，因其花费巨大，被视为一种昂贵而无必要的奢侈。柑橘室和温室的兴建，把花园搬进了室内，是乡村宅邸的一大成就，在中世纪的城堡中很难想象。这些温室代表了一种截然不同的格调，体现了看待和应用观花植物的另一种方式。在宫廷中，餐厅和舞厅全都装饰有鲜花，而且从一月开始，花园就会接连产出风信

183

子、欧银莲、洋水仙、番红花、郁金香和报春花。花卉种植在一开始还只是富人的奢华享受，因为他们既负担得起雇用本地园丁的大笔开销，又有钱搜罗那些正从环球各个角落运来的富有异域风情的植物。但随着时间逐渐推移，市场让中产阶级也能营造自己的花园，然后这种爱好又从中产阶级扩散到乡下民众。1677 年的一位观察家就指出，几乎没有一座村舍没有花园；差不多同时，还有一本讲花卉种植的书出版，乃是专为"乡下男女平民大众"所写。[63]

玫瑰（蔷薇）仍然是主要花卉。若雷写道，在整个中欧，从这时开始，没有一座花园是不种几棵蔷薇树的，哪怕最简陋的花园也是如此。[64] 在英格兰，从 13 世纪开始，人们就已经把玫瑰用作装饰目的，此后其栽培规模不断扩大，品种数目也不断增长。[65] 医药和芳香植物等方面的应用，往往要求人们保护已培育的品种；但激励人们去寻找新类型的主要动力是审美上的考量。有些蔷薇品种来自海外。摩尔人统治西班牙期间曾经广种花卉，托莱多（Toledo）尤以盛产鲜花而闻名；摩尔人被赶走之后，他们那些种着许多熠熠生辉的蔷薇品种的花园便落到了基督徒手里。

"乐园"这个词，在这个时期有时会在世俗的情境中使用，这也是世俗化进程的一种表现。16 世纪的荷兰花园就是如此。[66]在 17 世纪，英国日记作家伊夫林（Evelyn）在写到汉普顿宫（Hampton Court）时说那里"有一处屋厅，人称'乐园'，是一栋非常漂亮的宴会厅，坐落在一个地洞或地窖上"。[67]

对花文化的反应

都铎王朝时期，英国的花卉种植迅速发展，以至基思·托马斯（Keith Thomas）认为在近代史上发生了一场"园艺革命"。其中184 至关重要的是花卉需求的增长。这时候，人们看重花的外观价值，特别是其香气。"鲜花、芳草以至树木的整根枝条都被人们带进屋子，插在盆里。带有香气的植物撒在地板上；花束放在卧室里；在夏天，壁炉上装饰着树枝、花环或鲜花；女人们在身上佩戴头冠和花环。就像本草学家约翰·杰勒德（John Gerard）所观察到的，贝母可以让'美人的胸部'更加美丽……"[68] 在《本草》（Herbal）一书中，杰勒德提到了用杜鹃剪秋罗（crow flowers）、耧斗菜和番红花做的花环，其中第一种花也可以做花冠，第二种则可以放在家中。还有一些花可以放在新坟之上。[69] 所有这些花卉都受到市场交易和市场波动的影响。1603 年是鼠疫肆虐的一年，花卉、芳草和花环价格上涨，很可能是因为劳力缺乏，死者过多，人们不愿意把鲜花运进城。[70]

这种需求刺激了苗圃工人这个专门职业在英国的兴起，也刺激人们花费大量钱财用于购买植株和种子，其中大部分从欧陆进口。这项事业主要在较大的城市进行；"可以确认的最早的商业苗圃出现在都铎时代，其数目在 17 世纪前期成倍增长，此后的规模更是急剧扩大"。[71] 介绍园艺的图书也正如苗圃工人和园艺师一样，数目翻了几番。16 世纪时，有关植物学和园艺的新书大约有

19 种；这类图书在 17 世纪出版了 100 种，18 世纪出版了 600 种。[72] 与此同时，英格兰还出现了奢华的植物图鉴。真正的花卉也像这些印刷品一样蔚为繁盛；1500 年时，英格兰可能有 200 种栽培植物，这个数字到 1839 年成了 8000 种。"我们几乎所有园花都是在中间这段时间引入的：16 世纪引栽了郁金香、风信子、欧银莲和番红花；17 世纪有紫菀类、羽扇豆、福禄考、五叶地锦和一枝黄花；18 世纪则有香豌豆、大丽花、菊花和倒挂金钟。耳叶报春从比利牛斯山引种，贝母来自法国，百合来自土耳其，万寿菊来自非洲，旱金莲来自北美洲。"[73] 这些新引进的植物极大地改变了英国的花卉风景。

上述发展里面，有很多都是受了荷兰人的影响。特别是与荷兰邻近的东盎格利亚，荷兰人的祖先弗里斯兰人（Friesians）曾在此定居。在诺里奇（Norwich），来自荷兰地区的移民在伊丽莎白时代曾经促进了花卉的种植。这些宗教难民带来了市场化园艺的发展，让宿根花卉成为农场作物，并改进了花卉栽培技术。许多移民因此富裕起来，并被人们当成专家，请到英国其他地方去做园艺顾问。诺里奇于是因为花卉和花园而出了名，早在 1637 年，那里就开始举办"花商节"。莫恩斯（Moens）认为，花卉栽培和人们对花卉的喜爱就是从这里传到了其他制造业城市，特别是纺织业发达的斯皮特尔菲尔兹（Spitalfields）、曼彻斯特（Manchester）和博尔顿（Bolton），那里的织工据说在 19 世纪末仍然保留着同样的爱好。[74]

在文艺复兴时期的欧洲，花朵充斥在各种民俗报告中，特别是那些有关婚礼和其他世俗庆典的报告中。1513 年的主显节让王室面具出了一回风头，在那场盛会上展示了一座金山，上面有金雀花和"许多丝绸之花"；金雀花指的是金雀花王朝（Plantagenets），"丝绸之花"则可能指代表约克和兰开斯特（Lancaster）两家族的白玫瑰和红玫瑰。[75] 100 年后，法国画家雅斯佩尔·伊萨克（Jasper Isaac）描绘了出席一场盛筵的宴会之神科穆斯（Comus），在这场宴会上，女士们都身着古典服装，头戴花冠。与此类似，文琴佐·科尔塔里（Vincenzo Cortari）也画了出席一场婚礼之后头戴花冠的科穆斯，他周围的地板上则撒着花朵。[76] 节庆的狂欢也是真花和假花都大显身手的时刻，它们的在场毫无疑问也是古典文化施加给这些表演的影响。这种影响还进一步让人们去扮演"异教"神祇，比如英格兰王室成员就曾亲自参加面具表演，扮成女神芙萝拉和其他古典神祇。[77]

室内的花

巴黎的窗台花箱和催花技术都是在室内以及室外大量繁殖花卉的做法，一方面影响了包括家具在内的室内陈设，另一方面也影响了花卉的性质。在从花环向花束变迁的过程中，花瓶出现了，成为专门用于盛放切花的器皿，此外还有其他用于栽培植物的容器。在早期绘画中，"花瓶"通常是水罐，而不是盛放鲜花的专门容器，不过在中国，这样的专门容器很早以前就有了。[78]

花篮和花碗出现得比花瓶更早。乔托为帕多瓦的斯克罗维尼

186

（Scrovegni）礼拜堂所绘制的湿壁画，可以追溯到 14 世纪最初十年。在这些壁画中，有些婚姻生活场景中的女性会在头上戴素色布的发带或叶子做的头冠。[79] 在七美德的绘画中，代表仁爱的女性形象不仅在头上戴有花冠，右手还捧着一碗花果，似乎是照着自然物所绘。[80] 花瓶在插画中首次出现，是 15 世纪初的事。[81] 英语中"花瓶"（vase）这个词本身来自法语词 vase，它的一个重要义项就是花瓶；在法语中，花瓶还曾叫作 *bouquetier*（16 世纪，意为"花束容器"）或 *porte-bouquet*（意为"装花束之物"）。[82] 到 16 世纪时，bouquet 一词（与意为"小树林"的 *bosquet* 同源）已经有了"花束"之义。[83]

与扬·凡·艾克同时代而较早的弗兰德斯画家罗伯特·坎平（Robert Campin，活跃期始于 1406 年，1444 年去世）所画的《圣母领报》（*Annunciation*），是用油画新技艺完成的最早一批作品之一，其中出现了一只花瓶。该画把这一宗教题材画成了家居生活气息浓厚的场景，其中象征贞洁的百合并没有按惯例那样由大天使加百列献给圣母，而是插在桌子上的水罐里。[84] 这些花瓶有时候非常像药剂师的药罐，比如在布鲁日的画家汉斯·梅姆林（约 1430/1435—1494）的画作（他也曾与罗希尔·范德魏登 [Rogier van der Weyden] 合作）中就有这种情况。在梅姆林的画笔下，圣母领报这一题材同样被画得极具家居气息，而较少神话色彩，画中的鲜花也是插在花瓶里，而不是由天使献给圣母（图 6.2）。

低地国家越来越多地把花卉用于室内，是艺术文化从教堂向住宅广泛迁移的表现之一。正如被驱逐出新教教堂的画家在商人

图 6.2　梅姆林《圣母的神圣鲜花》(*Flowers Sacred to the Virgin*)，
绘在《祷告的年轻男子肖像》(*Portrait of a Young Man in Prayer*) 背面。
（卢加诺，蒂森－博内米萨收藏馆）

那里找到了新的主顾一样，花朵也是如此，至少在宗教改革比较高
涨的阶段是这样，因为在礼拜的场所应用花朵的做法引来了质疑。
无论什么情况下，头冠都被花束所取代；这种成束的鲜花既可以作
为礼物赠授，又可以插在花瓶中。从 14 世纪开始，巴黎的"花帽
匠"行会消失了，变成了新的"园艺师'共同体'"('*communauté*'
des maîtres jardiniers，这些人也叫 *maraîchers* 或 *préoliers*，均是"种
菜人"的意思）；与此同时，负责卖花的"卖花女"(bouquetières)

也组建了自己的组织。[85] 除了卖花女外，1595 年还有一群"种子商兼花商"（*grainiers-fleuristes*）成立了行会，他们也卖食盐。[86] 随着从海外进口许多新种，巴黎的园艺师群体在 16 世纪变得非常活跃，不过到 17 世纪末，其他人也有了售卖农产品的能力，园艺师行会便陷入困境。直到 1776 年，这样一些"小职业"（*petites professions*）才进一步开放，其中不仅包括园艺师和卖花女，也有舞蹈技师和制篮匠这样的工作。

与花卉绘画和花卉本身一样，切花的应用传播得非常迅速，在路易十三（1610—1643 年在位）统治时期通过朗布耶侯爵夫人（Marquise de Rambouillet）的沙龙（法语本义为"会客厅"）引入了法国。对切花来说，不仅用什么花瓶是个问题，把它们摆在哪里也是个问题。切花对室内空间提出了特别的要求；桌子、餐具柜、壁炉、架子、窗台都成了展示它们的好场所。在传统的非洲环境中，所有这些支持物都不存在；即使在早期的欧洲绘画中，花瓶也常常摆在地板上。后来，窗台成为一个明显的关注焦点，不仅可用于摆放切花，而且可以摆放那些种在各式各样的花盆和花盘中的植物。所有这些展示形式在 17 世纪荷兰画家赫里特·道（Gerrit Dou）所画的窗景风俗画中都大量出现。

就起源来说，把窗台用来展示盆栽植物或是窗台花箱，在根本上是一种城市现象，实际上切花本身也是如此。在乡下人看来，如果要种花，那也是种在花园里，而不是屋子里。花朵在窗台、花盒和花箱中的出现，所关联的是人们在城市中和城郊密集栽培植物的行为。差不多同一时期，这种习俗在西欧城市以及京都等日本城市的商人和市民阶层中间都出现了，在中国则出现得更早。产生这种习俗的部分原因在于，在当时也正如现在一样，这些供人起居的环境中只有狭小的空间可供利用。对园艺来说，这样的室内植物栽培有三方面的重要性。首先，人们要花很多时间照料和关注植物，于是植物能够迅速地适应新环境。其次，这样的"审美式"兴趣刺激了异域物种源源不绝引栽而来。再次，新品种的繁育也通过人为干预而加快了速度，这一干预对食用植物和观赏植物都产生了很多影响。新兴花文化的上述三个方面，都是在荷兰那精彩万分的郁金香栽培历史中涌现出来的。

郁金香狂热

"郁金香"这个名字来自土耳其语词 *dulband*，意为"头巾"；这类花卉在英语中也叫"土耳其人的帽子"（Turk's cap）。神圣罗马帝国皇帝斐迪南一世（Ferdinand I）派驻伊斯坦布尔的大使德比斯贝克见到奥斯曼帝国栽培的郁金香后，于 1554 年将其球根送回了维也纳。[87] 这些球根又被各种经纪人和商人带回安特卫普、布鲁塞尔和奥格斯堡（Augsberg），种到了朝臣、学者和银行家的花园中；1578 年，郁金香抵达荷兰地区，事实证明，那里的土壤特别适合这类花卉。在研究郁金香栽培的人中，曾于 1573 年至 1589 年间在维也纳担任皇家花园主管的德莱克吕兹（作为法国人，其姓氏的法语拼写是 de l'Ecluse）试验了花色和花朵大小各异的许多品种。他不光研究了郁金香，还对马铃薯的种植推广到整个欧洲也做出了贡献，对世界历史产生了深远影响。[88] 不过，正是他对郁金香品种所做的工作，引发了人们的极大关注，最终让荷兰建立起郁金香球根产业。到 1629 年时，《乐园》（*Paradisus*）一书的作者帕金森（Parkinson）已经得以列举出英格兰花园中种植的 140 个郁金香品种，英格兰人认为这类花卉不仅美丽，而且可以入药；将它用烈性葡萄酒（也就是红葡萄酒）送服，有助于治疗颈部痉挛。[89]

法国人接受郁金香的时间略晚，大约是在 1608 年，但没过多久，女士们就开始把这种花塞进低胸连衣裙里，其球根也常常被转手出让，以赚取高额回报。曾有一位新郎最终接受新娘仅以一个球根作为她的嫁妆，而这个品种的名字也恰如其分地叫作"我女儿的婚事"（Mariage de ma fille）。这股热潮从法国向北蔓延到了弗兰德斯，再蔓延到荷兰地区。通过芽变以及育种，郁金香的新类型可以不断产生；巨大的投机活动之所以会发生，部分原因正在于这个事实。参与投机的不仅有较为富裕的商人，也有其他各类民众。由于在 16 世纪末尼德兰反抗西班牙的战争中，谢尔特（Scheldt）河被封锁，导致安特卫普的地理位置变得不利，阿姆斯特丹的大商场因此受益而繁荣起来；在这里，人们把对花卉的需求和资本市场的各种工具相结合，让郁金香热潮更为火热。由于新球根开出来的花朵颜色始终存在一定程度的不可预测性，在花色上押注的人们便会因此赢得或输掉大笔金钱。郁金香也由此成为计算盈利和亏损的投机尝试的模型。

人们不仅针对不可预测的花色来投机，也针对不可预测的球根价格来投机。1634 年底，许多非专业买家被赚取巨额利润的机会所吸引。第二年，郁金香球根价格猛涨，连纺织工人甚至干体力活的劳工都会赊购。到 1636 年时，大多数购买行为都是由非正式的"协会"所组织的，协会成员在酒馆碰面，经常交易尚未长成的球根（郁金香交易的对象是球根而不是花），从而在期货市场上投机。1637 年 2 月，泡沫破裂，球根价格暴跌，让买家和卖家都背上了巨额的名义债务，蒙受了严重的实际损失。在那时的道德家看来（对于那些担心财富会带来难堪的清教徒来说，这是他们上场的难得机会），这个事件就是资本主义金融运作的写照，是不受管控的市场邪恶性的缩影——但实际上到最后一刻，花商、地方当局都不得不出手干预，国家政权最终也被迫入场。因为郁金香这种大宗商品被归为奢侈品贸易，道德家们的不满情绪就更加强烈。有些现代作者将这个事件视为商业周期运转的早期范例，比后来的南海泡沫（South Sea Bubble）还早。[90] 时尚奢华的物品，受着时髦的古怪念头的支配，注定了花卉在后来还会继续卷入这样的热潮中。18 世纪前期伊斯坦布尔的郁金香、1734 年的风信子球根、1912 年的唐菖蒲也都出现了类似的情况，只是没有达到郁金香狂热这样大的规模罢了。[91] 不过，虽然遭受了这样的挫折，郁金香球根的商业化生产还是取得了成功，它们的巨大吸引力也反映在这一时期的绘画中。[92]

郁金香市场的崩溃，只是花文化让很多宗教改革者愤慨的一个方面。英格兰王后戴上面具扮演芙萝拉的景象，也是让他们愤慨的事情。这也难怪支持共和主义、拒绝奢侈、对图像和模仿深为怀疑的清教徒们会谴责所有这些玩意儿。面具尤其容易成为清教徒的众矢之的，因为它们高雅、脱俗而又用不长久。就像德文郡的日记作家沃尔特·永格（Walter Yonge）所说，它们是些"自负的虚荣"。[93] 1633 年，出庭律师威廉·普林（William Prynne）在《俳优之鞭》（*Histrio-mastix* 或 *The Players Scourge*）中攻击了所有戏剧表演，并因为涉嫌诽谤王后所扮演的角色而被刽子手公开行刑，割掉了双耳。但当清教徒掌权时，言论就变成了行动。9 年之后，克伦威尔（Cromwell）关闭了剧院，并通过售卖王室收藏的绘画和下令污损塑像来破坏艺术。[94] 戏剧和艺术中的那些摹仿，本是上帝的特权，人类这样干就是僭越。[95]

花朵作为一种供消费的奢侈品回归，结果引发了对炫耀性展示的抵制，这种观点未免失之过简，但如果从更广泛的文化角度来看，这样说也不无道理。12 世纪期间，花朵的应用在欧洲扩散开来；这一时期，哥特式建筑也引入了一种奢华的教堂建筑风格，用到了更多的塑像和彩色玻璃窗，也用到了更多的各式各样的图像。伴随这种发展的，则是托马斯·阿奎那等人在其著作中运用丰富的学识为这些艺术品的恰当应用所做的辩护。于是更多的装饰接连出现，世俗领域也有，宗教领域也有。教堂内外的仪式也更丰富了。

虽然室内的花朵被清教徒视为奢侈品和不必要的开支而遭到反对，但激起他们如此正义的愤怒的则是花朵在教堂中的存在，因为他们认为这些东西分散了人们礼拜上帝之心。需要诅咒的东西真是太多了。在教堂里面，装饰华丽的圣坛屏风将中堂与圣坛隔开，也因此把会众与神职人员隔开。屏风上方安着巨大的十架苦像，通常在这苦像上方，在镶有木板的圣坛拱门上还有一幅呈现了最后审判场景的绘画。这些教堂中满是装饰品和绘画，还有浮雕的屋顶和镀金的塔楼。那些绘画呈现了基督和圣徒的形象，甚至把上帝本身的形象也呈现为"一个满脸胡子的老头，在膝上抱着一个小基督，胸前则是一只代表着圣灵的鸽子"。[96] 早年间所有要求不得在礼拜之地为上帝画像的禁令，早已消失得无影无踪。到处都是十字架，灯盏和蜡烛随处可见，塑像都穿着昂贵的衣服，画像也用帘幕、花朵、油彩和镀金来美化。而在节日期间，"教堂里洋溢着新鲜树枝和花朵饰品的香气"。[97] 过圣诞节时，教堂里有欧洲枸骨和常春藤；过棕枝主日时，可以见到棕树和黄杨；玫瑰用在基督升天日，黄菖蒲（flags）和香拉拉藤（woodruff）用在基督圣体节，而桦树枝用在仲夏节。[98] 教堂地板上铺着新鲜的灯芯草或秸秆，可以跪在上面；到了当季的时候，替代它们的则是玫瑰花瓣、薰衣草和迷迭香。教会服装也是这样。

在意大利，一位司铎在做第一次弥撒时戴着冠冕，之后他便把这顶冠冕送给了与他关系最近的亲戚。在德国，19 世纪末仍然存在类似的习俗。在同时代的英国圣公会，牧师也可能把花朵带到他的第一次圣餐礼仪式上，将花送给他的母亲、妻子或未婚妻，这是由仪式主义运动所复兴的习俗，与中世纪的历史之间并没有任何实际上的连续性。这是因为鲜花的使用继续反映了神学理论和礼拜方式上的摇摆，宗教改革者可能会采取与早期教父近似的立场。举例来说，17 世纪初在美因茨（Mainz），"墙壁、房屋、每一处可供装饰的地方都饰有花朵和叶子，所有道路上也都撒着这

些东西"。[99] 美因茨主教塞拉里乌斯（Serarius）是耶稣会士，他是
一位作品丰富的辩论家，反对路德（Luther）、加尔文（Calvin）和
茨温利（Zwingli）的主张。本着反宗教改革的精神，他规定了在
游行中使用鲜花的方式，同时又为这种应用做了辩护，驳斥了强烈
反对这些仪式的宗教改革者的观点。[100]

　　所有这些复杂的行为和物品，包括弥撒本身和司铎所穿的
衣服，都被那些抨击它们大量出现及用途的人视为图像。自 1098
年创会伊始，苦修的熙笃会士作为圣本笃会规的严格解读者就开
始谈论这些问题，而它们也是罗拉德（Lollardy）运动、胡斯派
（Hussites）和后来的一些人文主义者关注的核心问题。在 12 世纪
的历程中，熙笃会先后禁止在教堂中应用雕像装饰、抄本插画、石
塔和彩色玻璃。换言之，包括圣像破坏行动和倡导贫困在内的宗
教改革，在欧洲教会史上是个占据次要优势的持续不断的主题，
因为其动机来自人们追求崇拜上帝、寻求救赎的正确方式。12 世
纪的瓦勒度派已经拒绝接受炼狱的观念和为死者所做的祷告，他
们对后来的异端产生了巨大影响。在 15 世纪上半叶波希米亚的胡
斯战争期间，修道院遭到摧毁，因为它们被视为教会积累的不合
理财富的例证。不过，这时候的反对意见更有针对性，因为与此同
时，激进派甚至一些温和派都谴责教堂里的图画是偶像。它们与
对奇迹图像和圣骨的崇拜有关联，这些崇拜本身又要求人们向圣
坛捐资。同时，根据圣伯尔纳多的说法，这些图像是奢侈的显现，
与会众的贫困格格不入。而且它们还是物质性对象，会分散人们
对灵性对象的注意力。[101]

作为威克利夫（Wycliffe）、罗拉德派以及波希米亚胡斯派的直接继承人，新教改革者采纳了针对表演和形象呈现的批判态度，并且阐述更为深入。教会活动不再被视为献祭，也不再被称为弥撒，而是一种"感恩"。与此同时，圣坛变成了"圣桌"（Holy Table），新教徒对外在标志、仪式物品的使用、教堂艺术、熏香以至圣餐礼都展开了攻击。在加尔文主义各教派、清教徒和其他"非国教派分子"（Non-conformists）那里，这些做法更是变本加厉。事实上，他们经常反对宗教领域和世俗领域的分离，不仅反对教会仪式，而且反对所有类型的公共表演，大众表演和剧院表演都在其列。

清教徒所担心的一种危险，是图像会让人们分心而不去崇拜上帝。然而有些人也从与伊斯兰教相关联的更宽泛的神学角度去看待偶像。正如熙笃会士在 12 世纪反对插画和雕塑装饰一样，14 世纪后期到 15 世纪的罗拉德派拒绝接受所有的图像、圣骨和圣徒。他们论证说"艺术应该真实地反映人间的现实"，因为人类的想象是可疑的；[102] 因此，他们明确地表现出对"真实对象"（这些是好作品）的偏爱，而不喜欢那些模拟之物（艺术作品）。"如果说 16 世纪后期到 17 世纪的上流人士和知识分子对艺术（也即'人造'）作品展示出了不断加深的审美意识，那么与此同时，清教徒就展示出了不断加深的'反审美'意识。"[103] 这不只是针对宗教图像，而且是一种"明确拒绝把人类视为独立的创造者"的态度。也是在这个时候，在从 1525 年到 1660 年的持续长达 100 多年的英国圣像破坏运动中，我们也能找到许多社会中的道德家所共同

　　　　　　　　　　　　　　鲜花人类学

关注的另一个主题的证据，就是在反对奢侈的同时，希望能够把钱财用在刀刃上，因此认为社会需要慈善和再分配（尽管这些做法一直被视为宗教义务）。

虽然一些新教徒对第二诫做了严格的字面解读，认为它拒斥了一切形象呈现，但也有天主教神学家回避了第二诫的含义，争论说这种禁令只适用于犹太人。[104]另一方面，包括伊拉斯谟（Erasmus）在内的大多数温和改革者只反对把图像用于崇拜，也就是说只反对图像的滥用，而不反对图像的应用。不过，虽然路德对图像持有宽容的态度，茨温利却不然。正是他挑起了1523年苏黎世爆发的圣像破坏运动，随后十年中，在瑞士和周边地区又陆续爆发了一系列这样的运动。[105]

当英格兰国王亨利八世（Henry Ⅷ）最终在1534年与罗马教廷决裂时，包括休·拉蒂默（Hugh Latimer）在内的一些神职人员都反对滥用图像、圣徒及遗骨；两年之后，他们说服英国国教会（Convocation）发表声明，要求把包括十架苦像在内的形象都放到教堂外面。国教会接下来又起草了《十条》（Ten Articles），这可能是受到了同年路德的《维腾贝格教条》（Wittenberg Articles）的影响。[106]《十条》中的第六条禁止对图像进行偶像崇拜，但允许图像的正确使用。后来，亨利八世希望解散修道院，无论是出于财政理由还是政治理由，从某种意义上说，都是对这一妥协的破坏；这些机构由此被视为"朝圣、图像和迷信崇拜的主要支持者"，视为可有可无的东西或滥用宗教的结果，而被完全铲除。[107]在英格兰那些充满浪漫气息的遗迹里面，有一些就是这样出现的，它们不是由时间之手创造，却是源于圣像破坏者的攻击；这些人不但大规模劫掠包括古代抄本在内的各种物品，让它们流散出去，而且还为这些行为提供了意识形态上的正当理由。

接下来的爱德华六世（Edward Ⅵ）在位期间，圣像破坏运动举国盛行。1550 年，成船成船的宗教塑像被出口到法国。玛丽女王即位后，天主教复辟，这样的攻击暂时停止。但在伊丽莎白时代（1558—1603），在其前任玛丽女王统治下逃往国外的流亡者从日内瓦归国，又助长了新教的狂热。许多清教徒拒绝再达成历史上的妥协。最终在 1559 年，伦敦圣彼得大教堂和其他教堂中的木制十架苦像被两堆巨大的柴火焚毁。一个世纪之后，这种运动又在克伦威尔统治下再度重演，在清教徒圣像破坏者手中，埃克塞特（Exeter）、坎特伯雷、温切斯特和伊利（Ely）的大教堂都遭到了可怕的毁坏。

17 世纪前期，英王詹姆斯颁布的《消遣诏书》（*Book of Sports*）引发了一场深远的争议。这份诏书允许人们在星期日举行娱乐活动，比如五月游戏和五月柱。保皇党认为这些庆祝活动是把整个王国团结一体的方式，但像菲利普·斯塔布斯（Philip Stubbes）这样的清教徒激进分子却谴责五月节和类似的庆典活动是异教行为。随着这群清教徒在苏格兰、马萨诸塞和克伦威尔时代的英格兰先后掌权，很多世俗演出都成了嫌疑对象；剧院被禁，舞蹈受到限制，整个艺术领域都遭到了负面的看待，其中甚至包括教堂中的管风琴音乐。在英格兰，伊利大教堂女士礼拜堂（Lady Chapel）中的塑像在爱德华六世的指令下被斩首，圣像破

　　　　　　　　　　　　鲜花人类学

坏运动变得十分猖獗。新教中最为极端的派别几乎没有仪式和艺术——所有的注意力都必须集中于上帝之道，在教堂内外都须如此。[108] 对清教徒来说（实际上对其他新教徒也都一样），话语与"赤裸的真理""体面而合礼的服饰""朴实"和"只用言语"之类观念密切相关，而与那些在装饰、礼拜的"外观"和"可见的标志"上与它们形成对立的范式判然有别。尽管有些人坚持要把对偶像或图像的崇拜与通过这样的形象崇拜上帝区分开来，但加尔文认为这二者都是偶像崇拜。

无论是伴有花朵的敬献，还是以任何其他方式进行，对所有形象崇拜的反对已经融入了英国国教的教规中；这些教规的用意在于反对同时代的天主教仪式做法，并对宗教改革者做出让步。在人们看来，"论炼狱"那一条不仅拒斥了有关炼狱的教义，而且也拒斥了圣骨崇拜、向圣徒的祷告和赦免的授予。因此，万圣节和万灵节虽然没有从教历中废除，但被视为无足轻重的日子，因为它们都暗示一个人既可以帮助另一个世界的死者，又可以从死者那里获得帮助。[109] 这是违背新教教义的。这样一来，这两个在天主教国家已经成为花朵应用的主要场景的节日，便被所有新教徒所拒斥，而非仅有清教徒。

然而，最热衷于对宗教图像展示大规模攻击的人还是清教徒（在英国，他们也干了很多事来阻止世俗图像的应用）。正如威廉·道辛（William Dowsing）的《日志》（*Journal*）所描述的那样，萨福克和剑桥（Cambridge）两郡在后来克伦威尔时代的圣像破坏运动中罹祸最为惨重。在《日志》中，他记录了在长期议会（Long Parliament）通过了涉及图像的《1643 年条令》之后，他受曼彻斯特伯爵的委托执行条令的成绩。像清教主义这样的圣像破坏思想不只是大众的意识形态，连议会两院通过的条令，都要求在所有教堂和礼拜堂中拆毁石砌圣坛，栏杆和圣餐桌也要移除；所有这些设备都太像异教的祭祀所需的设备，也太容易把会众和作为中介的神职人员分隔开来。圣坛所在的高起的地面，必须在 11 月 1 日之前铲得和周围一般平，到了那天，所有的尖蜡烛、烛台和器皿都要拿走，"所有十架苦像、十字架、三位一体或圣母中一人或多人的形象和图画，所有其他圣徒的形象和图画以及迷信的铭文都要除掉和损毁"。这场破坏规模巨大。在萨福克郡的克莱尔（Clare），有 1000 幅"图画"（彩色玻璃板）被毁，只有附近的国王学院（King's College）因为政治原因才免遭破坏；那些彩色玻璃被认为遮蔽了上帝的真光。[110] 当年 1 月 6 日，曼彻斯特伯爵写道："我们毁掉了大约 100 幅迷信图画，包括上帝和基督的图画，还有一座教堂里的一个巨大的石制十字架。"[111] 可见就连基督宗教的这一核心象征也不能幸免。1641 年在赫里福德郡（Herefordshire），人们在"一场粉碎图像的忙乱狂欢"中把十字架打成碎片。[112] 这种运动也不局限于英格兰。以 1523 年的苏黎世骚乱为开端，同一时期的德国、瑞士和法国——特别是荷兰——也都有类似行动的例子；这个现象在整个欧洲普遍存在，绝不是某个小宗派的专属。

宗教改革还在另一个方面也影响到花文化，这与死者的纪念碑有关。1560 年，英女王试图通过保护这些纪念碑免遭宗教改革者的攻击，而企图限制这场运动的波及范围。宗教改革者对墓地雕塑的发展产生了决定性影响。首先，人们不能再像以前那样通过装饰教堂或坟墓来表达自己的虔诚。不过，遭到明确反对的是纪念碑的形式和祭品。16世纪后期修建的一些纪念碑仍然奢华地夸示着死者的地位，但其上已不再用宗教主题装饰，取而代之的是信仰、智慧、希望和仁爱这些抽象美德的拟人形象，此外还有多种象征性装饰，比如印第安人、髑髅和十字骨、长柄大镰、骨灰瓮以及哭泣的小天使等。[113] 宗教改革让公墓变得世俗化，也在一定程度上实现了平等。

在16世纪和17世纪的英格兰，针对当时存在的那些围绕死者的处置而开展的仪式的性质，人们表达了强烈的反对意见。对炼狱观念的拒斥，当然是路德对放纵行为提出的抗议的核心；亲戚朋友的努力，对于灵魂面临的早已注定的命运不会造成任何改变。不仅如此，灵魂最终在肉体中复活的方式也无关紧要。围绕埋葬开展的仪式因此被判定为"教宗式的"，这样一种观念在17世纪40年代中期制定的《公共拜神守则》（*A Directory for the Publique Worship of God*）中的陈述里达到了顶点。该守则要求，死者应该马上入土，"不要举行任何仪典"，因为现已知道它们"对生者有害"。[114] 这也就意味着万灵节被完全废弃，按照一位不满的新教徒的说法，如今这一天已不能提及，因为"我们必须让死者和死者在一起。以前我们的埋葬地点盖满了鲜花，而现在，没有什么地方比我们的坟墓更荒凉凄惨了"。[115] 于是花文化再一次遭到了清教徒对待仪式的态度的激烈影响。花朵从墓地里被清除出去，无论是纪念死者的周年仪典还是葬礼上都不得使用。虽然到 19 世纪中叶时，花朵又回到了葬礼现场，在此之前也有一些葬礼已经重新用起了花朵，但是在许多盎格鲁－撒克逊公墓，献给老年逝者的供品仍然稀少得十分明显。

196　　　宗教改革者的主要反对意见指向的是教堂中的宗教图像，在这些意见最初成形之后不久，圣像破坏运动就爆发了，目的在于净化教堂，以便礼拜。他们对塑像的攻击尤为猛烈。对于早期的希腊教会来说，二维的平面绘画不具备立体雕塑那样的强烈现实感，因此这二者的区分非常重要；事实上在整个基督宗教中，这种区分都非常重要。[116] 可能是那个时代的绘画重镇的荷兰，就同时也是宗教圣像破坏运动的重要中心；[117] 有些毁坏图像的行为甚至就是画家所为，但同时也有其他画家逃亡，还有画家完全放弃了自己的职业。对于那些继续作画的人来说，宗教改革运动通过多种方式影响到了他们的画作内容；因为他们的宗教信仰会决定其作品题材，于是他们通常会根据宗教信仰不同而两极分化。16 世纪前期，对金牛犊的崇拜成为荷兰画家笔下的常见主题；卢卡斯·范莱顿（Lucas van Leyden）题为《金牛犊的崇拜》（*The Adoration of the Golden Calf*）的画作，就绘于 16 世纪 20 年代后期。[118] 在这些画作中，花朵的使用、筵席的举办和舞蹈都与偶像崇拜关联在一起。

　　　金牛犊的故事，正是宗教改革实施的圣像破坏运动历史的缩影。上帝吩咐摩西建造会幕，并给了他两块记有十诫的"法版"，"是神用指头写的石版"。但摩西没下山的时候，以色列人聚集到他的兄弟亚伦那里，要他"为我们做神像"。于是亚伦就收集他们的金耳环，熔制成一只牛犊，"用雕刻的器具做成"。在詹姆斯国王的钦定版《圣经》中，这尊塑像直接被称为"偶像"。人们在它前面献祭，坐下吃喝，赤身裸体跳舞。看到所发生的一切之后，摩西便把"刻有"上帝之道的石版扔在山下摔碎，并要他率领的以色列人追随真正的神。利未人同意这么做，于是摩西就命令他们闯进营中，"各人杀他的弟兄"。虽然最终有3000人被杀，但摩西赦免了其他人的罪，并为他们祝福，照原样重凿了十诫石版，于是被许诺会得到一片"流着奶和蜜"的土地。[119]

这个故事在很多方面都与本章的主题有关。首先，以色列人被教导要敬拜耶和华，避开其他所有神祇。其次，所雕刻的上帝之道，与雕刻出的形象相互对立，就像克莱尔沃的圣伯尔纳多与绪热院长的对立一样，这种对立一直是欧洲文化史上的常见主题。再次，在这份有关宗教迫害的最古老的报告中，不仅作为崇拜对象的宗教图像本身被毁，还有3000人被杀。最后，这个崇拜对象不仅与血祭和奢侈相关联（正如会幕本身实际上也是奢华的），而且还关联着人们的盛宴、醉饮、跳舞以及裸舞等放荡的行为。

在范莱顿创作那幅画的100年后，同样的主题又成为普桑1626年同名画作《金牛犊的崇拜》的中心思想（图6.3）。画中的花环既垂绕在牛犊的颈上和腹部，又挂在塑像底座上。[120]伦敦的 197 英国国家美术馆（National Gallery）也收藏有绘制更晚、画工更细致的同题作品，画中人物的狂欢更为放浪，但花环这个细节反倒不那么突出。普桑在《阿卡迪亚牧羊人》（*The Arcadian Shepherds*）等古典题材的作品中会画出头冠，[121]在《史诗诗人的灵感》（*The*

图 6.3 普桑《金牛犊的崇拜》，1626 年。

（圣弗朗西斯科，德扬博物馆）

Inspiration of the Epic Poet) 中更是一下画了好几个；[122] 除此之外，他在《大卫的胜利》(*The Triumph of David*) 等《圣经》场景中也会用到花环。[123] 在 1631 年作品《花神的王国》(*The Kingdom of Flora*) 中，花朵、性、花环、古典塑像和花园这些主题紧密交织在一起，清楚地表明他非常明白叶和花的装饰所具备的含义（图 6.4）。[124]

圣像破坏运动在欧洲各地都有发生。我们不妨根据韦伯（Weber）的理论来回顾一下现代欧洲资本主义的这些清教徒先驱所做的事情，特别是他们在荷兰、英格兰或美国马萨诸塞州这些至今还以新教信仰为主的地区之外的法国所做的事情。甚至在法国西南部鲁埃格山区的孔克这样偏远的地方，天主教修道院也被

鲜花人类学

图 6.4　普桑《花神的王国》(*The Kingdom of Flora*)，1631 年。

（德累斯顿，国家艺术收藏馆）

迫改成了一所世俗学院。但事情到这里还不算完。1558 年，鲁埃格最早出现了加尔文主义者；到 1561 年，他们便觉得自己足够强大，可以攻打孔克城了。虽然修道院里的珍宝，包括圣斐德斯的塑像在内，都已藏匿起来，但这些人却推倒了唱诗堂的木雕，把它们靠着后堂的柱子堆起来，然后付之一炬，企图把整座教堂烧毁。[125]

　　很久之后，到 1790 年法国大革命的时候，官方又扣押了教会的财产。虽然孔克教堂本身未遭破坏，但其中庋藏数百年的档案却被公开焚毁。幸亏国民公会派来的搜查者被一系列的偶然事件分散了注意力，孔克市政当局才能连夜把教堂中的宝藏分散保存到居民家中，从而让它们幸免于难。这又是一场旨在没收或毁坏宗教图像的群众运动。

如果艺术在很大程度上具有宗教性，或者与宗教有关，那么神性的呈现问题和神性的本质就不可避免会以隐晦或明显的方式摆在人们面前。对艺术家来说，世俗活动和宗教活动两个领域彼此分离地发展，这种局面在文艺复兴时期进一步加深，算是部分解决了这个问题，因为他现在可以把精力集中在人的形式上，而回避掉神的形式。世俗肖像画成了宗教肖像画的补充，甚至可以说取代了后者。这些变化可以归入更大的思想变化范围——人们重新确立了"伟大组织"的分化，于是整体观念体系也随之碎片化（如今，并非所有东西都是神圣的了）。与此同时，新的赞助人也出现了，商人、世俗学院、独立学者以及其他人都可以赞助艺术，具体是什么人则取决于意识形态、政治和经济势力的相对均势。在文艺复兴时期，欧洲艺术活动的天平最终倒向了远离教会的一边；而在伊斯兰世界，世俗艺术的悠久传统则在萨非王朝时期的波斯和莫卧儿人入侵之后的印度扎下根来。

世俗传统的确立，意味着至少在荷兰地区，花卉的绘画和欣赏可以在受宗教改革者影响的领域之外进行。圣像破坏运动影响的是花朵的宗教用途，那些佩戴着花朵的塑像遭到铲除，哪怕花朵只是起到装饰和尊敬的作用；各种类型的图像也都被从教会中清除。然而，对基督宗教礼拜加以改革的这场运动也以其他方式影响着花文化，因为人们常常以激进的方式改变看待一般性的仪式和表演的态度，连那些在教会之外举行的活动都不放过。在英格兰，神秘剧和奇迹剧在伊丽莎白时代前期绝迹，正如在法国一样。

其他大众文化内容也遭到了清教徒一派的攻击，正如前文所述的有关《消遣诏书》的争议一样。在埃塞克斯郡（Essex），正当猎巫运动方兴未艾之时，包括节日在内的庆典活动明显减少；[126] 就连过圣诞节时传统的招待习俗，也遭到了怀疑眼光的打量。世俗和宗教的社群仪式往往与花朵联系在一起；但新教徒——特别是清教徒——却强调要以个人的方式与上帝和社会打交道，通常不需要他人作为中介。于是这样的观念便对所有类型的节日都造成了影响。

作为宗教和政治工具的节日

圣诞节的节庆活动，与基督的神性以及如何呈现和礼拜他的问题密切相关。基督宗教在古罗马帝国站稳脚跟之后，便不可避免地开始更为精准地确立自己的教义。基督是先知吗，还是上帝自己？他可以同时兼有这两种身份吗？如果可以的话，他的这两种本性里面是一种生出了另一种，还是说两种都是从一开始就存在？基督具有二重本性的教义，最早是 328 年在第一次尼西亚大公会上确立的，但直到 431 年的以弗所大公会，才确定基督从降生之时起就是上帝。与聂斯脱利派的看法不同，马利亚也被确定为"生下了神"的女人。这样一来，基督诞生日就成为教历上的一个极为重要的日子。虽然早在 336 年就有记录提到了这个节日，但在 432 年到 440 年期间才有记录表明，在西方许多献给马利亚的教堂里，首次有教堂布置了最早的圣诞马槽。[127] 后来的家庭庆祝和公共庆祝，虽然毫无疑问是以各地的传统先例为基础，但都是源于这种教义情境；后来人们用欧洲枸骨、常春藤和槲寄生等常绿植物的枝叶来装饰住宅，也与这种情境有关。

对于16世纪的一些宗教改革者来说，这些庆祝活动不仅带有异教气氛，而且以过度的快乐为其特征。无须去假定它们是不是从古罗马的农神节（Saturnalia）或北欧的仲冬节（Yule）开始一脉相承，因为只是基于一些当代理由，这些庆祝活动都足以导致一些改革派的新教徒反感，特别是英格兰、苏格兰和新英格兰的清教徒和长老派成员（Presbyterians）。16世纪80年代，斯塔布斯在《滥用的剖析》（*The Anatomie of Abuses*）中就对过度放纵的行为做了抨击。让这些反对意见进一步加强的还有另一个事实，即虽然在中世纪晚期，圣诞节的地位从属于复活节，但16世纪的宗教冲突导致圣诞节的意义在反宗教改革的天主教徒眼中越来越重要，其中有部分原因在于他们强调了马利亚作为圣母的身份，以及基督降生的马槽的圣像的作用。[128] 所以对一些新教徒来说，圣诞节既是异教节日，又是天主教节日。

有关圣诞节和其他"消遣"的意见分歧，与其说把天主教徒和新教徒截然分开，不如说把圣公会教徒和天主教徒划成了一个阵营，形形色色的异议分子或"非国教派分子"划成了另一个阵营。[129] 虽然这些节日在17世纪继续庆祝，事实上也得到了当时叫作"莫里斯书"（Morris book）的《消遣诏书》的鼓励，但是清教徒要么强烈反对这类活动，要么参加具有彻底的世俗性质的其他庆祝活动来逃避。1606年，一场企图炸毁议会大楼的阴谋未遂，之后议会就在11月5日设立了"火药谋反日"（Gunpowder

Treason Day）作为国家节日，其流行称呼则是"盖伊·福克斯日"（Guy Fawkes' Day）。这一举措得到了清教徒的强烈支持，他们拒绝所有的"教宗式"节日，包括分别设于11月1日和2日的万圣节和万灵节；它们都在11月5日之前不久，因此设立新节日便有取而代之的意图，也导致人们用焰火替代了花朵。万圣节、万灵节、神秘剧和狂欢作乐令人联想到"教宗和迷信"，更不用说还给了人们恣意放荡的机会。这些活动也是应用花朵的机会，于是在一些人眼中，花朵又一次与异教、天主教和行为放纵联系在一起。

在英格兰，对宗教节日最严厉的攻击发生在内战期间。有人甚至提出了在圣诞节当天应该斋戒还是进食的问题。1645年，《公共拜神守则》否认了宗教节日（"俗称'圣日'"）在上帝之道中有任何依据。大约两年后，议会在1646年战胜了查理一世，然后便颁布法令，废除了这些节日，改而规定学生、仆人和学徒以每个月的第二个星期二为固定假日。与清教徒占据统治地位的其他地区一样，他们清除图像，专门宣布五月柱为"彩绘的牛犊"或"偶像"，砸碎教堂的彩色玻璃窗，烧毁圣坛围栏，卖掉教堂的管风琴，叫停圣诞节和复活节，以感恩节取而代之。[130] 他们绝不依靠视觉符号，而只倚赖道（语词），朴实的道，以及理性的话语。

然而与新英格兰不同，宗教改革者与保守派势力对英格兰文化所持的观点仍然存在严重分歧。前者要清除教堂里的所有外来特征，推倒五月柱，而后者则仍打算像内战前一样，用花朵来装饰教堂；[131] 前者把异教行为视为遵循了"三重伟大的赫尔墨斯"（Hermes Trismegistus）的教义的原始基督宗教，[132] 后者却把花

201

朵看作与上帝交流的手段，就像图像一样。[133] 在圣公会这边，诗人赫里克（1591—1674）的作品与希腊文选有密切关系，希腊文选本身就是一部花卉大全。作为"本（·琼森）之子"（sons of Ben ［Jonson］）中最有独创性的一位，赫里克复兴了古典抒情诗的精神。他的一生跨越了君主制废除、共和国成立和君主复辟的整个时期。他的花卉诗曾被拿来与荷兰花卉绘画中"虚空"类型的作品比较，二者都执着于表现"勿忘你终有一死"（memento mori）的意象，执着于死亡的必然性。[134] 有时候，很难在从信仰到折衷的整个思想范围内找到他的定位，因为在共和国时期，"参与劳德派（Laudian）的仪式，以及对不敬神的消遣的容忍，都太容易被人当成同情天主教的迹象"。[135] 对于五月节庆典活动来说，情况正是如此；理查德·阿林（Richard Allein）就在迪奇特（Ditcheat）宣称"五月柱是偶像"。[136] 所以在赫里克的诗《科琳娜》（Corinna）中，那些展现出"五月节的天然虔诚"的花鸟便与清教徒的目标背道而驰。虽然像马弗尔（Marvell）和弥尔顿（Milton）等一些清教主义支持者曾经以精彩的文笔描写过花园，但对于更极端的派别来说，花和花园的应用都带有政治声明的色彩。比如理查德·洛夫莱斯（Richard Lovelace）是热忱的保皇党，他的《卢卡丝塔》（Lucasta, 1659）是一首田园诗的一部分，其中的角色阿拉曼莎（Aramantha）就为了躲避内战而退隐到和平宁静的乡下，走进了一座花园；各色鲜花尊她为芙萝拉，为这位五月女王加冕，而这是在全国范围内遭禁的仪式。[137]

虽然在文艺复兴时期，人们对古典花环和头冠重新生发了兴趣，但花环易于腐坏，而头冠较为持久，在灵性上更受欢迎，于是二者之间的对立依然存在，与17世纪种种争论的关系尤为密切。与此同时，玫瑰花环作为安逸、奢侈以至诅咒的象征，也与荆棘冠形成鲜明对立。[138] 花朵的价值还可能因为它们是果实的前身而遭人贬低。摘掉花朵意味着留下一棵没有产出的树，一棵基督宗教意象中"不结果子"的葡萄藤。因此，马弗尔在其诗《冠冕》（The Coronet）中这样写道：

> 我采集花朵（我的果子只有花朵）。[139]

花环，特别是月桂花环，则得到了基督宗教的部分接受，用来献给那些达成了美德的人，不过这种敬献通常以隐喻而非实物的方式实行。尽管隐喻和图像的起源会被视为有异教性质，但它们一直是可以接受的。[140] 对于各种花环，有一种主流但并非唯一的解读（特别是在新教圈子里）是，它是一种奖赏，一种报酬，用于表彰文学成就，或者更常用于表彰美德；乔治·威瑟尔（George Wither）在《古今象征大全》（*A Collection of Emblems, Ancient and Modern*）中的表述就是典型。[141] 然而这里又一次出现了那个问题：即使作为隐喻，不是向人而是向神呈献任何祭品的行为，也仍然存在潜在的矛盾，因为有个"所有宗教诗歌的悖论"，即由凡人献给造物主上帝的所有荣誉并不能为他不朽的荣耀再增添分毫，更不用说为他创造的物质事物增添什么东西了。因此，马弗尔虽然打算要为我主献上冠冕（在诗中用了garland、chaplet、crown 和

第六章　文艺复兴时期的圣像和圣像破坏运动　　　　295

diadem 等多个有"花环"和"头冠"之意的词指代），最后却只能把花朵在脚下踩烂。[142]

花朵的回归

《公共拜神守则》的那些规定最终未能阻止大众的庆祝活动。在圣诞节期间，英格兰各地仍有出门探亲访友的活动，而在文学作品中也能见到对古代法律和习俗的辩护。有一位评论者就在 1645 年评论说，旧秩序需要"应受赞誉的五月柱、花环、加利亚德舞（galliards）和欢乐的圣灵降临期"。[143] 正如已经成为保皇党的显著象征的五月柱一样，花环连同花文化一起，也是 13 世纪以来得到发展、精致化和不断繁荣的传统文化的一方面。有这样一种地方仪典，会让来自邻近村庄的男性"佩带花环"，然后他们要彼此争斗，把花环夺取到手。[144] 对清教徒来说，这些习俗都有蛮荒异教的味道。1648 年过五月节时，牛津的士兵甚至没收了花环和小提琴。1657 年，一位男子从几个儿童那里拿来一个花环，为他的同伴加冕，作为政治抗议。这个花环明显带有王冠的联想，因此意味着保皇。君主复辟之后，1661 年的加冕日那天，巴斯（Bath）市长的夫人带领 400 名少女参加仪典，她们戴着"镀金的头冠、鲜花做的头冠以及用月桂枝加上郁金香编制的花环"。[145] 花朵就这样完成了戏剧性的回归。德罗伊特威奇（Droitwich）等地的水井常常在每年的主保圣人日那天用常绿枝叶和花朵来装饰，这种习俗至今犹存。不过在内战期间，这些习俗都遭到了禁止，德罗伊特威奇的那口井也干涸见底；第二年习俗恢复之后，井里又有了水。[146]

一些民俗仍然活跃，比如一些村舍中的音乐和戏剧表演。其他很多像五月柱一样的民俗虽然消失一时，君主复辟之后又骤然回归。1660 年 5 月，多塞特郡的城镇舍伯恩（Sherborne）街头又一次装饰了花朵。随着 1660 年的君主制复辟，圣诞节的节庆活动也重新出现，这些都加强了复辟与五月柱和"欢乐英格兰"（Merrie England）之间的关联。但在世界其他地方，在苏格兰和新英格兰，圣诞节在很多年以前就已经成为教历中的重要节日了。即使在英格兰，很多节庆在消失之后便未能恢复，直到 19 世纪才迎来复兴，因为在社会的某些层面上，人们对节日和图像仍然有所疑虑。在举办节庆的地方，人们会把节日视为传统社区的一种活动，建立在人们参加集体仪式和狂欢的基础之上，与之对立的则是新的宗教生活方式，重视个人的虔诚和持重。[147] 在地方层面上，英格兰全境很多传统都丢失了。围绕五月柱和节庆展开的冲突还在继续，因为非国教派尽管已经丧失了政治上的控制权力，却不会在一夜间消失。比起以前的时代来，表演更多地集中在大小教堂进行。

宗教改革者进一步的攻击，不可避免会导致反宗教改革者的进一步防御。1570 年，就在扬·勃鲁盖尔开始花卉画创作之前不久，神学家莫拉努斯（Molanus）写成了一篇有关基督宗教的形象体系的论文，在其中坚持认为绘制的图像有其功用。除了他之外，还有其他人也都讨论过形象体系，并且认为布道、诗歌、寓意书或戏剧之类文艺作品都是教导民众的方式，让他们能够接近信仰中的真实理念。耶稣会士就遵循其创始人"远眺一切，在万物中找到上帝"的训诫，为此目的大量应用图像，对花朵尤为看重，视之为揭示宗教真理的方式。[148] 正是在直面新教徒批评的情况下，花朵与圣母马利亚的象征性联系发展起来；而在特伦特大公会（Countil of Trent, 1545—1563）之后，献给马利亚的玫瑰经（rosary prayer）便"呈现出十字军东征一般的姿态"。[149] 亨利·霍金斯（Henry Hawkins）这样的天主教作家发展了圣母马利亚是封闭花园的观念，这座花园中种有各种鲜花，特别是百合、玫瑰、紫罗兰和向日葵，都是圣母心的象征。[150] 这些阐述与耶稣会所鼓励的兄弟会有关联，目的在于展现信仰。在中世纪的拉丁文抒情诗中，圣母会显现为荆棘中的百合、"耶西的本"（the Rod of Jesse）、燃烧的荆棘和神秘的玫瑰。正如那个时期的其他寓意书一样，圣母的这些别号在霍金斯的作品中都配有版画，版画主题可以在诗歌中做进一步的阐述。[151] 花朵因此被用作语言意象和视觉形象，作为接近神性和揭示真理的一种方式；与此不同，新教徒一般会故意去除意象和装饰，以便专注于"朴实的道"。

尽管很多大众仪式再未能回归到宗教改革者控制的那些地区，但出于早年人们对花朵的钟爱，在这些地方最终还是恢复了一些，甚至在英国国教中也是如此。在伦敦圣保罗大教堂一年一度的节日上，主任牧师偕全体教士都会佩戴红玫瑰花环。1750 年，斯塔福德郡（Staffordshire）在庆祝圣巴纳巴斯节（St Barnabas Day）时，所有人都佩戴着白玫瑰。[152] 蔷薇可以在墓地栽培，产出的玫瑰年年都会摆在坟墓上，特别是那些代表纯洁的芳香品种。相比之下，孔雀草（French marigold）和万寿菊（African marigold）则摆不上台面。

然而在异议分子和英国"低等"教会看来，出现在宗教情境中的花朵仍然令人疑虑。芳香植物和香水与花朵关系密切，也有同样的问题。熏香的应用，就把天主教礼拜和新教礼拜区分开来，甚至香水的应用程度也有类似的差异。在英格兰共和国时期和美国清教徒统治时期，甚至在维多利亚时期，人们都认为香水是奢侈品。正如花文化和一般的时尚文化一样，一直到第一次世界大战前夕，法国都是香水文化的引领者；即使到了今天，法国在女性的衣装打扮上仍然没有失去引领时髦的地位。其中的原因也不难想见。英国君主复辟之后过了很久，议会仍然推出了包含如下规定的法案：

> 自本法案生效之后，任何年龄、地位、职业或学历的女性，无论是处女、未婚女性还是寡妇，如果将香水、染色化妆品、化妆水、假牙、假发、西班牙羊毛、铁衣撑、环箍、高跟鞋或臀撑强加于国王陛下的臣民，或是用这些物品勾引他人、骗人结婚，应受到现行法律中针对巫术和类似轻罪所规定的处罚，并且一经定罪，其婚姻即无法律效力。

在美国宾夕法尼亚州，也通过了类似的针对男性的法律；香水已成为一种如假包换的巫术。[153]

人们对花朵的钟爱之所以会回归，一方面是因为宗教领域与
世俗领域日益分离，另一方面则是因为市场和消费社会逐渐兴起。
这种发展导致花朵在普通人的生活中占据了重要地位，从一个侧
面来看，它是欧洲对外扩张、与东方的贸易不断增长所引发的结
果之一。虽然欧洲的扩张导致欧洲可见的植物数目出现了可观的
增加，但阿特兰（Atran）认为，从植物分类的角度来看，由此还
引致了一个现象，就是花朵的形象呈现物常常会先于作为实物的
花朵本身，以从东方进口的货品（其中既有印度棉布又有中国瓷
器）的形式进入欧洲。[154]

行文至此，有必要暂时搁置本章的讨论主题，因为印度棉布
的影响预示着工业革命本身将要发生。随着财富的积累，世俗化
程度的提高，反对圣像的暗流力量越来越弱，形式也越来越不明
显。与其他类型的拒绝主义一样，圣像破坏运动或者发生在政治
剧变的时期，旧政权的纪念碑被推翻，新纪念碑取而代之；或者
发生在试图彻底转变人类行为方向的革命政府的统治下，通过阻
止可能会干扰到"必需品"生产的活动，来铲除宗教活动，填满
农民饭碗。如今，在伊斯兰教中仍然有一个派别，就像源自近东的
其他宗教一样坚持以前的态度，虽然恰恰是大众媒体的出现和市
场的增长才不可避免地让他们坐大。不过从根本上来说，也正是
不断扩大的市场深深打击了清教主义的极端形式，比如随着大众
消费越来越多的汽车，阿米什人（Amish）及其马匹也越来越过
时、越来越边缘化。对污染的抨击，在某种程度上重新阐述了拒斥
"奢侈"的思想，这在 20 世纪 60 年代的反文化运动中表现得更为

直接；那场运动反对富足文化，而富足文化原本希望为美国提供一条代替社会主义的发展道路，正如从 20 世纪 80 年代后期起，这种文化又在东欧提出了同样的希望一样。[155] 富足文化的一种表现，是花卉市场从地方规模逐渐扩大到世界规模，这就是下一章我要考察的主题。

第七章 市场的增长

在论及比较晚近的时代时，有几点我想细加阐述。第一个问题与市场的增长及其对花卉应用造成的影响有关：花朵作为一种奢侈品，容易引发人们的犹疑、批评和反对。在当今花朵的英美式用法中，一些思想因素仍然存在，并会表现出来；还有一些因素表现为个人对丧葬用花的支出的抵制（"不要花，也不要花冠"），又有一些因素则体现在一些社会主义国家的实践中。但是，荷兰这个令人信服的例子却可以说明，市场的增长可以让大多数抗议平息——比如在圣瓦伦丁节送花这一习俗是由花商自己推动的，为此就招来了抵制这种需求的抗议，认为它在宗教和道德上令人担忧。其次，我想提出这样一个论点：大部分正式的花文化起源于城市，与所谓"文明化"的过程有关，这一过程可以由牧师、花商或作家及其出版商来推动。因此，花文化得到了来自上层或外部的促进；特别是农村地区，在中世纪早期，得到那里的教会接受的公共仪式较为贫乏，可能让花文化受到了广大民众的欢迎。这又引发了另外两个问题，即花朵的意义和大众文化的创造。在第八章中，我将考察19世纪前期在巴黎兴起的"花语"；这种语言传遍了整个欧洲，而且正如第九章所述，也传到了美国。虽然花语可以被视为"大众文化"的一部分，但它在很大程度上是城市文学世界的产物，然后"强加"给社会其他成员，或者被社会其他成员主动接受。在第十章中，我还考察了其他更为"大众性"的思想因素，但在本章中，我们也一样面临着与我所说的"五月节佯谬"有关的几个问题。

随着欧洲经济的发展，花卉和异域植物的市场兴起，可供应的物种范围扩大，人们的需求（特别是对切花的需求）不断增长，所需求的形式从花冠转向花束，花卉的供应机制也越来越复杂。花朵在家庭内部装饰中日益占据主导地位，这也刺激了这一市场。我在这里首先指的是花卉绘画的传统，虽然在低地国家之外的地方，它主要影响的是富人，但是后来19世纪彩色印刷的发明也让商人得以生产花卉商品的彩色名录，让艺术家可以创作彩色印刷 207品，事实上也让所有人都能够把彩色复制品张贴在墙上。虽然能够获得梵高（Van Gogh）的《向日葵》（*Sunflowers*）原作的人和机构很少，富有的艺术赞助人会买来供个人欣赏，博物馆会收藏供公众消费，养老基金或公司也会将它们作为实物投资，但是其复制品却装饰了很多家庭的起居室。随着印花棉布和壁纸（二者都是以彩色绘画为原型的东方发明）的流行，装饰艺术领域出现了一个重要变化，就是花卉在其中先一步实现了民主化。前文已经述及东方对欧洲文化的影响，特别是花文化及其形象呈现，此外还提到了建筑、绘画和文学。但在晚近时期，东方的影响占据主导地位的艺术领域却是家居艺术，特别是来自印度的棉布和来自中国的瓷器这两个门类。20世纪前期，西欧几乎家家都有带花朵的帘幕、带花朵的壁纸、带花朵的床上用品和戴花朵的女人——至少她们的夏装上面印有花朵图案。花卉主要进入了女性的家居生活，但也正是这个世界，在花卉市场的发展中起到了巨大作用，早先的亚洲是如此，晚近的欧洲也是如此。在欧洲，棉布生产的扩大，是工业革命的序幕；只有通过这场革命，欧洲才能一举扭转自古罗马时代以来一直有利于作为布料生产地的东方的那种贸易环境（彩色图板Ⅶ.1）。

古罗马帝国的衰亡，也使丝绸和棉布的进口锐减，但没有完全停止。这些布料继续用来为教士和国王制作衣服，以显示他们的威望，最后西方自己也开始生产。不过，欧洲与远东的贸易却衰落了，但靠着巴格达的哈里发国，与近东的联系则一直维持下来。唯有等到西欧的经济复苏，通往中国的丝绸之路在13世纪重新活跃，以及通过陆路和海路与印度开展的贸易开始增长，这种经济局面才能改观。[1]丝绸的生产长期以来一直被中国垄断，西方至多是把织好的绸缎拆开、重织和染色。直到大约公元550年时，据说拜占庭皇帝查士丁尼一世（Justinian I）说服了两位波斯僧侣把蚕藏在中空的竹竿里，从中国走私到君士坦丁堡，然后西方才开始了丝绸生产。阿拉伯人从公元827年开始征服欧洲，在被他们征服之后，西西里岛的巴勒莫成为丝绸的生产中心。[2]1266年法国人入侵之后，很多丝绸织工逃到了卢卡（Lucca）。1315年，佛罗伦萨又占领了卢卡，许多西西里织工也被带走。大约1480年时，丝绸文化便从佛罗伦萨传播到法国，里昂成为丝绸纺织的中心，蒙彼利埃和塞文（Cévennes）地区也有了丝绸生产，并在后来主要由新教徒所把持。1685 年《南特敕令》（Edict of Nantes）的废止，又导致一些新教徒把丝绸产业带到了英格兰。[3]

虽然印度出口的主要方向是东南亚，也有较少的数量出口到东非，但它通过海路，也与近东进行着重要的贸易。无论走哪条贸易路线，葡萄牙人都一直把印度印染的花布进口到欧洲，这项贸易甚至在他们开展环绕非洲的航行之前就开始了，很快他们又把花布卖到几内亚湾沿岸，那里的非洲人对花布有很大需求。[4] 不过对欧洲来说，先影响到富人、最终牵涉到社会很大一部分更为重要的变化，在于大西洋沿岸的国家直接参与到与印度的贸易中来，由此造成的结果，就是商贸活动的中心从威尼斯迁到了安特卫普和阿姆斯特丹，从意大利迁到了位于莱茵河口的低地国家。

欧洲从远东的进口在 16 世纪有了长足发展，17 世纪和 18 世纪更为兴盛。靠着这些进口，西方的住宅和花园中都因为花朵而生机勃勃。最开始的时候，这些花朵是布料、瓷器和家具上所装饰的形象呈现。15 世纪欧洲人发现直接通往东方的海路之后，带回欧洲的这些商品数量快速增长；随着欧洲人在 1511 年夺取了位于马六甲海峡的关键转口港（今属马来西亚），进口量也达到了巅峰。此前在古罗马时代，丝绸、平纹细布、香料和香水的进口数量已经很高，以至罗马人认为它们不仅威胁到了罗马的美德和尚武精神，而且威胁到了经济。这两种担忧在塞内加等道德家的著作中都可以见到。这些威胁长久以来始终挥之不去。大约 1584 年时，T. 穆费（T. Mouffet）在批评英格兰人对绫罗绸缎充满欲望时，也针对丝绸的应用提出了类似的反对意见。"但当他们发现自己的金钱进了意大利人的口袋，便会放弃这种骄奢。"[5] 出于同样的理由，香料也被斥为"盗贼"，为了满足国人的奢侈享受而让财富流到了国外。用于购买这些奢侈品（特别是用在个人装饰品上的那些）的支出，也由此引发了针对它们本身的批评。

根据提及裸体的那些史料以及壁画的实物证据可知，罗马人似乎主要偏好使用丝绸和平纹细布，而不是多色棉布。较沉重的刺绣织物与科普特传统有关，与后来基督教会的那些头面人物有关（比如达勒姆的圣卡恩伯特就佩戴丝绸圣带），与更偏北的地域有关——比起铺在地板上的地毯来，那里的居民对穿在身上的厚衣服和挂在墙上的沉重挂毯需求更大。[6] 巴勒莫织工和后来的卢卡织工所运用的一些纹样是花卉图案。出于这个原因，比起羊毛来，丝绸在很多方面是格外有吸引力的材料。[7] 虽然有一些棉布进口到了欧洲，但它们就像威尼斯的彩色珠子一样，瞄准的很可能是非洲贸易。直到今天，印度花布的欧洲仿制品——来自荷兰、英国和法国的蜡染布——在非洲仍有很大需求，其上面的孔雀、"杧果"和其他传统印度母题仍然用各种亮丽的颜色染成。

经由近东的陆路贸易始终受着地形性质、路程长度、运输方式以及来自官匪两边的勒索等重重因素的制约。虽然从埃及到印度的活跃海路早已存在，在来自开罗格尼扎（Cairo Geniza）的文书残篇上有生动描述，但直到 16 世纪葡萄牙商船驶入太平洋之时，来自东方的货物才得以进入西欧更广阔的市场，其数量更多，质量更高，价格也更贵。虽然这些商船的大小不如它们所遇

到的亚洲船只，但其货舱会运载大量贵重货物，船员又在武器性
能上占据优势，葡萄牙人因此便在印度洋和中国海的广泛海上贸
易中发挥重要作用。16世纪末，西北欧国家又得以打破西班牙
和葡萄牙的垄断，发展起自己的独立贸易关系网，从而取得了进
一步的突破。通过接受新教，这些国家从天主教那里解放出来；
教廷制定的那些有利于天主教君主制国家商人的限制，便统统可
以无视了。

来自东方的花朵装饰

在文艺复兴时期，无论是用于制作服装还是用于房屋装潢，
制作有很多图案的布料都是件难事，而且价格不菲。室内装潢用
的布料普遍笨重而昂贵，通常由羊毛织成的挂毯构成。[8] 较轻巧的
纺织材料大都是素色的，不过像织锦缎那样，用经纬对比的织法
也可以织出精巧的图案。通过把灼热的平板放置在木版之上，构
成一种"印刷铅字"，也可以在某些织物上印出图案。亚麻布基本
不用于装饰，通常就保持其原本的白色。热那亚和里昂用丝织成 210
的织锦缎具有较显眼的图案，有些织出了凸纹。不过，较为朴素的
丝绸也可能有小型图案，这就是所谓的"花毯"（*tabis de fleurs*）。[9]
不过，这种装饰是有限的，因为这样的布料价格高昂，工艺相当繁
琐。只有到了16世纪末，欧洲才开始较多地从印度进口彩色印花
棉，进口港一开始是马赛，后来是里斯本、安特卫普和伦敦。[10] 这
种布料改变了装饰的本质。到1609年时，东印度公司已经建立了

活跃的贸易，很快产生了广泛的影响。到 17 世纪末，"从最伟大的勇士到最卑贱的厨房女仆，人们一致认为什么没有织物能像印度来的布那样，如此适合用来打扮自己了！也没有什么东西像印度的屏风、橱柜、床或帷幕那样适合装饰房间，没有什么东西像瓷器和漆器那样适合摆在餐橱里了"。[11] 同样，到了 17 世纪 80 年代，"在英格兰、荷兰和法国的每一栋大房子里面，都能看到大量这种五颜六色的布料"。[12] "彩色印花布"就这样广泛用作壁挂、窗帘、桌布和床上方的罩篷。至于彩色瓷器，不仅见于诸如伊斯坦布尔托普卡珀宫的无价藏品之中，而且见于欧洲较大的宅邸中，后来又见于美国、巴西和一切与中国有贸易来往的地方。

随着商业资本主义让位给工业资本主义，市场在供给和需求两方面都更为扩大，以前曾是奢侈品的东西，现在被人们视为应用规模越来越大的商品，最终便成为大众消费品。这样它们也就不再是某个"阶级"的特色或象征，而从"奢侈品"目录转移到了"必需品"目录。这些财富变得不再那么令人尴尬，普林尼等人当年提出的反对意见也变得不再那么重要。另一方面，虽然大宗商品的流通在加快，再分配的税收也在发展，但哪怕是在较为富裕的国家，只要人们不得不勒紧裤带，做出抉择，特别是在面对从海外进口的商品时，这样的情绪就仍然会出现。

没过多久，这些东方来的进口商品就不仅影响到了欧洲人对国外产品的品味，甚至还影响到了本地的装饰艺术。举例来说，英国的绒线刺绣（crewel embroideries）上的图案就源自印度的印花棉布。由于需求巨大，很多这类商品的仿制品开始在欧洲生

产。1625 年，英格兰成立了一家公司，以印度布的图案编织挂饰；1676 年，舍温（Sherwin）获得了在宽幅布料上印花的专利，这是"东印度真正印染这种商品的唯一方法"。然而，进口布继续占据优势，直到 1730 年以后，本地印花布才出现，最初用木版制造。这种印花布是在进口棉布上印花，供制衣或装饰之用。对于中国的进口商品来说，情况也一样。1614 年，维特曼斯（Wytmans）获211得了在海牙制造"瓷器"的许可；1642 年后不久，中国的青花瓷在代尔夫特被仿制为彩陶。尼德兰的早期彩陶采用的是意大利锡釉陶（majolica）的风格，但在 17 世纪初年，有不少船运的中国瓷器被劫掠运往荷兰，其中大多数是明朝出口的青花瓷。这些所谓的"武装商船瓷器"（carrack porcelain）启发了荷兰本地锡釉陶的生产，后来就因为其制造集中于代尔夫特，而被称为"代尔夫特陶"。[13] 此后，当地的仿制仍未结束，因为后来又出现了"绿色系"（*famille verte*）和"黑色系"（*famille noire*）的多色陶，以及日本的伊万里（imari）瓷器的仿品。此外又有"南京样"（Nanking）瓷从景德镇出口，常与该镇制作的蓝柳（Blue Willow）瓷混淆；中国的多色瓷则经由广州转运。仿制品的生产从代尔夫特传入英格兰后，便在 18 世纪末形成了传统的柳枝图案。虽然这种图案是 1779 年发明于什罗普郡（Shropshire）的，但与其他纹样一样，都体现了中国人的品味。由于发明人乔赛亚·韦奇伍德（Josiah Wedgwood）具有出色的企业才能，又以消费者为导向，这种图案便进入了英国的家家户户。[14]

代尔夫特陶所用的锡釉技术于 9 世纪时在近东被重新发明。

正是那个世纪初年，差不多是查理曼加冕的时候，有人向巴格达的大哈里发哈伦·拉希德（Hārūn ar-Rashīd）呈上了一些中国唐朝的瓷碗。之后，陶器就成了艺术媒介，其重要性一直保持到13世纪。由于其上有丰富的装饰，近东进口了大量瓷器，并开始仿制，一开始仿制出来的是彩陶，并以锡釉陶的形式传到西班牙和意大利。虽然伊斯兰世界对于陶器也基本执行了针对清真寺中形象呈现的那些禁令，但在世俗领域，花朵图案常常能躲过审查，就像后来插画的情况一样。

17世纪时，壁纸已经开始取代壁挂。[15] 在欧洲，15世纪后期造纸术传入后不久，在墙上就可以见到张贴有手绘或蜡印的壁纸。被称为"印度纸"的中国彩纸在17世纪末开始出现，很多是专门为欧洲市场生产的。这些彩纸上的细节图案有意做得各不相同，因此备受珍视，18世纪开始有欧洲本地生产的仿制品。虽然鲁昂有一家造纸坊以东方彩纸为原型生产了这种仿品，但到19世纪，它们才在法国以及英格兰有了更广泛的用途。英格兰在1712年开始征收专门税，企图抑制彩纸的进口。彩纸产业通过采用以印花棉布（chintz）等为来源的新图案母题而发展起来，第一台印刷壁纸的机器于1785年发明于法国，随后又出现了无头印辊。在英格兰，机印壁纸的制造始于1840年，并在1862年时因为威廉·莫里斯（William Morris）及工艺美术运动（Arts and Crafts Movement）设计的图案而出现了革命性突破，很多花朵图案随之流行起来。[16]

正如埃文斯（Evans）所言，这些东方来的式样，在学院派古典主义之外提供了另一种风格，它们是一种有着鲜艳色彩和罕见材质、加工精细的艺术。"在17世纪，欧洲的装饰艺术与中世纪的装饰传统之间出现了奇怪的彻底断裂，甚至在农民艺术中也是这样，部分原因可能就在于人们发现了这样一种艺术，它可以像中世纪传统那样满足同样的需求……亮丽的颜色、引人入胜的叙事、质朴自然的观察和技艺娴熟的风格，这些在中国的瓷器上都可以见到；很快，人们就忘记了早前的那些插画、珐琅和刺绣。"[17] 这并不令人意外，因为以插画抄本、挂毯和其他产品为特色的那种艺术昂贵得让人承担不起，制作又费时费工，本质上只是少数人的专利，而不属于大众文化。从印度进口的棉布和从中国进口的瓷器，则是源于制造业的产品，虽然在特征上属于前工业时代，但即便不能成批制造，至少也能通过版印以及彩绘实现大规模生产。织物的版印所用到的技术，与纸张上的雕版印刷相同；既然中国的书籍印刷业在中古时代早期就已经具备了高度发达的方块汉字捺印工艺，那就无怪它与捺印非语言性图案的工艺颇为相似。这种工艺很像盖印的图章，而不同于滚印的图章。

印度棉布对国内景观的影响，在东亚也与西欧一样强烈，并且发生在同一时期。正是16世纪中叶的所谓"南蛮"——葡萄牙和荷兰的商人——最早从日本人称为"中西"的地方把印花棉布带到了日本，日本人管它叫"更纱"（sarasa）。8世纪奈良的皇家所收藏的布料残片表明，那时候已经有非常古老的母题从波斯、中国、印度以至希腊辗转传入了日本。古典图案沿丝绸之路的传播是人所共知之事，朝鲜半岛和日本又从中国采用了这些图案。一位叫和田三造（Sanzo Wada）的日本评论家甚至因此怀疑，可能没有那么多图案，是真正源于日本人自己的祖先。[18] 在更纱大量运达日本的时候，它并非只是简单地供皇室享用，而是瞄准了市民阶层的市场。它鲜亮的色彩和独特的图案，在日本掀起了一场革命。这些特征影响了日本整个纺织品设计的发展，连极为"传统"的能剧戏服和一直到 17 世纪末的江户时代服装都受其影响，"让我们的先人睁开眼睛看到了设计的本质"。

印度棉布鲜艳的颜色之所以让东方和西方的买家如此震撼，是因为棉花的吸收速度更快，于是让各种颜色的染料可以在边缘相互渗透。因为印度彩色印花布过于受欢迎，以至在 17 世纪末，欧洲不得不采取措施限制进口，鼓励本土产品。法国政府就禁止其进口，因为它威胁到了本国丝织品和羊毛制品的市场。[19] 这项禁令也合于路易十四的财政大臣科尔贝（Colbert）的政策，他试图通过在巴黎建立莱戈布兰（Les Gobelins）等纺织厂来鼓励奢侈品的本土生产。虽然科尔贝奉行的政策是法国很多人的目标，他们希望法国既能在各个方面自给自足，又能同时向其他国家出口，但长期来看，这种做法注定会陷入困境。

1701 年，英格兰也实施了类似的规定。与法国、西班牙和德国一样，其目的在于鼓励本土生产仿制品，同时进口这种生产所需的原棉。[20] 正是棉纺工业的发展，在引发大规模工业生产出现的过程中发挥了十分关键的作用。从 18 世纪 80 年代起，这种大规模工业生产开始在西欧占据主导地位，促进了城市的发展和农村人口的减少。棉布生产的工业化，让印花棉的生产和图案的印制都实现了机械化；这些图案使用了许多自然物，特别是花朵，它们于是成了欧洲本地图案中十分常见的主题。此外，花文化还以其他方式受到了影响——工业革命既改变了花朵的形象呈现的性质，又改变了真花和假花市场的性质。

来自东方的花

随着欧洲贸易和殖民的扩张，东方和西方那些奢华的异域花卉来到欧洲；在此刺激下，欧洲的真实花卉种类迅猛增长，花园也更为流行。郁金香等一些花卉来自近东，包括花卉在内的很多栽培作物则在 17 世纪就从美洲引入，但东方花卉大量进口时代始于 18 世纪，那时先有了大众园艺的兴起，之后又在 19 世纪发展出了更大规模的城市切花市场。

前文已述，搜求异域植物在古代世界以及中国都已经存在。在中国引入的众多植物中，有一种是来自西方的石榴，中国人对其花朵也特别珍视，不亚于果实。[21] 不过，观花植物的主要传播方向是反向的。虽然在千百年中，莲、月季和郁金香之类花卉陆续传到了西方，但全世界规模的殖民遭遇带来了更深入、更密集的接触，意味着引种的花卉数目也越来越多。耶稣会士从南美洲把西番莲（"受难花"）带到了欧洲，他们利用这种花精心构建了一个说教用的"象征体系"，对传播基督宗教教义的人可以起到助记作用。虽然印度的植物种类也很丰富，但很多驯化植物是从东亚引种的。山茶、菊花、牡丹、玉兰、连翘、紫藤、栀子以及月季和石竹的新品

214

种全都来自中国。为了填满西方的花园、苗圃和温室，许多植物猎人被派遣到世界各地去搜寻新品种。

这一时期的引种规模，与早期的植物传入已经大不相同，对植物学知识和市场都造成了影响。越来越多的西方人驻扎在遥远的国度，他们在那里最紧要的智识任务之一，是搞清楚自己身处的新环境中的动植物区系。这些任务加上对行政管理、农业和教育的需求，让西方人针对植物写出了系统性的学术论著。这些著作延续了欧洲植物学界此前采取的思路：学界认为，既然进口植物的种类如此之多，多样性如此之高，就需要创造一种更有组织性的理解方式。正是这种需求，最终让18世纪的瑞典植物学家林奈（Linnaeus）提出了综合性的分类大纲。意大利的文艺复兴和德国的宗教改革早就让原先的知识体系结构和内容变得松动，除此之外，植物学知识的发展，也受益于学者们针对科学开展的更密集的交流，特别是用于字母文字的活字印刷术发明之后，书籍和论文在种数和印量上都达到了空前的程度。对这些知识来说，印刷术的最重要特征之一是可以精确地复制出大量植物绘画，而且其发明的时间正好赶上欧洲北部的画家渐渐不再像南欧画家那样创作公共绘画，而是转向了较小尺寸的家居绘画的创作（无论宗教题材还是世俗题材都是如此）之时。追随丢勒（Dürer）的那些细密铜版画家（*Kleinmeister*）的作品，以及低地国家那些用来装饰市民住宅的小幅绘画均属于这种情况。大部分这类作品都用于装饰，而不是礼拜，但它们也与那时不断取得巨大进步的新科学有着密切的联系。

城市市场

同样的环境，也让人们对切花的需求发展起来，不再把花瓣撒落在公共建筑的地板上，而是用生有长茎的草本植物填充花瓶，装饰房间，作为适合城市居民赠授的礼物。花园也发展起来，其中既包括文艺复兴时期的那些试图重现古罗马荣耀的大型正式花园，又包括城市环境中平民的那些较小的花园。到了 18 世纪后期，215 村舍花园中出现了花坛，被视为英格兰的典型景观。[22] 随后在 19 世纪，城里又专门为工人阶级分配了小地块，工人们可以在地里种花、种菜，供竞争性展示之用。这种竞争性展示促进了园艺的流行，先是受到中产阶级青睐，随后工人阶级也开始感兴趣。18 世纪中叶，布里斯托尔（Bristol）每年有两场花展，一次是耳叶报春展，一次是康乃馨展。一旦植物的价格降到可以承受的程度，穷人就会像富人一样关注它们。园艺竞赛受到了很大的鼓励，因为人们认为园艺的流行可以在工人阶级的男性和女性身上产生一种文明化效应，这非常像茶道仪典在日本的刻意普及，或是 19 世纪竞技足球的发展。[23]

今天，在华沙、柏林、布拉格和阿姆斯特丹这些城市周边的郊区仍然可以见到这些小地块，城市居民在此可以体验一把乡村生活。虽然他们也可以在自家种花，但大多数人不具备这个条件。由工业化推动的快速城市化通常会导致人们在狭小的空间中紧密聚集，甚至全部市民都生活在这样的环境中。正是在这种状况下，由于植物学上的科学进展引发了公众的广泛兴趣，也由于世界范围的人群接触带来了旅行文学的兴起，于是我们在18世纪的英格兰便可以发现，受这些因素的推动，供作书籍插画和印花布图案的花卉绘画有了很大发展。19世纪的欧洲还诞生了花文化中颇为奇特的一个方面，也就是下一章会有专述的花语。但在这个世纪上半叶，以彩色印刷的有关室内外花卉和花卉种植的图书发展起来，卷帙越来越浩繁，花语书也只是其中的一个类别罢了。不过比起上述这些方面，城市花文化最大的特色还是切花的销售，以及主要城市中形形色色的居民对切花的应用。当然，切花的应用也不限于较大的城市（尽管大城市往往会引领风尚）。19世纪30年代，布莱辛顿伯爵夫人（Countess of Blessington）入住阿尔勒（Arles）的一间小旅馆时，就发现里面硕大的古老壁炉里摆满了鲜花。[24]

卖花人

在欧洲，没有哪里的花卉市场的发展比荷兰的速度更快。荷兰城市密度高，冲积土壤肥沃，并与海外很多地区有联系，虽然主要是东亚和东南亚，但也有南非和南北美洲，这些都是那里出现切花以及各种花卉宿根（特别是郁金香）的活跃贸易的原因。[25] 荷兰在商业和文化方面的早期优势地位体现在它蓬勃发展的花卉绘画传统上。后来在商业的很多领域，荷兰的权力地位被英格兰取代；在文化领域，则常常由法国的城市生活为整个欧洲提供榜样。花语这个领域也是这样，虽然荷兰人在花卉的生产以至消费上仍

216

然保持着领先地位，然而在花朵的应用上引领时尚的城市往往却是巴黎。

法国市场在开放之后，便出现了各式各样销售鲜花的渠道，这都是早先授予巴黎花束生产商的专卖权被废弃后的直接结果。这项专卖权是 1735 年由路易十五的参议会正式确立的，然后参议会就成立了一家代表这些人利益的商会。但到 1776 年和 1777 年时，与其他许多商会一样，"卖花女、女花商、女花冠商"（marchandes bouquetières, fleuristes, chapelières de fleurs）这个行业中的特权就被撤销了，花朵的售卖和花束的制作向所有人开放。结果到了 1789 年，这个行业发起了一次请愿，向新召开的三级会议要求恢复她们的特权，理由是随着价格下降，这一行的劳动质量和收入水平也大幅下降。收入的下降导致从业人员只能"在放荡的行为和最可耻的淫逸中"去寻求"她们所需的资源"。[26]

这件事导致的进一步后果是，在集市上需要布置更多的警力，因为"没有原则的女人"会扑向由种花人（jardiniers-fleuristes）带来的农产品，一些花被损毁，其他的花则被她们以近乎掠夺的低廉价格买走。这些女性是"女游贩，并非商人的姑娘"（colporteuses, filles non marchandes），她们会干一些"违背公序良俗"的事情，比如把假花固定在橙花的枝条上，或是将几朵康乃馨（œillets）一起放在卡片上，然后把它们作为一件商品出售。这些流动的游贩会整晚待在巴黎大堂（the Halles），特别是在主保圣人日前夕，为的是等候种花人到来，这样她们就可以在市场正常的营业时间之前买到花。有时候，她们甚至会直接冲到乡下，从贵族和其他人的花坛和温室里摘花。正是因为发生了这些事情，以前的"日间卖花女"（*journalières-bouquetières*）才要求恢复她们原来的特权，声称"自由是从业许可的敌人"。[27]

允许形形色色的人进入市场的"自由"，随后就导致了受行规约束的贸易者和野心勃勃的自由职业者之间的冲突。这同时导致了卖家数量和类型的激增。即使在1789年时，卖花女也不是与鲜花打交道的女性唯一的"共同体"；"巴黎女时尚商、女羽饰商和女花商"（*marchandes de mode, plumassières, fleuristes de Paris*）也向三级会议递交了另一份控诉书（*doléance*）。[28] 这个群体的不满，来自更专业的原因，她们担忧的其实是服饰，而不是花朵本身。在个人装饰中，花朵（特别是假花）起着越来越大的功用，而且一直与羽毛的应用相关联，尤其是在与南美洲开启贸易之后，羽毛变得更容易在市面上获得。花朵和羽毛之间的关联，在世界上许多地方都可以见到，二者都有令人愉悦的鲜艳色彩，是源于自然世界而添加在人类外形之上的便携装饰物。

18世纪由封闭的商会从事的活动，在大革命之后被一系列来源更广泛、组织更松散的生产商、批发商和零售商的活动所取代。这一时期见证了行会体系被最终摧毁，从而为19世纪30年代出现的零售业大变革腾出了道路。甚至在大革命之前，在城市外围从事生产并在集市上售卖的人、在街头叫卖花朵的人和把花朵用于服饰的人之间，就已存在某种劳动分工。零售业的主要变化是百货商店和专卖店的出现，与此同时，直接从花市、街头摊位和流行小贩那里购买花朵的情况逐渐减少，不过从来没有完全消失。19 世纪在巴黎，花朵销售等级体系的最底端是"提篮卖花女"（bouquetière au panier，图 7.1），其次是推车的"走街卖花女"（bouquetière ambulante，图 7.2），再次是新出现的"卖花小亭"（kiosque de fleuriste，图 7.3），最顶端则是花卉专卖店的"大店铺"（grande maison）。除了提篮卖花女之外，每当巴黎大堂的市场即将打烊时，男性游贩也能从甩卖品中获利；他们以低价把剩

图 7.1　提花篮的巴黎卖花姑娘，19 世纪后期。（Mauméné 1897: 35）　218

图 7.2 推手推车的巴黎卖花姑娘，19 世纪后期。（Mauméné 1897: 37）

图 7.3 巴黎的卖花小亭，19 世纪后期。（Mauméné 1897: 41）

鲜花人类学

余的尾货买下，装在篮中，驮在背上，然后就这样拎着一篮堇菜、洋水仙、康乃馨甚至芥花现身街头。[29]

专卖店对社会生活产生了深远的影响。虽然从其他地方买花的情况从未完全消失，甚至在今天的大城市中也还存在，但这项蓬勃发展的贸易中有很大一部分开始掌控在"花店卖花女"手中。她们在城中主要街道旁边被煤气的神奇力量照亮的崭新商店里卖花，这样的新场面，在保罗·德科克（Paul de Kock）于19世纪40年代写成的有关巴黎的杰出报告《大城市：滑稽的、批判的和哲学的巴黎新画面》（*La Grande Ville, nouveau tableau de Paris, comique, critique et philosophique*）中有描述，这份报告的写作曾得到巴尔扎克（Balzac）、大仲马（Duma）等人的帮助。[30]虽然这样的专卖店除了照明和摆设之外并不完全是新事物，但19世纪30年代日益繁荣的城市经济导致大量"商店"（*magasins*）出现，其中许多最知名的商店都迎合了时尚，它们是由时尚师（*modiste*，他们兼售花冠）、女装裁缝（*couturière*）和鞋匠（*cordonnier*）开设的店铺构成的等级体系。[31]此外，新的餐厅也开张了，甚至在副食杂货销售上都出现了一种新店铺——出售干货的所谓"奇货店" 220 （*magasin de nouveautés*）。几十年后的1869年，阿里斯蒂德·布西科（Aristide Boucicaut）奠定了乐蓬马歇（Bon Marché）的基础，这是巴黎第一家百货商店，可能也是世界上第一家百货商店；而差不多同一时间，美国和英格兰的商业形态也有类似的发展。[32]商店的增长不只是为了满足顾客的需要，它们也创造了临时性的集市摊位永远无法满足的需求。在以前的社会中，时尚现象业已存在。对某些商品的需求会倏然产生，又迅速消失。在莎士比亚《冬天的故事》（*The Winter's Tale*）中，奥托吕科斯（Autolycus）的浅盘里所盛装的那些细小的装饰用品毫无疑问会发生迅速的变化；在很多非洲社会，发型、歌曲和舞蹈也展示出相同的特征，它们显然没有"传统"这个词通常所指的状况那么稳定。相比之下，欧洲的现代时期的差异并不在于时尚现象是否存在，而在于变化的速度，以及那些受"时尚""时髦"所影响的物品以及由"奇货店"所售卖的商品的种类丰富程度。

花卉在法国国内经济和零售渠道的这次扩张中做出了贡献。德科克谈到了花束的大量消费，主要的客户是"时尚女性、艺术家、'狮子男'（les lions）和花花公子"。其中没有工人，没有"灰姑娘"，没有平民，因为这些阶层如果有需求的话，会在集市上买花。[33] 德科克宣称，花店的客户主要是男性，会把花赠给妻子以外的女性，这个状况引发了一种佯谬[34]——"巴黎的女性会用到大量鲜花，但奇怪的是，这些女性自己很少购买，而她们的丈夫却从不给她们购买"。[35]

"花花公子"和"狮子男"是城里各个年龄段的男性，会在各种场合向女士们献花作为礼物，比如在她们去剧院的时候。如果剧院女演员的表演让这些女士感到愉快，她们又会把花束抛给这位演员。因为以这种方式接受鲜花，是一种受到尊敬的标志，所以有时候会有人安排足够的敬献花朵撒在女演员脚边，以提升她的自豪感，增加票房收入。德科克就讲了一位母亲的故事，她想确定女儿的表演是不是受到观众好评，于是就去后台数花束，看看

322

鲜花人类学

她是否遭到了花店老板诓骗。即便在更为晚近的时代，这种做法对于戏剧制作人和表演者的亲属来说也并不陌生。

随着花店的发展，一些卖花姑娘的地位发生了变化。早年间，她们会提着一个游贩花篮（*un éventaire*）到处走动，把所携带的花束卖给路人。"如果卖花姑娘比较漂亮的话，路人有可能被她的眼睛所吸引，就像被她的花吸引一样；这二者相互交织，一种吸引常常会带来另一种。"[36] 后来，其中一些卖花女便在街道和林荫道的拐角处摆起了摊位。但到了 19 世纪中期出现了花卉专卖店，这就让在店里工作的卖花女的形象发生了很大改变。她们昔日戴的是朴素的女帽，讲的是粗俗的语言。"但花店里的卖花女却是柜台里的服务员，她的头发像时装店员一样用心梳理，全身像男装店老板一样精心打扮，谈吐的品味仿佛香水销售商一般。"[37] 这些比较很有启发性，因为它们提到的都是女性的服装和行头，而在那个时代，这种个人装扮是花朵的主要用途之一，无论真花还是假花都是此。从人行道到花亭，从街头到商店，从户外到室内，卖花这个职业的性质也由粗陋变为精致，由肮脏变为整洁，由可鄙变为可敬。

并不是所有人都发生了变化。首先，大革命之前那些推车叫卖的"走街小商人"并没有消失；到 19 世纪末园艺史家吉博（Gibault）进行著述之时，他们仍然存在。吉博说这些卖花女年轻貌美，但讲的话却颇为俚俗（所谓"绿舌头"［la langue verte］）；她们就站在西堤岛（l'Ile de la Cité）西端跨越塞纳河的新桥（Pont Neuf）两边的伞下。[38] 事实上，专卖店和商店只是补充，它们并未替代花卉的其他零售渠道，没有替代那些摆摊的姑娘和沿着街道边走边这样叫卖的人——

> 看我这盆康乃馨！
> 它是多么缤纷，
> 可以做成花束，
> 献给你的爱人。

天黑以后，鲜花的销售方式和今天差不多，不同之处在于今天的卖花人往往是男性。"夜幕初降时的卖花女"只在晚上活动。她们当中较资深的人会在室内高价售卖鲜花；花朵装在小篮子里，捆扎成供女性使用的小花束和供男性使用的"扣眼花"（*la boutonnière*）——也就是用来插在上衣纽扣孔里的单独一枝花。[39] 根据季节不同，她们携带的花可以是带长梗的玫瑰、银荆（mimosa）或康乃馨。在咖啡馆的露台上，这些不被允许进入店内的卖花女会以便宜的价格售卖种类更多的最为常见的花卉，其中还包括一些野花。如今在天黑之后，这些卖花女和她们的男性同行仍然会在巴黎的餐厅、街头和地铁中出没。连剑桥这样的省会城镇中的餐厅，卖花人也会越发频繁地出现，叫卖哥伦比亚玫瑰，就像在华盛顿都会区和西柏林一样。

卖花姑娘的角色和传说

在欧洲，除了花语之外，花朵应用的传播还有一个特别方面，

　　　　　　　　鲜花人类学

比起世界其他地方更为深入地融入传说和象征体系中。这就是卖花姑娘的角色，它与市场的扩张密切相关，作为女性的缩影，反映了她们被人要求为占优势地位的男性提供个人服务的一面，由此发展出了专门的传说。前文已经提到普林尼讲述的一个传说：一个叫格吕凯拉的卖花女，充当了一位希腊画家的模特，或者更确切地说，是她的花充当了模特。可能她自己也是模特，但不管是不是，这种关系在很多方面都是一种亲密关系。虽然画家-模特关系要比花朵的买家和卖家之间的关系更密切，但在这两种情况下，起关键作用的都是女性为男性提供个人服务这个要素。

在巴黎，典型的卖花女会站在某个繁忙的街角，售卖花束和扣眼花。她的叫卖词是："夫人，戴枝花吧。一个苏就能让您香起来。"* 这是因为在现实中，买花人主要是女性。虽然卖花女属于下层阶级，但未必是边缘阶层。尽管伊丽莎·杜利特尔（Elize Doolittle）来自工人阶级，说话有浓重的伦敦底层口音，但无论从她的伦敦人出身还是她后来的地位来看，她都显然不是边缘人。对女性来说，售卖奢侈品始终是向上攀升的阶梯。17世纪后期，查理二世（Charles Ⅱ）的情妇内尔·格温（Nell Gwyn）就曾在伦敦街头叫卖橙子。很多女装裁缝都像卡门（Carmen）那样发迹；女演员也一样，但这个职业与女装设计师类似，如今在社会地位上已经跻身上流。在工作上与男性上司关系更密切的女

---

* 法文原文为 fleurissez-vous madame. Pour un sou, embaumez-vous. 苏（sou）是旧时法国的一种铜币。

性——比如秘书和护士——更可能成为上司的妻子或情人。有些卖花女颇有名气，比如法帝国时代的伊莎贝尔·布里扬（Isabelle Brilliant）。伊莎贝尔曾被获允加入赛马会，在赛马场的围墙内售卖鲜花，那里的"小白脸"（*petits vernis*）甘愿多花 10 法郎买她手中只值 10 个苏的花束。到年老色衰的时候，她又改在晚上到时髦的夜总会和剧院卖花。有些卖花女甚至是遭难而落魄的上流阶级成员；有个故事就讲述了拿破仑三世（Napoleon Ⅲ）的朋友德帕泰（de Pathé）伯爵夫人曾经在作为巴黎主要公墓的拉雪兹神父公墓（Père Lachaise）外面售卖鲜花，主要是堇菜。[40] 穷姑娘也好，富姑娘也罢，她们以不同的姿态，贯穿在卖花女的传说中，特别是在 19 世纪以及 20 世纪初。不过，在流传过程中也发生了一些有趣的变化。

在反映巴黎都市生活的那位剧作家保罗·德科克的作品中，卖花姑娘扮演着特别突出的角色。在戏剧《香榭丽舍大道》（*La Bouquetière des Champs-Elysées*, 1839）中，出身名门但家中贫穷的孤儿塞拉菲娜（Séraphine）偷偷去卖花，以便帮助朋友达利尼（Daligny）。达利尼虽然在自身拮据的情况下搭救了她，但靠绘画无法糊口，因为他为了捍卫她的名誉参加了一场决斗，并且为此负伤。剧本的这个设定揭示了一个事实，即卖花是一种"卑微"的公共职业，从事这行的那些有几分姿色的姑娘可以受到地位较高的主顾的较多关注。在这部戏剧中，因为男主角和女主角原本都出身望族，所以最后他们结婚了。在德科克的长篇小说《水塔卖花女》（*La Bouquetière du Château d'Eau*, 1855）中，也有另一位卖花

223

姑娘出场。她叫维奥莱特（Violette），是在一个卑寒的家庭长大的年轻姑娘，在刚刚获允在巴黎这个区域开设的集市上摆摊（更像是花亭，而非花店）卖花。经常会有一些年轻男子凑近她献殷勤，但她拒绝了这些人的追求，这样回答说："我没法让我的主顾不说傻话。"[41] 然而，她真正的"上流"地位照例又在恰当的时候暴露出来，让她得以结成门当户对的婚姻。这些故事的情节具有极高的可预测性。在尼古拉斯·马伦（Nicholas Mullen）的《卖花姑娘雅内》（*Janet, the Flower Girl*, 1880）中，一位英国贵族来到法国，爱上了一位卖铃兰的美丽姑娘。他以非常高的价格买下了她所有的花，用来插在自己的纽扣孔中。之后，事情真相才揭露，原来这位姑娘是他的表妹，小时候被吉卜赛人拐卖，二人最终走入婚姻殿堂。[42] 在这种揭露出心爱之人真实阶级地位的题材中，地位得到抬升的始终是女方，它因此是上攀婚（hypergamy）这个主题的变式。这种婚姻不仅在欧洲令人满意，在印度这种讲究婚姻双方必须属于同一种姓（也可以是地位相邻的种姓）的社会中，更是最基本的做法。5 世纪由迦梨陀娑（Kālidāsa）创作的三部梵文戏剧中，有两部的情节彼此相似，女主角沙恭达罗（Śakuntalā）和摩罗维迦（Mālavikā）在故事最后，都被发现属于适合嫁给国王的高级种姓。

　　花店内外的卖花姑娘的社会地位，与其他女性售货员的地位类似。她们成为各个年龄段的男性的约会对象，但主要是年轻男性。德科克有个短篇小说，讲的是"一位女刺绣师"阿纳斯塔谢夫人（Mlle Anastasie）的故事。她租用了"一个家用浴缸"，送到家里之后装满热水。但她让洗澡水顺着楼梯流下去，令其他居民错愕不已。人们把她形容为一个洁身自好的姑娘，"不时就会有年轻的大学生或律师来访，但这些绅士总是在午夜之前就告辞"。[43]女装裁缝是全欧洲大学生追求的对象。正如施尼茨勒（Schnitzler）的戏剧《谈情说爱》（*Die Liebelei*，1895；英译本题为 *Playing with Love*，1914 年出版）所写，大学生们通常地位较高，他们的调情很少能以婚姻告终。此时，现实主义已经渗透到戏剧情节中，这部戏讲述的就是，两个家境贫寒的姑娘遇到了两名地位较高的年轻男子，当中有一名医学生。其中一个叫克里斯汀（Christine）的姑娘带了一些玫瑰赴宴，并把花撒在餐桌上，仿佛它们从天花板上坠落下来，这是古罗马的时尚。与此相反，她自己的住处却只有一瓶假花，在她的追求者看来，它们看上去总是灰扑扑的。"你的屋子里肯定有真花，又香又新鲜。"生活方式的对立，鲜花和假花的对立，成为这场私通中那些无法解决的问题的根源，最终导致了悲剧结局。

德科克还描述，各种年龄段的男性都在新开张的花店外面闲逛，等待店员下班离店，以便一起寻欢作乐。卖花姑娘——特别是那些在街头叫卖的姑娘——与她们的男性主顾关系格外密切。在19 世纪的幻想世界里，双方会走进婚姻殿堂，但能够有此结局的是那些后来表明与男方门当户对的姑娘。正如施尼茨勒的戏剧所写的，一直到 19 世纪末，地位之间的差异仍然会让双方无法永结同心。

在两次世界大战之间，卖花姑娘成为伴侣这个题材继续在电影中发挥了核心作用。这种传说并不限于好莱坞；事实上，正如人们可以预想到的，这个题材在欧洲电影中要常见得多，因为欧洲的花文化也深厚得多。与以往一样，卖花人几乎都是穷姑娘，要么是爱上了地位较高的男性，要么是被对方求爱。这个题材表现出了强烈的国际性。在荷兰-比利时电影《安琪拉》（*Angela*, 1973）中，一个卖花姑娘试图寻找爱情，但正如故事梗概所说，她的追求"被偏见和墨守成规打得粉碎"。在英国电影《晚安维也纳》（*Good Night Vienna*, 1932；在美国上映时改名《魔力之夜》[*Magic Night*]）中，一位维也纳上校"遭遇了悲剧性的不幸，爱上了一个贫穷的卖花姑娘……姑娘没有得到他所在圈子里的人的尊重"。匈牙利电影《爱与吻，维罗妮卡》（*Love and Kisses, Veronica*, 1936）讲述了一个卖花姑娘"爱上了她的老板，由此引发了一系列误会"。卖花姑娘属于下层阶级，就像英国的早期默片《哑炮横扫加尔各答马场》（*Squibs Wins the Calcutta Sweep*, 1922）中出身伦敦底层的哑炮一样，但是她们充满魅力。在意大利爱情片《我选择爱情》（*I Choose Love*）中，就连苏联官员都爱上了一位威尼斯卖花姑娘，并决定叛逃。卓别林的伟大电影《城市之光》（*City Lights*, 1931）中的卖花姑娘则是个漂亮的盲女。当然，电影中最典型的卖花姑娘仍是那个著名的舞台形象——萧伯纳（Shaw）《卖花女》（*Pygmalion*）中出身伦敦底层的伊丽莎·杜利特尔；她必须接受再教育，才能既适应社会，又适应于她的丈夫——一位自鸣得意、顽固不化的学者的要求。[44] 卖花女虽然不再是市民阶层中看不见的成员，其婚姻也不再是不可能之事，但她们仍然不得不经过改造之后才会被接受。直到更晚近的时候，上流人群才认为没有这种改造也可以有跨地位的婚姻，但即便如此，人们还是会更多关注这种婚姻中的困难，而非其优势。

对某些大宗商品来说，19世纪中期百货商店的出现，让专卖店的作用发生了根本性变化，这些商店中工作者的角色也发生了根本性变化。百货商店中的那些"大商店"（les grands magasins）依赖于快速的财货周转，能够"以美国的方式"用更低廉的价格买进和卖出。百货商店因此招来了专卖店业主的恐惧和敌意，因为他们既承受不起同等低廉的卖价，又无法提供"赠品"，比如向顾客赠送堇菜花束（这是拿破仑帝国的象征）。与此同时，一些道德家也反对向"小市民阶层"施加诱惑，后者可能会在丝绸之类奢侈品上过度消费。因为奢侈品的大规模消费不仅是新企业主的目标，也是第二帝国自己的目标；在第二帝国看来，巴黎就是"时尚和奢侈品"之都，正如伦敦是金融和贸易之都一样。在豪斯曼（Haussmann）为巴黎兴建了宽阔的林荫道之后，百货商店就把后街留给了专卖店，而在巴黎和全世界占据了主导地位。[45]尽管如此，小型商店仍然坚持把服装与布料区分开来；而且虽然百货商店里也有花朵售卖，但因为鲜花的易凋性，以及买花人的需求性质，这些百货商店并不占什么优势。尽管流动花贩在市场中日益处于边缘地位，但花店的数量却大为增长。

今日，卖花人本身的等级仍然与19世纪的情况非常相似，但人们对花朵的需求和获取渠道都已经大大扩展。不仅切花贸易是这样，室内和室外栽培植物也是这样，特别是那些观花植物。室外植物销量的增长显然更多是一种郊区现象，而不是城区现象，试图把每个房间都变成温室则越来越成为城区和郊区生活兼有的特征。栽培植物的零售贸易古已有之，有时候与花店有关，更多时候是苗圃或种植者的生意。但随着园艺中心的创立，贸易者的数量和生意规模都大为扩张。在当代英格兰，一些园艺中心已经发展成为可以吸引家庭周日出游的景点，因为它们是在安息日也获允开放的为数不多的几类商店之一。旧时的苗圃已经沦落到默默无闻的地步，经常光顾的只是专业人士，而不再是广大公众了。

园艺中心本身主要销售的并不是切花，虽然有些园艺中心可能会将此作为副业。切花售卖仍然是花商和个体卖花人的工作，特别是在较大的城市。在乡下，人们大都自己种花，在较小的城镇则在集市上购买。几年前，在法国西南部格拉马（Gramat）这样的小城镇中，花朵也在副食杂货店销售。今天，格拉马已经有了两位花商；就连附近巴尼亚克（Bagnac）更小的镇中心上，如今也有了两位花商，男花商照管苗圃（pépinière），女花商售卖观赏植物、切花和假花。[46] 在乡下，花商常常把花朵与作为葬礼装饰品售卖的墓碑铭板结合起来。铭板为瓷制，其上刻有"致我们的奶奶"等字样，并装饰有花朵图案；比起在这一地区备受喜爱而常常在冬季用于室内装饰的假花以及蜡菊之类干花来，这种铭刻的花朵要更为持久。无论鲜花、干花还是假花，死亡都为花朵提供了一个主要的销售渠道，不过与意大利的常见情况不同，很少有花店开在公墓近旁。

在巴黎，商店更加专门化。卖花小亭和走街卖花女虽然并没有完全消失，但已是难得一见。站在街角的卖花姑娘也是如此，这部分是因为街上已经成了机动车的天下。不过，现在又有地铁卖花男（bouquetier du métro）取代了提篮卖花女，他们所迎合的不是白天沿着人行道匆匆走过的人群（即使是富人，白天也不再在纽扣孔中插花），而是那些晚上赴宴时忘了买花送给女主人的人。节日期间，除了晚间的流动售卖外，白天也会有游贩。[47]自 19 世纪末以来，有一件事发生了变化，就是大多数以至所有这些卖花男——与其说他们是卖花人，不如说是销售员——都不是巴黎本地人，而过去的卖花女并不是这样。这些下层阶级的职业如今基本已经被移民接手。

所有这些卖花人合起来，就是当前的情况。花店本身也形式多样，有普通的店铺，也有大型商店，在橱窗里展示着用珍稀花卉做的优雅而昂贵的花束。花店所发生的变化之一，是需求的增长，特别是在乡村地区，电视、电影和更大规模的人员流动让那里的居民更紧地追随城市生活方式；此外，零售业的性质也发生了变化。然而，最引人注目的变化还是花卉供应的地区范围和多样性。

花卉生产者和城镇

在过去，鲜花是在大城市的郊区生产的，某种程度上一直到今天也还是这样。印度古吉拉特邦的城市艾哈迈达巴德是这种状况在当代的一个很好的例子。当地的鲜花生产者有些是马里

（Mali）种姓的专业园艺师，更多的则是农民，在其部分田地里种植万寿菊之类花卉，之后将花朵连夜用骆驼或牛拉的车慢慢运送到城里的中心集市。在巴西圣保罗，每日开放的大花市上供应的鲜花由个体生产者用卡车拉来。很多花农是日裔，这群人最初是作为咖啡种植园的合同工来到巴西的，还有一些花农是来自葡萄牙的新移民。在这些中心集市上，鲜花会被大量批发给城里的各家零售商。

有时候，鲜花也由较远的种植者供应，就像古罗马的情况一样。这取决于用什么交通工具运输。从埃及进口鲜花靠的是船舶。由于修建了通往地中海地区的铁路，巴黎的花市发生了巨变，"南方的鲜花"会连夜经由这条铁路送来。[48] 事实上，里维埃拉（Riviera）地区在今天仍然是法国花农最集中的地方，这里的花田以前种植菊花、现在种植堇菜，它们带来的永恒春色从芒通（Menton）一直绵延到土伦（Toulon），并进一步延伸到图卢兹。在英格兰，铁路也意味着郡与郡之间的竞争，特别是锡利群岛（Isles of Scilly）的洋水仙颇具优势。[49] 然而，莫梅内（Mauméné）在 19 世纪末时也指出，大商店还是更喜欢巴黎本地催长的鲜花，主要产自人称"法国手套"（Gant français）的凡尔赛（Versailles）周边。[50] 比利时的根特则是巴黎市场上鲜花的另一个主要产地，特别是低地杜鹃和兰花。在铁路的帮助下，欧洲市场已经实现了国际化；来自法国南方的切花和巴黎的催长花朵会在冬季出口到德国、英格兰以至俄罗斯。

对于这种来自南方的竞争，从中世纪开始就在巴黎周边劳作

227

的北方种植者也做出了反应，其方式是开拓连南方也无法供货的反季鲜花市场。19世纪末，维尔莫兰（Vilmorin）回忆起当年巴黎人在一月份看到一束玫瑰时，或是看到神通广大的花花公子一年到头都能在纽扣孔里别上一朵康乃馨或山茶花时瞠目结舌的场景。但到他写下这些回忆时，这些奇迹已经到处都是，人们司空见惯。这要多亏玻璃温室催花技术的应用，让巴黎郊区能够大规模地生产反季鲜花，此外还有格勒内勒（Grenelle）的橙花和仙客来、蒙特勒伊（Montreuil）的山茶和桑特尼（Santeny）的玫瑰。有多达20位花农在从事着丁香、15种玫瑰、12种宿根花卉和15种蕨类的催长工作。[51]

用这种方法生产的鲜花价格昂贵，因此其应用只限有钱人。就连婚礼花束也会体现出阶级差异：不那么宽裕的人只能用"像纪念品一样扣在玻璃球下面的假花束"来满足自己；中产阶级可以使用尼斯出产的橙花，作为"贞洁的象征"；至于上层阶级，所购买的橙花早已由巴黎附近的专业种植者在温室里催好了。[52] 最后这种花束特别昂贵，因为单独一根枝条上就能连续长出许多花蕾，这样整个花束就比较轻盈，便于新娘手持。花束用蕾丝织带扎好，以25路易的价格售出之后，由新娘的叔叔在婚礼上赠到她手中。

市场上交易的并非只有切花。每一种花卉产品都会受到运输方式变迁的影响，一开始用大车和帆船，然后有了火车，有了载重汽车和蒸汽船。在铁路和蒸汽船的帮助下，游贩们带着球根和种子——或者只带着一份商品名录——远赴俄国南部和巴西这样的地方，代表种植者销售商品；这些游贩往往来自荷兰，此外也来自法国和德国的各个地区。通过这种方式，来自欧洲气候较温和地区的一年生植物和其他植物便供应到了世界上的偏远地方。在欧洲这些地方，育种和商业合二为一，共同创造了这种海外出口产业，并一直延续到今天；特别是荷兰的宿根花卉，可以覆盖世界上的绝大多数角落。

　　市场变迁的下一步是飞机的出现，它进一步拓展了贸易的范围，连切花贸易都从邻近国家之间的买卖扩展成了世界性网络。如今，切花就像工业制品一样被运送到世界各地，我自己就曾在美国和英格兰买到哥伦比亚的康乃馨，在香港买到美国的玫瑰，在美国也曾买到英格兰的康乃馨。在这项贸易中，无论从生产还是销售和分销来看，荷兰都是执牛耳者。莱茵河口肥沃的冲积土壤造就了荷兰花卉的高产；销售和分销也已通过计算机控制的拍卖进行，从阿尔斯米尔（Aalsmeer）、韦斯特兰（Westland）等中心区域把鲜花调度到整个欧洲和世界上更远的地方。

　　在世界花卉市场上，到目前为止，最大的进口量流入了欧洲共同体，1987 年为 67.7%，其中一半以上流向德国。许多最大的出口国也位于欧洲，其中荷兰处于主导地位，占到出口市场的 70%，之后是意大利（第四名）、西班牙（第五名）和法国（第六名）。其他主要出口国主要来自第三世界，包括第二名的哥伦比亚、第三名的以色列、第五名的泰国和第八名的肯尼亚。*

---

* 据 TrendEconomy.com 网站数据，2021 年世界切花和花蕾出口额排前八名的国家依次是荷兰（53.1%）、哥伦比亚（15.9%）、厄瓜多尔（8.53%）、肯尼亚（6.67%）、埃塞俄比亚（2.34%）、中国（1.32%）、意大利（1.29%）和以色列（0.98%）。

虽然荷兰长期以来一直是植株和宿根的重要出口国，但荷兰切花市场在晚近的时期才有了巨大增长。19 世纪前期，位于阿姆斯特丹以南的阿尔斯米尔的农民转向了花卉栽培。1871 年那里建成了第一座加热玻璃温室，20 世纪初有了玫瑰的"商业"种植，1911 年那里又成为荷兰最早进行切花竞价销售的地方。在这些里程碑式的进展中，玫瑰在今天仍是最重要的花卉，其次则是菊花和康乃馨。生产的花卉中大部分都供出口，对于切花来说是 63%，盆栽花卉是 53%。这些花卉大都用卡车运输，主要出口地是德国，消费了将近一半，其次是法国、英国和意大利。不过通过空运，花卉也会向更广阔的远方运送，到达美国、中国香港、日本、利比里亚和世界其他地方。这些花卉会在 48 小时内从荷兰市场远道而来，供这些地方销售之用。

最近 20 年中，世界切花贸易呈现出急剧的增长。1970 年的出口额为 1.79 亿美元。到 1987 年时，这一数字已经上升到 20.88 亿美元。[53] 对英国来说，1974 年其最重要的切花供应国是法国，英国从法国进口的主要花卉首先是康乃馨，其次是欧银莲、玫瑰和银荆。近年来，第三世界国家正在大举进入这一市场，特别是肯尼亚和哥伦比亚。1972 年，法国供应了 347 吨康乃馨，其次是荷兰的 185 吨、肯尼亚的 165 吨和哥伦比亚的 67 吨。哥伦比亚的这个数字，比起 1971 年的 1 吨来，是巨额的增长。[54]

尽管美国实施了"反倾销"立法，欧共体实施了保护主义关税，日本施加了行政和卫生限制，但来自第三世界的出口还是实现了增长。[55] 作为一种"奢侈品"，花卉作物对经济活动水平和汇率非常敏感。哥伦比亚向美国、肯尼亚向欧洲和近东的出口尤其成功。就哥伦比亚而言，其出口增长非常可观，出口额在1970年还不到100万美元，到1988年就达到了2亿美元。[56] 然而，花卉仅占该国农业总收入的5.9%，出口总收入的3.7%。危地马拉的后一个数字较高，占到了总出口的近9%，肯尼亚的这个数字则低得多。因此，尽管出口额有这样重大的增长，但仍然很难认为第三世界国家因为生产鲜花出口创汇而让本国易于受到粮食短缺的影响。事实上，这些国家赚得的外汇让它们能够从国外购买更便宜的粮食。

我在此已经谈到了花卉市场的增长及其对城镇生活的影响。显然，这一增长与西欧更广泛的经济活动有关；特别地，消费品数量和种类不断增加，伴随而来的是"消费主义"现象，而以前在人们看来只是少数人的奢侈品的物质产品，现在也得到了"大众消费"，这些全都与花卉市场的增长有关。在市场的供给侧背后，生产的社会组织活动存在着巨大的复杂性，对此我尚未给予明确的关注；在市场的需求侧背后，则是来自个人和文化倾向的压力。在非常普遍的层面上，人们可以将这些倾向与古罗马帝国灭亡以来在欧洲历史上出现的那些有关花朵应用的态度变化联系起来。市场可以获益于人口更大的购买力，获益于来自海外（特别是东方）的新品种，获益于更科学的育种方法和更集约化的栽培方法，还能获益于人们对植物学、彩色图案和花卉含义产生的普遍兴趣。

花卉市场和整个花文化的发展，都受到了社会重大转型的影响，以及 12 世纪的种种变革、文艺复兴、欧洲的商业扩张和产业资本主义的发展的影响。但至少在消费文化的这个方面，我们的立论必须谨慎，不能轻易在它与欧洲经济发展中得到阐述的那些单线性周期变化之间建立过于紧密的联系。不管我们是关注供给侧还是需求侧，关注生产还是交换，对于公元 1200 年之后，总的研究倾向都应该是寻找导致欧洲社会取得今日成就的那些重大变革所发生的关键节点。我自己的分析主旨，就是我们需要从宽广的历史视角和比较视角出发，去审视这些变革，这样可以免于把花文化的历史缩得过短，或者用种族中心主义的术语来解读其历史。这并不意味着我们要重新陷入历史相对主义。在历史上，花文化是在某些社会进入青铜器时代、社会发生高度的经济分层以及集约农业兴起之后出现的。后面这两个现象结合起来，导致了"审美式"园艺的发展，人们因此开始生产花卉，既为了给富人提供装饰，又为了献给神灵。因此，花卉消费文化的滥觞不仅在时间上必须大大向前追溯，在空间上也必须大大向远离欧洲的地方追踪，把它推到近东、南亚和东亚以及中美洲。伴随"文明"的早期发展而生的奢侈文化具有一大标志，就是仅具有限的消费主义，而且基本局限在最高的几个阶层。后来，这种文化从王室和贵族扩展到商人，扩展到更广泛的中产阶级，甚至扩展到工人阶级，于是最后成就了可以称为大众消费的场面。在这个过程中，供应层面上明显经历了几次重大突破，但这些突破很少能在政治领域体现出骤然的、"革命性"的变迁效应，因为物质文化的发展常常以长时段的累积性变化为其特征。在需求层面上，人们的态度当然有可能骤然逆转（哪怕逆转得还不完全），就像早期基督宗教的情况那样。但是我至少在一定程度上赞同布罗代尔的观点，相信文化分层有可能在社会层面上引发竞争行为，至少出于这个因素，"潜在的消费社会是始终存在的"；[57] 许多奢侈品的供应会带来问题，但并非全部奢侈品都是如此。

在本章中，我概述了西欧花卉市场的增长，指出其中的一个因素是，由于从东方和西半球引入了新品种，消费者可以获取的花卉种类增加。与我前文的论述相符的是，除了非洲最南部的温带地区之外，这些花卉基本没有来自非洲的种类。切花市场的增长，最初主要是城市和市郊的事情，只是后来才外溢到乡村地区。这个市场高度依赖于交流，也就是说高度依赖于运输模式的改变，目的在于把易于变质的产品及时带到主要城镇（尽管对于种子和宿根来说，这显然不太符合实际情况；有时候，活植物本身也未必那么容易变质）。这些城镇中存在复杂的卖家等级体系，在多种多样的环境中，以多种多样的价格，为顾客提供了多种多样的切花和植株。起初，这种贸易主要依赖于本地市场和游贩，但在19世纪，花店开始兴起。街角卖花姑娘也大量出现，这个职业吸引了那一时期大众文学的很大关注，由此创造了一个与性有关、与富人的那种能够激起穷人上攀欲望的魅力有关的传说，一个能够取悦穷人之心的灰姑娘故事。由于花卉贸易具有奢侈品性质，随着人们生活水平的提升以及火车、载重汽车和飞机的出现，其市场也不断扩张。这些都有助于形成当前切花和活植株的世界性商业格局，并进一步影响到人们的选择和应用。正是19世纪的这种城市花文化，催生了以花语为主题的长长一系列出版物。它们并不打算揭示花卉的社会意义，而是致力于在一种非常精确而特别的情境下确定地给出花卉的象征含义。

如果不承认花卉的功能，以及花文化以如此众多的方式进行的扩张和民主化，那么 19 世纪的图景就是不完整的。在这一时期的艺术领域，有中产阶级女士描绘的作品，有阿尔玛-塔德玛（Alma-Tadema）的古典主题，有前拉斐尔派（Pre-Raphaelites）的中世纪浪漫传奇，有维多利亚时代后期英国水彩画家炉火纯青的技艺，更有印象派的活力四射的呈现。[1]19 世纪是园艺学会、花展和园艺竞赛的时代，是无所不能的园艺师的时代，也是文学作品中的花园的时代——丁尼生（Tennyson）就曾经邀请莫德（Maud）* 到访这样一座花园。那时发生的这么多事情都与花有关，无怪在波德莱尔看来，花已经成了他所拒斥的世界中罪恶的象征。

　　然而很多欧洲人一听到"花文化"这个提法，马上想到的却是"花语"（Language of Flowers）。他们用这个词指代两套彼此相关的意义：首先，在任何文化中，花卉都出现在各式各样的象征情境

---

* 莫德是英国诗人丁尼生创作的同名独幕诗剧《莫德》（1855）中的主人公。

中，因此具备了意义；其次，19 世纪有众多试图分析花语的著作，通过这种特别的形式，花卉也具备了特别的意义。

较为严肃的花语倡导者常常宣称，花语是一种"普世的语言"，甚至是人类思想结构的一部分。今天有很多人（特别是西欧人）仍然继续把这种语言看成其文化中本来就有的部分，然而这却是他们基本上不太了解的一部分。[2] 众所周知，附着于花卉之上的象征意义广泛存在于宗教、纹章、绘画、文学和日常生活中。但在 19 世纪前期，一种新的文学作品却提出了花卉意义的一套高度形式化的列表，同时还提出了对这种"语言"的一整套符号学分析。这是对传统的发现，还是对传统的发明？如今有些人认为，这些手册所提供的知识，他们的母辈或祖母辈都知道，但他们自己知之甚少，至少对这些人来说，花语已然成为传统。

233   我对这个领域的兴趣部分出自民族志研究；花语是欧洲文化易受东方影响的现象之一，这一点吸引了我。这种影响可表现为东方主义的形式，或是其他什么形式。不过，我也在关注复杂社会中"文化"的本质，特别是文字图式（Written schemata）所起到的作用。花卉在人际交往中的应用和意义，引发了有关一般知识和专业知识的关系的问题，特别是如果专业知识体系的连续性并不仅仅依赖于一个或几个人的记忆和心智加工的时候——也就是说，当这种专业知识体系采取了独特的文学形式的时候。在本章中，我想考察欧洲 19 世纪的花语所采取的那些文学形式，它们在一定程度上是人类知识和交流的一种体系。

花语这个观念，在东方已经存在，并在很大程度上通过亚历山大·蒲柏（Alexander Pope）的朋友玛丽·沃特利·蒙塔古夫人在 18 世纪前期从土耳其寄出的书信而为欧洲人所知。此前也有旅行者曾经提到，花朵和其他物品可以用作"一种表达爱情与殷勤的神秘语言……用来表达最为温柔细腻的感情"。[3]然而是玛丽夫人，在 1718 年成功地引起了欧洲民众对花语的关注。

她所报告的是一种利用物品来交流的方式。有一位女性朋友曾向她索要一封"土耳其情书"，于是她就向这位朋友介绍了这种交流方式。她给朋友寄了一个荷包，里面含有一系列物品。"你从荷包里首先应该拿出一颗小珍珠，在土耳其语中叫 ingi，并且应该这样来理解"：

Ingi, Sensin Uzellerin gingi

（珍珠，最美丽的年轻人）

在土耳其语原文的诗句中，物品的名称与它所蕴含的"意义"押韵。其他物品也有类似的押韵诗句，比如丁子香、丁香水仙（jonquil）、纸、梨、肥皂、煤、玫瑰、禾秆等等。"没有一种颜色、一朵花、一茎草、一种水果、一枝芳草、一粒卵石或一片羽毛是没有属于它的诗句的；你甚至都用不着让墨水沾染你的手指，就可以争吵，可以责备，或是寄出表达激情、友谊或礼貌的信件，甚至可以传达新消息。"[4]几年之后，奥布里·德拉莫特拉耶（Aubry de La Mottraye）给出了这些"年轻姑娘通过彼此的传统而学到的"诗句的更多例子。[5]在此之前不久，法国历史学者让·迪蒙（Jean

Dumont）也写了一封情书，内容是“包在一张纸里的枯枝断叶”。[6]
这些报告引发了欧洲人对东方及其秘密文化的兴趣。这套东西在整个18世纪一直发展，到19世纪初，歌德便在《西东合集》（*West-Oestlicher Divan*, 1819）中收录了几首有关“秘密书写”或密码、护身符和花朵的诗：

234 　　我又把鲜花和水果

　　　　在桌上摆得精致美丽，

　　　　如果你是想要道德

　　　　我会把最新鲜的给你。（《四种恩惠》［Four Favours］）

在歌德创作这部诗集之时，奥地利东方学家哈默（Hammer，又名哈默－普格施塔尔［Hammer-Purgestall］）对所谓“内室之语”（langage des *harems*）的情况做了调查；他提醒读者，尽管花朵在波斯可用于示爱（玫瑰与夜莺），在印度则用作宗教祭品，但这种“内室之语”具有独特性。不过他也指出，玛丽夫人（以及后来19世纪的许多花语倡导者）声称这是那些被禁锢在内室中的女性与外界交流的手段，这个说法存在矛盾。“一种人人皆懂的语言，对两个相恋的人来说没什么用处，因为哪怕只有一丝的怀疑，都可能让他们付出生命的代价。”[7] 在这种情况下，我们是否应该把这种语言归入东方民间故事的范畴？这位东方学家对这个问题的回答是“否”，因为他在伊斯坦布尔待了多年，从那些在内室服务的人那里搜集了很多诗句。虽然这些诗句并非用于男女交流，但它们确实构成了一种只有女性才懂的语言；她们"在孤独生活的闲暇中发明了它，或是用于娱乐，或是作为女同性恋相互爱慕的密码"。[8] 正如我们在颜色上寄托了意义，她们也在花草、水果等物品上寄托了意义，以此为乐；由此创造的语言，便由玛丽夫人连同人痘的接种一起传回了欧洲。这样一种语言在构建时，并非以花朵和思想或情感之间的那些可以通过想象来建立的关系为基础，而是类似伊丽莎白时代的做法，选择与物品名称押韵的单词，然后创作出合适的诗句：

Tel-Bou ghed je gel

（面包——我想亲吻你的手）

再举其他一些译成英文的诗句为例：

① A wire-Come tonight, my dear

（铁丝——亲爱的，今晚来吧）

② Salt-Day and night I am desperate for you, o cruel one

（盐——我每天每夜都非常想要你，啊，残忍的人）

③ Hair-Take me away, if you wish

（头发——如果你愿意，就带我走吧）

④ Mouse-Is your husband at home？

（老鼠——你丈夫在家吗？）

拿破仑战争结束后不久，法国处在一个人们对植物学新发现的兴趣高涨的时期，许多异域花卉从东方抵达欧洲，城市的花卉零售市场也迅速扩张（尤其是在"时尚"店和"奇货"店中），于是旨在阐明一种专门由花卉表达的语言的图书便在巴黎问世了。这些图书的诞生背景，是法国花文化的发展。其文学先驱则是《朱莉的花环》（*Guirlande de Julie*, 1634）这首传统的花卉诗，其中运用了一些已成套路的象征性说法，如"谦卑的堇菜"之类。在 18 世纪虽然出现了新类型的花朵意象，见于马勒布（Malherbe）等人的作品，但大都因为田园传统的衰落而隐没不彰。但到这一世纪中叶，花卉又被重新"发现"，这样的作品如汤普森（Thompson）的《四季》（*Seasons*）；还有卢梭（Rousseau）的散文《朱莉，或新爱洛伊丝》（*Julie ou la nouvelle Héloïse*, 1760），致力于书写乡下的大自然和富含情感的植物学。[9] 考利（Cowley）和拉潘（Rapin）的"花卉诗"则更常被人引用。

为这一体裁做出贡献的还有林奈和朱西厄（Jussieu）等人的植物学论文，以及索泰尔（Sautel）神甫等人寓教于乐的"游戏"。包括这些文献在内的所有资源，在供职于巴黎的帝国高中（Lycée Impérial）的教师 E. 贡斯当·迪博（E. Constant Dubos）的著作《花卉，道德诗，并附有各种诗歌》（*Les Fleurs, idylles morales, suivies de poésies diverses*, 1808）中均有提及。该书共有 15 首诗，提及了多种花卉，以玫瑰花蕾开篇，以蜡菊（*immortelle*）结束；每首诗都有注释，提供了有关这种花卉的园艺和历史信息，并引用了其他诗人的诗句。此外，书中还有一些有关花卉当前用法的评述，比如用雏菊（*petite marguerite* 或 *paquerette*）可以玩一种"天真无邪的童年游戏"。然而，除了"蜡菊是友谊之花"和"玫瑰是爱情之母的圣花"之类习语外，这本书中几乎见不到我们在几年之后发展起来的花语中会遇到的那种高度专一、高度结构化的象征性联想。[10]

那个时代的作者通常把花语的发明归于夏洛特·德拉图尔（Charlotte de Latour）的那本于 1819 年在巴黎由奥多（Audot）首次出版的著作。[11] 但在 1811 年，自称抚恤军人的 B. 德拉舍内耶（B. Delachênaye）就为"皇后陛下"献上了一本书；考虑到皇后对巴黎郊外马尔梅松（Malmaison）的大花园很感兴趣，这样的题献自然是非常恰当的。该书的题目为《花卉入门，或花语》（*Abécédaire de flore, ou langage des fleurs ...*），为后来出版的这类著作确立了范本。大约与此同时，德让利斯夫人（Mme de Genlis）的《历史与文学中的植物》（*La Botanique historique et littéraire*，1810 年由马拉当［Maradan］出版）和维克图瓦·M. 夫人（Mme Victoire M.，M. 是莫吉拉尔［Maugirard］的缩写）的《花卉寓意梦》（*Les Fleurs, rêve allégorique*，1811 年由比松［Buisson］出版）也先后问世。德让利斯夫人是一位多产的作家，她的许多书都译成了英文。虽然她这本有趣的书对新兴的"花语"贡献不大，但其中确实详细讨论了许多国家中与特定花卉相关的用法。1816 年，在巴黎又出现了一份作者匿名的出版物，介绍了与花卉及其意义更紧密相关的历史。这本 31 页的小册子用冗长的标题完整概括了其内容，是以类似学生考试时夹带的小抄的形式，把花卉的象征意义与植物学特征加以结合——《花卉的象征：包括诗歌片段、花卉象征表和植物学简述，后者并附有按林奈系统和朱西厄自然方法编排的两个表格》（*Les Emblèmes des fleurs: pièce de vers, suivie d'un tableau emblématique des fleurs, et traité succinct de botanique, auquel sont joints deux tableaux contenant l'exposition du système de Linné et la méthode naturelle de Jussieu*）。这本书的开头没有任何介绍性文字，而是以两首诗取而代之，一首叫《花的象征》（les Emblèmes des fleurs），另一首叫《向玫瑰致敬》（Hommage à la rose）。第二首诗向玫瑰表达了歉意，因为在第一首诗里没有提到它的名字；第一首诗作为开场，则用于指出花卉所具有的特别含义：

> 为了描述自己火热的情谊
> 羞于表达爱意的情人
> 创造了这种珍贵的技艺
> 在匠心独具的封套下
> 隐藏了灵魂所持的秘密。

虽然在 1819 年之后，花语是起源于东方的"普世"语言的说法成了常见的断言，但这首诗完全没有这个意思。事实上，作者声称他要"指出新的象征"。在整首诗中，标在某些词上方的数字对应了后文《花卉象征表》中的相关内容，整个表格共 142 行，开头是：

> 1 苦艾　　　苦涩
> 2 刺槐　　　忧虑
> 3 乌头　　　悔恨

这个列表与两年之后 C. L. 莫勒沃（C. L. Mollevaut）的诗集《花：一首四段的诗》（*Les Fleurs: poème en quatre chants*，1818 年在巴黎出版）中的那份列表完全相同；后者也是总共有 142 种花，每种花都有编号。事实上，莫勒沃还提供了林奈分类法，[12] 因为他赞同寓教于乐。他也表达了非常相似的意见，认为害羞的姑娘可以把花朵当成"迷人的信使"，但除此之外，他特别提到了"花语"这个说法，指出它起源于东方：

> 来了解花语吧；
>
> 去东方学习它，那里的爱情
>
> 都用花做出甜美的表达。[13]

在 19 世纪，花语的这两个主题都陆续得到了越来越精致的阐述。

1816 年那本匿名小册子的作者是谁？身为"几个文学协会"的成员的 Ch. Jos. Ch××××t（即尚贝［Chambet］）在一本篇幅大得多的著作中给出了答案。这本书于 1825 年在里昂出版，号称是第二版，其书题为《花卉的象征或花坛，包括花朵的象征意义和花语、其历史和神话起源以及我们最好的诗人受其启发写下的最美的诗篇》（*Emblèmes des fleurs ou parterre de flore, contenant le symbole et le langage des fleurs, leur histoire et origine mythologique, ainsi que les plus jolis vers qu'elles ont inspirés à nos meilleurs poètes ...*）。[14] 尚贝先生非常清楚他这本书最初的出版早于夏洛特·德拉图尔：

我们认为应该向读者指出，这部诗歌选集的第一版在1816 年出版；相比之下，德拉图尔夫人有关同一主题的著作问世至今也才过了两三年［实际上是六年］。虽然她那本书是用出色才能写成的杰作，但我们这本书面世更早；我们不想以任何方式贬损那位好心的模仿者的优点，只是想就日期的问题加以声明。[15]

虽然如果就书中那个象征性联系的列表而言，这本书在形式上出版更早，但尚贝先生现在写的这个第二版其实是完全不同的另一本书，完全受到了德拉图尔夫人著作的影响。举例来说，第二版声称是"写给女士们"，而且加上了花语起源于东方的观念。"在东方，被禁锢的美人只能求助于巧妙的'花语文'（sélam）。"[16] 与德拉图尔的作品一样，此书也用一到两段文字来讨论花朵的意义，为了表明这些意义的合理性，书中会引用神话，或是抄撮符合花语这个大主题的诗歌（通常只从 E. C. 迪博那本书中摘录即可）。不过，虽然书中的列表在形式上与第一版基本相同，但很多花朵的含义都与原先有了天壤之别。比如列表第一行的苦艾虽然还意味着"苦涩"（amertume），但刺槐的含义已经变成了"柏拉图式爱情"，而与"忧虑"判然有别，据说这个新的含义来自"美洲的野蛮人"（les sauvages de l'Amérique）；其他的条目现在也都有了古典神话的依据，比如莨苕（蛤蟆花），意味着"解不开的结"，来自罗马神话，扁桃则意味着"粗心"，典出希腊神话。

以上所述，是这一文学体裁如何开端的争议。行文至此，是时候了解一下那部公认开启了花语这个传统的著作了。不过首先还是那个问题：夏洛特·德拉图尔是谁？这个贵族式的姓氏只是化名，实际上作者本名是路易丝·科唐贝尔夫人（Mme Louise Cortambert）。[17]

夏洛特·德拉图尔夫人的《花语》（*Langage des fleurs*）正文按照季节逐月展开，给出花卉的名称，以及她已发现的所有"意义"，此外还有精选的小知识。该书结尾是一个正式的列表，列出了人们可能想要传达的意义，以及可以用来表达这些意义的花卉，其形式正如这个列表的标题所述，是《花语辞典，包括花卉意义的由来，供撰写短讯或创作花语文之用》。确实，与其说这个列表开列的是源自诗歌或民众生活中的早期用法的花卉含义，不如说它提供了一种具有非常特别意义的语言，一种用这些半明半晦的意义撰写信函，或是把相应的花朵做成花束的方法。因为每项条目的含义必须从两个方向来翻译，所以书中又提供了第二个列表，题为《植物辞典，包括其象征意义，供翻译短讯或花语文之用》，其中给出了花草的名称及其含义。这些含义照例只用一个词来简洁地概括，比如苦艾是"失陪"，刺槐是"柏拉图式爱情"，毛刺槐是"优雅"，莨苕是"技艺"，等等。[18] 该书启用了"花语文"一词，意为"花束，其排列的象征意义构成某种符码"（据《罗贝尔法英词典》），因此"具有象征性"。正是在这个意义上，19世纪前半叶活跃在巴黎文坛的一位涉足许多领域的评论家保罗·德科克也采用了这个词，并强调了它是来自东方的神秘智慧。

这两个列表并非将象征意义加以形式化指定的全部内容，因为

238

书中还有其他列表，展示了用花朵来指示时间（比如一场约会的时间）的方法。一个"展示了古代世界每个时辰的表示法的表格"以"一束盛开的玫瑰"表示第一时辰，"一束天芥菜"表示第二时辰，等等。此外，在"语言"一节中还有一项论及戒指戴法的古怪内容，表明了这本书大部分内容具有形式化、分门别类和"富于想象力"的性质。不管这些意义联系在实际生活中的状况如何，无论是英格兰、希腊、罗马还是东方，它们都呈现为两种相互矛盾的状态，一方面构成了带有某种隐秘性的模式，以此进行社会交往（特别是如果人们想对父亲、追求者或整个世界隐藏意图的时候），另一方面又构成了一套带有某种"普世性"的象征意义体系。不过，虽然在戒指的用法（就像宝石的用法）中确实附加了某种意义，但民族志研究表明，人们实际上的做法根本就不像这些有关戒指戴法的介绍所说的那样复杂。这些介绍常常说戒指戴法来自外国，比如在德拉图尔这本书中，就说这套实践来自英格兰——那里的男人如果想结婚，就在拇指上戴戒指；如果已订婚，就戴在食指上；如果已结婚，就戴在中指上；如果想继续单身，就戴在无名指上；等等。

夏洛特·德拉图尔主要把花朵视为两性之间交流的方式。"本书首先为那些懂得爱情的人……把花语的一些音节汇总在一起。"不过，花朵也可以用于其他目的。"这种语言也可为友谊、感激、孝心和母爱增添魅力。"[19]

与其他任何语言一样，人们可以按一定顺序来排布花朵，以便细致阐明自己的意思。因此，作者也提供了一些"适用于整本辞典"的"规则"（règles）。首先，"在赠人时，直立的花朵表达了某

　　　　　　　　　　　　鲜花人类学

种思想……而如果想要表达相反的意思，只要以另一种方式拿它就行了……举例来说，一个带刺和叶子的玫瑰花苞意味着'我害怕，但我抱有希望'；如果把花苞倒放，意思就成了'既不要害怕也不要抱有希望'。"[20] 其次，想要改变其象征意义，还有其他方法。比如除掉玫瑰的刺，它的意思就成了"凡事皆可抱有希望"，而如果摘光它的叶子，意思则成了"凡事皆令人害怕"。一种花朵还可以与其他花朵组合，在这一点上很有中国汉字的神韵；花朵在身上的佩戴位置也有意义（"把金盏花戴在头上，意味着心中有烦恼；戴在心口，意味着爱情的痛苦；戴在胸脯上，意味着厌倦"）；甚至连花朵的朝向，也可以用来表达意义（"代词'[对]我'可以通过把花向右倾斜来表达；向左倾斜则意为'[对]你'"）。[21]

德拉图尔这部作品极受欢迎，这不仅体现在围绕其出版背景而产生的争议上，也反映在以下事实上：1858 年至 1881 年间，其法文版共印刷了 8 次；伦敦"译本"在 1843 年就发行到了第 9 版；此前两年，伯明翰还发行了一种刻印在纸牌上的版本。第一个德语译本叫《花语：植物界的象征》（*Die Blumensprache, oder Symbolik des Pflanzenreichs*），1820 年在柏林出版。如此畅销的局面，也让书商争相出版该书和类似作品，费城和纽约竞争，爱丁堡和伦敦竞争。到 1884 年时，由著名童书作家凯特·格里纳韦（Kate Greenaway）创作的插图版也在伦敦问世了。[22]

不光是这本书的版本，连其印刷都成了一项国际性的工作；1890 年，德国印刷厂就为英语市场印刷了一个版本。与此同时，其他作者也乐得为各家出版商改编夏洛特·德拉图尔的原著，不仅

239

增加插图，而且还会引用合适的法语、英语和古典诗歌。

　　整个 19 世纪期间，花语类著作越来越流行。除了许多重印本外，还不断有作者尝试撰写新作。有些这样的作品无疑是应出版商要求写作的，而且所有的新作都会对前作加以批评，至少也会给出需要重复前人工作的正当理由。不过，其中一些作者的理由更为强烈，有人想在书中加入更科学（植物学）或更实用（园艺）的内容，还有人想对花语作出更具说教性、更少世俗性的解读。在后面这类作者中，有些人是基督宗教的卫道士，认为花朵的意义来自上帝，而非来自人，更非来自神话中那些异教徒；花朵具有礼拜用途是他们的理由之一，此外还有一个理由是，有很多基督宗教起源的"大众"名称，被人们用于指称可以入药或具有其他用处的植物。卡西米尔·马尼亚院长（Abbé Casimir Magnat）曾为这些植物开列过一个很长的清单（Magnat, 1855），接受了其中一些名称，同时拒绝了另一些名称。

　　然而，据说是花语文起源地的东方，并不是巴勒斯坦的东方，而是土耳其的东方，并不是基督宗教的东方，而是伊斯兰教的东方。从一开始，花语所传达的信息就是秘密的，而不是公开的。因此，由此发展起来的这种传统还有另一个方面，具有东方主义、神秘主义、密码学的特征，可以和各种与这些特征有关联的技艺挂钩，从而发展出更多专门领域，比如花语文创作学（selamography）和神圣植物学（hierobotany）。早在 1817 年，就有一本匿名出版的书取了《芙萝拉神谕》（*Oracle de flore*）的书题；花语起源于东方异教徒的观念也深深融合在其早期传统中。不过在 19 世纪，随着时间推移，这种种观念逐渐引导一些人去创作专门的衍生作品。

目前尚不清楚德拉图尔著作的英文译本问世得有多迅速。肖伯尔（Shoberl）翻译的一个版本于 1827 年出版；另一个版本于 1834 年由桑德斯和奥特利（Saunders and Otley）出版，题为《花语》（*The Language of Flowers*），特别指出是原作的演绎版。该版本在前言中写道："本书以法文版为基础，但做了修改……因此不能说是译本。"可能在同一年，具有相同书题的《花语，或花卉象征入门》（*The Language of Flowers, or Alphabet of Floral Emblems*）一书第二版在爱丁堡出版，同时也在美国纽约出版；虽然其出版日期标注为 1834 年，但美国国会图书馆目录中的一条记录却表明它可能出版于 1827 年。

在勒纳弗夫人（Mme Leneveux）笔下，花语传统变得更为精致。她构想了花语的语法作为各种列表的补充，提供了一些植物学信息，但最重要的是把"抢去了花语"的英国人创作的诗歌和其他对花语的润色融合到这套文化中。因为"这门精巧的艺术诞生于东方俭朴的内室，而在巴黎和伦敦的华丽闺房中臻于完美"。[23] 在她之后，阿尔贝·雅克马尔（Albert Jacquemart）的著作可谓她的作品的古怪续集。雅克马尔的第一本书是科学书籍，第二本书就试图用植物学来改造"花语"。与参与这一体裁的写作的许多作者一样，雅克马尔也是位高产的作家，其作品主题五花八门，包括瓷器、陶瓷和家具的历史，这些书都译成了英文。1840 年在巴黎出版的《女士之花：供女士和年轻人应用的植物学》（*Flore des dames: botanique à l'usage des dames et des jeunes personnes*）做了一番严肃的尝试，想要在书中提供植物学方面的教导。该书以作者与一位从巴黎退居乡下的朋友一起散步的形式展开。一年后，他又出版了另一本书，仍然写给这位要求学习花语的贵族女士，并声称这是一个新版本，"做了全面修订，内容大为增加，并有花语语法介绍和一篇阐释如何用花语文来创作的文章"。他为花语研究增加了一个新的维度，就是语言学分析。这位作者批评，"署有夏洛特·德拉图尔这个化名的那本书"文学性太强。他认为勒纳弗夫人的著作虽然试图填补空白，想要"提出一些原则，可以更容易地用花朵作为思想的符号"，但又太简短了。不仅如此——

241　　　　她犯了……一个严重的错误，就是不明白自己手中掌握的那种语言的元素，其实与这个世界一样古老；这种语言只有语法需要完善，但其中每个符号都已有不变的价值。（第 5 页）

　　她的介绍破坏了花语这份"原野字母表"最令人赞叹的特征——简洁性。因此，雅克马尔完全放弃了他早前从科学的角度所做的论述，转而致力于把两位前辈的作品融合在一起细加完善，特别是在"语法"方面。书中在有关"花语的基本原则"和"象征性地应用花朵的各种方式"的两节之后，就是一系列段落，其小标题分别是"名词""形容词""动词""代词"等，都是语法上的词类，学会之后便可以进行"花的交谈"。为此，他与"一位老年男士"展开了谈话，以这种形式作为示例，从而比其他任何作者都更为系统地深化了语言学方面，以这种方式更细致地阐述了前人已提及的诸主题。这本书是一次与众不同的尝试，想要把语言学的观念也用在这样一种"语言"上。

除了对语法的兴趣外，雅克马尔还在有关园艺的评论中引入了专业内容；不仅如此，可能最不寻常的是，他还提供了一些有关花朵实际用途的具体信息——第一次领受圣餐时要戴白花冠（*couronne blanche*，用白玫瑰制作）；有些花束可用于挑选丈夫；橙花具有童贞的含义，只能用在婚礼花冠中，绝不用在花束里；在婚宴上，"所有女士的头上都装饰有鲜花"；孩子们在母亲过她的主保圣人日时会献上（野花做的）花束；葬礼上要用到花环（通常用蜡菊这种"不凋花"制作）；在基督圣体节（Fête-Dieu）上要展示花朵；在做庄严祷告（Rogations）时则会用到山楂（*aubépine*）。在花语中，这些植物的日常用途难得起到什么作用。不过在这本书中，我们还能见到花卉的一整套烹饪用途，此外还有医药用途。旱金莲（*capucine*）在17世纪末从秘鲁进口到法国，可以用在沙拉（就像蓟菜叶一样）和汤中，甚至可以做成菜泥；蒲公英（*pissenlit*）既可以拌沙拉，又可以用来占卜。在日本，人们会用樱花泡制一种饮品，在婚礼上分发给宾客饮用，象征着新婚夫妇的幸福美满。

由德拉图尔开创的传统，在费蒂奥尔（Fertiault, 1847）、扎孔（Zaccone, 1853）、弗朗卡尔（Francal, 1860）、阿奈·德纳维尔夫人（Mme Anaïs de Neuville, 1866）、克拉里斯·朱朗维尔小姐（Mlle Clarisse Juranville, 1867）、普瓦斯勒－德格朗热（Poisle-Desgranges, 1868）和埃玛·福孔夫人（Mme Emma Faucon, 1869）

等人的著作中不断延续。其中最有趣的是朱朗维尔的作品，她把自己描述为"女教师""许多与教学有关的著作的作者"。确实，在教育他人这一点上，她取得了很大成功。她所著的《小女孩的第一本书》（*Le Premier Livre des petites filles*）在 1886 年到 1919 年间出了 73 版。在 19 世纪后半叶的法国，国民从事的阅读和写作活动大为扩展，特别是在 1882 年引入了义务教育之后，教育类图书的发行量大幅增加，于是朱朗维尔就成为那些借此营生并从中获利的作家之一。她所声明的写作意图，与这种教育功能是一致的，因此与德拉图尔不同，她的目标读者是学龄少女，而不是闺阁中人。因此，她想把"花朵变成道德家"，于是像"白玫瑰花蕾：不懂爱的心"之类花语，要么得删除，要么得修改。

大规模彩色印刷的新技术，使得人们能够以相当不同的另一种方式利用花朵的视觉呈现。不同于给版画着色或木版印刷，这种彩色印刷始于 19 世纪 20 年代阿洛伊斯·塞内费尔德（Alois Senefelder）发明的彩色平版印刷术；这种技术很快传遍欧洲，并在 1840 年到达美国波士顿。巴黎很快就成为这一技术特别重要的中心。埃默琳·雷蒙夫人（Mme Emmeline Raymond）那本题为《花的精神、象征与科学》（*L'Esprit des fleurs, symbolisme, science*，1884 年在巴黎出版）的著作，就是一部有精美插图的作品，呈现了正文中提到的每一种花，并摒弃了此前的传统。她写道："当下这代人可能不知道，以前曾经有很多书专门讨论花语"，把"每种花所代表的象征意义"翻译出来。然而在当下的时代，人们没有那么多的时间关注象征和诗歌，所以任何有关花语的新著作都需

242

要在象征之外再加"一些坚实的东西";"人们可能会指责这些象征过于肤浅,不够纯洁;所以有必要清除一切可能会给少女的想象带来麻烦的东西,努力以优雅愉快的方式普及植物学知识"。[24] 为此目的,既然眼下的技术已经可以让人们复制彩色图像,那么这些图像就必不可少。比起象征来,科学更能陶冶少女的情操,为她们提供更充实、更道德的消遣方式。

雷蒙自己的贡献采取的是"花儿大会"(congrès de fleurs)的形式,这是一群会说话的花朵,此前曾为勒纳弗夫人所应用。但勒纳弗夫人那本传统作品在此书中的唯一遗迹,仅剩"按字母顺序排列的植物及其别名列表",其中包括了所有配有插图的植物,以及它们的一些含义。[25]

宗教传统

因此,花语已经变得不仅是"供女士赏玩"的游戏;至少在某种程度上,它也成了一种传递道德观和植物学意义上的教诲手段。19 世纪很多法国作家在其作品中都特别从宗教的角度对道德做了强调。从更一般的方面来看,花朵长期以来就一直在宗教象征体系中发挥着重要作用,这不仅体现在礼拜和形象体系中,而且也体现在教诲中。

圣方济各所说的"花",虽然当然指的是其教学的"精华",但在基督宗教的教义中,专门把花用于教诲的情况也很多。比如 19世纪有一本书,题目就叫《圣弗朗索瓦·德萨勒的神秘植物志,或植物象征之下的基督徒生活》(*Flore mystique de Saint François de Sales ou la vie chrétienne sous l'emblème des plantes*，1874 年出版于巴黎）。该书从这位圣徒的著作中摘录了一系列文字，其中以意象的方式提到了花朵。不过，其他作品更多地借鉴了花语本身。比如卡西米尔·马尼亚院长在 1855 年出版了《花朵的象征、标志和宗教语言专论》(*Traité du langage symbolique, emblématique et religieux des fleurs*)，尽管是这样一位作者写的这样一个书题的著作，但其中基本没有谈到宗教的一面。这本精心撰述的书谈论更多的是作为书中主线的花语，甚至其"科学"传统；在其中，马尼亚把科学（他称自己是"植物学前教授"）与雅克马尔（1841）全面修订过的花语结合起来，而雅克马尔也曾是植物学教授。除了有关"花语文"创作的标准介绍和花语语法之外，马尼亚还对花朵在全世界的用途做了概述，其中不仅有历史（"神话"）上的情况，还有其他文明中的情况。他最后的结论是，欧洲北部在这方面格外落后。他指出，尽管人们通常很看重花语的普世性，但"高卢人和古代北方人从未关注过花文化"。[26] 在中世纪期间，花文化"几乎被完全废弃"，只有在欧洲通过贸易与东方产生接触之后，花文化才重新兴起。这个表述正是该书几个主要的研究主题之一，只不过在花语的文学语境中，来自东方的广泛贡献更常被认为具有浪漫的甚至是野蛮、原始的特点。

接下来，该书给出了与其他所有同类著作一样的一系列详细全面的列表，以及对花语语法的完整解释，也就是名词、形容词的动词的用法全说。虽然这些语法直接取自雅克马尔的著作，但也有一些增补，举了一些不同的示例。事实上，从任何角度来看，这些示例都构造得十分精致，展示了把散文"翻译"成花语时花朵"意义"的用法。考虑到这位修道院长在教育或宗教上的角色，人们本来可能多少会觉得这些内容很难出自他的笔下。下面就是这种利用花卉名称符码的意义所做的翻译之一例：

原文：*La Pensée* du Cyprès nous donne de l'If, mais la Pensée de notre Asphodèle Blanc et de l'Armoise promise à notre Menthe Sauvage que nous avons cultivée dans la Luzerne, doit nous donner du Peuplier Noir pour ne plus commettre d'Aconit envers la Gyroselle et avancer avec beaucoup 244 de Gouet ou Arum Commun dans le sentier de la Lobélie Cardinale et de l'Ananas.

翻译：死亡（地中海柏木）的想法（三色堇）让我们悲伤（欧洲红豆杉），但因为我们此生（苜蓿）所积之德（水薄荷）而许诺我们在未来复活（白阿福花）和幸福（北艾）的想法（三色堇）应该会给我们鼓励（黑杨），让我们不要再在上帝（流星报春）面前犯罪（乌头），而要继续怀着火样热情（斑点疆南星）去循行美德（红衣半边莲）和完善（凤梨）的道路。

就花语的发展来说，没有别的例子能比一位植物学教授兼教会的修道院长所贡献的这个例子更令人称奇了。然而，基督徒对花语所做的解读，则是在 1867 年出版的一本书里达到了巅峰。这本书没有署名，但作者据说是 F. 诺埃尔院长（Abbé F. Nöel），其标题揭示了其内容——《真正的花语，由宇宙中最伟大的女士的最为虔诚的仰慕者之一为了向她致敬而解读，是由象征意义构成的一系列花束、花冠和花环，并附有马利亚的首饰盒》（*Le Véritable Langage des fleurs, interprété en l'honneur de la plus grande dame de l'Univers, par l'un de ses plus dévoués admirateurs, ouvrage formant une série de bouquets, couronnes et guirlandes symboliques, suivi de l'Ecrin de Marie*）。该书作者非常熟悉世俗传统，批评它们不仅愚蠢，还有更糟糕的问题。然后，他便以一种非常激进的方式改造这些传统，以达到自己的目的。

这一题材的作品中还有另一个例子，由玛丽·××××夫人（Mme Marie ××××）所著，书题为《我家花坛之旅：简明宗教和道德植物学，花的象征》（*Voyage autour de mon parterre: petite botanique religieuse et morale, emblème des fleurs*，1867 年在巴黎出版）。但其灵感与一般的这类作品截然不同。作者在书中首先提出了一个问题："我对花说道，请告诉我，上帝让你要告诉我什么。"[27] 理解花卉意义，就是理解上帝。她从山楂花开始讲起，然后是橙花，前者是"纯真的象征"，后者是"贞洁的标志"，是献给圣母马利亚的合适花朵。然后她继续穿行花园，为每一种植物都指定了道德意义。月桂（*laurier*）是"荣耀的象征"，对基督宗教特别宝贵，因为法国是"教会的长女"。[28] 与其他花语著作一样，刺槐是"柏拉图式爱情的象征"，蜡菊是"墓地之花，悲伤和悔恨的象征"。[29] 对于传统的这个方面，该书重点强调了花卉象征的天上所指，而不是人间的所指。

科学传统

使用类似林奈"花钟"（Horloge）的图表，以及采用拉丁名称，是很多属于主流传统的花语著作的特色，但更值得注意的是那些往往更为强调植物学和其他科学元素的作品。

这种"科学"传统具有教育意图，是雅克马尔早期作品的特色，后来在另一位教授 J. 梅西尔（Messire）的作品中得到延续。梅西尔于 1845 年在图尔出版了《道德花语，并附有图雷纳省的主要珍品》（*Le Langage moral des fleurs, suivi des principales curiosités de la Touraine*）。他在书中首先列举了多种花卉，比如普罗旺斯玫瑰，不仅讲了其意义，还给出一些适当的诗句，简述其历史，甚至对其种植也略作教导。该书最后是多个列表，把"花钟"和"颜色象征"等内容都加在"一年里的植物"列表中。

1858 年，德弗伦男爵夫人（Mme la Baronesse de Fresne）也出版了她的花语著作，叫《女士和小姐们的新花语，并附有植物学简论》（*Le Nouveau Langage des fleurs des dames et des demoiselles, suivi de la botanique à vol d'oiseau*）。她这本书属于"供全世界人使用的客厅图书馆"（*Bibliothèque des salons à l'usage des gens du monde*）丛书，之前她已经为这套书写过一本《用法与礼貌》（*De l'usage et de la politesse*）。这本花语书写给她的侄女们，试图用简

短扼要、在现在看来颇为传统的方式对植物分类和花语本身做一番概述。书中的花语部分在论及每种花卉时做了改进，全书最后是"花历"和"花钟"，花钟以 24 小时为基础来设计。[30]

这一系列著作对植物学的科学一面的强调，既反映了 19 世纪植物学领域的总体发展，又反映了人们的一种感觉，即植物学知识应该得到广泛分享，构成非正规教育和正规教育的组成部分。这些科学知识中有些内容因此写进了大部分的花语著作，其中甚至包括一些宗教类的著作。然而，人们把花语视为源自东方的普世而神秘的语言，却是与科学传统格格不入的想法；同样格格不入的，还有这类著作中的最后一个元素——专注于神秘学（the occult）的那个元素。

神秘学传统

从花语初兴的时候，人们就声称它是东方起源的产物，是来自土耳其人（或波斯人，或埃及人）的"花语文"。另一方面，一些作者又宣称花语具有普世性（他们通常没怎么意识到其中的矛盾），但同时也再次指出其异教的而非基督宗教的根源。事实上，花语这种秘密通信系统的本质，让它非常像是其他类型的"隐秘"知识——占卜，神秘主义，等等。较早强调这个方面的，是化名为布利斯蒙（Blismon）的西蒙·布洛凯尔（Simon Brocquel）的作品。他首先出版了一本主流类型的花语书，题为《草木花果和颜色的新寓意手册》（*Nouveau Manuel allégorique des plantes, des fleurs* *et des fruits, des couleurs ...*，1851 年出版于巴黎）。在该书中，他给出了一些与花卉没有关系的"意义"表格，比如有一个是根据名人生平概括的象征表（亚伯［Abel］代表"纯真"），还有几个表格与古代人群和异教神祇有关。全书最后则是"花卉游戏"，所用道具是一副 52 张的纸牌。7 年之后，他又出版了此书的新版，在其中介绍了一种叫"花语文创作学"的科学，这次用了个更为贴切的新化名，叫阿纳－格拉默·布利斯蒙（Ana-gramme Blismon）。*这本新书的题目则是《新编花语文创作学：花果、动物和颜色的寓意性、标志性或象征性的语言》（*Nouvelle sélamographie, langage allégorique, emblématique ou symbolique des fleurs et des fruits, des animaux et des couleurs ...*）。

不过，这一传统的巅峰之作，当数一位年代相当晚的作者西留斯·德马西利（Sirius de Massilie）的作品。他的第一部花语书出版于 1891 年，内容相当主流，但已经显示出相当的独创性。在这本《新花语》（*Le Nouveau Langage des fleurs*）中，他强调了花卉意义中的两个要素——花色和花香。最为浓郁的香气和最为鲜亮的花色可以表达最为热烈的情感。白色代表纯洁，橙色的花朵象征着那些在爱情上许过诺言之人的贞洁，红色是炽热的爱，蓝色是温柔灵魂的颜色，紫堇色代表寡妇，绿色是希望，黄色则意味着婚姻——既可以是长久的婚姻，又可以是"私通"。德马西利把

---

*　Ana-gramme 本义为"改缀词"（将一个单词的构成字母改变顺序后构成的另一个词，如 dog 是 god 的改缀词）。

第八章　法国的秘密花语：是专门的知识还是虚构的民族志？　　　365

这些花色的意义与不同的色调结合起来，就创造了一整套精巧的"意义"，比如光是红色就有 21 种，包括"苋菜红"（"持久的欲望"）、"主教红"（"崇高的欲望"）和"胭脂红"（"欺骗性的欲望"）等。

书中的《花语词汇表》与以前的著作非常相似，但德马西利在其中又新增了"爱情字母表"，用它可以构造由玫瑰构成的"密码花束"，在其中拼出自己的名字，比如"A. Grande Alexandre (rose de Provins)"（A：大亚历山大［普罗万的玫瑰品种］）。除此之外，他还提供了另一种与所爱之人秘密通信的方法，就是把信息写在柳树（*saule*）枝条的树皮内侧。不过，要到 1902 年出版的第二本有关花卉的著作中，德马西利才真正充分展示了他对密码应用和花卉新意义构思的偏好。这本书的题目是《花的谕示：由神秘植物学、神圣植物学和植物占卜术等秘术确定的真正花语》（*L'Oracle des fleurs: véritable langage des fleurs d'après la doctrine hermétique: botanologie, hiérobotanie, botomancie*）。在前一年，他刚出过另一本题目类似的书，叫《婴儿的谕示：如何在出生前预测婴儿的性别》（*L'Oracle des enfants: prédiction du sexe des enfants avant la naissance*），此书在 1911 年再版时，书题改为《性别学：（下略）》（*La Sexologie: prédiction ...*）。这种文学创作打着新科学的名义，强调的却是谕示和神秘。其中值得注意之处有：向谕示的转变，（像前人一样）对真理的坚持，经常把秘术作为权威来源的做法，新（伪）科学学科的发明（就像布洛凯尔也发明了"花语文创作学"），以及这整套东西基本都来自东方的假设。

马西尔把"神秘植物学"（botanology）定义为"有关神秘花语的科学"，认为它与巫术关系密切，这巫术是"至高无上的科学，东方三博士（the Magi）十分妒忌它，便在隐藏了他们那些宗教秘密的无法进入的庙宇中把这门科学的奥秘也庋藏起来"。[31] 为了揭示这种奥秘，他竭力要把花语早期版本的这些方面弃置一旁，斥之为"无知的江湖骗术"，"在没有习俗庇护的情况下纵容和利用人类的激情"，于是"亵渎了原本令人赞赏的神圣花语"，把它变成了"常常十分淫荡的情感的信使，向纵欲行为发出的邀请"。书中这种神秘主义的道德情感与正统宗教情感一致，都是源于"传统，换句话说，就是作为神圣传统的神秘学思想"确定的感觉，并以"类比"为基础。

作为其"研究"的成果，这部花语辞典与其他作品迥然不同，书中对此有明确的宣示：

> 这部神秘学花语辞典是别出心裁之作，与其他所有同类著作有着本质区别。在那些著作中，错误和毫无根据的传说总是伴随着迷信，也常常伴随着无知。

书中第一个条目就展示出了显著的差异：

> 杏花：粉白色，玫红色♀C
> 我爱你，你不爱我
> 心的麻木不仁，得不到回报的爱

把杏花解释为"心的麻木不仁"虽然与他第一本书相同，但在这本书中又新增了神秘主义符号，这是贯穿整本辞典的新内容。

这类作品代表了一种既古老又新潮的趋势。花语从一开始就是"秘密的"，或者说是一种"发现"；它是情侣之间的隐秘通信手段，至少也是半公开的交流手段，是揭示自然背后的道德的一种方式。虽然人们认为这种语言起源于东方，但在身为教会人士的作者笔下，这种道德明显带上了基督宗教意味。然而，花卉和其他植物又有根本不为人所知的医药意义和神秘学意义，这便让我们想到了中世纪本草书中的知识组织方式。今天，这类著作在市面上仍然可以买到。卡尔佩珀（Culpeper）的本草书在伦敦仍有出版，这正如花语如今也依然可以在巴黎、纽约和世界其他许多地方见到。

当代情景

与上文中考察过的著作一样给出了花语列表的作品，此后继续以各种形式得到出版。1930 年出版的一本题为《20 世纪拉鲁斯》（*Larousse du XXème siècle*）的百科全书中就给出了一个列表。但这本书也表明，即使过了很长时期，这类著作中给出的花语仍然没有稳定下来。该书列表以 *abricotier*（杏花）开始，这是拉图尔著作中没有的花卉；接下来是苦艾（"苦涩"）和刺槐（其意义不是"柏拉图式爱情"，而是"取悦的欲望"）；[32] 再接下来的 4 条都不见于以前的作品，其后则是扁桃（意义不是"粗心"，而是"甜蜜"）和苋菜（不是"无止境的爱"，而是"不朽"）。以 A 开头的列表基

248

本都是这样的情况，有些花卉未收录，收录的花卉则未必有相同的意义。

但与此同时，也有少数条目再次体现出了一般性的（尽管不是普世的）意义关联。比如玫瑰意味着"爱情"，董菜代表"谦虚"，正如颜色也有它们"天然的"意义一样，比如红色是"爱情"，白色是"纯真"等。然而与其他所有著作一样，这本书中的"一览表"并没有到此为止；它不仅为每一种花赋予了一个"象征意义"，而且还另立条目，在其中规定花卉的意义因花色的不同而不同。比如玫红色的孤挺花*意味着"你太爱卖弄风情了"，而红色的孤挺花意味着"你太受人追捧了"。

在乐蓬马歇百货公司的书店中可以买到的最新花语书，是 J. C. 拉特莱斯（Latlès）的《花与花语》（*Les Fleurs et leur langage*）。书中的列表相比许多前人著作中的花语版本又有变化。列表以苦艾开始，其下有两个条目："意义：你在我头上堆积了痛苦，你的责备伤害了我。象征：失陪，苦涩。"于是在此书中，"苦艾"同时是"失陪"和"苦涩"的标志（书中称为象征），二者具有明显的联系（苦涩就是"甜味的失陪"）。一些意义联系在评注里有详细说明（就像德拉图尔夫人和其他人的著作一样）。除此之外，书中还有其他变化。刺槐之下给出的意义是"你的爱通过你的吻进入我的灵魂"，至于其象征意义也强烈得多，白色刺槐花是"刻骨铭心的爱

---

* 这个时代的著作中所说的"孤挺花"（amaryllis）通常是指原产美洲的朱顶红属（*Hippeastrum*）植物。

情"，而不是"柏拉图式爱情"，粉红色刺槐花则是"优雅"。不过别名"圣约翰草"的蓍（*Achillée*, 学名 *Achillea millefolium*）虽然以前意味着"战争"，现在却成了"疗愈和安慰"，因为据说耶稣曾经用它治愈了木匠约瑟的伤口。

这本书的结尾部分，则与路易丝·科唐贝尔夫人的那本奠基性著作中就已经存在的结构化内容更为相像，只是又经过了一个世纪的发展而已。这一部分包括了几个列表，有颜色意义表（"多亏了花朵的颜色，你才能把各式各样的感觉和激情表达出来"），在神秘学传统中象征着黄道十二宫、各个月和一周各日的花卉列表，一天中各个小时的花卉列表（"植物学家林奈观察过每种花朵开放的时辰"），象征各个国家的花卉列表，以及花卉的爱情意义列表（"如果你想表达屈服之意，就送上欧银莲"）。这最后一个列表又回到了由科唐贝尔夫人早前所指定的那些意义，而与书中前面章节给出的"意义"自相矛盾。

在英国和法国，专门介绍花语的书至今仍在出版，部分动机在于"找回失去的时代"（*recherche du temps perdu*），用来怀念维多利亚和爱德华时代的英国市民阶层那种更为闲适的生活。在法国（可能英国也一样），这种生活则存在于所谓"礼仪手册"（books of etiquette，这是遵从了法国人的叫法）中，存在于所谓"品味生活手册"（*manuels du savoir-vivre*）中。

在这些书里面，曾担任过法国省长之职的 J. 戈杜安（Gaudouin）所著的《礼仪指南》（*Guide du protocole*）首先是写给249　即将成为政府职员、想知道在公共场合应该如何举止的读者。但其内容也不限于此。戈杜安还建议，在赠送礼物时，不应该忘记花朵的意义。[33] 比起之前出版的那些辞典来，他所给出的花卉意义列表与人们通常具备的知识具有更密切的关系，因为他的写作目的是要传授实践知识。不仅如此，他还清楚送花的禁忌和警告，比如他指出，有些人会因为收到帚石南（heather）或康乃馨而感到不安，对另一些人来说，"金盏花意味着嫉妒"。

戈杜安针对送礼（鲜花是首选）场合给出的信息和建议更为细致，包括了出生、洗礼、圣餐礼、婚礼、金婚和银婚、圣徒纪念日、生日、圣诞节、新年和复活节等所有重要的日子。此外他还指出，"花商、衬衫商和香水商"又增加了"母亲节""父亲节"和圣瓦伦丁节（2月14日，"情人和友谊的节日"）。圣瓦伦丁节在欧洲有悠久的庆祝历史，至少从14世纪就开始了；甚至在那个世纪，女性也可以利用这一天来请求男性向她伸出求婚之手。不过，似乎只是到了非常晚近的时候，这一天才发展成为送花的主要日子。除了人生周期和年节周期中的这些时点之外，鲜花还应该送给住院的朋友，在晚宴上送给退休的亲戚作为"特别荣誉"，或是在同事（不管是平级还是上级）获得晋升时送给他们。

米谢勒·屈尔西奥（Michèle Curcio）在《今日品味生活手册》（*Manuel du savoir-vivre d'aujourd'hui*, 1981）中给出的花语列表，与夏洛特·德拉图尔（科唐贝尔夫人）的版本一字不差。唯一的例外是玫瑰，它被赋予了更大的异教意味和更强烈的意义——玫瑰不仅"属于维纳斯"，[34] 在此前的辞典中，也并没有人认为它意味着"暴力的激情"。大花马齿苋意味着"爱与愉悦"，康乃馨象征"活泼纯洁的爱"。不过对屈尔西奥来说，红玫瑰是最为深切的激情的标志，白玫瑰则"承载着纯真和贞洁的信息"。

尽管屈尔西奥书中的列表如此保守，但她个人对花语的坚持甚至还不如戈杜安。她给出了如下的有趣解释：

> 在我很小的时候，我母亲曾教导我，一个男孩可以给一个女孩送什么样的花，这又意味着什么。"可是，"我说，"那太老土了。人们已经对花语不感兴趣了！"但她用梦幻般的声音说道："谁知道呢？也许当你结婚了，而另一个男人送你红玫瑰时，你就会明白有些东西还活着。"……虽然在公开认定的现代作品中，这样的花语可能不再有任何位置，但是在人们的心底总是留有一些东西，是那么迷人，让人不舍得遗忘。

不仅如此，为了不让父母和那些害怕家中出现康乃馨的迷信者感到不安，读者也需要知道这些知识。

250 　　　　　　　　传统的发明

这些当代手册的一个有趣的方面是，它们把 19 世纪前期的作者们认为可能不是"发明"而是"发现"的东西当成了"传统"。屈尔西奥就说花语是她母亲知道的东西，戈杜安认为这是一种需要指导人们来使用的交流形式，而他们二人都认为这是一种传统行为方式。当然，所有传统都是发明的。就花语来说，这项发明虽然没有一个方面（比如其完整性）能得到广泛接受，但对社会生活的其他侧面还是产生了一定影响。在文学作品中便可以看到对花语的提及，甚至巴尔扎克的作品中也提到了夏洛特·德拉图尔的作品。花语成了他的长篇小说《幽谷百合》（*Le Lys dans la vallée*）中不可分割的关键元素：小说中那位颇有抱负的男主角费利克斯（Felix）注意到，他的恋人家中的花瓶里什么花都没有，于是他走出门，想要创作（"composer"）两把花束，用来表达纯真的爱情。"爱情也有它的纹章，伯爵夫人会把它秘密地破解出来的。"通过这种方式，费利克斯便让她发现了"一种在欧洲失传的东方知识，人们可以在案头摆花，用芬芳的花色来替代书面文字"。此后，费利克斯又特意将这个花束称为他的"花语文"，巴尔扎克在这里显然提到了他那个年代的风尚。

花语在其他方面也产生了影响。19 世纪的法国诗歌中就充满了花朵意象，[35] 尽管这个局面的形成有多种原因，比如浪漫主义者对自然的兴趣等。雨果（Hugo）在 1820 年提到了这些"甜美的消息／人们在其中用花朵谈论爱情"。穆塞（Musset）把别人送给他的一朵花称为"神秘的信使"。圣伯弗（Sainte-Beuve）在 1824 年提到了花语，戈蒂埃（Gautier）也写道："每一朵花都是一句话。"[36] 塞南库尔（Senancour）认为花语可以与诗歌的用途媲美，这一时期其他许多人也提到了花色和花香引起的联想，它们不仅是一种符号，而且与音乐有关。然而，更具创造性的用法则是对日常语言中的象征结构加以拒斥或修改。对马拉梅（Mallarmé）来说，《花朵》（*Les Fleurs*）中的血红色玫瑰代表的是与传统观念完全不同的东西——"玫瑰／残忍的"；他的诗歌新语言视现实而不见，是"对传统话语的破坏"，[37] 是"恶之花的语言"。因此，尽管其他文学体裁会提到花语，但诗歌却几乎不会拿它当素材。有评论者把"花语"的运用归功于乔伊斯[38] 或桑戈尔（Senghor），[39] 但他们二人应用的也只是一般性的花卉意象，而不是在法国发展起来的那种专门的语言。波德莱尔在 1857 年出版的《恶之花》(Les Fleurs du mal) 中就故意拒斥了"诗歌王国中更为华丽的行省"，而企图"从邪恶中汲取美感"。[40]

251　　当然，其他很多作家（以及很多印象派画家）也会运用某些花卉的象征意义，但他们只会引用整部"辞典"中的部分内容而已。除了有创意的作家之外，另一类对花语加以选择性使用的人群是花商。我不仅在巴黎比西（Buci）街的一家花店里见到了从花语中摘录的内容（1986 年），而且还在纽黑文（1987 年）、在中国香港一条位于陡坡的小巷以至在广州的一家商店（1989 年）中都见到了与玫瑰有关的简明花语。这些应用背后的商业理性让人们只需寻找花语作者给出的结构化"意义"即可，无须多做解释。不过，花语对人群行为的影响还有更一般的方式，就是会让人产生一种感觉，以为这种"专家知识"是从正在消失的"传统"中构建出来的，尽管说它们是发明出来的才更接近真相。捷克、匈牙利和德国都曾有该国的母语讲者对我说，花语是他们国家文化的特色。事实上，相反的情况才更接近真相——我们所见的花语，只是又一种刻意创造的文化人造物，是一部在刚创造时几乎纯属虚构的民族志，其本身的存在并不是口语的产物，却是文字的产物。

　　　　　　　　　　鲜花人类学

花语的地位

花语列表是把花朵的一般应用加以形式化处理的产物。因此，它们让人想起文艺复兴时期（以及更早时期）人们对植物分类的尝试。至少在早期阶段，很多花语列表的一大特征是它们会使用字母表作为信息编组和提取的手段。然而，虽然这种形式化可能会增进我们对世界的理解，但也可能让真相变得模糊。花语正是这种情况。19世纪的作者做出的这些形式化陈述传遍了欧洲，产生了类似食谱的大量文献，却让花语获得了一种不同的规范状态，在人类行为方面也发挥了不同的作用。这两者之间的关系取决于具体的领域。食谱通常是由厨师或美食家对一系列配方和行动程序所做的说明。人们咨询他们，是为了知道要怎么做。有关书信写作的书以及礼仪手册也有类似的创作目的，只是更狭窄罢了。随着整个社会变得越来越不拘礼节，加上正规教育的普及，这两类书就在很大程度上销声匿迹了，只不过没有完全消失而已。书信写作用书在法国西南部（以及第三世界）农村地区的书店中仍然可以买到，礼仪手册在很多出版社的产品中也仍然占了相当大的部分。

花语著作似乎从来都不具备这种彰显规范性的吸引力。过去和现在都存在一种实践上的花语，在某些方面内容比较丰富（因为它们深深嵌在具体情境中），某些方面则不那么详细（因为没有用图表来阐述）。这种实践性质的花语似乎基本不会写进给当局者

252

或旁观者看的文章中（只在礼仪手册中会顺带提及）。另一方面，即使是在花语最为流行的时候，也有人针对它的真实地位透露出了重要信息，这就是保罗·德科克在《大都市》(*La Grande Ville*, 1843/1844) 这部有关巴黎社会生活的著述中所做的评论——"我们不懂花语，就像东方人一样；不过，即使不知道如何创作'花语文'，我们也很清楚送人花束意味着什么。"[41] 在德科克后来的长篇小说《水塔卖花女》(1855) 中，他又再次提到这个话题。小说中一位打扮得流里流气的男青年想要在他父亲过主保圣人日时送他一束花。他向母亲解释说："对于手里拿的花束，你可以选择使用不同的花，把它们一朵挨着一朵放在一块，会有更深的含义。……突厥人管它叫'花语文'……我想送给我爸一篇'花语文'。"[42] 他母亲对于这种外国习俗不屑一顾，也还罢了，但同样明显的是，连卖花女维奥莱特对这种"花语文"也一无所知；而且在任何情况下，一名男性都不会向其他男性送上"花语文"。不过，小说中的这个情节也表明，花语这种人为塑造的语言至少还是直接反馈到了社会的一个层面上，只是影响相当有限，而且基本无法称它是大众文化——无论从"大众的"(popular) 这个词的哪种常用意义[*]来看都是如此。

我们可以采用认知科学的术语，将花语称为一套专门的知识"系统"或"结构"。它有一些独特的特点。学界所研究的大多数"系统"传播的知识都被人们假定具有一定的一般性用途，可

---

[*] 英文 popular 一词有"大众的""流行的""通俗的"等几个意义。

以为正确做法和错误做法提供衡量标准。虽然仅仅利用花语书中
所包含的那些信息，也有可能对人群的知识开展这种评估，但是
其中所包含的知识与人们记忆中所包含的内容以及其他文字语境
（比如小说）中所应用的象征体系几乎没有关系，更不用说植物分
类系统和手册中所包含的那些更"客观"的知识了。花语是建构
的"语言"，是几乎不参考它自己以外的领域的知识系统。还有许
多这样的系统，也产出了高度结构化的符码，比如宗教系统和纹
章系统。艺术史家巴克森德尔（Baxandall）曾对与颜色有关的符
码的多重性做过有趣的评论。把颜色组合成具有象征意义的系列，
是中世纪晚期的一种游戏，在文艺复兴时期人们也还在玩。他将
神学符码与"元素"符码做了比对，在前一套符码中，红色意味着
"仁爱"，在后一套符码中则表示"火"。此外还有占星术符码和纹
章符码。"当然，也还有其他的符码，由此产生的效应，就是它们
在很大程度上会彼此抵消。每套符码都只能在非常狭窄的范围内
才起作用。然而，除非有某些特殊的环境线索可以提示符码的类
型……否则它不可能成为让人能够正常领悟的视觉体验。这种类
型的象征体系在绘画中并不重要……画家用的颜色中没有值得知
道的密码。"[43]

虽然一些象征意义与人群在口语中认可的知识系统里的意义 253
有关，但花语在以下方面却偏离了这种状况。首先，花语假定了时
间和空间上的同质性，它宣称自己是一个普世系统。其次，根据
其格式，花语必须忽略情境中的用法，为红玫瑰之类的花卉选择
单一的等价象征，在其上（有可能）再增加某种程度的系统化变

异（比如把花上下颠倒赠送时）。再次，花语必须填补空白，为以前从未有过意义的花卉建构意义。我在《野蛮心灵的驯化》（*The Domestication of the Savage Mind*）中已经指出，这三方面是书面文字列表的一般特征。[44] 然而花语还有第四个问题——在花朵的应用和意义方面，它与知识的其他层面或领域之间的关系。

其他这些知识层面或领域的宽泛性质，我将在其他地方讨论。[45] 在这里唯一需要指出的是，花语著作只涉及了花朵行为的单一方面，但花朵的实际象征体系非常碎片化，有很强的地方性，十分复杂。花语这种精致的文字系统也能提供一些反馈，至少提供了一种半正式的"符码"，可以写进礼仪指南，作为"获得认可的行为"，然而这些更具一般性的方案对实际行为（比如新兴的市民阶层）产生的影响肯定非常有限。虽然花语这一知识传统表现出了一定的重叠以至连续，但其含义与植物分类和分析领域的相关传统非常不同。后者（在相关的人群中）是受到认可的，具有积累式而非附加式的能产性，与外部世界之间的关系相对来说也更需要视情况而随时调整，而没有采取一种较为武断的方式。不过，民众对花卉的认知却又存在一个有趣的特点，就是许多人认为存在一种"符码"，虽然可能不是花语这种高度结构化的形式，但也是一种他们不知道的用途体系。从这个意义上来说，他们是错误的，这种结构是不存在的。然而，可能正是因为那些建构的符码企图揭示出隐藏在表面多样性背后的那些所谓的隐蔽"真相"，于是当人们见到这些建构符码时，便产生了缺失了某种结构的感觉。

第九章　外来观念的美国化

在诺厄·韦伯斯特（Noah Webster）的名著《美国英语词典》（*An American Dictionary of the English Language*, 1828）的第一版中，这位清教徒词典编纂家有意尝试着为一个新国度阐述一种独特的语言用法。这个工作在几十年前就开始了，他的《美国拼写手册》（*The American Spelling Book*, 1783）迄今已经卖出了大约一亿本。韦伯斯特以批判的态度利用了约翰逊（Johnson）博士1755年出版的著名词典，只要是他认为受到伦敦人影响的拼写方法，就一概拒斥，因此他宁可把"监牢"这个词拼成 jail，而不是 gaol。确实，今天在英式拼写和美式拼写中之所以存在这么多惯例化的差异，在很大程度上就是他的责任。自那时开始，这些差异就被人们在心中特意确定下来，视为区分特征。一种传统就这样发明出来，并行之有效地维持了下去。[1]

美国花语的故事也展现了同样的一些特征。作为一种为欧洲专门打造的创意，花语本来就是发明传统的好范例。美国人把它拿来，针对本地场景加以改编，有些改动微小，有些则的确影响深远，但大多数出版的花语著作介绍的仍然是欧洲植物和英语诗歌，仍合于夏洛特·德拉图尔的法国模式。造成这种状况的一个原因，与图书的发行安排有关，因为英国编者通常会与美国公司达成协议，让自家的图书可以在当地出版。但这里还有另一个问题：为这样一群特别的读者有意实施的文化借用和适应性改造，仍然以欧洲为导向。

这种传播过程的性质，体现在这类出版物发展的速度和全面性之中。处于这段历史核心位置的著作，是《插图版花语及其诗歌：首次加入花历……》（*The Language of Flowers: With illustrative Poetry: To Which is Now First Added the Calendar of flowers ...*），由《勿忘我》（*Forget-Me-Not*）的编者修订，于费城出版，第一版似乎问世于 1827 年。[2]《勿忘我》是一本在伦敦出版的杂志，由弗雷德里克·肖伯尔（Frederic Shoberl）主编；他是一位杰出的翻译家，能译写好几种欧洲语言。正是他最早把德拉图尔的这本书译为英文，并根据路易丝·勒纳弗（Louise Leneveux）对英国作者所做贡献的各种评论，对该书做了增补。之后，该书在美国再版，其中没有任何明显的改动。[3] 随后，该书又在英国和美国都不断发行着新的版本。比如 1848 年美国第 8 版就来自英国第 10 版，二者仍然保持着夏洛特·德拉图尔的文本的基本面貌。

在这本书反复再版的同时，花语这一传统的美国化作品也开始出现，始于 1829 年多萝西娅·林德·迪克斯（Dorothea Lynde Dix）出版的著作，其书题为《芙萝拉的花环》（*The Garland of Flora*）。迪克斯是一位杰出女性，参与过许多社会活动，包括倡导为精神病患者建立精神病院的运动。她的这本书展示出了相当大的原创性，尽管她也时常引用一些较为常见的诗句，比如珀西瓦尔（Percival）的这几句：

> 在东方国度，人们用花来谈话
> 还用一个花环来倾诉爱情与挂念，
> 花园荫凉中每一朵开放的花
> 都在叶上表达着神秘的语言。

从本质上说，这就是一本广泛取材的花卉诗歌选，加上了从世界各地援引的有关其仪典用途的评论；用作者自己的话来说，这是一部"诗意和意象的宝库"。"花朵啊！——对于花朵，我们还能说些什么，是那些男女诗人在诗歌和散文中没有成千上万次地吟过和唱过的东西呢……"[4] 花朵的语言是普世的，哪怕它的方言彼此不同。[5]

> 汝之流浪灵魂，要引导汝去法国吗？那么，汝可长久漫步于其"极乐原野"——彼处簇拥着最繁茂的植物；鲜有人会想到，在那些芬芳的树荫下，常有逝者的遗骨于此安眠。[6]

这种佶屈聱牙的"诗意"语言，就如同作者声称要用它来表达的那些情感一样满是古意。

在前后两首诗歌之间，迪克斯提供了世界不同地区有关花朵仪典和用途的信息片段。她对英格兰的五月节特别感兴趣，年轻人在那天走入树林，在那里一直待到天亮；按照老约翰·斯托（Old John Stow）的说法，他们会嗅闻花朵，按照其他人的说法，他们会把花做成小花束、花环和花冠。[7]不过，她没有提到斯塔布斯为此抱怨说，从树林里回来的50%的姑娘都怀孕了。她把五月节看成一个公共节日，在都铎时代，王室和平民都会参加，就像更早之前据说是杰弗里·乔叟所作的《爱之宫》（The Court of Love）一诗描写的那样：

256

> 宫中之人无论尊卑悉数出动，
>
> 去把鲜花和嫩枝嫩叶摘来；
>
> 山楂为年轻的仆人和侍从
>
> 提供了新鲜花环，半蓝半白，
>
> 他们乐在其中，喜笑颜开。
>
>
>
> 他们还把鲜花向彼此抛去，
>
> 报春花，堇菜，金色的野菊。[8]

16世纪时，庆祝五月节的习俗在欧洲已经充分确立。在一部可能来自布鲁日的大约1515年写成的抄本中，有一幅"五月之舟"的插画。船上，一位女士正陶醉在鲁特琴和笛子演奏的乐声中；她已经采到了新鲜的嫩枝。在插画背景中，四名骑手正从树林中归来，也带着类似的树枝。[9]在《牧羊人月历》（Shepherd's Calendar）中，伊丽莎白时代的诗人埃德蒙·斯宾塞（Edmund Spenser）

也写到了"五月花束"（May-buskets，其中的 busket 是法语 bousquet［花束］一词的英语化形式）和"山楂芽"。山楂本身就有"五月木"（may）的别名，是以树林、五月柱和五月女王（May queen）为中心的五月节仪典上受人关注的特别对象。即使今天，在英国部分地区，把山楂带到室内仍被认为不吉；[10] 与圣诞节期间的圣诞树和复活节柳枝不同，山楂是一种要留在室外的植物，因为它会让人联想到野外的纵欲，而不是床笫之事。然而，山楂却可以在五月带入天主教教堂；马塞尔·普鲁斯特（Marcel Proust）就用一种具体生动的方式描述了山楂花的香气，说这种花的样貌和气味会让人想起在"马利亚之月"期间跪在圣母之前的情景。[11]

五月节庆祝活动现已解读为早期"异教"仪式的遗存，可能源于凯尔特人、日耳曼人或罗马人。威克姆（Wickham）写道，许多地方的教会逐渐接受了这些习俗："到 1445 年时，伯克郡（Berkshire）阿宾顿的圣十字会（Guild of the Holy Cross）已经负责举办'盛装游行、演出和五月游戏'。"来自全国很多地方的教会负责人的账目上，都包括与此类表演有关的支出和收入款项。然而在 13 世纪，诸如林肯郡（Lincoln）的格罗塞斯特（Grosseteste）和伍斯特郡（Worcester）的尚特卢（Chanteloup）等其他主教都竭力要管控这些节庆活动，部分原因在于人们会到树林里度过放荡的一夜。

虽然罗宾汉（Robin Hood）的故事在演出时有时候会加入五月节的情节，但几乎没有证据表明这些习俗在 13 世纪之前已经存在。如果这些习俗竟然能够比古罗马戏剧和"娱乐"（ludi）本身更

257

能禁受住早期基督宗教和蛮族的强烈冲击，那当然是很可怀疑的。然而另一方面，这些习俗在结构上又具有相当的统一性——在整个欧洲都有五月柱、五月女王（或男性国王）和前往森林的活动，而在纯粹的口语文化中，人们本来会预计，在如此广泛和文化多样的地区，它们应该呈现出更大的差异。是否可以把这些习俗视为圣剧发展过程中伴随的插曲，或是在五月为圣母举办的仪式的世俗版本？

考虑到迪克斯的整体气质更像斯塔布斯这样的作家，而不是赫里克这样的诗人（"科琳娜要去参加五月节"），无怪她只能很勉强地承认，"新英格兰的五月节庆祝活动并不普遍"。[12] 正如中世纪学者回望古罗马一样，她从书上看到并在许多方面钦美的那个社会与她所生活的这个社会以及她所信奉的价值观截然不同。文学与生活之间，存在尖锐的差距。事实上，五月节在她的书中基本成了青春期前的儿童节日，她描写了儿童出门去采集五月枝和五月花的场景（图9.1）。[13] 不过，早期的新英格兰也并非完全没有五月柱。1627年5月1日，人称"作家和冒险家"[14] 的托马斯·莫顿（Thomas Morton）就在他的种植园母马山（Mare Mount）立起了一根80英尺（24米）高的松木；在鼓声、大小枪声和"其他合适的乐器"的轰鸣下，一对鹿角被钉在松木接近顶端的位置。人们酿了啤酒，把一首神秘的诗张贴在木柱上，包括印第安女性在内的一群人围着它边跳边唱着"赞美诗"，沉浸在狂欢中。[15] 这已经不是第一次在美国东海岸看到五月柱了，因为1622年，"船上的人"就已经立起了一根，兼作路标之用。然而，虽然这种做法可以

图 9.1　立起五月柱。19 世纪的彩色雕版画。

（巴黎，法国国家民间艺术与传统博物馆）

得到莫顿这样的英国圣公会教徒（他向英格兰的劳德［Laud］大主教汇报）的许可，普利茅斯（Plymouth）殖民地的"一丝不苟的分离主义者"却对此深恶痛绝。此外，莫顿还被指控指导印第安人使用火器，从而打破了欧洲移民对这些武器的实质垄断。莫顿因此被捕，并被遣送英格兰。在他被迫离开期间，总督砍掉了五月柱，将他那个社区的名称改为大衮山（Mount Dagon）。谴责这些仪式的用语颇为有趣。布拉德福德（Bradford）总督将五月柱污蔑为一尊"偶像"，并将五月节庆祝活动与古罗马女神芙萝拉扯上关系，声称这位女神本是一个受到颂扬的妓女（在这一点上，他采纳

258　了基督宗教早期教父的说法）。在《圣经》的语境中，五月柱被视为"何烈山的牛犊"一类的东西。但对莫顿来说，这却是为了纪念他的敌人所鄙视的"学识女神玛雅（Maja）"而树立的胜利柱。[16]然而，他可能是从政治、宗教以及狂欢本身的思考角度出发而希望建立的"英格兰古老习俗"，被占据主导地位的清教徒牢牢压制，就像这些习俗后来也被旧英格兰的清教徒同类所压制一样。大洋两岸之间的主要区别，在于旧英格兰后来发生了君主复辟，但正如前文所述，这只在有限程度上影响到了英国的大众"习俗"。许多丢失的东西再也没有复兴，部分原因在于非国教派的信仰和实践仍在继续。在莫顿案开庭时，法庭辩论的用语很有趣。莫顿诉诸古典先例，而布拉德福德诉诸《旧约全书》中的异教场景；一方要为使用花朵和花环的正当性辩护，另一方则要谴责。这样的一场辩论，至少可以追溯到一千五百年前，以至更早。

正是因为缺乏这样的成年人节日，美国这个新国家只能把它自己的节日更多地向城镇推广，而不怎么面向乡村。仪典组织中的政

259　治成分是普遍存在的。我指的不仅是像十月革命周年纪念日那样盛大的官方游行，也不仅是类似的非官方仪典——比如对于法国7月14日国庆日的抗议游行，是像在巴黎举行的国庆日庆祝活动那样呈现出狂欢的一面，还是呈现出与之抗衡的类似当年攻占巴士底狱的一面，人们经常犹疑不决。我同时也想说，17世纪的五月节庆祝活动变成了一个政治问题；那时候，即使是像感恩节这样私下的和家庭式的美国活动，也是建立在清教徒要求取代现有节日的基础之上，而由《国会法》正式规定；第一次设立是在1789

　　　　　　　　　　　　　　　鲜花人类学

年，在 1863 年则确定了现行的日期。同样，其他国家的其他许多公共节日也是根据政府的意愿规定的，至少在一开始是这样——也就是说，这些节日最初并不是由天主教会强加给基督徒和非基督徒的节日。与韦氏词典和迪克斯的作品一样，对五月节的拒斥，以及感恩节和劳动节等节日的设立，都是定义新的社会文化单位及其成员身份这一复杂微妙的过程中的现象。[17]

迪克斯的长篇引言之后，是一小段题为"花束几捧"（Nosegays-Posies）的诗选。这两个英语单词均意为"小花束"，现在基本已经被法语词"bouquet"（即斯宾塞的"buskets"）所取代，但它们可以让人想起伊丽莎白时代文学中诗句与花朵、文字和图像的交织。因为 posy 这个词还有一个意思是诗篇或韵文；它也可以指"一个象征或象征性之物"，特指"一句简短的格言，来自诗歌的一行一段（verse, 法语 *vers*），通常有一定的语言形式，用来刻在刀上、戒指内侧或是作为纹章格言"。[18] 这个词本身就是对花语性质的总结，既是作为象征的花束，又是作为格言的诗句，二者都是范例性的浓缩陈述，其中的含义对于新手或未曾留意的听者来说都隐匿不彰。

迪克斯这本书的第三部分，也是最主要的部分，是花朵本身的词汇表，从扁桃（almond）开始。其中给出了扁桃的拉丁语、意大利语和法语名称，然后解释了其含义："扁桃是希望和承诺的象征。它还象征着警惕。"在这句断言之后，便引用了来自诗人（穆尔［Moore］、德莱顿［Dryden］翻译的维吉尔以及斯宾塞的诗作）以及梵文和散文的语录。接下来，读者便会按着字母顺序，一直看到最后的"柳树，垂柳"（Willow, the Weeping Willow）。在整本书的讨论中，与其他著作相比，花朵的象征意义与其隐喻用途和实际用途之间的联系更为直接。首先，引用的诗歌都选自英国诗人；其次，书中还提到了花朵在仪典中的一些实际使用。不过，虽然书中大多数诗人是英国人，但大多数花朵用法却来自欧陆或世界各地。美国的花朵应用则很少提及，如前文所述，在这个国家，

260　甚至连五月节都无足轻重。美国相关内容之所以缺乏，一个原因与定居在新英格兰沿岸的清教徒的"圣像破坏主义"倾向有关；他们优先考虑的事情——特别是在处置和纪念死者时——与天主教欧洲以及亚洲的做法形成了鲜明对比。

　　清教徒葬礼故意拒斥了天主教以至英国圣公会的那些更为精致的仪式。[19] 他们也拒斥了许多非宗教的做法。但是，考虑到人们必须执行某些特定程序才能处置尸体，这些行动总是会有一种形式化和精致化的趋势，也就是说会越来越仪式化，这可以通过改造早期的做法而实现。在把遗体运送到墓地，以及向出席者提供礼物时，情况就是如此。

　　与其他文化一样，一些人甚至连早期存在的这种极为俭朴的仪式所带来的少许开支都反对。约书亚·穆迪（Joshua Moody）牧师在其遗嘱中专门加入一节，要求"严格节制那些经常以吊唁或其他方式在葬礼上浪费掉的大量花销"。[20] 科顿·马瑟（Cotton Mather）认为，这种开支会导致家庭的毁灭；1721 年和 1724 年，马萨诸塞湾省专门立法，以"削减葬礼的过多费用"，特别是分发围巾的费用。[21] 就这样，通过类似于限奢令的立法，葬礼的精致化

趋势得到了抑制，就像它之前受到意识形态和社会约束的抑制一样。甚至连一些普遍的做法，也未必一定能获得认可；而且就像其他很多宗教改革家一样，科顿·马瑟呼吁人们在此类场合节省"不必要的开支"，把这些钱捐赠给慈善学校。[22] 这种意识形态一直持续到 19 世纪（今天仍然还有很大遗存）。这一时期，有一条典型的警告，敦促美国人记住"我们是共和国的成员，在欧洲一些墓地中可以见到的昂贵而装饰繁复的墓碑和雕塑不是适合我们模仿的东西"。[23] 欧洲因此成了反面教材，正如它同时也是效仿的榜样。

葬礼上似乎很少或根本不用花朵，因为葬礼是刻意维持其简单性和世俗性的事务。遗体被葬在墓地里，通常不是英格兰的那种教堂墓地，而是由市镇所有和运营的埋葬用地，只有葬在那里的圣徒所化的尘土才能使其神圣。[24] 墓地甚至可以被用作牧场，因此按照田地或公园的模式来布局总是要比按照花园或庭院的模式来布局更合适。人们有时也被葬在教堂墓地里，或是葬在教堂里面；[25] 另一方面，在美国南部，因为人口稀少，私有的土地往往会划成由单个家庭拥有的地块。由于当地惯常采用的做法，墓地会陷入年久失修的不良状态。这种忽视往往是有意为之。18 世纪与 19 世纪之交，马萨诸塞州塞勒姆（Salem）的本特利（Bentley）牧师在谈论逝者时就说道："让他们在记忆中存活，但他们的骨灰要被人遗忘。"伯克郡的诗人威廉·卡伦·布莱恩特（William Cullen Bryant）在其诗《墓地》（The Burial Place, 1818）中也解释说，清教徒没有从英格兰带来用植物打扮坟墓、装饰墓地的习俗。相反，我们可以看到：

261

成排的光秃坟墓……

其间生有劲草

抽出高大的禾穗，在风中

呼啸……[26]

坟墓上竖立的是简单的木板或墓碑，葬礼本身的环节只包括敲钟、行进到墓地，传递戒指、围巾和手套，以及饮用烈酒等。[27]其中不涉及任何花朵，无论是切花还是栽培的花卉。

这种与天主教欧洲的鲜明对比——在某种程度上与英国圣公会也有明显不同——是刻意为之的，令人印象深刻。多萝西娅·迪克斯在提到世界各地的花朵应用时，写到了法国的"极乐原野"（法文 les Champs Elysées，巴黎的香榭丽舍大道即以此命名），在那里极为繁茂的植被的芬芳树荫下，说不定哪里就葬着凡人的遗骨。[28]今天，法国的公墓一年四季都满是花朵，虽然有些是陶瓷制，有些是其他材质的假花（取决于具体地区），但在一年中的某些特定时间一定会是鲜花。

法国人可能比其他任何国家的人都更珍视对逝者的记忆，他们用最美的花朵装饰墓穴，经常更换花环，并用苗壮而昂贵的植物替换掉那些腐烂的植物……在法国最南端的一些城镇，居民们长期流传着一种习俗，会在朋友的坟墓上种花；他们只种植有芳香气味的植物，但如果逝者生前曾被某些人用邪恶的眼光看待，那么他们也会在坟墓四周播下一些出于某

鲜花人类学

种原因被人视为恶草的植物的种子，来表达自己的恨意。[29]

在今天洛特省的公墓中，花朵大多用塑料、织物或锡釉陶制成，只有新坟墓周围以及到处都有菊花的万圣节（法语叫Toussaint）期间是例外。法国并不是唯一举行万圣节仪典的国家，事实上，这些是亡灵日或万灵节活动，在万圣节之后的一天，即11月2日举办，早在1024年至1033年间就已确立。[30] 这个节日在整个基督宗教的教会间迅速传播。在意大利南部、地中海其他地区以及拉丁美洲，相关的庆祝活动更为活跃。一位19世纪的观察家就写道："在万灵节那天，那不勒斯有一种习俗，是打开藏骸室，以火炬照亮，用五月节所有隆重的饰品装饰它们；人群带着花朵，摩肩接踵地拥入这些密室，把花撒在葬着死者的壁龛周围。"[31]

在19世纪，这些地区与美国形成了鲜明的对比，到今天也依然如此，因为新教徒既不在五月举办生者的庆典，又不在十一月或其他任何月份举办死者的庆典。然而根据迪克斯的说法，英格兰并不一样，就连向死者献花，也被视为"如今在一些地方几乎已经废弃的习俗"之一。在较早的时期，在葬礼上应用花朵是诗人常用的主题。因为欧菲莉亚的自杀很可疑，因此她也有资格得到"处女花环"（virgin crants）和"少女撒饰"（maiden strewments）。所谓"处女花环"，是作为处女身份的标志而佩戴的花环或头冠，在下葬时放在棺材上，之后则悬挂在教堂里（图9.2）。[32] 所谓"撒饰"，则是要撒落在坟墓之上的鲜花等饰物，对欧菲莉亚来说，为她撒花的是王后，也就是哈姆雷特的母亲。

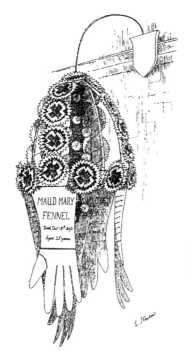

图 9.2　英国汉普郡（Hampshire）阿伯茨安（Abott's Ann）教堂的"处女花环"，19 世纪。（Burne 1833）

> 好花是应当撒在美人身上的；永别了！
>
> 我本来希望你做我的哈姆雷特的妻子；
>
> 这些鲜花本来要铺在你的新床上，亲爱的女郎，
>
> 谁想得到我要把它们撒在你的坟上！（《哈姆雷特》V.i. 236—239）

在人类的生命周期和寒来暑往的年份周期中，植物被用来标记各种通过仪式，并可用于装饰和象征。但新英格兰的人群也正如其他清教徒一样，对植物几乎不做这样的应用。事实上，英格兰的一些地区一直到 19 世纪中叶的时候也是这样。

美国与欧洲的巨大差异，主要源于其清教主义的历史。但现在，是时候把旧大陆的文化改造得适应新大陆的情况，来修正这一传统了。关于花语的书籍，便是实现这种修正的方式，这种体裁的图书及其出版得到了迅猛发展，而且和其他地方一样，在美国通常也由女性来推动。1833 年，巴尔的摩的菲尔丁·卢卡斯（Fielding Lucas）出版了《芙萝拉词典》（*Flora's Dictionary*），其作者是一位女士，真实身份为伊丽莎白·华盛顿（·甘布尔）·沃特夫人（Mrs Elizabeth Washington［Gamble］Wirt）。该书前言也展示出作者对植物科学、美学和通信的兴趣交织在一起，就像我们在法国主流传统中可以见到的那样；甚至书中那些情感也是借来的，但虚情假意的宫廷式行为遭到了拒斥，因为作者更喜欢东方那些"原始而有趣的人民"的淳朴：

> 旅行者们……向我们保证，东方人民在它们［花朵］之上看到的不仅仅是崇拜的对象。在这些原始而有趣的人民手中，花朵成了修辞之花，用比语言更温柔、更有力的方式表述着他们的情感。有了花朵，这种交流方式中就有了某种神圣的意味。这是一种宗教崇拜——以大地果实为祭品；而且，尽管它是针对一个世俗的目的，但其中仍然保留着某种属于宗教仪式的神圣情感，很可能是从仪式那里借来，并且伴随着一种更真实、更深刻、更感人的虔诚，而绝对不是欧洲宫廷的那种虚情假意的殷勤——哪怕是备受吹嘘的骑士时代，这种殷勤也不过尔尔。不管是欧洲还是美国，在所有现代礼仪中，能有哪一

种礼仪优雅如画，堪与波斯年轻人向他的情人优雅地献上玫瑰媲美？又有什么样的语言，能够把恭维表达得如此微妙精致？如果我们想要进行一种更有趣的交流的话，那么东方情人的无声雄辩，岂不是比其他国家使用的那些笨拙尴尬的声明要更精致、更有诗意、更感人！送花，岂不是比演讲容易得多的事情！

吸引作者的东西，是一套简单而普世的符码；而这本书在本质上就是要试图重建"这种东方的神秘语言"。她和其他作者一样，实现这个目的的方式是研究英国诗人的语词、花朵的名字及其各种特性。一些意义是她"任意设定的……之所以有这个必要，是为了能够让这种象征性语言范围足够广、意义足够多"。而她为这些象征所做的辩解同样也是任意的。

在这本书中，论"植物结构"的植物学章节位于开头，而不是结尾。在这一部分之后便是"芙萝拉词典"，其中还列出了一系列引语，与情感有关，却与花朵无关：

Acacia, Rose *Robinia hispida* [毛刺槐]	友谊	要是我发誓帮助一个朋友，我一定会帮助他到底。 ——莎士比亚

在这本书的结尾，我们可以见到一个列表，题为"花的奉献"，摘自霍恩（Hone）的《每日手册》（*Every Day Book*）；这个列

表给出了一年中的各个日子、圣徒纪念日以及献给每位圣徒的花。[33] 最后，"索引"也把"情感"或"意义"与合适的花卉汇总在一起（情感和象征在全书中一直是关键词），相当于法国的花语列表。

Absence［失陪］   百日菊

Activity［活跃］   百里香

Affection beyong the grave［死后的爱恋］   刺槐

……

    另一部更典型的著作则更为接近法国传统，这就是凯瑟琳·H. 沃特曼（·埃斯林）（Catherine H. Waterman［Esling］）的《芙萝拉字典：对花语和花之情感的解读，并有植物学概述和诗歌导论》（*Flora's Lexicon: An Interpretation of the Language and Sentiment of Flowers: With an Outline of Botany, and a Poetical Introduction*），1839 年在费城出版。这本书的开篇"宣传语"谈到，花语"最近吸引了如此多的关注，以至于人们似乎觉得，熟读花语即使不是礼貌教育的重要组成部分，至少也是一种优美高雅的修养"。因此，一本提供"这些意义的完整解读"的书，在绅士或淑女的藏书中很有价值，因为这些知识在美国已经成为社交活动中颇受欢迎的谈资，正如在欧洲一样：

    每朵开在人们眼前的花

265

都有它的语言，

这是不出声音的魔法

就藏在花朵里面；

这本《字典》从 Acacia（刺槐）开始，给出了其植物学上的学名（*Robinia pseudacacia*），以及林奈分类系统。在这个条目之后是一段评论，直接摘自夏洛特·德拉图尔的法文版本，但因为这本书是在费城出版的，看上去更古怪。沉默的"野蛮人"的行为，再次比老于世故的言辞更为受人欢迎：

> 北美洲的野蛮人把刺槐奉为贞洁爱情的天才；他们的弓是用这种树的不腐木材制作的，他们的箭上也安有一根刺槐的刺。森林里这些凶猛的孩子不会被任何东西征服，却怀有一种微妙的情感；也许这是他们无法用言语表达的东西，但他们会用一枝开花的刺槐来表达，从而理解这种情感。年轻的野蛮人就像城里的风情女子一样，完全理解这种诱人的语言。[34]

虽然东方被视为花语的主要来源，但其中也有很多归于原始人的内容；这种观念并非出自民族志博物馆。然而，显然包括在这些所谓"原始人"之中的东方，不仅提供了象征意义，而且还提供了花卉本身，比如土耳其的郁金香、中国和日本的菊花、印度的素馨等。欧洲人以及美国人有一种有趣的自负，就是即使在这两个地方发生任何重大的产业变革之前，他们都有一种根深蒂

　　　　　　　　　　　　　　　　　　鲜花人类学

固的感觉，觉得东方这些主要文化是低等的、原始的。尽管美国当时积极地推动新英格兰的冰块贸易，以换取中国出口的精细商品，但中国人仍被与美洲原住民归为一类。这正如今天，所有这些"他者"同样也全都归于所谓的"第三世界"一样。在根本上，这种分类与日本人对待"南蛮"或中国人对待"洋鬼子"的态度并无二致。无论哪种情况，这样的观点都扭曲了文化理解和理解文化的性质。

在有关刺槐的议论之后，则照例是诗歌引文，来自穆尔：

> 岩石嶙峋，但刺槐于其间
>
> 微笑着舞动黄色的发辫……

266

这首诗对作者所说的情感再次没有丝毫暗示；下一段关于贞操的引文，则表达了一种与此花无关的情感。虽然作者在寻求形式上的对应，但对材料的处理留下了许多空白、许多不一致性和很大的想象空间。

若按着字母表的顺序通览正文，最终我们将会看到位于末尾的条目——Zinnia（百日菊），意味着失陪，之后则是几页有关植物学的内容。全书最末照例是"花卉索引"：

Acacia［刺槐］	柏拉图式爱情
Acacia Rose［毛刺槐］	优雅

此外还有作为其补充的"解读"：

Absence［失陪］　　　　　　苦艾

Absence［失陪］　　　　　　百日菊

直到最后这条：

You are my Divinity　　　　流星报春

［你是我的神］　　　　　（American Cowslip）

则意味着此书将外国产品本国化的进一步尝试。

　　这个把外国观念本土化的美国化过程，在 S. J. 黑尔（Hale）夫人的《对芙萝拉的解读：美国花卉与情感手册》（*Flora's Interpreter, or the American Book of Flowers and Sentiments*）一书中继续进行。该书于 1832 年在波士顿首次出版，其目标变得更为明确。这位女作者在谈到她这部作品时说："我在其他方面都没有新的尝试，但在编排上有所不同，此外还引入了美国人的情感。也许自从我们最早的父母在上帝自己种植的花园里照料他们的花卉开始，花卉就一直是情感的象征。因为这种联系，花卉似乎是神圣的。"[35]

　　通过把花卉与伊甸园联系在一起，从而将基督徒的一种专门的"美德"赋予花卉，尽管与花语的土耳其根源多少有些矛盾，却是常见的想法。然而正如前文所述，在《创世记》中，伊甸园里只有分别善恶树和生命树，此外还提到了杂草，也就是那些"不得其地的植物"，但根本就没提到花卉。花卉更适合于天堂乐园的观念，而这个观念来自波斯。[36]

黑尔夫人的著作开头是 5 页的"植物学解释"，之后才是正文"对芙萝拉的解读"，其中开列了花卉及其意义（'Significations'，比如银荆［Acacia, Yellow］，隐藏的爱），之后引用诗人的作品作为权威来源（就银荆而言是穆尔的诗），再之后则是题为"情感"的一节，由美国诗人的精选诗句构成，讨论相应的情感。不过，意义本身的权威性却大都来自美国以外的欧洲。与法国的花语一样，267附加在具体花卉之上的意义的地位也是可疑的。在不同的词典之间所存在的差异，意味着这些意义并不属于任何单一的持久性文化符码，对于这一点，黑尔夫人心知肚明。与其他人一样，她也声称自己"认真检索了以东方风格写作的诗人和作家，这种风格到今天仍然把花卉当作心灵的信使"。[37]由于这些意义因作者不同而不同，于是她选择了那些在她看来最恰当的意义，它们大都以黑尔夫人的美国前辈迪克斯和沃特的著作为依据。[38]一种传统就这样处在成形之中。

在前言中，她解释了自己的写作过程："每种花卉所关联的意义，通常以欧洲作家为权威来源……他们是一群老年人……但对于情感的表达，我更喜欢……美国诗人，我认为是时候让我们的人民用美国的情感和习语来表达他们自己的情感了。"[39]她总结道："我把我的书献给美国的青年。愿它激励我们的年轻女士，去培养她们的那些可以用森林里的花朵来充分体现的美德，愿它激励我们的年轻男士，去修炼他们的心灵，直到我国的土地因为天才的创造力而变得美丽。"

第九章　外来观念的美国化

这本书以有关"花卉诗"的一节结尾，其中有一首诗题为《带野花看望病中友人》（With Wild Flowers to a Sick Friend），其作者西戈尼夫人（Mrs Sigourney）这样写道：

> 如果越来越多的温室贵族蹙额，
>
> 高傲地俯视你的平民美德，
>
> 不要畏缩……[40]

还有一首诗的标题是《致一朵白菊花》（To a White Chrysan-themum），摘自《女士杂志》（Ladies Magazine），开头一句是："友谊的佳赠！"在这两首诗中，前一首表达了对花文化中存在等级差异的一定认识，体现为诗人认为赠予野花而非切花是一种需要道歉的行为。虽然这种情感可能是一般人承受了鲜花销售行业的销售压力（他们名下有许多这样的发明）的早期迹象，但这首诗也是从阶级的角度，对用在花朵上的炫耀性消费所做的评论。后一首有关菊花的诗则表明，虽然在法国和意大利，菊花的应用已经有了特殊含义，也即认为把它作为赠予生者的礼物具有负面价值，但这种思想并没有传到美国，实际上也没有传到英国，部分原因在于新教徒试图恢复早期基督宗教的简朴状态，于是彻底根除了万圣节这一习俗。最后，这本书照例以"花卉索引"和一份"解读"收束，在某种意义上，可以说这是对全书内容的总结，也是黑尔夫人为她尽力想要教育的年轻女士开列的"备忘录"。

这种体裁的美国作品此后迅猛增多。1842年，露西·胡珀

（Lucy Hooper）编写了《花卉与诗歌女士手册：另附植物学导论、完整的花卉词典和专论室内植物的一章》（*The Lady's Book of Flowers and Poetry; To Which are Added, a Botanical Introduction, a Complete Floral Dictionary and a Chapter on Plants in Rooms*）。她声称，花朵是"天使的字母表"，可以"使昏花的眼睛明亮，使疲惫的心灵放松"。[41] 这本书再一次收录了许多作者的贡献，并试图涵盖诗歌、植物学和花语等多项内容。对于花语，书中照例采取了花卉词典的格式，比如：

> 万寿菊——粗俗的心灵……
> 美国榆——爱国，
> 美洲椴——婚姻，

尽管这套词汇显然并非美国所独有，但它们所指的这套意义概括了本土价值观的常见特点，其中可能还包括"种族主义"的元素。

  在美国出现了更多有关花语和相关主题的作品。[42] 同样，它们也都呈现了我们在欧洲观察到的那些总体倾向，即科学传统、宗教传统和神秘学传统，但对道德主题更为强调。[43] 这些作品里面很多都包含科学元素。玛格丽特·科克斯（Margaret Coxe）的著作《花的象征：来自花朵的道德简说》（*Floral Emblems: Or, Moral Sketches from Flowers*）于 1845 年在辛辛那提（Cincinnati）出版，则强调了宗教传统，但该书显然并不会引导人们去崇敬圣母马利亚,而是崇敬基督本人。其开篇语就奠定了全书基调:"我们的救世主尚在人间时,曾派他的门徒到原野的花丛中去,好聆听他想要传授给他们的一些最宝贵的教训。"[44] 她的意图在于"引领我国的年轻读者以基督教的原则研究大自然的作品"。[45] 事实上,这本书与其他有关"花的象征"的作品非常不同,是用散文写成,专门针对年轻人,通过一系列事例来进行道德说教,其中很多事例来自她本人的经验。

神秘学传统在美国也有代表作,其呈现形式之一是塞缪尔·A.比尼恩(Samuel A. Binion)的《叶花创作学》(*Phyllanthography*, 1909)。其作者曾从波兰语移译了显克微支(Sienkiewicz)的《你往何处去》(*Quo Vadis*)等作品,之前还写过《古埃及或米兹赖姆》(*Ancient Egypt or Mizraim*, 1877)以及《喀巴拉》(*The Kabbalah*),因此完全有资格再对"用叶和花来书写的方法"做一番阐述。[46] 他提到自己曾经做过有关文字发明的讲座,当时一位女性听众评论道:"如果有人能发明一种用于装饰的图画字母表……就好了。"[47] 不过在这本书中,比尼恩并没有提供完整的花卉字母表,而且只选中了玫瑰这一种植物,用它来创造 26 种不同的组合,然后便可用来翻译拉丁字母语言,比如"玛丽"(Mary)这个名字就可以这样翻译出来(图 9.3)。虽然他这本书中的神秘性与法国人的作品不是一个路数,但它同样借助密码学提出了一种新类型的知识,哪怕只是纯粹用于装饰目的。

美国人对花语的这种兴趣看上去似乎为时不长,但其实相当持久。如今,在法国、英国和美国仍不断有新书问世,其中包含的

图 9.3 用花叶文拼写的人名"玛丽"。
（Binion 1909）

种种版本的花卉意义，人们即使不在现实中应用，也会细读。[48] 花语不仅传播到了很多地方，而且人们开始将它视为自己的文化，虽然会略作改造以适应本地的情况，但仍然保留了主要的文本形式和内容。

美国化的过程

欧洲是"老年人"，东方是"原始人"，只有"美国青年"才是未来的希望，这些都是 19 世纪美国花语中可见的一些主题。青年人需要用世界的方式、世界的"语言"以及大自然本身来培养，为此就需要向国外学习借鉴。但与此同时，这些欧洲习俗必须美国化，并且这个新国家在文化需求上有始终如一的坚持，因此对花语的改造与节日制度和拼写改革一样重要。独立意味着趋异，意味着发明传统，或者更确切地说是发明了传统的改造版本。这种传统受到了清教徒遗产的强烈影响。虽然花语本来不太可能起源于一个当时对它关注甚少的国家，但美国人在对待它时似乎比欧洲人更严肃、更具道德目的，强调花语可以用于激励美德，促进教育，为新国家定义价值观。然而与此同时，花朵本身的应用在很大程度上仍然默默处在乏人问津的状态中。在美国习俗中，花朵不在场的现象相对更为明显，并一直延续至今；也许更合适的做法，是将花语当成一种纯粹的文学演练，让文学内和文学外的两种生活拉开距离。

270

花束背后所潜藏的道德观念，在一定程度上解决了当地清教徒传统与采纳同时代的欧洲做法这两方面之间的矛盾。就连季节的流逝，也被认为不仅是神的旨意，也不仅是自然的安排，还具有清教主义式的美德和审美上的吸引力。正如布雷克（Breck）《年轻的花商》（*The Young Florist*，1833 年出版于波士顿）中的亨利（Henry）所说："如果我们拥有永恒的夏天和接连不断开放的花朵，我们可能很快就会对时令漠不关心，认为它们没什么价值。"清教徒遗产的力量，以及由此引发的创造高雅文化传统的问题，怎么夸大都不为过。在英国的共和国时期，清教徒的斧头就砍掉了英格兰的公共戏剧表演，爱丁堡的剧院也因此关闭了两百年。在美

271

国，公共表演在这个国家刚诞生时就被扼杀了。直到18世纪中叶，我们才能见到有戏剧公司在弗吉尼亚巡回演出，尽管在此之前，在这片殖民地上也有一些业余表演。[49] 新英格兰花了更长的时间来改造旧文化，《奥赛罗》(*Othello*) 在该地区的首次演出就被宣传为"一部五幕的道德对话"。由此也可以预见，当地作者开始原创时，会推出什么样的作品。1787年，一部叫《对比》(*The Contrast*) 的戏剧，主题便是"扬基佬的诚实战胜了外国佬的做作"。然而，花文化却恰恰与这些外国佬的做作相关联，与奢侈、高雅文化甚至异教相关联。它在北美的出现，因此经历了一段漫长而艰辛的旅程。[50]

美国实践

花园

在早期的新英格兰，花朵并不是社会生活的重要组成部分；[51] 起初，人们连种植不可或缺的农作物——特别是殖民者习惯食用的小麦和大麦——都很困难。不过有报告说，在17世纪30年代，塞布鲁克 (Saybrook) 的芬威克 (Fenwick) 夫人种植了一座花卉和芳草的花园，而约翰逊 (Johnson) 在1643年声称"不久之前，在村庄的家庭地块上，花园已经与菜园相伴"。但正如安·莱顿 (Ann Leighton) 所指出的，17世纪的花园和其中的花卉主要供"食用或药用"。尽管人们也常常为植物赋予神秘的意义，但园艺是一项严肃的工作，并非以华丽的产品为标志。对那时的大多数人来说，花朵首先是功利性的、教育性的，但很少具有世俗意义上的装饰性和象征性。

272　　新教对花园和花文化产生了什么影响？莱顿把人们相对来说较为索然的兴趣归因于那个时期英格兰人与法国人思想的差异。英格兰人认为，个人的快乐不足以作为从事任何事业的理由，特别是王室和贵族，这种念头更为强烈。在英格兰，有关园艺的印刷书籍面向的是市民阶层的读者，他们已经为花园的民主化做好准备，或者说不管怎样花园都会由其他社会群体所接受。换句话说，莱顿认为新教的影响是高度情境化的，是对奢侈文化的不满。事实上，反对者非常愿意接受这种文化，但清教主义的意识形态可能有着更坚实的基础，并没有那么容易推翻。

　　在早期的马萨诸塞州，种植花卉的部分正当理由，在于它们主要用于医药目的。直到 18 世纪晚期，我们才听说佛蒙特州的女园丁被称为"了不起的花匠"，在花坛里生产清一色的"值得进天堂乐园的花"，而不是把它们五颜六色地混种成一团。[52] 当时，费城的富裕居民继承了彭威廉（William Penn）的传统，以"正宗的欧式风格"从事园艺。[53] 至于美国其他地区，19 世纪前期的一位作家伯纳德·马洪（Bernard M'Mahon）声称，虽然美国人既睿智又富有，但与人们的期望不符，"美国在园艺方面还没有取得迅速进步"。[54] 不过，虽然清教主义遗风犹存，人们也执着于更为功利的目标，但这些态度还是在全国范围内开始发生转变。

　　安·莱顿论美国花园的著作第二卷的副标题是"应用还是消遣"（*For Use or for Delight*），引自约翰·帕金森（John Parkinson）

的著作《乐园》(*Paradisus*),就表达了 18 世纪花文化的变迁。但她所介绍的这些花园主要位于新英格兰以南的殖民地,那里的态度和气候都与新英格兰有很大不同。首先,那里的移民并不以清教徒为主。从弗吉尼亚的早期报告中就可以看出这种差异;与新英格兰不同,该殖民地以圣公会占据主导地位。诚然,因为教会内部有一个清教徒政党,所以日内瓦的改革宗最初在此有很强的影响力,对遵从教义甚为强调,然而这里的气氛终归不同。1610年,当第一任总督特拉华勋爵(Lord Delaware)前往詹姆斯敦(Jamestown)教堂时,一位司事在尖塔上敲钟,向当地居民报信。总督正襟危坐,听牧师在讲坛上布道;这座教堂有用于洗礼的圣洗池,其内部则"不断散发着芳香,装饰着各种各样的花"。[55]

与此同时,弗吉尼亚人又与英格兰保持着更紧密的联系,以更大的规模参与植株和种子的交流。18 世纪初,罗伯特·贝弗利(Robert Beverly)观察到,薰衣草和"七月花"(康乃馨)之类英格兰的本土植物在新英格兰长势不好,但没有什么花草"在弗吉尼亚州以流产告终"。[56]物理环境上的对比是非常明显的。至少在统治阶级中间,南方的花园里会有花坛,蜂鸟会在那里舔食嫩叶上的露水和蜜汁。伯德(Byrd)上校的花园是"全国最好的花园",里面有一座凉亭,周围种着硬骨凌霄(Indian honeysuckle),"整个夏天都持续不断地开满了芳香的花朵"。[57]贵族出身的贵格会成员(Quaker)彭威廉,曾将花籽寄回英格兰,送给"一个有品味的人……供他试种",但他自己也试过驯化当地野生植物,好让花园中不是只有之前从英格兰带来的蔷薇。[58]

273

其他地方也有人做过类似的努力，但总是收效甚微。约翰·劳森（John Lawson）在1709年写道："卡罗来纳的花园还没有建好，但已经达成了一种非常贫乏和空洞的完善状态。我们只有两种蔷薇、康乃馨、堇菜、千穗谷［Princes Feather］和'三色花'［Tres Colores］。除了这些花之外，在当下的花园里，我就不记得还有别的什么花了；但对于这个国家那些自开自落的野花来说，大自然是如此慷慨，在那些珍奇花卉里面，我连十分之一的名字都叫不出来。"[59]正是这种丰富的本土植物区系，而不仅仅是丰富的花卉品类，导致英国皇家学会成员和其他很多人都对美国植物怀有浓厚兴趣。

美国东部庭园和公墓的现状，不只是源于新英格兰的清教主义背景。新英格兰人的墓地有一种整齐的优雅，在国外十分有名，但他们更注重树木和草坪，而不是花朵。花园也是如此。在欧洲人眼中，花坛在那里并不常见。气候因素在其中起了一定作用，因为新英格兰的夏季炎热，冬季漫长。很多花园都给人一种次生林的感觉，其中的花朵饱受较大的野生动物和更小的害虫的摧残，因此花卉的种植需要花费大量时间精力。有时，除了富人之外，人们可能还有一些挥之不去的感觉，觉得种花意味着放纵了私人的享乐，却牺牲了公共利益和个人的救赎。于是公民美德便与宗教一起牵涉其中。

19世纪颇有影响力的园艺师 J. 斯科特（Scott），曾经命令他的市郊房东把"前院"对外开放，不要支起绿篱，因为那是"非基督教的，对邻居不友好"，但他也把花坛视为女性服装上的花边：

"太多不得其所的装饰，会破坏礼服的精致。"[60] 类似的情感也渗透到花朵的其他用途中。一位波士顿花商曾在一位屠夫的葬礼上将花朵装饰在一头小公牛的头上，结果引起了当地女士们的愤怒；她们对这些"乱七八糟的花"提出了抗议。[61] 这些反对意见反映了人们对"过度"应用花朵的怀疑。尽管来自天主教国家的移民如此之多，但这些疑虑仍然对花文化产生了深重影响。不过，美国的商业花卉种植倒是不受影响，在质量和价格优势上都后来居上。1989 年 1 月，香港欢乐谷的一位花商出于这两方面的原因，更愿意从美国而不是荷兰采购玫瑰切花——与欧洲大部分地区相比，在美国受到明显限制的，只不过是花朵在礼物赠授和仪式上的应用。一位在洛杉矶和纽约长大的老于世故的美国人评论道："美国人不像欧洲人那样适应这些东西。"这话里面有某种自嘲，因为这种观点在一定程度上源于美国人对欧洲人思想所持有的那些无甚根据的观念。但就为死者献花的情况来说，经常有人做出类似的观察。美国考古学家亚谢姆斯基（Jashemski）注意到了庞贝城周边现代公墓和古代墓地之间的连续性，她写道："给美国游客留下的最深刻印象是，无论何时参观公墓，每座坟墓上都装饰着一束鲜花。在坎帕尼亚炎热的阳光下，这意味着一周必须多次带来新鲜的花束。"[62] 不过，即使在新英格兰和新教英格兰之间，以及美国内部不同地区之间，也存在着很大差异。

公墓中的图像

在清教宗派取得政治权力的地区——尤其是新英格兰——清

教徒意识形态产生了特别强烈和持久的影响。不仅对于节日和花朵是这样，对图像也是这样，特别是那些试图呈现神的形象的图像。18 世纪初哈佛大学校长塞缪尔·威拉德（Samuel Willard）曾就语言、象征和圣像与神性的关系发表了很多看法。上帝之道是受欢迎的；但圣像是不受欢迎的：

> 因此，通过任何有形的相似性来呈现神的本性，是多么不恰当：我指的是使用任何可见的、具实体的物质的图画或形象，以及，单单出于礼貌或是挚爱——也就是说，仅仅是作为装饰，或是作为某种想象——就想在任何事物中灌注虔诚的感情。人怎么可能会一直紧紧地尾随着圣灵？谁又能正确地破解不可见者的形式或形状！假装能把天使的肖像提供给我们的做法是愚蠢的，但提供上帝的任何图像或形象呈现却是疯狂和邪恶的：除了在十诚第二诚中明令禁止之外，上帝已经通过摩西向他的人民发出了多少郑重的警告！上帝宣称，这是一种偶像崇拜。[63]

实际生活中，这种圣像恐惧症只会在礼拜堂里面发作。

正是在以死亡为中心的仪式中，新英格兰重新出现了图像的制作。甚至在该地区早期，人们就会用马拉的灵车把遗体运到墓地，灵车上挂着长袍，其上绘有长着翅膀的骷髅头和其他象征符号。人们送出手套，作为参加葬礼的邀请（就像婚礼邀请一样），275 某些出席者还会得到金制的吊唁戒指，其上也呈现着骷髅头形象。

唯一的音乐是丧钟。仪式尽可能从简，以消除死者之间的差异。1631年，约翰·威弗（John Weever）发表了一篇题为《古代墓碑》（*Ancient Funeral Monuments*）的论文，其主题是英国的丧葬习俗。该论文直指清教主义对死者墓碑的破坏行为。这些墓碑及其竖立地点都是根据死者在社会体系中所处的地位量身定制的。在新英格兰，人们也正如旧英格兰的同宗派人士一样，在很大程度上废除了这种差别，取而代之的是统一的待遇，因此公墓看起来更像烈士陵园。然而，牧师们又开始获得比其他人更精致的墓碑，不同的风格逐渐出现。在英格兰本土，人们采用了古典主题，威弗因此谴责了当时进口的裸体塑像。骨灰瓮、花环和类似的母题在城市教堂墓地中占据了主导地位，甚至在马萨诸塞州的偏远公墓中也能见到。[64] 这种发展在一定程度上避开了宗教改革者强力禁止的专属于基督宗教的形象体系。尽管一些新教徒对花冠和花环这种"异教徒"标志持有矛盾态度，对早期人文主义者和后来的学者如此大量使用的这些象征符号也持有矛盾态度，但他们还是被迫使用了这些标志，以免用到宗教意象（也就是基督教意象）。

　　1560年左右，英格兰贵族开始使用这些符号，以避免宗教改革者亵渎他们的坟墓。[65] 但在约翰·威弗对英格兰尚存的坟墓中的图像和铭文开展大规模调查之时，也出现了这样的情况："几乎没有任何宗教形象体系残存下来"，连头骨加交叉长骨之类表面上"可以接受的主题"都是如此。据威弗的说法，这些"清教主义"宗教改革者的圣像破坏运动进行得如此彻底，以至于他们宁可选择在"一些空荡荡的谷仓"中礼拜，而不是"他们坚信已被巴比伦妓女干的可憎之事所污染"的教堂。[66] 但清教徒反对的不只是形象呈现和仪式，他们还拒绝现存的任何体现出差异的丧葬习俗。死亡面前，人人平等。但在活着的时候，那些类似平等主义者的想法也影响到了世俗事务的处理。

大约从 1668 年开始，也就是清教徒势力在英格兰衰落之后，新英格兰的墓碑上经常刻有各种各样的物体，包括灵魂和天使。然而这些墓碑通常非常朴素，就像教堂或礼拜堂一样，甚至连十字架都很少使用。带装饰的墓碑的发展，以及对清教徒应对死亡时那种较为严格的方式的摒弃，在新英格兰似乎比旧英格兰发生得更早，斯坦纳德（Stannard）将此归因于当地社区的封闭性，这导致人们对创立社区的"区父"们十分关注。[67] 然而比起天主教国家来，并不能说其形象体系或仪式体系因此有了巨大发展。到了一定时候，便有人提出抱怨，抗议城市墓地的年久失修；之后，人们便在 19 世纪 30 年代接受了这些抗议，发起了乡村公墓运动，就像在英格兰（以及欧洲其他一些地区）一样。波士顿的奥本山（Mount Auburn）公墓建于 1831 年，旨在提供"永久家园"，并取得了巨大的商业成功；相比之下，只有法国公墓中的某些坟墓被标记为"永久使用"，其余墓地则要从市政当局那里租用。[68]

众所周知，新英格兰的墓地一直延续着俭朴的风格。即使在美国东部的天主教墓地，除了新墓地之外，其周围的花朵祭品也很少。对新教徒来说，甚至对天主教徒来说，万圣节和万灵节的意义都不大；而且与苏格兰一样，万灵夜已经退化为一场带有异教色彩的儿童世俗表演。但天主教的墓地并没有显示出任何较大的差

276

异。只有在墨西哥移民占主导地位的美国西部一些地区，我们才能发现在这两个节日期间，家庭成员会特意拜访墓地，而这样的纪念活动也是意大利和法国乡村生活的习俗。[69]公墓中还出现了有趣的地域文化差异。加州一些人会在节假日装饰坟墓，在圣诞节时用冷杉树和一品红，在圣瓦伦丁节则用红玫瑰和其他爱情的象征，从而将死者融入生者的节日中；但即使在今天，新英格兰的许多人也不赞成这类做法。

清教徒反对天主教对十字架的态度，正如他们反对塑像、圣徒遗骨和各种图像的运用一样；其他新教徒较为温和，但也有类似的倾向。在早期基督宗教中，十字架本来很少被公开用作其象征，但后来君士坦丁废除了把钉十字架作为一种刑罚，又把它与代表基督名号的符号⚜一并推广使用。早期的十架苦像展示的是基督在与邪恶和死亡的力量较量时所取得的胜利，但到10世纪后期时，人们开始描绘耶稣受难的形象。在罗马式十架苦像中，耶稣头上戴的是王冠；而在哥特式十架苦像中，他头上戴着的则是荆棘冠。[70]

在宗教改革时期，形象体系发生了变化。虽然路德宗的教会保留了十字架的仪典和装饰用途，但其他改革宗的教会一直抗拒其应用，直到20世纪才有所松动。于是十字架符号（圣公会洗礼仪式除外）和十架苦像成了罗马天主教信仰的标志，而不是整个基督宗教的标志。结果，新教公墓的墓葬建筑倾向于采用朴素的墓碑，而不是天主教地区更常见的十字形墓碑。总的来说，十字架的应用，特别是作为一种雕塑元素的应用，在新英格兰仍然是天

277

主教公墓与新教公墓之间的对比差异的体现，就像这两大宗派的发源地之间的差异也可以以此衡量一样。[71]

公墓的花朵

在新英格兰，公墓通常由市政府管理，后来则由私人公司管理，这些公司对人们能做什么和不能做什么都有严格的限制。前文已述，公墓与其说是花园，不如说是公园，基本上由草坪和镌刻有铭文的墓碑组成。如今，那些平坦的碑石平放在土中，上面覆盖着草屑或落叶，更是强化了这种印象。为了节省维护费用，大型剪草机一边将草坪修剪得很好，一边也让任何植物都不可能自由生长；连切花也只在前后两周的剪草作业期间才能保留在坟墓上。[72]

但这也不只是一个技术问题。即使是墓碑为竖立式的公墓，也呈现出类似的外观。不仅如此，公墓入口处的告示往往会声称，鲜花将在摆放一段时间后被清理掉。圣巴巴拉的加略山（Calvary）公墓就通知："每周三将清理掉所有的花。"该公墓还禁止使用假花、盆花和花环，只允许摆放以标准化花瓶盛装的切花。但到了星期三，它们一样会变成"尘土"，成为被车运走的垃圾。纽黑文的圣劳伦斯公墓也是如此，这一家也是天主教公墓。新英格兰的城市公墓要求更为严苛，部分原因在于一些考虑到市容市貌和维护成本而制定和实施的法规，部分原因则在于这种情境下人们对于花卉应用的内在态度（图 9.4）。如今，新的墓地上会放有很多花朵，但除了这些墓地之外，公墓里就几乎没有花。较古老的墓地只呈现出单调的景象，只见绿色的草坪为灰色的石板提供着乡村般的背景。

图 9.4 纽黑文的圣劳伦斯天主教公墓，1988 年。

即使在节日期间，人们也很少来纪念死者。在美国西部，这种情况正在变化，这在一定程度上似乎是受了花商的怂恿，但也不能忽视西班牙传统和温和气候的影响。在新英格兰，虽然传统上人们也庆祝万圣节和万灵节，但相较于法国和意大利的公墓在这个时候满是鲜花，新英格兰的天主教公墓却几乎没人献花，因此墓地鲜有亮色；事实上，这些公墓总的来说是由官员而不是个人 278 保持整洁的。在加利福尼亚州，虽然人们在一年中的这段时间以及其他时候都对墓地更为上心，但与意大利仍有很大差距。

为了进行一些粗略的比较，我对过去 50 年中逝者的坟墓做了统计，有献花的坟墓所占百分比在某种程度上可以用来衡量花文化的"深度"。这些结果凸显了南欧与美国之间的惊人差异：

公墓地点	有献花的坟墓所占百分比
西马萨诸塞州（早期重建）	0
纽黑文惠特尼维尔公理会 （Whitneyville Congregational）	1%—3%（主要是鲜切花）
北卡罗来纳州罗利奥克伍德 （Raleigh, Oakwood）	5%（主要是假花）
加利福尼亚州	20%—25%（鲜花，以及金属挂饰）
法国洛特省	100%（90% 为假花，万圣节除外）
意大利贝拉焦（Bellagio）	100%（90% 为鲜切花）
德国柏林	100%（90% 为绿植）

我将在下一章中讨论由这一巨大差异做出的一些推论。这里值得补充的是，造成目前这种状况的部分原因在于 19 世纪美国在城外建立公墓的运动；这场运动的理由部分是出于审美考虑，部分是因为城镇过度拥挤，但主要是出于健康原因。

花店

在加州，房屋中的花朵像公墓中的花朵一样显眼。一年到头，鲜花在商店和花园都有售，花店比比皆是。圣莫尼卡每周集市上的鲜花摊位生意兴隆，挤满了顾客——主要是女性——为其家庭和办公场所购买鲜花。森林草坪（Forest Lawn）公墓甚至还有自己的花店，很多超市也有鲜花出售。

美国东部的超市也是如此。那里同样也有街头小贩，构成了城市市场的另一个成分。1987 年秋在纽黑文，耶鲁老校区周围就有四个卖花小贩，有人一直工作到深夜；其中一个小贩面向生意人，两个面向学生，第四个则面向更一般的公众。面向学生销售的主要是原产于新英格兰的玫瑰；许多卖给商业机构的鲜花则是装在纸箱里的康乃馨，从欧洲和其他地方经由迈阿密进口。这些街头小贩的存在，表明鲜花的日常应用构成了稳定的市场。

但另一方面，花店生意的大头还是在于主要节日。根据20世纪30年代的一本手册，感恩节最受欢迎的切花是玫瑰和菊花；[73] 花店在圣诞节尤为繁忙，因为这是一个"人们普遍要送礼的日子"；圣瓦伦丁节的销售面"一直在扩大"，不仅已婚夫妇会相互送花，孩子也会送花给母亲。从那时起，圣瓦伦丁节已成为购买切花的主要日子，其象征意义远远超出了性爱。[74] "众所周知，复活节是赚钱日"，特别是"宿根植物"相当好卖，因为在周日，人们会佩戴麝香百合（"复活节百合"）做的花束。母亲节的花"一年比一年更有价值"，"不过也受到了其他行业的蚕食"。[75] 节日的鲜花销量之所以会有这样的总体增长，部分原因与宣传有关，也就是业内所说的"教育公众"。这就要求改变公众的品味。"如果教育公众佩戴其他鲜花，而不是传统的康乃馨，可以让销售变得更容易。事实上，很多花店完全不卖康乃馨。"[76] 因此，花商故意在商品中去掉了传统的、价格较低的康乃馨，利用人们在母亲节这天产生的情感，从而最大程度地提高销量。俄亥俄州立大学花卉园艺学教授劳里（Laurie）就写道："对母亲之爱的心理效应，是鲜花购买行为的强大刺激。"

然而，阵亡将士纪念日"对城市花店来说并没有多大价值"；不过，在公墓附近的商店里也能成交一些生意，特别是为墓地准备的花圈和花束。这一仪典是为了纪念那些在内战中牺牲的人，其他战争的幸存者会穿过城市街道，游行到当地的公墓。因此，人们会利用这一天（在 5 月末）来纪念所有逝者，而不仅仅是牺牲的军人。在很多地方，人们在这个时候放置在墓地上的东西通常是小国旗（在整个美国，人们都广泛使用国旗，它具有重要意义），而不是鲜花。不过在美国部分地区，人们则用鲜花来装饰家人的坟墓。例如在明尼苏达州，纪念游行会在公墓结束；那天上午，人们会把从自家花园或野地里采摘的鲜花带到那里。对于花店的生意来说，这样的习俗自然意义不大。对家族中逝者墓地的这种关注，又取决于该地区是否还留有一些后代；如果还有的话，那么外地亲属可以每年给他们打款，请他们代为献花。不过，专业花商也可以提供同样的服务。[77]

花朵的许多这类用途都是相对晚近才出现的，即使葬礼用花也是如此："今天，它们（鲜花）是主要的哀悼象征，也是全国开销里的大项，但直到 19 世纪中叶之后，它们才在英格兰和美国出现，也正是那时，它们终于压过了教会领袖的反对意见。"[78] 事实上，花在伊丽莎白时代就有应用了；尽管清教徒不喜欢这种祭品，但他们这种态度在公众中的影响力是逐渐降低的。今天，葬礼用花或"慰问"用花占到了美国零售花店销售额的一半以上。[79] 正统犹太教葬礼上仍然禁止使用的花朵在美国所得到的广泛应用，是死亡商业化带来的现象。美国是死亡商业化的首要倡导者，这门生意的经营者把自己转变成了"丧葬承办人"。花商和丧葬承办人这两个职业之间的密切合作，表现在他们对"纪念"的共同兴趣之中，而这种纪念被称为"传统美国习俗"。因为美国花商协会（Society of American Florists）的主席声称，"没有鲜花"和"没有葬礼"之间"只差一步"。[80] 在讣告中，有时候也可能加入不要献花的要求，比如写上 PO（Please Omit 的缩写，意为"请略去[鲜花]"），但这类讣告一直是让花店和报纸之间发生重大冲突的焦点问题。杰西卡·米特福德（Jessica Mitford）就回忆过一件戏剧性的往事，很多报纸曾被施加压力，要求拒绝刊载此类声明。而且，专业葬礼组织者与神职人员或客户之间的矛盾也依然存在，后面这两方更希望做到"仁爱"（*caritas*）而不是"奢侈"（*luxuria*），宁愿选择简单的丧葬，而不是奢华的仪典。更常发生的事是，新教神职人员明确反对精心筹划的葬礼，说这是"异教的展示"。这些态度上的差异，一方面与早期的清教徒传统相关联，另一方面与天主教对灵魂命运的看法相关联。[81] 但它们也表明，营销压力往往会让人们打消之前对奢侈品的犹豫态度。

281

劳里建议，对于特殊场合，应该制作特殊的标志。比如人们会为共济会（Masons）或秘密共济会（Odd Fellows）的会议制作花朵饰件，尽管这种精心制作的东西在当时越来越少了，因为"在花商的教育下，公众正在逐渐远离传统饰件"，这可能是由于涉及的工作量太大。对于利润微薄的葬礼来说，情况尤其如此。快速通信的应用，让人们在发出"用鲜花来表达"的指令时，其传达效率得以提高。早在 1892 年，花店电报递送（Florists' Telegraphic Delivery）公司就开始取代通过邮政进行的鲜花的直接递送；自那之后，国际花商联合会（Interflora）和其他代理商的业务也不断扩大。今天，很少有花店不会让人们送出他们连看都没看过一眼的花了。

通过这些多样的方式，追求利润最大化的过程便促进了仪典和个人庆祝活动所需的鲜花的销售。与此同时，如果传统应用妨碍了花商的收益，那么这个过程就会阻断这些传统应用——比如让人们不去使用葬礼上的花卉饰件，不在复活节用康乃馨。另一条著名的命令，与劳里试图改善簿记的实践有关。1917 年之前，当政府对企业利润征收所得税时，小型零售店的账簿"因其缺失而显眼"。他认为，记账有助于计算成本，从而降低成本。要记录销售额，不要"画蛇添足"："在一打玫瑰花中多放一朵，对你自己或顾客都没有好处。"[82] 在追求利润的过程中，劳里似乎不知道到欧洲的习俗是人们不会赠送偶数朵玫瑰，只赠送奇数朵玫瑰。[83] 确实，今天这一习俗在美国几乎没有什么影响力，尽管也有一些卖花商人仍然会供应一打十三朵玫瑰。就像早期清教主义的压力一样，利润的压力又一次倾向于淡化花文化中的象征意义。

花商一边修改了一些传统，一边又坚持着传统的其他方面（实际上是发明了新的方面）来推广他们的产品。比如西黑文（West Haven）的一家意大利花店就制作了一张卡片，用于给出"玫瑰语"的含义，以帮助客户选择：

红色	我永远爱你
白色	天真、纯洁、忠诚
粉红色	完美的幸福
黄色	对不起……我失望了。

虽然前两种意义已经深植于大众意识之中，但后两种却属于虚构的花语，类似的东西在世界很多地方的花店里都能找到。劳里提到原始社会在神圣仪式中使用鲜花，"即使在未开化的部落中也提升了人们对园艺的品位"。他呼吁人们要特别关注作为"象征性标志"的花朵，但与此同时，他所提供的解读又来自这种高度文学化的"语言"，来自精英所发明的文化，而非来自过去或现在的大众实践。

花语是法国市民阶层的创造，在 19 世纪的美国为了取悦和教化其中产阶级而有所调整，是外国观念的本土化过程中的一个方面。虽然它与同时代的实践只有微乎其微的关系，但确实对商业文化产生了一定影响。通过这种方式，它促进了市场的增长，并帮助人们多少改变了清教徒的态度。这种态度不仅带有新英格兰特色，而且也是美国其他大部分地区的特色。即使在今天，在加州以外的地方，花卉的仪式用途也仍然不多。不过，如果美国的花文化在商业层面之外确实贫乏的话，那么欧洲那些"老年人"的习俗又是怎样的呢？特别是那些清教主义几乎没有留下永久影响的地区，其习俗又是怎样的呢？

第十章　欧洲的大众花文化

通过回顾欧洲的历史，我们已经发现了与花朵象征性应用有关的各式各样的"符码"。其中既有从13世纪开始的得到详尽阐述的宗教性应用，又有纹章方面的应用，虽然人人都可见，但只对少数人有较大影响；此外还有花语，这是比其他应用更为刻意的创造。这些基本上见于整个欧洲的符码很少能对大众的心灵产生深远影响，只有宗教性应用的某些方面是例外。无论阶级如何，那时实际应用的花文化虽然都与"大众"的行为和信仰有一定关系，但彼此差距甚大。

我们也已经在前文看到，尽管花语在今天的花商群体和有关"品味生活"的图书中仍有有限的传播，但是有关花语的著作对欧洲的花朵象征符码其实做出了误导性描述，人们的实际行为偏离得就更远。其他文学材料虽然非常关注植物和花园，却很少关注花朵在人际互动中的作用。对于比较晚近的时代，对切花和盆花销售感兴趣的专业协会所进行的调查，是一类有用的研究素材资源。然而，它们提供的花卉应用的信息仍然有限，而且必然会省略全部有关花园和野花的内容，完全专注于花卉的商业用途。

对不久之前的时代，我转而利用民俗学家提供的材料；对于当下，我则利用了人类学家和其他人的观察。我的目的在于展示整个欧洲花文化中的一部分内容，更具体地说，是要关注这些特别行为的多样边界。这些行为往往无视那些我们视为社会和文化的东西，它们有时会横跨这些社会政治单位，但有时也标记着较小的集体、更广泛的关系集合或是较大单位中的个体本身，某些情况下还会呈现出某种亚文化类型中半成形的观念。在我看来，如果考虑到这些形形色色的"习俗"的存在，就应该改变想法，不再像人们通常认为的那样，觉得一种"文化"在本质上就具有整体性和内容独一性。

无论是对读者、对我自己还是对出版商来说，这本书都不可能全面介绍花朵在当代欧洲的功用。相反，我想在本章中重点关注三个方面，其中两个是前面章节中已经涉及的主题，第三个则是新主题。[1] 首先，我会把花卉的应用置于死亡仪式这一特定的情境 284 之中，因为这个主题与本书其他部分联系得更紧密。其次，我会考察菊花和玫瑰这两种花卉的意义；虽然菊花那些差别很大的意义在很大程度上与宗教认信有关，但玫瑰的意义则不然，它在历史上相当复杂，具有领域特殊性，而且表现出多种边界，其中部分是跨国的边界，但书面形式的花语不是主要原因。再次，我会回到清教主义遗产的各个方面，以解释欧洲内部的一些较大差异，包括社会主义国家的情况；我还会讨论乡村的花卉，以此指出地方层面的差异。最后，我将继续讨论当代花卉市场，以及其中所呈现的欧洲花文化面貌。

民俗与近世；死亡仪式

我们在前文已经考察了花与叶在教会活动中的一方面用途，这里不赘。另一方面，民俗学家的记录提供了文学和正式文档很少提供的信息，多少揭示了它们在一年里的主要节日中的用途，以及在与人类生老病死的循环有关的仪式中的用途，特别是恋爱和婚姻仪式，以及死亡和逝者仪式。这两方面的用途都受到了早期基督徒和后来的宗教改革者的反对。

与死亡有关的仪式，既关注个体层面，又关注集体层面。在后伊丽莎白时代的英国，葬礼上的礼品与婚礼上的礼品一样都是常绿树，而不是花，而且还带有阶级性的标记。1656 年的共和国时期，一位本草学家写道："柏木花环在较为高雅的人群参加的葬礼上有重要作用，迷迭香和月桂则在平民的葬礼和婚礼上都有使用。"[2] 迷迭香花枝一直用到了 18 世纪前期，[3] 但从那时起，花朵又重新越来越受欢迎，只是比起法国来，在葬礼和公墓中的应用次数还是相当少。如今，无论什么种类的花环，通常都是花店出售的产品，而非当地居民手工制作。在法国西南部的洛特省，正是葬礼，让许多其他时候不去教堂的人也来到教堂；而除了万圣节之外，大多数花卉也都是在举办葬礼的时候购买的，特别是马蹄莲，是无法在农舍花园中采到的。尽管当下已经是个世俗的时代，但想要以非宗教的方式死亡仍非易事，至少很难以非宗教的方式埋葬。在葬礼上，法国的规矩比英国多；随着火葬的日益普及，英国对鲜花的需求也比较少。不仅如此，"请勿送花"的公告也越来越流行，至少在中产阶级中是如此，因为他们可能会把送花视为对金钱的浪费，而这些钱本来可以用于更有价值的事业。[4] 最近的一项调查显示，《泰晤士报》（*The Times*）上 29% 的葬礼告示都提到了慈善捐赠，17% 的告示明确表示"请勿送花"。当然，送花仍然非常重要，特别是在工薪阶层家庭看来，但他们也把传统的花环多少改成了花束（彩色图板 X.1）。即使火葬现在已经占到所有葬礼的三分之二，很多人仍会继续赠送鲜花，这些花又经常被回收，转送到医院和住宅，在那里表达着自相矛盾的意义。人们很少愿意应用这种回收利用的花，视之为死亡的预兆。[5] 结果，为了买花，人们还是要花费大量资金；葬礼的平均出席人数为 38 人，鲜花的平均花费是 23 英镑，以此计算，人们为了一场葬礼付给花店的费用大约就有 500 英镑。[6]

法国也出现了类似的演化发展以及类似的阶级差异。不过，人们仍然认为鲜花——尤其是花环——对于坟墓（当然，是新逝之人的坟墓）来说更不可或缺，用于敬献给骨灰盒倒是不那么紧要。处置逝者的方式显然会受到末世论信仰的影响，反过来又会影响到陪伴逝者的礼品。如今，人们大都觉得火葬是注定的结局，这与人们对复活所持有的更为有形的观念不完全一致。当然不管怎样，这种观念都遭到了冲击，不仅受到信仰世俗化和宗教灵性化的威胁，而且还受到器官移植手术带来的医疗需求的威胁。所有这些原因，都使得中产阶级认为，为死者献花并不像为生者献花那么必要。

死亡也有每年一度的公共仪式。鲜花的一个主要用途与爱情和 5 月 1 日相关，另一个主要用途则出现在整整六个月后，关注的是死亡和 11 月 1 日；特别是天主教会，会在万圣节和万灵节赞颂逝者。

一般的时候，即使在葬礼本身已经结束之后，鲜花在法国的公墓里仍然很重要。但在法国西南部，人们则用陶瓷或塑料做的假花来装饰坟墓。照看墓地的通常是女性，她们清扫掉苔藓，照管着饰品，就像在教堂里为圣坛和圣徒雕像献上鲜花那样。在某些场合，来自同一个家族的女性都会聚集到近亲的坟墓前。但对大多数人（包括那些住得较远的人）来说，只有万圣节和万灵节这样的死者纪念日为他们提供了访问墓地的机会。与五月份的仪式相比，死亡仪式那种带有超社群利益的特色更为明显，因为它们几乎完全属于教会的事务范围，基本只限于这一天实行。事实上，今天一些乡村教堂也只在死者纪念日这一天才开放，以接待住在其他地方的亲属。[7]当地居民和远道而来的亲戚们互相仔细打量，看看各自带来了什么花，哪个人没有来，这一天也不可避免会成为家族纠纷浮出水面的时候。[8]

在今日洛特，就花卉的使用而言，万圣节是最盛大的节日。此前一周，当地集市上便到处都是菊花。19 世纪末的一位法国作家在其作品中写道，在 11 月 1 日，当钟声为这亡人的节日敲响时，墓地里蓦地成了一片花海，到处是玫瑰、菊花和蜡菊。[9]如今，虽然葬礼上仍会使用多种花朵，但在万圣节时，玫瑰和蜡菊却已变得不太常见，菊花占了主导地位。

在法国，万圣节用花占据了花卉销售的一大部分，1984年的销售额达10亿法郎，占到每年墓地用花支出的四分之一。半数以上的家庭（54%）会在坟墓上摆放鲜花，每个家庭平均花费100法郎（合10英镑或15美元）。[10] 1986年，洛特省巴尼亚克（Bagnac）的一位当地苗圃主种植了大量墓地用花，以便它们可以在一年中的合适时间开花。为了从这个市场中获利，他必须计算种植花卉和获取切花的时刻，并为变幻莫测的天气提心吊胆。但这一年的万圣节，他失望了。虽然为任何节日种植花卉都可能带来更高的利润，但种植者也必须冒着更大的风险，因为他必须按照精确的日程来劳作。尽管成功的种植可以带来丰厚利润，但像菊花这样的节日专用花在第二天便会一文不值。在这次万圣节购买的花卉中，大部分（75%）都是盆栽的菊花。如今，万圣节用花的种类有扩大的趋势，特别是在年轻的人群中。虽然这些年轻人不太忠于传统，但随着他们年岁渐长，他们在履行过节的责任时也开始趋于保守。人们的购花地点是集市和花店，还有越来越多的人从专为万圣节安排了销售活动的超市买花。此外又有相当一部分人，会自己种植菊花带往墓地。

11月1日的万圣节起源于罗马万神殿在7世纪向基督宗教礼拜场所转变之时；教宗卜尼法斯四世（Boniface Ⅳ）将此节日献给圣母和所有殉教者。这个一年一度的纪念日最初定在5月1日，后来改为现在的日期。此后，11世纪又引入了万灵节，它与随后两个世纪发展起来的有关炼狱的教义有着明显联系。在过万灵节时，人们要做专门的祷告，让信徒的灵魂从阴阳交界的地方解脱出来。[11] 在天主教中，在一个人死后对他的关注可以影响其灵魂的命运；对于新教徒来说，死者则要么被诅咒，要么被拯救，没有中间状态。

万灵节现在仍然保留在英国圣公会的历书中，但其他新教教会则不过此节。过万灵节对新教徒来说完全是异教行为。由于宗教改革者拒绝了炼狱的观念，新教徒对墓地的态度非常冷漠。人们不再用祷告来帮助死者，死者也不再为了生者介入某些事情。于是万圣节便仅作为一个主要为儿童而设的世俗节日存在，因为正是由它发展出了10月31日的万圣夜（Hallowe'en，即万圣节前夜 [Eve of All Hallows]）。钱伯斯（Chambers）在其19世纪的著作中指出，英国各地在这天晚上的炉边习俗有着惊人的一致性，但他举的例子主要来自苏格兰、爱尔兰和英格兰北部。[12] 这是灵魂——尤其是已逝者的灵魂——外出行走的时候，活着的人因此有了向他们请教的机会。因此，万圣夜也是占卜的时候，特别是可以通过一系列游戏，以娱乐的方式卜问婚姻的前途。罗伯特·彭斯（Robert Burns）有一首诗《万圣夜》（Hallowe'en）就写道：

> 年老主妇贮存的好坚果
> 分发了一轮又一轮，
> 很多小伙姑娘在那个夜晚
> 决定了自己的命运。（第55—58行）

坚果只提供了一种卜问命运的方式，除此之外还有其他方法，比如

鲜花人类学

叼苹果，拔菜秆，蒙着眼睛把手指伸到花哨的双耳木桶或盘子里，或是照镜子。20 世纪 30 年代的阿伯丁郡（Aberdeenshire）民众仍在进行前两种活动，但已经当成了游戏，而不再用于算命。但在英格兰，1605 年 11 月 5 日盖伊·福克斯密谋用火药炸毁议会大楼未遂，之后这一天就成为反天主教的纪念日，并因此基本让万圣夜庆祝活动销声匿迹。今天，英格兰人会在 11 月 5 日这天燃放烟花，生起篝火，烧掉那个"家伙"的塑像[*]。而在此前几天，孩子们过去常常会与路人搭讪，向那人索取一便士，用于庆祝此日，但随着民众生活日益富裕，这一习俗也基本消失。在苏格兰和爱尔兰，人们对英格兰议会的命运则不感兴趣，于是万圣节前夜的古老庆祝活动也便多少逃过了那里的清教主义式新教徒挥舞的斧头。这个节日仍然延续下来，但在形式上已经成了一种温馨的家庭聚会；而在英格兰，人们只会偶尔讲一些鬼故事，算是残存下来的习俗。

288

与此不同，在南美洲，万圣节以至万灵节的庆祝活动却要隆重得多。朱利安·皮特－里弗斯（Julian Pitt-Rivers）在他发表就职演说那天饶有兴致地谈到了西班牙语世界的万圣夜（Vispíra de los Difuntos）：

我可以在脑海中看到几百个墨西哥公墓此时此刻发生的事

---

[*] 原文为 guy，既指 11 月 5 日庆典上烧掉的盖伊·福克斯的塑像，又有"小子、家伙"的意思。

情，庆祝节日的人们三五成群，背着黏糯的甜食和用大肚瓶装的朗姆酒来到公墓，接下来的几天几夜，他们都坐在墓碑上，醉醺醺地弹着吉他，燃放焰火（有时也用手枪开枪），时不时地便发出目中无人的刺耳醉号；如此独特的墨西哥风俗，启发了诗人奥克塔维奥·帕斯（Octavio Paz）的灵感，创作了他作品中最精彩的段落之一。[13]

那里的万圣夜也会用到花朵，这不仅仅是从西方舶来的习俗，而且也是前哥伦布时代墨西哥精致的花文化的延续。[14]

万圣夜在美国是广泛庆祝的节日，尤其是儿童和年轻人。然而除了路易斯安那州之外，即使是美国天主教徒也很少关注万圣节本身，对万灵节的关注就更少，至少不会去访问墓地。正如我认识的一位来自北卡罗来纳州的天主教徒所说，"这事也太可怕了"。欧洲北部那种以新教为主的道德气质，压过了任何以地中海天主教徒式的方式庆祝这一节日的活动。[15]在美国东部，万圣节仪典一般十分单薄，仪典对花朵的应用也是如此，与12世纪后在天主教欧洲发展起来的传统迥然不同。去意大利旅游的游客经常会注意到这一差异，因为与法国西南部不同，意大利的公墓到处都有鲜花。如此容易萎蔫的礼物，却是如此之多，说明人们会持续地照料和关注坟墓，这不仅与宗教教义和人们对家庭的态度有关联，而且与墓地临时租用的性质和相关的遗骨崇拜也有关联。[16]

289

　　　　　　　　　　　　　　　鲜花人类学

有标记的花卉

花朵在爱情和死亡仪式上的仪典意义，与它们在社会生活中的广泛使用有关，与它们在其他互动形式中的"象征"意义有关，特别是与它们一直以来作为礼物的功用有关。文艺复兴时期在荷兰发展起来的欧洲花文化最显著的特征之一，是将切花作为礼物，然后可以把这些礼物用于装饰房间或作为坟墓的标记。在本节中，我将再次关注那些一方面与死亡有关，另一方面与爱情有关的花卉，特别是菊花和玫瑰。我既考虑了总体或外部类型的文化变式，又考虑了在社会交往的情境中其意义更为微妙的内部定义；换句话说，不同社会交往情境是不同的"符码"，随着时间的推移会发生各种变化，而各种"符码"的共存不可避免会为变化提供一些动力。

菊花是秋天的花，这影响了它在欧洲和其他地方的实际用途和象征用法。在法国、意大利以及德国南部，它与为死者举办的秋季仪式、与万圣节仪式都密切相关。在这些国家，菊花与献给死者的祭品的关系实在太密切，因此它们不宜献给生者。有一次，我准备给一位中国同事送一束黄色菊花（本来更合适的做法应该是送一盆菊花），结果一位意大利朋友拉着我的胳膊说："你不能这样做，它们是 *fiori dei morte*，死者之花。"1991 年，我在巴黎去了达盖尔（Daguerre）街的一家花店，那里的盆栽木茼蒿（与菊花非常相像）和插着木茼蒿的花瓶都贴上了"玛格丽特菊"

（Marguerites）的标签。当我问店主时，他笑着说：“不这样的话就没人会买。”一位顾客走上前来，想要确认它们真的是玛格丽特菊，因为她想买来作为礼物。她很快就打消了疑虑。[17]

整个欧洲并非都是如此。首先，在这种仪典确立之前，西部教会基本上已经分裂了出去。另一方面，新教坚决拒绝这些仪典。因此，在东正教和新教占主导地位的地区，菊花没有任何丧葬意义。[18]事实上，在以新教为主的美国，那里的天主教徒也普遍接受主流宗教所定义的花朵的象征地位；生活在以天主教为主的法国的犹太人也一样。不过，这一意义远远超出了宗教领域，延伸到了如何向生者赠授礼物的世俗领域。

自菊花传入欧洲以来，其象征地位发生了根本性变化，从中国的多产和长寿之花，变成了欧洲天主教地区的死亡之花。英文中“菊花”（chrysanthemum）一词来自古希腊语，本义是“黄金花”。在古典时代，人们用它来称呼南茼蒿（*Chrysanthemum segetum*），至少草药师是这样使用这个名字的。[19]这种命名变迁的历史过程，揭示了花卉在概念化为名称之后可能会发生的变化。在英文中，南茼蒿叫作 corn marigold（直译为谷田马利亚金花），其中 marigold 这个词既指这种花的亮黄色调，又与其他许多花一起，通过与圣母马利亚（Mary）的名字发生关联而被神圣化。Marigold 这个名称并无特指，因为该词就像英语中其他很多植物名称一样，既在不同的时代，又在同一时代的不同地区被用于指称多种植物，与此类似的还有 forget-me-not（勿忘我）、corn（谷物）和 millet（黍粟）。热衷于“民族科学”（ethnoscience）这一概念的人认为这种

鲜花人类学

流动的分类系统具有"科学"用处，但可能除了在地方性很强的层面上，这种"科学"用处是非常之少的；即使在更常见的"系统知识"的意义上，其用处也仍然不多。

草药专家改变了这种情况，他们在其文本中创造了一个"有文化的"古希腊语名称。这些实践者在他们有关植物的著作中采用了一种更系统的方法来处理植物的性状，帮助鉴定植物。这些著作通常用于作为专业人士的指导，而不是用来教导公众；其受众虽然有限，但遍及全国，而且常常遍及欧洲，因此植物的名称必须脱离特定的地方情境，以便能以毫不含糊的方式适用于整个基督宗教世界。最后，在知识结构的进一步发展中，林奈和其他本草学家创建了一个新的分类系统，尽管它与本草学家过去用的分类系统有关，而后者又是源于业界的共同习惯。新的系统学研究利用了更广泛的数据来比较植物的结构，并对植物之间的关系做出了更精确的遗传假设。由此产生的系统是标准化的，为欧洲正在发展之中的学者共同体所接受，并由于欧洲的殖民扩张而在整个"世界体系"中传播开来。

1688 年，菊花（*Chrysanthemum sinense*）被带回荷兰，但没能 291
存活多久。[20] 18 世纪中叶的 1764 年，这种花卉抵达英格兰，但直到 1789 年一位叫 M. 布朗夏尔（Blanchard）的商人将它进口到马赛之后，菊花才被成功引栽。随后法国从中国进口了更多品种，其栽培也开始流行；在接下来的 20 年里，从中国又引入了 8 个新类型。[21] 但直到 19 世纪中叶，菊花才在图卢兹郊外被开发为商品花卉。在英格兰，1790 年邱园种植了菊花，其植株乃是从法国寄来。

这种花很快吸引了东印度公司的注意，该公司立即开始进口其他品种，包括日本的品种。中国的繁育技术所创造的菊花品种具有硕大的株形、奇异的花形和丰富的花色，对欧洲的园艺师产生了巨大的吸引力。1843年至1846年，罗伯特·福钧（Robert Fortune）受伦敦园艺学会（Horticultural Society of London）委派，在中国开展了一次成功的考察，采集了大量植物，由此将很多这样的菊花品种首次引入英格兰。在他引种的植物中就有舟山皇菊，是乒乓菊（pompons）的祖先品种。然而早在1825年，英国就举办了第一届菊花展；从那时起，菊花便与月季一起成为主要的展览花卉。英国首都伦敦的一大引人入胜之处，就是自1850年起，每年会在圣殿教堂和内殿花园（Inner Temple Gardens）举办菊花展。这种竞赛逐渐从贵族和市民阶层（或其园艺师）的社会等级下沉到工人阶级。1880年，有人提到了一场"工人菊花秀"；菊花的名字本身也从冗长的chrysanthemums被缩略为"mums"。在法国，第三共和国那位有名无实的总统被戏称为"菊花展的揭幕人"，这个说法已经成为习语，用于指称那些高位闲职者参加的仪式活动。

菊花从中国到法国的意义转变是不足为奇的，特别是如果考虑把它们引栽到欧洲的那些中介者的特点的话。这些植物猎人从东方原生的文化习惯中攫取了这些花卉，并将它们带到欧洲公众那里，欧洲公众则对异国情调有越来越大的需求。这两方对原产国赋予这些花卉的象征意义都不感兴趣。但另一方面，这种变化发生的速度也令人惊讶。在成为死亡之花的过程中，中国菊花似乎要么填补了一个空白，要么创造了一个生态位。菊类花卉的其他种类如南茼蒿等虽然原产于欧洲，但显然从未被赋予这种意义。在英格兰，没有一种花以同样的方式只与献给死者的祭品联系在一起（就连蜡菊、迷迭香和百合也都不是这样）。然而在南欧，与葬礼相关的却是白色康乃馨；而在意大利部分地区，蔓长春花早前被称为死者之花，因为它曾被编织为葬礼花环，特别是用于儿童的葬礼。但这种习俗在 1880 年便消失了，由菊花取而代之。[22]

292

在法国，有一些地方证据表明，一些花因为与死者有关联，不会成为人们送人的礼品。比如在法国北部，"白色的三色堇是死亡的象征，不应该编进送给生者的花束中"。同样，我们还知道在马赛，人们不会给低龄儿童赠送鲜花，因为这会让人想到那些放在夭折儿童棺材上的鲜花。[23] 这种对花朵的矛盾心理，有时在医院里也能看到。应用这些忌讳的地域范围有限，有待进一步探究，但这两种情况都表明，人们倾向于禁止把关联着死亡的花朵作为礼物送给生者，这种观念与东亚纪念死者时所体现的观念有很大不同——在东亚，人们向死者上供的物品，无论是饮食还是花朵，都是他们生前最喜欢的。因此，恶之花（les fleurs du mal）与善之花（les fleurs du bonheur）并不能截然二分。

因此，这种象征意义，较之菊花的起源地中国或日本的思潮，已经发生了彻底的转变。在那两个国家，菊花也被用作献给死者的秋季祭品，是包括酒食在内的祭品的一部分，所有这些用法都得到了正面的评价。然而，就在这种植物引入欧洲之后，在相对较短的时间内，它就获得了与之相反的深层意义，这体现在乔治·布拉桑（Georges Brassens）的歌曲《遗嘱》（Le Testament）中：

他们摘菊花的花瓣，

给死人的雏菊的花瓣。

在这两句歌词中，一边是死亡与秋天之花，一边是作为爱情与春天之花的雏菊，一边是栽培花卉，一边是野花，形成了巧妙的对立；其中可能同时还有成人的花环与儿童的雏菊链的对立，正如一位朋友所说，孩子们为了花链所摘的雏菊和毛茛，就是他们的白银和黄金。这两种野花既可以做成花链，可视为亚欧大陆的花环中最简单的类型，又可以在占卜游戏中一片接一片地摘下花瓣。[24]

野花本质上是儿童的玩物，正如驯化花卉是成年人的玩物。大人通常不会把野花当成礼物，但孩子们会为母亲采集野花。大人允许孩子们自行采集这些野花；我自己小时候，就曾和同伴一起走进赫特福德郡（Hertfordshire）的树林，采集一捧捧蓝铃花、一束束粉红色和黄色的报春花以及堇菜。这种行为在花园里是被禁止的，而今日在来自生态学家的保护稀有物种的压力下，这种行为在野外的受限程度也越来越高。

孩子们玩野花的游戏留存在记忆中，并代代相传，通常在整个欧洲都有类似的游戏形式。最受欢迎的花主要是那些长在禾草丛里的花，特别是生长在草坪上的花，因为它们是生在禁止采摘的栽培品种之中的可以采摘的野花或杂草。其中最重要的自然是雏菊，年幼的孩子用它来制作雏菊链，年长的孩子则用它来玩摘花瓣游戏（devinette）。英格兰和法国都玩这种游戏，但有一些细微差别。在英格兰，花瓣符码通常只有两种："她爱我，她不爱我"；

在法国，则通常有四种或四种以上的可能性："他爱我，他有一点儿爱我，他很爱我，他完全不爱我"。（图 10.1）

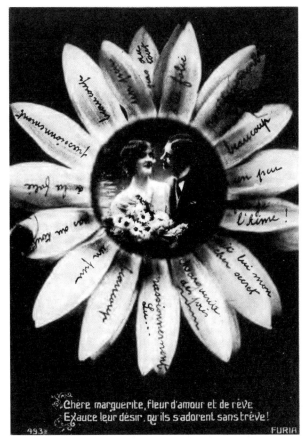

图 10.1　花朵与雏菊：20 世纪前期一张法国明信片上的图案，是"她爱我，她不爱我"这一花瓣符码的精致形式。

（Love and the Daisy, Carte postale, Collection Belle Epoque, editions Postcard Selection, 75 rue Amsterdam, Paris, 74008）

类似的游戏也可用人们熟悉的蒲公英进行，在长出可食用的叶、开出黄色的花之后，蒲公英会结出一团繁殖用的毛球。[25] 在占卜时，人要代替风，行使散播种子的任务，一口接一口地向这毛球吹气，数一下把它全部的种子吹走需要多少口气。任何事情都可以用这种方式来卜问；在一些地方问的是你会和谁结婚，是修补匠、裁缝、士兵还是水手，在另一些地方问的则是你会从事什么行业。这两种类型的占卜注定是儿童的游戏，因为他们在其中用到的是野花，可以放心采摘，而不必担心来自大人的严厉呵斥。

与菊花相反，红玫瑰代表着热烈的爱或为信仰牺牲（殉教）。在欧洲城市以及南北美洲的主要人口（就花文化而言，他们是与欧洲不同的文化异类）中，玫瑰是男人送给他追求的女人的绝佳礼物。在某种程度上，这是一种得到普世理解的习俗。[26] 然而，其中也存在地区差异。前文已述，在欧洲，人们偏好送出奇数朵玫瑰，通常一朵玫瑰足矣；在巴西也是如此。但在美国和哥伦比亚，一打玫瑰就是一打（十二朵），而不是十三朵；上一章已经解释了其中的一个原因。

送玫瑰的时机也蕴含着重要意义，无论是献给被追求者的礼物还是由客人带来的鲜花。1982 年，对英格兰的花卉用法所做的一项专业调查做出了如下评述："用指导了本调查组讨论的心理学家的话来说，'如果一个男人把玫瑰送给一个女孩，她会认为今晚就是那个晚上了。'在其中一次讨论中，一位美丽的少女讲到一件往事：她认识的一个男人在约会之后送了她一打红玫瑰，这让她大感震惊，她那群朋友里的其他人也觉得极为奇怪。"[27] 事实上，在伦敦和巴黎的上层交际圈里，一贯的做法就是在约会后送花，这可能表示二人已经达成了亲密关系，也可能表示对方真诚希望能达成亲密关系。

然而，尽管就像圣瓦伦丁节和类似场合所送的红玫瑰一样，性和求爱是这种花的主要含义，但它们绝不是其唯一的含义，因为意义取决于话语的领域。在政治上使用花朵（以及颜色）作为象征，在今天也和过去一样重要。在法国，红玫瑰只是在较晚的时候才成为社会主义的象征，它呈现了国旗的颜色：“人民的旗帜是最深的红色”，其上当然浸染了烈士的鲜血。不过，密特朗（Mitterand）先生纽扣孔中的红玫瑰则缓和了这些非常强烈的联系，因为它已成为中间派政党的标志，就像它最近也成了英国工党的标志一样（图10.2）。在19世纪以及更早的15世纪，玫瑰在

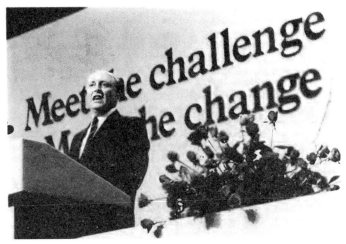

图10.2　玫瑰的政治应用：英国工党的标志。（《金融时报》[*Financial Times*]）

法国和英国也同样被分别用作政治派别的标志。在红白玫瑰战争中，对立双方选用了不同颜色的玫瑰。正如前文所述，在过去，花朵会带有另一种类型的政治意义。当它们生长在别人的花园里，特别是富人的花园里时，玫瑰之类的花可能会被视为奢侈、阶级和封建依赖的象征。[28] 其他种类的花卉也是如此。在法国，七叶树（marronnier，本为栗树的别名）被视为装饰性的树种，是贵族式的无用东西，与多产的真正栗子树（châtaignier）形成对比，因此人们特意称之为"印度栗树"（marronnier d'Inde），以强调其外来的起源。在法国大革命时期的凯尔西省（Quercy，今洛特省），丰（Fons）的当地农民沿着通往城堡的马路，把路边的七叶树悉数伐倒。这些行动又把人带回"阶级"、创造性和变化性等问题，这些问题不仅体现在基督徒对待花卉的态度上，而且也普遍体现在亚欧大陆诸文化之中。

在宗教领域，红玫瑰代表的是神性之爱（agape），而不是情欲之爱（eros），有时候代表的则是基督所流的血，偶尔也代表他的母亲圣母马利亚；马利亚的玫瑰通常是白色的。这些领域截然有别，每个人都可以同时在不同领域应用玫瑰，其间并无任何强烈的矛盾感。尽管如此，鲜花毕竟不是围墙花园，更不是监狱，于是其意义有时候便会越界。此外，意义本身具有生长性，尤其是诗人的作品，其中对意象的运用和对象征的处理都更具创造性。然而同样，诗人和农民之间并没有严格的界限；某个人可能会比其他人能够更加灵活和熟练地运用语言，但这绝不是知识分子才有的特权。创造性是所有人类文化的特征，也是许多个人的特征，至少在语言的运用上是这样。

如果考虑到象征意义具有领域特殊性，考虑到不断变化的政治或宗教场景会留下多层次的意义，那么不足为奇的是，即使在红玫瑰这个最简单的案例中，也能看到其意义是多方面的，而且易于变化。我们在红玫瑰的国际文化中就看到了这些变异。作为人际的礼物，除了奇数或偶数的问题之外，还有另外几个方面的差异存在。在法国，人们多少倾向于将人与人之间赠授的大份礼物视为"美式的"；一朵玫瑰花本来就足矣。其次，正如前文所述，在花朵礼物（特别是玫瑰）的应用和赠予时机上，还存在阶级差异的因素。

除了菊花和玫瑰外，其他一些花卉也有强烈的标记，主要是在展示的情境之中。其中最突出的就是康乃馨。[29] 这种花最显著的用途，是在婚礼上插在男士的纽扣孔中，尤其多为引座员所用；这种用途已经传播到日本，以及英国莱斯特的印度人仪典上。然而康乃馨其实是一种更普遍意义上的扣眼花，以前的城市商人和花花公子会从他们自己的花园里摘下来，或是从街角的卖花姑娘那里买来，然后佩戴在身上；现在则只有上了年纪的绅士才会有意佩戴它。[30] 在南欧，康乃馨也可以用作性爱邀请（即使在欧洲北部，也多少有这种意味），因为在许多仪式上，康乃馨相当于伊比利亚半岛的玫瑰。有人曾把康乃馨描述为"安达卢西亚女性的象征"。在过四月节（*feria*）时，那里的姑娘会穿上吉卜赛人跳弗拉明戈舞时所穿的五颜六色的衣服，把头发在脖子上方绾成一个低矮的发髻，并用一朵红色康乃馨装饰，有时候也把康乃馨插在连衣裙的低领口上。[31] 事实上，据说弗拉明戈舞的舞服本身就呈现了康乃馨花瓣的样子。[32] 在斗牛时，康乃馨则戴在斗牛士耳后，如果有意中人观看，就戴在左耳后，如果没有这样的姑娘，就戴在右耳后；[33] 它因此成了一种半隐秘的符码，光是看到没有用，了解其意义才是重要的。在斗牛圆满结束后，斗牛士便把那朵红色康乃馨扔进斗牛场，就像把花束扔进剧场一样，朱利安·皮特-里弗斯视之为经血的象征。在希腊奇奥斯岛（Chios），在狂欢节（Carnival）期间，年轻姑娘的追求者们也会把红色康乃馨放在她家门口，她则会捡起自己最中意的那一位所送的礼物收下。[34] 总的来说，康乃馨是欢乐之花。

虽然康乃馨既可佩戴，又可做成花束，但在英格兰，人们很少送人康乃馨，就是送也绝不成束；这种做法在上流市民阶层看来是庸俗之举。在法国也一样，康乃馨不宜用来赠予，甚至有人说它会带来厄运；在意大利，康乃馨的白色品种则用于葬礼花环，一些人认为它们与邪恶之眼有关。[35] 类似的联想在巴西也有，那里的人把白色康乃馨称为 cravos de defunto，意为"死者的丁子香"或"死者的指甲"；出于这一原因，在巴西从不会有人把康乃馨作为礼物赠送。不管在哪里，康乃馨都带有明确的标记，具体含义取决于花色。尽管很少作为礼物赠送，但它们仍有广泛应用，是波兰的主要花卉产品之一，还从法国出口到英国，从哥伦比亚出口到世界其他地方。

康乃馨在宗教领域还承载着其他含义。从它出现在欧洲的时候——也就是 15 世纪初开始，人们有时候会把圣母和圣婴与它画在一起。这种意义源于它的植物学名称 dianthus，作为拉丁化的古希腊语词，此名意为"神之花"，并因此派生出法语名称 *oeillet de Dieu*。[36] 与此同时，如果一个人被形容为"手里拿着一枝石竹花"，那么这意味着他要订婚。与玫瑰一样，宗教和世俗意象占据着不 298 同的畛域；而菊花因为是新的花卉，于是在整个社交活动领域基本只有单一的意义。

从文化角度来看，为花朵赋予标记的过程可能相当迅速。另一种花朵，虽然不是驯化花卉，而是野花，但就因为 20 世纪前期一系列特定的历史事件，而被赋予了强烈的标记，这就是虞美人。它曾在法国北部战场上那被炮火翻腾的土地上繁茂生长，于是成为第一次世界大战中死难者的象征，是英国国殇纪念日（Remembrance Day）的标志，意味着人们永志不忘那些为国家抛头颅洒热血的烈士。

还有些花朵，则会被个人经历赋予标记：毒豆（laburnum）对我的童年来说有一种魔力，因为我们经常在花园里的一棵毒豆树下玩耍，那里是最初被我视为"家"的地方。这是因为一个人从小在其中成长的第一座花园具有特殊意义，如果套用劳埃德·沃纳（Lloyd Warner）提出的"生长家庭"和"生育家庭"这对概念，并同时把发展周期的观念用于理解文化问题的话，那么可以说"生长（或出生）花园"及其花卉与"生育（或结婚）花园"及其花卉是不同的。至于一个人作为房屋主人时所建立的花园，则具有与此不同的性质；它所体现的是规划和工作，代表了从此人所居住的社区、他所拥有的邻居、他所能展示的财富等视角打量时，他在世界上所达到或希望达到的位置。一个人出生之宅的童年花园所代表的是纯粹的快乐，以及无数游戏和冒险的场景，而不是一处工作、竞争和展示的空间。这种个人意义可以用于文学作品，事实上也经常在文学作品中使用，特别是如果某种花没有单独一种主要的"符码"或"花语"可供人们参考的话。兰花中最普通的卡特兰，在普鲁斯特的作品中出现时，就属于这种情况。[37] 对他来说，卡特兰的形象意味着性交，这是他强加给其作品和读者的个人隐喻。

最后要提到的第五种有标记的花卉是金盏花，其法语名称"souci"虽然派生自较古老的词形"soulsi"，意味着它与太阳有关，但同时又有"烦心事"的本义，因此为这种花赋予了相应的标记。[38] 在法国，它不宜用于赠授，尤其不能送给即将启航之人，只能种在花园里。[39] 它的这个意义还有部分原因在于它那金黄的花色。在欧洲，黄色花朵有时被认为带有不忠和嫉妒等负面意味。在花语中，作为礼物的黄玫瑰就有这个意义，这是部分法国人明确认可的。事实上，一些家庭从来就没有送过这种颜色的花，这是研究勃艮第米诺村（Minot）的民族志学者所报告的情形。[40]

不过，即使在法国，这种负面联系也并不具备普遍性，许多见多识广、"有文化"的人都不承认这种联系。因为正如有些含义具有很强的个人性，另一些含义则具有很强的地方性，而且也可能是由个人经历发展而来。还有一些花朵，其含义在国外与国内不同，比如虞美人，就从未在法国扎下根来，成为索姆河地区每年的一战纪念日的象征花朵。又有一些花朵，比如康乃馨，在不同的国家集团或是不同的情境下具有不同含义。最晚引入欧洲的菊花，其意义随所认信的教派的不同而不同；而在爱情的领域，红玫瑰在整个西方世界都被广泛接受为一种共通的象征，但在某些细节上，以及在政治、宗教等社会行动或个人关系等不同的领域中，又都存在局部差异。[41]

乡村花卉

在勃艮第的米诺村以及法国其他地方，也正如前文已经提到的日本、巴厘岛和印度的其他乡村的情况一样，花卉在物理意义上并不是花园的中心，而是种在"外围，沿着墙壁，位于小路边缘"。[42]与这种外围地位相一致的，则是某种功利式的，甚至可以说是"清教主义式"的矛盾心理。虽然据说"不应该把太多时间费在花朵上"，但实际上两种情况兼而有之。事实上，乡村居民们还是费了很多时间，用于栽培花卉，交换插枝，以及把花朵用在各种世俗和宗教的仪式上。上面那句话的作者就写道：

> 村庄小组的成员之间在交换物品时，其中也包括园花。花朵被编为白色的花束，在婚礼上赠给新娘；花朵还被编为乡村风格的花杯，放在教堂中死者的棺材上。花朵是社群献给女性和死者的最后的礼物。
>
> 更重要的是，花朵在生者与死者、神圣与世俗之间建立了联系。确实，一年四季，来自花园的花都会送到教堂。六月，

丁香装饰着主圣坛；圣母百合花装扮着圣母塑像；圣约瑟面前则摆着黄色的花朵。在昔日，教堂的鲜花由唱诗班的女孩负责。现在人们已经不再唱弥撒，女孩们也没有空闲时间；于是一位老太太在做这个工作。她在花园里寻找几乎没有开花的月季、半开的芍药和盛开的大丽花，请求给她"一束教堂用的花"。从未有人拒绝过她的请求。人们还把园花切下来装饰家里的小神龛，神龛通常放在冰箱或梳妆台上，去世双亲的照片和圣母的小塑像在那里并排放置。然后，在棕枝主日和万圣节，人们又把花园里种的报春花、三色堇和菊花带到墓地，放在家族的坟墓上。

为保护圣徒而献上的园花和放在教堂里的花，建立了人们与神圣者的联系。用自家的收成装饰教堂，可以确保整个家庭受到庇佑。放在会客室里的小神龛前或家族坟墓上的花朵，可以永久维持对亲爱的逝者的记忆，是人们应该给予他们的关怀的一部分，有助于确保生者和逝者之间的纽带。[43]

这些教堂墓地习俗在天主教法国很普遍。然而，在法国西南部洛特省乡下更为分散的定居点，人们的生活却更加不易。那里农舍周围的花园中种了一些花卉，以供展示或切花，但在郊区的新别墅（许多供退休夫妇居住）周边，花卉展示则让路人目不暇接。在世俗活动中，鲜花扮演着外围的角色，假花往往占主导。在婚礼上，蓝色和白色的纸花装饰着常绿的灌木（通常是刺柏树）；人们把这些灌木砍下来，放在小两口的住房外面、教堂的西面和镇公所大门的旁边。而在婚礼主角乘坐的前往参加典礼的汽车上，则另外装饰着玫瑰花环。另一方面，就像在勃艮第一样，这里的教堂本身也确实受益于这些为宗教仪式提供鲜花的信徒的持续关注；不过，与其说这是村庄成员之间的鲜花"交换"，不如说是向教堂的单向流动。

洛特的乡下居民相互不送花或很少送花——无论是从花园采摘的花还是从花店买的花——尽管他们可能会交换插条和蔬菜。在许多方面，洛特省的乡下类似于巴黎的都市区，而不是田园诗般的勃艮第；村庄社会性的根基不在于家庭产品的交换，而在于相互给予的有偿和无偿服务，以及共同参与的当地事业。因为虽然每年的节日、每周的集市、周日的弥撒和偶尔进行的野餐（meschoui）为人们的交往提供了更正式的场合，但是人际互动主要在实际活动的框架内进行。

上述对米诺村的评述提醒我们，花园及其内容物是高度分层的。正式的花园总是那些上层人群的花园，其中种着最新的国外进口货。在19世纪之前的英格兰，农舍花园里的花卉通常也只是蔬菜之下的附属品。在过去50年间，乡村逐渐成为通勤的市民阶层的游憩场所；在此之前，乡村花园里所种植的花卉，呈现出与城镇居民的园花不同的特色，与绅士阶层的园花的差距自然更是巨大。虽然其中也有一些久经栽培的品种，比如蜀葵和须苞石竹，但总的来说，这些花并不用作切花，而是用于对外展示。然而正如米诺的情况一样，至少在20世纪中叶以后，用于装饰教堂，逐渐成为园花而非商业花卉的一大用途。在英格兰圣公会的乡下牧区，村

301

第十章 欧洲的大众花文化　　　　　　　　　　　　　　447

庄里的女士们负责从自家花园或其他人家的花园中供应鲜花和布置插花。大多数有关插花的书籍都是写给家庭的，但教会也为个人才艺的展示提供了一个很好的机会，因此也有一些手册专门介绍教堂插花这门手艺。由于这些花朵采自本地花园，所以它们会有季节性变动，但在圣灵降临节前后，红色和白色的花是首选。插花，以及更一般的花卉本身，是芭芭拉·皮姆（Barbara Pym）的长篇小说《几片绿叶》（*A Few Green Leaves*）中无处不在的主题；这部小说讲述了20世纪70年代牛津郡一个村庄的故事。[44]教堂里的花由中产阶级女性轮流从她们自己的花园里采摘提供。每年都会在教堂举办一次花卉节，其时教堂会为了这一盛事精心装饰，所用的鲜花仍是来自当地花园。我们也确实听说，有一位来访的花商受雇为已经不再居住在那里的乡绅的家族坟墓提供鲜花，但他没有透露雇主的姓名。一些坟墓上放着插有假花的花瓶，村医的妻子评论道："这在乡下真是一种耻辱。"她还问教区牧师是否有禁止这种做法的规定。

虽然英格兰乡村生活的这一方面似乎与法国乡村类似，但这种趋同是晚近才出现的，也是局地性的。首先，在非国教派的教堂里，花朵往往显得格格不入；而且对于新英格兰那些光秃秃的礼拜堂来说，甚至连十字架都被认为与天主教教宗有关而不用，墙上也没有任何圣像，因此花朵显然与其原始精神背道而驰。但即使是圣公会，花朵在教堂中的广泛应用也与传统相去甚远，因为在清教徒对鲜花的态度中，有许多因素至今依然存在。

清教主义的坚持

在前几章中，我请大家注意了这样一个事实：花卉的广泛使用可能会伴随有人们对其非功利式本质的担忧；它们的美丽转瞬即逝，在它们身上投入的时间、精力和金钱是有代价的，会让人们无法关注不那么短暂和奢华的其他物品。在大众文化层面，一些人在与他人对话时便会体现出这种矛盾心理，而这些人并不能被简单地被视为"古怪"或"离经叛道"。这种潜伏的思想倾向，在各种形式的清教主义、社会主义或优先考虑其他需求的各种类型的慈善事业中得到了制度化的呈现。

毕竟，早期的观念并没有在一夜之间消失，清教主义的思想也还在积极地延续，特别是在美国。在一般的层面上，这些想法主要体现为 19 世纪英国著名设计师劳登（Loudon）对没有鲜花的"花园墓地"的偏爱，以及其他人对欧陆式坟墓装饰的反对。[45] 1863 年，一位英国作家评论道，能够在五月——也就是圣母马利亚的月份——发现各种各样花朵的教堂是"欧陆教堂"。[46] 更一般的情况，则是欧洲和美国报纸上刊登的讣告中仍然存在那种态度，要求大家向某个指定的基金会捐款，而不要向逝者献花。就这样，在清教主义本身已经变得不再重要之后，这些思想仍然持久地影响着盎格鲁-撒克逊国家的花文化，特别是宗教文化。

在 19 世纪，有一些戏剧性的例子可以说明这些观念的持续存在。根据 1874 年的《公众礼拜管理法》（Public Worship

Regulation Act）和一些更早的法规，如果英国圣公会的宗教活动中存在迷信式创新，则可以向教会法院起诉。在埃尔芬斯通诉珀切斯（*Elphinstone* vs *Purchas*）一案中，布赖顿（Brighton）圣雅各教堂的 J. 珀切斯牧师被控告将插有鲜花的花瓶放在圣桌上作为供品，"这是你有意的行为，是一种仪典性和象征性的做法"。[47] 幸运的是，博学的法官并不同意起诉人的意见，认为没有证据表明"这些花被用于额外的仪式或仪典，或是作为礼拜用品……在我看来，它们并非别有用心而不得体的装饰"。在此前的另一起判决中，已经把礼拜用品（ornaments）和装饰品（decorations）做了清晰的区分，事实上就是对仪式上固定使用的物品和实际涉及的物品所做的区分，因为崇拜和崇敬之间的区别是基督宗教神学的一个永恒主题，也是圣女贞德引发的问题背后的争议点。就这些案件而言，花朵的性质被判定为类似于圣诞节的冬青枝和棕枝主日的带花柳条。

然而，很多人持有相反的观点，认为这一判决"容忍了鲜花悄悄进入英国国教的仪典"。反对者提请法院注意这样一个事实：随着牛津运动（Oxford Movement）的影响力不断提升，因为该运动在圣餐中用花朵来教示基督的真实临在（Real Presence），也因为花朵普遍用在与早期天主教会相关联的仪式中，它们的应用变得越来越重要。[48] 牛津运动的缘起，是对英国废除《宣誓法》和《市政公职法》（Test and Corporations Acts）、解除对天主教徒的管制以及 1832 年扩大投票权之后，一些人在 1828—1832 年间针对教会与国家关系的改革做出的回应。他们重新回顾了 17 世纪属于

303

高教会派（high-church）的卡罗琳神学家（Caroline divines）的思想，并试图维持圣公会的地位，其方式是在早期尚未分裂的教会的教义中寻求权威，而不是像"大众化的新教徒"那样只以《圣经》为唯一的权威，或像天主教徒那样，在特兰托会议（Council of Trent）中寻求权威。1845 年，富于智慧的教师 J. H. 纽曼（Newman）脱离圣公会而改宗天主教后，牛津运动在全英国悄然蔓延，越来越与人们基于古典模式对"教堂中更为虔敬的礼拜和仪轨"的追求联系在一起。虽然在伦敦和其他地方的牧区中，人们对于是否要拘泥仪式发生了冲突，但这场运动的影响是广泛的，修道院社群因此建立，赞美诗（特别是颂赞歌）得到采用，宗教仪式也日益精细，虽然缓慢，但变化巨大。[49]

　　这一过程部分导致了花卉被重新融合到礼拜之中。花朵在教堂中使用时，如果作为礼拜用品，哪怕只是作为装饰品，都曾被认为违背了改革宗的实践。但仪式的回归所带来的变化，却与欢迎教堂使用花朵的公共舆论中的重要方面是一致的。1878 年，一位观察家评论了科文特花园市场的"非凡景象"。由该市场可见，伦敦教堂在过复活节时会普遍采用花朵装饰。这些装饰品既由市场踊跃供应，也包括来自乡绅花园的鲜花，于是为种花人和花店老板都带来了可观的利润。此外，到 19 世纪 60 年代末，英国葬礼上又引入（或者说重新引入）了精致的献花仪式。1889 年，又有一位观察家评论说，赠送昂贵的花圈用来盖在棺材之上是当时的时尚，在巴黎和伦敦都是新风气。盖在圆顶玻璃罩下的瓷花，则在 19 世纪 90 年代出现，它们大多从德国进口。[50]

1867 年，一本题为《花卉和节日》(*Flowers and Festivals*) 的书首次出版，其副书名为"教堂花卉装饰指南"(*Directions for Floral Decoration of Churches*)。该书旨在成为"那些想知道如何着手装饰教堂的人们的手册……供教历上一年中的各种节日使用"，并试图评估"各种象征形式，以避免受人误解或给人造成'黑暗或愚蠢的仪典'的印象"。这本书的开头引用了一句格言"让古老的习俗保持不变"，声称书中展示了花朵和绿枝在世界各地，特别是在基督宗教中的普遍用途。书中所举的例子，不仅可用于指导教历上的一年中包括圣诞节在内的重要节日的教堂装饰，而且对地方上的圣徒纪念日以及五月节的教堂装饰也都有指导。然而，"有许多人谴责用这样的方式装饰教堂的习俗，在这简单而富有诗意的实践中似乎有某种偶像崇拜的意味"。[51] 不过，这种"古老的教会习俗已经或多或少被清教主义扼杀了"。

304　　　牛津运动的各种活动，导致圣公会和天主教的实践和信仰之间的差距在缩小，至少前者的高教会派是这样。这场运动还导致仪式发生了其他更多变化，比如应用熏香和蜡烛，主教们也采用了主教冠和牧杖，如今已被人们视为其形象中的固有要素。这些变化既可以看作是对天主教的借鉴，也可以看作早期教会实践的恢复。尽管这种做法仍然不能免受福音派或"清教徒"派的批评，但无论如何，它们代表着对更为精致复杂的仪式的回归，其中也包括花朵的应用。

　　　我们必须将花朵的宗教和仪式应用与作为个人礼物的应用分开，前者具有认信某个宗派的意味，而后者就像荷兰国内的花卉和

　　　　　　　　　　　　　　　　　　　　鲜花人类学

花卉绘画一样，受这些宗教考虑的影响较小。然而，个人礼物在一定程度仍然受到了影响。特别是在苏格兰，清教主义的观点充斥着世俗领域，一些人把花朵视为不必要的奢侈品，是偏离了生活的真正目标的"审美式"园艺的产物，就像教堂的彩色玻璃让人偏离了上帝之道一样。这种观点也是世俗改革者的重要主题之一，他们希望能够通过减少奢侈品的消费和重新分配财富来提高农民和工人的生活水平。因为这类思想在西欧的重要性微乎其微。因此在讨论今日西欧的礼物赠授之前，我想先考察一下花朵在欧洲东部的社会主义国家中的命运。

社会主义下的玫瑰

那么，这些观念是如何影响东欧的社会主义国家的呢？这些国家是否像"文化大革命"期间的中国一样，经历了相同的转变？第一次世界大战前，鲜花在俄国自然有广泛的应用。曾有人提到乌克兰乡村对花卉有需求，于是有兼职的花卉商人每年都会从德国前来售卖。到访莫斯科的人则描述了克里姆林宫周围大量出现的花卉摊位，因为城市社会的各个阶层也都会广泛利用花卉。

花朵应用的氛围当然发生了变化，既表现在形象呈现上，又表现在现实中。十月革命后有一段时期的公共艺术强调功利式生产；图像中的女性更可能手持锤子而非鲜花，有时还用汽车轮胎来替代花环。这一时期的集会照片显示，除了葬礼之外，人们几乎用不到鲜花。[52] 当然，教会用途基本消失殆尽。然而在最初的激进措施过后，花的世俗用途仍然很广。客人们继续带着鲜花赴宴，人们还在其他场合把鲜花送给朋友和亲戚。一部分花卉生产在集体农场继续进行，但主要在私人地块上生产。[53] 私营企业家把花卉从南部的共和国空运到莫斯科，那里可以找到现成的市场。后来还有一些花卉进口，主要来自东欧的邻国，甚至会从更远的地方进口；1986 年，有一家法国出口商就在莫斯科设有代理。[54] 然而作为经济管制的后果，进口贸易总体上来说已经萎缩。昂贵的精品花店也是如此，因为早年深受贵族和资产阶级喜爱的那些阔气的鲜花，如天芥菜和晚香玉之类，在 1917 年之后就消失了。由此造成的结果，就是花卉应用经历了集中化和民主化的双重过程。新政权在全国性活动和城市花园中应用了大量花卉。在国家领导人的葬礼上也使用了大量花卉。红色的花朵尤其受欢迎，特别是康乃馨，它的一个新品种花朵大而花期长，还没有香气，适合各种场合，尤其是公共场合，因此逐渐风靡。对于个人来说，可供选择的花卉种类和数量都比以前少了。然而需求依然强劲，从未像中国那样，被有关花卉的清教主义式观点完全压制。最近有一位到访者，将莫斯科的新圣女（Novochevichy）公墓描述为"一个充满活力的地方"，在其门口有鲜花可供购买。他又继续拜访了苏维埃英雄和其他公民的墓地，其中一些坟墓是个人精神的奢华表达。"鲜花简直是一种身后的声望调查……有一尊令人屏息的塑像，是一位受了致命伤的年轻姑娘，她剪短的头发向后梳起，让人能看到有一只耳朵在她遭受酷刑时被割掉了，还有一只乳房暴露在纳粹的子弹下"，在这尊塑像周围献上的鲜花也最多。旅游团在塑像四周放下鲜红的花朵，或是在附近的树枝上系上红丝带。[55]

苏联改革前的一段时期中，花卉的境地无疑有所改善。在哈恩（Hann）所说的新"世俗神学"的"救世主阶段"，有些时候这样的仪式本来是不被允许的。[56] 然而，供个人使用的花卉似乎是个体生产能够为国家经济做出重大贡献的一个渠道。如今，这些渠道已经拓得更宽。乡下的老妇人们会在很多天桥下面和街角卖花。这个市场已经成了气候，以至于一位著名的苏联经济学家报告，在莫斯科有一种说法，说花卉销售是迄今为止自由市场的一大成功。[57] 考虑到荷兰的历史经验，包括 17 世纪郁金香狂热的兴衰，这应该不会令人感到意外。

紧随着第二次世界大战的结束，社会主义政权纷纷建立，花文化在之后的东欧其他地区仍继续存在。这些政权的建立是外来势力影响而非国内革命的结果，因此花朵在宗教活动和其他活动中的应用继续显示出对旧时规范的坚守，比苏联更为顽强。比如波希米亚地区，那里的花文化过去与西方非常接近。宗教是一个强大的因素。在捷克斯洛伐克，菊花作为礼物并不受欢迎，与意大利或法国的情况相似，也是出于相同的原因。体现在基督宗教形象体系中的早期象征体系，在整个欧洲大陆几乎都一致。花语在 19 世纪的发展也是如此，布达佩斯和布拉格与伦敦和爱丁堡一样，都积极地应用着花语。[58] 这些相似之处来源于一种"高等"的书面文化。但即使在大众的层面上，各个地方也都会庆祝基本相同的基督宗教节日，通常庆祝的方式也类似，至多有一些地方差异。尽管受到了一定限制，但这些活动仍然继续下来。虽然宗教仪式没有得到执政的共产党的批准，但教堂仪式和大众仪典都继续在一些鲜花的陪伴下举行。今天在布拉格，复活节期间可以见到柳枝和百合花，它们取代了橄榄枝。女孩们用花朵图案装饰鸡蛋，男孩们则用柳枝编成的鞭子来"强迫"女孩把鸡蛋送给他们。在布拉格老城广场的摊位上，鸡蛋和柳鞭都摆出来售卖，吸引了很多顾客。

在复活节期间，布拉格墓地里的鲜花尤其多。与德国一样，许多新近去世者的坟墓通常会一直得到精心照料，主要用盆花或干花环来装饰，尽管与鲜花相比，人们会觉得这些唁礼有些"普通"。奥尔沙尼（Olšany）公墓是布拉格的主要公墓，那里有成群的花店和个体花商忙于售卖盆花、切花和柳枝，但最重要的货品则是一系列的复活节"工艺品"，有的是绽放着绿芽的花盆，其中装点着假花和鲜花，有的是花环状的小花枝，用毛茸茸的黄色小鸡来装饰。[59] 在私人住宅里，在一年里的早些时候，人们会在花盆里种上大麦或其他庄稼，直到它们发芽，然后用小鸡和彩蛋装饰；在博洛尼亚也有类似的做法，人们同样会为复活节种植庄稼，但会将它们置于黑暗中萌发而呈黄化状态。与美国加利福尼亚州一样，人们把生者的主要仪式与新近逝者的仪典一并举行，并为这些新逝者献上时令祭品。

不仅是复活节期间，在一年中的任何时候，布拉格的犹太人公墓都与基督宗教的墓地形成鲜明对比。市中心的老公墓从1439年开放至1787年，共有12 000座坟墓，有些地方深达12层。无论是遗骨还是直立的墓碑都不会被移走，只是在旧坟墓的顶上再添加新的墓葬。这些墓碑上刻有文字，但只有几个圣像，如冠冕、松果和一串葡萄。文字占据着至高无上的地位，在与公墓毗邻的新老犹太会堂（Old-New synagogue，欧洲最古老的犹太会堂）中也是如此，那里没有图像，除了大卫之星外也没什么符号。在像这样古老的基督宗教墓地里，人们基本不可能见到花朵，因为这些逝者已经没有活跃的后代来装饰他们的坟墓。但在犹太人公墓这里，连一片草叶都看不到，唯一的供品不过是放在坟墓上的小石头，作为尊重的标志和扫墓者来过的记录；有些石头下面还贴着一张纸，上面写着祈祷词。鲜花的缺失，与墓地的时代无关，因为东柏林的当代犹太人公墓也呈现出类似的外观。美国、中国香港和英国等其他地方的犹太人墓地也是如此。因为对于任何"礼拜"死者而非上帝的行为表象，正统犹太教都要比早期基督宗教更加严格。此外，《圣经》中把花朵祭品与异教仪式联系在一起的观念仍然存在；重要的是道（语词），而不是图像或祭品。[60]

在欧洲大陆信仰天主教的大部分地区，不仅教会仪典会用叶子或花来庆祝，像五月节之类的世俗节日也是如此。在捷克斯洛伐克，少男们砍下云杉或桦树的枝条，立成一个高大的五月柱，在其顶端留下一簇树叶，再放上一个用常绿树枝条做的花环，上面还系上彩条。这根五月柱会竖立在他心爱之人的花园里，与同一时代法国洛特省的婚嫁习俗非常相似，并一直保留到月底。在这些私人竖立的五月柱之外，村子中央还会为所有未婚少女竖立另一根五月柱。在捷克斯洛伐克，尽管在民族主义运动推动下，人们将所有月份都改成了斯拉夫名字，但五月的拉丁名字（máj）也仍然保留下来。

花朵还以其他很多方式展现了捷克的大众文化。在 12 月 4 日的圣巴巴拉节上，人们把樱桃树带花蕾的枝条剪下来，放在室内，这样它们可以在平安夜开花。[61] 然后，姑娘们会穿起披风，带着花枝参加子夜弥撒，而小伙们作为她们的潜在追求者，会试图偷走花枝。与五月的习俗一样，在迪斯科舞会和聚会的时代之前，这是乡村社区的一种择偶模式。在圣诞节，人们会种植盆花来装饰住宅，特别是会种风信子；而在新年那天，人们相信四叶的三叶草会给接下来的十二个月带来好运。在另一个重要的节日——基督圣体节上，小女孩们会戴着白色、蓝色和玫红色的假花头冠参加游行，从她们挎着的篮子里把小叶子撒出去。[62] 这种庆祝活动在二战前很普遍，在布拉格市中心的维诺赫拉迪（Vinohrady）地区一直举办到 20 世纪 50 年代中期，每年都有儿童在街上撒花。当时，除了这种游行之外，其他一些游行都被政府禁止。不过在今日捷克，一些乡村地区仍在坚持这种节俗，再次显示出欧洲大众文化中的许多共同或重叠的元素。

有关生命周期的仪典也要用到花朵；死亡仪式自不必说，此外还有婚礼，出席的男士要佩戴康乃馨，女士则佩戴玫瑰，而不是像西方那样佩戴橙花。在宗教和世俗的非仪典场合，花朵也有应用，通常采取单朵花的形式，而不是花束的形式。1990 年复活节前的一周，在布拉格可以看到有很多人（大多是女性）带着鲜花，有人把花带回家，有人则放在教堂的圣坛前，还有人在用晚餐时送给房东。尽管选择有限，手中的钱也不多，但私人使用鲜花的情况仍然很普遍。[63] 在室内窗台上要安设花箱，而价格更贵的餐厅的桌子总是用鲜花装饰。花朵在流行艺术中也是无处不在的装饰母题。复活节彩蛋上的图案大多是花卉，带有华丽彩绘和嵌花的家具上的图案也是如此。

在东欧，从 20 世纪 60 年代起，甚至官方的行为规范也开始允许在通过仪式中应用花朵。1986 年保加利亚发布的一部仪式手册遵循 20 世纪 60 年代苏联制定的模式，建议在举办新生儿命名仪典时，应该用花朵装饰房间，并让母亲穿戴"具有民族风格的服饰"。[64] 这项建议是苏联式生活对民族主义情绪的某种调适，在那个时代，苏式政体的成就往往会低于许多人的期望。然而，这也是民众对个人或家庭层面上仪式的单薄所做出的更一般性的反应。

东欧国家的一个显著特征，是位于城镇郊区的小块土地之上建有精致程度各不相同的避夏别墅。这个特征与花园文化的关系比它与花文化的关系更密切。在捷克斯洛伐克，这些地块的面积大约是 25 米见方，种有一些果树、草坪和蔬菜，还有数量不等的花卉。这些度假别墅并不是新鲜事物；它们在西柏林和东柏林都有，但在东欧国家为数众多，作为摆脱满是工人公寓的灰色街区所提供的狭小居住环境的机会，受到了政府的有意鼓励和公民的欢迎。[65] 为了这个目的，在华沙、柏林、布拉格、贝尔格莱德和其他大城市周边留出了整片整片的土地。就华沙和柏林而言，那里展示的花卉更多；在东南欧国家，展示的花卉则较少。普通的乡村花园往往更具功能性，花卉种在蔬菜中间，供切花之用，而不是为了展示。几乎没有证据表明，18 世纪以来在英格兰出现的那种展示花卉的贵族花园文化有下沉式传播的迹象。因为花卉通常由私人或合作社出于商业目的而种植；比如在易北河（Elbe）流域，一些农田就完全用于种植洋水仙，用来在布拉格的大商场里售卖，光顾者主要是个人。

尽管花文化在 1917 年后的苏联有所衰减，但在那些二战之后受到苏联影响的国家，花文化仍在蓬勃发展。由于外汇管制，早期的产品范围自然受到了限制，一些品种完全消失，国内经济也不见起色；然而，人们还是继续把金钱、时间和精力投入到花卉的应用和生产中。没有其他国家比波兰更符合这种情况了，1977 年波兰的花卉消费量与丹麦、荷兰和瑞士等国相当。在下一年中，波兰大约生产了 11 亿枝商业切花，其中四分之一用于出口，主要出口到苏联、德意志民主共和国和捷克斯洛伐克。剩下的切花平均下来，相当于每个波兰人消费了近 31 枝花，每个家庭每周消费 2 枝花，或者如果只考虑作为切花主要市场的城市家庭，那么每个家庭每周消费了近 3.5 枝花。[66] 观赏植物是高价值的作物：虽然它们只占园艺用地面积的 1%，却贡献了 17% 的价值，部分原因在于它们可以在玻璃暖房中集约种植，以备反季之需；玻璃暖房中康乃馨的标准产量为每平方米 120 枝，专业种植者的种植面积则从 1 000 到 2 000 平方米不等。廉价能源政策让温室栽培成为一个有利可图的做法，而以市场为导向的西方国家则发现，在热带的天然温暖环境中种植花卉，较之在温室中用人工热源种植花卉越来越有优势。世界市场的冲击必然会对这一经济部门迄今为止的成功事业造成不利影响，虽然不一定影响到销售和消费，但肯定会影响到生产。

在二战之后的东德和捷克斯洛伐克，情况似乎大致相同。在这两个国家，花朵的应用很广泛，不仅有官方用途，而且在城镇和乡村都有私人用途。1990年春天，人们频繁光顾花店，还有一些老太太在城里卖花，甚至是在复活节时售卖野花花束。[67]然而在花卉的种类范围上，这些商店本身与西方形成了巨大的对比，因为它们要么来自本地，要么来自东欧集团国家。花朵的公共展示也很普遍，然而要么是用于反对政权，要么是用来代表政权。因为在今日捷克斯洛伐克，花朵在政治上的应用与二战前一样流行。在战前，社会党人采用红色康乃馨，而捷克国家社会党成员则用红白相间的品种来代表自己。[68]但即使在后来的一党统治下，与当权者一样，反对派也仍然会使用花朵，于是它们就成了最重要的"弱者武器"之一。1990年春在瓦茨拉夫（Wenceslas）广场，纪念圣瓦茨拉夫这位王公的纪念碑和1968年反苏烈士扬·帕拉赫（Jan Palach）的纪念地都盖满了鲜花。甚至在那一年的政治剧变之前，就已经有了这样的献礼。因为在广场的同一头，两个设在路边小屋里的花店可以专门满足那些希望向这两位死去的英雄献花的人的需求——他们向昔日的英雄和抵抗的英雄献花，便在当下反对了那些还活着的合作者。1990年，这两处纪念地得到了人们持续的照管；告示上写着帕拉赫的牺牲，有蜡烛在燃烧，有鲜花在簇拥，在不经意间便与占据着广场中线的市政花坛的格局形成了对比。

然而，尽管花文化从未消失，但它现在正在经历一些快速的变化。人们主要应用的花色在过去本来是红色和白色，但现在是黄色。无论是在捷克斯洛伐克还是在东柏林，红色都变得不那么重要了。除了人们偏爱的花色外，花朵的使用场合也在经历一些令人不安的变化。我有一位朋友的叔叔曾在北波希米亚的一家合作社工作，该合作社多年来一直专门种植花卉，其中一些用于出口。只有在得到政府许可的情况下，合作社才能开展这项工作，而为了拿到许可，就必须与各部委建立良好关系。因为这些花通常用于公共活动，所以必须按照时间表种植。[69] 其中一项活动是 3 月 8 日的国际妇女节，该合作社为此一直在大规模种植紫红色的倒挂金钟。但随着"天鹅绒革命"爆发，人们对妇女节的庆祝活动不屑一顾，而是更偏爱庆祝"母亲节"，一个早前的宗教节日。从政党到教会的变迁意味着合作社损失了 50 万克朗，因为这个又名"省亲周日"的节日用的花不是倒挂金钟，而是铃兰。

　　花文化的另一个重大变化发生在政府即将垮台的日子里。因为，尽管花卉被广泛用于官方用途，但在个人用途中，它们也是抵抗的象征，其中一部分抵抗针对的是功利式园艺，可以提醒中产阶级自己曾经有过的更自由的日子，但更重要的是，它们是私人的祭品，献给那些为某一事业牺牲的人，或者向那些权力来源于武装而非投票的人发出无声的诉求。这种象征意义在当代文化中无处不在：旧金山有"花癫派"（flower people）；1974 年葡萄牙掀起反对卡埃塔诺（Caetano）总理的叛乱时，有人把康乃馨插在士兵的枪筒里。花朵在反抗威权主义政权的斗争中也有普遍应用。献花不仅是纪念反抗烈士的重要方式，而且也象征着人民反对专横权力的道德力量。1990 年 5 月 6 日，罗马尼亚公民获准临时进入摩尔多瓦苏维埃共和国，当时人群带着鲜花越过边境，把花送给亲属，并扔进分隔他们的那条河流。几天后，当苏联军队想在莫斯科的阅兵游行中展示其和平意图时，也在坦克上装饰了鲜花。布拉格"天鹅绒革命"期间有一张戏剧性的照片，是一个姑娘在向武装警卫献花（图10.3）。作为礼物的花朵，于是再一次成为血祭的对立面，花朵的力量对抗着火的力量，爱对抗着战争与威权。不过，即使是为这些"革命"场景提供的花朵，背后也可能有商业的一面。送给看守柏林墙的士兵的鲜花，便由一家荷兰公司专门提供，该公司为此派出了一支由卖花姑娘陪同的货车车队。尽管摆出了这种慷慨的姿态，但这只是该公司在常规商业活动之外的附加业务罢了，因为柏林的大多数切花之前就已经从荷兰运来了。这些荷兰贸易商在纪念这一事件的同时，也为他们的产品做了公共宣传。

图10.3　1989年布拉格，一位姑娘向士兵献花。

礼物的赠授

尽管东欧的花文化表现出了一些令人意外的连续性，但东欧在很多方面都是特例。近年来在西方，园艺受到的干涉越来越少，生活水平的提高、海外贸易的增长以及清教传统的逐渐弱化，都导致了花卉消费的全面增长，主要用作礼物和房屋装饰。作为礼物，花朵必须在隐喻意义上从一个地方或一个人那里"移栽"到另一个地方或另一个人那里。虽然现实中也有一些植株本身的移栽，这在植物学和农业上都很重要，但在绝大多数情况下，所转移的只是切花或盆花。

正如花园有许多不同类别（厨房花园、花卉园、本草园等），花卉也有许多不同类别。在英语中，对花卉所做的最为显著的划分是野生花卉和栽培花卉。除了儿童之间的礼物和送给亲密的人的礼物之外，作为礼物的花朵不仅应该是栽培花卉，而且应该是买来的花卉，也就是并非在自家花园里种植的花卉。实际上，兰花作为最珍贵的礼品，在欧洲的花园中也是最难种植的。

在城市中，礼物因此有了如下的等级：购买的花卉，园花，野生花卉。在此基础上，人们又进一步区分出切花和盆花。从花商那里买来的切花是最奢华的礼品。它们外观很吸引人，包装很仔细，但萎蔫也很快。盆栽植物过去很少作为礼物赠授，除非送给非常有名的人，但这一情况近年来有所改观。如今，室内植物的栽培迅猛增长，部分原因与中央供暖的普及、铺张浪费（尤其是生活空间的浪费）和炫耀性消费有关，于是情况发生了变化，人们把住房变成了温室，室外变成了室内。但在许多情况下，盆花仍然是一种受人误解的礼物。[70]

除了鲜花之外还有干花，与其说这是送给别人的礼物，不如说是送给自己的礼物。长久以来有一个传统，就是把花晾干，摆放一整个冬天。最后，还有人造的假花，这是市民阶层最不能接受的礼物之一。[71] 送给别人的礼物应该短命而昂贵，所以兰花的档次比玫瑰高，玫瑰的档次又比玛格丽特菊高。

我在前文中已经讨论过在教堂的仪式周期和人类的出生、结婚和死亡周期中对鲜花的运用。给予生者的礼物，则是在人际关系中占据主要地位的第三种类型的场合性礼物。除了一年一度的节日外，这些场合通常是周年纪念日（尤其是生日和婚礼纪念日）、情人的约会和对朋友的拜访，特别是如果要一起吃饭的话。在所有这些场合中，主要是男性把花赠予女性，而不是女性赠予男性。女性实际上不给男性送花；在一些意大利的社交圈里，这样的礼物还会带有性暗示。"这就像触碰男人的领带或评论女人的衣服一样，"马西娅（Marcia）说，"意味着你想给他或她脱衣服。"因此是一种明显的性暗示行为。

鲜花仍然是女性所偏爱的礼物。盖洛普民意调查公司（Gallup Poll）最近在切尔西花展开幕前为国际花商联合会所做的一项调查表明，65% 的女性认为鲜花是最浪漫的礼物，18% 的女性更喜欢内衣，9% 的女性喜欢演出票，5% 的女性喜欢巧克力。人们普遍以为，大多数切花都由男性买去送给了女性；这是 1897

年莫梅内对巴黎人的猜测，也是 19 世纪前期德科克的看法。[72] 然而英格兰最近的一项调查显示，情况并非如此。大多数切花都是由女性购买的，有时会送给其他女性，但通常用于装饰桌子；即使在今天，虽然盆栽植物已经遍及房间的每一个角落，但摆在桌子上还是会被认为不合适。

赠授花朵的一个主要场合是在家宴上送给女主人。这种习俗在法国和德国城市的上层市民阶层中很普遍，并在城市生活中向下渗透到了整个社会。在英格兰，尤其是在美国，瓶装葡萄酒或烈酒也已经拥有了同等的重要性，并因为遍布机场甚至航班上的社交空间的免税政策而得到了国际性推广。然而在市民阶级家庭里，带花赴宴从来都不是明智之举。米谢勒·屈尔西奥在她有关品味生活的手册中对这一点讲得非常清楚。"你不应该手拿鲜花或在腋下夹上一盆绿植去别人家吃饭。那只会让女主人难堪。鲜花应该在赴宴之前或之后送出。"[73] 她指出，如果有人送给你鲜花，那么请把它们（以及其他任何礼物）从包装中拿出来，直接插在花瓶里。这方面的规范不尽相同。在英格兰，礼物可以暂时放在一边，之后私下打开；在法国，即使鲜花也应该包装好再送；但在德国，在送花之前通常都要先打开包装。

鲜花对病人具有特殊意义。凡是现代西方类型的医院所达之处，给接受治疗的亲友送花的习俗也随之一同到达。在英国，建立较晚的医院大楼里常常专辟有花店；在东京，医院外的卖花人比比皆是。然而人们普遍相信，不应该把植物留在病房里过夜，因为据说它们会与病人竞争所需的氧气。在一些医院里，气味浓郁的花朵不可接受；在伦敦的一家医院里，白色和红色的花被认为不祥。毫无疑问，在这些地方性差异中，有一些习惯与某一特定机构中触动了人们心灵的事件有关，但它们也反映了向住院病人送花这件事可能"带来"的不确定性，比如其中一些病人的病情会好转，另一些病人的病情却会恶化。治疗结果仍然在很大程度上超出人类所能控制的范围，正是这种情况，为这类信仰的发展提供了肥沃的土壤。

英国和法国的花卉购买

尽管在欧洲一些国家，宗派认信差异的历史影响导致花朵在宗教仪典和其他仪典中的应用存在或多或少的差异，但在整个欧洲，以切花作为礼物赠送的现象都很普遍。虽然如此，不同国家的销售水平还是差异很大。1974 年，英国的人均消费金额为 3 英镑；相比之下，德国为 6 英镑，法国为 7 英镑。[74] 然而在 1977 年，荷兰的消费金额是法国的两倍。[75] 荷兰是世界上购买切花最多的国家，人均消费达 73 荷兰盾，相比之下，瑞士和意大利为 68 荷兰盾，德国为 63 荷兰盾。[76] 这种差别可以用其他方式来表示。在布赖顿这个英国最喜欢鲜花的地方，1974 年每 5 700 名居民拥有一家花店；格拉斯哥（Glasgow）和苏格兰西部的这个数字是 23 200人，法国在 1982 年时则是平均每 3 200 名消费者拥有一家花店。宗派认信差异和经济差异无疑是造成这种巨大差异的原因，但除此之外还有其他因素。

态度

前文已述，虽然在欧洲男性是花朵的主要赠授者，但女性不
315 仅是主要接受者，也是主要购买者。而两性之间的差异也会延伸
到态度上。[77] 男性的态度与女性所感知到的情况不尽相同。更具阳
刚气的那类男性通常认为，被看到拿着鲜花是件尴尬的事情。经
常赠人鲜花的男性，则会被视为"情圣"或"色鬼"。事实上，大多
数男性的做法并不会达到让女性感到尴尬的程度。他们在购买时
精打细算，认为鲜花是昂贵的奢侈品，但对女性来说又是特殊场
景的标志。然而，有些男性——尤其是年轻人——确实会因为带着
一束花而感到尴尬，这无疑是因为花束具有求爱的作用。正如有
人所评论的：

> 如果有人想让我从地里摘一些东西拿回家，那么我会让
> 别人带花，我自己会摘蔬菜。我想这是一种与生俱来的男性意
> 识，认为带花是娘娘腔。这完全是事出有因，比如你结婚时，
> 拿着花束的是伴娘，此外还有别的类似的事实。虽然法官们
> 在开庭时仍会佩戴鲜花，但这原本是为了在法庭上遮盖气味。
> 我不得不说，他们看起来很难为情，也很尴尬！[78]

虽然人们通常认为鲜花是男人在求爱期间送给女人的，但这
类礼物绝不总是带有性的意味。送给女性这样的礼物，意味着关

爱，而非求爱。随着市场的扩大，这类礼物在家庭内部越来越重要，特别是在圣诞节和复活节等宗教节日，以及母亲节等商业节日期间。求爱礼物与其他礼物的区别在于所赠予的花的种类，在这一点上，本章前面讨论过的那些大众化的非文学象征意义只起到了有限的作用。

劳动力分工

男性和女性对购买和应用切花的不同态度，并没有以相同的方式体现在园艺劳动的分工上，至少在城郊花园中如此。在过去的乡村里，往往是女性在花园里劳作、男性在田地里劳作。另一方面，专业园艺师也正如专业厨师一样，虽然不完全是男性，但大部分是男性。而在城郊花园里，无论是家事和工作之间，室内和室外之间，还是花卉和蔬菜之间的任务的分配或承担，都不像以前那么固定，特别是在蔬菜种植的工作上。虽然男性往往仍在从事刈草（在城郊英语中，"草"指的是大田里种的牧草，而不是像城市英语中已经用来指"草坪"）、伐木和挖土的工作，但在花园里情况并非如此。尽管与切花的购买一样，切花的收割也往往会有特定的性别意味，但对城郊的男性来说，打理花园也是一种工作选择。

购买的场合

316

庆祝节日和作为礼物绝不是购买鲜花的唯一理由；英国 36%

的人口会在特殊场合以外的时候购买花卉，女性（44%）多于男性（26%），富裕家庭（52%）多于较贫穷的家庭（28%）。此外，48%的人只为了特殊场合买花，16%的人则从来没有买过花。尽管英国北部和南部在花店数量上存在很大差异，但这些数字的地区差异很小。

在这些特殊场合中，最常见的是女性的最近一次生日（52%）、圣诞节和新年（44%）以及复活节（35%）。此外，38%的已婚女性曾在最近一次的结婚周年纪念日收到鲜花，53%在母亲节收到鲜花。花卉销售额最大的特殊场合是圣诞节，其次是复活节和母亲节。在法国，销量最大的日子是万圣节，在美国则是圣瓦伦丁节。虽然可以很容易地把这些销售情况作为指标，认为美国人更喜欢庆祝爱情，而法国人更愿意纪念死亡，但如果把普通场合也包括在内，那么法国人无疑会向女性赠授更多的鲜花；为死者所献之花，才是美国和法国的主要区别。[79] 然而，大多数购买切花的人（70%）都是在自己家里使用的，其中的阶级差异很明显。"就比例来说，工人阶级的人群会购买非常多的鲜花用来放在教堂里或坟墓上……如果 AB［高收入人群］买的花不是供自家使用，那么五次里面有四次是送给朋友或亲戚的。毫无疑问，花卉这种产品在中产阶级家庭的日常生活中融入得更深。"[80] 正如作者所强调的那样，花卉现在仍然被视为一种奢侈品，这个观念之所以还在持续，是因为鲜花相对于假花价格较贵。拒绝假花的人主要是高收入人群（AB，45%），相比之下，拒绝假花的低收入人群（DE）只有18%。尽管如此，在顶层收入的人群中仍有 40% 的家庭中可以见到假花；而且假花在法国北部比在南部更流行，这是可以预见的。

在家庭以外也有类似的区别。就餐馆而言，其中 29% 会在餐桌上摆放真花，13% 摆放假花；对办公室来说，这两个数字分别为 24% 和 5%。在这两种场所，使用鲜花还是假花，可以视为等级差异的体现。好的餐馆会提供鲜花；而与没有鲜花的办公室相比，人们更喜欢把有鲜花的办公室作为工作场所，提供鲜花的公司也被认为更适合在其中工作。[81]

在法国，女性从男性那里接受鲜花（排除掉开花灌木或绿植）的频率也高于其他礼物；不过，她们更愿意获得香水这种与花朵密切相关的产品。[82] 提供这些礼物的场合主要是生日，然后是在欢迎受邀客人的时候、母亲节之时和"节日"（特指圣诞节到新年前后）期间，具体情况取决于接受者的年龄。比起女性的丈夫或她本人来，首先是朋友，其次是亲戚，会更常为她提供鲜花。然而现在在法国，尤其是在巴黎地区，一个越来越常见的现象，就是女性会为自己买花。在这个现象和其他现象上存在地区差异。虽然在巴黎地区，女性更常为自己购买鲜花，但在更靠北的高消费地区，买花送给女性的人更多是"亲属"，在地中海地区则是她们的丈夫。[83]

与人们的预想相反，切花在法国西北部的销量最大，花店也更常见。法国南北切花销量之所以有差异，可能部分原因在于南部的花卉更多栽培于花盆和窗台花箱中，在室内的使用较少。农民的房屋在冬天可能摆有干花，但很少用切花装饰，这与城镇周围"别墅"的做法形成了鲜明对比。商业生产主要集中在法国东南部

（所谓"南方花"），1986 年，该地区生产的康乃馨占法国康乃馨总产量的 87%，月季占 68%。虽然其中有一部分花供出口，但进口量是出口量的 5 倍，由此造成了 200 万法郎的逆差。荷兰人在花卉的温室栽培方面更为成功，因为他们利用了天然气，而法国地中海沿岸地区则受到汽油价格的很大影响。当然这与平坦的地形一样，都不是荷兰获得成功的唯一原因。荷兰的生产效率如此之高，以至于在其他很多国家——无论是博茨瓦纳还是法国南部——都有荷兰人担任着顾问和企业经营者。

在当代法国，切花的两个主要购买渠道是花店和市场摊位。人们通常在花店购买鲜花作为礼物，部分原因在于包装更好。给自己的鲜花则主要从市场摊位购买，而用于墓地的鲜花来源大致两分。[84]

在本章中，我试图勾勒出花朵在当下和最近的欧洲的一些用途。这样的探究可以让我们知道，除非是在特别宽泛的隐喻意义上，否则谈论"花语"是很冒险的事情。虽然对于特定地区（比如法国洛特省），花卉的一些用途能够以相当精确的方式界定，但是这些用法很难在更大的意义上构成"文化"。另一方面，一些有关花朵的习俗——比如在婚礼上使用橙花——在整个欧洲却广为流传。但在人际礼物中，固定的意义点很少，而且变异很大。在法国，一些有见识的参与者会否认黄玫瑰的任何贬低性意义，有的人更喜欢白玫瑰而非红玫瑰；康乃馨和金盏花的意义则带来了更广泛的分歧。几乎每个人都能认出某些有强烈标记的花，但其他一些对意义的强调则取决于个人经历。这种个体性关联也可能会

318

　　　　　　　　　　　　鲜花人类学

有"社会事实"融入，特别是当它们在医院病房或战场上形成集体维度的时候。

我们所掌握的事实，呈现了可以将仪式引向相反方向的过程，有时候是引向多样化，有时候则导致趋同。类似的过程也表现在所有形式的重复性社会行为中；根据我的理解，重复性社会行为就是仪式的唯一特征，因为可以这样描述的行为并不会出现在从外部定义的活动（比如农业，就是这样定义的）中。换句话说，对旁观者来说——但当局者本人当然不这么看——手段—目的关系是"非理性的"。在这两个过程里面，首先是仪式活动的多样化过程，前文已经论述，这是口语社会的一个反复出现的特征，源于人类的创造力和对"真理"的追求；然后是作为大众仪典标志的趋同过程，比如五月节和基督圣体节。[85] 前一个过程需要与邻居分离，后一个过程则需要与邻居交流。由于教会仪式在很大范围内都具有相似性，因此不存在普遍性的问题，因为不仅这些仪式的共同来源非常明确，而且教会内部的权威和交流也会让人们维持或采用适合相关场合的仪典；当然，形式上会有许多差别，但都不出由文本、先例以及教会的权威和团结所界定的一般框架。

五月节似乎不存在这样的宗教层面的压力，因此多少呈现为一个佯谬，因为我们在整个欧洲发现一些用法具有惊人的相似性。对这个佯谬的一种解释，是将这种相似性归因于前基督教时期的某个共同来源，也就是印欧人（Indo-Europeans）普遍继承的文化遗产。这种解释令人非常不满意，因为它首先只解释了一个领域的相似性，却忽略了其他领域的多样性。为什么一种仪式可以延续下来，但另一种仪式却会消失？功能主义的研究进路正确地提出了这个永恒的问题。其次，印欧人扩张的过程，无论具体是何种形式，都不太可能保证仪式的连续性，特别是这个人群包括了许多语言不同、民族不同的群体。再次，除非从特别泛泛的层次来看，欧洲的印欧人与当今生活在欧洲之外的其他印欧人（比如印度的印欧人）之间几乎不存在什么具体的仪式共性。虽然欧洲的五月节庆祝活动存在很大的多样性，但在缺少像世俗的中国或有经书的宗教社会那样的某种仪式指导的情况下，这些活动确实表现出了比人们预想的更大的一致性。西欧的仪式更可能有共同起源，要么来自一种庆祝一年中的转折点的普遍习俗，要么来自中央集权的罗马帝国的活动，而不会是形形色色的印欧人之间某种假想的共同性的结果。然而，上述两种共同起源的可能性仍然不能真正解释这些高度具体的相似性。如果我们设想詹姆斯国王提出的贵族统治者的利益与平民庆祝一年中的转折点的愿望实现了相互结合，那么政治因素以至文学因素本来早就应该实现了某些文化表现的统一性，并把这种统一性保持下来。然而在中世纪之前，似乎没有什么证据表明这些特定的仪式已经存在；直到中世纪，这些仪式才可能既得到政治因素的支持，又得到教会的支持。那时候，教会已经把五月视为马利亚的月份，并积极地推动为贞淑少女加冕的仪式，就像用少女花环为法国的"玫瑰少女"加冕一样[86]（图10.4）。不管是哪一种情况，"大众文化"都促进了多样性，但其中的共同元素则可能源于霸权统治，这与狂欢节的情况是非常相似的。[87]

图 10.4　为"玫瑰少女"加冕。19 世纪的雕版画。

（巴黎，法国国家民间艺术与传统博物馆。摄影：A. 盖 [Guey] ）

由于用法上的灵活性，花卉的应用不可避免会发生变化，特 320
别是在政治和宗教领域。宗派差异的发展，自然而然意味着人们
对待与圣母马利亚相关联的花朵的态度不会体现出普遍共识。但
像菊花或虞美人这样的花，很快就获得了深刻意义，这就提醒我
们，在对文化现象进行任何讨论时，都需要考虑时间、空间以至个
人的维度（因为无论是偏好还是禁止，都是从这个维度开始的）。
像其他很多观察者甚至一些参与者一样，人类学家竭力想要确定
出明确的"规则"，以便于理解它们背后隐含的"规范"——为什么
美国人不吃马肉？为什么法国人不吃咸黄油？[88] 虽然在这些方向

上有一些总体规律，但将它们视为类似于语法"规则"的东西，却是对其本质的误解。虽然有些花的标记意味比其他花更强，但这种标记很少具有语言那样的强制性和普遍性。对于行动者来说，如果要他把自己的隐性理解显性地表达出来，那么似乎会给人一种语言般的感觉；然后，他也可能会试图把他个人理解的意义汇总起来，从一种"文化"的视角加以概括。但从社会的立场来看，从以社会为中心的角度来看，花朵的意义在文化内部变化很大，边界不定，语境多重，而且随着时间的推移，其变化比大多数文化、传统和社会制度的观念都更频繁和剧烈，远超人们通过那些一般观念而产生的预期。特别是如果我们所考察的行为不受文字"符码"的约束时，情况就更是这样。

欧洲并不是花文化的唯一发源地。前文已述，欧洲花文化从亚洲经验那里获益良多。这里面的部分原因在于，在亚洲很多地域，花卉的生产和应用都要比其他任何地方更为精致。这种精致性植根于那里足以供养宫廷和寺庙的集约农业，以及拥有广泛商业活动的历史悠久的城市文化，这些因素都鼓励人们培育各种类型的植物。在这方面以及其他很多方面，亚洲在中世纪的表现比欧洲更出色，这个事实可以体现在亚洲人口的增长，海陆贸易网络以及其文化和政治向太平洋、印度洋以至非洲和欧洲的扩张之中。认为东方社会是所谓"停滞的东方社会"（stagnant Oriental societies）、缺乏增长的要素而与欧洲不同的观念，对于这些充满活力的社会来说是相当不合适的，它们明明拥有如此发达的奢侈文化，更不用说深深依赖于书面文字运用的知识体系。虽然亚洲也同样不能免于北方蛮族的攻击，但无论其总体文化，还是花文化这个特别门类，由于这些入侵而受到的负面冲击都比欧洲小。同样，它们受内乱的影响也较小，因为虽然这些奢侈文化内部也存在矛盾，但是总的来说，它们并没有像西方那样采取由宗教作为背后支持的形式。对于花文化来说则显然更非如此，因为在后期的印度诸宗教中，可以见到花朵成为牲畜屠宰的替代物，至少在礼拜时，花朵构成了敬献给神的恰当祭品中的重要组分。

接下来，我会把考察延伸到南亚和东亚的两个主要社会，也就是印度和中国，部分是为了加强与非洲的对比，部分是为了把花文化与识字的分层社会的先进农业关联起来。[1] 除了展示那里花卉栽培、应用和知识体系的精致性外，我还想指出一些运用花卉的特别情境。在如此巨大而多样的政体中存在很多差异，有些具有高度地方性，有些则具有较广阔的地区性。比起较为干旱的北方来，南方热带地区更能促进花文化的发展，这正是印度的达罗毗荼（Dravidian）地区和中国华南地区的情况，那里的妇女更常在头发上佩戴鲜花。虽然拒斥血祭的宗教倾向于使用鲜花来代替，但两者的差异是显著的。在印度教中，对神和人的崇拜通常采取敬献花环的形式。而在佛经的支持下，佛教也呈现出鼓励个人在礼拜中应用花朵的特色。正如前文所述，起源于近东闪族人的伊斯兰教虽然将花朵排除在礼拜和形象体系之外，但也鼓励人们在日常生活中应用它们。

除了与地域和宗教相关的维度外，还有其他与等级制有关的维度。驯化花卉文化是在识字（这里指的是拥有文字系统）和分层（与生产资源有关）的社会中发展起来的，社会的这两种属性对作为总体的文化以及作为其中一个专门部分的花文化都造成了等级分化的影响。奢侈和匮乏的观念，在这种社会中比非洲更发达，花朵往往由穷人所采集或种植，却由富人所获取。[2] 此外，花朵也被更多的居民用于某种民主形式的礼拜。然而，花朵又是引发人们矛盾心理的物品，被禁止献给佛教僧人；而在伊斯兰教中，它们更被排除在所有礼拜之外，甚至常常被排除在形象呈现之外。伊斯兰教对包括花朵在内的所有自然物一视同仁，因为其教义禁止人们重新创造世间的造物，不得重复真主的独一行为。甚至在印度教、耆那教和佛教等高度圣像化的文化中，这些反对图像的思想也不时就会出现，特别是如果涉及最高级别的神祇或名义上的宗教领袖的话。不过，对花朵的犹疑心理也源自奢侈文化的本质，因此在东方，我们一样能听到罗马哲学家抱怨人们在贫困的包围中仍然奢靡浪费的回声。

施加在印度的花文化之上的，不是只有这些形形色色的宗教影响；英国统治时期也对其中的世俗领域产生了影响。尼赫鲁（Nehru）本人就接受了在纽扣孔中插花的做法，但用的是玫瑰，而不是康乃馨，由此为这种欧洲时尚增添了克什米尔风情。印度社会中存在佛教、耆那教、印度教和伊斯兰教等宗教，受此影响，在世俗领域，花文化的实践既有时间维度上的差异，又有地域维度上的差异。本章作为简述，无法对这些差异始终保持同等的重视，但我希望读者能注意到印度花文化的一般特征。

早期印度教社会中的花

在印度最古老的文学和图像材料中，就有丰富的花文化的证据。文学材料主要是印度教文献，但谈的是世俗生活；图像材料主要来自佛教，与其宗教实践有关。《罗摩衍那》常常会提及用花朵来装饰，也常常提到花园和苑囿。如果没有"花蕾、花朵、花环和卷须"，一位迷人女子的衣装就很难称得上完整。采花是悉多（Sitā）的乐趣之一；她喜欢莲花，会"插在头发里"，因此有了个名号叫"莲花情人"（*priyapaṇkayā*）。[3] 男人也会戴花，特别是花环，是他们睡觉时最喜欢的饰品。花朵不仅可用于个人装扮，还用于装饰战车、道路、房屋、宫殿以至城市。它们可以从城镇的花摊上买到，其用途与花香的用途以及沐浴密切相关。对于婆罗门种姓的人，采集鲜花之前要先沐浴。[4] 花环作为礼物，与求爱和婚姻有关，具有强烈的性意义；根据《摩奴法典》（*Laws of Manu*），男性可以向单身的女性赠送鲜花或香水。在一种称为"择郎婚"（*Swayamvara*）的婚姻形式中，新娘和新郎要交换花环，这意味着他们要么彼此选择了对方，要么至少同意了其他人的选择。

这些早期文献大多是世俗的，通常具有性的意味，但也因此用途很广。在公元前 1 世纪，男女的恰当行为就被写进了一部叫《欲经》（*Kama Sutra*）的文本，它不仅像书题本义一样，是"爱的格言"，也阐述了"从属于这一主题的技艺和科学"。这些技艺共有六十四种，既有"歌唱"，又有"用黏土制作人像和其他形象"，其中展现了花朵（无论是鲜花还是假花）在贵族生活中的核心作用。这份技艺列表包括：

　　7. 排列偶像，用稻米和花朵来装饰。

8. 在床上或卧榻上铺开和布置花朵，或者把花朵布置在地上。

15. 制作念珠串、项链、花环和花冠。

16. 包上缠头巾和头冠，用花制作头顶的冠饰和发髻。

26. 用纱线或粗花呢制作鹦鹉、花朵、簇饰、流苏、束饰、凸饰等。

40. 园艺；知道如何治疗草木的病害，如何滋养它们，如何确定其年龄。

47. 制作花车。

63. 制作假花。[5]

有一种社交消遣，是男人和女人"用花朵彼此装饰"，这些花 324
朵有时候还会刻上男人的牙印和指甲印；[6]人们采集成束的鲜花，
把花朵放在洒了香水的床上，附近还要再放上更多的花。尊贵之
人包养的风尘女子可能会把花环送给她的恋人，或是派她的女仆
去把他前一天用过的花朵带回来，这样她可以自己使用这些花来
"表达爱意"。但对于具体的花卉种类，文献中语焉不详。能够愉
悦男男女女之心的，是一般意义上的花朵，不仅包括鲜花，而且包
括用纱、线和其他材料制作的假花。因为植物具有季节性，象征着
女人红颜易老，男人生年短暂，所以印度人会深刻地觉察到花朵
在其他季节的缺失，于是很早就用干花和人造花来补充替代。无
论是花环、假花还是花市，花环在其中起到的普遍作用都让人想
到差不多同一时代的地中海世界。在这两个地区，人们都已经开展

了相关的商业活动，因此在印度，我们同样可以见到"卖花人"及"香水商"。通过商业交易所购买的花朵，之后可能会在性交易中交换，或是用来装饰房屋或人身（彩色图版XI.1）。

诗歌中提供了花卉早期应用的进一步证据。特别是南印度在古典泰米尔时期（约公元前100—公元250）留下了丰富的诗集，其中把女性的头发形容为具有素馨花香，还提到男性甚至在斗牛和战争中也会佩戴头冠，花朵可以作为氏族标志，情人会彼此赠予花朵作为礼物。不同的花也正如不同的神灵，既代表着大地的四大部，又呈现了情人之间的关系状态，以及室内景观的各个方面。阿卡姆（*akam*）是无题的泰米尔爱情诗，其中与花朵有关的内容尤其丰富：

> 女人戴着
> 花蕾做的花环
> 手指触处，花蕾开绽
> 香气也为之一变，
> 女人戴着
> 来自山上池塘的花环
> 花都编成锁链。[7]

又有一位新娘，在婚帐之下脱掉了她的长袍，

> 她羞涩地叫一声"喔哟！"

便弯身向我恳求

一边松开长发

解下稠密的鲜艳花环

是用百合碎瓣编就

于是乌黑浓密的发绺

　——上面手摘的花朵

还在把蜜蜂引诱

　——便遮住了

隐秘的

泉口。

　　几个世纪后的 5 世纪，伟大梵语诗人和剧作家迦梨陀娑的作品中再次充满了花朵。有一个民间传说讲述道，这位作家本人最初只是一位蠢笨的放牛倌，有人传唤他入宫，告诉他要向国王献花。于是他就天天为公主采花，并把它们献给女神迦梨（Kali）。[8]在他所生活的笈多（Gupta）王朝时期，花环形式的花朵对人和神都很重要，不过它们也用于人体装饰，主要由女性实施。[9]5 世纪的婆罗多（Bharata）在其所撰的梵语舞台表演报告《舞论》（*Nāṭaśātra*）中指出，典型的戏班里面会有一位花环匠。与今天一样，那时的舞者也像男女王室成员那样，需要戴上头冠、项链、戒指、手镯、臂带、耳环和花环。[10]不过在早期文学作品中，女性与花朵的联系普遍较为紧密，就像她们与珠宝也有密切关联一样（虽然并非完全如此），而且花朵和珠宝这两种形式可以彼此替代。

在迦梨陀娑的戏剧《沙恭达罗》*的序幕中，女演员就用当时的俗语（Prakrit）唱道：

风骚的女郎把合欢**的花朵编成了花环，

蜜蜂轻吻着美妙的花须，在上面飞舞盘旋。[11]

在他的另一部剧作《摩罗维迦和火友王》（*Mālavikā and Agnimitra*）中，大部分场景发生在花园里，国王的园丁和一位"花侍女"便在此登场。此外，王后也向她不情愿的王夫赠送了红苋花作为礼物，邀请他共赴"快活林"。在《沙恭达罗》中，国王注意到女主角的时候，她还是一位年轻的净修女，替净修林的主人照管树木。她耳朵上戴着一朵花，国王因此说道："你竟被指定用水把花木四周挖好的小沟灌满，你自己就柔弱得像新开的茉莉花。"***[12]后来，国王为他的新相好画了一幅画像，但觉得它不完整，自己并不满意：

花茎系在她的耳朵上，花蕊垂过香腮。

朋友呀！这样的合欢花也还没画上。

像秋月的清光一般柔软的莲花须环子

也还没有能够挂上了她的胸膛。[13]

---

* 本章所引《沙恭达罗》中译文，绝大多数出自季羡林译本，个别地方有改动。

** 季羡林译为"尸利沙树"，植物学上为合欢属（Albizia）树种。

*** 原文如此。经查季羡林译本，实为沙恭达罗一位女友所说。

鲜花人类学

这片净修林及其简朴的性质，在剧中始终与用于情爱和狩猎的游憩花园形成对比。"进净修林要穿朴素的衣服。装饰品和弓都要拿掉。"[14] 财富和苦修之间的对立，不仅体现在珠宝和花朵之间的对立上，也体现在所有的装饰品与朴素（也就是对奢侈的拒斥）的对立上。

在印度传说中，就像其他许多神圣王室的观念一样，国王被认为拥有掌控季节、控制时间的能力，其中也包括植物的花期。在《勇救优哩婆湿》*（*Urvaśī Won by Valor*）和《沙恭达罗》中，这种控制有时候是国王故意为之，有时候却是他的错误行为或疏忽造成的后果："也许是那些蔓藤由于我的恶行而开不成花？"[15] 不过，植物的开花对于女性的恳求和触摸特别敏感，比如《摩罗维迦》剧情的一大转折，就是女主角成功地让无忧花树（*aśoka*）开出了满树繁花。甚至有一种名为"毕利扬瞿"（*priyaṅgu*）的藤蔓，被女性轻柔一碰便会开花，这一过程可算作由性别决定的"绿手指"（green fingers）。[16] 生育力与性行为一样，都与花朵相关联，而花朵又主要与女性相关联。

与欧洲一样，文学和生活中对花朵的日常应用，与植物学学术的发展同步进行，这种学术发展又依赖于集约栽培和文字的存在。已知古代印度曾有论及植物学的著作，它们为阿育吠陀（Ayurvedic）医学奠定了基础。不过，因为穆斯林和其他族群的入侵（可能也因为印度人偏好背诵文本而不是复制文本），印度的学

---

* 这里根据该剧梵文名 *Vikramōrvaśīyam* 直译；在外国文学界一般译为《优哩婆湿》。

术活动后来遭到破坏，这些植物学著作也大都佚亡了。阿格尼维夏（Agnivésa）有一篇文章是《论植物与植物生命之学》（Science of plants and plant-life），是在众仙人（Ṛṣis）或先知的请求下撰写的，目的在于"对有益于人类的草木做一番介绍"。[17] 当时还有一位学者叫波罗奢罗（Parāsára），可能生活在佛教诞生之前，他也撰写了一部至今尚存的著作，开头写道："今天我将在你面前讲述'树木阿育吠陀'（Vṛkṣâyurveda），是《阿闼婆吠陀》（Atharvaveda）的一个章节，由梵天直接降示。仙人们，请倾耳细听。"该书第五章把花（puṣpam）分成四种类型，划分依据是雌蕊群与花托和其他花部器官的位置关系，此外又有两个附加类型，与花冠结构有关。[18] 也就是说，这位作者基于可观测的结构特征，为植物学信息的组织提出了一个科学的方案。

虽然这些发展说明了花朵在世俗生活中的重要性，但它们在宗教活动中更为重要。特别是莲花，与毗湿奴、黑天（Krishna）和乐湿弥（吉祥天女，Lakshmi）都有关联，而且是前两位神的四大象征之一。今天贵为印度国花的莲花有大量不同的名称，表明了它在印度文化中的核心地位；这些名称也以各种不同的形式用于神名和人名，男人名和女人名。与佛教和古埃及一样，印度教中的莲花也与神的诞生有关联。它的象征意义非常多。"莲花一直被视为纯洁和魅力的象征。它是梵天之源；是室利（Śrī）的居所；是毗湿奴肚脐长出的萌芽，表明他是'味'（rasa）；是从湿婆一头长长的发绺（jaṭās）上流出的恒河水的象征；是所有女神手中的装扮用花。苏利耶（Sūrya，'太阳'）作为'莲花之主'（abjinīpati），双手各拿一对莲花。红色莲花是苏利耶的象征，正如在月升之时开放的蓝百合也是他的象征。"[19] 在拉贾斯坦邦（Rajasthan）的纳特德瓦拉（Nathdvara），黑天的化身什里纳特吉（Shrinathji）在布上和纸上的绘画中展示为拿着两枝莲花花苞和一枝带长花梗的盛开莲花的形象，此外还戴着用莲花花苞做的花环，映衬着他的黝黑面容。[20] 乐湿弥这位女神也可以见到站在一朵莲花上，让人想到描绘佛陀诞生的绘画。

花朵与献祭

上面所提到的大部分史料，都来自后吠陀时期；这个时期的印度教采纳了以非暴力的"象征"方式来礼拜神灵的观念，同时还采纳了来自耆那教徒和佛教徒的素食主义。这些学理深厚的宗教诞生之后，因为它们对暴力的批评（即"不杀生"［ahimsa］），血祭便基本停止实行。虽然正式的印度教教义可能仍然认为，比起僧侣所实行的残忍而暴力的做法来，向觉悟者献上花朵、熏香和点亮的灯是一种较为低级的宗教活动，但印度教中的巴克提派（bhakti，意为"奉献"）却把后面这套做法升级成为灵魂救赎的最高模式。宗教改革时期的巴克提派成员既是平等主义者，又是反仪式主义者。很久之后，到了15世纪和16世纪，北印度的巴克提实践者发动了一场"没有尽头的战争，反对顽固的正统派和毫无意义的仪式"，甚至拒斥神灵的圣像。他们"对所有偶像崇拜行为和种姓歧视都"怀有深深的敌意。[21] 这样一来，无论是在寺庙里还是在家中，遵循巴克提礼拜传统的人都会故意远离把自己或他人当成"活"祭而献给神的做法。于是花朵就成为人们向神灵敬献的主要祭品，不仅可以用来赞美或安抚神灵，也用来表达敬意和爱意。今天，只有最底层的人群，才会向村庄里的"娘娘"庙献上包括血祭在内的祭品，或是在一些特殊场合如此献祭。[22]

328 　　向印度教神灵的"求愿"，通常需要人们准备好衣服、珠宝、香水、音乐、舞蹈、蒌叶、水果和花朵，特别是需要准备用于代替牲祭的椰子和朱砂粉（*sindhur*）。尽管一些有关祭祀的文本中提出了用这些东西代替宰杀牲畜的建议，但事情没有这么简单，其中也涉及一种有关礼拜的理论，强调了对美感的共同享受。在这种理论看来，这些供品是让神歆享的礼物，与供人享用的东西是同一类型。出于这个理由，人们会献上水果和熟食，但不会献上生食。这些祭祀文本要求人们只向神灵献上适合人类享用的食物。在这种情况下，花朵则是精神食粮，是敬意和爱意的标志。[23]

　　与色彩怡人、气味芬芳的花环相反，把牛粪块用一根线串起来做成的粪环，是在收获的时节为了庆祝洒红节（Holi）而制作的用品。马里奥特（Marriott）曾生动地描述，在过节的时候，世界便上下颠倒了。年轻人捉弄老年人，往他们身上撒彩色的粉末、泼洒用"森林之焰"紫矿花（*Butea*）浸制的粉红色的水。这是完全失序的一天，或者说放纵就是这天的秩序。到处逛耍的年轻人模仿着黑天，装作是个放牛倌，与大家一起寻欢作乐，其中就包括把这些粪环戴在脖子上。[24]

佛教中的花

印度教是当今印度的优势宗教，但它对花卉的应用受到佛教和后来的伊斯兰教的很大影响。在史前印度的形象体系中充斥着动物和人的形象呈现，哈拉帕（Harappan）印章图案是其中最突出的例子。[25] 与其他地方一样，印度的早期具象艺术描绘的是动物，有时候也包括人类，但很少是植物。[26] 在中国，情况基本上也是如此，虽然也有人认为研究者可能过度强调了植物母题的缺乏。[27] 在印度，花朵在建筑和雕塑中的早期应用在很大程度上与佛教有关。在印度东北部的犍陀罗（Gandhāra）王国，其雕塑（特别是塑像）受到了经由中亚传来的欧洲古典形式的强烈影响，这些影响也包括来自近东的形式化的植物母题。与此相反，在菩提迦耶（Bodhgayā，为佛陀的彻悟之地）附近，在早期的洞窟内并无雕塑，洞窟外面也很少见。在其他遗址，宗教形象呈现中则确实开始有花朵出现。拉姆普尔瓦（Rāmapurvā）出土了公元前 3 世纪的柱头，其鼓石上出现了玫瑰形饰、"忍冬"纹和棕叶饰，柱头的底部则采取了"莲花钟"的形式。维迪沙（Vīdiśā）出土的一根建于公元前 120 年至前 100 年之间的石柱则是"莲花钟"柱头的又一个实例，上面雕刻着一个花环，可能是在模仿挂在柱石上的真花环。[28] 这些建筑形式可能起源于近东，在那里，另一种"莲花"——睡莲——在宗教生活中扮演着相似的角色，也被纳入到艺术和建筑母题之中。然而，随后这些主题在整个东亚地区的传

329

播与佛教的传播有关。

维迪沙立柱展示了花朵更丰富的用途。同一遗址出土的另一件雕刻品描绘了一个女性形象的手中拿着一束花，而药叉女（Yakṣīs）作为与生育相关的女性自然精灵，则与开满繁花的树木纠缠在一起，表现了萌芽的植物渴望得到美丽女性的触摸这一主题。从那时起，印度的形象体系就开始描绘与花卉密切关联的神和人，而这些花卉也很容易就能纳入礼拜活动和形象呈现中。

虽然佛陀拒绝为他自己和比丘（男性僧人）使用花环，但在他去世时，他的弟子阿难（Ānanda）却要求村民将他视为一位伟大的国王，这很像是在君士坦丁统治时期，基督宗教的礼拜开始用到帝王的装饰："有人在十字路口为佛骨舍利建了一座塔，用幡盖、旗帜、香花和花环、香水、香粉以及音乐来敬它。"就是这些佛陀所拒斥的东西，现在又被人拿回来敬他。[29] 此后，人们建起很多舍利塔，作为敬佛之地；公元前 2 世纪的巴尔胡特（Bhárhut）塔浮雕上展示了一个人身上装饰着花环，两侧是娑罗双树，天上则有生灵献上鲜花作为礼物。在年代较晚的阿马拉瓦蒂（Amarāvatī）塔浮雕上，则有一只跪下的大象在献花，就像南印度一些当代寺庙中的图像一样。[30]

对于佛前献花，僧人和俗众可能会做出不同的解读。虽然普通信众可能会把这种做法视为请求或祈祷，但有识之士却会对这种祭品做出另一种解读，将它视为对献花者的嘉奖。C. G. 荣格（Jung）在 1938 年访问斯里兰卡坎迪（Kandy）的佛牙寺（Temple of the Holy Tooth）时，就清楚地讲明了这一差异：

年轻男女在佛坛前扔下成堆的素馨花，同时低声祈祷（念咒）。我以为他们是在向佛陀祈祷，但为我带路的僧人解释道："不，佛祖已经不在世了；他已经涅槃了；我们没法向他祈祷。他们是在歌唱：'此生就像这些花的美丽一样短暂。愿我的神（天神）将这敬献的功德分享与我。'"[31]

到了公元 1 世纪，鲜花和花环被广泛用于祭神，也用作装饰和礼物。但是它们与圣像一样，在佛教中的应用也会带来犹疑心理，会让人联想到崇拜自然精灵的大众宗教：就像那些撩人感官的人物本身一样，这些物品都违背了僧团（僧伽）的禁欲主义生活方式。

大约在公元元年前后，印度教对毗湿奴等个人神的虔诚崇拜（巴克提运动）的影响与日俱增。随后，大乘佛教也发展了"菩萨"的概念。菩萨是觉悟者，比如莲华手菩萨，梵语名 Padma Pani，意为"莲花在手"。他还没有涅槃，但已经出于慈悲而帮助他人。不只是南亚，也包括东亚，向慈悲者虔诚膜拜的观念都更为重视呈现其形象的雕塑。于是潮流最终扭转，具象的雕塑艺术引来了人们的虔敬献祭，其中就包括佛陀曾经拒绝而弃之不理的花朵。

在佛经中，佛教与花朵的关系也变得非常密切。当佛陀出生时，据说他所走的前七步就踩在莲花上（图 11.1）。每当有什么非凡之事发生在他身上时，花朵就会反季绽放，这是亚洲处处有之的一个主题。[32] 当他将要去世的时候，娑罗树便开花了。"天上也散下曼陀罗花，还有天上的檀香木粉，也从空中撒落。"[33] 在当代市

330

图 11.1 西藏唐卡《从莲花中现身的佛陀》(*The Buddha Emerging from the Lotus*)。

（伦敦，维多利亚和阿尔伯特博物馆）

鲜花人类学

场上的形象体系中，佛陀本人被描绘为从莲花中诞生。当他这样降生之后，娑婆世界之主梵天（Brahma Shampati）便认定他会教诲众生。在佛陀眼中，他所看到的世界是一个只有处在不同生长阶段的莲花的世界，这向他揭示了人类如何从泥淖出来，走向觉悟。莲花的隐喻处于核心地位。当佛陀的姨母和养母波阇波提夫人要求随他出家时，他起初予以拒绝；但随后其大弟子代她说情，终于使他同意。据说一个人如果获得佛陀的许可，那就仿佛是在头上戴了一个蓝睡莲（优钵罗华[*utpala*]）花环。[34]虽然花朵与佛陀的生平有关联，并被用于礼拜，但在佛经中，它们已经成为隐喻、明喻和象征的重要喻体。《法句经》（*Dhammapāda*）中有整整一节"花品"（*phullabagga*）的内容，阐述的是以这种方式对花朵的利用，其中重点强调了花香，因为花色更容易障人眼目：

> 53 一堆鲜花可以制成多种花环；一个凡人一旦出生，便可以达成许多功德。……
>
> 55 檀香有香气，蓝莲花也有香气，但在众香之中，没有能胜过持戒之香的。[35]*

在中文的《华严经》（*Avatamsaka*）和巴利文的《相应部》（*Saṃyutta Nikāya*）中可以看到佛教中更多有关花朵应用的信息，

---

* 《法句经》曾有叶均译本，但因为译为诗体，意义与本书中的英译文有相当出入，故这里据英译文另外直译为散文体。

它们再次着重于花朵的象征意义。[36] 最基本的祭品包括鲜花、蜡烛和熏香。鲜花代表无常，是佛法的核心教义，只有一天闻起来芳香，第二天便臭败；[37] 蜡烛代表佛陀发现的智慧之光；熏香代表修行佛法的僧众纯洁生命的芬芳。在《妙法莲华经》（*Saddharma Pundarika Sutra*）中，佛法对人的影响，类似于阳光雨露对植物的影响，因为它触及众生，也就是包括了所有种姓的人，让他们都能够充分发挥自己作为人类的潜能。[38]

除了让人联想到奢侈之外，还有另一个原因让人怀疑献花是否合适，因为它们还会让人联想到非暴力的教义。这样的供献不仅被一些人视为更暴力的崇拜形式的替代品，甚至有人把它们本身也视为一种暴力行为——摘掉一朵花，就是毁灭一个生灵。这种行为满足了较为流行的印度教对"献祭"的要求；与此同时，它又没有冒犯正统的婆罗门教，因为没有流血，而植物又能继续开花。[39] 尽管如此，还是有人对此感到怀疑，特别是格外强调"不杀生"观念的耆那教徒。但另一方面，他们并不反对在礼拜中使用鲜花。当摩诃毗罗（Mahavira，意为"伟大的英雄"）的母亲即将分娩时，她做了十四个梦。其中一个梦到了花环（*mala*）。在沙坦卡尔（Shatankar）朝圣中心，专门有花园为朝圣客种植鲜花。在祭礼之后，人们把神像装扮好，在其银胸甲上放上番红花和鲜花。耆那教徒会为此专门捐资。虽然耆那教教义宣扬的是克己，对其僧侣的要求更严，但把有价值的东西献给"神"则是善事。然而，耆那教徒又意识到鲜花是有生命的，所以在供献时，花环里的花要用线绑起来，而不能缝在一起，因为这会在花朵上穿孔。事实上，用于供献的最好的鲜花是那些根本没人采摘、自行从树上掉落的花，人们会不等它们落地，就用一块布把它们收集起来。[40] 这样的供品是无法大规模敬献的，而且那样会牵涉商业行为。尽管如此，即使有学问的人确信花的寿命很短，因此适合作为供品，献给乐于享受美丽的神灵，但耆那教徒仍然表现出些许矛盾心理。在"高等"佛教中，我已经注意到一些犹疑态度的存在。有思想的印度教徒有时候也会显露出类似的情绪。事实上，甘地（Gandhi）就不用花环，因为这与他崇尚简单和非暴力的信仰背道而驰；相反，他提倡使用棉纺布以至檀香木珠做的花环。生者的花环，会留作逝者的项链。

佛教对花朵的应用通常比较慷慨，尤其是在斯里兰卡。斯里 333 兰卡的国家编年史《大史》（*Mahāvaṃsa*）可以作为这个国家广泛使用花朵的证据。这部历史著作讲述了斯里兰卡王国的早期历史及其王朝皈依佛教的历程。虽然成书年代众说纷纭，但书中所涵盖的年代一直到公元 4 世纪初。书中提到了向婆罗门供奉莲花，提到了秋海棠之城（Pāṭaliputta，今巴特那［Patna］，也被称为"华氏城［花之城］"），还提到了向佛寺（*viharas*）敬献的花环；书中提到了用鲜花作为礼物表达的敬意，还提到了游憩花园和王室苑囿。最重要的是，书中提到了斯里兰卡古代的宗教建筑（*cetiya*），其庭院里开满了莲花，而城市周围也种了许多素馨花，采摘的花朵足够覆盖高达 80 多米的整座建筑。[41]

这些实践对世俗生活产生了可观的影响。先进园艺（特别是"审美式"园艺）和土地所有权是受到影响的两个方面，教会也因此获得了宽裕的盈余。一位权威人士认为，佛教仪典"为园艺的进步起到了独特的推动作用"，包括种植果树，以其果实赠授旅人在路上食用。"在其宗教仪式中，鲜花和花环得到了最为极致的应用。大小佛寺都洋溢着黄兰花和素馨花的浓郁香气，神龛、神像的底座以及通往寺庙的台阶上都密密麻麻地撒着铁力木（nagaha）花和莲花。"而早在 4 世纪，斯里兰卡对花朵的大量运用已经给中国高僧法显留下了深刻的印象，他对当地人在礼拜中使用鲜花和香水的方式啧啧称奇。确实，他没有理由不称奇，因为那里的需求实在巨大，按照一座寺庙的规定，每天要敬献的花竟然多达 10 万份（这可能指的是花瓣）。为了满足需求，这个国家的都城周围全是花园。即使在被英国占领后，每个地区最肥沃的土地仍然由僧人们所拥有，这些土地甚至可以免征税赋。佛寺的需求，以及俗众和政府对此的宽宏大量和默然接受，对鲜花的生产制度产生了深远影响。[42]

对圣像的矛盾心理

花朵和图像的应用都会带来问题。印度丰富的宗教形象体系中既有人、神又有自然，似乎不会引发任何类似欧洲和近东地区那种颇具特色的矛盾心理，于是这种心理也就不会反过来影响到花文化。然而在公元前 5 世纪左右出现的佛教、耆那教和印度教等印度宗教一开始并没有创造出他们崇拜的主要人物的图像，直到公元 1 世纪，这三种宗教才发生了圣像化转变。

宗教艺术带来的悖论（宗教是印度艺术和建筑的主要关注点） 334
在于这样一种信念：真理永远不可能通过图像来认识，因为它在
本质上是无形的。在寻找真理的过程中，图像永远只不过是一种
工具，一种隐喻。[43] 因此，呈现形象的图像可以被完全拒斥，人们
不把它作为一种悟道的方式，这种可能性是存在的。就像近东地
区主要依赖神的道（语词）的那些宗教信仰一样，所有这三种印
度宗教差不多都出现在后世所用的文字得到发展的时期，尽管它
们流传下来的经书在后来才创作出来。无论其中哪种宗教，其核心
（"正典"［canon］）都是用书面文字表述的；在此之后才有了图
像，以至祭品。那些主要的崇拜形象要过几个世纪才出现，这可
能是由来自大众的压力造成的结果。正如基督宗教的情况一样，不
识字的人无法直接阅读经文，因此可能会更喜欢他们能观看、称呼
和理解的具体图像。

佛教很早就对其核心人物采取了一种无圣像的处理方式。在
佛教诞生后最初的 5 个世纪中并没有佛像，只有抽象的标志，以
及不含人物形象的佛陀生平场景。[44] 比起在佛教向北往东传播到中
国、朝鲜半岛和日本的过程中起了格外重要的作用的大乘佛教来，
这种对圣像的抑制似乎更具有南方小乘佛教特色。然而，所有佛
教宗派一开始都会面临前几章讨论过的那个经典的两难困境，也
就是以物质形式呈现非物质之物的问题。其他印度宗教在刚诞生
时也可以见到类似的不愿描绘高等"神灵"的情况，意味着这个问
题已经超越了宗教专门教义的层次。在佛教中，这不是一个重新
创造造物或造物主的问题，而源于一种更普遍的厌恶——既不愿

意描绘神灵的最高形式，又不愿意呈现"空"。

　　当佛教和耆那教的方向确实发生了变化，当智识上的怀疑已经平息时（至少对大众来说是这样），又有一个新的问题摆在打算创造新雕塑的供养人和工匠面前，就是如何呈现那些早已逝去或根本就没有俗世形态的崇敬或崇拜对象。[45] 一些早期的基督徒也面临着同样的问题。前君士坦丁时代的教父米努修斯·费利克斯曾为"空塑像"的缺失辩护，说这与"异教"的做法形成鲜明对比。他嘲笑异教徒是在"制作神祇"，并问道："正如你所想，人本身是照着神的形象做出来的，那么我应该为神塑造什么样的形象呢？"他总结道，"我们所崇拜的上帝，我们既不展示，也看不见"，这正是基督宗教的优点。[46]

335　　由于相信释迦牟尼获得了大彻大悟，早期的佛教徒极度不愿意创造这样的形象呈现。觉悟的状态被描述为一种"空"（*akiñcana*），意味着对所有世俗环境的超越。因此，与佛陀在人世间的历程相关联的，不是呈现形象的图像，而是一些象征符号——他在其下获得彻悟的菩提树，法轮，他的脚印，空王座……在阿旃陀（Ajanta）石窟中，"莲华手"代表着大慈大悲菩萨的一个侧面，特别是以红莲花为其象征。[47] 如果必须为佛陀赋予一种物质形式，那么用得比较多的便是象征着超越的莲花。巴尔胡特遗址出土的公元前 2 世纪的一面圆牌坠饰（medallion）上就有莲花，拿在代表着佛陀降生的生育女神乐湿弥手中。[48] 与其他象征一样，莲花代表着人们所称呼的神圣对象，正如它作为更为暴力的祭品类型的替代物，本身就构成了祭品一样。

这不仅关系到佛陀的觉悟，也关系到创造物质圣像的行为或放置这些圣像的地方。由佛陀建立的出家（sanyassi）传统拒斥这个世界的奢侈，而僧人们自己则是乞丐一般的托钵僧，从一个地方游徙到另一个地方，没有永久的托身之处。只是在后来，寺院生活才出现，并以建有土墩的舍利匣埋葬处或舍利塔为其僧团的中心。在孔雀王朝（Mauryan）时期（公元前325—前185），当这种变化发生时，佛教艺术在本质上还是象征式而非具象式。[49] 具象艺术最初与僧团无关，而与俗众有关，通常是王室以及商贾、户主和家庭主妇供养的产物。[50] 然而，某种矛盾仍在继续。桑奇（Sanchi）佛塔的入口大门上有精细的雕刻，创作于公元前2世纪，又在公元前50年增刻。这些雕刻回顾了佛陀在他父亲的王宫中留下的东西，有孔雀、大象、马、公牛、狮子和花瓶。[51] 他在生活中拒斥之物，都呈现在艺术中。但是呈现的主题是物质性的对象，而不是人或神。对后者的呈现始于神性较少的形象，入口大门后来就装饰上了体态丰腴的药叉女，商人格外崇拜她们，以便在旅行中能获得保护。这些神女与花朵密切相关；她们戴着花环项圈，紧紧握着开花的树木，只要是她们所触碰之处，花朵就会盛开。[52] 莲花本身也有呈现，虽然只是以抽象形式出现，就像桑奇佛塔栏杆上的装饰所画的那样。佛陀塑像出现之后，这种情况就发生了改变。最终，雕像成了寺院建筑和灵性环境的一部分，为居住其中的僧人提供了永久的祭坛。公元1世纪，随着北印度的贵霜（Kushan）统治者的到来，在期盼功德的王室的供养下，佛像开始塑造出来。[53] 随后，每座佛寺便都有了为数众多的这类形象。

336

对花朵的矛盾心理

在接下来的若干个世纪里，无圣像的趋势基本上消失了，苦行僧的传统以多种方式发生了变化。虽然花朵仍可以视为王宫奢华生活的象征，但它们在礼拜中却承载了完全相反的含义。[54] 在宗教改革运动中，花朵可能代表着人们在接近神祇时所追求的简单性。因为要达到这种简单性，就要剥除礼拜的繁复性，从而使每个人都有可能向神致意；这是对宗教领域中等级制度的否定，在神的面前人人平等。无论是在观念上还是在实践上，宗教革命运动都实现了这种繁复性的删减。在基督宗教的许多新教教派中，教堂里没有仪式对象和仪式用品。圣坛不再接受鲜花，甚至作为装饰也不行，而只接受祷告。正如乔治·赫伯特（George Herbert）在《花环》（The Wreath）一诗中所写的那样，"给我简单的东西，我就这样生活"（第9行）；因为复杂性代表着"欺骗"和"迂回的弯路"。在印度的巴克提运动中，礼拜的简单性体现在向神灵只献上一朵花，因为这种祭品所有人都可以准备。那些只有富人或者大家一起集资才能负担得起的精致复杂的献祭是没有必要的；只要有一朵花，所有求神者就都是平等的。类似的思想在佛教礼拜中也出现了，这就是禅宗。对花朵的深思，被禅门广泛接受为一种悟道方式。禅宗的传统始于佛陀在他的弟子面前简简单单拈起一朵金花。其中一个弟子迦叶（Kashapa）微微一笑，佛陀便知道他已开悟。

然而，人们在对奢侈开展批判时，并没有完全放过鲜花；至少在内心的层面上，仍然还存在一些犹疑态度。《法句经》就明确指出，鲜花和其他美丽的事物一样，都是潜在的诱惑或干扰。经文中有个诱惑者叫"摩罗"（Mâra），会射飞顶端是花朵的箭，这是从印度教的爱神伽摩（Kâma）那里借来的观念。经文中还有更明确的经句："死亡带走一个正在采花而心烦意乱的人，就像洪水带走一个沉睡的村庄。"[55] 也许正是出于同样的原因，佛教僧人不得摘花，也不得佩戴花环? 或者这是因为他们接受了印度的传统观念，认为天神曾住在花里? 僧人们甚至连嗅闻一朵花都不允许，因为这相当于拿走了并非免费施舍的东西，是从花上带走了天神。事实上，佛教徒或印度教徒在送花的时候也应该避免去闻它，因为这会让花丧失一些本质。但正如佛陀的生平所展示的那样，拒绝奢侈也是其中的一个关键因素，因为佛陀出于禁欲回避了诸多的事物，其中就有"花环、香水、化妆品、首饰和装饰品"。[56] 所有的苦行僧都应该回避世界上的这类东西。而且这样做的不仅是苦行僧，因为俗世弟子也可能会自愿像僧侣一样采取这种回避行为，比如拒斥花环、香气和香膏。这种禁欲的倾向并不意味着切花是不适合献给佛陀的供品，因为僧人会鼓励俗众献花，或是种植菩提树。在某些场合，俗众也会给僧侣鲜花。在泰国的村庄里，如果他们的僧人升至一定等级，那么村民就会用鲜花来迎接他。一个人死后，鲜花也会放在他手中。[57] 因此，虽然花朵可能代表了世俗生活中的奢侈，因此被苦修者所拒斥，但在宗教领域，人们也把花朵视为一种恰当的祭品，部分是因为它们具有简单性，部分是因为人们是把它们献给了神或半神。

伊斯兰教、花园与花卉

伊斯兰教对印度（特别是印度北方）的冲击，以两种主要方式影响了花文化，其一是在宫廷的层面，另一是在宗教的层面。由于莫卧儿皇帝与波斯萨非王朝有着密切联系，他们带来了细密画这种世俗传统，花卉在其中起到了重要作用。由于伊斯兰教总体来说反对任何形象呈现，这种传统显得不同寻常。不过，伊斯兰文化还有一个特征，就是营建大型花园；这种人间的乐园与天上乐园彼此互为原型。像泰姬陵花园那样的花园，便是由皇帝及其拥护者在北印度各地建造的。这种世俗的花卉文化，今天仍然通过在德里举行的一年一度的花卉节延续下来。

然而，虽然花朵出现在神话中，但在礼拜时，花朵通常不会起到任何作用，因为人们只能通过词语向真主致意，也就是说，只能依靠祈祷、阅读和布道这些方式。不过在印度，也确实出现了一些适应本地环境的调整。人们会向圣徒（*pirs*，通常是有名的苏非神秘主义者）的坟墓敬献花朵和熏香，特别是在其忌辰仪典（*uws*）上。在记述圣徒显圣的文献（*malfuzat*）中，也会提到其坟墓上方萦绕着花香；[58] 有的圣徒的遗骨甚至会消失，只留下花朵。在与伊斯兰教历年相关的仪典（比如先知诞辰）上，以及像婚礼之类的人生重要仪典上，人们还会用到玫瑰和素馨花瓣以及甜食。

这种向印度教实践的调适引来了穆斯林宗教改革者的反对意见。特别是 17 世纪的纳克什班迪派（Naqshbandiyya）苏非主义

338

者（他们被错误地称为"瓦哈比派"［Wahabis］），企图清除掉伊斯兰教里的"创新"。这一苏菲宗派的印度分支把他们的精神向上追溯到来自塔什干的夸贾·阿赫拉尔（Kwaja Ahrar），他虽然拥有天文数字般的巨大财富，却像最卑微的托钵僧一样生活，[59] 把所有的财富都用作宗教捐赠。他教导人们："如果从内心显现出真实的爱，把真主或其属性以外的想象出来的存在统统付之一炬，那么就可以驱除一切转瞬即逝的东西。"因此，信徒有责任达成一种"无色"的状态，这就是纯一，就是绝对。苏菲派领袖谴责印度穆斯林在真实存在或虚构的圣徒的坟墓上献牲祭，甚至谴责照管这些坟墓的行为；不过，这些坟墓对穆斯林村民来说仍然具有重要意义，他们在走近坟墓时，会采用与印度教徒一样的拜倒的动作。[60]与印度的其他纯粹主义宗派（特别是巴雷尔维派［Barelvis］）一样，这些苏菲派谴责穆斯林使用花朵，以及向黑天祈祷。他们这种清教式的反对做法，与西方宗教改革者非常相似。尽管如此，无论是北印度还是南印度，穆斯林仍然继续向圣徒的庙宇敬献花瓣和糖果。这种习俗与印度教徒敬献"普拉萨德"（*prasad*，意为"神恩"）的做法非常相似，"普拉萨德"在通过献祭行为蒙受神的祝福之后，又会被人们拿回去一部分。[61] 不过，虽然在伊教兰世界中，任何地方的人们实际上都会以这种或那种方式来纪念去世的圣徒，由此可以认为伊斯兰教认可圣徒的坟墓，但是伊斯兰教没有用来接受祭祀的图像，而且强烈反对其他任何"偶像"。因此在穆斯林征服北印度之后，印度教塑像就被严重破坏，就像清教徒在欧洲的所作所为一样。穆斯林信仰的是真主之道，而不是圣像；

即使他们的"巫术"，也都集中在对名字（特别是真主的 99 个名字）、黄道占星、数字的幻方和公式上，所有这些都是在书写中发展出来的，也只能体现在书写中。在印度宗教中，特别是在苦行僧和一些巴克提运动的实践中，我们也能见到一些有关圣像的犹疑心理，但这些宗教绝没有完全拒斥圣像。而伊斯兰教也正如在它之前的犹太教和基督宗教一样，对其他宗教的反对只是拒斥圣像的原因之一。此外还有两个根源，一是对道——特别是书写下来的道——的虔诚，把它作为理解神性、向神致意的方式（图像则是与神打交道的错误方式），二是反对放纵和奢侈，更偏好实行一种清教徒式的自我节制。

不过，莫卧儿花园的世俗传统却格外奢靡（虽然有一些形式上的节制）。在前伊斯兰时代的印度就可以见到展示性花园，主要由宫廷所建，因为宫廷也是花朵的主要消费者。这些花朵里面有很多似乎不仅来自皇家花园，也来自市场，或是直接来自属于仆人种姓（马里）的农民，他们把分配给自己的田地专门用于种植花卉。[62] 印度教庙宇的情况似乎也是如此。通常情况下，人们看不到附属于庙宇的花园，只能在其附近看到栽着一些花卉。[63] 这是可以理解的，一个原因在于印度教主要是一种庙宇的宗教，而不是修道院的宗教（所以印度教没有常备的劳力），另一个原因则在于种姓的划分保证了祭司和婆罗门通常都是监督者，而不是栽培者。与欧洲的僧侣不同，他们接手园丁的工作并不会为自己积累德行。

在城镇中，商人们建有水景花园，莲花和睡莲在其中盛开。人们在住宅外栽培一些植物，供室内之用。圣罗勒（*tulsi*，是罗勒属的一种）在绝大多数住宅的院落中可见种植，为每日的礼拜所用之物，特别是可用于敬拜黑天（甚至还有人认为，圣罗勒本身就是受人崇拜之物）。不过，除了皇家花园及比较富裕的拥护者所建的花园之外，花卉主要还是种在大田里，这与今天的情况是一样的；然后，人们把花朵带到庙宇和消费者的住宅，或是在集市和路边摊位上售卖。[64] 在历史上，园艺在印度似乎基本不曾像在中国或日本那样延伸到市民阶层。在东亚这两个国家，寺观里也有花园，虽然这些花园里可能根本没有花。正式的中国文士园林通常含有石、水、盆景植物和塑像；日本禅宗寺院的花园也是如此，石与沙在其中占据主导地位，只有很少的植物成分或完全不种植物。然而，伊斯兰教和印度教都不是隐修式宗教，所以在佛教基本绝迹之后（斯里兰卡除外），教会本身栽培植物的做法也基本消亡了。[65] 城市居民会在集市上买花，基本上只有统治者才会营造私家花园。

当代花卉

今天，印度最常见的花文化是用花环装饰包括政治家、塑像、新婚夫妇和死者在内的各种人群和人像的肩膀。这种习俗出现得较晚，在圣雄甘地的传统中还很少见，不过它却导致了后来另一位甘地的陨落。[*]以前，花环主要是献给神灵的，但是所有人都有

---

[*] 作者在这里指的是曾任印度总理的拉吉夫·甘地（Rajiv Gandhi），1991 年在一个向他献花环的年轻女子实行的自杀性爆炸中身亡。

神性。如今，一位政治家所获的成功，可以用人们献给他的花环的数量和种类来衡量，其中玫瑰是最具赞誉性的花朵。花环的敬献，标志着政治家所受的尊敬；特别是在印度人寻求独立的漫长斗争之中，其意义更为突出，而且还与英国统治者（他们的夫人除外）所穿的全无花朵或其他大众认可的标志的礼服形成对比。与此不同，欧洲人的上帝和天主教的圣徒虽然也会佩戴花环，就像马德拉斯（Madras）的圣多默（San Thomé）主教座堂的情况那样，但这只能说明它们融入了本地文化。今天，尊贵的客人受到的欢迎方式多种多样，可以是单独一枝花，也可以是硕大的花环。在宗教、政治或类似性质的公众集会上，与会者会备好花环，表示他们欢迎访客的到来，偶尔甚至会带上用钞票做的"花环"。人们把花朵堆成一大堆，那些自己没有带花前来的人甚至可以从这堆花里面再拣出一个花环来重复利用。虽然在个人之间，水果是最为常见的馈赠品，但在家庭成员即将启程远行，或者刚刚远道归来时，有时候也会获赠花环。在南印度，用素馨和鸟尾花（*kanagambaram*，一种粉红色的花）编的花串在街头有卖，较为富裕的家庭会买回去保存，这样在女性客人（寡妇除外）来访时，就可以取下一小段，连同蒌叶和生酸豆一起戴在她们的长发或发髻上。

用于编织婚礼用花环的花有红玫瑰、文殊兰、鸡蛋花、桐棉（*paras*）和素馨等，特别是要用到万寿菊；不过在南印度，人们更喜欢用黄色较浅的野菊（*javanthi phoo*），万寿菊则会让很多人联想到不吉利的事情或者穆斯林（虽然也有一些村庄会用它）。十胜节（*Dassera*）是一个专门要用万寿菊花环来敬献的节日。一些靠着某种工具或车辆营生的人，在这一天会用花环装饰它们，让人不禁想到《罗摩衍那》中对兵器的崇拜。花环也可以用在某种新活动的启动仪式上，比如用在购买了新车或新机器的时候，或是放置在新房门口。新建筑在破土动工时需要"祭地母"（*bhoomi puja*），人们会向地母献上由花环、熏香和椰子组成的祭品。现代的周年庆活动和幼童的生日庆祝也会用到花环；它们还可以挂在去世双亲的照片周围（有时候用布料制作），特别是在逝者忌辰到来的时候。不过，活人的图像绝不会用花环来装饰。死亡还让花朵有了另一个展示场合，就是在死者火化之前，把它们撒在遗体之上。

在人生仪典中，结婚是花朵展示的主要场合。它们各自的专门用途取决于花色，比如白色代表纯洁，所以由新娘和新郎使用；红色的花环和具有浓郁香气的突厥蔷薇（*gul*）也有应用，除婚礼之外还用于结婚周年庆上，或者由情人彼此赠予；黄色花（在北印度主要是万寿菊）在婚礼和其他仪典场合则是显眼的背景装饰。就连海外的印度人社区——比如英格兰莱斯特的古吉拉特人（Gujarati）社区——也会出于世俗和宗教目的而大量应用花朵。莱斯特有一座老教堂，后来改建成了名为斯里萨纳坦（Sree Sanatan）的印度教神庙。在 1989 年 5 月于这里举行的一场婚礼上，新娘和新郎头上的银色婚帐上交错挂着红色康乃馨花环和白玫瑰花环。在到场女性所穿的纱丽上可以见到假花以及花朵的其他形象呈现，新婚夫妇所坐的椅子背面则雕着一朵莲花。至于真

341

花，也大量出现在来宾身上和仪式之上。很多女性（包括婚礼的主要女嘉宾）把长花挽成发髻，用一圈白色素馨花装饰，其上又点缀有红色花瓣，把这圈白花均匀隔为四段。素馨是用在头发上的主要花朵，因为它有浓郁的香气，但在无花可用的季节，人们也会用其他没有香气的花代替。[66] 婚礼上所用的红花和白花，同样也会插在男性的纽扣孔中，新娘一方的来宾会拿到红色康乃馨，新郎一方的来宾则会拿到白色康乃馨。前文已述，婚礼时在纽扣孔中佩戴康乃馨是欧洲习俗，印度人在采纳这一习俗的同时，也对它做了新的修改，就是用花色作为通过婚礼联系在一起的两方的符码。有些来宾与新娘新郎双方的家族都沾亲带故，则会同时佩戴两种颜色的花。新郎本人打扮得十分华美，穿红色衬衫和镀金的鞋，戴粉红色和白色康乃馨的花环，手中也拿一束由同样的花朵做成的花束。在仪式的某个时刻，人们还会把类似的花环交给新婚夫妇，然后新娘把她的花环放在新郎肩上，新郎再对新娘做同样的事。这些花环通常是把花头缝在一根用银纸装饰的带子上制成。最后，在仪式本身的流程中还有"祭礼"（*pujas*），仪式上不可或缺的婆罗门祭司会把黄菊花和白菊花的花瓣献给新娘的父母和新婚夫妇本人。

　　花环的交换，也构成了马哈拉施特拉邦（Maharashtra）新佛教徒婚姻中的重要行为。[67] 这一仪典由晚近的印度教宗教改革者根据古老的"自由"婚姻形式改造而成，人们也用印度东北部历史上一个王国的名字称它为"犍陀罗"。新娘和新郎完成交换之后，宾客们会向二人抛撒红色花瓣。在较早的时期，这个曾经属于表

　　　　　　　　　　　　　　鲜花人类学

列种姓*的人群并不愿意在这样的仪典中使用花朵，因为更高种姓的人可能会认为这是在试图模仿他们的仪式，以自抬身价。但到了今天，人们的财富越来越多，限制越来越少，鲜花便到处都是了。

尽管如今有了政治上的需求，又有了日益增长的"消费主义"需求，但鲜花和花环仍然还是礼拜的核心特征。"祭礼"（*puja*）这个词本来指的就是所祭献的花朵或水果，通常更多是指花朵。我们在艾哈迈达巴德逗留时，所住的那栋楼后面有一位在此工作的裁缝，几乎每天都会到花园里采一朵花，献给毗首羯磨（Vishwakarma）的神庙；这位神既是创世神，又是所有手艺人的保护神。[68] 在毗湿奴派（Vaishnavaite）的礼拜中，花环的地位尤其突出。在圣城瓦拉纳西（Benares）一年两次的摩尼羯尼女神（Manikarni Devi）装饰会上，人们把一个"长方形木架放在水上，木架上装饰着万寿菊花环以及由刺柏和鲜花做的花束"。[69] 不过，印度派的其他宗派也会用到花环。在春季的湿婆节（Great Shivarātri）上，城里能见到的每一个"林迦"（*linga*，为男性生殖器形状的祭坛）都堆满了花朵。在最重要的节日里面，湿婆节之后便是在同一月份举行的宇宙之主（Vishvanātha）装饰会，"林迦"会再一次用檀香膏、叶子、花朵和红色粉末来装饰。[70]

花朵在印度教仪式中要发挥作用，还有其他更复杂的方

---

* 表列种姓（scheduled castes）又名"达利特"（Dalit），过去又被称为"贱民"或"不可接触者"，在印度曾是地位最低下的阶层。

式。在南印度兰普拉（Rampura），神灵（特别是公牛神巴萨瓦［Basava]）会在干旱或其他灾难发生的时候，用花朵向其追随者发送讯息，这种花朵求问或花朵占卜叫作 *hu koduvudu*。祭司在预先得知神灵要来的时候，会洗涤神像，然后把用水打湿的花朵贴满神像全身。在进行"祭礼"、焚蒸敬献给神的香料时，祭司便请求神灵赐给人们一朵花。如果神像右侧有一朵花掉下来，就表明神做出了吉利的回答；但如果是左侧的花掉下来，那就是不祥的回答。如果什么事都没有发生，则说明神不愿意回答，或者已经遗弃了这座神庙。[71] 为了保证一定能收到回答，有时候祭司会请求神灵在第二天赐下一朵"不新鲜"的花。

有些花卉品种仅用于礼拜，某些神灵则要求用特定的品种来祭献。比如献给犍尼萨的花要用粉红色的夹竹桃（*kanare*），哈努曼（Hanuman）要用牛角瓜（*akra*），黑天要用木蓝（*akika*）和圣罗勒，紫红色和白色的曼陀罗（*dhatura*）则献给湿婆。其他一些花需要避用：在任何一座黑天庙中都不会见到朱槿花，因为它长有一个"舌头"，是迦梨踩在湿婆身上时伸出的；紫红色的鸢尾花因为其他原因也被禁用，有人说这可能是因为穆斯林和犹太人在葬礼上会用到这种花；黄兰花也从不用于祭神。这里所说的是古吉拉特邦的情况。与欧洲一样，花朵的宗教用途往往更为广泛、更为一致，相比之下，世俗用法更常存在地方差异和等级差异。在泰米尔纳德邦（Tamil Nadu），婆罗门从不把深红色的玫瑰（在班加罗尔［Bangalore]周边有种植）当成吉祥花来使用；它们只会用在葬礼上，或是由其他种姓的人群应用。

艾哈迈达巴德的花市

今天，敬献给庙宇的花朵有许多不同的来源，有些来自忠实信徒自家的田野和花园，比如我们那些住在英格兰莱斯特城的朋友就是这样。不过，花环一般是从花环匠那里购买，花环匠又从本地集市上购买原料，集市同时也是婚礼之类较大规模的活动所用花朵的供应来源。

对于我这样一个习惯了切花观念的欧洲人来说，参观艾哈迈达巴德市中心的每日花卉市场是一次非凡的经历。这个花市大清早就开张了，一直营业到大约上午10点，不过也有一些经销商会一直坐到中午，所售卖的花卉也不断降价。除了极少数专门的摊位外，花市里见不到切花，只有成堆的万寿菊、素馨、红玫瑰和文殊兰。这些花朵由周边乡村的花农用大筐运来，然后倾倒在布上供客户检查。这些客户首先是为花环匠供花的经纪人或中间商。经纪人坐在露天店铺里的书桌边，在面前的一张矮桌上摆上账簿，计算他们可以提供给花农的价格以及他们可以接受的买家出价（彩色图版XI.2）。每家这样的店铺周围都围着许多花农，他们与经纪人建立了固定的合作关系。如果他们觉得自己没有达成一笔好交易，就会更换经纪人。不过，他们也需要依靠经纪人的帮助找到来自商店、工厂和庙宇的老客户，并按日为他们的农产品支付货款，哪怕有时候需要由中间商向这些老客户提供贷款。因为鲜花极易腐烂，所以花农无法一直等待买家前来，也没时间参与买卖中的各个琐细环节。因此，是经纪人的助理负责用秤来称量鲜花，为稳定的客户制作包装袋，以及吸引客户前来购买。对于这些形形色色的服务，经纪人会收取 10% 的佣金；花农则可以从他运来的鲜花那里挣得 300 卢比，甚至更多钱。[72]

在每家批发商店前面的人行道上都坐着一群妇女，用较不新鲜的花朵制作花环，此外还有一些人向个人顾客零售少量鲜花。大部分花环的制作工作是在城中各处的小店和摊位上完成的（彩色图版 XI.3）。这些摊主并不都属于马里种姓，虽然他们做的是一样的工作。每天他们都会估算当天的需求，在花市开放时照此购买鲜花，然后坐下来编花环。一些客户可能会提前几天下单，这可能是要在婚礼上赠给姻亲；还有些人一大早就需要花环，这意味着花环匠必须在前一天晚上就把花环做好，并一直保持湿润。虽然更大的订单可能会在花市上成交，但大多数人是去街边的花环匠那里购买，供宗教或世俗应用之需。有些富裕家庭也会购买零散的"花头"，有时是为了自己编花环，在今天也可能是把这些散花浮在盛水的碗里，用于装饰住宅。此外还有一些年轻姑娘——大部分属于中产阶级——每天都会购买花朵，用来插在头发上。在南印度，这种习俗更为常见，因为与中国一样，印度南部的花卉种类要比北部丰富。[73] 在头发上插花还是婚礼之类喜庆场合的特色习俗，甚至新郎也会戴花。

花市上有一小片区域，用于售卖由火车从孟买和中央邦（Madya Pradesh）运来的花朵，盛装它们的带盖箱子彼此紧紧相挨。来自孟买的花朵中有一些是带长茎的切花，可以摆在桌上；售卖这些切花的是欧式花店，或是设在国际酒店里的摊位，它们如今在整个东方都是切花的主要销售渠道，特别是在中国和日本。这些花店同时也为基督徒的葬礼（特别是天主教葬礼）制作吊唁用品，这同样也是效仿了欧洲模式。这些进口花卉经销商中有一家还兼任经纪人和承包商。在一位设计师的监督下，他会为办公室、婚礼、宴会以至某些庙会供应所需的花朵。[74]

为花市供花的是本地园艺师，他们把农场的一部分用于种植万寿菊等花卉。有一位花农每天早上会从40公里以外的农场骑着轻便摩托车把包在布里的桐棉花带到花市。桐棉花是一种白色的花，可以代替素馨，用于装饰头发。当然，他也种植粮食作物。万寿菊（zendu）一年到头都不断有需求，但在排灯节（Divali）——经常被视为印度教的新年——需求量尤其大。这种特殊需求给买家和花农都造成了麻烦。考虑到畅销和价格高涨的前景，有些花农会为了这些特殊场合而种植花卉，但考虑到天气和市场的变幻莫测，这是风险很大的决定。不过，虽然向国外的出口贸易仍然少到可以忽略不计，但大规模的商业种植正在不断增长。比如在艾哈迈达巴德附近的多尔卡（Dholka），红玫瑰的栽培在最近15年中就有迅猛增长，发起者是一位农业学院讲师的亲戚们。1990年，这里有118公顷的花田，每公顷可带来6万至7万卢比的收入。花农们会在午夜过后采摘玫瑰，并在大清早赶乘公交车前往"普尔巴扎"（Phul Bazaar，即花市）。他们有一个未来的目标，是建立生产玫瑰香水和玫瑰水（gulab jal）的家庭手工业，这二者在印度都是历史悠久的产品。[75]印度是个非常喜欢浓郁气味和芳香植物的国度，这些产品也出口到非洲和西亚。

　　艾哈迈达巴德花市还有另一片区域用于经营棉布，主要是工厂制品，但也有一些为手工印染。花朵的一大用途，是通过彩绘、刺绣、印染或机器制造的方式，作为棉布上的母题。它们也出现在家具上和多种家居环境中，体现的是一种类似于横跨西亚和欧洲直抵大西洋岸的农民装饰的传统。不过棉布是最重要的媒介，特别是具有亮丽色泽的印花棉布，常常具有花朵图案，对欧洲影响很大。印度本身又是受了近东的影响。在纺织品图案中常用的一些花卉"似乎是从历史悠久的波斯地毯母题那里借来的"，特别是莲纹-棕叶饰。[76]17 世纪时，莫卧儿工匠又引进了波斯和克什米尔的流行花卉，比如番红花和鸢尾。在织物以及艺术作品中还可以见到莲花、玫瑰、万寿菊、野菊和朱槿（*Hibiscus rosa-sinensis*），而在南印度，纱丽上还会织出分散的素馨花蕾母题。前文已述，这些图案不仅对欧洲，而且对非洲和太平洋地区也都产生了深远的影响。

印度的花

　　印度是当之无愧的花环之国，尽管在古典时代，东地中海地区也广泛应用花环。在大大小小的城镇里，几乎所有卖花摊位的摊主（可能还有摊主的一些家人）都会制作花环。这是因为人们主要以长花环的形式购买花朵，这些花朵可以套在离别的朋友的脖子上，可以用于生日或结婚周年庆，也可以敬献给神。如今，花朵有时也被市民阶层用于装饰餐桌，他们会让玫瑰或其他花朵的花瓣漂浮在装水的碗里。基本上所有采摘和销售的花，都只剩下花头，而不带花茎，只有城里一些大型商业中心的花店现在会销售切花，供人们以欧洲的方式赠授。对花朵形态的这种偏好也不限于印度次大陆，而是与印度文化一起传播到了东南亚和东亚。事实上，花环文化已经远远传播到了太平洋地区，在夏威夷尤其繁荣，那里的机场周围都是卖花环的人，飞机本身也有专门的设备，可以让花环（lei）在飞行中保持凉爽。[77]

　　作为礼拜用品，花朵取代了早期的血祭，并与更平等的礼拜形式相关联。然而它们也是与财富相关的展示用品，因此主要由社会上层群体应用。19 世纪浦那伟大的教育改革家圣雄普莱（Mahatma Phule）出身于属于马里种姓的园丁家庭，其家人负责为宫廷种花。他正是通过种花人这个职业发家致富，从而能够帮助他的同种姓同胞，甚至在今天也仍然可以为下层种姓成员充当一个值得效仿的榜样。尽管花朵在南印度用得更多，但在"不可接触"的贱民的仪典上，花朵并没有发挥那么大的作用；至少在古吉拉特邦，它们在村庄的层面上也作用不大。花朵应用的这种等级差异，成为人们对其作用产生犹疑心理的一个原因。这种心理既体现在佛教僧人对待花朵的态度上，又体现在穆斯林神职人员之间的争论中；它既与奢侈文化有关，对于伊斯兰教而言，又与对待神、物体或言语（以及行为）的方式有关。在印度宗教中还有另一个问题，就是用花朵献祭相当于在摧残它们，而花朵也同样是生灵。如果我们打量一下花朵在中国文化中的作用，那么无论是过去还是现在，这种矛盾心理的一般性质都可以得到更清晰的理解。[78]

在历史上，印度曾经以其印花棉布（又被称为"印度布"[*indiennes*]）深深影响了欧洲花文化，但在近年来的全球切花贸易中，印度却几乎没有发挥什么作用，原因之一正是在于印度的花文化是花环文化，而不是花束文化，这里的人们更偏好使用大量的花头本身，而不是带长茎的花。虽然花束用花在印度也越来越受欢迎，但这个国家的相关出口贸易却增长缓慢，这可能也与该国独立之后统治阶级奉行的那种社会主义式清教主义思想有关。

　　花卉在中国文化中的重要性，生动地体现在中国的一个更古老的名称中——这就是"华"，本义即是"花"；由它派生的现代名称"中华"，则意为"众花中央"。[1] 异邦人早就赞同这一点；而自 18世纪以来，在许多来华工作的西方植物考察者中，有一位便把中国称为"园林之母"。[2] 另一位植物考察者福钧在 1842 年由伦敦园艺学会任命为植物采集者，之后三年都在中国搜寻植物，他也把中国称为"'繁花之地'，山茶、杜鹃和玫瑰之乡"。[3] 中国之所以有众多花卉，部分原因在于地质和地理条件的结合，因为在冰川覆盖北半球的时期，中国就已经拥有了非常多样的植物，其中大部分逃脱了被毁灭的厄运。不过与野生花卉的多样性明显不同，栽培花卉的丰富性也与历史悠久的发达园艺有关。文士阶层以及佛教徒、道教徒和宫廷人士运用绘画、文字、盆景和专门的品种，在智识和实践上都推动了园艺的发展。[4] 至少从汉代以来——也可能从更早的周代开始——直到很晚近的时期，情况一直都是如此。正如郑德坤[*]所说："除了园丁和花农，学者和艺术家也是花草的驯化和改良

---

[*]　郑德坤（1907—2001），我国著名考古学家。

者；他们只是想要欣赏自然之美，便有了这样的热情。"[5] 有了这些合适的地理和社会环境，工匠和学者的工作便相互交织，共同创造了世界上最为精致的花文化。

　　人们既在田中种花，又把它们植在盆中，用于装饰住宅和园林，但在手法上与西方的草本花境非常不同。中国园林崇尚幽静，这一传统生动体现在六朝（见表 12.1）诗人陶潜（约 365—约427）的诗中，虽然他自己是个小地主，是一位农场主，而不是园丁。陶潜把园林视为俗世的退隐之地，用园林本身来批判政府衙门的存在与主张。园林是隐士与学者的出没之地，是充满鸟与花树的地方。确实，在"桃花源"这一观念中，理想的园林变成了一处"永恒的乐园"。[6] 与此同时，它也是宇宙的某种微缩图景。

348

表 12.1　中国的朝代 *

商	公元前 1600—前 1046
周	公元前 1046—前 256
（春秋）	公元前 770—前 476
（战国）	公元前 475—前 221
秦	公元前 221—前 206
汉	公元前 206—公元 220
六朝	220—589
隋	581—618
唐	618—907

---

*　原书中对中国历代纪年的起止年份与国内参考标准不一致，已在表格中做出修订。——编者注

五代	907—960
北宋	960—1127
南宋	1127—1279
元	1206—1368
明	1368—1644
清	1644—1911

　　中国人在社会生活中对栽培花草的应用，以及在诗歌和绘画中对它们的关注，具有漫长而连续的历史。人们繁育着许多种类的花草，其中很多后来出口到西方；也有一些花卉从中南半岛、印度、波斯以至更遥远的地方进口而来。[7]萱草和大黄就是两种早期出口到西方的花草，以其药用价值而受到重视。[8]在较晚的18世纪，商人和植物猎人又带回了许多种类的植物，让西方花文化也为之一变。菊花是其中最突出的例子之一，此外还有玉兰、栀子、杜鹃、连翘和紫藤，以及中国玫瑰（月季）和中国石竹，它们全都适应于欧洲气候，后来在欧洲参与杂交，便为花卉世界增添了整整一批新品种。

　　在本章中，我想从历史和民族志的角度打量中国花文化的深度。要寻找历史深度的证据，可以考察图案设计中花朵母题的运用，考察绘画、诗歌以及插花和园林。这些领域的活动在很大程度上是文士的特权，他们发展出了自己的一套复杂的花卉象征体系。如果要更清晰地检视花朵在仪式和日常生活中的应用，则必须考察一些晚近的报告。与印度的案例一样，我试图指出驯化花卉与中国文化之间悠久而密切的联系，这个事实一方面与植物学

349

知识和艺术的发展有关，另一方面也与人们在应用和栽培奢侈之物时的某种犹疑心态有关。在这个庞大帝国中，精英阶层的文字和图像传统构建了给人深刻印象的统一框架；尽管如此，花文化在不同地域仍各有特色。其中一个重要的因素是北方和南方的生态差异，无论驯化植物还是野生植物的分布都受其影响。

表 12.2　中国重要园艺花卉的起源（据 Li 1959）

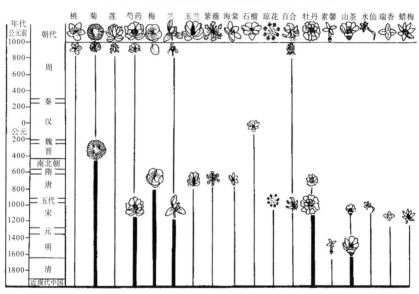

生态与农业

图案设计、绘画、建筑和文学证据都揭示，中国的精致花文化可以追溯到公元前 1000 年左右，这差不多也是我们在地中海地区见到类似发展的时期。表 12.2 展示了这样一种内容丰富的园林文化的历史深度；不过，尽管学者推测出的这些年代都比较早，但很多花卉要经历千百年的高强度驯化，才能形成它们当前的姿态。

中国之所以能对观赏植物和果树的驯化做出重要贡献，一个原因在于这一区域有丰富的植物资源。据估计，全世界植物的总种数差不多是 22.5 万种 *，每个属平均有 18 个种。在这个世界总数里面，中国植物区系包括了大约 3.3 万种植物，略多于热带美洲，而比热带非洲多得多，不过造成这些差异的原因还不完全清楚。在北温带，中国－日本植物区的多样性最大，把其他植物区远远甩在后面，光是木本植物的种数，就与其他植物区的总和相当。欧洲和北美洲植物区系的相对贫乏，很可能是因为这些地区遭到了更新世冰期的严重影响。不管原因是什么，这样丰富的物种都意味着中国有很大潜力能为栽培植物资源库做出贡献。中国的北温带地区为世界提供了人参（*Panax ginseng*）、山茶属（*Camellia*）、桑（*Morus alba*）和柿（*Diospyros kaki*）；中国东南地区很可能是稻类作物的主要种——（亚洲）稻（*Oryza sativa*）、茶（*Camellia sinensis*）以及柑橘属（*Citrus*）所有果树的起源地。

中国的栽培花卉大都是木本花卉，如桃、梅、玉兰、山茶、牡丹等，而在 18 世纪之前，西方除了蔷薇之外就基本没有木本花卉。这也是为什么这些花卉到达欧洲之后，会激起人们这么大的兴趣，引发欧洲人对其野生种类开展广泛搜求。[9]虽然在西方和中

---

* 最新估计认为全世界有 30 多万种维管植物。

国华南地区都有原产的低地杜鹃和高山杜鹃，然而是欧洲的植物猎人把它们带回了欧洲，并为了园艺用途加以改良。与众多种类的木本花卉形成鲜明对比的是，中国生产的草本花卉相对较少。但菊花是个例外，一个开白花的品种和一个开黄花的品种发生了意外杂交，导致染色体数加倍，从而幸运地产生了一系列新类型。[10]

植物物种的分布在最宽泛的意义上反映了植物地理诸因素的作用。然而，最让我们感兴趣的花卉并不是野生种，而是栽培品种。它们受人驯化的本质，体现了中国高度发达的农业成就；在文艺复兴之前，无论是科学或文学成绩，还是技术或实践水平，中国在这个领域都远远胜过欧洲的大部分成就。

就实践方面而言，中国因为面积广阔，地域多样，农业也各有特色，但总的来说，差别存在于中国西北边疆的高原畜牧业和中国其他地区的农耕业之间。从气候和土壤的观点来看，中国其他地区很难说是一个整体，又可以粗略地划分为北方和南方。[11]二者的农业之间的巨大差异可以部分归因于生态学；中国北方是旱地农业区，南方则是水地农业区。在属于热带的华南地区，生长季更长，有丰富的水源用于灌溉，用于粮食生产的同一套集约农业技术也用于花卉栽培。比起中国北方，南方要富庶得多。尽管在这里的农耕地区，人口密度也更高，但以谷物当量计算，粮食产量仍然要多出 20%。南方主要的作物是稻、茶和蚕丝，与北方的小麦、黍粟和高粱形成鲜明对比。南方可通航的河流提供了高效运输体系，促进了境内和境外的商业活动。[12]不仅如此，南方还发展出了宗族，在手工业、商业和农业活动中都起着重要作用，而且还拥有更高比例的佃农，常常从宗族那里租佃土地。[13]

宋代（960—1279）"绿色革命"的结果让中国南北方的这些差异进一步扩大。在这个时期，中国的经济重心已经从北方的旱地平原转移到了南方的长江流域。[14]人口也从北方向南方迁徙，以达成平衡。人口迁徙的原因，一方面出于对游牧侵略者的恐惧，另一方面也因为政府为了提升农业产量，引进了速熟的占城稻品种，可以一年两熟，从而吸引了迁徙者。在这场大发展中，官僚部门起到了重要作用。他们广泛分发种子，在民间发放写好的种植指南，还出台了税收优惠政策。这些措施成功地提升了生产力，对劳力也产生了更大需求。在这场革命中，南方农民承受了重担，耕作着由地主和宗族所拥有的土地，但这些以佃农为主的农民所耕作的是较小的地块，而不是北方那种较大的农场。

生产力的增长，让人们实行了进一步分工；不同的地区分别致力于生产蚕丝、蔗糖或其他经济作物。"家庭手工业"也得以扩张，特别是棉纺织业，生产的棉布可用于缴纳实物税。这些棉布大都出于妇女之手，其生产采取的是经典的"外包制"（putting out），这也是西方的前工业生产的核心特征。这些发展并没有给现有的经济关系造成根本性破坏，这可能是因为水稻耕作的最佳农田面积较小，人们没什么机会引入畜力机械和其他规模经济；除了边疆地区外，大型牲畜在中国总是比较缺乏。甚至以庄园为基础来雇佣劳力，在中国也有劣势，因为需要太多监督。因此在一般情况下，农民常常通过他们的半永久租佃权来租种小块土地，并为此缴纳固定的地租。[15]

植物学知识

与花卉繁殖有关的知识，特别是与那些用于非当季仪式目的的花卉有关的知识，与这种驯化了许多水果和蔬菜的集约园艺的发展密切相关。这样的知识既是学术的，也是实践的，有着多样的文字形式，不仅呈现为农业和园艺教材，也呈现为更为抽象的植物学论文。正如李约瑟所指出的，在泰奥弗拉斯托斯和欧洲其他古典作者做出重大贡献的时代，中国的植物学知识与希腊人不相上下。与其他形式的知识一样，中国没有经受过欧洲那样长时期的退步，更没有经历西方所发生的那种衰退，因此在一千多年的时间里一直傲视世界其他地方；直到后来，欧洲才重新找回了早期的成就，并在这个基础上快速进步。

从专题文献来看，这种特点是很明显的，因为"在西方植物学还在塞维尔的伊西多尔（Isidore of Seville）、康坦普雷的托马斯和梅根贝格的康拉德的深渊中挣扎时，中国学者已经针对栽培植物的几个属，在用途和观赏两方面都撰写出了详尽优美的论著，记录了杂交的结果，命名了真真正正数以百计的品种"。[16] 举例来说，中国最早的菊花专著撰成于 12 世纪初，其中列出了 25 个品种；而在 1708 年出版的一部植物学类书中，所描述的品种将近 300 个。[17] 在大约 10 世纪的宋代，学者们也已经编纂了农学和园艺学的大型百科全书。之后又出现了论园林的通论著作，其中最早的一部手册是计成的《园冶》，大约出版于 1631 年。[18] 尽管中国的木刻版画

352

存在缺陷，但它们在质量上仍然高于同时代的西方，有助于植物的准确鉴定以及相关知识的积累。

植物科学上的这些成就，本身又与另一种人类发明有关联；在世界上大部分地方，这种发明都是在农业发展到发达阶段之后的产物，也就是说，此时的农业已经是生产力很高的体系，足以维持那类有阶层分化的、以城市为中心的文化，也就是史前史学家所说的文明，或城市文化。这种发明就是文字，可以为人类赋予力量，用于对种类更多的植物加以鉴定、分类、描述和记录，远远超过口语社会的能力。而且这并不仅是量变，也是质变，让各种总论、类书、百科全书和教科书都能编纂出来，易于征引；它们经过不断勘误和增补，用于传播和教导，便为越来越快的知识积累奠定了基础。列表、表格和数字技术的发展，也让各种类型的信息能够抽象出来，加以比较。在植物学中，呈现自然形式的线条图和绘画之类图像技术（虽然主要见于文字社会，但并非全然如此）与文字联合应用，有助于这些汇总和鉴定的过程，也有助于人们找出相似性，因为图文并茂的形式更加拓展了这类记录材料的记录能力。在这个意义上，植物学研究与花卉绘画是密切相关的。在中国，为 353《本草纲目》绘制插画的是女画家文俶，之后，这个配图版又在 17 世纪后期由她的两个学生周氏姐妹摹抄。[19]虽然所有的艺术家都要拜师学艺，但也有一些画家更进一步，能够在其观察的基础上采取一种自然主义的风格；比如常州画派的革新者恽寿平（1633—1690）就有这样的一部画集，题为《瓯香馆写生册》。不仅如此，科学与诗歌的联系也很密切。4 世纪时创作了一部有关东南亚植物的专著*的嵇含，也是一位爱好花草的高产诗人。[20]

早期艺术中的花朵母题和图案

花朵应用的最古老的证据来自图像材料；除非对花朵本身的遗存所进行的考古学研究变得高度发达，并得到更广泛的应用，否则这种局面在将来也必然不会改观。在新石器时代，花朵母题已经出现；在历史时代早期，它又见于商代文字之中。[21]东周时代，花朵母题应用更广，莲花既出现在艺术中，又出现在文学中，"可能是最早引发周代园艺师和其后朝代的字书关注的花卉"，它的各个部位的名字都出现在这些字书中。当然，莲花后来又与佛教联系在一起，但它在此前就已经很受欢迎，这可能因为它与"水"有关，而中国第一位皇帝利用阴阳五行理论，把水作为他的皇朝的"德"。出于同一原因，莲花图案也用在建筑上，以免它们遭受火灾。[22]桑树之类的其他植物的形象有时也有刻画，这些形象呈现都可以视为汉代绘画传统的先驱。

目前所见最古老的玉雕是公元前3世纪之物，**到了汉代，它们出现得更多。汉代以后的玉雕上可以见到花枝图案，包括梅花、牡丹、菊花和桃花花瓣。[23]不过，这些装饰母题和图案里面大部分是墨守成规的。直到17世纪，人们才开始把花枝创作为"一种相

---

* 即《南方草木状》。本章原注104、137也都提到了这部著作。但据农史学家缪启愉的考证，《南方草木状》可能是南宋人创作的伪书。

** 考古发现表明，中国新石器时代已有玉雕。

当自然主义的精细风格"；当然，这时候它们已经在绘画中呈现多时了。[24]

在汉代，花朵母题开始胜过几何母题和动物母题。与它们相比，人们对花朵母题还会采取一种不同的观念维度，让它们与文学、象征系统和神话产生更密切、更详细的联系。包括人体装饰在内的各种类型的装饰物都会用花朵图案来装饰；上层社会的女士在艺术形象中会在前额之上的头发中佩戴一朵真实或人造的大花。妇女在面部所化的妆，从这时起也加入了花朵成分，她们会把各种花朵和花瓣施用在前额和脸颊上。 354

到汉代末年，佛教已经从北方传入中国，此后又从南方传入。随佛教传入的还有用印度植物做的花环。佛教不仅带来了粉红色和白色的莲花，也带来了睡莲，后者的一些种也分布于中南半岛。佛教还带来了乔达摩王子在其下大彻大悟的菩提树（*bodhi*），在他涅槃之时开花的娑罗双树（*Shorea robusta*），还有很多尚未识别的植物，比如"纳迦花"和"佛土叶"。[25]

在之后的六朝寺庙中，可以见到多种植物的呈现，但莲花格 355 外突出，并超出了佛教情境。神灵坐在莲花宝座上，其后背也装饰着硕大的莲花纹饰。在福建泉州的景教石碑上，甚至连基督宗教的十字架都从莲花中出现。在世俗情境中，莲花可见于织物、陶器和瓷器。唐代的佛教雕塑以更为自然的衣物皱褶和更为珠光宝气的饰物为特色，其中往往可见玫瑰形饰（图12.1）。这种特色一直持续到宋代，因为印度和波斯的影响而更为显著；此时，花卉绘画已发展为一种文士艺术。

图 12.1　朝鲜半岛统一新罗时代佛寺瓦当的莲花图案。

(*Catalogue of the National Museum of Korea*, 1988:69)

　　花朵图案所发生的与花朵母题相区别的精细化过程，始于作为佛教建筑特征的简单波浪卷纹；在佛教建筑上，花朵图案也可呈现为写实的形式。[26] 它们最终在隋代自成一派。在之后的唐代，这类图案开始出现在银器上；到宋代，它们又用于瓷器，如此一直存续，而演变成晚近的东方和西方家用瓷器上都大量出现的卷草纹。这些图案虽然是从中国和日本传到西方的，但是论其起源，却是古希腊和近东的莨苕饰和棕叶饰，当初它们通过佛教的传播渗入了东亚文化。花朵形图案的这种相互影响，基本上比花卉本身的相互影响更早。[27]

鲜花人类学

花卉诗歌和绘画

中国文学很早就开始提及花卉，特别是宫廷诗；还有婚恋诗，就像后来的日本诗歌一样，会把爱人比拟为梅花、桃花、美丽的攀缘植物、修长的竹子、花椒、莲花和猕猴桃（苌楚）。在公元前800—前600年间创作的《诗经》中，就已经做过这样的比拟了：

隰有苌楚，猗傩其华。[28]

另一首诗则写道：

裳裳者华，芸其黄矣。

韦利（Waley）在翻译这些诗的时候，把中国早期的这些歌谣与欧洲的歌谣做了正确的比较，认为诗歌中的花卉意象——实际上就是自然的意象——在东方出现的证据更早，它们的视觉呈现也是如此。[29]确实，从唐后期到宋代开始，中国诗歌常常题在画上，正如绘画有时候也为诗歌而创作。绘画和书法艺术彼此是紧密交织的。

正是通过绘画的卓越发展，花文化也实现了它最为生动的表 356 达。中国绘画始于大约公元前3世纪的残片；在汉代，纸的发明（公元105年）毫无疑问刺激了它的发展。不过，我们对中国绘画传统的知识只能向前延伸到六朝时期，那时从西方传入了幻觉凹凸法（illusionistic shading），一同传入的还有佛教的画像和教义。到了唐代，在皇帝或朝廷的赞助下，人们更重视肖像绘画，但在那一时期的作品中，数量最多的却是佛教绘画，见于通往印度和更远之地的丝绸之路上的敦煌千佛洞。到公元9世纪，人们的兴趣又从人（以及神）转移到自然，播下了后来的山水画传统的种子。

中国山水画在汉代发展起来；在此之前，还有更早的先驱在其作品中运用了自然风格的图案，这种对自然的关注要比亚洲的其他传统都更明显。以印度次大陆为例，那里接受了来自各个方向的影响，其中也包括西方；佛教诞生之后，这个现象更为明显。然而，以雕塑为主的印度教艺术大都以寺庙为中心，其内容中占据优势的是对神灵和英雄的呈现，通常表现为非常"有人性"的形象；在印度艺术中，到处都是肖像。穆斯林带来的艺术大多是世俗性的，即使是宫廷艺术，出于神学理由，也把重点放在平面绘画上。从波斯引入萨菲传统之后（这一传统本身又受到了中国风格的影响），莫卧儿人放松了形象制作的禁令，发展出了一种仍然以人类为重点的宫廷艺术，至少在与高度关注自然的中国绘画相比时是如此。不过，我们也能见到花卉绘画的精美范例，它们并不只是表现为装饰着很多皇家人物（特别是那些作为情人的人物）的花环形象，也有对某些花朵的呈现。

然而，这种发展在中国的出现要早得多。虽然唐代已经为花卉绘画奠定了基础，但到五代时期，花卉绘画才发展为一个独立的分支，对花卉的描绘才成为"由文士开创和影响"的独立主题。[30] 在这些花卉中，牡丹作为富贵的象征，早在隋代就是人们的欣赏对象。在最早的歌咏牡丹本身的诗中，有一首是唐代诗人王维（701—761）所写：

> 绿艳闲且静，红衣浅复深。
>
> 花心愁欲断，春色岂知心。[31]

牡丹在诗歌中作为中心意象出现之后，到了 10 世纪的五代便被融入绘画之中。[32] 这一时期，黄筌在成都创立了一种直接上色的新技法，叫作"没骨画"；在南京，他的竞争对手徐熙则以一种宽泛而自由的风格来绘制水墨花卉。黄筌的画法主要为专业画匠所采纳，但徐熙的画法却为文人学者所继承。不过，这两位画家都善画竹，这需要应用特别娴熟的技法来运笔；竹子又特别与文士相关联，他们的书写训练和活动都离不开竹子的运用。

虽然花卉绘画在唐代文献中已有开列（花鸟画），在五代又进一步发展，但直到 11 世纪，花鸟画才成为一个重要的体裁。相比其他体裁，花鸟画不那么受重视，宋徽宗（1101—1125 年在位）出于个人兴趣，促进了花鸟（以及其他动植物）的入画。[33] 花卉绘画可以采取多种形式，有些重点在意，有些重点在形。受宋徽宗的影响，写实主义占据优势；而在蒙古人统治期间，花卉绘画又呈现出政治的维度，通过思乡的抗议，唤起人们对前朝"废园"的记忆。[34] 宋代院派的后期画家专精于在丝帛上绘制静物画，梅花画就是他们最重要的一类作品。那时，绘画主要是由画院组织的宫廷艺术，不过在保守派文士和"臭和尚"的笔下也有绘画诞生。宫中的一部绘画名录列出了由 231 位画家创作的 6 387 幅画作；其中为数最多的体裁是花鸟画（2 776 幅），其次是宗教主题（1 180 幅）和山水画（1 108 幅）。[35] 这些作品由文人画派的画家临摹；到了明清两代，绘画教师又对其中的杰作加以分析，把花卉的各种典型形式编集起来，用于指导学生。由此就撰成了一系列画谱，其中最重要的便是《芥子园画谱》（1679—1701）。

虽然在各体裁的高下等级中，花草绘画低于山水画，但它们却极受欢迎，特别是在清代。16 世纪时，在苏州这个商业中心和中国最富有的城市，花卉绘画迎来了一次爆发；苏州的普通市民接替了上一世纪的南京，继续创造着城市艺术。这一时期的园林采取了与以前那些大庄园不同的形式，是适合城市环境的由围墙围起的区域。它们不仅是绘画的主题，也是诗人和学者生活的地方，这是赓续了 4 世纪末陶潜的那种生活模式。苏州园林是"城市居民几乎无法走入的自然世界的象征性微缩模型和替代品"。[36] 这些微缩园林重点关注三大元素：水，石和草木；用于构造"假山"的石块本身就很重要——它们是构筑隐居之地的基本摆设的一部分。[37] 这些园林可以追溯到唐朝初年，但在博山炉上还能找到更早的形象。博山炉是用天然石材加工而成的焚香炉，有时也在其中添加植物；它们与西王母居所的观念有关，也与作为海上三神山的三座山形岛屿——蓬莱、方丈和瀛洲有关。与这些博山炉一样，苏州园林也用来辟邪和赏玩，而且与寺庙有密切关系。

在下一世纪，花鸟和园林绘画变得益发重要。创作的中心又转移到扬州这座盐商云集的富裕城市。19 世纪中期的太平天国叛军把扬州连同苏州一同摧毁之后，文化活动的中心才又转移到上海这座滨海城镇。

诗歌和绘画中的花卉与女性

唐代是"花卉"诗歌的伟大时代，特别是词这种体裁，其文士化的形式据说始自李白（701—762）。词是与音乐旋律配合的歌词文字，常常描述"歌伎与歌女的世界，她们都是美丽的'花'"。10世纪中叶的词集《花间集》，在敦煌莫高窟也有发现，就是用于颂扬爱情的各个阶段。*花朵本身在词中虽然常常提及，但并不是这些诗歌的主要关注对象；而词本身虽然成为宫廷的雅兴，但其根基似乎源自"南国婵娟"。《花间集》的编者希望这些歌女学会新词，"休唱莲舟之引"（在汉语中，"莲"与"怜"同音双关）。不过，许多歌女在训练之后成为文士的伴侣，不仅会唱，也会创作，于是在大众文学和文士艺术之间，似乎一直存在互动。事实上，中国南方的江南地区正是见证了词的大发展之地；在唐代末年，北方的战乱造成权力和文化中心向长江三角洲转移。[38]有一首词，就表达出了植物和人类的两种"花"之间相互影响的感觉：

乘彩舫。   359

过莲塘。

---

* 莫高窟中虽然有《花间集》作者韦庄等人的作品，但未见《花间集》作品。莫高窟中所见的词今称为"敦煌曲子词"。

棹歌惊起睡鸳鸯。

游女带花偎伴笑。

争窈窕。

竞折团荷遮晚照。[*]

在《花间集》中，很少有哪首词是没有同时提到这两种花的。[39]

花的美丽很早就与女性的美丽互指互称。中文里几乎所有表示美丽之义的汉字都有女字旁，这一类汉字只用于形容女性和花果。这样一来，"对花的描写也就注入了强烈的情色成分"，[40] 不过这种情况在一些画家笔下要比另一些画家体现得更明显。17 世纪画家恽寿平的《牡丹图》上题有一首诗，作者把他手中的切花看成在掌中跳舞的美女，这个典故用于指代爱妾。还俗的佛教僧人石涛画过木芙蓉，这种花让他回想起自己早年的风流韵事，这在题诗中表现得很明显。在他的画集《花卉册》中，题诗充溢着"熟悉而委婉的做爱用语"——比如雌性的梅花与雄性的竹子之间那种典型的阴阳结合。[41]

在后来的苏州、南京、扬州和上海等中心城市，出现了很多女性画家。她们喜欢把花卉作为主题，这既因为她们不如男性那样容易出游，因此对各种山水的体会较少，又因为她们擅长刺绣，而刺绣常有花卉图案，还因为她们也接受了"千百年来诗歌、小说、传奇以至女性名字中到处渗透的女子与花卉之间的整套联想"。[42]

---

[*] 这首词是李珣的《南乡子》。

鲜花人类学

这几个世纪中的女性画家里面，有宗室成员，有官宦家庭的闺秀，有专业画家之女，也有娼妓。这些青楼女子画花，养水仙，赏花，这些做法有可能让她们摆脱烟花柳巷，被纳为媵妾。上流社会的男性喜欢资助出版和阅读那些描写烟花女子的图书，在晚明干脆有人编了一部《金陵百媚》，介绍的是作者曾经见过的最为美艳的歌伎。书中给她们排定位次的做法，就像是科举的乡试选出前一百名举人一样，每人又都用一种花来匹配。[43] 因此，不仅女性的名字常常是花卉名，把名妓与花卉相配，也是对她们公认的称赞。比如有一首唐诗，就把皇帝的宠伎比作花中之"王"牡丹，它既象征了女性之美，又象征了爱恋之情。

360

在长卷中，也见有"百花图卷"这样的作品，从春花次第画至秋花。比如17世纪的身为姬妾的金玥，就以更为古老的范例为本，创作过这样的长卷，这个传统可以追溯到六朝时期。有些这样的长卷可以理解为对娼妓的暗指，对于此后的日本画家所绘的美人系列以及19世纪吴嘉猷所绘的画集《古今百美图》来说，它们是更为精妙委婉的先驱性作品。[44] 青楼画家自己则喜欢把兰花作为主题，比如把兰与石画在一起，正如大家闺秀喜欢画萱草与石，而男性喜欢画松石和竹石，这一方面因为兰比较容易画，另一方面也因为空谷幽兰暗喻了遗世佳人，这正是士人对这类女性的形容。[45]

这些女性画家的创作，得到了17世纪《芥子园画谱》的认可。该书提到一些女性参与了兰画的创作，其中大多数是"烟花丽质"的娼妓。[46] 作者发现，人们可能会觉得这个事实为这种花卉蒙上了一层阴影，"虽令湘畹（这里用了湘夫人的典故，她们是尧帝的两个女儿，由尧帝指给接受他禅位的舜作为妃子）蒙羞，然亦超脱不凡，不与众草为伍者矣”。[47] 由此可见，虽然有女性参与创作，但画兰的艺术并没有因此就改变本质，仍然是文士文化的核心。

花卉画谱

花卉的绘画引发人们创作了大量的文字作品。这一传统值得关注，部分原因在于很多绘画实践者的那种极具文学性的手法。他们的画谱就像文艺复兴时期欧洲的绘画书，也能够体现伊斯兰手艺人的工作方式。学画者首先被教导，要临摹自然之“书”，而不是描画自然本身，这意味着他们要学习和追随一种早已建立的传统。举例来说，竹子的画法要追溯到 8 世纪中唐时期的吴道子。[48] 两个世纪之后，文同（1018—1079）被视为水墨画的优异创作者；他成了一位理想的“士夫画家”或“文人画家”，这是后世对宋代南宗画派名家及追随他们的文人所用的称呼。这一传统在很多方面高度保守，因为画竹与书法和诗歌关系最为密切，这二者都是学者和士人关注的艺术，而且其中竹子的意象总是着重于道德品格与理想。[49] 于是画竹也与书法这种用于个人表达的最重要的艺术一样，以相似的方式受到评判，其笔锋的移动要体现画家的品格。结果，这样的绘画便被视为“自画像的一种形式”，竹子对文士来说则是重要的主题，经常被诗人和哲学家拿来当成完人的象征。[50] 竹子可以弯而不折，所以具有坚韧的品格，又经冬常绿，因此承载着不朽的友谊、长寿和谦恭等观念。[51]

361

竹子也是代表四季的"花中四君子"之一。这四种花卉构成了《芥子园画谱》之类绘画指导书的主题。《芥子园画谱》（以下简称《画谱》）至今仍在应用，农民出身的当代知名画家齐白石（1863—1957）就曾用它来练习绘画。[52] 这本画谱有意让人注意到绘画与书写之间的相似性，以及图像艺术融入书写传统的事实，因为其作者在讲到四君子中的兰花的画法时，有如下论述：

> 宓草氏曰：每种全图之前，考证古人，参以己意，必先立诸法，次歌诀，[53] 次起手诸式者，便于循序求之。
>
> 亦如学字之初，必先撇画省减，以及繁多，自一笔二笔至十数笔也。故起手式，花叶与枝，由少瓣以及多瓣，由小叶以及大叶，由单枝以及丛枝，各以类从。俾初学胸中眼底，如得永字八法，虽千百字，亦不外乎是。庶学者由浅说而深求之，则进乎技矣。[54]

因此，画兰与书法之间的相似之处很多。无论绘画还是写字，都要先加以分析，从中分离出基本笔画，然后加以摹练，用心学习。只有掌握了广泛的知识，在此基础上才可能产生创意。初学者一开始要摹仿他人，而不是抒发个人灵感；最终，个人的创意才会标志着个人艺术生涯的圆满。在中国历史上，书法的出现先于形象绘画。绘画所用的笔和墨与书法相似，在图像艺术（特别是文人画）中占据主要地位，因此笔法是最为重要的绘画要素；这样一来，"任何文士都可通过训练成为画家"。[55]

362

绘制兰花这种与女性相关的花卉的技法，完全依赖于兰叶的绘制，《画谱》对此给出了详细的指导。[56] 另一方面，花朵本身也要加以注意，特别是其"心"；中国兰花具有不甚显眼的小型花朵，更以其叶和芳香而知名：

> 兰之点心，如美人之有目也。湘浦秋波，能使全体生动。则传神以点心为阿堵，花之精微，全在乎此，岂可轻忽哉！[57]

兰，是高洁的象征，是"香祖"，用于比拟美人的气息和圣贤的名誉。画一盆兰花，便意味着"与完人为友"。[58]

花中四君子的第三位是梅，是冬天的象征，在美学上也很重要，但在绘画中赢得独立地位的时间则较晚。[59] 然而，《画谱》作者在诠释画梅时，给出了比其他花卉更为系统的指导，甚至还用到了源自《易经》这种占卜书的数字象征：

> 梅之有象，由制气也。花属阳而象天，木属阴而象地，而其故各有五，所以别奇偶而成变化。蒂者，花之所自出，象以太极，故有一丁。房者，华之所自彰，象以三才，故有三点。萼者，花之所自起，象以五行，故有五叶。须者，花之所自成，象以七政，故有七茎。谢者，花之所自究，复以极数，故有九变。[60]

这样详尽的诠释，本身就是画梅源于文学而不具备"大众"之根的证据。这段指导在方式上就像耶稣会士在南美洲对改宗者的教

363

导。他们对秘鲁的西番莲和其他植物作了类似的诠释，而且毫无疑问，他们也把发表那些"妙辞"当成乐趣。当然耶稣会士在传教时显然处于霸权地位，这是不同之处。[61] 在园林的领域，特别是对盆景而言，人们所做的精心诠释虽然在形式上不同，但同样复杂，因为园艺植物无论是选择还是搭配都要符合特别的神话、神学和象征观念。[62]

虽然在宋代以前，梅已经出现在艺术、文学和装饰之中，但只是到了宋代，才出现了大量"梅诗"，以至于 12 世纪的南宋学者黄大舆专门把它们收编在一起，辑成了《梅苑》这本诗集。差不多同一时期，另一位诗人撰成了第一本论梅树的植物学著作*，而画家也在画谱中提供了技法和审美上的指导。[63] 诗歌、绘画和植物学上的成就如此紧密关联在一起，这就正如审美上令人愉悦的花卉的栽培与功利式的蔬菜的栽培彼此也紧密关联。梅花在花卉绘画中占据了特别位置，最终开创出墨梅的新体裁。其创立者是作为绘画爱好者的学者，而不是那些专业的画匠；画匠依赖于彩色的应用，而不是单色的笔触，后者是他们所鄙视的。[64]

梅画本身也暗示着对梅花重要性的一种诠释，比起画谱所提供的教导更为具体，也没那么复杂全面：

> 梅花在新年伊始之时绽放在虬曲的树上，此时其他花朵还未开放，冬天也未离去，因此一直象征着万象更新和勇气。

---

* 指南宋诗人范成大的《范村梅谱》。

梅树本身是坚忍的象征。梅花的白色和孤独的坚守意味着高洁，而它们花期的短暂让人想到美景易逝。从这些联想生发出了两种持久的文学意象：梅花隐士和梅花美人。隐遁不出的学者在他们幽静的住所周围植梅，用高贵的花朵标榜自己，还有人会采用"梅花道人"之类的别号。梅花美人则是诗人的创造，他们思索着生命的短暂，便把梅树精致易损的贞洁花朵比拟为惹人喜爱的少女。[65]

梅花先叶开放，用于象征女性的贞洁。[66]虽然梅花美人的观念可以追溯到 6 世纪把女性与梅花易逝的光彩相比的诗人萧纲，但这两方面到宋代作家的作品中才融合一体。同样也是在宋代，梅花与遗世独立关联在一起，形成了"梅花隐士"的概念。

在这里，花卉意象的情境本质展现得很清楚；我们从一种哲学解读转到了一种诗歌解读，后者由诗人和画家创造，虽然与一般人对梅花的应用相去甚远，却以多种不同的方式反馈给了"大众文化"，同时也从这一领域选取题材。梅花与春节的联系广为人知，历史悠久；在北京，人们把梅树种在温室里，这样梅花就可以在春节期间绽放。[67]梅树的地位有如樱花树在日本的地位。今天，人们仍然会到风景胜地"观赏"梅花和樱花，或单独前往，或三五成群；正如在更靠北的地方，人们会去欣赏秋天的红叶一样。梅花这种根深蒂固的意义不仅表达在诗歌和绘画中，也表达在它自己的生命中：

晚冬，卖花小贩把最先吐苞的梅枝带到城里。这些姑娘们把梅花的嫩枝插在头上，打趣她们的追求者，要求在她们的美貌和梅花的美貌之间只选一样。文人把梅枝拿进室内，早早地催开寒冷的花苞，带来春意。他们有时把梅花插在古色古香的青铜器皿中，有时则插在瓷制的梅瓶中，高挑的瓶身和狭窄的瓶口刻意用来展示这"一枝春"的优雅。

"花中四君子"的第四位是菊，以其花色花形的丰富著称。[68]菊花在秋季开放，象征着心情的愉悦，也象征着闲适的引退生活，[69]同时还能"傲霜凌秋"。[70]一直到明代，"始有文人逸士，慕其幽芳，寄兴笔墨"（图12.2）。[71]在绘画时，菊花被称为"性傲"之花，"当胸具全体，才能写其幽致"。甚至在描摹的时候，这种内化也不可或缺，这就正如经籍，光阅读是不够的；要"知"，就必须记忆，这样一个人才能"凭心"重复其词，做到一字不差。

"花中四君子"分别代表了春、夏、冬、秋四季。在文士眼中，它们的形象都有高度的暗示性，比如菊花的"伴以东篱晚香"。这 些名号，以至中国绘画的整个传统，都再一次表明，花文化是由文士精心确立的领域，并通过这个阶层遍布全国的成员融入地方文化。在中国历史早期，文人学士就会在园林中雅集畅饮，品评绘画、诗歌、书法以及音乐，有时还有美女相陪；公元353年的兰亭会，就是这种雅集的第一次记录。[72]许多文人画家精通画、诗、书这三门艺术，所以他们有时候会给出于自己之手的画作题上自作诗。其他时候，他们则从前人的诗作中节选合于绘画主题的片段

365　图 12.2　陆治（1496—1576）的《种菊图轴》（约 1550 年）局部。此画为挂轴，以水墨淡彩绘于纸上。（R. M. Barnhart, *Peach Blossom Spring*, Metropolitan Museum of Modern Art, 1983:77）

　　　　　　　　　　　　　　　　　　　　鲜花人类学

题在画上；而后世获得此画的人出于仰慕，有时也会添题诗句。[73]
远东的绘画（特别是文人画）的一大特色，就是让观念和感觉可
以在文字与图像之间来回流动。[74]

很明显，花卉绘画在中国拥有巨大市场，画家的数目、存世画
作以及那些声称通过绘画得以养活自己和家人的自传都是证据。
造成这种需求的一个原因，在于这些作品中所体现的历法意义。[75]
这种实践可以追溯到《礼记》中的一部历书，其中的每个月份都与
一系列自然现象关联起来。花鸟与特别的月份紧密相关，这些观
念在经过一些修正之后，便成了画家最喜欢表现的主题。[76] 中国的
园林手册也都包含有花历。在 17 世纪前期，屠本畯撰有《瓶史月
表》，为十二个月份的瓶花排出了分等级的表格，比如一月的“花盟
主”就是梅花和宝珠茶（重瓣山茶）。这种花与月令的关联，也体
现在家居、瓷器、寝具和衣着之上。

插花

除了在图案、诗歌和绘画中的呈现外，花卉还有其他应用形
式，而益显丰富多彩。园林艺术与插花的实践密切相关，二者又都
受到绘画影响。在所有这三种艺术中，我们都可以发现自然场景
的理想化：造园，就是通过排列石与树，把山湖之景带到一个人自
家的庭院中；这种岩石园林早在汉代就有营造，奇形怪状的山石
是长距离运送的货品，价钱颇高。在艺术与“自然”之间存在连
续不断的相互作用，人们一边仿照绘画来造园，一边又用绘画呈

现实际或理想的园林。苏州最有名的园林狮子林便是典型的代表，"曰云林手笔，且石质玲珑，中多古木"。[77]

皇家园林通过大尺度的呈现尝试，来实现这种理想之景。事实上，宫廷对园林、花卉栽培和花卉绘画都做出了重要贡献。早在大约公元前100年时，汉武帝就营造园林，意在帮助自己实现长生，从而对园林产生了重大影响。在对文士的观念运用和实践方面，皇家无疑成为一种无法忽视的力量。[78] 740年，唐玄宗下令在都城的路边以及城墙内的园林里的路边都种上树木，这些树可能来自皇城附近建设的大花圃和园林（禁苑）。除此之外还有皇家药园，由"药园师"管理，是重要的研究和实践中心。一些私家园林也造价不菲，具有异域风情。有这样一个家族 *，其中的年轻子弟们用木头建造了一座可移动的园林，装在轮子上，其中栽培了"名花异木"，在春天会向公众展示。[79] 有些文士和商人的园林面积很大，特别是在帝国晚期的时候。17世纪初，海宁陈家的安澜园占地近7公顷，其中遍布楼阁、夹道、回廊、爬满藤萝的山石，"古木千章，皆有参天之势"。[80] 这样的园林，应当视为"艳妆美人"，而不是"浣纱溪上"的普通村妇。在苏州这样的城市中也有大型园林，但我们也能见到许多按照城市环境剪裁的微缩庭院园林。同样的技艺，在名为"盆栽"或"盆景"（日语中也用这两个词）的花盆造园艺术中发展得更臻极致。将树木矮化的技艺具有高度的专业性，需要精准的知识和巨大的耐心。[81] 在这些盆景中，形状

---

* 这里说的是杨国忠、杨贵妃家族；这个传说出自五代王仁裕《开元天宝遗事·移春槛》。

奇特的石头代表嶙峋的山石，而矮化的草木或苔藓则创造出森林的意蕴。小巧的寺庙、桥、船和人像可以为景观中增添人的维度，它们的布设遵循了造园技艺本身以及绘画呈现中所确立的布局。

插花，是这同一种把自然变形而带入室内的技艺的又一种体现；这种技艺是在公元 1 世纪佛教传入中国之后受其影响发展起来的，[82] 那时候，佛寺的园林为花文化提供了一个新舞台。不过，花朵的应用在儒教文化和佛教文化之间存在对立。向佛寺和祖先上供时，要把大堆花朵置于瓶中，而室内插花强调的则是线条，很像是文士的水墨画。切枝和切花要仔细地按照一套确立的原则安插，虽然不像日本花道那样僵化，但仍然要遵循为数可观的书面指导。

花卉的这些室内应用，对室内装潢产生了强烈影响。李惠林 *列出了用于展示案头花卉的花几、桌子和家具组合的许多变式，这些家具本身也常用花朵图案装饰。插花则需要多样的容器，特别是已经成为中国手工艺的特色之一的瓷器，此外也有金属容器。至少从张谦德（1577—1643）的时代开始，对于为了展示花朵、枝条和其他植物材料而创造的各式各样的大量花瓶，也出现了相应的专著。张谦德的《瓶花谱》刊刻于 1595 年，其中讲到一些花瓶用于较大的花朵，另一些用于单根嫩枝，一些花瓶专用于某些花卉，另一些则可展示多种花材，每一种花瓶都有特别的名字。花瓶通常要放在与它们匹配的花几或桌子上，这种需求的多样和严格，为瓷器制造带来了很大影响。[83]

---

* 李惠林（1911—2002），植物学家，1947 年赴台湾地区任教。

花的象征体系的语境性

前文已经讲到，中国的图案如何传到西方，另一些图案又如何从欧洲传到东方。[84]古希腊的茛苕叶卷纹图案作为花边母题，走过了整条丝绸之路。在这个过程的后期阶段，协助其传播的常常是佛教徒，为这些图案赋予新的"解读"，在其中融入了"佛教灵性成就的主要花卉标志——莲花"。[85]莲花是中国诗歌中出现的第一种花，之后则是兰。[86]菊花从公元3世纪起开始发挥它的作用，那时它与其发音相近的汉字"久""酒"和幸运数字"九"建立了关联，其节日也设在九月九日。人们所喜爱的黄色菊花品种的花色，又与皇帝有关，而且代表了大地的中央。在7—8世纪，隋代皇帝和唐代大城市社会都出现了牡丹（*Paeonia suffruticosa*）"狂热"，牡丹也一样被融入花卉卷纹中，然而它象征着富贵，而不是灵性。[87]牡丹又与武则天女皇有关联，她崇尚佛教，都城洛阳成了牡丹的栽培中心。随后的一个世纪中，花卉纹饰中又多了蜀葵，成为时光流逝的象征，不过它一直未能赢得主要花卉纹样的地位。[88]

与此同时，花卉的意义也发生了变化，有时候甚至会丢失。曾有人认为，花和动物的主题已经变成了"悦人的母题而已"，人们对它们的欣赏，不在于其含义，只是因为它们"引人入胜"。[89]母题本身延续下来，同时其意义却又丢失，是在艺术史上经常发生的现象；同样经常发生的则是母题被赋予了新的意义。这后一种现象首先发生在花边母题和装饰卷纹上。与此同时，正如戴维·麦克

369

马伦（David McMullen）所指出的，那些著名的花朵纹样对一代代中国人产生持续吸引力的同时，也衍生出一些新的解读。

在种类数量上，中国的纹饰库并不大："除了莲花、牡丹、竹、松和梅之外，还应再加上桃、菊和兰。"[90]这些花卉千百年来都是文学传统的一部分，被赋予了多重含义。比如就"岁寒三友"竹、松和梅这个例子而言，它们的意蕴千百年来都有连续性，从而多少支持了那种认为中国的象征传统变得"适应了中国社会各个层次的追求"从而在实质和形式上都能长期保持不变的观点。[91]然而，这些传统与拥有特权的文士的文化密切相关，对他们来说，象征意义的维持，也是政治和经济影响力的维持。虽然这种文化的传播经常通过口头和视觉渠道进行，通过戏曲、传奇、诗歌、绘画和展示进行，但是由文字和图像作品所具体表现的这种传统仍然会让人们重点关注各种花卉象征的单一方面。花卉象征体系的一些内容无疑在"前文学"文化中就已发展出来，但我们还不能确定是哪些内容；另一些内容则通过后世民众内部的互动而涌现。然而，花文化的精致阐述主要出于文士之手，他们也关注花卉栽培和驯化的事务，因此他们所确立的意义容易起到决定性作用。在书面文本中，这种精致阐述很多。我们所知的"大众文化"，亦即文字传统和"口语"（非文字）传统的互动产物，也便融入了文士文化的很多元素——比如"岁寒三友"或"花中四君子"之类概念——并把这些元素用在视觉母题、花卉庆典和通过仪式中。370

在讨论当代的情况时，尤其是新年的情况时，也会出现一些迹象，能够体现出花卉象征意义在其流行用途中的作用、范围和情境。莲花与文士和佛教徒都有关联，与象征着富贵和声色的牡丹恰成对比。[92]秋海棠是最典型的象征女性的花朵，因为它喜欢阴凉处，所以出现在许多凄凉的爱情故事之中。菖蒲*与生育和多子的观念有关。在中国南方部分地区，人们会在沐浴仪式上使用菖蒲煮的沐浴用水，还会喝一种用酒泡成的浸剂，据信可以延年益智；它还可以和艾蒿一起挂在门上，用于辟邪。[93]红石榴花被认为可以抵御厄运，也象征着幸福和生育力，特别是象征家族中诞生的男性子嗣可以像石榴籽一样多。萱草是忘忧之草，有助于减轻分娩的痛苦，但在怀孕期间也可佩戴，以保证所生的是儿子。[94]

这些情境对文人和佛教徒作品的援引，意味着这种关联往往是有语境的，取决于具体的话语领域。其他意义则可能源自汉语中大量存在的双关语和文字游戏，它们部分靠音调构成，部分靠语音构成，部分则通过暗示构成。[95]在装饰艺术中，双关语变成了画谜；几个植物母题串联在一起，便可构成一个吉祥的短语，比如牡丹、玉兰和海棠组合在一起，就意味着"玉堂（棠）富贵"。[96]在多数情境中，花卉普遍意味着幸福；虽然一些花卉在欧洲部分地区具有负面意味，例如菊花和康乃馨与葬礼和死亡有关，但这种负面意味在中国的花卉那里基本不存在。[97]花卉普遍都是正面的，是好事的预兆，与人们希冀长寿、幸福和多育的三个根本愿望有关。

因此，中国的花卉象征体系是多义的、多价的。"人们通过它们的生境、形态以及每年的花期或最为显眼的时节解读出它们的

---

* 原文为 iris（鸢尾），但这里显然指的是菖蒲。

意义。它们耐受天气的能力、药用特性以及与其名字谐音的汉字的含义也都被赋予了重要意义。"有人认为，文化的欧化意味着意义的贫化，因为西方传统是基于"与单一美德或道德价值的简单一对一关联"。[98] 花语无疑会给人留下这样的印象。但这些花语列表只是文字传统的一个分支的高度专业化产物，它绝不可能穷尽欧洲更为丰富多彩的"花文化"。正如中国一样，欧洲的绘画、文学和宗教等"高等"文化，通常也以分人群、分情境的方式，对整个欧洲社会的象征应用产生了重大影响。但在具体某位参与者的眼中，看到的却可能是个单一的体系，这是由于他会在不同的时间，参与到不同的人群之中。

花 的 应 用

为了更一般地考察社会生活中花朵的应用，我将从历史深度转向文化深度，考察材料较为丰富的晚近年代。花卉的意义在"花"这个词中就有体现，它可以构成各种复合词，不仅指花朵，也用来指火花、水花、烟花、花样、印花、花边、花册、花卉画、花露水（供梳妆用）和花蜜。在成语"如花似玉"中，这个词代指美女；它不仅与婚恋有象征性关联（"花好月圆"），而且与文士、商贾等各个阶级的男性所追求的那种较为轻浮的交合也有象征性关联，比如在广州就有"花艇"，其上有"花娘"，在长江三角洲和中国其他地方也有类似的情况。虽然"花"这个词在一般意义上是女性的借代，但它更常用来借指妓女和歌女。去拜访这些女性叫作"寻花问柳"，由此患上的性病则叫"花柳病"。在中华民国时期，政府还对妓女征收一种叫"花捐"的税款。这些年轻女性的名字常常是花名，如梅、兰、香之类，唐代的"艺伎"和更后来的京剧旦角的名字也是如此，甚至家中女仆的名字也是这样。19世纪，旧金山有人在评论他在中国的生活时，说这类女性常常会在头发上戴花，还说"妓女通常会佩戴俗艳的花饰"。[99] 不过，戴花当然不限于地位较低的女性；在北京过节的时候，盛装的女士们也会用花来装饰她们的头发。[100]

花朵在个人装饰中的应用，随地域和阶级的不同而不同。植物猎人福钧就评论说，福州女子特别喜欢戴花，而且不只戴自然之花；在16世纪，那里就已经有繁荣的假花市场。"乡下的美女戴的花更大也更花哨，比如朱槿之类；但较为端庄的淑女更青睐茉莉、晚香玉和其他这种类型的花。然而比起真花来，假花用得更多。"[101] 20世纪30年代的情况也与此类似。在林耀华的自传报告《金翼》（*The Golden Wing*）中，他提到新娘会在头上戴假花，她所乘坐的花轿也装饰着用布做的假花。[102] 在晚近的时代，人们会用白兰花制作发饰和胸花，在中国大多数大城市的街头都有人售卖白兰花；此外，栀子和蜡梅也用作发饰。[103] 但与以前一样，鲜亮的花色似乎与地位较低的人群存在关联，上层女性则倾向于使用较为素雅的花色。与此不同，在用于个人装饰时，假花似乎并没有负面形象，人人都爱用它。

在汉代从南亚和波斯进口的茉莉，在中国南方大量用于制作花环。未开放的花蕾在日出前采集，然后售卖，供窨制茉莉花茶，或是装饰头发。[104] 广东省一份 17 世纪的报告记述了妇女如何把采摘的花蕾包在湿布里，然后卖给城里的花商；花商又雇佣了数以百计的工人把花蕾串成头饰、灯罩和其他装饰用品售卖。[105] 茉莉花也用于制作香水；在宗教仪典期间，茉莉花环甚至还用来装饰建筑物。那时，茉莉花的市场已经很成熟。

另一个"花市"——性交易市场——也是如此。在 20 世纪前期的花柳行业等级中，最下等的场所是"花烟间"，主顾会在这里一边抽鸦片一边寻花问柳。20 世纪 10 年代后期，广州租界地区据报道有 2 万多名相关从业人员。在其他场所里，嫖客主要是喝"花酒"，也就是由妓女所倒的酒。如果某位主顾花了大价钱买到给一位刚入此行的女子"开苞"的特权，那么他会被安排参加一个"庄严的仪典……非常像结婚仪式"，然后他会在妓院设宴招待朋友，这个活动叫作"做花头"。[106]

花朵的观念以隐喻的意义深深蕴含在其他许多习语中。"花多眼乱"是个成语，用来形容人们面对很多选择的情况。"各花入各眼"可以用来指每个人都有他的品味。"走马看花"这个成语说的是对美丽的事物随意一瞥。"花絮"的意思是"花的小碎片"，指的是某种东西的零碎。就像艺术、文学和生活中的花朵一样，"花"这个词也无处不在。

在中国，花朵在过去和现在都广泛用于公共和私人仪典。科恩（Koehn）在写到第二次世界大战之前的那个时期时，说："像出生和死亡、结婚和周年纪念、春节和考试通过这样的特别场合——实际上是一切举办庆典的日子——都需要用到合适的花朵。每个月都有相对应的花卉，每个季节也是如此。具体的神灵、佛教圣徒、道教仙人以及某些鸟兽也都关联着特定的植物。"[107] 带花朵的装饰图案出现在不计其数的日用品上。

在较早的时期，花朵不仅用于带来愉悦，或者在仪式上作为供品，它们本身也是供品的接受者。每一种主要花卉据说都有一位天上的"仙女"，负责照料这种花卉。[108] 此外又有花神，是众花的女神，在农历二月十二日庆生，那天人们会用红纸装饰高高低低的各种树木。[109] 在这个名叫"花朝节"的日子，花卉会把它们的花魂献给玉帝。[110] 在慈禧太后统治期间，这一天也是宫廷节日，宫中之人会裁剪红色丝绸，用丝带装饰在花树上。之后，在一出戏曲表演中，女性的花仙子（树仙是男性）会饮酒、歌唱。[111] 人们还会为这个节日专门作画，正如他们会在过春节时悬挂绘有吉祥花果的画轴，作为更通用的对联的补充。

花朝节并不是唯一用于敬拜花卉的节日。18 世纪的长篇小说《红楼梦》(《石头记》) 还记述，农历四月二十六日的芒种节正值夏初，很快会"众花皆谢"，所以要"祭饯花神"。为了让花神能尽快上路，女孩子们"或用花瓣柳枝编成轿马的，或用绫绵纱罗叠成干旄旌幢的，都用彩线系了，每一棵树头每一枝花上，都系了这些物事"。[112]

在赏春活动中，人们最关注的花卉是梅花。有关 12 世纪一位
374　名妓（花魁）的故事讲道，曾有一位大臣的公子恳求她陪自己去东庄观赏早梅。[113] 这种习俗非常普遍。许多园艺师靠种梅为生。曾任地方官员幕僚的沈复写道，18 世纪后期在苏州附近有个地方，

"居人种梅为业，花开数十里，一望如积雪"，于是这个地方就得名"香雪海"。[114] 在参观那个地方的一座寺庙时，他非常欣赏寺中的花和风景，于是把这风光画成了十二册"风木图"，赠给招待他的主人。他还曾在农历九月去赏红叶，这种风俗在中国和日本都历史悠久。

梅树也可以作为纪念物。福州致用书院东边有一座祠堂，用来供奉书院创立者、福建巡抚王凯泰。在其院落中有十三棵梅树，是由王凯泰的继任者谢章铤移来的；谢章铤同时还修复了书院的牌匾，并建起"十三本梅花书屋"。这些树成为他思想的重要关注点："每于冬月季……开门礼梅华。"[115] 与盆栽树木一样，梅树可以作为馈赠礼品，比如可以在腊月献给寺庙。[116]

虽然有些花卉种在园林中是为了展示，但这并不是它们的主要功能。园林也并非以花卉为主，而是由水、石、青翠草木和盆景树构成的世界。正如前文所述，中国大部分花卉的花朵开在乔木和灌木上，而不是草本植物之上。即使是草花，也主要作为盆栽来种植，放置在墙上、阳台上以及公共展示区域。屋顶花园可以造得非常精致，建筑物顶上的月台可以一直延伸，在末端建成悬空的花园，并"叠石栽花于上，使游人不知脚下有屋"。[117] 尽管在绘画中，在漆面家具、瓷器、织物以及玉石雕成的小件上，花朵都有丰富的形象呈现，甚至用丝绸或其他材料做的假花也常可见到（特别是在精英阶层的家中，这些做法更为常见），但只有在特定的场合，出于特定的目的，花卉本身才会放在室内。而且，虽然花朵的这些用途在文士群体中很普遍，并对其周边的其他人群也产生了影响，但这些应用模式与封闭园林、住宅窗户上的雕镂花朵图案、装饰性木版和木雕一样，主要是城市文化。袁宏道就认为，生活在城市里的人，不得不放弃欣赏自然风光的快乐，所以只能用赏花来代替，这种论断也可以用于解释西方人对自然的兴趣为什么会增长。[118] 植物猎人福钧19世纪40年代在中国所见的花卉，大都栽培在"官大人"或文士的城镇园林中。其中宁波的一处园林属于一位张大人，他已经上了年纪，"已经很久不做生意，攒够了自用的财富"。他喜欢园艺，"对花卉情有独钟"。[119] 这个花园面积不大，围绕着假山布置，并有小巧的池塘，池边环绕着矮树和藤蔓，因此"完美地模仿了自然"。

乡村住宅很少用花朵装饰，无论是真花还是"假花"都很少见。然而，今天在整个中国乡村地区都可以见到花文化的表现，在华南和台湾肯定是这样。人们在墙上挂着以花卉为主题的挂历，贴着花卉绘画的复制品，只是式样不如城市居民楼里的同类作品那么精致。这些艺术作品在中国大陆到处都可以购得，并不断被复制销售；有一本销量颇广的杂志致力于花文化的介绍；还有桌上的台历，可以用二十四节气提醒人们生长季节的不同阶段和花卉的用途。许多居民区周围都种有观花灌木，在农村市场上则可以用高价买到矮化树木。

这是因为虽然花文化是由文士阶层精心打造，但花卉的种植和享用肯定不仅仅限于这一群体。20世纪初，在英国殖民管辖下的山东威海卫，行政长官庄士敦（Johnson）这样描写当地的海滨村庄："许多村舍都建有小花园，虽然主要用来种植蔬菜，但也不乏花卉。牡丹、菊花、野百合和野蔷薇、绣线菊、木槿、茉莉、向日葵、桔梗、鸢尾和翠菊都很常见。"[120] 许多观花植物因其能够入药和食用而颇受重视。不过，它们也被用于其他目的，比如用来供在住宅里的佛像前，或在合适的时候作为供品献给祖先。人们也会切取鲜花，用作礼物，然而不是赠予生者，而是献给神灵和死者；这就正如人们会以印度的方式双手合十，用作向神灵致敬的手势，但不会向凡人做出这种动作。事实上，这两种习俗可能都是随佛教一起采纳的做法，专用于对待超自然事物。

鲜花与祭奠死者的仪式格外相关。在香港的祭祖日，各个家族都会向祖先的坟墓献上鲜花和其他祭品，为死者提供一系列的仪式性食物，甚至会摆上筷子，好方便他们食用。花朵也用于制作葬礼上的"花环"和"花束"。在台湾，将遗体运到埋葬地点的灵车上都装饰着五颜六色的花朵，既有真花，又有假花；香港也有类似的习俗，但不那么花哨。在广东小榄这样的小城镇，人们仍然会沿着一条专门的路线（所谓"棺材街"）抬着棺材经过镇子，并在棺材顶部放有一个大花圈（图12.3）。花朵也用来制作花牌 376（图12.4），人们带着它经过街道，靠支架把它立在路边；花牌的左右两侧各有一张黑色的纸幅，上面写着合适的联语。[121]

还有一种类似的花牌，上面挂着是红色的条幅，传达的是快乐的信息，则用于更多的节日场合，特别是会摆在新开张的商店或办公机构外面，甚至在开业周年纪念日的时候也会应用。这些花牌由花店制作，通常混用鲜花和假花，具有更为持久的显著优点。花朵也用于庆祝考试通过、婚庆和戏曲表演。1989年春节，香港

图 12.3 广东小榄，棺材上的鲜花，1989 年。

的利舞台戏院（Lee Theatre）上演粤剧时，在门厅里就摆满了献给两位戏剧明星（都是女性）的花朵和书面赠语；最为显眼的礼物则来自他们的"养父母"或资助者。[122] 在这些场合以及其他类似的场合，人们也会把花放在花篮里挂起来。这些花篮并不是用于赠予的常规礼物，但在香港，人们在过年期间拜访密友时，可能会带上精心制作的装满水果的果篮。[123]

377

如今，婚礼常常成为满是鲜花的场合，特别是如果婚礼是在酒店或餐厅举办的话。1985 年圣诞节期间，台北的圆山大饭店（Grand Hotel）举办了许多场婚礼，其中有一场出席人数众多，很难说是传统式的婚礼。新娘身着白色礼服——至少外套是白色

鲜花人类学

图 12.4　香港的葬礼花牌，1989 年。

的——伴娘也是如此。在更奢华的婚礼中，众多的来宾坐满了上
百张的每张 12 人的桌子；他们用餐的大厅里以很大的价钱布置了　³⁷⁸
花束，其背景为绿色，前方则是红色和黄色的花，后者通常是菊
花。与此同时，新郎和其他一些来宾则把一枝红花——通常是玫
瑰或康乃馨——仔细地插在他们所穿着的深色西装左翻领的纽扣
孔中，有意展示给他人。虽然这样的婚礼受到了西方的强烈影响，
但本地的习俗也没有完全绝迹。

在更传统的婚礼中，花朵就没有同样的作用了。几天之后，台湾中部一个地方城市也举办了一场婚宴，餐桌上完全没有鲜花，只在新郎的纽扣孔里插着一朵红玫瑰。新娘的礼服也是红色而不是白色，客厅的墙上则盖满了布块，上面钉着钞票（很多是 1000 新台币，折合 40 美元），是由女方母亲的兄弟等人赠给新婚夫妇的份子钱。通过这场婚礼，他们收到了可观的钱财，光是新娘的嫁妆，里面就有一台汽车！然而，其中却基本没有花朵。

花朵不仅是美景，也可以用作食物和药物。在上供时，它们通常与猪或羊之类牲祭一同应用。[124] 在广东，冬季有一道名菜，用蛇肉和菊花做成。蛇在市场上有卖，餐馆买回来之后，通常把它们活着养在笼子里，就像其他餐馆会展示活龙虾和活鱼一样；菊花则是一种开小白花的品种，有时候也用在其他菜肴里，用来漂浮在汤中。在上海的餐馆则有另一种花卉（桂花或叫木樨，学名 *Osmanthus fragrans*）用作汤菜的原料。菊花也可以与茶叶同泡，在广州是常见习俗；在专门的店铺，这种菊花茶会装在外形优雅匀称的巨大黄铜容器中保持其温热，作为一种饮料售卖。其他干燥的香花如木樨、金粟兰（*Chloranthus spicatus*）、米仔兰（*Aglaia odorata*）以及荔枝和茉莉也可以加到红茶中，或者单独冲泡并兑入蜂蜜。[125] 此外桂花也可以浸在酒中。[126]

在中国文化中，烹饪与医药不分家。中医认为菊花茶对身体有清凉功效。在香港，本地医生经常会把干菊花开进药方，并可以在其执业的药店中配到这味药，这样的药店通常还在单独的柜台销售西药。菊花的药性广受重视，常与来自其他传统的治疗方法联合运用；事实上，从当局者的观点看来，这些传统并不是什么"替代医学"，而是补充性的医疗资源。这种经常应用干花的传统医学，与非洲传统医学形成了鲜明对比。在非洲，草药主要是乔木和灌木的叶、根和树皮。在20世纪50年代的中国，官方甚至提倡用花朵来避孕，为此目的运用的草药有忍冬（金银花）、番红花（藏红花）、茄花蕾以及其他植物产品。[127]

公众不仅把花朵用于仪式，也用于世俗生活。有一种习俗是展示开出数百朵花的植株，这种习俗可以追溯到宋代，今天在中国和日本也还在继续。特别是菊花，可以通过修剪长成非常精致的株形，在同一主干上开出极多数目的花，令人啧啧称奇。菊花是重阳节（在平民用语中也叫"重九"，意为"两个九"）的特别象征；重阳节是农历九月初九，既代表秋季，又代表长寿。正是在初秋的这个日子，皇家会登上高处，欣赏远处风景。[128] 在中国古代，从汉代开始，皇家在庆祝重阳节时就会举办花展，并饮用菊花酒。展出的花卉里面会有小花品种的盆栽菊花，把它们修剪之后固定在竹架上，通过连续打顶（摘除枝条最顶端的生长部位），让本来长一根枝条的地方长出两根，如此不断分枝，最终便发育出大量花朵。* 这个培育过程需要给予大量的专业养护，与此对应，士人们也对它产生了更多的关注。

沈复的《浮生六记》（1809）可以让人了解花卉对那些文士的生活产生了怎样的深远影响。在这本书中，他描述了自己曾经前

---

*　这样培育的菊花叫"大立菊"。

去观光过的自然风光和游赏过的佳妙园林。在苏州的一处园林里，他想在油菜花盛开之时，用酒、茶和馄饨招待一些"贫士"。[129] 他在去山上旅行时，曾摘下野菊"插满两鬓"；[130] 在其他地方，他又会欣赏绣球花和桂花。他的妻子陈芸会用鲜花制作活动屏风，会做梅花形食盒，还把茶叶放在莲花里过夜，以吸取花的香气。沈复本人的书案上也总是摆着一瓶插花，是他自己所插。[131] 他阐述了住在"屋少人多"的住宅里的"贫士"如何通过盆中园林来创造"实中有虚"的感觉。他自己"爱花成癖"，曾剪裁盆景树，使之看上去像真树；这是一辈子的工作，因为"一树剪成，至少得三四十年"。[132] 他的记述中报告了一些有关养护和其他专业技艺的方法，除了修剪之外，还有插花的技艺。比如菊花，在插瓶时应该始终用奇数朵花，而且都是同一花色，一张桌子上摆放的花瓶则不应该超过七个。

华南的珠江三角洲有一个镇叫小榄，拥有 1.2 万居民。这里举办的菊花会展示了文士和其他人对花卉栽培投入的公共关注。[133] 明代（1368—1644），军队在小榄地区定居屯田，以开垦这里众多河汊冲积而成的沙质洲圩。农民和渔民作为移民迁入此地，开发这里的资源；在三角洲上较早有人定居的地方，那里的宗族向帝国政府请求获得这些基本没有税赋的土地的所有权，将它们作为族产，然后又把这些土地转租给佃农。这些佃农最终也形成了宗族，建起精致的寺庙和宗祠，培养出了自家的文士，并开始争夺那些族产。

这些新宗族维护和建立其权力和财富的方法之一，就是举办专门的菊花会；菊花栽培发挥的作用，是吸引定居者前来这一地区。这个本名小榄（意为"小的橄榄"）的镇子，近年来[*]自称"菊城"，甚至还办起一家乡镇企业，生产菊花风味的蛋卷供出口。[134]使用花朵作为节日的主要装饰，已经是这一地区的共同特色。作为区域中心城市的佛山，就办有颇受欢迎的"秋色"赛会，临近的番禺则办有"水色"赛会。但在过去的两个半世纪里，小榄所办的菊花会在形式上似乎源于文士文化。首先，菊花这种花卉的栽培就被士绅视为"有闲人的奢侈品"。在它之上承载着从俗世的政务中隐退的观念，但这只是一种"继续确认自己依附于帝国秩序"的临时隐退；菊花与这世界的庸俗相去甚远，只能用精细的技艺来种植。[135]

在菊花会上，本地文士竞相展示菊花，特别是以宗祠祭祖的形式来展示，由此炫示各自宗族的文化和实力。自 18 世纪中期以来，新乡贤们结成诗社，诗友们在晚宴上比赛作诗，所作之诗可以挂在宴会厅里。在菊花会期间还会上演"菊花戏"，有戏班从附近的佛山镇来访，所表演的戏曲乃是从文士文化取材。[136] 不过，农民也会欣赏这些戏曲以及由娴熟的园艺师精心打造的花展；农民既贡献了劳力，又享受了成果。因此，并非只有乡贤们参与了节庆表演；宗祠实际上触及了当地整个同姓人群的利益。在这一点上，大众文化与精英文化融合为一。不过，终归是文士决定了信仰和实践的主体框架。虽然小规模的菊花会每几年就会举办一次，但是在

---

* 本书原著出版于 1993 年。

1814 年，乡贤们决定每六十年要举办一场筹备更为精心的仪典，菊花会因此成了这一地区的著名文化活动。经过二战之后的一段局势不稳的时期之后，菊花会得到了官方的鼓励，举办得比以前更为频繁。这种推动"寻根"的运动旨在吸引海外华人华侨以经济方式和其他方式参与到本地社区的生活中来。

在中国华南地区，不管是切花还是盆栽，花卉、果实和果树之花最引人注目的那些用途都出现在农历新年（春节）期间，它们因此成为未来的繁荣富贵的象征。下一章会专门讨论春节期间花卉的生产和消费；正如 1989 年我们在广东所观察到的，其中既有"实际"的一面，又有"象征"的一面。

花的宗教应用：佛教和儒教

在中国历史上，花朵的应用与佛教有特别关系，在今天也还是如此。我有一位朋友，从一位尼姑那里获得了一尊观音（佛教中的慈悲女神 *）像，但在准备把它带回海外的家中时，却不知道该如何供奉这尊塑像。尼姑回答说："经常给它供上一朵花就行了。"（彩色图版XII.1）广东三水附近的芦苞祖庙，由三座相邻的建筑构成，中央是道教行宫，右侧是儒教行宫，左侧是佛教行宫。我们在1989 年 1 月到访这里时，看到只有那座佛教行宫里的观音像面前供着数量可观的鲜花，插满了这位女神手持的净瓶。在这庙宇前

---

* 观音本为男性，在宋明时期的汉地佛教中完成了"女身化"转变。

面的一个台子上还放着一个更大的宽沿容器，其底部呈莲花花瓣形。这种关联在今天已得到广泛接受。我们曾就汉代一件金属器皿的形制向广州一家博物馆的馆长询问，我们觉得它可能与莲花有关，但这位馆长说："不，那时候佛教还没有传到我们这里。"[137]事实上，汉代之前的中国人就知道莲花，但馆长的回答代表了一种得到广泛认同的观念，就是花文化（特别是莲花）与佛教有关。因为佛教一直就与素食和不杀生保持着持续联系，所以人们会把花朵视为献给佛教神灵的合适供品。[138]

虽然在与佛教关联的花卉以及与道教或儒教关联的植物之间并没有截然的对立，但日本的神道教却可以见到这种对立的存在。在这种非佛教的礼拜地点往往可以见到肉类祭品（通常是熟食，而不是血祭的生肉）和绿色植物的运用。当然，在与大众文化关联的庙宇中也可以见到花朵，比如香港屯门的青松观；这座道观附近 382
还有一座用于缅怀逝者的新庙（这是可以吸引私人企业的一门利润颇丰的生意），在其规划中就包括了用来栽培植物的苗圃。在19世纪的北京，协助寺庙举办活动的团体中就有专门供花的团体。[139]

在当代台湾，大多数道观或民间信仰的庙宇看上去都没有在礼拜时大量应用花朵，只是在建筑本身的装饰中融入了花朵图案。[140]在一般的时候，庙宇周围也没有可以购买花朵的摊位。不过在春节之类节日期间，情况就大不相同了。那里会突然冒出很多卖切花的摊位，所售卖的花有菊花和其他菊科花卉、金鱼草、银柳、鹤望兰等，全都有长寿吉祥的寓意。这些切花也会摆在庙宇里，而且与印度一样，还有人把茉莉花撒在碗中，用作供品，或是拿线串起来，挂在矮树和其他各种植物上。香港的情况也是这样，节日期间，天后庙之类民间宗教的庙宇会用时令花卉、桃、橘、水仙、菊花以及市场上可以买到的任何植物来装扮。

与此不同，宗祠的意识形态以儒教为基础，花朵用得并不突出，更多时候用的是盆景，也就是文士所钟爱的微缩树木。1989年春节，广东佛山的"祖庙"里面就不见有任何花朵，尽管外面的公共花园里就种着黄菊。广州的陈家祠则在举办大型盆景展，这些盆景都标价售卖。佛教与儒教之间的潜在对立，会部分表现在是否将花朵用于礼拜，这个事实在中国的佛儒斗争史上体现得很明显。在朝鲜半岛体现得就更明显，那里的人们对花朵的反感，给花文化和如何呈现人与神的实践都带来了巨大影响。公元372年，佛教从中国传入高句丽*，成立了官方许可的僧团，并受到统治者的欢迎，被用来为政权服务。[141] 佛教的传入对艺术产生了深远影响。它与花卉的应用密切相关，花卉被用在礼拜中，出现在文字里，更重要的是用在建筑上。随着佛教到来，屋顶的瓦当也出现了莲花装饰，与莨苕纹、阿拉伯纹样和葡萄纹等图案一起，在考古学上成为佛寺遗迹的重要特征（见图12.1）。有时候这些装饰用黏土模制，有时是用明亮的颜色绘制，比如今天在佛教建筑上仍绘有这样的花朵，此外还装饰着真花。[142] 在朝鲜半岛的同一历史时期，立体形态呈现也有发展，因为在此之前只有小型黏土塑像，此后便有了宏伟的佛教塑像，以至三国时期几乎全部雕塑作品都属于

---

* 按照中国史学界的观点，高句丽也是中国历史上的地方政权之一。

这一类型。

在朝鲜半岛，儒教思想从一开始就与佛教思想对立，既反对其"彼世"的教义，又反对将功德而非社会等第作为选拔官员的方式，虽然这是贵族阶层之外的人士所持有的合理立场。[143]儒教还有明显的清教主义风格，反对国王寻欢作乐，并把其所思所行奠定在那些人所共知的经典中所阐述的道德标准之上。尽管为孔子、其他哲人和伟人绘制肖像的做法早前已从中国传入，但在朝鲜半岛似乎一直没有出于礼拜的目的发展塑像艺术。

儒教建筑也与佛寺的花哨形成鲜明对比。到了李朝（1392—1910）时期，佛教在朝鲜半岛被压制，作为新儒教的理学成为统治阶级的意识形态。此时占主导地位的思想氛围已经变得迥异："他们鄙视舍廊房（传统民居中的男性居所）内部装饰的浮华，更喜欢素雅……折叠屏风通常是不用的……墙上只是偶尔才用书法作品或绘画装饰一下。"[144]虽然这一时期也有绘画和花卉栽培，与信奉理学的文士强烈相关，但在儒教仪典上，鲜亮装饰的应用却受到了更多节制，人们更偏好白纸黑字的书法作品。不过与此不同，婚礼和葬礼上还是可以见到花朵、艳丽的服饰和多种色彩。这种状况在很多基本方面都类似欧洲的宗教改革，把"朴实"作为装饰的对立，又把道作为图像的对立。[145]这种儒教"节制"主要体现在祖先崇拜和宗祠的情境中，也就是礼拜的情境中。因为同样还是这群文士，也对艺术和园林中花文化的发展做出了贡献。类似的反对，在作为儒教起源地的中国似乎也存在。

在中国，我们同样能看到，人们不只是单纯的节制，也有喜欢 384

语词胜过视觉形象的偏好，这与我们在近东起源的宗教中见到的各种情形颇为相似。民间宗教中会用到神灵的绘画和塑像，其主要应用者是等第较低的文士——比如塾师、账房先生、低级僧人和代人写信的人；就绘画而言，他们还是实际的创作者。但文士群体自己也创造了一种世俗艺术，关注自然，并基本拒斥了神灵。事实上，他们对超自然之物的图像持有积极的反对态度，这可能又是源于那个如何用有形的形式呈现无形之物的普遍问题。文士因为更专注于文字之道，所以比起主要关注视觉形象的更为大众化的人士来更容易明确地指出这个问题。珠江三角洲逢简古村的刘氏宗族家谱就记载，他们的宗祠以前曾经叫作"影堂"，指的是其中最初悬挂的是祖先的肖像，而不是牌位。"自从刘氏宗族出了几位拥有高级官阶的后裔，从 17 世纪前期开始，这种偏离正统礼仪的做法就被矫正过来。"[146] 早在宋代，是否应该在肖像面前实行祖先崇拜，就已经是个很有争议的问题，可见道（文字）和像（肖像）之间存在清晰的对立。在珠江三角洲这片富裕地区，人们很早就完成了从肖像向牌位的转变；但在闽南之类较为贫穷的地区，一直到不久之前，人们还是会请那些为民间宗教的神灵制像的匠人也为他们的祖先制作肖像。[147] 于是我们可以看到两种相互平衡的做法，一方面是以抽象的方式呈现祖先，将书法和匾额作为装饰艺术的主要形式，并在文士艺术中表现出对神灵形象呈现的厌弃，但另一方面，还是这群文士，又非常热衷于用各种形式呈现自然，其中也包括驯化的花卉。

然而，物体与图像之间关系模糊的问题也超出了神性的情境，

　　　　　　　　　　　　　　鲜花人类学

并在公元 2 世纪的一部早期著作中有所阐述。其作者王充写道："叶公以为画致真龙。"并认为图像劣于语词，绘画无法起到"转化"和"教化"的作用。[148] 这种更具一般性的感受虽然并没有妨碍形象呈现传统的发展，但确实表明了视觉形象和语词在信息交流等级体系中的相对地位。此外还有风格问题，文士更偏好于画竹，使用黑白色彩，在总体上保持节制姿态；用花朵上供则更多地体现了佛教传统的特色。这样的节制还涉及另一个问题，也是我们经常发现与圣像破坏运动（至少其世俗形式）有关的一个问题——人们对奢侈文化的各个方面所做出的回应——对此我会在下一章继续讨论。我们可以看到，尽管人们不断在绘画、诗歌和社会生活中赞美花卉，但无论是其形象呈现还是应用，都潜藏着一股怀疑的暗流，其最终的源头又是前文已经在亚欧大陆其他地方考察过的那种疑虑。正是出于这样的心理，文士们更喜欢兰、梅和竹，而不是牡丹。

精英与大众文化

本章强调了两个一般论点。花卉在中国的驯化与园艺的集约性质直接相关，园艺是精致的花文化能够出现的基本前提。花朵的应用之所以得到了很大扩展，一方面是受到了一种新兴的世界宗教——佛教的影响，但在更大程度上是通过文士的活动实现的；不过，这两方面分别为花朵的应用提供了不同的途径。让一种文化更受欢迎的其他因素也都具备，比如人们对花朵的归类也正如花朵的应用一样，都能体现出季节的循环，预告春天将至，而这与乡下农民的活动有关。不过，正是佛教和文士，向中国花文化中引入了一些花卉品种，又创造了另一些品种，细致地阐述了它们的象征性、能产性情境，并让这些花卉成为绘画和装饰的关注对象。在僧尼以及等第较低的文士的中介之下，这些文化建构也传给了社会中的其他人群，在很多时候则是被他们积极地采用，这些人群也做出了自己的贡献。无论是文化的来源还是其实践，都并非没有分化；这种分化既体现在花文化上，又体现在食物文化上。人们的文化愿望可能是相似的，但其实现却取决于多种因素。富人的日常食物，对穷人来说可能就是大餐；富人每天可以见到的花，穷人只能在公共节日或私家宴会上见到。所有这些人群的活动和信仰合在一起，便构成了花文化。

所谓"热爱自然"或"自然美"的培养，正如我们对这两个用语所理解的那样，在很大程度上是书面传统的功能。这并不是说在没有文字的社会中就不存在更广泛意义上对自然的欣赏，然而这种欣赏几乎没有"声音"，甚至在诗歌和叙事中也难以听到。这些社会所缺乏的是一种与反思一同出现的意识，而反思是由阅读和写作所激发的，在某种程度上还是由它们所创造的。首先，这样的反思态度通常是由关注城镇的精英群体所持有的，对他们来说，自然是不同于他们周围"自然"环境的另一样事物。他们最执着于尝试把自然之物带入城镇、带入家宅，有时候是通过想象，比如华兹华斯就在作品中对湖畔展开想象，以此满足阅读他作品的伦敦人；也有时候则是利用微缩形式的花园，甚至是利用屋顶、阳台、窗台花箱和人行道。公园和正式的花园以前通常是拥有大面积地产的王室和贵族的创造，它们在花文化的精致化过程中发挥了作用。然而更常发生的事情是，市民阶层、文士群体和修道院的封闭花园，让园艺发展出了人们所需的精细管理方法，用于培育株形更紧密的灌木、适合有限空间的盆栽植物和可以摆在屋里的室内386植物。在这些情境下，装饰用的花卉受到了欢迎（与此同时，食用植物通常由其他人来照管），为此目的而专门培育，甚至一次又一次地致使人群失去理智对象——比如古罗马时代亚历山大城的花环狂热，9世纪前期长安和洛阳的牡丹狂热，[149] 17世纪荷兰的郁金香狂热，以及20世纪广州的菊花狂热等。无论是出于观念理由还是实践理由，人们又都对观花树和其他树木实施了微型化改造，于是创造出了价格高昂的园艺产品，虽然扭曲如畸形，却有审美价值。

这些活动也有其批评者。为热爱自然的观念赋予了永久的"声音"的那种反思，也让批评者能够提出批评。前文已经提到了人们看待花朵的不同态度，体现在支持清教主义、节制和上帝之道，反对炫耀、色彩和圣像的宗教实践和信仰中。但这些反对也不是绝对的反对；时代会变化，折衷主义也会流行。然而除了宗教领域，在世俗领域也存在对待花朵应用的类似态度。反对者的批评不仅针对偶尔的放纵，而且也由商人对投机和炫耀性消费的热忱所激发。我们所要考察的，是一种奢侈文化的各个方面，这不是一种只局限于一个阶级的文化，而是在起源时就存在等级性、在其当代结构和未来创新中多少也还具有等级性的文化。诚然，大众也参与了这种文化，但它的一些方面始终与大众保持着一定距离，即使在大众消费出现之后也是如此。在书面文字中，这一点尤其明显，因为平民主要是文字的接收者，而精英是发射者和转换者。这种局面也含有不少内在矛盾，有的明显，有的隐蔽。这些矛盾与高度分层社会的性质有关；社会的一端是奢侈，另一端是缺乏奢侈，甚至贫穷，这便引发了内部的批评。不过，这些矛盾也与一些"精英"群体拒绝接受奢侈行为的某些方面有关，比如他们会通过有意的节制而拒斥彩色、崇尚黑白，或是把拒斥花朵在礼拜中的某些应用方式作为手段，来表达他们对其他教义的反对。在下一章中，我想利用新年庆典的情境来探究这些主题。对于中国花文化来说——或者对于世界任何地方的花文化来说，新年可能都是它展示得最生动、影响最深远的时节。

第十三章 "百花齐放"：华南的新年

上一章已述，花卉在昔日中国的功用，通过诗歌和传说、绘画、石刻以及文人学士和乡贤住宅中的窗饰，以成千上万的呈现形式一直延续到今天。无论社会如何变动，这些圣像都一直存在。我们也已看到，在社会发生类似欧洲宗教改革的那种革命性变迁之时，戏曲、文本、花园和花卉则较为脆弱，一如文士阶层本身。中国大陆的社会主义政权，以及香港、澳门和台湾这几个暂行资本主义制度的地区，对花文化造成了怎样的影响？要了解这两种政体下花卉的应用，我们考察了1989年2月6日开始的、具有显著代表性的春节庆典。

年宵花

在广东，新年时年宵花的应用是早已有之的习俗。19世纪40年代，植物采集家福钧就在这里碰见"装载着桃枝和开着花的梅树的大量"船只，还有吊钟花、山茶、鸡冠花和玉兰，全都准备用来装饰家宅、寺庙以至船舶。在春节期间，最受欢迎的两种花卉是吊钟花和水仙。前者在含苞的时候就被人们从山上砍下来，然后插在水中等它开花。后者则栽在水中，衬以卵石，中国人以此来"展示他们对矮化和畸形生长的癖好"。与今天一样，"在广州的很多店铺和街角，都有大量这类花卉出售；这里的中国人似乎对养花特别热情，认为在这段特别的日子里，这些花卉绝不可缺"。[1]

今天在广东和香港，与新年相关的花卉主要有三种，即橘树、水仙和桃树。这些花卉都从相应物种中相貌平平的品种开始，通过许多方法培育出了形态发生剧烈变化的类型。在这三种花卉里，388 矮化的橘树应用最广。这些栽种在花盆里的小灌木结满了小巧的果实，像金色的灯笼一样下垂，为深绿色的橘叶所映衬。因为果实常常太重，枝条不堪承受，所以人们不得不用竹竿来支撑枝条；竹竿有时候会染成绿色，这样较不显眼。为了起到支撑作用，人们用细线把枝条以至果实捆绑其上。橘树在欢庆新春中的特别意义，在一定程度上与其名字有关联，因为"橘"的粤语发音近似"吉"。[2]橘树最好是买一对，但很多家庭只买一棵将就应付；特别是香港人和中国内地的城市家庭，住所里的空间大都比较局促，而且在香港，哪怕是经济条件较好的人居住环境也是如此。[3]

橘树有一些品种专供新年栽培。最流行的是"四季橘"，其小巧的果子摘下后可以用盐腌渍，装瓶保存。在广州乃至整个广东，人们用这些盆栽的橘树装饰阳台和屋顶；即使在冬季的1月至3月，这些地方也都绿叶茂密，并有一些鲜花开放（彩色图版XIII.1）。另一个品种是金橘*，其果实较小，呈卵圆形，果皮光滑，味道较

---

* 严格地说，金橘是柑橘类植物，但不是橘（tangerine）。

苦。还有大果型的橘树品种，果皮发皱，有时也作为小型盆栽树售卖，但通常单卖果子。[4] 这些果实具有长寿的含义，买来可用于装饰茶几，然后再上供给神灵和祖先。

第二种新年专用花卉是水仙花（*Narcissus tazetta*），栽培赏其芳香和优雅的花姿。它们象征着"道教天界的一位真人"，能够为人间赐福。[5] 与其他年宵花不同，水仙在中国各地都可见到。然而，这种花似乎在宋代才由阿拉伯商人引入中国，其鳞茎的培育工作大多是在福建漳州附近的一个小村庄里完成的，这里可能就是最初引入它的港口。[6] 栽培水仙鳞茎需要精心准备富含肥分的土壤。每隔三年，人们在夏天把鳞茎挖出来，晾干贮藏，以待投放市场。水仙在分销之后，还需要在它们生长的最后阶段投入同样多的精力，包括需要通过控制温度和阳光来让水仙花在精确的时间开放。个人顾客在公历 11 月或 12 月购买水仙球，置于装满卵石（有时还有沙子）的碗中，并对水仙球加以纵切或横切。纵切可以开出高挺的花，就像西方的洋水仙；横切则可以让植株侧向生长，对于一群彼此相连而簇生的鳞茎，由此可以形成价格不菲的"蟹爪水仙"造型。这种蟹爪水仙的雕刻需要"极为大量的艰苦而娴熟的工作"。[7] 改变水仙暴露在阳光中的时间，可以调节花与花莛的长度，也可以控制其生长方向。

水仙花需要在农历新年第一天盛开，这是新一年大吉大利的预兆，所以人们会想尽办法确保其花开得既不太早又不太晚。把茎浸入海水中，可以阻滞水仙的生长；但如果泡过了头，又会导致芽的凋落。给植株敷上小块白布可以保湿，使其更易开花；但如果保湿过了头，又要把植株晾干。同样是为了调整湿度，也可以把花盆移到室内较温暖或较凉爽的地方。无论是种植者还是购买者，都会参与这个控制过程，因为与春节期间展示的其他植物不同，水仙通常会养在室内或置于阳台或屋顶花园之上；让它按时开放，是一件能让人特别引以为豪的事。

但在三种年宵花中，最引人注目的还是桃花，因为它最娇嫩，生长最难控制，"炫耀性浪费"的意味也最明显。[8]首先，与水仙一样，桃花必须在春节当天悉数怒放，而且应该一直开到正月十五。其次，桃树是直接种在苗圃或花园的地里，而不是栽在盆里。在春节快到的时候，才把它从根部以上大约 6 英尺（1.8 米）的地方砍断，然后运输到市场，或是按照订单派送给客户。

桃树的应用，与西欧和美国应用圣诞树的习俗有着惊人的相似性。二者都是特意砍伐非常幼小的植株，用于装饰房屋。这样一来，就可以把室外的风光带入室内，作为临时性展示，但正是因为这种做法，室外风光遭到了毁坏。这些小树是为了一年中这一天而特地栽培的，由专门的农户种在专门的苗圃里。中西习俗的相似性还有更进一步的体现，就是广东和香港两地都有一些商店、餐厅和工厂把彩灯缠绕在树上，为它锦上添花；传统上，人们只在树上绑扎一条红丝带（彩色图版Ⅻ.2）。

不过相似性就到此为止。在西方，我们所应用的圣诞树是野生种（虽然也常种在种植园里）；在圣诞节拿到室内的欧洲枸骨、常春藤和槲寄生也是如此。但在中国，人们用的却是桃（*Prunus*

390

persica)* 这种果树的一个驯化品种，但种植这个品种并非为了收获其不堪食用的果实，而是为了获得其花，因为它们也可以用于其他用途——装饰、仪式、慰问，等等。对于矮化的橘树和金橘而言，其微缩型的果实虽然因为太苦，并不适合一般食用，但仍可以在晒干和盐腌后食用。然而，春节桃树那种小如浆果的果实甚至都来不及见到世界上的第一缕光，因为其母株在花期就被砍伐了。不过，虽然树木本身遭到了破坏，但其根株却可以保留下来，人们会让它再萌发新株，在其上可以再嫁接新条，于是两三年后又可以长成一棵桃树。与橘树一样，这种桃树专用于展示而不是食用，代表了千百年来园艺实验的结晶，体现了先进的园艺技术。人们至今也还在一直用心关注其栽培，因为其生长需要悉心照料，使它们在合适的时间开花，从而确保来年的好运。如果花开得太早，就需要采取措施抑止生长，把过早长出的花掐掉，或在其上喷洒盐水。如果花开得太迟，则需要提前摘除叶子，而不能晚摘，以便加快花的发育，同时树也会用塑料包裹起来免遭风吹。到桃树快出售的时候，桃枝会小心翼翼地捆扎起来，这样在运输过程中就不会造成花朵的损失。

专业知识不仅用在种植之中，也用在消费者的选择之中。一个人可以打听到很多信息，包括挑选技巧、成交价格和所挑之树的品质，比如株形是不是对称，花是不是开得太早，花够不够繁茂，能不能坚持过整个春节期间，等等。从春节开始的数日，是亲朋好

---

* 原书将桃的学名误写为 *Prunus mume*，这是梅的学名。

友按照习俗要彼此串门的日子。首先是年轻人在春节当天拜访年长的亲戚，并把自家孩子也带上，叫他们认识这些亲戚。这一天至少有一餐必须是素食。随后，年长的亲戚会回访；在接下来的几天，又轮到朋友们相互上门拜年。虽然节日期间商店大都不营业，但有些商店在初三会开门。在这整个过年期间，不管是家、商店、工厂还是办公室里的桃花，其状态都是人们聊天时一定会提到的话题。

只有较大的办公室和住宅会摆放桃树。其他家庭则摆放橘树或一些切花，部分是因为空间有限，部分是出于费用考虑。然而在富裕的商人家庭中，这一传统已经牢牢树立，至少在老一代中是这样。尽管如此，他们还是会把最好的桃树留给商店，而不是家宅，因为商店显然是他们在当下和未来拥有繁荣昌盛的家业的基础。

汉语中有一个习语叫"桃花运"，指某人获得了异性的很大关注，一般用于男性，有时也用于女性。因此，一个家庭如果还有未婚女儿，那么就会对桃树产生特别的需求。我有一位香港朋友，主动提出要给她婆婆买一棵橘树或桃树，于是婆婆要求她买桃树，因为她那位三十岁的姑子还没有成家。[9] 类似的观念在用红色纸袋包装的压岁钱（粤语叫"利是"，普通话叫"红包"）的赠予上也有体现。[10] 压岁钱的赠予一直持续到正月十五，由已婚的长辈赠给幼辈；然而就像英格兰的圣诞"礼盒"一样，压岁钱更主要是赠予那些在过去一年中曾经提供过一些帮助的幼辈。它们也会发给未婚的儿童，其中所含的一个暗示是，这些礼物既能带来大吉大利，又能带来好的婚运。

尽管在中国其他地方也会用到桃枝，但在春节期间把整棵树——不管是桃树还是橘树——带入室内的习俗，现在一般认为是广东文化的特色。比如台湾人在第一次到访香港时，就对这种习俗感到惊讶。因为中国更北的地方冬季更冷，这样的花朵更难在春节催开，所以如今通常是以切花为主。不过根据《日下旧闻考》的记载，18世纪时，北京在腊月里就有牡丹、探春、梅花和绯桃花售卖了，它们全都是在暖房里靠火烘来培育的。[11]长久以来，人们就很看重桃树的花、果及其神秘性质。[12]据说桃树起源于遥远西方的神灵之邦，可以令人长寿。因此，人们会在庆生的喜宴上使用做成桃子形状的糕点（寿桃）。[13]西天的统治者、长寿之神西王母也被画成从桃中现身的样子。她的御苑中栽有一棵传奇的蟠桃树，其果实每三千年逢她生辰时便会成熟一次，届时长生不老的仙人们会前来聚会，参加蟠桃宴。在中国北方，人们相信桃树的所有部位——桃花、桃胶、桃木、桃果——都有神秘的力量。桃树的小枝在除夕那天有特别的功用，20世纪前期的苏州人"仍然会把桃枝挂在大门上，或是用桃枝蘸水洒在地上，从而把恶灵从家宅中驱走"。[14]

392

用桃木做的桃符是"古老而最为强大的恶魔之敌"，在中国各地有悠久的应用历史。[15]早在公元前第一个千年的春秋时期，来自中国北方的记录就显示，"家家户户都会在大门上挂上桃符"。[16]这种桃符是小巧的木板，呈长方形，钉在门上，上面写有用于"驱魔祈福"的字句。[17]公元2世纪的人认为桃木耳环具有巫术力量："故今县官斩桃为人，立之户侧……冀以御凶。"[18]唐代灭亡之后，五代十国中的后蜀（934—965）据说最早开始悬挂写有春联的桃符；在之后的宋代，春联则转而写在纸上。

　　这一传统在今天的华南仍在延续。人们广泛使用春联，1989年时，广东各地都有书法家摆摊，创作和售卖春联，用来贴在住宅正门的两侧；其用意与古代的桃符相同，也是为了辟邪祈福。在中国内地，春联昔日的用法发生了变化，要么用于"描述欣欣向荣的祖国建设，或是歌颂祖国山川的绝好风光，要么表达人民对更美好未来的愿望"。[19] 但在今天，不管是中国香港还是海外的唐人街，春联所表达的意义范围都比这一概括要宽广得多。[20] 因为在所有的华人社区，富贵都是永恒的主题，也是常常与花朵关联在一起的主题，特别是在春节期间。1988年时，旧金山的一块新春牌匾上就写着"花开富贵"，意思是"花开之时，富贵就来了"（彩色图版ⅩⅢ.3）。1989年珠江三角洲一副春联的意义则没有这么直白，其上联写道：[*]

　　　　千红万紫吉祥到。

下联是：

393　　　　鸟语春风富贵来。[21]

　　虽然桃树的应用在广东的春节庆祝中看上去有很深的根源，

---

[*]　本章中引用的两副春联只有英译文，故只能据此大致回译，很可能与春联原文有出入。

但这种局面似乎只是最近大约 40 年间的事情。在更早的年代，香港人在一年里的这个时节最喜欢吊钟花；这种植物带芽的枝条看上去也像桃枝或梅枝，"虽然人们不喜欢把切花摆在室内，但它们是这条规律的例外"。[22] 吊钟花枝价格昂贵，因为它有木质茎，客家樵夫也会到处搜求这种植物。砍伐吊钟花枝作为薪柴虽然不会导致树木死亡，但会让它几年都开不了花。[23] 这两个原因都让吊钟花枝很受欢迎，这种植物也因此不得不纳入法律保护。

吊钟花（*Enkianthus quinqueflorus*）是华南野生的本土灌木。因为它的花期正好赶上农历新年，于是在这个时节，它那粉红色铃铛状的蜡质小花便被广泛用于装饰客厅和商务场所，这种习俗早在清代的广州就已经很流行了。与其他春节用品一样，从吊钟花的形态特征中可以抽提出人们所喜爱的意蕴，这便让它更受欢迎。人们把枝端的铃铛状花解读为"状元高中"，也就是"在国家的科举考试中获得第一名"，而它盛开时满枝的铃铛花朵和众多的种子又意味着"多子多孙"，其他能结出很多种子的植物也有这样的寓意。

19 世纪 40 年代植物采集家福钧到访香港的时候，吊钟花正非常流行。他注意到春节期间，居民"从山上大量采集枝条带下来，用于装饰住宅"。他认为这种植物的花是所有植物中最美丽的花，"采集的时候还没有开放，但插在水里后，很快就会在室内盛开"，并能坚持两个多星期，"又鲜又美"。[24] 显然，吊钟花与桃树的功能基本相同，都是要让它们在春节第一天开花，作为福气的预兆，并要一直开放到正月十五。

　　19 世纪后期，香港居民普遍会用到吊钟花，但政府担心这种灌木有灭绝之虞，于是在 1913 年出台法令，禁止个人占有和销售野生吊钟花。[25] 然而，栽培和进口的植株不受禁令限制，于是在中国内地，一个兴旺的产业就发展起来。在广州以北大约 100 千米远的一处山区，农民开发了吊钟花栽培的专门技术："在初夏挑选那些预备在年底采伐的枝条，在下端'环剥'（剥去其外层树皮）……这可以阻止树液向下流动，于是由叶制造的养分会留在枝顶。"[26] 随着需求增长，通过这种方式，一种野生植物也就变得越来越带有驯化特点。

　　1938 年，日本侵略军占领了广东省大部分地区，吊钟花的供应枯竭，当地居民开始寻找替代品。有些技术娴熟的苗圃工人逃到香港避难，从而把桃花的种植技术引入了香港。在战后时期，吊钟花有过一段短暂的复兴。但在 1949 年，其产地的土地所有权和商品销售情况发生骤变，内地当局不再支持花卉种植，使得吊钟花终于在春节期间消失，即使还有一些老年人要坚持传统也无济于事。[27] 外部的政治经济因素，因此促进了象征性花卉的用途和意义发生转变。这种直接以其他花卉替代的做法表明，在压力之下花卉的特定用途具有可变性。另外，与其他大多数花卉一样，桃花本身在中国其他地方就有象征意义，因此年轻一代接受起来并不困难，他们认为桃花的粉红色也是富贵的标志。新界苗圃的发展，则进一步促进了桃树的应用，顾客可以在苗圃当场挑选想要的植株。吊钟花则不然，有一个加快其消失的原因是，一些小贩会在其手头的存货中加入润楠属（*Machilus*）等其他植物的枝条来冒充它。这些假冒的枝条上的芽虽然更大，但从中根本开不出花，只能长出叶子，这对买家来说是凶兆。几方因素结合起来，便让人们不再喜欢吊钟花，桃花则因此拥有了新意义，不仅在香港，而且在整个广东都成了年宵花。桃花的这种扩张，可能是第二次世界大战之后香港主导了花卉市场的结果。在内地实行经济改革、政府通过与"专业户"家庭签订承包合同重新恢复了花卉的农民生产之后，香港的主导性更为加强。其影响力还从经济扩展到文化，香港的电视节目进入广东省的千家万户，于是香港习俗常常跨越边境，传播到华南地区。[28]

与这些在一年中恰当的时候绽芽开花的观花植物一样，银柳也多少具备类似的功用。佛教中的慈悲女神观音使用柳枝把圣水拂洒在信众身上，作为祝福。[29] 就像茉莉一样，在恰当的时机谨慎地剥掉柳芽的保护层，可以促进芽的萌发。今天，大部分银柳是从日本进口到香港的，人们会少量购买它，作为更精致的年宵花的替代品。[30]

其他盆栽观花植物也有需求，特别是菊花（彩色图版XIII.4）。菊花本来在秋天开放，在中国和日本都用于专门的节日和展示，与祖先的坟墓和牌位关系尤为密切。正是在秋天，为了供市民欣赏，人们会在公园和其他公共场所布置那种极为精致的菊花品种，它的单一根株经过培养，可以开出极多花朵，组成精巧的图案。然而，人们也已经把菊花的生长季延长到了冬月，因为在此期间，菊花——特别是黄色品种（如"黄富贵"）——的需求量很大。1989年在大埔的一个山谷苗圃里，人们在一片菊花上方架起一串电灯泡，让它们可以正好在恰当的时候开花，这是催花的一种常见方式。因为菊花有很多不同品种，所以春节的购买者也有很多选择。[31]不过，其他花卉也颇受欢迎，比如万寿菊就与菊花类似，同样具有"长寿"和"富贵"的含义，此外还有牡丹和山茶等花色亮丽的花卉。自唐代以来，中国北方就一直栽培牡丹，它早就具备了富贵的意味。牡丹同样也有很多不同品种，备受人们珍重，被誉为"花中之花"或"花王"。

到农历正月十五日，这些年宵花就销声匿迹了。这一天代表着春节假期的结束，人们为此会举办收束性仪典，这就是元宵节（或叫"花灯节"）。如今，香港的私家住宅基本上不会为元宵节做什么准备，但在九龙公园却会举办对联创作比赛，这是文士群体的一项传统活动。元宵节这天，年轻男女还会约会；事实上，有时候人们会把这个节日称为中国的情人节（圣瓦伦丁节）。不过，圣瓦伦丁节在香港也像在其他地方一样流行，部分原因在于花商的鼓动，部分原因在于这一天已经成为庆祝自由恋爱而非包办婚姻的普世性节日。不过在某些地方，宗族也会组织"开灯"仪典，具有较为严肃的意义。在正月初十到十五这段时间，乡下的寺庙和宗祠会举办"灯笼"庆典；凡是在前一年中生了儿子的当地家庭，都应该带一盏灯笼到宗祠里，把它点亮，表达希冀儿子健康成长的强烈愿望。[32] 在这时候，前一年中宗族所添的男丁的名字常常会记写在家谱上。1989 年正月十一，香港新界粉岭附近的龙跃头主宗祠的屋顶上就挂着灯笼，那天晚些时候，人们又摆上食物，供奉给天后。每一盏纸灯笼都代表着刚过去的一年中男性宗族成员所生的

396

儿子。不过，虽然在供品中也会用到一些花朵，但它们已经不再是那些专门用于春节的花卉了。[33] 这个假期现在已经过完了。

生 产

在春节最受欢迎的花卉中，最为重要的花卉是专为这一节日生产的。既然这些花卉的供应必须针对一个专门的、具有时间特殊性的市场，那么它们的生产也就不可避免会伴随盈利和损失波动，正如法国为万圣节生产的菊花，或是印度为排灯节生产的万寿菊一样。其他一些花卉虽然全年 12 个月份都有应用，但在这一时段也具有特别的意义，用来祝愿新的一年里阖家幸福，事业兴旺。所有这些都要求人们在生产时对花卉加以漫长而精心的照顾，正如它们当年也是经历了千百年的漫长而精心的照顾，才变成驯化种一样。

在广东，有些生产是由规模相对较小的生产者进行的，丈夫和妻子都在田里劳作，然后售卖他们的劳动产品。1989 年，在珠江三角洲的小榄镇花市上，大多数桃树由儿童售卖，其他花卉的情况也基本如此。但对于香港周边很多通过雇佣劳力来提高产量的生产者来说，光是家庭劳力和本地的地块是不够的。我们在屯门遇到的一位花农在新界有一处苗圃，另一位花农的苗圃则在边境另一侧的经济特区，那里的劳力更便宜。他在中国内地生产的展示用橘树是在当地劳动力帮助之下栽培的，但在 8 月份已经把它们向南转运，大约 6 个月后便可以在香港周边更具吸引力的市场上销售。

　　这种类型的商业苗圃已经存在了较长时间，特别是在珠江三角洲和长江三角洲。19 世纪 40 年代，福钧在上海附近的宁波就访问了许多苗圃，得以采购植物，扩充其采集品。这些苗圃主有时候会出于经济上的理由把其栽培地点搬迁到距离相当远的地方。一位在宁波经营花店的商人，要从相距很远的其他种植者那里订购花卉。[34] 在广州附近，福钧拜访了著名的"花地花园"（"花地"意即"繁花之地"），贸易商在那里买到了大量花卉，准备出口到欧洲。"园艺师的住宅位于花园入口处，访客从这里沿着铺石的狭窄步道可以来到花园，步道旁边的房间里则排列着大花盆，植物基本上都种在这些大盆里。"[35] 在这些花园中，有 12 个花园各有生产用地，可以把树木移栽于此处，开始矮化处理。除了苗圃和花商的店铺外，街角还会摆摊，春节期间尤为多见。

　　在 1989 年春节之前的两周时间里，香港的许多苗圃已经售出了许多橘树，当时还挂着红标签。一棵中等大小的植株，直接销售的价格为 350 港元（50 美元）左右。较大也较贵的橘树历时三年长成，种在装饰着龙和其他传统图案的大坛里，这种大坛以前用来腌制皮蛋，但现在专用于盆栽植物。客户也可以提前从苗圃购买，而不是在集市上购买，虽然这样的交易会多花钱，但同时也有好处，就是他 / 她可能事先就了解种植者的技术水平，因此可以对种植者抱有一定的信任。如果在集市上购买，那么一切都可能发生——比如买到的桃树本来应该在冷凉的地方存放来推迟其开花，结果却早早开花；或者因为用了其他某些办法处理，结果早早

397

就枯死。如果是从一位知根知底的生产者那里购买，那在品质上多少可以有些保证。[36]

很多商人进一步将其生产集中在珠江三角洲，那里的成本要低得多。1989 年时，新界的种植者就抱怨招不到足够的劳力，劳力的缺乏会进一步提升他们的成本。一家苗圃的老板声称，他家花园里的苗圃本来需要 30 位熟练的园丁养护，但现在却短缺了 20 人，因为太多人都跳槽去从事更赚钱的工作，比如去当货车司机，往返于香港和边境对侧的深圳经济特区之间。为了保住现在的劳动力，他只能把薪水从 200 港元提高到 350 港元，另外再给 20 港元的交通补贴。[37] 劳力的短缺，导致这位老板声称其产量下降了 40%，不过在市政当局拍卖花市摊位时，他还是在香港两处不同的花市上参加了 14 个摊位的竞拍。

尽管存在这些问题，花卉产量仍在增长。1988 年时，香港本地的生产总值据估计为 8 250 万港元，比上一年增长了大约 1 500 万港元。[38] 花卉和园艺产品以戏剧性的方式取代了水稻生产。水稻种植面积从 1954 年的 9 450 公顷降到 1987 年的 10 公顷，水果、蔬菜和花卉的种植面积则从 1956 年的 910 公顷增长到 1987 年的 2 510 公顷，但后者又是从 1976 年 4 790 公顷的峰值跌落而来的，其中主要跌落的可能是蔬菜而不是花卉。由于土地和劳力价格上涨，一些农地又转为工业和居住用途，很多农业生产正在迅速淘汰。元朗平原的生态环境原本与位于其西北方向的珠江三角洲相似，但现在正逐渐变成工业生产（至少是城市发展）区域的外围地带。[39] 稻米生产实际上已经停止；虽然这里还种有一些蔬菜和花卉，但很多地块已经由其所有者租借出去。有的用作集装箱的存放地，这些集装箱如果堆在港口，会带来高得多的成本；有的则作为旧车、建筑材料和其他诸如此类的大件物品的乡下堆放地。花卉和蔬菜的大部分生产已经迁移到中国内地。因为在珠江三角洲已经具备了可行的政治和经济条件，于是那里原本用于养蚕的桑叶种植和一些供应市场的稻米种植便被利润更高的作物取而代之，其产品既供本地消费，又供出口。广东并没有直接参与到全球花卉市场中来，那需要当地能够完成频繁的航空运输；于是广东退而求其次，把花朵运到香港和澳门，一边满足当地应用，一边又可以再出口。不过仅就橘树、桃花和水仙而言，其市场基本上只局限于华南的春节。

　　在较小的尺度上，我们发现类似的产业迁移循环也发生在广东的城市地区周边。上一章提到的小榄，在 1958 年赋予自身"菊城"之名，并且重新演绎了菊花会这一古老的节日，部分原因是考虑到这样可以吸引海外华侨。[40] 近年来，小榄镇的社会经济条件发生了变化，于是该镇也为其公园、宾馆、商店和镇民栽培了自用的花卉。1988 年时，在菊城酒店下面曾有一个大型苗圃，种了大约 1 万盆橘树。到了第二年，这个苗圃便被一个由游泳池和戏水池构成的综合娱乐设施所取代，以满足日渐阔绰的镇民的休闲需求，只为酒店留下了一个小苗圃和一处旧花盆堆放地。由于来自制造业的间接压力（这些制造业大部分是小规模的，香港的需求是刺激它们发展的原因之一），花卉种植已经迁到了镇界之外。因此小榄镇打算将下一次过节时所用的花卉承包给邻近的"大队"（相当于

399

镇级）来生产，这个大队还在继续种植商业花卉。

小榄镇附近依然存在一些苗圃，位于镇子周边鱼塘之间的宽阔堤岸上，但现在这些鱼塘正被迅速填没，以便为私家住宅和手工企业提供空间。不过，在离广州市不远的顺德，特别是大良和陈村这些地方，花卉生产却很繁荣。城郊地区专门从事园艺栽培，蔬菜和花卉生产出来运到城中的市场，供应给那些自己无法种植的人，这也是欧洲历史上很多主要城市周边的情况；即使在今天，欧洲有一些城市也多少还是这样。

珠江三角洲的花卉生产历史悠久；同样历史悠久的还有花朵的象征和装饰应用，应用者不限于文士阶层，也包括更广大的民众。全国性的书写传统渗透到了每个居民点，因此对大众文化产生了很大影响；尽管这里的乡镇近年来发展速度很快，但仍然可以看到一些文士旧居呈蛇形弯曲的山墙气势恢弘，让农民的房顶黯然失色。花朵的图案被蚀刻在客厅的玻璃墙上，装饰在家具和布料上，而且至今仍然是绘画的主要题材。

如今，历史上的那些文士和乡贤已不复存在。虽然更通俗但也更局限于特定地域的文化仍然重视花卉，于是在过春节时，可以见到广东和香港以几乎相同的方式应用花朵，但是这种趋同现象基本上发生在最近五到十年间；花卉栽培的复兴，以及一些城市化程度较高的地区出现的栽培向北迁移的循环，也都发生在这个时期。

在 1976 年及以前，中国内地所有的经济作物种植都受到政府政策的严格限制。新会供食用的橘子产量大为下降。后来集中在顺德的花卉种植产业更是几乎没有发展的机会，直到1984年，其市场才重新实质性建立起来。商业增长再次腾飞，虽然部分原因在于要供应香港和澳门，但同时也响应了日益增长的本地需求。中华人民共和国成立后的25年里（在此之前又是漫长而艰难的战争年代），花卉种植产业几乎消失，意味着年轻一代并不怎么具备园艺专业知识，因此在小榄和其他地方，人们不得不把从前的地主请来，开展这项需要熟练技巧、密集劳作和细心规划的工作。

如今，花卉由"专业户"生产，但有时候也需要来自中国北方的季节工的帮助，那里的冬季农活很少。这是因为顺德和华南其他地方一样，是亚热带地区，长期以来一直种植在中国内地其他地方无法种植的花卉。[41] 目前，顺德每天都会有几千打鲜花出口到香港，通过水翼船或其他内河运输连夜运往那里。1987年，整个广东地区的花卉出口总额为11 402.00美元。[42] 用于花卉生产的土地总面积为22.2万公顷，比上一年增长13.7%；同样，总产量也增加了16.9%，其中包括约100万打鲜花，这一项增长了1.5倍。这些数字表明，该地区在政治方向发生变化、经济考量胜过意识形态考量之后，其生产和营销方面也发生了巨大转变。于是花文化便更为强势地卷土重来。

市场和集市

华南的花卉生产针对的是本地需求、香港需求和国际市场。境外对中国植物的非常小规模的需求由来已久，与此同时，中国本

鲜花人类学

身也从其他地区获取了物种。盆花现在仍然是重要的供港商品，价格高昂的盆景则有更广的销售范围，特别是在美国。切花崛起成为畅销商品，则是与以前不同的一大变化。

用于室内的切花并非中国传统生活中的重要部分。[43]人们通常不把花朵作为礼物送给生者，只会在葬礼上用来献给死者。即使是寺庙里的花朵，通常也是由僧侣所提供，而不是由礼拜者直接献上。但在香港，家人会在特定的节日把切花带到墓地。有时候，人们也会把花朵放在住宅里亡父的牌位旁边，或是放在任何佛寺或道观中纪念亡父的地方。这些寺庙是香港商业活动的一部分，纪念牌位上贴有照片。我们在新界就参观了这样的一座寺庙，其中建有自己的苗圃，可以为装饰和纪念供应鲜花。

如今，仿效西方的做法，切花在香港的使用越来越广泛；它们在花店和市场摊位上有售，并由本地、中国内地和国外的生产商供应。在香港，人们也会把鲜花作为生日礼物赠授；市民阶层也会用它们来装饰自己的家，就像酒店和餐厅会用鲜花装饰房间和餐桌一样。甚至在过年时，一些人现在也更喜欢切花，而不是盆花；对另一些家庭来说，切花则是盆花的补充。这背后的原因部分在于价格，部分在于空间，但也与态度的转变有关。在中国内地，人们也感受到了类似的转向切花的变迁。顾客以女性居多，她们买来切花，或者作为礼物，或者更常供自己享用。以前，在外工作的人在回家时会带回实用的礼物，但我们听说他们现在也会送上西方风格的花。这种转变不仅仅是对西方习俗的模仿，也是经济环境变化的标志；经济繁荣时，人们就倾向于将"非功利式"的物品

401

作为礼物，而党的政策也更容易接受花朵与繁荣、经济进步与"奢侈品"栽培之间的联系。

如今，在一月份某个寒冷的日子里，广州城里的鲜花可能不像香港那样繁盛。不过，在市里和周围仍然有很多花店。民宅（特别是从前文士和地主的狭窄住所）的屋顶和阳台会装饰着花草，与其南部邻居的装饰方法非常相似。在公共场合，商店开门时会摆放类似的花篮和花牌，花朵的公共应用也非常奢华，特别是在新国际酒店周围的改建地区。

所有较大的城镇都有一个主要的花卉市场，每天向花店、酒店和公众供花。在广州，历史悠久的花地花市与从前的外国租界直接隔珠江相望。18 世纪的作家沈复因为来自较为靠北的地方，当他在 1792 年到访广州时，发现当地的很多花木自己都不认识，其中一些甚至不见于一部叫《群芳谱》的花卉识别名录的记载。因为靠近内河，船只可以轻松地从周边的乡下把花卉从苗圃运来。在那个时代，广东省已经因为花卉而闻名。沈复就写道，他经过佛山镇、抵达省城之前，"见人家墙顶多列盆花，叶如冬青，花如牡丹，有大红、粉白、粉红三种，盖山茶花也"。[44]

也是在珠江沿岸，还有另一个"花"市。那里的"花艇"精雕细刻，涂饰灿然。有钱人会在这种花艇上举办寻欢作乐的聚会和宴会，享受着"浓抹胭脂、衣着华丽的少女"的陪伴，"她们的黑发上插着玫瑰和橘花"。但正如 19 世纪的一位访客所解释的，聚会上的行为都很得体，任何性接触都在其他地方进行。[45]沈复就记述了他拜访岸边成片停泊的花艇的经历，船上有来自中国各地的

"花娘"。第一艘船上的鸨母在耳后戴有一枝花,打扮如同"梨园旦脚"。但沈复不为所动。"'少不入广'者,以其销魂耳。若此野妆蛮语,谁为动心哉?"[46] 于是他又被带到别的船上,见到了以他家乡苏州的方式梳妆打扮的姑娘,其中一人身材状貌有点像他的妻子陈芸。在城里逗留时,他与这个姑娘建立了持续的友谊;对于这些女子来说,这种关系可能会让她们将来得以嫁人,或被纳为妾室,或至少因为文人学士的赞助而能够在社会上获得具有一定影响力的地位。在张歆海的长篇历史小说《艳妾传奇》(*The Fabulous Concubine*)中,女主人公金兰先是在宁波的花船上卖身,后来被人包养,此人不久后被任命为驻德国大使。* 这些花船是文士经常流连之地,他们去那里聊天、作诗、抽鸦片,并享受"歌女"的陪伴。其他女性根本就不认可她们这种职业。《金瓶梅》里的孟玉楼在评价李桂姐时说:"李桂姐倒还是院中人家娃娃。"[47] 这位李桂姐在知道知县会保护她时,情绪迅速从悲凉变成喜悦。她甚至要求拿一把琵琶来边弹边唱,就像艺伎一样。今天,花艇已经从珠江上消失了;在珠江三角洲的各个地方,从事捕鱼的疍民也已经移居陆地,但在河岸之上,可能还残留着一些地下的皮肉生意。[48]

年宵花的销售开始得很早,至少对于矮化橘树来说是这样。到1月20日时——也就是离春节还有16天的时候——这些橘树已经在香港一些街角花店中展示出来,在本地苗圃也可以买到了。这些苗圃生意兴隆,正在准备蛇年用的花。广州也一样,在

---

* 该小说中,金兰的原型人物是赛金花,驻德大使的原型是洪钧。

离春节还有 10 天左右的时候，便沿着很多主要街道布置了橘树，这便是过节时街头的气氛。这些橘树是售给个人的。工厂和其他能开展货运的机构则会去市界以外的地方购买，以便享受更好的折扣。

珠江三角洲最大的花市（但不是唯一的花市）位于广州西南的陈村。它重建于 1985 年，现在已经沿着从顺德到广州的公路两侧延伸到大约 15 千米长，但主要位于驶往广州的公路右侧的行车道和停车道旁边。路边摆满了不计其数的摊位，有的还有多层，出售各种花卉，主要是矮化橘树、菊花、牡丹和其他一些矮化树木。虽然这个花市面向的是本地人（出口商品有不同的交易方式），但一些盆景的售价高达 1 万元，合大约 2 500 美元。[49] 还有一些盆景的售价甚至是这个价格的两倍。不过，大部分花卉都是普通品种，以更为合理的价格出售给本地顾客。一直到晚上 9 点，还会有顾客在此购物。卖家在路边支起简易帐篷，晚上就睡在里面，以照看货物。很多苗圃距离摊位很近，但也有些盆花要从偏远的地方用卡车拉来。

陈村花市上还没有桃树售卖，因为这时砍伐桃树为时尚早。我们第一次见到桃树是 2 月 1 日上午在顺德大良镇清晖园外面的街边，这时距春节还有 5 天。这些桃树大约 1 到 1.30 米高，由"专业户"用自行车驮到镇里，他们为春节种植了为数可观的花卉。有些自行车上甚至还精心地在后座两旁安上了木架子，这样在车子两边就可以各放一棵树。

在当代香港，新春主集市设在维多利亚公园，但这也只是许多集市中的一个；1989年时，这样的集市地点有十几个，市政当局在那里设立摊位，感兴趣的人可以参与竞拍。卖家中既有个体花农，又有专业园艺师；有些个体花农种植的花卉既供应市场，又供应花园，在过年时又会在一个专供他们卖花的摊位上（比如在城里的老商铺区的摊位上）出售自家的花卉产品。以前，香港的主集市是沿整个海滨延伸的湾仔市集。那时候北京也有花市，设在护国寺。"那里正在开花的有水仙这种首屈一指的年宵花，有牡丹和玉兰，还有早开的重瓣碧桃，主要在北京栽培；此外又有南天竹、橘树、柠檬树和佛手，都结着累累硕果。"[50]

在这个时候去逛花市，对香港的许多居民来说是一项传统，以至除夕当夜的人群会挤得水泄不通。因为春节一旦到来，这些年宵花就不再有销路，所以随着午夜临近，花的价格也越来越低。采购者必须判断出买花的最晚时刻，并给自己留出足够的时间把买到的特价花卉带回家摆好，以迎接新年第一天的到来。年宵花的摆放需要花点心思。桃树必须小心地插在一个高大的花瓶里，然后用红丝带牢牢固定在一张小桌子或几案上。"人人都会为过年准备花瓶，"我有一位熟人评论道，"哪怕只是往里面插几枝切花。"用在春节期间的花瓶通常非常珍贵，要么是传家宝，要么是以高价购得。有些古代瓷器据说可以"让花果长时间保持不腐"，人们对这些容器的关注，几乎与对内容物的关注一样多。[51]

早年间，人们认为所有采购都应该在除夕午夜之前完成。在这个新年到来的时点，码头上的鞭炮和港口里的船上汽笛会发出震耳欲聋的巨响。这种响声是为了吓走恶灵，不让"皮虎子"*进门，因为它会实行一种古怪的劫贫济富式的报答，从穷人家里偷吃的，偿还给曾经施舍给它食物的富人。[52] 今天，虽然中国内地仍可燃放鞭炮，但香港已经禁放。不过快到午夜的时候，市场活动的速度仍会突然加快，因为买家有意推迟购买，一方面是希望能够以更低的价格成交，另一方面也不想在离开市场（如今，除夕花市会一直开到黎明）前一直拿着花逛来逛去。

春节期间，商店和集市都会关闭，于是所有花卉的销售也就骤然结束。但是过不了多久，花店又会为了个人送礼和家庭庆祝活动再度开放，提醒人们应该为下一个一年一度的重要节日——2月14日的圣瓦伦丁节做准备了。香港从地球村文化中接纳了这个节日仪式，而且与美国一样，全香港大约500家花店如今在这天会卖出最多价钱的花，高于圣诞或母亲节；这是因为虽然一年中大部分的花卉采购发生在春节期间，但在春节交易中占据主导地位的是花农，而不是花店。圣瓦伦丁节的花朵价格也涨得厉害。单独一枝带长茎的玫瑰平时只卖8港元，现在却猛跳到35港元。这些切花主要来自荷兰、新西兰和新加坡，从切取到运抵花店需要大约3天时间。街上和餐厅里的卖花小贩数量也激增。花店会增雇员工，在前一天晚上就开始包装花朵。[53] 就连香港中文大学的学生，也会摆摊售卖红玫瑰和白色的"衬花"（fillers），这与美国的大学校

---

* 或作"皮胡子""貔狐子"，是河北、山东一带民间以赤狐等野生兽类为原型创作的妖怪形象。

园一模一样。不过这时候，春节市场已经结束了；因为圣瓦伦丁节对花文化的影响，这时正在进行的已经是另一项仪式。

花文化的紧张关系和矛盾

在描述当代香港和广州的花文化时，我已经关注到了其中的相互依存和趋同现象。这样的局面并不长久。根据我在上一章中的解读，宗教传统中的做法差异可以揭示不同宗教之间深层次的矛盾，这体现在与神和死者打交道的方式上，以及我们在尘世中作为的方式上。这一章的讨论涉及了佛教和儒教中有关花朵在装饰、建筑和仪式中如何应用的一些内在差异，这些差异部分源于祭品的性质，部分源于节制的观念，部分源于在相互对立的群体之间建立的区分性差异。然而在这个宗教问题之外，还有一个严重程度与之不相上下的世俗问题，此前曾经导致暂行资本主义制度的香港和社会主义的广东之间出现了极端的分异。

在不久之前，这两个地区不仅对花朵的应用采取了截然不同 ⁴⁰⁵ 的态度，而且对更一般的仪式实践和奢侈品的获取（甚至奢侈品的存在）也采取了截然不同的态度。花卉是奢侈的标志，是废弃习俗的遗迹，因此显然是需要纠正的目标。仪式，特别是那些与超自然信仰关联的仪式，对很多宗教改革精英来说也是眼中钉。奢侈品和仪式这两个要素常常体现在寺庙和房屋中的装饰或祭品中，因此，人们对待非功利式奢侈品的态度，就与对待那些被视为旧的信仰和习俗的态度合二为一。在"四人帮"所代表的教条主义分子中，这种思想显而易见。虽然花朵当然也融合到了共产党筹办的仪典中，在公共场所也有种植，但在当时的私人领域，它们的应用是不受鼓励的。

　　花朵作用的削弱，以及更一般的个人奢侈品作用的削弱，其背后的态度不仅是革命和宗教改革纲领的特征，而且本身也构成了一个占据次主导地位的主题，作为一种思潮，潜伏在很多能见到这类物品的社会中，或是潜伏在其历史上的某些时期。与食物或衣着之类分层社会中的其他元素一样，对"奢侈"的内部批评可能正是来自社会分化本身，只不过其力度和外显度随一系列情况的不同，而有明显的变异罢了。

　　其中一种情况是限奢法的存在，这种法律企图把奢侈消费的模式限制在明确的社会群体内或社会功能内。虽然这类法令可能会用于限制炫耀性展示，但它们常常是等级竞争的产物。不管什么情况，限奢法都不可能压制住犹疑心理和批评的存在，即使严令禁止人们发声也不行。因为即使是大众消费和平等分配文化的"意识形态"，其内部也蕴含有犹疑和批评的因素。更不用说，消费主义意识形态在实践应用中从来都无法全面贯彻，统治者或统治精英总能利用到那些禁止其他人获得或他们无法获得的东西，有时候是出于公开的宗教或社会理由，更多情况是把它们当成权力带来的秘密成就。一种政体下的杰出干部，和另一种政体下的成功雅皮士，都有办法获得一些商品和服务，在实际上是其他人获得不了的。他们之所以有这个特权，并不是出于什么原则，也未必在他们的整个生命周期中都是如此，这只是制度运作中的一种状况罢了。这样一来，批评就会一直存在——其形式可以是地下出版物（samizdat）上的讽刺笑话、公开的嫉妒或是写给报刊编辑的读者来信。在较早的时代，这样的批评是哲人、原创性作家或宗教改革者的评判主题。虽然这些怀疑有时候只表达为"个人"态度，但情绪是普遍存在的。[54] 美国一部早期的花卉手册中就有这种情绪的明确表达，手册开头写道："'花朵! 花朵的栽培，'有些人说，'有什么用呢? 它既不能给我们带来肉食和酒饮，又做不成衣服。'"[55] 类似的情绪，在很多地方都能听到。虽然这样的表达在某些社会的某些时期会特别地成为主流态度；但所有"奢侈文化"都有能轻易激起这种评判的潜力。我在使用"奢侈文化"这个用语时，只是表明社会中有"奢侈品"存在；比如审美式而非功利式的花园，它们的分配是不平等的。虽然奢侈品未必局限于精英阶层，但是在奢侈品上所付出的花销，会引发人们对他人的炫耀性消费的评判（这是一个等级制问题），也会引出分配正义的观念，也就是认为穷人不应该只靠富人的面包屑过活，富人应该把那些消耗在非必需品上的资源用在穷人身上（这是一个伦理问题）。

这种分异的、奢侈的文化往往会引发实际的或潜在的抗议，既出于道德理由，又出于获取资源的理由。在商品分配虽然广泛但不普遍的大众文化中，紧张关系表现在等级之间，或少数族群与主流族群之间；生产那些被人视为"不自然"的东西所需的过程常常会进一步加剧这两种紧张关系。 407

在世界许多地方，作物生产的演化涉及人类的双重控制措施。首先是野生物种在其原产生境中的驯化，其次是这些物种向不同的环境扩张，比如历史上欧洲人通过努力，让小麦和葡萄等地中海地区的栽培作物生长到了更北边的气候区。然而，反季作物的控制性生产需要采取短期措施，看上去是对"自然"周期的更明显的修改。中国就曾长期实行过催长生产，特别是在北方的春节期间，那里的天气不如南方温暖。与欧洲一样，其中的重点是热量的应用。大埔山谷中的电灯泡绝不是新鲜事物。20 世纪初由敦礼臣所撰的《燕京岁时记》就写道："凡卖花者，谓熏治之花为'唐花'。每至新年，互相馈赠。牡丹呈艳，金橘垂黄，满座芬芳，温香扑鼻；三春艳冶，尽在一堂，故又谓之'堂花'也。"[56] 套纸袋在北方是必需的做法，以确保全年的花卉产量；在 19 世纪，福钧就见到四季都有菊花。在这些暖房中，植株被置于壤土中，每朵花苞都包在纸里，"这种娴熟的催花手艺可以让矮化果树和牡丹的所有花在合适的时间精准地盛开"。[57]

根据 18 世纪撰成的《日下旧闻考》，牡丹、果树花和探春在腊月的北京都有售卖，是在暖房里靠火烘来培育的。"其法自汉即有之。汉世，太官园冬葱、韭、菜茹覆以屋庑，昼夜爇煴火得温气，诸菜皆生。"* 同样的技术也用于花卉，这样一年到头都可以在东庙（隆福寺）和西庙（护国寺）展示它们。"至于春花中如牡丹、海棠、丁香、碧桃之流，皆能于严冬开放，鲜艳异常，洵足以巧夺天工，预支月令。其于格物之理，研求几深，惜未有著书者耳。"[58] 写

---

* 此段记载出自《汉书》，大意如下："这种方法在汉代就有了，当时在太官（掌皇帝膳食和宴享之官）的菜园里，冬天会用棚屋覆盖葱、韭等蔬菜，白天晚上都生起小火，烘暖空气，于是各种蔬菜都能生长。"

　　　　　　　　　　鲜花人类学

下这段话的敦礼臣接下来惋惜地说，这些用于种花的"未有著书"的技术不能用于蔬菜，因为所费人力物力都不菲，只有用于奢侈目的时才有可行性。可能这些知识如此隐秘，而教材又如此缺乏，本身就意味着这类技术发明无法像其他那些已经推广全国的农业技术一样传播开来。不过，这类集约型的方法事实上早在汉代就已经用于食材生产，至少在富人的苑囿中已经实行。因为包括反季花卉在内的花卉种植方法，本来就是中国古代高度集约化的园艺体系（可能是世界上集约程度最高的体系）的一部分，这个体系可以运用热、水、肥和一整套技艺来开发新品种、延长生长季、提升产量、丰富花色，所有这些过程都要用到植物学乃至生物学的实践知识。

这种发展并非没有招致反对意见。在最一般的层面上，哲人们看到一个制度中很多生产只是为了满足少数人的快乐，或者穷人把他们不多的生活物资挥霍在"非必需品"上，便会批判这个制度中的奢侈和等级。早在汉代，新年的祭祀就已经采取了十分铺张的形式，于是招来了严厉的批评。公元 69 年的一条法令就谴责，穷人竟然把食物浪费在死人身上。几年之后，富人也遭到了同样的批判。4 世纪时，一位年轻的贵族用古代哲人庄子的肖像装饰了他新建的豪宅中的一个房间，并把宫廷文学家召集来庆祝。当嵇含被点名创作一篇文章来称颂这场集会时，他便写了一篇本来用于在故友墓前焚烧的"吊文"，批判了这种铺张浪费。[59] 哲学与社会批判之间的关系是很明显的。[60]

不仅哲人和政治家会出于较宽泛的道德和社会原因批判奢侈，

宗教从业人员也会更普遍地批判这种作风。尽管把《金瓶梅》这样的文学作品作为史料使用时要谨慎处理，但是在这部以无赖为主角的 17 世纪长篇小说中，一位尼姑庵的住持却对佛教男女僧人的饮食习惯做出了重要评论："倒是俺这比丘尼还有些戒行，……《大藏经》上不说的：'如你吃他一口，到转世过来须还他一口。'"与她对话的吴大妗子听了之后便沮丧地说道："象俺们终日吃肉，却不知转世有多少罪业！"[61] 这位住持的戒行，引得俗众反思起自己的生活来。如果沉迷于奢侈，日后便需要补赎，就像守戒也可能成为骄傲和力量的源泉一样。在这方面，儒教和佛教的观点是一致的。这也是皇朝征服者的思想主题之一，至少在刚建立皇朝的时期是这样。清代来自北方的满族统治者就夸耀他们厉行节俭，反对之前的明代统治者的浪费和"幼稚"的奢侈；[62] 与此同时，被他们征服的前朝遗民也用花卉绘画来发表反对其统治的政治声明。

　　虽然反对意见总体来说是针对所有奢侈行为，但是反季植物特别是花卉的种植专门引来了生态方面的相关质疑。有些评论者指出，在其他人面临食物短缺时，人力却被调走用于养育不可食用的植物；这便造成了财富包围着贫困的问题。敦礼臣则通过引用《月令》，从生态角度表达了主要的反对意见。《月令》是中国最古老的年历之一，后来成为《礼记》中的一篇。[63] 这篇文献经常用于警告人们，如果一个人在不管哪个季节遵循了本来适用于其他季节的行为准则，那么不自然的灾难就会降临在他身上。与此同时，敦礼臣还引用了《大学》第一节中的名言，也流露出他对干预自然

409

的矛盾心理。这句名言是"致知在格物"，但格物的方法并不能免于批评。这种犹疑态度在书面文化中表现得更为明确，既想享受实验的好处，又反对实验的方法，两方面想兼得。不过，类似的批评还有其他许多来源。早在公元前33年时，少府召信臣就宣称，暖室植物之类农产品，不管是不是花卉，都是"不时之物"，"有伤于人，不宜供奉"。他甚至还有更进一步的动作，就是上奏要求统统禁止。[64] 最初以奢侈品贸易为基础的消费需求推动了生长期的延长，但人们的矛盾心理又表现在"生态"感受层面，觉得它们干预了自然，破坏了季节性，对整个世界和自然的平衡都有害。

清代有一位作家叫李汝珍，约1763年生于河北，1830年卒。他写有一部讽刺性的古典长篇神话小说《镜花缘》，其中一回的主题思想，与上述犹疑心理非常相似。小说开头的故事发生在海上的蓬莱三岛，那里的山上满是仙果、瑞木、嘉谷、祥禾，而且"四时有不谢之花"。[65] 在其中蓬莱山上的红颜洞里住着百花仙子，"总司天下名花"。正值昆仑山的西王母诞辰之时，她便驾云前往，带了"百花酿"作为礼物。随她同去的还有她的朋友百草、百果和百谷三位仙子。途中，她们又遇见了魁星夫人。

这几位仙人到达时，作为统治者的西王母的一位侍从嫦娥（月亮女神）要求百花仙子让百花一齐开放，以取悦王母，却被百花仙子婉拒：

> 小仙所司各花，开放各有一定时序……凡下月应开之花，于上月先呈图册，其应否增减须瓣、改换颜色之处，俱候钦

裁。上命披香玉女细心详察，务使巧夺人工，别开生面。所以……牡丹、芍药，佳号极繁；秋菊、春兰，芳名更夥。一枝一朵，悉遵定数而开。或后或先，俱待临期而放。……来岁即移雕栏之内，绣阁之前，令得净土栽培，清泉灌溉，邀诗人之题品，供上客之流连。

假如花没有以恰当的方式开放，那就会被带到纠察的"灵官"面前，并受到惩罚。因为这些都是百花仙子的责任，所以她请求众仙原谅。"今要开百花于片刻，聚四季于一时，月姊此言，真是戏论了。"

风姨是嫦娥的密友，闻听此言，便抗议说，确实有些花卉会反季盛开。"他如园叟花佣，将牡丹、碧桃之类，浇肥炙炭，岁朝时候，亦复芬芳逞艳，名曰'唐花'。此又何人发号播令？"百花仙子虽然承认通过人工方法可以催花，但她拒绝为此承担责任，还反以风姨的职责为例，质问她："四季不同，岂能于阳和之候，肆肃杀之威；解愠之时，发刁萧之令？"因此，她再次拒绝表演众仙要求她表演的奇迹，但允诺说，如果某位凡间的统治者下令百花齐放，那么她情愿接受严厉的惩罚。后来，唐代出了一位坚定支持佛教的著名女皇武则天（684—704 年在位），在继位之后果然下令百花齐放。只有牡丹坚决不从，于是被从首都长安（今西安）贬到洛阳，洛阳于是成了牡丹的栽培中心。因此，花卉的季节性所面临的危险，乃是来自有钱有势者对自然所做的无理干预。

这些反对花文化的意见，源自一些长久以来就是人类经验的观念，如今又体现在当代欧洲的绿色运动理论中。这些观念有宗教的一方面。如果有人像早期基督教父米努修斯·费利克斯一样，把季节的正常轮换归为神祇的工作，那么扰乱这种秩序就是干涉了由神祇设置的宇宙体系。[66] 然而，这种疑虑在世俗的世界观中也同样合理。在大多数气候区中，季节性与生长和休眠有着十分明显的关系，因此干涉自然就会招致灾难，这是基本用不着费力指出人们就会明白的观念。[67] 这些观念既适用于对动物生命的破坏，又同等地适用于对植物生命的破坏。[68] 如果干涉的理由是要从事奢侈品的生产，是要捕杀动物为上层社会的女性提供皮毛，或是要砍伐树木，只为了供应纸浆，用于制造看完就扔的杂志，那么这些观念就变得更为强大。虽然它们不是这些社会独有的观念，但在高度分化的文化中和奢侈文化中会变得格外突出。

这就意味着"阶级"的一个方面必然会牵涉到这个问题里面。这里说的"阶级"取的是这个词的最宽泛意义，是居于"上层"的群体和个人以及与之对立的"下层"的活动。就像奢侈文化的其他方面一样，反对花文化的一个与此相关的理由是，它的好处并没有得到平等的分配，不是所有人都能获得；相反，这些益处恰恰体现了差异、等级制和剥削的本质。下层群体表现出的强烈愿望，可以是希望能够更多地获取这些物品，或者可能想要摧毁这个制度的基础；在革命运动中，这两种态度总是都可以见到。然而无论是这两种态度，还是任何后续行动，都不是单纯用等级制就可以解释清楚的。下层群体可能会把上层的文化全部或部分地内化为自己的文化，至少是将此作为目标；即使很多东西仍然无法获得，至少可以把花卉从富人的花园中移走，之前花费大量心血、付出艰苦劳动照管这些花卉的常常是穷人。对奢侈文化的批评，也同样可能会在上层群体本身的内部产生，特别是那些想要反思社会矛盾的文士。19世纪大多数最重要的革命信条的制定者都来自资产阶级，他们恰恰想竭力终结自己所属的这个阶级的统治。

在最近几十年中，中国又出现了在历史上曾经见到的类似的紧张关系和矛盾心理。平等理想之类观念，北方农民的贫困（特别是如果同时考虑到精英阶层过着相对闲适的生活的话）之类事实，都激发了一场运动，把财产再分配和只种粮食不种花的目标放在首位。珠江三角洲的农民也和内地其他地区一样，被组织成公社，分配了让基本作物取得高产的目标，期望他们能够完成。在这个目标中不仅有两季水稻，还又加上了一季冬小麦，结果既耗竭了地力和劳力，又导致人们不再把精力放在经济作物上，而经济作物在千百年来一直是园艺领域的重要内容。[69]为了保证完成所下达的配额任务，干部们竭力要减少其他农活。为了完成目标计划，人们不管怎么做，都基本没有时间或精力去种植其他作物，更不用说那些不可食用的作物。这进一步强化了功利主义思想，反对过去的资产阶级文化和封建文化。宗教、仪式与花文化因此同样遭到了摧残。虽然花朵的公共应用不存在争议，但政府打击了花朵的其他许多应用，一方面是出于意识形态原因，另一方面也因为这时候基本已经根除了生产过剩的可能性（因此也消灭了奢侈行为），也根除了培育和享受那些乐趣的精英阶层。

花文化的复苏和花卉栽培的复苏，都发生在1976年之后，特别是 1979 年经济开始初步开放之后。农民获允自行耕种土地，只要他们以固定的收购价把一定配额的粮食卖给国家就行。在剩下的时间里，他们可以从事其他生产活动，比如种植水果、饲养牲畜、栽培花卉等。这些农产品部分供应给国内市场，其生产规模不断扩大，扩大原因一方面是"清教徒式"的道德有了松动，另一方面则是因为生产力的提高、资本的引进以及面向香港和澳门的贸易使人们更容易获得财富。然而，表现在花卉消费之上的消费主义的快速增长让政府感到担忧。1983 年，政府试图禁止工厂和机关（它们是春节期间的两类主要消费者）应用花朵；此前曾经用于规范葬礼、节庆和宴会的限奢令，现在又展示出了针对花卉消费的一面。这道法令至少在短期内对种植者产生了负面影响，因为他们需要提前几年就规划好这些作物的生产。不过就算是消费者，也受到了相应的影响。小榄一位承办仪式的专家就指出，早在 20世纪 70 年代，很多苗圃就已经消亡，葬礼上鲜花的应用也大为减少。如今，人们大都改用假花。虽然近年来苗圃的增多可能会扭转这种趋势，但仪式在年轻一代身上产生的新吸引力不一定意味着他们就会恢复早年的习俗。随着塑料质量的提升，其制品得到了人们普遍接受；特别是塑料假花，长期以来一直是中国人生活的一大特色，就像欧洲人一样。人们不仅在冬季的几个月使用假花（因为世界市场和"反季"品种的存在，假花在这个时节已经不再是必需品），而且还让它们执行一些重要的功用，比如用作女装的饰品。

这道针对花朵的新禁令并没有持续太长时间；花朵的应用不

仅满足了以前的领域，也扩展到了一些新领域。干部们报告说，政府现在正鼓励花朵的应用；在各种房地产开发区周围摆放的盆栽花卉迅猛增长。花朵甚至还成了预祝企业兴旺的广受认可的象征，繁花意味着巨额利润。在番禺的沙湾集镇，一位书法家就为我们创作了这样一副春联：

> 金枝献瑞花叶茂，
> 银树开心财运兴。

413　特别是在春节时，盛开的花朵表达了对未来的希望——身体健康，万事如意——同时也是当下状况的见证。生意兴旺的商人会购买长得最好的桃树。正如香港一位花农在期盼年宵花有个好销路时所说："就我的经验来看，鲜花的消费通常与经济环境有关。"[70]

　　这正是让中国内地企图压制花文化的原因之一。对许多人来说，花朵仍然带有"兴旺""长寿""财富""幸福"之类意义，也就是说意味着总体的福祉。这些意义在 20 世纪 90 年代得到了广泛认同。自从 1984 年左右花卉市场重新建立以来，花朵在商业上和家庭中的应用都迅速增长。即使是像三水县城[*]的健力宝宾馆这样的地方宾馆，也都有自己的苗圃，可以供应花卉，用于在宾馆入口布置成漂亮的装饰，或是用于其他需求。就三水而言，这座城镇的很多新修的道路、公共设施和公寓楼都是用国营的健力宝啤

---

[*]　现为佛山市三水区。

酒厂上缴的利润修建的。这些公寓楼的阳台都装饰着花草；三水城的苗圃为城市环境供应了多种花卉，包括盆景树。还有一个实验站致力于遗传育种。健力宝啤酒厂本身是一家在创办时由西德援助技术、采用美国设备、聘用香港管理人员，如今颇为兴旺的"合资企业"。工厂主楼前面建有一个花园，主楼入口的塑像周围满是鲜花；一楼大厅里则摆着一棵华丽的桃树，耸立在菊花中间，其上挂着一串"圣诞彩灯"。所有人都认为这家工厂非常成功，它让工人过上了高水平的生活，上缴的利润又回馈地方，改善了整个镇子的面貌。就算花朵未必能预示未来的兴旺，它们也肯定展示了当前的繁荣。

我上面谈到了在华南地区久负盛名的花文化，诞生于世界上最发达的集约园艺体系中，如今以新形式重新出现。传统的召唤、经济的腾飞、访客的愿望（特别是"海外华侨"的愿望）以及花朵本身的吸引力都影响了政策的变化，从而让花朵又恢复成为繁荣昌盛的象征。当然，这种转变依赖于国家政策的变化；对经济自由化的青睐，让民众的口袋里有了更多钱财，思想上也少了压力。以前在很大程度上是政治机构的独享的花朵，现在已经推广到工厂和家庭，甚至出现在生活仪式上。

虽然香港没有遭受广东那样的挫折，但在昔日中国，花文化一 414 直是奢侈文化的一部分，引发了与分配正义、平等之类观念有关的矛盾，以及与1949年中华人民共和国成立后那种要为所有人提供生活必需品的目标有关的矛盾。花朵的恣意应用，在欧洲和亚洲都是分层文化的标志，引起了人们对富足中的贫困问题的关注。在这种情况下，炫耀性消费的各种形式，会导致紧张关系和犹疑心理不断积累。然而在今日中国，整体发展水平可能会让社会越过一道门槛，导致争论措辞发生改变，于是花朵也就能像它们在当代香港那样，处在一个不那么模糊尴尬的位置。内地已经不再把花朵视为封建文化的一种元素，于是它在两种体制之下都成为大众文化的组成部分，成为一种即使不是所有人都能享受，至少也是大多数人可以享受的"奢侈"。在传统中国，全社会都会应用花朵，但这种应用在很大程度上由旧精英所确定和维系，而这个阶层已经消亡了。今天在两种体制之下，花文化都继续存在，并向着新的方向发展。

　　　　　　　　　鲜花人类学

第十四章　总述与引申

回到非洲

本书的考察始于一个问题：为什么撒哈拉以南非洲缺乏花文化？最近，有人针对利比里亚的格贝博（Gbebo）基督徒应该如何反"异教徒"之道而行事发表了意见，直击了这个问题的核心。"好的格贝博基督徒要在星期日休息，摘下身上的'格力格力'（greegrees，即护身符），拒绝参加传统的献祭；好的格贝博基督徒还要穿着西式服装，建造西式住宅，只娶一位妻子，并种植一座花园。"[1]花卉可以凸显他的改宗，以及所受的外来影响。除了在某些受到伊斯兰教强烈影响的地区之外，传统非洲缺乏驯化花卉，这与其农业水平有关，与锄耕农业妨碍了高度分层的文化形式的出现有关；特别受到妨碍的是奢侈文化，以及生活方式的分化，它们本来可以让园艺中"非功利式"和"审美式"的一面发展起来——或者说得更直白一点，让那些首先不是为了迎合饱腹和战争的需求，而是为宗教、礼物赠授以至审美而栽培的作物培育出来。约翰·杰勒德在他 1597 年的《本草》一书中写的一段文字，就暗示了这种转变；他说有些植物"并不用食物或草药，而是以其美丽受人重视，可以装潢花园或美人的胸怀"。

不过，最开头这个有关非洲的疑问不仅针对驯化花卉，也针对野花，因为野花的应用也很有限。对此又需要用另外一些原因来解释。在我看来，造成这种情况的部分原因，应该归于非洲观花植物种类的相对贫乏，至少对那些花期可以长时间持续的种类来说是如此。然而比这个原因更重要的是，人们怀有一种观念，认为花是更终极目的的前奏，是水果或粮食的前身，它自己并不是目的。欧洲人在想到果树时，至今也还坚持着这种观念："如果你想享用果实，就不要摘花。"这种观念意味着一种较少自发性、更多情境化的审美式自然观，一种更整体主义、较少对立化的自然观。与此同时，对各类野生生物的兴趣的明显增长，常常与城市生活的发展同时发生。如果不是围绕城市构建的社会，人们就不会有动物园或植物园的需求。

416　　与非洲形成明显对比的是欧洲和亚洲的主要社会。在中国和日本，栽培树木的历史十分悠久，不仅为了收获可食的果实而种，也专门为花而种，于是花自身就成为目的。华南地区在过春节时，桃枝在还没有结果时就砍下来；千百年来，人们一直出于利用其花而非其果的目的培育这个特别的树种。亚欧大陆这种花文化的根基可以一直追溯到古代近东；我在前文中已经尽力概述了它在美索不达米亚和埃及的发展，由此又进入古典世界和更后来的西欧。所有这些花文化史的叙述，显然都依赖于图像资源的长久保存，依赖于包括文学作品在内的文字以及绘画。这些文化活动促成了花卉象征意义的不断精细化，精细化的目的多种多样，既有情境、宗教、政治和文学的目的，又有一般认为源自日常生活的目的——比如花语，在后拿破仑时代的法国城市社会中发展起来，与城市文化、植物学知识、批发和消费之类新商业活动的发展都有关联。作为一种副文学（paraliterary）的人造物，花语在欧洲大部分地方受到欢迎；而当清教传统对北美洲的文化影响开始衰退，花语对北美洲也产生了可观的影响。[2]

花与宗教

在考察花文化时，对于较为晚近的时期，我从文本转向了话语和观察。在有关欧洲、印度和中国的几章中，部分内容源自我自己的阅历。虽然这些阅历比较有限，但能让我对这些文化中花卉的作用——特别是作为礼物赠予宗教角色或世俗人物的作用——做出更全面的叙述；单纯利用书面资源是不可能做到这一点的。这是因为这种平凡的活动通常要么被人忽视，要么只能以一种高度形式化的方式记录下来，而这种记录方式与日常生活之间往往只有很有限的关系。在礼物赠予方面，亚欧大陆与撒哈拉以南非洲的对比变得格外鲜明。在非洲大陆的这个部分，花卉根本就不会用作祭品，对人对神都是如此。人们与神灵打交道时会依靠口头话语（这与世界其他地方都一样）和食物祭品，但主要是靠牺祭。在古希腊和罗马（以及更早期的近东），人们在为神祇和死者献上牺祭时，会佩戴编成花环的花朵。在亚洲其他地方，花朵常常被视为牲祭的替代物，而不是补充物；特别是在佛教、耆那教和后吠陀时代的印度教等印度宗教中，因为祭司（有时候也包括俗众）已经戒除了肉食，于是花朵与礼拜的关联变得非常紧密。人们把花朵像赠予他人一样赠予神祇，为此早就开始特意种植花卉。

417 　　花的受赠者既有生者，又有死者。在亚欧大陆的这些文化中，花朵在葬仪活动中的重要性已经不只体现在死者的忌辰，而扩展到死者被致敬或思念的其他所有时候，特别是东亚的中秋节和欧洲天主教地区的万灵节。火葬的实行，让人们在葬礼本身结束之后不再有那么多机会和方式献上祭品、表达思念，因为骨殖已不复存在，骨灰也常已抛洒。这种把花朵既赠予生者又赠予逝者的做法，是亚欧大陆主要社会的文化，而与非洲的传统社会形成了强烈的对比——在非洲，人们献给神灵和死者的祭品主要是血祭和食品，它们大都经过烹饪，也是人类自己会吃的食物。

　　然而，尽管欧洲和亚洲的大多数主要社会都会以多种方式应用花朵，但在一些时间、地点和情境下，花朵基本上是不在场的。与神灵交流方式的变迁，不时就会让人们把重点从仪式和物品转移到词语和文本，这种变迁又关联到人类文化中另一种类型的历史变迁，其典型体现就是欧洲花文化的衰落。花朵不在场的情境有宗教情境，也有政治情境。前者主要与起源于近东、从犹太教衍生出来的宗教有关，这些宗教基本不关注花朵，无论是真实的花朵还是其形象呈现都是如此。花朵的形象呈现遭到了十诫中第二诫的禁止，这条戒律禁止任何人"雕刻偶像"。就连真花，似乎也会让人联想到他们所厌恶的"异邦"崇拜，从而让他们更为强调，与无形的神交流时，不应该以物质祭品为中介，而只能以"道"（语词）为中介。

这些思想以不同的方式分别影响了基督宗教和伊斯兰教。伊斯兰教拒绝在礼拜中应用花朵，也拒绝对任何真主所造之物的形象加以呈现；不过在宗教之外，花朵还是出现在伊斯兰世界的华丽花园里，出现在奢华的织毯上，出现在萨非王朝时期所见的世俗绘画中。基督宗教与花朵和圣像都有特殊关系。统治欧洲的这样一种宗教，虽然继承了古典世界的一些伟大传统，却听任花朵的应用、栽培和相关知识沦落到如此低的水平，这个事实乍一看很不可思议。尽管古罗马的经济活动和城市人口很早就开始衰退，这肯定会削弱"奢侈品"生产的一些根基，后来蛮族入侵更是雪上加霜，但花文化的衰落并非仅是蛮族入侵使人们无暇顾及花朵的结果。这里还有一个重要的原因是人们的资源投入发生了变迁，原来是用于城镇所提供的剧院、浴室、集市等设施，现在有意转向了教会建筑的营造，包括偏远地区的封闭式修道院。不仅如此，人们还有意拒斥相关的文化。古典世界那些既描绘人又描绘神的立体雕塑，几个世纪后在欧洲基本消失，直到哥特式建筑出现时才得到实质性恢复；簇拥着异教神祇的花环和花朵也经历了类似的遭遇。不仅如此，这些形象在平面绘画中呈现得也不多，虽然这些绘画的主题集中在宗教领域，但还是很容易引发人们的犹疑心理。原则上来说，除了言语（也就是祷告）之外，不得向上帝或逝者献上任何祭品；其他的所有物品，都应该作为慈善的施舍献给教会，用于分配和消费。古希腊和罗马的"异教"牲祭已经摇身一变，成为

418

基督本人的牺牲，人们因此会通过吃麦饼和饮葡萄酒——象征着基督的肉与血——来回忆他的牺牲，相关的仪式如何解读，长期以来都是宗教争议和宗派分裂的焦点。极端的新教徒甚至连这种仪式都会拒斥。不仅如此，正如克雷西（Cressy）所指出的，清教徒反对在德比郡的水井装饰（well-dressing）活动中点火，又谴责葬礼上使用花朵是"可怕的偶像崇拜"。[3]当花朵真的回归时，它们几乎都采取了花束的形式；人们很难不把这种形式看成对异教徒的花环和花冠的故意拒斥，看成大天使加百列在圣母马利亚领报时带给她的——有时候让人觉得似乎是献给她——单独一枝百合花的精致版本。

东方宗教的情况就非常不同了；佛教和印度教都欢迎花朵的应用和呈现。但另一方面，早期曾经历过无圣像阶段的佛教，在东亚和东南亚的社会中也受到了挑战，在中国和朝鲜半岛面对的是儒教和道教，在日本面对的则是神道教。这种敌对的一个方面改变了花朵在礼拜中的功能，改变了非驯化自然的功能，在某种程度上也改变了形象呈现（包括花朵的呈现）的功能以及用什么东西祭神比较合适的观念。[4]

虽然儒教并不排斥向死者或神灵献祭的观念，但它在其他方面明显具有"清教徒式"风格。在非常多的社会活动中，甚至在艺术创作中，人们都要坚持一些正确的、节制的行为。儒教拒绝像佛教那样，在建筑物上大量使用色彩鲜艳的装饰，比如屋顶瓦当上莲花的应用。朝鲜半岛的宗祠明显比佛寺简朴。按这种风格举行的公共仪典不会把花朵用作祭品，人们也不会造出像佛教那样繁多的神圣塑像。

在日本，佛教和神道教之间也出现了类似的对立。由于佛教是一种国际性宗教，这个事实再加上佛寺拥有大规模的财产，导致人们反复展现出对佛教的不满。神道教则是一种民族的、地方的、与外部世界对立的宗教。佛教重视用花来祭献和装饰；神道教则使用绿色枝叶，而且都来自野生植物，因此它们是天然之物，与驯化之物对立。两种宗教在这些特征上面的对立，并非只是来自一种宗教让自己与另一种宗教产生分化，从而形成和平互补关系的机制，同时也来自相互对立的信条彼此长期斗争的机制。虽然双方之间的关系在不同的时期会有不同的表现，有时积极竞争，有时消极共存，但是把花朵用于礼拜的一个重要因素，正在于这是一种通过对立来界定的积极过程，一种通过拒斥"外道"（异教）的做法来强调自己身份的积极过程。当然，除了结构上的对立之外，二者的差异还有其他方面，比如对于如何实践，二者就体现了各种层次的犹疑思想，影响了人们对自然和自然的圣像的看法。其中一个问题是，是否应该准备祭品——哪怕是鲜花——去献给神灵，特别是创造了世间万物的神灵。另一个与之相关的问题是，是否应该以有形的物质形式去呈现无形的神灵，特别是像造物主这样威严的神。还有一个更为笼统的问题，就是"富庶的窘境"。这三个问题必须从神学的视角打量，用理智的方式思考，还要从对立的角度来看待。

在近东宗教的神学中，人们更看重语词，而不是图像。因为语词是神的道，除了文字本身之外在视觉上就没有对应物。在古埃及或美索不达米亚似乎就没有这种等级高下，在那里的艺术中，图像和语词经常是相互交织的。的确，在东部地区的圣像破坏者失败之后，基督宗教的东部教会便开始鼓励平面的形象呈现，其中既有神学理由（这些理由并没有被西部教会完全接受），又有教育理由。同样，虽然《圣经》一书最初基本没有插画装饰，但在欧洲北部，人们先是用精心绘制的篇首字母来装饰它，这些字母后来又转变为图像；装饰边框也从形式化风格转为自然风格，最终就出现了一些插画杰作，比如林堡（Limbourg）兄弟或弗莱马耶画师（Master of Flémaille）的作品。然而，人们仍然会继续感受到植根于《旧约全书》文本中的反对意见，以及描绘上帝问题的重新出现，并表达他们的想法；这些人里面不仅有异端分子，也有教会自己人。最后，这种思想倾向就在 16 世纪和 17 世纪圣像破坏者的作品中爆发出来。

新的教义禁止人们的一切想要模仿造物主上帝独一无二的工作的企图，因此会拒斥所有图像；它可以表现为多种不同形式。首先，会有针对神的形象或针对主要的偶像崇拜形象的禁令。这种禁令有一些变式，有的只拒斥立体雕塑，有的则禁止一切雕刻的形象，因为它们会增强形象的现实感。另有一些变式只是禁止图像进入宗教圣所，但允许它们出现在世俗生活中。此外又有一些变式，严禁神祇的一切形象，特别是最高神的形象。这种无圣像的观念可能有更广泛的文化基础，甚至会给非洲社会带来困扰，但就像口语文化中的常见情况一样，它在非洲的表现不那么明显，意识形态性也不强。因为以有形的形式呈现无形的神祇的问题其实更是那些圣像用得最多的宗教在某个时刻或某种情境下会面对的问题。在基督宗教创立初期并没有基督的图像；佛教诞生后的几个世纪中，也没有人雕塑佛像；直到今天，伊斯兰教也还在继续避用这些形象呈现和其他形象呈现。就连非洲，虽然常常被视为满是神灵雕像的地方，但人们也很少给作为最高神的创世神设立祭坛，更不用说制作图像了。在完成了独一无二的创世行动之后，神就远离了人类。给神制作图像，可能会把他召唤回来，结果就让这个世界存在邪恶的问题以一种尖锐的形式表现出来——世界万物的创造者，是否会帮助我们对付他所创造的邪恶？不仅如此，图像还会试图呈现那些无法以这种形式呈现的东西。非洲还有其他一些往往不是主神的超自然力量，会被描绘为拟人的形象。然而人们的祖先反倒常常呈现为抽象的形式，而不是描绘为人形。彼此毗邻的人群对这个问题的态度表现出了惊人的多样性，其中的部分原因可能在于，对于是不是要为神灵和逝者赋予独特的人形，人们抱有犹疑心理，但要想让这些超自然的存在或力量能够与人类进行有效的交流，基本上也只有这种占据主导地位的典范做法能够满足要求。[5]非拟人化的图像或物品虽然解决了这个问题，却又造成了另一个问题。无论什么情况，花朵和熏香的敬献以至祈祷的念颂都意味着有一位神可以体会到人类的感受，听到人类的言语，不管这位神以什么样的形式存在。

花与奢侈

还有一个因素影响了花朵的应用和呈现，这就是人们看待奢侈文化的犹疑态度，而奢侈文化正是决定"审美式"园艺生产的终极原因。因为花卉的种植和花朵的赠授常常与炫耀性消费关联在一起，所以花朵的应用会引起中国的哲人、古罗马的斯多葛派、伊斯兰教教士和基督宗教改革者的反对。除了宗教理由之外，花朵与奢侈的联系，在早期基督教父的著作中是永恒的主题；这种批评的力量也成为导致花文化衰落的一个因素，于是随着古罗马"异教信仰"的逐渐终结，花卉种植和花朵应用都衰落了，相关的知识和实践也都衰落了。与中世纪的伊本·赫勒敦一样，一些罗马道德家也把上层社会的过度奢侈视为帝国衰亡的预兆。[6]

421

高层文化和低层文化，也即"上层"和"下层"群体的行为、态度和物质产品，对社会制度提出的需求是不同的。除了在一般的共识领域发生直接冲突外，这种差别还会影响到其他方面，比如经济。古罗马的那些道德家在批判奢侈，指责人们把太多土地用于种植供礼拜、装饰和制作香水之用的花卉时，就清楚地意识到了这个问题。平民可能没有这么清醒，而是被各种壮观场面分散了注意力，接受了相关的意识形态，可能还想模仿和点评"比自己更好的人"的生活方式，至少是富人的生活方式。

对待奢侈的犹疑心理在历史上一直存在，因为它是这些文化的内在特征。沙玛对全盛期的荷兰共和国的那部历史著述，书名很有意义，叫作《富庶的窘境》（*The Embarrassment of Riches*）。他在书中总结道：

因此，财富似乎激起了他们自己的不适感，富裕与焦虑在他们那里并存。这种对现代人的感受来说既陌生又熟悉的综合征，并不是从宗教改革时才出现，也并非只有荷兰才有。无论是古罗马斯多葛派对奢侈和贪婪的批判（自 13 世纪起，这种批判就写进了意大利的限奢法），还是方济各会修士对教会和俗众所持财富的反复抨击，都被吸收进了北方的人本主义之中。[7]

他接着指出，伊拉斯谟在谈到世界财富的稀缺这个主题时，既拒绝像淡泊派那样退隐于修道院，又不想像方济各会修士那样通过托钵乞讨来保持纯洁。他想要直接面对物质世界的财富。无论是伊拉斯谟还是阿姆斯特丹的商人们，都不会因为这样的面对就不去享受他们所积聚的财富。

　　贫穷与富裕各自的优点之间的争论，已经成为这种经济分层的社会的一种本质现象，在欧洲的这个时期再次集中表现出来。在西方传统中，这种争论体现为斯多葛派和逍遥派的观点对立，前者选择贫穷，后者虽然选择富裕，但并非只是追求伊壁鸠鲁式的个人享受，而是把财富作为实现美德的手段。古罗马的这场争论与基督宗教传统有着极为密切的关系，按照基督宗教传统，基督选择了贫穷，并声称富人即使想要获得恩典，也只能面对几乎无法克服的困难。但《君士坦丁献土令》（Donation of Constantine）* 表明，基督宗教在取得成功之后，变化也随之而来；教会现在需要为 422

---

* 《君士坦丁献土令》是一份在 8—9 世纪伪造的古罗马皇帝法令，宣称君士坦丁大帝在 315 年 3 月 30 日下令将罗马一带的土地赠送给教宗。但在中世纪后期，天主教会真心相信该法令是真实的。

其积累的财富从教义上加以辩护。虽然后来方济各会选择了另一条路，但15世纪佛罗伦萨的人本主义者仍然坚持将财富的获得作为实现公民美德和个人美德的手段。这场争论对艺术和其他奢侈品（甚至异教性质的奢侈品）都产生了影响。（拉波·达卡斯蒂利昂奇奥［Lapo da Castiglionchio］就认为，人们行事的榜样，不能在使徒的贫穷中寻找，而必须在那些用昂贵的金子装饰偶像的古代人的习俗中寻找。[8]）这样的态度在文艺复兴时期占据主导地位，于是引发了个人的犹疑心理（通过慈善施舍可以缓解），也引来了那些反对它的学说，赞扬更简单、不奢靡的生活方式。

　　这样的矛盾，无论是在不同宗派或等级的群体之间以社会性规模展开，还是体现为每个个体的意识形态原则中的犹疑心理，都是在所谓的"青铜器时代的城市革命"发生之后，在那些早期文明中出现的分化性社会的内在属性；自此以后，这些矛盾就一直是这类社会的突出特征。当然，不管是受基督徒统治还是罗马人统治，西方社会都有一些独一无二的具体方面，但是亚欧大陆上所有的发达文化传统，都具有一个接近其核心的普遍矛盾。充分发展的社会分化，导致这些文化中出现了相互抗衡的评论和批判。虽然不是所有时候都能听到这些声音，也不是所有人都会发表意见，但是这些评论和批判在男性、祭司、道德家、哲学家、各种类型的作家的言辞中总是反复出现，足以让我们识别出这样的声音，将其视为这些人的一种心态，一种思维定势。这一类表达尤其是书写文化的特征，一方面是因为评论家可以把他们的反叛性思想写成不可磨灭的记录留存下来，另一方面是因为写作是一种自反性、内省性的活动，鼓励的正是这样的反思，还有一方面是因为有了书写，批评便几乎可以做到代代承继、接连不断。

这些矛盾还引出了占据次主导地位的一些主题和母题，分别批评了浪费性开支、奢侈、对自然以及上帝行事方式的干涉、精致的仪式、杀生、无形之物的图像，以及那些在人们看来冒犯了人和神的"不必要"行为。对于所有这些活动，人类都发展出了一种批判的智慧，但同时又会欣然接受这些遭到批判的活动，而且常常沉溺其中。人类既享受财富，又为此感到尴尬。也有些时候——通常是在"革命"政权统治的时候——某些本来占据次主导地位的思想升级成为主流意识形态，至少在短期内会这样。而如果从长期来看，革命者的理想总是会与长期的趋势妥协。有些长期趋势是拥有发达农业形式的社会的特征，比如享受奢侈、进行炫耀性消费的倾向；还有一些长期趋势干脆就是人性的特征，比如干涉自然，让仪式精致化，甚至创作出"难以想象"的图像。

欧洲的花 423

花文化也受到了这两种趋势的影响；在早期的基督宗教欧洲，它所受的拒斥具有多重根源。然而，这种倒退很快开始发生变化。促成这场逐渐开展的复兴的因素有以下几个。首先是入侵者的文化适应（acculturation），但这个因素相对不那么重要，因为在意识形态上，他们更多地变成了基督徒，而不是罗马人。其次则是大众文化所占的分量。不过不管在什么时代，这种分量都是不易确定的，因为教会的影响无疑是根本性的，它把之前存在的文化都视为"异教"文化，因此是必须要摧毁的东西。

花文化的发展，在一定程度上代表了大众兴趣的重新确立。这些兴趣让教会中人感到忧虑，因为它们与"异教"颇有关联，所以在接下来的几个世纪里，花朵的应用常常被淡化或基督宗教化。就像教堂会建在异教崇拜场所的遗址上一样，花草也会在名字上加以基督宗教化，重新命以"马利亚草"或"约翰草"之类名称。即使如此，在采集药草时也必须念诵祷词，就像人们在做其他很多事情时也需要用手画一个十字，才能让这些行动不再有害。确实，不管教会或政权怎样三令五申，草、叶、花在医药和相关领域仍然一直具有重要用途。

与此同时，教会本身也对花文化的复兴做出了重要贡献。拒绝花朵用于宗教表演，只是早期基督宗教的一个方面。修道院的神圣场所为花朵以及拉丁语学识都提供了安全空间，因此在天主教共同体内，花卉的栽培和后来花朵的广泛应用又重新出现。教堂也开始鼓励使用一些装饰。诺拉的保利努斯就曾建议，参加圣费利克斯节的信徒应该在地上铺开鲜花，以加快春天的到来。然而花朵的回归是缓慢的，尤其是它们在形象系统中的形式；即使如此，人们也还是带着犹疑心理，于是那些发起宗教改革的新教徒再次把花朵清除一空。他们转向了《圣经》和其他宗教文本，在方式上就像之前的文艺复兴回归于古典世界的世俗文字、形象和建筑一样。

欧洲人对花卉的兴趣——以及对包罗更广的自然世界加以象

征性呈现的兴趣——出现巨大增长的现象，可以追溯到12世纪及那个时候的社会经济变化，这在后来的文艺复兴时代又有了很多进一步的发展。在植物学领域，"玫瑰的回归"最开始主要是古典学识的复兴或改造，这些古典学识以某种隐秘隔绝的形式度过黑暗时代幸存下来，让人们借此重新发现了过去，然后又在此基础上继续创新。最终，欧洲再次赶上了中国。花文化的多样性，是亚欧大陆所有主要社会的特征之一，至少在规模上与前工业时代的欧洲一样广泛。欧洲的不同之处在于，它必须对早期的衰落做出足够的弥补。

424

花朵的形象呈现有着非常广泛的形式，一端联系着"美学"，另一端则联系着生产工艺和技术。花的图像为科学做出了重要贡献，因为仅凭文字很难做出关键的鉴定。因此并非偶然的是，植物学取得了较大进展的两个地区——中古时代的中国和文艺复兴时期的欧洲（第三个地区是古希腊）——都通过雕刻木版或其他材料，以部分机械化的方式实现了花朵图形的复制。不过，植物科学作为一种先进的知识体系，建有自己的文字传统，并获得了与文化的其他方面相脱离的一定程度的结构自治性。除了对植物科学内部发展产生的影响外，花朵的素描和绘画的大规模复制，还影响到了大众文化——我们可以根据梵高的作品称之为"向日葵效应"。随着棉制织物从印度进口到西方和东亚，因为它具有吸收画笔或雕版上的亮丽颜色的良好特性，而在这两个地区都变得非常重要；于是棉布靠其价格、色泽和图案，在旧大陆的家庭生活中占据了优势地位。

并不意外的是，欧洲人对花卉的兴趣之所以能复苏，一个原因正在于亚洲的影响。亚洲也为其巨大的财富（特别是花卉财富）感到尴尬，这里出产的精致的丝绸、印花棉布和青花瓷（"瓷器"与"中国"在英文中是同一个词）构成了西方奢侈文化的基础。事实上，印度棉布的影响可以说为工业革命本身埋下了伏笔。[9] 为了满足西方消费者需求所进口的大量棉布，也带来了负面影响，颇类于古罗马时代普林尼对东方的丝绸所做的控诉——它们会导致贸易失衡，向不利于自己的一方；后来更是引发了本地布料生产商的控诉，希望能够对进口加以限制。然而，对东方产品的积极回应并不在于采取什么样的限制手段，而在于要把雕版技术原样学来，以发展本地的印花棉布制造业，之后还要采取新的机械工艺。这些新工艺在 18 世纪后期作为工业革命的核心内容，使欧洲人得以在工厂条件下进行大规模的棉布生产。

从 16 世纪末开始，花朵——尤其是因为尼德兰画家的创作而流行起来的花朵的形象呈现——开始在城镇的家庭空间和个人空间中占据主导地位，在精英阶层和大众文化的圣像中都发挥了更大功用。并非巧合的是，花朵在很多形式的绘画里都成为突出的题材，特别是在布料图案和油画中，以及雕塑形象中。虽然花朵最初是为了吸引传粉昆虫而演化出来的，但是事实证明，它们也能让许多从事农业的人类感到愉悦，一方面因为它们是水果或蔬菜丰收的预兆，后来也因为它们对某个人、某个人的朋友或其信奉的神祇来说是具有独特审美愉悦感的对象。绘画之后又出现了印刷，让规则图案的复制变得容易，特别是可以轻松地印在纸和棉布上。这些亮丽的材料到达欧洲之后，很快就成功地成为人们的衣物布料，或是用于装饰房屋，因为无论是羊毛织物还是亚麻布都无法用同样的方式处理。通过印刷出来的形象，花朵成了壁纸、帘幕、家具装潢和女性服装的首选装饰图案；后来，印花棉布又传入当代太平洋地区那些注重花朵的文化中，于是花朵又成为那里的男性首选的装饰图案。在城市中把花朵大规模地用于这些装饰目的时，需要人们在这种语境下把附于其上的任何特殊意义清除一空。中世纪时，人们在宗教、纹章、政治和文学等许多领域为花朵赋予了特殊含义。但是木版和金属版（特别是后者）让重复印刷能够实现之后，在印刷过程中，花朵的呈现形象也就改而属于"图案"而非"符号"的范畴，失去了大多数象征意义。[10]

花文化的发展，伴随着各种类型的批判思想，它们不仅影响了早期基督宗教，也影响了亚洲其他主要社会。基思·托马斯在《人与自然世界》（*Man and the Natural World*）这部很有洞察力的历史著作中，提请人们注意"吃肉的尴尬"所涉及的"人类的两难"，也就是"文明的物质要求与同一文明产生的新感受和新价值之间"相互协调的难题。[11]他看到在晚近的时期，人类出现了新的情绪；到1800年时，"都铎时代英格兰那种自信的人类中心主义已经被一种明显更为混乱的心态所取代"。不过托马斯也呼吁人们关注人类生活更广泛的方面。我想要指出的是，在比19世纪早得多的时代，其他社会中的人群就已经不得不面对这种两难了。在古典时代，波菲利曾为素食主义辩护；佛教长久以来更是对植物也抱有像对待动物那样的感情，并影响了世界上面积相当广大的地域。甚至在"更简单"的社会中，人们对于杀人和杀动物也都怀有暗含的犹疑心理，有时候对植被的破坏也是如此；这样的心态，如果不从外显程度来看，而是从内在感受来看，那么与"文明"社会的情况并不分上下。[12] 自然保护的这一更为广泛的方面虽然为人类所共有，但未能避免许多错误环境行为的实施，也无法避免这些行为的出现根源——利己主义，而不是更高的利他主义。它也不可避免地会随时间推移而发生变化，而人们争论的正是这些变化的性质、影响和原因。正如那些有关童年、性和夫妻之爱的类似声明带给我们的经验一样，"心态"变迁的证据是很难展示出来的。

426 在解读文献记录时，只能认为它们表明了外显的变化，而不是"心态"性质的变化，这变化出现在表面上，而不是深层结构中。而当我们处理的是人类中间广泛存在的感受和态度时，我们也只能去评估此消彼长的量变情况，而不是看发生了什么绝对的质变。

在这些普遍存在的人类两难中，在特定关头以特定形式出现的一类问题是，人要向神献上什么，人是否可以呈现（或者想象）无形者的形象。我在前文已经提到了文本（尤其是印刷文本）的作用，它们可以用来构建植物学知识，开发诸如"花语"之类形式精致、有创新性但少有人用的象征体系，但更重要的是可以为人们对待花朵及其形象呈现的态度提供一种长久的关注。在思考上述两难问题时，这一点也很重要。首先，我们需要检查早期的文本，其中包括古罗马的文本，但更重要的是《圣经》和教父来源的文本，它们在后世一直不断被钻研和重释。书写的文本可以引发人们去明确地讨论那些在其他情况下隐匿不彰的问题，甚至让人们去纠结什么叫雕刻的图像，图像如果未雕刻还是否存在。对这些问题，东部教会有其答案，西部教会有其答案，伊斯兰教也有其答案；至于最早以文字形式提出这一观念的犹太教，又有它自己的答案。尽管所有这些答案都会随时间而改变，但基本问题还是那些，并无改变。

与花文化相关的两难也广泛存在，但主要出现在那些发展出了审美式园艺和科学植物学的社会中。比如中国和日本长期以来都对自然的平衡表现出了复杂的感受，这就让托马斯所说的"新感受"只有针对现代英格兰来说才能称之为"新"，是本书已经考察过的文化复兴中的现象，但对于整个世界来说就不新了。在如此众多、如此新颖的路径中，把西欧的发展视为唯一的情形，不免会存在风险。欧洲在后罗马时代遭受了严重挫折，但其他没有遭受同样挫折的城市社会对花朵和更大范围的自然也展现出了类似的兴趣。它们的发展更具有连续性。

在探究这些主题的时候，我还尽力就文化（至少是花文化）及其解读发表了一些看法。这里的核心问题不可避免与知识的多重语境有关，与等级性、垂直性的边界有关，也与个人的能力水平有关。在这个复杂的网络中，有些意义相对较新（比如菊花的意义），有些可以追溯到遥远的过去（比如玫瑰的意义）；有些意义从西西里岛一直到加来都流行（菊花作为死亡之花），另一些延伸到大西洋彼岸（赠人的红玫瑰应是奇数朵）或南美洲（红玫瑰的赠予本身），还有一些意义只局限于极为狭小的地方，比如据塞比约（Sébillot）的报道，法国塔恩省的居民会把已逝之人花园里的所有花朵都剪掉。这样一种行为，既可以在世界范围的语境中理解，又可以在欧洲语境中理解，但它在本质上是地方习俗。处于另一极端的则是"花语"书籍，花语是一种形式化的人造符码，一种典型的文字列表，在某些方面是对现实的歪曲，但它产生的效果却能反过来促进更广泛的文化实践。特别是有些城里人（包括花商）想要寻找一种一一对应的简单列表，一种可以用来解读世界的结构化公式，但又不清楚他们要找什么的时候，花语对他们就格外有意义。然而在构成花文化的复杂整体中，词语含义并不能像外交辞令那样解读，因为它的建构并非像后者那样，是为了向外人隐藏信息，于是成为只有少数特权人士才知道的神秘东西。事实表明，花朵意义的模式要复杂得多，它依赖于语境，并能被诗人和农民以创造性（generative）的方式操控。不是人企图要限制和约束花语，而是花语在企图限制和约束人。

重要的是，我们要记得这些各式各样的文化习俗边界可以让生活在毗邻地区的人彼此交流，同时相互分化。在复杂社会中，有些习俗是横跨人群的，还有一些习俗是纯粹地方性的。人们倾向于将与花朵有关的实践和信仰中的差异称为"文化"差异，然后在某个人群单元内寻找同源性。对于澳大利亚原住民来说，这种做法也许是可行的；但在欧洲要这样做就很困难。诸如驯化花卉的缺乏之类的特征，可以影响两个或两个以上的单元，必须从宗教归属、地区的生态或园艺、这一地区的历史和现在等方面来考量。

我还尽力从更宽广的角度来考量，注重于那些超越了单个"文化"的地方性特征、在总体上彼此有异的花朵应用方式，以此为特征来勾勒出一些"文化区"。这样的应用方式包括文艺复兴时期以后西方的手持切花花束、南亚的花环以及东方花园中的盆栽植物，它们都对家居装潢、建筑以及花朵的类型和形状提出了特别要求。在西方，带长茎的玫瑰（"甜心"玫瑰）用来赠给情人，展示在高挑的花瓶中；在南亚，制作花环和花碗用的是花头多得成簇的品种，茎秆的样子则无关紧要；在东亚，同样成簇的花朵用来编织成复杂的形态，但对于插花来说，几枝带长茎的花又必不可少。无论是绕在肩头的花环，戴在头上的头冠，还是花瓶、花碗和花盆，每一种形式都在范围广阔的地区中与家居生活形成了重要联系。花环、花冠或花束之类形式的某一种在应用中占主导地位的习俗，往往分布于世界上的特定地区，与特定的花卉种类有关，与特殊的技术和制作机构有关，也与室内装潢的特别类型——比如用于插放花束的花瓶——有关，从而与陶瓷器的传统有关。

　　在这些用花文化来标志的社会之间存在地区差异。这些社会与撒哈拉以南非洲之间也存在外部差异，与生产系统和通信系统有关联。因为就栽培而言，花卉的生产只是发达园艺的附属活动。428 虽然人们在种花时通常是用锄头或农叉，而不是犁，但花卉是发达的生产系统提供的"剩余"，这样的生产系统才能允许花卉走向繁荣。今天，在不断发展的国际贸易、媒体以及西方习俗和思想的霸权式传播的推动下，花卉在整个世界的范围内都繁茂生长。来自哥伦比亚的切花可能会通过荷兰市场运抵巴黎大堂或伦敦的科文特花园市场，然后再到达当地的花店，或是地铁外、餐厅里、街角处的卖花人手中。这些切花的销售，是向有势之人和有钱之人所提供的商品和服务的一部分，大多由女性向以男性为主的客户提供。因为花卉由栽培者种植，但由小商贩为了他人的利益而出售，所以花文化一直就有"阶级"特色和性别特色。如今，花朵已经基本不再是西方奢侈品贸易的一部分。虽然花朵仍然可以提供区分富人和穷人的方法，但与花园一样，它们已经成为大众消费品。世界上其他地方的情况则并不总是这样。一些政府往往不鼓励人们消费"非必需品"。用花的权力并不总是被视为人民的权力。另一方面，在第三世界，因为气候和劳动力的原因，为较富裕的国家生产奢侈品可能有利可图，于是这种生产便可以作为获取资金的手段，用于进口当地更需要的商品。因此，第三世界可以通过生产奢侈品来赚取利益，为获取必需品提供资金，比如从较为富裕的北方国家进口粮食。这样一来，在我们所生活的这个地球村，早期的"阶级"差异现在往往表现为地区之间的差异。花文化虽然在世界尺度上变得更为统一，商业上更加一体化，但是如今却又深深打上了南北之间等级分化的烙印。

　　　　　　　　　　　　　　鲜花人类学

注释

第一章　非洲没有花吗?

1. Blondel 1876:6.

2. Knight 1986:3.

3. 比如 R. Gorer, *The Growth of Gardens*, London, 1978.

4. Stein 1990:49.

5. *Encyclopaedia Britannica* (11th edn), vol. 10, p. 553.

6. 格里马尔（Grimal 1969: 81）也谈到了古罗马的不结果的果树，但其栽培规模与东亚不可同日而语。

7. 参见 Atran 1986: 78.

8. "好娼妇（blouse），你是一朵美丽的鲜花哩。"莎士比亚《泰特斯·安德洛尼克斯》（*Titus Andronicus*, iv.ii.72）。"Blowen"一词则见于赫里克的《金苹果园》。英语中另外又通过联想而非引申的方式，从法语中借来了与花这个词无关的"blouse"一词，本义为"工作服"，但在现代英语中通常意义狭化，只指女式衬衫。此外又有"bloomers"（灯笼裤）一词，则是来自发明这种裤子的那位美国女士的姓氏。

9. 为了分配可用的水源，属于同一个灌溉组的成员会在不同的时间错开种植。每一块或一组梯田在栽莳和收获之时都会举办仪式。老稻种需要 210 天的生长时间，这便决定了巴厘历法中一年的长法，主要的寺庙仪式即根据这种历法来安排。然而新品种用 100 天时间即可成熟，这就大大加快了这个循环的进度。

10. 我在这里指的是以下著作：Mead and Macgregor (1951), Bateson and Mead (1942), Belo (1953, 1960, 1970), C. Geertz (1966, 1980), 以 及 C. and H.

Geertz (1975). 我没有看过荷兰文的著作，对于音乐（McPhee 1966）、舞蹈和戏剧（de Zoete and Spies 1939）方面的专门研究，以及布恩（Boon 1977）、霍巴特（Hobart）、兰辛（Lansing）等人最近新出的著作也仅有泛泛一瞥。

11. 科林·麦克菲是一位音乐学者，曾经记述过他在巴厘岛的住宅（McPhee 1946）。

12. Belo 1949:1.

13. 在这种仪式上，出身婆罗门的印度教祭司（*pedanda*）不是必需的；大多数仪典都由寺庙祭司举办，他们可以属于任何种姓，但如果不是婆罗门，这个职业就必须从最低的级别开始干起。有些祭品几乎全部都是鲜花，参见 Belo 1970: 图版 XIX .

14. Belo 1953: 24−5.

15. Geertz 1960: 11ff.

16. Geertz 1960: 25.

17. 犍尼萨（Gaṇeśa 或 Ganesh）是湿婆和雪山神女（Parvati）的长着象头的儿子，是知识的守护者，是《摩诃婆罗多》的作者。他的神位通常放在寺庙入口，这样便可以最先礼拜。

18. Geertz 1960: 72.

19. Geertz 1960: 39ff.

20. Geertz 1960: 57.

21. Ramseyer 1977: 79, 图版 82; 231, 图版 373; 232, 图版 375.

22. Geertz 1960: 42.

23. E. 古迪拍摄的一张照片上展示了临时设置的兰达尔·马阿（Randal Maa）神位上的一朵鲜花；这个临时神位的一部分之后会整合到其家庭神庙（*mundir*）之中。

24. 对于比较晚近的文艺复兴时期，塔皮耶（Tapié 1987:26）写道：“［花朵］实现了献祭的想法，它们是献给上帝的活的造物。”

25. 在英语中，莲花（lotus）有两大类型，其一是“印度莲花”或“佛教莲花”（一种可食用植物），原产中国，但在波斯征服埃及的时候（约公元前 708 年）也从印度传到了埃及。另一大类型则是“埃及莲花”（*Nymphaea* sp.），属于睡莲类。

26. J. Middleton, 私人通信。

27. 波旁月季据说是月季花（*R. chinensis*）与突厥蔷薇的一个品种"四季玫瑰"（'Rose de Quatre Saisons'）偶然杂交的产物，留尼汪岛上的法国农民把后者作为绿篱植物来栽培，因为它们长有很多刺。作为杂交香水月季的亲本，波旁月季是 18 世纪从中国引入月季花之后才诞生的品种。（Coats 1970: 178-179）

28. 依兰在桑给巴尔（Zanzibar）也有种植。这种花卉原产马来西亚和菲律宾，其名字来自他加禄语。

29. Lambek 1981: 16, 119-120, 200.

30. J. Middleton, 私人通信。

31. 关于非洲图案的汇编，参见 Williams 1971.

32. 关于其艺术史，参见 Bravmann (1974). 我们在热带稀树草原地带的穆斯林住宅装饰上找到了一些玫瑰形饰；在贝宁的浮雕上也发现了其他图案的"花"（包括鸢尾花饰），可能是受葡萄牙人影响。这二者都是从外来文化中借鉴的形式化图案，而不是花朵本身的图案。在伊巴丹（Ibadan）的约鲁巴（Yoruba）靛蓝布上也见有一些野菊状的图案（Willett 1971: 122; Williams 1974: 90; V. Ebin, 私人通信）。

33. 在爪哇的宫廷文学中到处都是花卉的身影，作为其原型的印度文学也是如此。参见 Zoetmulder 1974: 196ff. 我要感谢史蒂文·兰辛（Steven Lansing）告诉我这个文献。

34. Goody 1972; Goody and Gandah 1981.

35. 凤凰木（*Delonix regia*）原产马达加斯加。

36. 杧果（*Mangifera indica*）是原产东亚的果树；柚木（*Tectona grandis*）是原产印度、缅甸和泰国的材用树；印楝则是东印度地区的树种。

37. 孤挺花是原产南非的宿根花卉的一个属。

38. 西非人确实偶尔也会应用花朵。埃丝特·古迪（Esther Goody）最近在加纳北部的洛比里福尔人（LoBirifor）中间从事田野工作时，注意到一些少女在耳朵后面佩戴野花（不过，她们更常把禾秆穿过嘴唇上打的洞来展示，这是更常见的装饰）。克里斯蒂娜·克里默（Christine Kreamer）在多哥-加纳交界处的比莫巴人（Bimoba）中也见到了相同的情况；她还注意到阿散蒂人的肯特布图案中有一种叫作"薯蓣花"——但同样，这种花之所以受人重视，不是因为花朵本身，而是因为它会变成的东西。

39. 我在与伊丽莎白·科佩-鲁吉耶的讨论中提出了这几点。当然，非洲社会能认识到"臭"味，有时也在治疗仪式中使用熏烟。通过蒸馏制造的印度玫瑰油（attar 或 otto），经由伊斯兰教传入非洲；它们之所以有浓烈的气味，是因为其中加入了檀香木屑，这有助于玫瑰油的蒸馏（Rimmel 1865: 9）。

40. 我有一次与一位穆斯林朋友一起去拜访位于加纳北部吉拉帕（Jirapa）附近一个山头上的一间已经废弃的旅社，结果遭到了一群非洲蜜蜂的攻击，被迫分头往相反方向逃窜。这位朋友跑下陡峭的山坡时，这群蜜蜂大部分都追逐他而去，主要是因为他在身上搽了大量花露水。当地居民看到这种信仰有经书的宗教的信徒被蜜蜂追得如此狼狈，无疑都很开心，因为前殖民政府所建造的这座旅社所坐落的这个山头本就是"野物"（kontome）的居所。事实上，蜜蜂被当地人普遍视为他们利益的守护者，比如在贡贾地区的塞尼翁（Senyon）就是如此，那里有一座著名的蜜蜂庙。19 世纪末，蜜蜂时不时就会攻击萨摩里（Samory）的穆斯林骑兵和来自英国的基督徒侵略者，搞得他们丑态百出。对于这些事件，参见邓肯-约翰斯顿（Duncan-Johnstone）的报告。非洲蜜蜂现已入侵南北美洲，其攻击性也因此广为人知；它们与亚欧大陆的蜜蜂的关系是野生和驯化的关系。

41. 这个语言学上的事实是否能解读出重要的意义，是值得怀疑的，因为古罗马的颜色用语也非常有限，但他们却在绘画中使用了多种颜色，栽培了许多花卉，用于染布的染料也不少。人们通常会用其他方式谈论更多的颜色，比如可以用物体的名字来指代，就像英语中的"橙色"（orange，本义为橙子）和"粉红色"（pink，本义为石竹花）一样。

42. Evans 1931: Ⅰ, 40，基本上指的是哥特传统。

43. 一个重要的事实是，在古埃及（Joret 1897: 249）和美索不达米亚（Joret 1897: 444）的文学作品中，植物会说话；而在非洲民间故事中，会说话的基本只有动物。在更"严肃"的层面上，也就是神话层面上，我们只能见到人和神说话；我在这里只考虑了洛达加人的巴格雷神话和撒哈拉边缘地区的史诗，但这个说法似乎对更多族群的文学来说也成立。

44. Goody 1972: 128.

45. 我遵从李约瑟（Needham 1986: 117）的用法，认为对植物不同部位的称呼是"术语"（terminology）；对各种植物的称呼则是命名（nomenclature），它也体现了某个分类系统。

　　　　　　　　　　　　　　　　　　鲜花人类学

46. Hild 1896: 1189; 此作者在论述这一演变时旁征博引，但证据仍然比较薄弱。不过，只是在比较晚期的文献中，这种仪典中有关性和花的方面才有所提及；弗拉维乌斯·菲洛斯特拉托斯（Flavius Philostratus，约公元170—245）声称罗马在庆祝玫瑰节（Rosalia）时会举办赛跑，参赛者要握住一枝玫瑰，象征着朱颜易逝（*Ep.*, 55）。

47. Radcliffe-Brown 1922: 119.

48. Radcliffe-Brown 1922: 34.

49. Radcliffe-Brown 1922: 312.

50. 有一些考古证据表明，大约5万年前在扎格罗斯（Zagros）山区，尼安德特人已经应用花朵。通过孢粉化验，人们发现了簇集了蓍（*Achillea*）型、千里光（*Senecio*）型、黄星蓟（*Centaurea solstitialis*）型、百合科（蓝壶花［*Muscari*］型）和高大麻黄（*Ephedra altissima*）型的花粉。产生前四种类型的花粉的植物是草本植物，其花色鲜艳，比如蓝壶花属的花是蓝色，千里光属是黄色。勒鲁瓦-古朗（Leroi-Gourhan 1975）由此得出结论，认为尼安德特人会把死者埋葬在用多权的枝条和鲜花做的床上。

51. 甜味当然还有其他来源，比如野果、槭树（后来有栽培品种）之类树木、海枣和其他水果干（葡萄干和李子干等）以及早在公元前3000年似乎就已经为古印度人所知的甘蔗。公元前4世纪，古希腊将领尼阿库斯（Nearchus）在见到甘蔗时，将它意深长地称为"无蜂的蜜"。到公元8世纪时，穆斯林统治下的西班牙以至法国南部已有甘蔗栽培。威尼斯成了蔗糖精制的中心，之后则是安特卫普。甘蔗引种到美洲之后，主要依靠奴隶作为劳力，使蔗糖产量大为增加，但在1736年，蔗糖仍与宝石一起列在后来成为匈牙利女王的玛丽亚·特蕾西娅（Maria Theresia）的婚礼礼品清单上，说明迟至那时它仍是一种奢侈品。有关这一主题的概述，参见 Mintz 1985.

52. Goody 1982: 168, 176; Mintz 1985.

53. 非洲蜜蜂的行为可能与驯化花卉的缺乏有关，这使它们不得不依赖于持续时间较短、可能较为稀见的蜜源。欧洲蜜蜂似乎已经适应了众多的有花植物，而非洲蜜蜂所采之花种类更多，距离范围也更大。驯化蜜蜂基本依赖于驯化花卉，它们不太愿意频繁迁居。然而，非洲蜜蜂的这些特点不太可能与它们更强的攻击性有关。（我要感谢史密森尼热带研究所［Smithsonian Tropical Research Institute］的戴维·鲁比克［David Roubik］，虽然他不同意我对造成蜜蜂攻击性的原因做出的那些推测。）不过，野花的缺乏只是相对而言；最近的一部论及撒哈拉以南非洲花卉的著作包括了 91 种花卉的照片，其中大约 58% 是本土植物，36% 是外来植物（Assi 1987）。南非拥有地中海气候，是非洲的例外。在 17 世纪前期，荷兰人就从南非的殖民地带回了大量有花植物，后来逐渐引栽到英国的花园，特别是在英王威廉三世即位之后（Gorer 1978: 第 4 章）。

54. 比如可以参见 Leakey 1983.

55. S. Hugh-Jones，私人通信。

56. MeLeod 1981: 153.

57. 阿散蒂人与北方人有黄金贸易，由此交易而得的器皿上的图案对他们影响很大。这些器皿大多是伊斯兰式的，特别是我前面已经提及的黄铜碗；阿丁克拉人（Adinkra）的印花布上的棕叶饰母题（McLeod 1981: 111）和许多图案就来自这些器皿。他们所改造的外来式样中也有欧洲式样，既有威尼斯的珠子，又有理查二世时期的水罐和其他金属罐。这些罐子由商人穿过撒哈拉沙漠运来，然后被阿散蒂人买来供在王室的神庙里（Goody 1971）；它们的形制可能也明显影响了阿散蒂王国后来制作的黄铜器。虽然这些外来影响让阿散蒂文化更加丰富，但他们仍然只有三种基本颜色用语，与我们在北边较远的地方所见的情形一样。

58. 我要感谢埃丝特·古迪对织物所做的广泛的民族志研究，以及维多利亚·埃宾（Victoria Ebin）在零售店所做的调查。

59. 一些稀树草原社会也利用叶子，比如布基纳法索的博博人（Bobo）在他们名为"多"（Do）的化装舞会上就把叶子融合到神话之中。但正如 C. 波皮向我指出的，一般来说，西非人的化装用具和装饰物用的是干燥材料。

60. 通过佩戴叶子来遮蔽性器官，在非洲十分普遍，通常在背侧佩戴得更多；在孟加拉湾的安达曼群岛，女性会戴一条用露兜树（Pandanus）做的腰带，在其前面挂上一束孟加拉铁线子（Mimusops littoralis）的叶子。相比对腹侧的保护，对背侧的保护有可能与这些人群有关性要求、性交姿势和满足感的观念有一定关系，但目前基本没有什么材料可用于讨论这个问题。

61. Rattray 1927: 72, 图 67 和 68.

62. Rattray 1927: 181.

63. Ebin 1979. 有关永久性的身体印记和文身，参见 Rubin 1988.

64. Faris 1972: 94-96.

65. Goody 1962.

66. 我用"部落"（tribal）这个词是出于便利，指的是没有福蒂斯和埃文斯－普里查德（Fortes and Evans-Pritchard 1940）所定义的组织化政府的社会，差不多相当于其他学者所谓的"无统治者的部落"（Middleton and Tait 1958）和"无国家社会"。在人类学术语中，这些指的通常是无首领的、多部分的社会，它们与具有国家制度的社会一样，即使在形式的层次上也有很多变体。在这两种类型的社会内部以及它们之间可能有不计其数的形态渐变；"无国家社会"通常包括了那些政治生活由大人物、劫掠者或某种地方类型的酋长所主导的社会。不过对于加纳北部和世界上其他很多地方，这种宽泛的区分仍然非常有用；早期的旅行者和后来的居民对此区别都非常清楚。

67. G. Lewis，私人通信。

68. 也参见 Frankel (1986), Goldman (1983), M. and A. Strathern (1971), Sillitoe (1983) 和 Mead (1940) 等著作。

69. Strathern 1982; Golson 1982; Chowning 1977.

70. 有关太平洋地区对花卉的应用，参见 Lambert 1878 的评述。

71. 非洲其他地方存在对羽毛的兴趣，但从来也没发展到南北美洲和太平洋地区那样的高度，这可能是因为可利用的资源不同。欧洲人在远航南美洲之后，佩戴羽毛的风气才开始流行起来；当然，鸵鸟是非洲的，而中世纪欧洲人也利用过孔雀（原产印度）羽毛。

72. 参见 Goody 1991.

73. Lambert 1878: 459-460.

74. 虽然我在这些国家的观察是有限的，但对于文化中较为显眼的方面来说，一个人单用眼睛便可以了解很多；对于文化中的其他方面，我也请教了优秀的合作者和顾问。

第二章 源头：花园和乐园，花环和献祭

1. "在古罗马的菜园中，一般都种有花卉"（Jashemski 1979: 172），正如今天法国乡下一些地方也是如此。

2. 关于庞贝城的公共场所中的花园，参见 Jashemski 1979: 155ff.；关于早在雅典就已经存在的公园，参见该书 165 页。

3. 参见 Strabo, *Geographia*, XVI .1, 5; Diodorus 1.10. 关于年代多少较早的塞纳切里卜的"空中"花园，参见 Perrot and Chipiez 1884: ii, 30; Joret 1897: 384.

4. Parrot 1961b: 176.

5. 在美索不达米亚，花园可以献给神祇（Joret 1897: 475），就像古埃及那样（同书 pp. 82–83）。

6. Parrot 1961a: 166.

7. Parrot 1961a: 74.

8. Joret 1897: 285.

9. Joret 1897: 482.

10. Layard 1849: 53: II, 图版 8.1.

11. Parrot 1953: 图 132, 来自宫殿的庭院。

12. 在阿拉伯人于公元 11 世纪发明蒸馏工艺之前，香水并不是用这种方法制作的。然而，要提取香气还有其他方法，比如浸制法和吸收法。

13. 来自北方地区的薰衣草和薄荷也备受珍视，因为它们的气味即使在南方地区看来也太浓烈了。参见 Rimmel 1865: 19.

14. Joret 1897: 432.

15. 西文中"莲"（lotus）这个词是很难处理的植物名字。古希腊人用 *lotos* 一名来称呼多种植物。比如奥德修斯在利比亚海岸曾经遇到过一个名叫"食莲人"（lotus-eaters 或 lotophagoi）的人群，这里的"莲"有可能是罂粟，因为吃下那里的"莲"的人都会陷入遗忘。然而 lotus 这个名字还可以指其他很多植物。古希腊人还用这个词称呼鼠李科的阿拉伯枣（*Ziziphus lotus*），这是东南欧的本土树种，其果实可用于制作面包和发酵饮料。此词还可以指蓝睡莲和莲花，前者是埃及睡莲中开蓝花的种，在古埃及艺术中占据主导地位；后者在英文中也叫"印度莲花"或"佛教莲花"，也是一种水生植物，其花为白色或粉红色，在北美洲东部也可以见到其他变种。罗马人还曾提到过"利比亚莲树"，也是一种"莲树"，可能是南欧朴（*Celtis australis*）。最后，*Lotus* 又是豆科百脉根属的学名。泰奥弗拉斯托斯对莲花做过长篇描述，记载了其实用的用途，然而是以古埃及语中表示"豆子"的词称呼它（Needham 1986: 135），因为至少在中国，莲花在古代是一种食用植物，就像它在今天是一种花卉植物一样。莲花到达古埃及之后不久就得到了广泛应用，后来更是传播到欧洲；在那不勒斯博物馆中有一件尼罗河马赛克作品，其上就描绘了莲花（Joret 1897: 165ff.; Jashemski 1979: 20, 图 19）。

16. Joret 1897: 431.

17. Winlock 1935; 关于花朵在古埃及仪典上的应用，参见 Lambert 1878: 464-467.

18. Wilkinson 1837: ii, 144.

19. *Book of the Dead*, p. 61.

20. Perrot and Chipiez, 1883: i, 301, 309.

21. Perrot and CHipiez, 1883: i, 426; 哈特谢普苏特是图特摩斯一世的女儿，与她的同父异母兄弟图特摩斯二世（Thutmosis Ⅱ）成婚，并在丈夫去世之后成为统治者。

22. Joret 1897: 94-95.

23. Joret 1897: 310-311, 据埃伯斯纸草（Ebers Papyrus）统计。但圣书文字的性质让植物很难鉴定。

24. 关于古埃及的花卉，参见 Hepper 1990，以及该书中所援引的以下论著：R. Germer (1985), V. Tächolm (1974) 和 F. Woenig (1886). 更概括的论述也参见 Scott-James, Desmond and Wood (1989) 这部有插图的杰作。

25. Joret 1897: 98.

26. Jashemski 1979: 346.

27. Hepper 1990: 8ff.

28. Joret 1892: 92ff.

29. Joret 1897: 95; Lindsay 1965: 248 也有类似结论，可参看。

30. Joret 1897: 260-261; Maspero 1895: 137-138, 140. 关于睡莲的其他神话上的应用，参见 Lambert 1878: 464.

31. Lindsay 1965: 249ff. 关于死者通过睡莲重生（《亡灵书》，p. 60）的解读，参见《阿尼纸草》（Papyrus of Ani, 约公元前 1420 年）。

32. Lambert 1878: 466.

33. Wilkinson 1837: ii, 215ff.

34. Wilkinson 1837: iii, 370.

35. Wilkinson 1837: ii, 393.

36. 关于古埃及用于插睡莲的花瓶，参见 Berrall 1969: 10ff. 不过，这基本不能算是插花；在古希腊和古罗马，除了公元 2 世纪著名的古罗马马赛克画《花篮》（Basket of Flowers）外，插放切花的证据就更少。古希腊没有专门用于插放切花的花瓶。

37. Wilkinson 1837: ii, 216.

38. 关于底比斯陵墓壁画较新的摹本，参见 Davies and Gardiner 1936.

39. Joret 1897: 121, 131, 144, 151, 152, 154.

40. 关于古埃及的葬礼花冠，参见 Pleyte 1885. 希罗多德记载，波斯祭司在献祭时会佩戴花冠，偏好用香桃木制作（*Hist.,* I.132）。

41. Pleyte 1885: 18.

42. Joret 1897: 288－290，主要来自弗林德斯·佩特里的希腊－罗马遗址发掘报告（Petrie, 1889a, 1890），其中论及植物鉴定的一章由 P. E. 纽伯里（Newberry）撰写。在其他报告中，他还提到了薄荷、灌木蜡菊（*Helichrysum stoechas*）、蜀葵、飞燕草、木樨草、金合欢花、红花（*Carthamus tinctorius*）、野生芹菜和翠雀。

43. Joret 1897: 129; Lindsay 1965: 272ff.；更一般性的论述参见 Corbin 1986.

44. Tait 1963: 98, 132－133.

45. 关于放置在第十八王朝的木乃伊身上的花环里的蓝睡莲，参见 Pleyte 1885: 17ff.

46. Perrot and Chipiez 1883: ii, 100.

47. Joret 1897: 219.

48. Joret 1897: 235.

49. 参见 Joret 1897: 218ff. 中的有用讨论。这些发展中可能有政治因素。富卡尔（Foucart）在论述古埃及建筑中连纹图案的历史时，根据它们与君主制变迁的关系，区分出了三个发展阶段。不过，他的论述应该以怀疑的态度来看待。在看他来，在政局变化的时期，"纪念空缺"（*vide monumental*）是王室权力虚弱的最显著的标志。而如果有一位积极的王储重新回来执政，式样的演化就会继续进行（Foucart 1986: 288ff.）。

50. Goody 1982.

51. Jerusalem Bible, p. 1008.

52. 关于古埃及奢侈文化内部的警示观众，参见 Wilkinson 1837: ii, 411ff.

53. Whitehouse 1901: 1640.

54. 正如垃圾可以视为不得其地的物质，杂草也可以视为不得其地的植物。它们也可以视为不用于栽培的植物。我认为洛达加人没有"杂草"这个概念，部分原因在于不管是野生植物还是栽培植物，有用的植物实在太多了。他们当然也会清理农作物周围生长的植物，这是不可或缺的农活，但这个工作在他们看来只是在清除"草"（*mwo*），这个词在词组 *mwo puo* 中也常常译为"灌木"。这种用法当然不是非洲的特例；在法国也一样，杂草只是一种"坏草"（*une mauvaise herbe*），与它对立的不仅有供牲畜吃的"好草"（*foin*），还有供人吃的更好的"食用草"（*herbe potagère*）。

55. 来自古波斯语 *pairidaeza*，意为"圈占地"（来自动词"在周围形成"）；由它派生出亚美尼亚语 *pardez*，后期希伯来语 *pardēs* 与现代波斯语和阿拉伯语的 *firdaus*，均意为"花园"。这个波斯语词又特指王室的圈占地，在黄金时代的神话故事中与丰饶的观念有关联；在那个时代，人们不需要劳作，就能获得水果、肉食等农产品。

56. Lindsay 1965: 260-261; Tertullian, *Apol.*, 47: 13，"我们所说的'乐园'，是一处具有世外奇美的地方，用来接纳蒙福之人的灵魂；有一道墙，也可以说是一道火区，把它隔离开来，不为俗世所知。"

57. 也参见 Lambert 1878: 467.

58. Blondel 1876: 12；关于以色列人相对较少的花朵应用，参见 Lambert 1878: 467.

59. Charles-Picard 1959: 268. 在古罗马帝国统治下，公元 3 世纪的高卢（Gaul）和古罗马属非洲偶尔还存续有人祭的习俗，但另外又有一种叫 *molchinon* 的祭礼，特意用牲畜替代了人。在迦太基，"摩洛克"祭似乎不用花环，但有很多母题用到了棕叶束，也就是严格意义上的棕叶饰。

60. 对于花环在最古老的果实仪式中的可能作用，已经有了很多讨论。在早期犹太教文献中当然也有对花朵的泛泛提及，但主要出现在有关其他族群的活动的情境中。比如一位在结婚时还是处女的女子会戴上香桃木花环，这个事实与她所收到的嫁妆的数量有关（Lambert 1878: 467-470）。

61. Phillips 1829: i, xxvi-xxvii.

62. Pliny, *Nat. Hist.*, XIII. ix. 46.

63. Joret 1897: 412.

64. 在住棚节（Sukkoth）上，人们会佩戴用香桃木、柳树、棕树和香橼或鳄梨的枝条做的花束（Josephus 1930: 345; 1943: 372）。

65. 在迦太基，闪族传统的最开始表现是非圣像式的坟墓符号，它们逐渐取代了受希腊文化影响所使用的人形或动物形符号。

66. Joret 1897: 397ff.

67. Joret 1897: 400.

68. Boardman 1985: 962.

69. Boardman 1985: 962.

70. 约翰·萨默森爵士（Sir John Summerson）语，见于 Gombrich 1979: 176。

71. 关于叙利亚本土所无而见于塞浦路斯的柱头上的睡莲梗和睡莲花，参见 Joret 1897: 435. 帕福斯（Paphos）神庙的立柱模仿了棕树树干。比布洛斯（Byblos）神庙的柱头装饰有睡莲花瓣和棕叶饰，与亚述所见一样（p. 436）。迦太基的还愿碑上有睡莲和其他植物装饰。另一方面，生命之树（the tree of life）在迦勒底似乎是棕树的变形（Joret 1897: 432），在亚述则似乎是地中海柏木的变形，但它的通用造型和观念则从巴勒斯坦传播到了东亚和太平洋地区；比如在印度尼西亚和东南亚的当代皮影戏中也有生命之树的形象（图 1.1）。

72. Rawson 1984: 199ff.

73. 古埃及与迈锡尼、克诺索斯和其他这类的文化中心的贸易交往，是让很多古埃及母题流传开来的中介因素。

74. "莨苕"为蛤蟆花的别名；蛤蟆花在植物学上属于老鼠簕属（Acanthus），是地中海地区的一种有刺的草本植物，其花下有具刺的苞片。三大柱式中最晚出现的科林斯柱式在公元前 5 世纪末开始应用莨苕叶饰。

75. 贡布里希（Gombrich 1979: 184）对莨苕叶饰由棕叶饰发展而来的说法提出了怀疑。Goodyear 1891.

76. Rawson 1984: 23.

77. Rawson 1984.

78. Riegl 1891, 1893.

79. 科尔博认为，古罗马的浅浮雕大都受到了古希腊或近东的启发。虽然这一观点忽视了伊特鲁里亚人的影响，现已无人赞同，但庞贝绘画中充当花环制作者的丘比特形象、挎着装有花束的花篮或把花束拿在手中的小裸童雕塑以及石棺上抓住水果和鲜花做的花环末端的丘比特形象都直接来自亚历山大的现成范例，也即尼罗河三角洲地区的绘画（Courbaud 1899: 6ff., 12）。

80. Lee 1984: 59ff; Kim 1988: 100ff.

81. Hayashi 1975.

82. Rawson 1984.

83. Courbaud 1899: 13. 棕叶饰所呈现的到底是什么东西，现在基本没有统一意见（参见 Rawson 1984: 202）。

84. Joret 1894.

85. Pliny, *Nat. Hist.*, XXI .iii.5.

86. Miller 1969. 也参见与普林尼差不多同时的著作《厄立特里亚海周航记》（*Periplus of the Erythraean Sea*），其中提到古罗马应用的香料来自也门和印度；虽然进口的传统可以追溯到托勒密二世，但也门向埃及的出口要早得多。

87. Grimal 1969: 281.

88.《俄克喜林库斯纸草》（Oxyrhynchos Papyrus），3313, 转引自 Lewis 1983: 80.

89. Lindsay 1965: 284.

90. Grimal 1969: 297.

91. Jashemski 1979.

92. Grimal 1969: 60. 林赛（Lindsay）写道："在罗马和其他意大利大城市周边种植的市场花园，在很大程度上都是以托勒密时期和古罗马时期的埃及的那些花园为基础：在《税法》（*Nomoi Telikoi*）里，这些花园被称为'苑囿'（*paradeisoi*)。"（Lindsay 1965: 284）

93. Ridgway 1981: 28. 在雅典广场（Agora）的火神庙（Hephaeston）周围，曾原地发掘出一系列底部开了洞的花盆。

94. D'Andrea 1982: 46.

95. Grimal 1969: 63.

96. 关于神祇与花园，参见 Grimal 1969: 70ff., Jashemski 1979: 115ff. 以及较早的 Gibault 1901. 关于花园中的雕塑，也参见 Dwyer 1982 和 Ridgway 1981，后者指出与古希腊花园关系较为密切的神是所谓"生命之神"，包括阿芙洛狄忒、狄俄尼索斯（Dionysus）、厄洛斯（Eros）、阿斯克勒庇俄斯

（Asklepios）、赫拉克勒斯（Herakles）和阿多尼斯；德卡罗（de Caro, 1987）则注意到庞贝花园中神与人的结合，认为罗马人并不清楚这些塑像呈现的是什么形象。

97. 格里马尔（Grimal 1943, revised edn 1969）对古罗马花园做过出色的报告，但其中的"东方"论点十分明显，招致了一些批评。更新的研究可参见MacDougall 1987 和 Jashemski 1979.

98. Xenophon, *Anabasis*, I.ii.7; *Cyropaedia*, I.iii.14; *Hellenica*, Ⅳ.i.15. 参见Jashemski 1979: 72.

99. Grimal 1969: 24; Littlewood 1987: 10.

100. Purcell 1987: 203, *horti*, 参见下文 57—58 页。

101. Plutarch, *Sull.* 31.10; Littlewood 1987: 11. "甚 至 杀 人 犯 也 开 始 说：'是他那精美的住宅杀死了这个人，其次是花园，第三是他那热水浴室。'"（*Plutarch's Lives, Sulla, The Dryden Plutarch*, revised by A. H. Clough, vol. 2, Everyman's Library, London, p. 172）虽然普林尼特别关注了苏拉的这些劫富行为，事实上大多数古罗马皇帝都没收过财产，而且不限于那些拥有"花园"的人；比如落空遗产（*bona caduca*），是任何未能留下遗嘱或试图留下遗嘱未果的人的财产，会自动收缴入帝国的"皇库"（*fiscus*）。

102. Anacreon, *Odes*, 35, 1-2; 53; 55, 1-10; 英 文 原 文 由 托 马 斯·穆 尔（Thomas Moore）翻译。

103. *Illiad*, ⅩⅫ.441. Hurst 1967; 还有一个更通行的译法是"各种色调的刺绣花朵"，比如在 A. T. 默里（Murray）的洛布译本（Murray 1976: ii, 487）中就是如此；这也是 *thrôna* 一词在利德尔（Liddell）和斯科特（Scott）的古希腊语词典中的意义——"绣在织物上的花"或"用作药物和魔法的植物"。

104. Cicero, *Tuscu. quaest.*, V.26; D'Andrea 1982: 80.

105. 玫瑰、百合和紫罗兰最常出现；此外还有香桃木、开花的常春藤、荚蒾、茼蒿、圣母百合、罂粟、鸢尾和夹竹桃（Jashemski 1979: 47, 54）。

106. Jashemski 1979: 273. 古希腊的列柱中庭住宅中似乎只有很少的植物或没有植物（p. 18）。

107. 关于墙壁上的绘画所起到的作为挂饰或地毯的廉价替代品的作用，参见 Gombrich 1979: 173；贡布里希认为这与拟物设计（skeuomorphs）有关，与人们习惯以旧物品（比如马车）为模型构造新物品（比如小汽车）的倾向有关，这正是古希腊语中"隐喻"（metaphor）一词的意义。在古罗马，这种复制品的应用并非只限于较便宜的宅第。

108. Littlewood 1987: 25–6. 关于这位柔弱的少年皇帝马可·奥勒留·安东尼努斯（Marcus Aurelius Antoninus，埃拉加巴卢斯为其别名）放在天花板上的花朵和其他奢侈作为，参见 Hay 1911: 245. 他把大笔开销用在花朵之上，不仅仅是为了装饰。他的餐桌上，有放在罂粟和蜂蜜中烘烤的睡鼠；以及名为"穆尔苏姆"（mulsum）的佐餐酒，由白葡萄酒、玫瑰、甘松香、苦艾和蜂蜜调成；他的床上铺满鲜花，还洒上香水；他所走的路上也撒满了百合、紫罗兰、玫瑰和水仙（pp. 254–246）。参见维多利亚时代的画家劳伦斯·阿尔玛–塔德马爵士（Sir Lawrence Alma-Tadema）的画作《赫利奥加巴卢斯的玫瑰》（*The Roses of Heliogabalus*，1888）；因为他在这些绘画中大力描绘了古典时代的女性和花朵，而被称为"启发好莱坞的画家"（Ash 1989）。当然，他在许多方面代表了清教主义的终结。也参见：Lucretius, *De natura rerum*, 11.624–628, 可了解撒向身为"大地母亲"的女神库柏勒（Cybele）的玫瑰雨；以及 Claudian, *Shorter Poems*, 35, 116–119, 可了解洞房中的类似活动："他们一到洞房门口，就把装满红色春花的篮子清空，泼下玫瑰花雨，撒落……从维纳斯的草地上采摘的堇菜。"根据科茨（Coats 1970: 163）的说法，在餐桌上悬挂一朵玫瑰，也是与此相关的习俗，由此产生了"玫瑰花下"（*sub rosa*）这一短语，表示听者应该对他所受到的款待保守秘密。不过，《牛津英语词典》认为这个短语源自德语，托马斯（Thomas 1983: 230）则认为这种习俗起源于 16 世纪。

109. D'Andrea 1982: 4.

110. Jashemski 1979: 287–288.

111. Cato, *De agri cultura*, 8.2.

112. Littlewood 1987: 12.

113. Varro, *Rust.*, I.16.3; Purcell 1987: 188. 在古罗马，栽培的"堇菜"（viola）很可能是紫罗兰（Jashemski 1979: 54）。

114. "如果有人要寻找在罗马附近十分繁荣、为花环匠和参加宴席的宾客供应了玫瑰、紫罗兰和其他鲜花的花卉栽培'产业'的源头……那它一定是埃及。"（Grimal 1969: 60）。

115. Courbaud 1899: 12.

116. 位于维提之家（House of the Vettii），参见 Jashemski 1979: 268，图 397, 399.

117. *Thesmophoriazusae*, 450.

118. 在卢修斯（Lucius）变成驴子的故事中，他只能通过吃下玫瑰花瓣才能恢复人形。他先是在花园里找花来吃，结果发现自己吃的是夹竹桃。最后，他在街上发现有人路过，带着用各种花朵制作的花冠和花环，其中也有玫瑰鲜花。吃下这些花之后，他便变回了原来的自己（Lucius of Patras 1822: 90）；是玫瑰的巫术力量，让他重新变成了人。

119. 波西亚斯的这幅名为"花环匠"（*stephaneplokos*）的绘画有一个现代版本，就是鲁本斯的《波西亚斯和格吕凯拉》，是与一位花卉画家（可能是奥西亚斯·贝尔特［Osias Beert]）合作绘制的。弗里德伯格（Freedberg）认为，这幅画不仅意味着对传统的艺术－自然主题的重塑（绘制的形象高于自然的形象），而且是"花卉绘画这种传统上的低级体裁获得新地位的声明"（Freedberg 1981: 121）。在华盛顿特区的美国国家美术馆（National Museum of American Art）有一尊"庞贝的卖花盲女"尼迪亚（Nydia）的塑像，由伦道夫·罗杰斯（Randolph Rogers）以大理石在 1855 年至 1856 年间创作，其参考的原型来自 Bulwer-Lytton 1834.

120. Pliny, *Nat. Hist.*, XXI .iii. 关于中国唐代的画家把娼妓作为绘画模特的做法，参见 Laing 1988: 35.

121. Saklatvala 1968: 72, Forty-one; 在这些诗歌残篇中，其他地方还提到了项链（41）和花环（49）；而在奥维德的《萨福致法翁》（Sappho to Phaon）中，还提到了阿拉伯人带来的香水（p. 194）。

122.《卖花环者》（Garland sellers）确实是诗人、剧作家尤布卢斯（Eubulus）一部失传作品的标题，虽然可能是奈维乌斯（Naevius）的《卖花环女》（*Corollaria*）的原型，但那个标题似乎意味着该作品是关于"花环"而非"卖花环的姑娘"的戏剧。作为戏剧角色的卖花环者似乎一直有道德败坏的名声，但亨特（Hunter 1983: 191）驳斥了这些角色是妓女的观点。《希腊文选》的《残篇 98》中的那些化着妆的老年女性都是已经过了最好年华的娼妓；她们可能是卖花环者，也可能属于与后者截然不同的另一个群体。《残篇 104》似乎写的是一位卖花环者对一位（男性）顾客说的话："因为谁会忍住不亲吻一个佩戴着它（百里香）的姑娘？"（D'Andrea 1982: 84）

123. Athenaeus, *Deipn.*, XX .679.

124. *Deipn.*, XIII . 607.

125. Pliny, *Nat. Hist.*, XXI I.i.1.

126. Pliny, *Nat. Hist.*, XXII .iv.6.

127. Pliny, *Nat. Hist.*, XXII .iv.8.

128. Pliny, *Nat. Hist.*, XXI .iii.5.

129. 甘松学名 *Nardostachys jatamansi.* 布隆代尔把这种制品与以前法国人所称的"意大利花"（*fleurs italiennes*）做了对比，后者"在当今时代也被业界所模仿"（Blondel 1876: 84）。

130. Pliny, *Nat. Hist.*, XXII.viii.11.

131. Pliny, *Nat. Hist.*, XXII.x.14.

132. Pliny, *Nat. Hist.*, XXII.x.19.

133. Virgil, *Eclogues*, IV.29:"亚述的香脂会充盈这块土地"（英文翻译参见 Royds 译本，n.d.: 25）。

134. 布隆代尔（Blondel 1876: 70）在谈到萨尔马修斯（Saumaise）的可信性时写道，每隔两周，来自亚历山大的"卡塔普卢斯"（*Kataplus*）船队就会抵达罗马的港口奥斯提亚（Ostia），满载着各种花卉。我未见过这段记述的其他出处。

135. Martial, *Epigrams*, VI.80; Pott and Wright n.d.: 189.

136. 我把"东方（的）"（Oriental）这个词用引号括起，因为正如其他人在其他语境中所主张的那样，这是一个需要特别谨慎对待的古老概念。在某个层面上，它的意思只是"来自东方地区的"，但古典世界的许多作家却进一步给这个词赋予了奇怪、神秘、非理性的含义。这一概念在 19 世纪有关花语的讨论中再次出现。我自己的论点题正好相反。在很多语境中，东方是让西方得以文明化的力量；但除了某些特定语境之外，用一个主导的方位代替另一个主导的方位几乎没有什么益处。在最一般的层面上，我希望能尽力让人注意到所有有文化的先进农业社会的趋同之处。

137. Apuleius, *Met.*, XI . 科尔博记述过梵蒂冈的一个枝状大烛台装饰有莲花（Courbaud 1899: 12）；在庞贝城的农牧神之家（House of the Faun）中的尼罗河马赛克上也见有一朵莲花（Jashemski 1979: 20）。

138. Jashemski 1979: 273.

139. Joret 1892: 41; Littlewood 1987: 20.

140. "人们在冬天渴求玫瑰，为了催出一朵春花费尽心思，不是用热水加热，就是人为改变温度，这样的生活岂不是与自然作对吗？"（Seneca, *Epistolae morales*, 122; Purcell 1987: 190）

141. Gibault 1898b: 1109.

142. Pliny, *Nat. Hist.*, XIII.

143. Pliny, *Nat. Hist.*, XIII.iv.20. 男性使用香水的主要场合是饮宴，沐浴和锻炼之后，以及举办婚礼时。参见 Hunter 1983: 194; 这是对尤布卢斯的《残篇 100》（Fragment 100）的评注，其参考文献可供参看。

144. Pliny, *Nat. Hist.*, XIII.iv.22.

145. Pliny, *Nat. Hist.*, XIX.v.22.

146. 关于香水的制造，参见庞贝城的绘画 (Jashemski 1979: 268)。阿里斯托芬（*Eccles.*, 841）用他谈论卖花人的相同方式谈到了卖香水的姑娘。

147. Blondel 1876: 60ff.

148. *Iliad*, XVIII.352.

149. 亚历山大的克莱门特在提到荷马时代时写道："古希腊人从不利用花环。"（*Paid.*, II.vii.72）然而，他的论证当然是太草率了。

150. Athenaeus, *Deipn.*, XV.675.

151. 关于古希腊和古罗马的更多例子，参见 Lambert 1878: 470–477. 兰伯特（Lambert）发现，他们会把特定的花朵献给某个具体的神，比如罂粟献给刻瑞斯（Ceres），欧银莲献给维纳斯，百合献给赫拉，香桃木献给阿耳忒弥斯（Artemis）。

152. Jashemski 1979: 151. 可参见伦敦大英博物馆馆藏的从埃及哈瓦拉的古罗马坟墓中发掘出的蜡菊花冠。

153. Toynbee 1971: 44–45.

154. Euripides, *The Phoenician Maidens*, 1632–1633; Sophocles, *Electra*, 894–896; Virgil, *Aeneid*, VI.883–886; Tibullus, *Elegiae*, II.iv.47–48; Propertius, *Elegiae*, I.xvii.22; Alciphron, *Epistolae*, IV.ix.5; Lucian, *De luctu.*, 11.

155. Jashemski 1979: 142, 在该书 350 页则有更多参考文献; Toynbee 1971: 63. 玫瑰节在 5 月和 6 月举办。

156. 关于古罗马时代的埃及将陵园用于生产和商业目的，而不仅用于保养坟墓的情况，参见 Lindsay 1965: 298ff. 林赛认为陵园及其中为死者举办的筵席起源于东方（p. 303）。

157. Toynbee 1971: 63.

158. Cato, *De re rustica*, 143.2. 关于管家，他指出："在朔日（Kalends）、望日（Ides）和上弦日（Nones），只要是神圣的一天到来时，她都必须在壁炉上挂一个花环；在那些日子里，只要有机会，就向家中的神祈祷。"在公元前 4 世纪后期，泰奥弗拉斯托斯讽刺了那些迷信的希腊人在每个月的第四天和第七天把香桃木花环挂在家中的神祇上方，并要"花整整一天的时间向赫尔马芙洛狄托斯（Hermaphrodites）献祭，为其围上花环"（*Characters*, XVI.10）。

159. 关于花冠在宴会和饮酒时的用途，参见 Blondel 1876.

160. Pliny, *Nat. Hist.*, VII.xxx.110.

161. Lane Fox 1986: 139.

162. Juvenal, Satire IX.

163. Blondel 1876: 29.

164. Aristophanes, *Eccles.*, 148.

165. 关于古典时代花冠的详细讨论，参见 Baus 1940；我知道这本著作时已经太晚了，未能在本书中引用。

166. 古罗马的"皇冠"黄金是一种税，收益归皇帝所有，他是其人民的冠军。

167. Blondel 1876: 78.

168. Athenaus, *Deipn.*, XV.686.

169. 相同的替代也见于古罗马时代的迦太基，虽然流血仍然是异教徒的 *molchinon* 祭祀仪式核心，但对于基督宗教礼拜则只有隐喻意义。

170. Jashemski 1979: 120.

171. 这是优胜者（*victor*）之盾，后来也是"人民之父"（*pater patriae*）之盾。

172. 我要感谢萨尔瓦托雷·萨蒂斯（Salvatore Sattis）就古典时代后期的参考文献为我提供的帮助。

173. Hesiod, *Theog.*, 540ff.

174. Brown 1980.

175. Fragment 118, 也参见 120, 122, 124.

176. Porphyry, *De abstinentia*.

177. Miller 1984: 145.

注释

第三章　欧洲花文化的衰落

1. D'Andrea 1982: 21.

2. Sidonius, *Carm.*, 24.56ff. 这里所说的科吕库斯，典出 Virgil, *Georg.*,
Ⅳ.125ff.；"印度国王"则是用了波鲁斯（Porus）国王宫殿中建有美妙花园的
传说这一典故。感谢迪克·惠特克（Dick Whittaker）让我在本章和前面两章
中引用这些文献和其他文献。

3. Thacker 1979: 81.

4. Gorer 1975: 4.

5. Stokstad 1986: 177.

6. Littlewood 1987: 26-27.

7. Prudentius, *Contra orationem symmachi*, 2.727-728, 撰于公元 395 年。"我
要撒下什么花，又要在殿里摆下什么花环呢？"（据洛布版翻译。）837 年，提
奥菲罗（Theophilus）皇帝命令一座亚洲城市的儿童用鲜花做的花环来装饰
该城（*Imp. exp.*, Bonn, 508.2-5）；879 年，拜占庭则用花环来欢迎篡位者巴西
尔一世（Basil Ⅰ）（*Imp. exp.*, 498.17ff.）。关于东罗马的这两次胜利和其他的胜
利，参见 McCormick 1986: 149 and 155；关于西罗马的类似胜利，参见 Van
Dam 1985.

8. Greg. Tur. *Liber in gloria martyrum*, 90. Ⅵ.36.

9. Clement (1954): 156 (2, viii.73.3). 参见 Kronenfeld 1981: 291.

10. 《以赛亚书》28. 1-5;《彼得前书》5.4;《哥林多前书》9.24-25；感
谢克罗嫩菲尔德（Kronenfeld 1981: 291）与我进行讨论并且提供文献，指出
《新约全书》在很大程度上保留了花环或花冠（*stephanos* 或 corona，虽然也用
作心灵上的"胜利"的隐喻）和冠冕（*diadema*，本义是"头带"，是王位的标
志）的区别。

11. 参见克拉克（Clarke）的注释，其中为花环给出了更多参考资料。"早期
基督徒同时避用献给生者（在节日和庆典上佩戴，作为荣耀的标志，在献祭
时既用在主祭身上又用在牺牲之上，等等）和死者的花环。"在他看来，拒
斥花环的根本原因于它们具有强烈的宗教含义。尽管犹太传统似乎没有注释
中所说的那么与众不同，但这些传统确实随着时间推移发生了变化（Clarke
1974: 238-239）。

12. Minucius Felix 1869: 465（第 10 章）和 468（第 12 章）；Pliny, *Nat. Hist.*, XIII .ix.46.

13. Minucius Felix 1869: 514–515（第 38 章）。

14. Clement, *Paid.* II .8, 73, 71.

15. Lane Fox 1986: 304.

16. 克拉克有一条脚注提供了有用的信息，指出白色和深红色是拉丁诗歌中的惯用语，特别是在提到百合和玫瑰的时候。这个意象后来得到了居普良、诺拉的保利努斯、萨提鲁斯（Satirus）、圣雅各和圣哲罗姆的沿用。克拉克还指出了一种向果实——有时则是玫瑰或百合——祝福的仪式传统。花环的应用还有一些圣像式的呈现；在多米蒂拉（Domitilla）的地下墓室中，基督把玫瑰花冠赠予圣徒，他们大概都是殉教者。（Clarke 1984: I , 75, 236–237.）

17. 维吉尔的诗句"活公羊自己的羊毛就会变成柔和的深紫"（*Eclogue* IV .49–50）也表达了类似的思想（Royale n.d.:26）。

18. Lane Fox 1986: 135.

19. Lane Fox 1986: 612.

20. Lane Fox 1986: 136–137.

21. Lane Fox 1986: 66；他们也谴责剧场和竞技比赛。

22. Lane Fox 1986: 674.

23. 以弗所（Ephesus）出土了可能是狄奥多拉（Theodora）的头像；君士坦丁堡城中一度竖立着查士丁尼（Justinian）的巨大塑像。这里存在一个问题：我们不知道在圣像破坏运动造成破坏之前有多少塑像存在。不过，格拉巴和佩利坎（Pelikan）认为这个因素可能并不重要。

24. Lane Fox 1986: 70.

25. 提亚纳的阿波罗尼乌斯（Apollonius of Tyana）还拒绝接受牲祭（Philostratus, *Life of Apollonius*, 1.31–2），而提倡素食主义（1.31）。赫耳墨斯主义者则强调通过赞美和崇拜来进行心理献祭，他们受到了基督徒拉克坦提乌斯的高度赞赏。

26. "它们的肉和血，都不能达到真主，但你们的虔诚，能达到他。"*（《古兰

---

* 本书中所引《古兰经》的译文，均出自马坚译本。

经》22.37）

27. Lane Fox 1986: 67, 70, 72.

28. Minucius Felix 1869: 504（第 32 章）。

29. Hebrews 9.12-14.

30. Lane Fox 1986: 89.

31. 近年来，近东的一些基督徒群体则确实会在复活节期间用羔羊之血献祭。

32. Lactantius, *Divine Institutes*, Ⅵ.i.5.

33. Goody 1986: 13ff.

34. Goody 1982: 149.

35. Acts 15.20.

36. St Augustine 1949: 284-285.

37. 约 732 年所写的信件，*MGH, Epistolae*，Ⅲ，p. 279; Salin 1959, text 290, p. 483; Grimm 1844: 625ff; McNeill and Gamer 1938: 40; Salin 1959: 27.

38. Pelikan 1990: 68.

39. Athanasius, *Against the Heathen*, XXX .4, XXX .2, 转引自 Pelikan 1990: 104.

40. Athenagoras, *Embassy for the Christians*, ⅩⅢ .2, 转引自 Pelikan 1990: 104.

41. Chrysostom, *Homilies on Romans*, XX .2; Pelikan 1990: 125.

42. Pelikan 1990: 109.

43. Rahim 1987. 关于 *turificatus* 这个稀见词，参见 Clarke 1986: Ⅲ , 167.

44. Toynbee 1971: 50-52.

45. Lane Fox 1986: 39. 虽然在古罗马也有玫瑰节，但能够作为证据的资料不多。

46. 这些文献记录不算太多。早期的爱尔兰赎罪书（Bieler 1963）中几乎没有提到"异教"习俗，只谴责了对女巫（*striga* 和 *lamia*，分别意为"女巫"和"吸血鬼"）的信仰和巫术（*maleficium*）的运用，另外就是在第二次圣帕特里克教会会议（Second Synod of St Patrick）纪要中有一个段落提及献给死者的祭品（*de oblatione pro defunctis*），其中质问道："对于生前不配接受祭品的人，在他死后牺牲又如何帮助他？"（Ⅻ , 189）。在这些赎罪书中，所谓"祭品"应该理解为圣饼（host）。实际上，惩罚主要针对的是性行为（以至虐待儿童）、酗酒、盗窃、身体伤害和对圣饼的不当对待（例如让它被蛆虫所食，或是把它带到教堂外面，等等）。欧陆的赎罪书对巫术活动较为直言不讳。一份 8 世纪的材料列出了 30 种迷信和异教活动，其中的第一种是"在死者的坟墓里做出亵渎行为"（McNeill and Gamer 1938: 419）。这个列表清楚地表明人们一直对"偶像"、祭品、火、护身符、占卜等事物感到恐惧；周边有一个危险的异教徒世界，让人不得不与它保持一定距离。

47. D. Wilson 1984: 12.

48. Bruce-Mitford 1972.

49. Le Blant, *Inscriptions chrétiennes de la Gaule*, Paris, 1865: ii, 429.

50. James 1988: 128.

51. Salin 1959: 448, 453－454.

52. 克洛维斯（Clovis）于 511 年葬于一间教堂中，其他贵族也纷纷效仿（James: 145）。Salin 1959: 455.

53. Geddes 1976.

54. Migne, *Patrologia latina*, XXX.ix, App., Sermo 190, col. 2101; Salin 1959; text 296, p. 486.

55. Bordenave and Vialelle 1973, 特别是 p. 257.

56. Pope Zacharius, May 748(?), *MGH*, *Epistolae*, III, p. 358; Salin 1959, text 295, p. 486.

57. McNeill and Gamer 1938; Gurevitch 1988: 87. "你是否遵守过葬礼的守灵？也就是说，当基督徒的遗体由异教徒的仪式守护时，你是否在场，一直在看守死者的遗体？你是否在那里唱过恶魔的歌，表演过舞蹈？……你是否在那里喝醉过、放松过？"（p. 333）

58. McNeill and Gamer 1938: 330,《沃姆斯的布尔夏德的纠错录》（Corrector of Burchard of Worms）。

59. 食用任何动物的血都要受到谴责。在 5 世纪前后，这种禁令似乎有所松动，但在 6—7 世纪，随着传教活动开始在日耳曼人中进行，禁令又变得严格（Gurevitch 1988: 239）。

60. St Augustine, *City of God*, VIII.xxvii.

61. 我曾经论述过（Goody 1983），教会保留财产对整个亲属制度产生了重要影响，就像它对经济和土地保有权产生了重要影响一样。那篇论文也受到批评，认为我过于注重物质因素。在本章中，我则试图从神学的一些方面来考虑。

62. Paulinus, *Ep.*,11.14. 后来有一个传说，说保利努斯冒充成一名园丁，为一位蛮族王子工作；虽然对基督也有这样的描述，但那是一种隐喻，而不是真做了什么伪装。

63. Lane Fox 1986: 566.

64. 摩尼教内部并非处处都遵循这种禁欲主义，该教派也创作了插画丰富的抄本。

65. Lane Fox 1986: 15.

66. Clement, *Paid.*, II.8, 70, 1-2.

67. Clement, *Paid.*, II.8, 72, 2.

68. Clement, *Paid.*, II.8, 76, 4-5.

69. 拒斥作为奢侈品的花冠也见于米努修斯·费利克斯的著作，以及古希腊元老圣安布罗斯的著作；圣安布罗斯谴责异教徒在节日庆典中缺乏节制（Lambert 1880: 819-820）。

70. Hild 1896: 1191.

71. Martial, preface to *Epigrams*; Ovid, *Fast.*, IV. 945, V.331, 352; Seneca, *Ep.*, 97; Juvenal, Satire VI.250, XIV. 262.

72. Lactantius, *Divine Institutes*, I. XX .5; Prudentius, *Contra symmach.*, 1.266.

73. Joret 1892: 141.

74. "基督宗教的到来剥夺了玫瑰的王位。"（Coats 1970: 163）

75. Haig 1913: 71.

76. *Paid.*, II .8.78.

77. Prudentius, The Daily Round, *Cathemerinon, Hymnus ante cibum*, 21-22.

78. Prudentius, Crowns of Martyrdom, *Peristephanon, Hymnus in honorem Eulalia*, 21-22.

79. Lambert 1880: 812.

80. Baus 1940: 99, 转引了 Schrijnen 1911: 316.

81. D'Andrea 1982: 72.

82. *Epistola ad Pammachium*, 通信 LXVI .5 和 LXXVII .10 (Migne, *Patrologia latina*, XXII , cols. 641, 697).

83. *Paid.*, II .8.76.

84. *Paid.*, Ⅱ.8.70.

85. Matthew 6: 28−30.

86. 'Super tumulum eius Epitaphi huius Flores spargare…', *Epistola*, LX, 'Ad heliodorum, epitaphium nepotiani'. Migne, *Patrologia latina*, XXⅡ.331 (p. 590).

87. *Cathemerinon*, Ⅹ, Hymnis circa exequias defuncti, Ⅴ.169−172, Migne, *Pat. lat.*, 59, 363−364 (p. 888). *The Poems of Prudentius* 1962: 77, The Hymns, 10, 169−172.

88. 参见 Lambert 1880；这是关于基督徒应用花朵的较早的讨论，我在写完本章之后才看到此书。

89. 关于基督徒对香水（和彩色羊毛）的拒斥，参见 Clement, *Paid.*, 11.8.65，其中引用了柏拉图在《理想国》中的描述（*Republic*, Ⅱ.37A）："有些女人总是表现出极度的鄙俗；她们一直在床单上和房屋里喷洒香水，如此矫揉造作，就差用没药把夜壶都染上香味了。"（64）"如果有人反对我主这位伟大的大祭司向上帝敬献气味甜美的熏香，那么请不要把它理解为祭品和熏香的香味，而是当成可以接受的表达爱的礼物。"（*Paid.*, Ⅱ.8.67）。

90. Lambert 1880: 810; *Venantii Fortunati*, misc. Lib. vii. Caput XⅡ. Migne, *Patrologiae cursus completus*, CXXXⅧ.267, Ad eamdem de floribus super altare. 福图塔努斯还把一首诗连同一份花朵祭品一起献给了拉德贡德王后（Queen Radegund）（Caput XI, de violis）。 也参见 Fortunatus, *Carm.*, Ⅷ.7; Van Dam 1985: 292.

91. Ambrose, *de Fide*, Ⅲ.i.3, Migne, *Patrologia latina*, XⅥ.427 (pp. 589−590).

92. Gregory, LH Ⅱ.10; *Life of the Fathers*, Ⅵ.2.

93. 在盎格鲁−撒克逊艺术中，直到 10 世纪，创作者才能够对人的形象持续做出良好的呈现，D. M. 威尔逊（Wilson）认为这可能源于"禁止以自然主义的方式呈现人形的异教禁忌"的影响（Wilson 1984: 27）。虽然在很多文化中，人们对人类试图把造物再次创造出来的行为怀有隐约的疑虑，但除了犹太教和其他闪族传统之外，我不知道有其他任何证据表明有这样的禁忌存在。

94. MacCormack 1981; Baus 1940, 图版 8−10, 13.

95. MacCormack 1981: 28, 24.

96. Dunbabin 1978: 188.

97. Dunbabin 1978: 189, 193.

98. Grabar 1968: 23ff.

99. Stokstad 1986: 11.

100. Stokstad 1986: 12.

101. 四个世纪后，圣奥古斯丁在试图让英格兰人改宗时使用了最后审判的图像。在文献报告中，这只是图像的第二次使用。现存的摩尼教图像的实例创作年代要晚得多，是为一份用突厥语写成的抄本绘制的，从中"能看出受到了中国的强烈影响"（Grabar 1968: 28）。

102. Matheson 1982: 26-27.

103. 关于这个主题的权威性报告, 参见 Grabar 1968.

104. Grabar 1968: 10.

105. Grabar 1968: 38.

106. Stokstad 1986: 23.

107. Brown 1988; Le Goff 1985: 123.

108. Eusebius, *Historiae ecclesiasticae* Ⅶ, 18, 参见 Migne, *Patrologia graeca*, ⅩⅩ.680.

109. Weitzmann 1987: 3-4.

110. Van Dam 1985: 137.

111. Stokstad 1986: 9.

112. Calder 1920: 55.

113. Dutt 1962: 189.

114. Lewis 1986.

115. Lane Fox 1987: 397.

116. 它们来自边远的波斯城镇杜拉-欧罗波斯，那里的犹太会堂中甚至也有壁画（Lane Fox 1987: 318）。

117. Grabar 1968: 66-67.

118. Goody 1962: 58.

119. 在 2 世纪, 基督徒作家把安息日改到犹太教这个庆祝日的次日。

120. Goody 1983.

121. 今天，美国密歇根州迪尔伯恩市（Dearborn）的玛丽安希尔（Mariannhill）教堂的神甫在发放的传单上要求天主教徒在 11 月期间铭记那些身处炼狱中的可怜灵魂。"所以……祷告吧……忏悔吧……献祭吧〔通常在布施活动中〕。"在收到"献祭的祭品"后，神甫们会为去世的朋友祷告，祭品是献祭者"个人的牺牲"。这种重新定义的"献祭"概念与向教会的布施或通过教会进行的布施密切相关。

122. Needham 1986: XXV .

123. Needham 1986: 2－4.

124.《药物志》（*De materia medica*）已知最早的抄本是维也纳的拜占庭抄本，定年为公元 512 年前后；其中所配的彩色插画可能来自由克拉泰夫阿斯（Crateuas）所撰的一部更早的著作。

125. Cunliffe 1981: 98－99.

126. Van Dam 1985.

127. Blondel 1876: 94.

128. Pearsall and Salter 1973.

129. Southern 1953: 220; Pearsall and Salter 1973.

130. Wickham 1987: 23.

第四章　伊斯兰文化中无形象呈现的花

1. Burkhill 1965: 2.

2. Dickie 1976.

3. 关于伊斯兰花园的详细讨论，参见 Lehrman 1980 和 Brookes 1987.

4. 在宫殿中有一些装饰母题，显然是地中海风格，因为"艺术的思想就像贸易一样可以流动"（Vollmer *et al.* 1983: 42）。

5. Pinder-Wilson 1976: 73; Marçais 1957a: 255.

6. 关于 *chahar bagh* 另一种意义的讨论，参见 Pinder-Wilson 1976: 79.

7. Harvey 1976: 21.

8. Dickie 1976: 93.

9. 其中的杰出植物园有 16 世纪建立的帕多瓦（Padua）植物园、莱顿（Leiden）植物园和蒙彼利埃（Montpellier）植物园，以及 17 世纪建立的牛津大学植物园和分别位于巴黎和乌普萨拉（Uppsala）的法国和瑞典的王家植物园（Prest 1981: 1）。

10. Wilber 1979: 71 所引 Porter 语。

11. Marçais 1957a: 236.

12. Jellicoe 1976: 111; Dickie 1976: 100.

13. Montagu 1965: 343–344.

14. Montagu 1965: 331.

15. Montagu, 致教宗亚历山大的信。

16. 此画由莫奈（Monet）所绘，后来毕加索也创作过一版。

17. Dickie 1976: 89.

18. 在拉丁语中，"文选"一词是 *floerilegium*，其含义相同，后来用于指称过去的谈论诸如基督身上的神性和人性之间关系之类议题的权威文摘集。

19. 比如可参见 Menocal 1987.

20.《古兰经》第 55 章。

21. Schimmel 1976: 22–23.

22. Schimmel 1976: 33.

23. Hanaway 1976: 46.

24. Marçais 1957b: 70.

25. Marçais 1957b: 75.

26. Bravmann 1974: 15ff.

27. Marçais 1957b: 67ff. 和 8ff.

28. Ettinghausen 1976: 7.

29. Welch 1972: 41, 54.

30. Marçais 1957b: 68.

31. Marçais 1957b: 76. 关于这一时期的波斯绘画，参见 Gray 1930.

32. 虽然这种妥协与近东在基督宗教欧洲的花文化复兴中所起到的作用并不直接相关，但它确实可以影响我们对伊斯兰世界内部后来的发展（特别是在伊朗、中亚以及印度北部）的理解。

33. Wilber 1979: 46.

34. 比如 Mandel 1983: 15.

35. 这类画册"旨在供贵族家庭成员（尤其是女性成员）欣赏"。它们在某种程度上是"教育性的，展示了性爱的方式和愉悦感"。（Rawson 1977）虽然其中部分教育仿佛是在培训杂技演员和娼妓，但至少那些练习瑜伽的人比较容易学会这些东西。

36. Dickie 1976: 92.

37. Wilber 1979: 27; Pinder-Wilson 1976: 77.

38. Wilber 1979: 29.

39. Jellicoe 1976: 115.

40. Crowe *et al.* 1972: 23.

41. 总的来说，伊斯兰教鼓励花朵的应用，把鲜花视为真主及其独一性的证据，但人们更多是用诗歌和言语来赞颂花朵，而不是用其形象的呈现。不过，奥斯曼土耳其人在伊斯坦布尔和埃迪尔内清真寺的装饰瓷砖上却展示了完整的郁金香花园（Schimmel 1976: 23）。郁金香是神秘主义者所珍视的花卉，因为它的名字 *lâle* 与作为伊斯兰教象征的新月一词（*hilâl*）以及真主之名安拉（Allāh）均由相同的阿拉伯字母拼成。

42. 迪克·惠特克推测，古罗马的马赛克可能也是用于类似的目的，其上的花卉风格在帝国后期的北非格外流行。前文已经提到庞贝城许多花园绘画充当着"视觉陷阱"。

43. "公元 7 世纪的一份抄本描述了霍斯劳二世铺在泰西封（Ctesiphon）王宫中的地毯。铺设地毯的目的，是要在寒冷的冬月让国王感受到春意。地毯由金银丝编织而成，其上缀满了宝石，有一块地方描绘了带有水渠、飞鸟、树木和花朵的花园。"（Coen and Duncan 1978: 4）

44. Wilber 1979: 13.

45. Schürmann 1979: 12.

46. Schürmann 1979: 15.

47. Schürmann 1979: 24–25.

48. Schürmann 1979: 25.

49. Schürmann 1979: 27–28.

50. Marçais 1957a: 79. 从 9 世纪起，波斯从中国唐朝那里学来了陶瓷艺术。

51. Welch 1972: 37.

52. Welch 1972: 39.

53. Wilber 1979: 31. 对于这些波斯花园，马尔塞提出了它们是否起源于中国的疑问，但与建立王朝的土库曼人本身一样，最终还是本地起源的假说更合理（Marçais 1957b: 235）。

54. Marçais 1957b: 74.

55. 虽然在礼拜中不使用花卉，但它们在生命周期仪式中还是有所运用。在婚礼上，新婚夫妇面前会铺开一块布，其上放很多与富贵相关的物品，包括花朵。在葬礼上，郁金香起着重要作用，在伊朗伊斯兰共和国甚至成为提醒人们纪念烈士牺牲的花朵（Mir-Hoseini, 私人通信）。

56. Harvey 1978: 52－53; 1976.

57. Harvey 1978: 47.

58. Harvey 1976: 21.

59. 在纪尧姆·德洛里斯（Guillaume de Lorris）改编的法文版《玫瑰传奇》（*Le Roman de la Rose*）中有一处提到，树木是从"亚历山大之地"带回来种在果园（vergier）里的（第589—592 行）。

60. Persall and Salter 1973: 78, 引用了 Meiss 1951: 140－141; 也见其 108 页。

61. Clark 1949: 29.

62. Gibault 1898b: 1112, 引用了 Capitulaire, *De villis*, art. 70.

63. Menocal 1987.

64. 参见 Haskins 1927.

65. Sarton 1951.

第五章　玫瑰在中世纪西欧的回归

1. Geddes 1976.

2. Lane Fox 1986: 677.

3. Lambert 1880: 819－820.

4. *Hom.*, Ⅸ .1 Tim. (transl. J. Tweed).

5. St Paulinus of Nola, 'De S. Felice natalitium carmen', Ⅲ , *Poema* 12, Ⅴ .110－112:

Spargite flore solum, praetexite limina sertis:

Purpureum ver spiert hiems, sit florens annus

Ante diem, sancto cedat natura diei.

参见 *Paulini nolani episcopi opera digesta in* Ⅱ *tomos,* Paris, 1685, Ⅰ . p. 43.

6. *Epistola* LX , 'Ad heliodorum: epitaphium nepotiani' . Migne, *Patrologia*

latina XXⅢ.340 (p. 597): Hoc idem possumus et de isto dicere, qui basilicas Ecclesiae, et Martyrum Conciliabula, diversis floribus, et arborum comis, vitiumque pampineis adumbrarit: ut quidquid placebat in Ecclesia, tam dispositione, quam visu, Presbyteri laborem et studium testaretur.

7. *De Civitate Dei*, lib. XXⅡ, Caput Ⅶ, 10, Migne, *Patrologia lat.* XLⅠ.41, 766: Ad Aquas-Tibilitanas episcopo afferente Praejecto reliquias martyrivs gloriossimi Stephani, ad ejus memoriam veniebat magnae multitudinis concursus et occursus. Ibi caeca mulier, ut ad episcopum portantem duceretur, oravit: flores quos ferebat dedi; recepit, oculis admovit, protinus vidit.

8. Gregory of Tours, *De gloria confess.*, L, *Patrol.*, 72, 935 (p. 886).

9. Bloch 1982.

10. 这是在圣菲利贝尔（St Philibert）的生平传记中描述的那种类型；James 1981.

11. Lane Fox 1986: 402.

12. Meyvaert 1986: 25−27.

13. 今天在苏比亚科的"神圣洞窟"（Sacro Speco，本笃的苦修之地）里仍然可以见到"玫瑰丛"；这是一丛蔷薇，其棘刺刺曾扎伤他的皮肉。关于苏比亚科，参见 Egidi *et al.* 1904 及 Giumelli 1982.

14. Cassiodorus, *Institutiones*, 引用于 Meyvaert 1986: 39.

15. Meyvaert 1986: 39−40.

16. Meyvaert 1986: 44−45.

17. Meyvaert 1986: 37. 参见该书所引用的 12 世纪熙笃会教士伊尼的格里克（Guerric of Igny）的著作中有关花园的文字。

18. Gibault 1896b: 9; Lenoir 1852: 311.

19. De laudibus Dei, I.437, *Monumenta germaniae historica, auctorum antiquissimorum*, ser. Ⅰ, Ⅴ.14, *Reliquiae fl. Merobaudis. Carmia Blossii aemilii dracontii. Carmina et epistolae Eugenii Tolenani episcopi*, ed. Fridericus Vollmer, Berolini, 1905.

20. Horstmann 1887: 221.

21. 公元前 1 世纪初，加达拉的梅列阿格尔（Meleager of Gadara）从公元前 7 世纪到前 3 世纪的古典时代创作的希腊文学中取材，编选了一部短诗集，起名为《文选》(*Stephanos*)，该词本义是"冠冕"。在奥古斯都统治时期，帖撒洛尼卡的菲利普斯(Philippus of Thessalonica)编选了另一部《文选》；6世纪又出现了阿加提亚斯(Agathias)编选的《文萃》(*Cycle*，本义是"花环")。但这些书均已佚亡，存留至今的最早著作仅是一部10世纪的抄本，由康斯坦提努斯·塞法拉斯(Constantinus Cephalas)编选；该抄本此后的版本就是现在的《希腊文选》。已经翻译成英文的古希腊诗歌中，有如下的标题：《选自希腊文选的黄金花诗》(*Chrysanthema gathered from the Greek Anthology*, 1878)、《苋与阿福花》(*Amarant and Asphodel*, 1881)、《三色堇》(*Love in Idleness*, 1883)、《帕纳索斯草》(*Grass of Parnassus*, 1888)、《自希腊花园》(*From the Garden of Hellas*, 1891)和《玫瑰叶》(*Rose Leaves*, 1901)等，所有这些标题都带有花草的概念。

22. Waddell 1929: 2–5.

23. Godman 1985: 5.

24. Godman 1985: 169.

25. Karolus Magnus et Leo Papa, Godman 1985: 205.

26. 'Claustra per hortos'，第9—10行(Godman 1985: 125)。

27. Godman 1985: 14, 6; Waddell 1929: 97, 115.

28. Godman 1985: 40, 69–70.

29. 也参见一首佚名作者的诗中所提到的"殉教的冠冕(*coronae*)"，以及人们会用"馨香的香料"把圣徒埋葬在环绕着"小天使(cherubim)画像"的坟墓中(Godman 1985: 185)。

30. Theodulf, 'On the Court'，第97行；Godman 1985: 155.

31. Waddell 1929: 145.

32. Waddell 1929: 159, 关于园花的摘取，参见 'The Earth Lies Open Breasted'，Waddell 1929: 209. 关于在圣坛上撒花，参见同书217页，这两首诗都来自12世纪的《布兰诗歌》。

33. Waddell 1929: 160–161.

34. 第996–1000行，参见 Baskerville 1920: 44.

35. Pearsall and Salter, 1973: 161.

36. Pearsall and Salter 1973: 47ff.

37. 参见 Bologna 1988: 92.

38. Weitzmann 1977: 22.

39. Weitzmann 1977: 24.

40. Clark 1949: 19. 该作者提到，约公元 560 年在安条克完成的抄本《维也纳创世记》(Vienna Genesis) 延续了这一传统；9 世纪的乌得勒支圣诗集中也满是取自希腊化绘画的风景母题。然而，12 世纪中期由埃德文 (Eadvine) 为坎特伯雷修道院所创作的摹本显示了"象征压过感觉"的胜利。

41. D. Wilson 1984: 30.

42. D. Wilson 1984: 63.

43. 746 年的《比德抄本》还往那时的抄本艺术中引入了另一个元素，就是植物装饰 (D. Wilson 1984: 63)。

44. D. Wilson 1984, 图版 15；Bologna 1988: 49.

45.《斯托尼赫斯特福音书》也叫《圣卡思伯特福音书》(St Cuthbert Gospel)。该抄本似乎曾在 698 年时与这位圣徒一同埋葬，在其棺材中陪葬了 400 年，直到 1104 年其遗骨被重新安置在达勒姆大教堂时，才重见天日 (de Hamel 1986: 24)。

46. Durliat 1985, 图 446,（ fol. 90, cod. 387, 维也纳奥地利国家图书馆）。

47. Constellations, 见于 Isadore of Seville, *De nature rerum*, 公元 9 世纪 (Durliat 1985, 图 447; fol. 161, 巴黎法国国家图书馆，MS lat. 5543)。

48. D. Wilson 1984: 156−157.

49. 莨苕叶也见于同一时期的刺绣织物之上，特别是在达勒姆的圣卡思伯特墓中所发现的那些。

50. 克吕尼修道院建于 910 年。

51. Le Blant 1886: x.

52. Joret 1892: 425−426.

53. Runciman 1975: 89.

54. Pelikan 1990: 107.

55. 转引自 Pelikan 1990: 113.

56. Sahas 1986: 85, 134ff.; 一说这个尤塞比乌斯是潘菲卢斯 (Pamphilus) 的尤塞比乌斯。

57. Kitzinger 1977: 10.

58. Pelikan 1990: 27.

59. Sahas 1986: 18ff. 其中有详细的参考文献。

60. Runciman 1975: 83.

61. Pelikan 1990: 150.

62. 伊斯兰教中也发生了同样的事件。

63. Pelikan 1990: 1–2.

64. Pelikan 1990: 68.

65. Weitzmann 1987: 3

66. Weitzmann 1987: 6.

67. Durliat 1985: 174.

68. Forsythe 1972: 91.

69. Hubert 1970: 224–225.

70. Ad serenum massiliensem episcopum, *S. Gregorii Pop. I cognomento*, Magna Opera Omnia, viii, Venice, 1771, fos. 134 and 242.

71. Bernard d'Angers, *Liber miraculorum sanctae Fidis* (ed. Bouillet and Servières), 1900: 472–473.

72. 也参见伦敦维多利亚和阿尔伯特博物馆所藏盎格鲁–撒克逊人的象牙十字苦像（Durliat 1985: 172）。

73. Schmitt 1987: 274.

74. Forsythe 1972.

75. 关于更一般的讨论，参见 Forsythe 1972.

76. Bernard d'Angers, *Liber miraculorum sanctae Fidis.* 也参见 Durliat 1985: 233.

77. Bouillet and Servières 1900: 472.

78. J. and M. C. Hubert 1985: 358.

79. Bouillet and Servières 1900: 473.

80. Schmitt 1987: 278.

81. Stock 1983: 102.

82. Stock 1983: 103.

83. Freedberg 1985: 44.

84. 尼西亚大公会在 787 年时已经宣布否决了这一禁令。

85. Moduin of Autun, Egloga: poetry and the New Age, 26–27, in Godman

1985: 193.

86. 更严格地说，它是以古希腊诗人阿拉图斯（Aratus，约公元前315—前240/239）所著《物象》（*Phaenomena*）为本，参见 Katzenstein and Savage-Smith 1988.

87. Stokstad 1986: 242.

88. Stokstad 1986: 27; 梁托是从一面墙中突出来的建筑结构，用于支撑一些较为沉重的构件。

89. 奥托一世（Otto I）于936年至973年在位；这一王朝的势力后来衰落，直到1125年灭亡。

90. Panofsky 1972: 114ff.

91. Schmitt 1987: 282.

92. "传统上，立体塑像的性质是与异教偶像分不开的。"（Schmitt 1987: 286）

93. Schmitt 1987: 286.

94. Schmitt 1987: 297.

95. Schmitt 1987: 300.

96. Stokstad 1986: 158.

97. Stokstad 1986: 246; Panofsky 1946: 25.

98. Shaver-Crandell 1982: 24.

99. De Hamel 1986: 97.

100. Randall 1966.

101. Panofsky 1970: 162.

102. Panofsky 1946: 47-49.

103. Cowen 1979: 8.

104. 转引自 Panofsky 1946: 15.

105. Panofsky 1946: 19-20.

106. 但在建造这座决定了此后西方建筑100多年的风格发展方向的教堂时，绪热本人在创造的同时也有破坏——帕诺夫斯基（Panofsky）称之为"这种破坏性创造的事业"。他几乎完全毁掉了此前建于加洛林王朝时期的宏大建筑，以便让"新光"降临；他还在反对熙笃会的清教主义的著作中为自己这种破坏行为做了辩护。

107. Sterling 1985: 7, 转引自 Tapié 1987: 23.

108. Arber 1938: 4; 也参见 Reeds 1980 和 Stannard 1980.

109. 关于康拉德·冯梅根伯格和康坦普雷的托马斯二人著作的关系，参见 Brückner 1961.

110. Needham 1986: 4.

111. Needham 1986: 4.

112. Pearsall and Salter 1973: 60.

113. Evans 1931: i, 42.

114. Evans 1931: i, 45.

115. Evans 1931: i, 47. 英国伊利大教堂中圣母礼拜堂（Lady Chapel）上带叶饰的柱头制作于 1321—1349 年间。

116. Alberti Magni ex ordine praedicatorum, *De vegetabilibus libri Ⅶ, historiae naturalis pars XVIII*. Editionem criticam ab Ernesto Meyero coeptam, absolvit Carolus Jessen. Frankfurt am Main, 1982 (1867), p. 636: Sunt autem quaedam utilitatis non magnae aut fructus loca, sed ob delectationem parata … Haec autem sunt, quae viridantia sive virdaria vocantur. Haec autem, quia ad delectationem duorum maxime sensuum praeparantur, hoc est visus et odoratus …

117. Pearsall and Salter 1973: 30.

118. Pearsall and Salter 1973: 33, 41, 44; 在这方面，冰岛的萨迦史诗与欧洲其他地方的中世纪文学形成了鲜明对比。

119. McLean 1981: 126.

120. 该词见于《武加大圣经》，并出现在《路加福音》（23.43）的一个盎格鲁-撒克逊福音书译本中。在古英语中，类似的表述是 *neorxna wang*（土地），比如在《不死鸟》（The Phoenix）一诗中就有此语。在英格兰，14 世纪有人用"乐园"一词的变体 *parvis*（来自 13 世纪的拉丁语词 *parvisus*）指教会拥有的地块，但具体来说指的是教堂前面的封闭庭院、柱廊或门廊，特别是伦敦圣保罗大教堂和巴黎圣母院，前者是律师们会晤之地，后者则办有书市（参见乔叟为《坎特伯雷故事集》所作的序言，其中提到了"法律的仆人"［A. 310］）。我在本书中的提法只是一种推测，因为虽然"乐园"一词后来被用于指称世俗花园，但无论是《中世纪英语》（*Middle English*）还是《牛津英语词典》都没有为该词指称修道院花园的意义提供文献来源。

121. 修道院花园在早期占据主要地位的证据，见于英格兰国王亨利一世（Henry Ⅰ）参观女修道院的故事中。当时他未来的王后埃德吉思（Eadgyth）或马蒂尔达（Matilda）正在那间女修道院接受教育。修道院长，也就是她的姑母，对随从国王的骑士们的到来感到不安，但国王悄悄溜进了花园（*claustrus*），"仿佛是要看玫瑰和其他开花的芳草"。Amherst 1896: 7; Migne, *Patrologiae cursus completus*, CLIX－CLX . xii, *Eadmes*, p. 427.

122. 在这些仪典上，司铎会被用"司铎冠"（coronae sacerdotales）加冕。

123. Haig 1913: 17. 在中世纪的英格兰，人们有时会把柳树叫作"棕树"。然而，所谓"朝觐者"（palmer），指的却是已经到过巴勒斯坦朝圣的人（Anon. 1863: 214, 216）。

124. Joret 1892: 393－394.

125. Nicols, *Extracts from Churchwardens' Accompts*, 1797, 转引自 Lambert 1880: 816.

126. Cole 1659, 转引自 Amherst 1896: 19.

127. J. P. Migne, *Encyclopédie théologique*, 1944, vol. 8, Pentecote, 1010.

128. Lambert 1880: 810－811.

129. Lambert 1880: 816－817.

130. Littlewood 1987.

131. Joret 1892: 249.

132. McLean 1981: 128－129.

133. Joret 1892: 244－245; 也参见 Tapié 1987: 26.

134. 同样，在宗教改革之前，须苞石竹（Sweet William）叫作"芳香的圣威廉"（Sweet Saint William）。

135. 关于"圣母"花的列表，参见 Anon. 1863: 234，更专门的讨论见 Prior 1863.

136. Acies virginea

redimita flore.

Waddell 1929: 209, 217, 236－237, 251, 253 ('Take thou this rose').

137. 在《武功歌》(*Chansons de gestes*) 和最古老的传奇中都没有提到头冠。无论是玛丽·德法兰西（Marie de France）还是克雷蒂安·德特鲁瓦（Chrétien de Troyers）也都没有提到它，但克雷蒂安提到人们会使用一种用黄金（可能还有宝石）做成的花冠。不久之后，让·勒纳尔（更为人熟知的名字是纪尧姆·德多勒[*Guillaume de Dole*]）便在《玫瑰传奇》（*Roman de la Rose*）中三次提到了"头冠"中的花。虽然勒纳尔的《玫瑰传奇》并没有特别指出头冠中用的是什么花，但在较晚的纪尧姆·德洛里斯的《玫瑰传奇》中，头冠里的所有花都是玫瑰。到了让·德默恩（Jean de Meung）最终完成整个故事的创作时，头冠和玫瑰又显得不那么突出了，但其中提到了用丝绸和黄金做的花，以及在公共澡堂中佩戴的花冠（Planche 1987）。

138. Lyons 1965: 72.

139. Axton and Stevens 1971: 262, 272. 在《加勒朗》中也有相同的动作。

140. 根据《牛津英语词典》，这种习俗迟至 19 世纪 20 年代才从法国传到英格兰。

141. Giovanni Lami, *Sanctae florentinae ecclesiae monumenta* (4 vols.), Florence, 1758, vol. iii, pp. 1709ff. 我要感谢克里斯蒂安娜·克拉皮什（Christiane Klapisch）告诉我这一文献；事实上，她很少能发现使用花朵的证据，甚至会忽略新娘去丈夫家的路上所戴的头冠（私人通信）。这里面要么存在地方差异，要么可能有材料不足的问题。

142. Shaher 1989: 220，其中引用了 *Le Livre de Lancelot del Lac*; J. Frappier, *Amour courtois et table ronde*, Chapter 10.

143. Joret 1892: 408.

144. Wright 1862: 290.

145. Joret 1892: 414ff.

146. 关于在英格兰用玫瑰支付"代役税"（quit rent）的实例，参见 Amherst 1896: 61. 墨西哥的阿兹特克人中也存在类似做法，那些临时使用王室土地（Tecpantlalli）的人，要想持有这些土地，就必须"用花束和各种鸟类进贡；不管他们什么时候觐见国王，都必须把这些贡品献上"（Lambert 1878: 460）。显然，这种进贡并不只是一种象征。但在意大利，这种做法似乎不太常见。也许是因为在"成文法国家"或公证人国家，交易要体现为文件的形式，所以这种形式的"传统"（*traditio*）也正如印章一样显得不那么重要？

147. Chéruel 1865: 409.

148. Chéruel 1865: 1049.

149. Herbermann *et al.* 1907; Barrett 1932: 54－55, 132.

150. 根据若雷的研究，这类活动最早的记录见于 1214 年意大利的特雷维索（Treviso）（Joret, 1892: 403）。在 13 世纪林肯主教罗伯特·格罗斯泰特（Robert Grosseteste）的寓言性作品中，爱情城堡代表着圣母（de la Rue 1834: 110）。在帕多瓦的春季仪式期间有一种求爱游戏，城里的年轻姑娘会聚集到一座用木头和纸板做的城堡中，来自周边各地、穿着各自城镇的鲜艳服装的年轻男子则要通过抛掷花朵来攻占城堡。（Heers 1971: 112–113）

151. Joret 1892: 405.

152. Lespinasse and Bonnardot 1879: LXXVI.

153. Gibault 1898a: 67; Amherst 1896: 10ff.

154. Amherst 1896: 17.

155. Gibault 1898: 68, 73.

156. 关于 14 世纪英格兰花园中栽培的花卉，参见 Amherst 1896: 61–64. 其中种得最多的是蔷薇，其次是白色百合，此外还有黄菖蒲（鸢尾类的一种）和紫色鸢尾、老鹳草和罂粟类。

157. 有证据表明，亨利三世于 1250 年在伍德斯托克（Woodstock）建了一座王后花园，种的主要是蔷薇（Amherst 1896）。

158. Hyams 1970.

159. Gibault 1912: 828.

160. 参见 Amherst 1896: 105.

161. Amherst 1896: 43–44.

162. Welch 1890: 4–10.

163. Depping 1837: lxxv. 此外尚有帽子衬里匠（*fourreurs de chapeaus*）和"女性帽上饰品匠"（*feserresses de chapiaux d'orfois*）的行会，可参见 Lespinasse and Bonnardot 1896: LXXVI.

164. 在 17 世纪郁金香狂热时期的荷兰，郁金香的球根也由隶属于商会的"花商"所栽培（Posthumus 1929）。

165. Depping 1837: 247.

166. Depping 1837: lxxviii.

167. 14 世纪的家务管理指南《巴黎管家》（*Le Ménagier de Paris*）针对玫瑰花蕾的保鲜提供了几种方法，比如把它们与沙子一起封装在用多孔黏土或木头做的容器中，再浸没在流水中。把它们重新拿出来的时候，必须置于温水中

（Planche 1987: 144）。

168. McNeill and Gamer 1938: 334.

169. 参见拙作《五月花束》（Knots in May），刊于《地中海研究学报》（*Journal for Mediterranean Studies*, 1993）。

170. 这一段中对 12 世纪特点的总结基本都来自霍斯金斯那本经典著作（Hoskins, 1927）。

第六章　文艺复兴时期的圣像和圣像破坏运动

1. 参见 Stock 1983 和 Clanchy 1979.

2. Panofsky 1972.

3. Haskins 1927.

4. Pearsall and Salter 1973: 162; Clark 1949.

5. Planche 1987: 144.

6. Hay 1977: 71ff.; 海在这里概括了克里斯特勒（Kristeller, 1961）的论述，后者特别讨论了大学的情况。

7. 涂尔干（Durkheim）指出，虽然所有"社会事实"在本质上都具有部分的自治性，但书面文化的特征在于它具有一种特殊类型的自治性。

8. 关于穆萨托和彼特拉克的戴冠，参见 Kristeller 1961: 158; 他认为这种戴冠仪典的来源，是中世纪大学中公开念诵书籍内容并认可这些书籍的活动。

9. Hay 1977: 79.

10. Pearsall and Salter 1973: 185 所引用的 Whit field 1943: 90.

11. Wilkins 1953: 1241, 1245.

12. Hay 1977: 147.

13. Hay 1977: 130.

14. 关于文艺复兴时期针对学者的异教指控，参见 Kristeller 1961 的第四章："在文艺复兴时期的文学作品中……有大量谈论异教神祇和英雄的内容，它们通过人们所熟悉的寓言手法获得了正当性，并因为人们对占星术的信仰而产生了更强大的影响。"（第 71 页）但在具有人文主义精神的佛罗伦萨总理大臣萨卢塔蒂（Salutati）以及达·菲亚诺（Da Fiano）等学者笔下，"古代宗教的复兴"在某些方面所产生的影响还要强大（Baron 1955 :270ff.）。

15. Schama 1987; Burke 1974.

16. Alexander 1977: 10.

17. Alexander and Kauffmann 1973.

18. Alexander 1977: 15.

19. 在贝里公爵（duc de Berry）的《华丽时祷书》（*Très riches heures*）中可以见到较早的例子。最早的一些例子则来自 14 世纪后期的意大利。

20. 参见扬·凡·艾克的作品《罗林大臣的圣母》（*Rolin Madonna*，约 1435年）。

21. Alexander 1977; 这些边饰中有一些是画在那些视觉陷阱式的边饰上面的。

22. Alexander 1977.

23. Freedberg 1981.

24. 其他的委托要求也都这样具体；1469 年，洛多维科·贡扎加（Lodovico Gonzaga）在写给曼特尼亚（Mantegna）的信中说："我希望您能照着活物画两只火鸡。"在委托者和画家订立的合同中，甚至对色彩的质量都有特别要求（Baxandall 1972: 12）。

25. Freedberg 1981.

26. Delenda 1987: 18. 由于西班牙与弗兰德斯的密切关系，塞格斯的花卉绘画在西班牙产生了相当大的影响。

27. Kren 1983; Panofsky 1958.

28. 这种体裁已知最早的例子可能是 1504 年慕尼黑的一幅画作，作者是"一个堕落而失去尊严的威尼斯人"，名为雅科波·德巴巴里（Jacopo de' Barbari）。但这一体裁还可以追溯到更久远的时候，比如塔德奥·加迪（Taddeo Gaddi）在 1337 年前后为佛罗伦萨圣十字（Santa Croce）教堂的圣龛所画的湿壁画，以及和他同时代的乔托的作品，它们都可能是以古典作品为榜样而创作的（Tapié 1987: 22）。"总体来说，得以保存下来的古典湿壁画中的花朵装饰，为 15 世纪和 16 世纪的画家提供了取之不竭的形式大全。"（第 24 页）

29. 尼禄的金色穹顶（Domus Aurea）石窟被发现之后，15 世纪的绘画中有时会出现怪诞的形象，不过这种发展可以说并非静物画的主线。

30. Friedländer 1963: 279–280.

31. Friedländer 1963: 278.

注释

32. Montias 1982: 332.

33. Montias 1982: 242, 表 8.3。

34. 关于花卉绘画作品，参见 Hairs 1965 和 Bergström 1956；Freedberg 1981: 136 给出了更多参考文献。

35. Pieper 1980: 314.

36. 特别是可以参见 Le Roy Alard 1641.

37. Freedberg 1981: 123ff. 关于念珠起源的近期研究，该书 146 页给出了参考文献。

38. 若要寻求有关花朵象征体系在文学和绘画上的用途的参考文献，可以参看 Freedberg 1981: 146－147。

39. Tapié and Joubert 1987.

40. Tapié 1987: 26－28.

41. Wheelock 1989: 17－18.

42. 该画现藏于巴黎卢浮宫。德容讨论了风俗画背后潜藏另一种象征意义的可能性（de Jongh, 1968—1969）。伦勃朗曾把他第一任妻子画成芙萝拉；这幅画现藏于列宁格勒（圣彼得堡）埃尔米塔日（Hermitage）博物馆。

43. Friedländer 1963: 283.

44. Freedberg 1981: 126.

45. 普桑的《芙萝拉的胜利》（*The Triumph of Flora*）可去巴黎卢浮宫鉴赏。

46. Wheelock 1989: 14.

47. Harvey 1976: 21 所引用的 Coats 1969: 11－13.

48. MacDougall 1989: 27.

49. 关于花卉绘画作为静物画的次级题材的进一步讨论，参见 Schneider 1980 和 Pieper 1980.

50. 佩吉特·汤因比（Paget Toynbee）语，见 Cotes 1898: 8 and 15.

51.《神曲·天堂篇》（*Paradiso*），XXXI .1.

52.《神曲·炼狱篇》（*Purgatorio*），XXIX .146.

53. 关于插花的历史及它在 17 世纪荷兰地区的近代发展，参见 Berrall 1969.

54. Giamatti, 1966: 66.

55. Beaumont and Fletcher, *Philaster*, I.i (ed. A. Glover, Cambridge, 1905, p.

88).

56. H. Jenkins, notes to *Hamlet*, 1982.

57. T. Middleton, *The Old Law* IC.i.36 和 R. Herrick, *Hesperides*,"迷迭香枝",转引自 Seager 1896: 263. 迷迭香有时会镀金，偶尔还会做成茶包，作为婚礼上的饮品。

58. Anon. 1863: 241.

59. 1597 年时，布雷顿（Breton）列举了"城市中的四种香甜贸易者：蔗糖商，蜜饯制造商，香水商和花束制造商"。

60. 普鲁塔克（Plutarch）虽然写到了花朵，但基本没有提到其气味；甚至伊拉斯谟 1522 年的著作中也是如此。中世纪时，香气（有时候会指出它们类似花香）有一种特别用途，就是在"神圣气味"的观念下，如果一座已埋葬有死者的坟墓在打开之后散发出香气，那么就能作为死者可以封圣的证据之一。这是一种高度特殊化的形象。

61. 学界已经从社会史、技术史和政治史的立场对这一转变做了许多富有洞见和趣味的讨论，因此只需关注近年来的文献即可。参见 Girouard 1978.

62. Gibault 1896b: 7; *Menagier* (1981), Ⅱ.2, pp. 118–124（其中没有提到金盏花）。

63. Thomas 1983: 228.

64. Jorest 1892: 186.

65. Wright 1862: 243.

66. Hellerstedt 1986.

67. *The Diary of John Evelyn*, ed. W. Bray, Everyman's Library, London, 1907, vol. i, pp. 371–372. 布拉格的王宫中现在仍有"乐园"花园。

68. Thomas 1983: 224.

69. 参见韦伯斯特（Webster）《白色恶魔》（*White Devil*）（V.iv.95–98）中的知名段落：

请召唤红胸的鸲鸟和鹪鹩

因为它们在林荫下徘徊，

尚未入土的孤独尸骸

只见有叶子和花朵覆盖。

（*The Selected Works of John Webster*, ed. J. Dollimore and A. Sinfield,

Cambridge, 1983）。

70. Dekker, "The Wonderful Year 1603", 转引自 Seager 1896: 263.

71. Thomas 1983: 224.

72. Thomas 1983: 225.

73. Thomas 1983: 226.

74. Moens 1887–1888: 84, 其中引用了 Norfolk Tour, xlv 和 Loudon 1822: 84.

75. Orgel 1981: 28.

76. Orgel 1981: 152.

77. 关于 17 世纪对宗教花卉象征体系的概述，参见 Picinelli 1694.

78. 兰伯特（Lambert 1880: 812）也对花瓶的早期应用表示了类似的怀疑，因为较早的教堂看守的报告中没有花瓶。在后罗马时代的英国，自然基本不会发现任何盛放花朵的容器。盎格鲁－撒克逊的陶器传统从公元 5 世纪他们最早的定居开始，一直延续到被诺曼人征服为止。在现存最早的陶器中，大部分都供墓葬之用，其上带有压制、凹下或凸起的装饰，主要是几何图案，也有一些人类或动物的母题，偶尔还有北欧古字。随着异教丧葬传统的废弃，陶器变成了纯粹的家庭用品，虽然有时仍带有装饰，但依然没有"花瓶"。（我要感谢莱斯利·韦伯斯特［Leslie Webster］的帮助，他是伦敦大英博物馆中世纪和古典晚期藏品部的副主任。）

79. 参见其绘画《迦拿的婚礼》（*Marriage at Cana*）和《圣母马利亚的婚礼迎亲》（*Bridal Procession of the Virgin Mary*）。

80. Gnudi 1959: 173.

81. *Hours of the Duc de Berry*, 1413.

82. Vase 与法语 *vaisseau*（船）、拉丁语 *vas*（容器）是同源词。在法语中，该词有多种意义，如 *un vase grèc* 意为"希腊古瓮"，*vase de nuit* 意为"夜壶"。

83. 奥利维耶·德塞尔在 16 世纪区分了园艺的四种类型，即"蔬菜园艺、花卉园艺、药用植物园艺和果树园艺"。

84. 现藏纽约大都会艺术博物馆。在上布罗德画师（Master of the Vyšší Brod）圣坛画（创作于 1350 年左右）的《圣母领报》中，百合是种在地上的（现藏布拉格的圣乔治女修道院国家艺廊［National Gallery, St George's Convent］）。

　　　　　　　　　　　　　　　　　　　鲜花人类学

85. Gibault 1896b: 7; 行会的第一次记录是在 1467 年；在遭到欺诈销售的投诉后，1473 年制定了第一个治安条例。

86. Gibault 1896b: 18; *Guide des marchands*, 1766: 268.

87. 这似乎不是郁金香首次引入欧洲，因为它也出现在（修复之后）的马赛克作品《篮花》中（参见第二章尾注 36）以及后来的一些绘画中。但在阿尔卑斯山以北，在 16 世纪的进口之前从未有过郁金香的踪影（参见 Berrall 1969）。

88. 参见 Salaman 1985: 89.

89. Blunt 1950; Parkinson 1629: 45－67.

90. Posthumus 1929.

91. Blunt 1950; Coats 1970: 195ff.; 尤其可以参见 Schama 1987: 350－363.

92. Schneider 1980: 310.

93. Underdown 1985: 127.

94. 不是所有"清教徒"都反对剧院。不过，他们当中的大多数人都是这种反应，这造成了激进的后果。参见 Heinemann, 1980.

95. Orgel 1975: 60.

96. Phillips 1973: 27.

97. Phillips 1973: 28.

98. Pendrill 1937: 61.

99. Lambert 1880: 817. 关于多种花色的花朵的应用，以及圣灵降临日的鸽子，参见 E. Martène, Tractatus de antiqua ecclesiae disciplina in divinis celebrandis officiis, Chapter 28, *De antiquis ecclesiae ritibus*, Antwerp, 1764, vol. 3, p. 195.

100. *De processionibus opusculorum theologicorum*, Mainz, 1611, vol. 3, pp. 142－143.

101. Kejř 1988: 134.

102. Phillips 1973: xii.

103. Phillips 1973: xii.

104. 最早的字面主义者（literalist）之一是路德维希·许策（Ludwig Hützer），著有《上帝的判决》（*Ein Urteil Gottes*, Zurich, 1523）；参见 Freedberg 1988: 34.

105. Freedberg 1988: 50.

106. Phillips 1973: 54.

107. Phillips 1973: 63.

108. 新教（或者更准确地说是清教）圣像破坏主义的特别观念在 Kibbey (1986), Phillips (1973), Freedberg (1985, 1988) 和其他人的著作中有广泛的讨论。

109. 参见第 22 条"论炼狱"。

110. Cheshire 1914: 77–78.

111. Freedberg 1985: 40–41; Dowsing 1885; Cheshire 1914.

112. Underdown 1985: 139.

113. Phillips 1973: 118.

114. Stannard 1977: 101.

115. 这番议论发表于：Pierre Muret, *Cérémonies funèbres de toutes les nations*, Paris, 1679. 该书于 1683 年译为英文。参见 Stannard 1977: 105–106.

116. Campenhausen 1968: 197; Freedberg 1988: 11.

117. Freedberg 1988.

118. 其他画作的名录可参见 Freedberg 1988: 187ff.

119.《出埃及记》(Exodus) 32.1–35; 33.1–3.

120. 现藏旧金山的德扬博物馆。

121. 现藏德比郡查茨沃斯（Chatsworth, Derbyshire）的德文郡收藏馆（Devonshire Collection）。

122. 现藏巴黎卢浮宫。

123. 现藏马德里的普拉多国家博物馆。

124. 现藏德累斯顿国家艺术收藏馆。也参见伦敦的英国国家美术馆所藏的《隐士面前的酒神节狂欢》(*Bacchanal Before a Herm*)。

125. Bouillet and Servières 1900: 115–116.

126. Hunt 1983: 136.

127. Murray 1986.

128. Durston 1985; Bossy 1985.

129. Marcus 1986.

130. Underdown 1985: 55, 51, 78.

131. Marcus 1986: 222.

132. Marcus 1986: 223–224.

133. 当时有一种学说认为植物的属性可以展现为外观上的一些特征，叫作"法象论"（doctrine of signatures）或"植物形象论"（phytognomy），对此可以参见 Hunt 1983: 1.

134. Fowler 1980: 247.

135. Underdown 1985: 129.

136. Underdown 1985: 77.

137. Marcus 1986: 218.

138. Kronenfeld 1981: 291.

139. 第 6 行。参见 Hardy 1962: 47.

140. 参见安德鲁·马弗尔的《冠冕》、亨利·沃恩（Henry Vaughan）的《花环》（The Garland）和约翰·多恩（John Donne）的《冠冕》（La Corona）。

141. Third book, 1975 (1635): 135; 也参见该书第 258 页。
只有他，要戴上那花环，
为了这个目标孜孜不倦。

142. Hardy 1962: 46.

143. Underdown 1985: 178.

144. Underdown 1985: 96.

145. Underdown 1985: 283.

146. Underdown 1985: 261. 今天，英格兰中部地区的民众在这一天继续盛装打扮，并大量应用花朵。

147. Underdown 1985: 275. 正如作者展示的，这两种对立的做法与地区文化有关，地区文化又与生态上的差异有关。

148. Delenda 1987: 16.

149. Delenda 1987: 19, 该书又参考了乔瓦尼·波齐（Giovanni Pozzi）和马齐娅·卡塔尔迪·加洛（Marzia Cataldi Gallo）的著作。

150. Freeman 1978: 179, 所讨论的是霍金斯的《少女圣歌》（*Partheneia sacra*, Hawkins 1633）。

151. 严格来说，这些寓意书是有绘画来辅助阐述的文字。

152. Thomas 1983: 223, 230.

153. 参见 Piesse 1879.

154. Atran 1990.

155. Susman 1984.

第七章　市场的增长

1. 通往近东和欧洲的丝绸之路从公元前 2 世纪就已开通。

2. 在阿拉伯人统治下，巴勒莫成为世界上最大的城市之一，其人口比君士坦丁堡之外的任何一座基督徒城市都多。参见 Finley, Mack Smith and Duggan 1986: 52.

3. 这些人是住在伦敦贝思纳尔格林和其他地方的胡格诺派（Huguenot）丝绸织工。在法国，用在服装工业中的人造绢花在今天仍被称为 "意大利花"（*fleurs italiennes*）。

4. 参见 1510 年 9 月 27 日几内亚公司（Casa de Guiné）的官员就金矿圣乔治城堡（São Jorge da Mina）致国王曼努埃尔（Manuel）的信件，其中提到了对 *pimtados* 或 *pintadoes* 的需求。在其编者看来，这是 "一种来自东印度群岛的印花棉布"。没有这些布料，"就无法从商人那里获得黄金"。这些货物可能来自印度，葡萄牙人 10 年前在那里建立了基地，但现在我们知道，印度布料也可以通过近东到达欧洲。

5. T. Mouffet, *Theatre of Insects* (c. 1584), p. 1033, 转引自 Seager 1896: 288.

6. 曾有人把亨利八世画成站在土耳其地毯上的形象，说明在 16 世纪前期就存在奢侈品贸易。

7. 在把羊毛制品与 19 世纪巴黎新出现的百货商店中售卖的引人注目的丝绸做对比时，左拉（Zola）说前者是 "颜色素朴暗淡的起伏海面……十二月的黑色土壤"（Gaillard 1980: 15）。

8. 花朵很早就出现在古埃及人的羊毛织物上，当时它们是用刺绣手法织出来的（Joret 1897: 240ff.）。

9. Thornton 1978: 107ff.

10. 始于 16 世纪 70 年代和 80 年代（Irwin and Brett 1970: 4）。

11. Evans 1931: ii, 61 所引用的 Pollexfen 的话。

12. Thornton 1978: 116.

13. 叙利亚在 14 世纪就生产了青花瓷的仿品。

14. McKendrick 1960, McKendrick *et al.* 1982.

15. 美国独立后，随着与中国的贸易的开启，中国的花卉壁纸便进口到了新英格兰。关于这些壁纸的实例，参见 Nelson 1985: 84–85.

16. Havard 1887–1890.

17. Evans 1931: ii, 65.

18. Sanzo Wada 1963.

19. Vollmer *et al.* 1983: 2.

20. Evans 1931: ii, 68.

21. 中国在很早的时候就从西方那里获得了许多栽培植物；劳弗（Laufer 1919）给这些植物做了列表，其中包括木蓝、茉莉和水仙。与此同时，大黄和蜀葵（*Althaea rosea*）也沿着反方向传播。

22. 参见 Hyams 1970; Clayton-Payne and Elliott 1988.

23. Thomas 1983: 229, 234.

24. Blessington 1842: 31.

25. Schama 1987.

26. Rebérioux 1989: 53.

27. Rebérioux 1989: 54.

28. Rebérioux 1989: 45.

29. Mauméné 1897: 38. 该报告虽然写成于 19 世纪最后 10 年，但其中描述的情况在之前的 50 年间似乎基本没有变化。

30. 德科克的作品在同时代人中广为人知。卡尔·马克思（Karl Marx）也看过他的书，并在 1878 年 9 月 17 日致燕妮（Jenny）的信中把巴尔扎克和保罗·德科克做了比较。恩格斯（Engels）在 1884 年 7 月 21 日致爱德华·伯恩斯坦（Eduard Bernstein）的信中也提到了德科克的一部戏剧；之后在 1891 年 6 月 13 日致劳拉·拉法尔格（Laura Lafargue）的信中，又开玩笑地说德科克是"婚姻和家庭起源方面"的"大权威"。在詹姆斯·乔伊斯（James Joyce）的长篇小说《尤利西斯》（*Ulysses*）中，摩莉（Molly）曾在长篇独白中拿德科克的名字讲了一个明显的双关语。

31. 比如可参见 Blessington 1842.

32. Miller 1981.

33. Kock 1843/1844: 35.

34. Kock 1855: 7.

35. Kock 1843/1844: 40.

36. Kock 1843/1844: 32.

37. Kock 1843/1844: 34–35.

38. Gibault 1906b: 66.

39. Kock 1843/1844: 38. 今天，一个人在餐馆里买花所花费的钱至少是从小摊上买花所花费的五倍。

40. Mauméné 1897: 36.

41. Kock 1855: i, 83. 德科克还写过《巴黎郊外的美丽姑娘》(*La Jolie Fille du faubourg*, 1840)、《第五区小姐》(*La Demoiselle du cinquième*, 1856) 和《商店的小姐们》(*Les Demoiselles de magasin*, 1863)。

42. 我在哈佛大学威德纳图书馆找到这个剧本之后，曾向陪我来的人预言，里面那个姑娘最后一定出身不凡。我果然猜对了。

43. Kock 1843/1844: 26.

44. 本段的电影信息和情节梗概引文都出自 DIALOG 数据库中的《马吉尔电影概述》(*Magill's Survey of Cinema*)。

45. Gaillard 1980.

46. 这是本书写作时（1991 年）的情况。

47. 有一年的耶稣受难日，我碰见两个男人沿着多菲内路 (rue Dauphine) 边走边卖洋水仙，但花朵不是盛在苇篮里，而是装在塑料盘里。当天晚些时候，在可能是巴黎现存最古老的餐厅普罗科普 (Procope) 餐厅，一名男子前来卖花（还有一位女子前来卖香烟）；与此同时，在餐厅外面的人行道上另有手持小花束的一男一女，因为未能获允进入餐厅卖花，在商量他们接下来应该去哪里。

48. 香水与鲜花不同，在法国的地中海地区早就有生产。

49. 锡利群岛中的特雷斯科岛 (Tresco) 上有无霜的花园，那里的洋水仙出口似乎始于 1867 年；那年，奥古斯都·史密斯 (Augustus Smith) 把一小箱洋水仙切花寄到了科文特花园 (Covent Garden)，总共赚到 1 英镑。这个生意后来由他的外甥托马斯·史密斯·多里恩 (Thomas Smith Dorrien) 做大。参见 King 1985.

50. Mauméné 1897: 25.

51. Vilmorin 1892: 5; Yriarte 1893: 25.

52. Yriarte 1893: 47; 关于 "玻璃球下的花束"，参见 *Objets civile domestique*, Inventaire général des monuments et richesses artistiques, Paris, 1986, pp. 504−505，以及 *Le Mobilier domestique*，Ⅱ，Inventaire général, Paris, 1987, pp. 962−963.

53. 联合国经济和社会事务部的 SITC 图表 292.7。我要感谢帕尔塔·达斯古普塔（Partha das Gupta）和安德鲁·科恩福德（Andrew Cornford）提供的帮助。

54. AGREX report 1974: 8.

55. La industria de las flores en Colombia 1988: 40.

56. La industria de las flores en Colombia 1988: 31−43.

57. Braudel 1982: 177.

第八章　法国的秘密花语：是专门的知识还是虚构的民族志？

1. 参见 Bumpus 1990.

2. 这就是我在欧洲和美国各地与人们交谈时所获得的体会；这种观念在后文要讨论的屈尔西奥的著作（1981）中也有记录。

3. Hammer 1809: 346.

4. Montagu 1965: 388−389.

5. de La Mottraye 1723−1732: i, 254, ii, 72.

6. Dumont 1694: 268.

7. Hammer 1809: 348.

8. Hammer 1809: 549.

9. Knight 1986: 13ff.

10. Dubos 1808: 72, 102, 74.

11. 参见 Seaton 1985a: 74. 她也提到了 Mollevaut (1818) 和出版商雅内（Janet）的《芙萝拉神谕》（*Oracle de flore*, 1817）。大英图书馆 1819 年书目中还开列了另一本书，即 *Le Langage des fleurs, ou les sélams de l'Orient. Ouvrage orné de douze bouquets*, Paris, 1819, p. 176.

12. Mollevaut 1818: 136.

13. Mollevaut 1818: 87.

14. 奈特（Knight, 1986: 286）还列出了一本由"G"夫人在1816年出版的作品，题目叫《情感的花束，或植物和颜色的寓意》（*Le Bouquet du sentiment ou Allégorie des plantes et des couleurs*），该书也见于《法国新书目（1810—1856）》（*Bibliographie de la France*）。法国国家图书馆则把《情感的花束，或有关节日的家庭手册》（*Le Bouquet du sentiment, ou manuel de famille pour les fêtes ...*, 3rd edn, Paris, 1825）归为 C. J. Ch.（Ch. 即尚贝［Chambet]）的作品，但似乎没有提到"G"夫人。

15. Chambet 1825: 10.

16. Chambet 1825: 7.

17. 在《法国传记辞典》（*Dictionnaire de biographie française*）和《大百科全书》（*La Grande Encyclopédie*）中都没有路易丝·科唐贝尔的条目，但提到了19世纪上半叶有3位姓氏为科唐贝尔的人，彼此互为近亲，即欧仁（Eugène, 1805—1881）和路易（Louis, 1809—?）兄弟，以及欧仁的儿子里夏尔（Richard, 1836—1884），后者曾出版了大量有关地理和旅游的书籍。路易丝就是嫁到了这个家族，但在这些百科全书资料中，即使是能够著述的女性，获得的关注也仍然不如男性多。或者也可能是因为她写的这本书被认为属于不够有学术性的类型？

18. Latour 1819: 199.

19. Latour 1819: 4.

20. Latour 1819: 5.

21. Latour 1819: 6.

22. 在德拉图尔这部作品引出的所有后继著作中，最杰出者之一是1821年在柏林匿名出版的一本书，这一年是原著出版两年后，德文译本出版一年后。该书标题为《花语文，即花的语言》（*Selam, oder die Sprache von Blumen*），在其中更为具体地阐述了花语中的东方元素。这本实际上由 J. D. 西曼斯基（Symanski）所著的作品与花语传统中的其他任何作品都有很大差别，因为书中引用了大量德国学术研究和参考文献，还给出了大量脚注，旨在追溯这个题材的历史。书中"树木"（Die Bäume）一节之后是"花卉"（Die Blumen）一节。第三节的标题则是"花语"（Die Blumensprache），作者在其中提到了花语文（sélam，这个词的这一义项从未进入英语），提到了苏丹女眷和奴隶需要一种秘密通信方法的传说，从而强调了这套符码的东方起源。

23. Leneveux 1837: vi. 此前她已经在 1827 年的罗雷（Roret）版《百科全书》（*Encyclopédie*）中发表了《花卉的象征》（*Les fleurs emblématiques*）。

24. Raymond 1884: 2.

25. 雷蒙这部作品的后继者还有 Riols (1896) 和 Dugaston (Dujarric) (1920).

26. Magnat 1855: 9.

27. Marie ×××× 1867: 32.

28. Marie ×××× 1867: 181.

29. Marie ×××× 1867.

30. 属于这一传统的其他作品还有 *Le Parfait Langage des fleurs* (Anon. 1862) 和 *Des jardins* (new edn 1886).

31. Massilie 1902: 1.

32. *Larousse du XXème siècle*, 1930: 520－522.

33. Lindon n.d.; Curcio 1981; Gosset n.d.; Roger n.d.; Bernage and de Corbie 1971; Gaudouin 1984.

34. Curcio 1981: 46.

35. 参见 Knight 1986.

36. 见于他 1830 年的诗文集《花语文》（*Le Sélam*）的序，参见 Knight 1986: 254.

37. Knight 1986: 214.

38. Saldivar 1983.

39. Spieth 1985.

40. 见其英译本（ed. Marthiel and J. Matthews［revised edn］, New York, 1963）的序言。

41. Kock 1843/1844: 36.

42. Kock 1855: 28.

43. Baxandall 1972: 81.

44. Goody 1977a.

45. 我在下面这篇论文中已经谈到了这些一般性问题中的几点：'Culture and its boundaries: a European view', in the *European Journal of Social Anthropology*, 1992.

第九章　外来观念的美国化

1. 参见 Baron 1982.

2. 我在这里给出的书题来自该书 1830 年的第 3 版。在美国的《全国联合目录》(*National Union Catalogue*)中，我没有发现更早版本的出版日期。不过，另一本也叫《花语》(*The Language of Flowers*，1834 年于纽约出版)的著作提供了线索，其封面上的一处印记提到了该书曾在 1827 年于纽黑文出版。

3. 在大英图书馆或其他地方，迄今为止我还没有见到更早的版本。

4. Dix 1829: 1.

5. Dix 1829: 4.

6. Dix 1829: 2.

7. Dix 1829: 9.

8. 第 1432—1437 行，W. W. Skeat, *Supplement to the Work of Geoffrey Chaucer*, vol. 7, 'Chaucerian and other pieces', Oxford, 1897; pp. 419ff.

9. *Book of the Hours of the Virgin* (Bologna 1988: 159).

10. 安德鲁·扬(Andrew Young)在《花卉的风景》(*A Prospect of Flowers*)中写道："人们似乎有点害怕山楂花，他们小心翼翼，避免把它带回家，只放在户外，放在门窗上。"他认为其中的原因可能在于它有一种致命的气味(1986: 64–65)。今天，人们仍在用山楂花酿造山楂花酒(May blossom wine)。另外也有说法认为，把雪滴花或柳树花带到室内会招致厄运(Jones and Deer 1989)。

有一首歌曲《五月采坚果》(Gathering Nuts in May)可能提到了采集"花结"(knots)，也就是山楂的花或枝条。另一首伦敦的五月节歌曲则明确地唱道："我们带给你山楂花结。/ 把它立在你家门前。"

11. Proust 1954: 137, 139, 167–172.

12. Dix 1829: 11.

13. 这种习俗在明尼苏达州一直持续到 20 世纪上半叶；儿童们会带着五月花束上学。在 19 世纪，瑞典移民会为孩子立起五月柱(*maja*)，但时间是在仲夏节，而不是 5 月 1 日。在德国，人们过仲夏节时会围着"圣约翰树"跳舞，这是一座装饰着花环和鲜花的塔状物(Miles 1912: 269)。

14. 见《美国传记百科全书》(*National Cyclopaedia of American Biography*)。

15. 关于莫顿的报告，参见其著作《新英格兰的迦南地》(*The New English Canaan*)，初版于 1637 年，1883 年重印于波士顿。

16. Morton 1883: 17, 18, 276ff. 大衮是非利士人的神，当参孙（Samson）被非利士人捕获后，他们便用他向大衮献祭（《士师记》，16.23）；何烈山（Horeb）是摩西看到荆棘燃烧的地方（《出埃及记》，3.1）；这头牛犊很可能就是亚伦塑造出来并用祭品和舞蹈来崇拜它的那只金牛犊（《出埃及记》第 32 章），不过《圣经》中并没有明确指出这一点。

17. 国会这样做的权利在 1789 年得到了圣公会的承认，但直到 1888 年才被天主教会承认。相比之下，新教徒更愿意将他们设立节日的自主权利让渡给政府，特别是像五月节这样能够与圣诞节分庭抗礼的节日。

18.《牛津英语词典》。

19. 即使在宗教改革之后，英格兰的一些葬礼仍然具有精致性和等级性，对此可参见 *The Diary of Henry Machyn, Citizen and Merchant-Taylor od London, from AD 1550 to AD 1563* (ed. J. G. Nichols), The Camden Society, London, 1848.

20. Geddes 1976: 256.

21. 这种习俗是从英格兰带来的。手套、绶带和"爱心围巾"（love-scarf）在 17 世纪弗吉尼亚的葬礼上有报道，那时人们还不得不花费一笔巨大的开销去准备酒饮（Bruce 1927: 226–227）。

22. Geddes 1976: 256.

23. 转引自 French 1975: 81.

24. Geddes 1976: 261.

25. French 1975: 70.

26. French 1975: 71.

27. 在葬礼上使用围巾和手套似乎是源自英格兰的习俗。钱伯斯（Chambers 1869: 274）曾引用过一本叫《贞女的榜样》(*The Virgin's Pattern*) 的书，其中描述在伦敦哈克尼（Hackney）的葬礼上，逝者的盖布由六位校友所拿，他们都穿着"丧服，戴着白色围巾和手套"。所有哀悼者也都戴着白手套，并有人分发葡萄酒给他们喝。

28. Dix 1829: 2.

29. Dix 1829: 13.

注释　　　　　　　　　　　　　　　　　　　　　　　　　685

30. Le Goff 1984.

31. 转引自 Dix 1829: 13，原文题目为 "Times Telescope"．这则记录以及更多记录也见于：Chambers, *The Book of Days*, 1869, p. 538; 当地居民在前一天晚上举办宴会，在公墓度过整个夜晚，于是让小偷"从这种虔诚的习俗中满载而归"。

32. Crants 这个词源自日耳曼语词根。根据《哈姆雷特》的编者 H. 詹金斯的说法（Jenkins, 1982: 555），使用"处女花环"这种习俗在伊丽莎白时代的英格兰很普遍，并在很多地方持续到 18 世纪以至更晚。他声称，最开始用于埋葬少女的花环后来被"一种较不容易腐烂的人造结构"所代替，"对于等级较高的女性来说，这可能是珍珠或金银丝制成的头冠，但目前保存下来的和记录在案的实物能让人看到其中有一个特征性的木制框架，形状像一个 12 英寸或更高的冠冕，其上覆有布或纸，装饰有人造花（偶尔也有黑色的玫瑰形饰），并从其下垂下绦带和一双手套，有时还有一只衣领或一条方巾。人们先是把这种贞洁的象征物放在棺材前面，然后再在教堂中悬挂，这种习俗似乎已经扩展到了整个欧洲北部"。在 19 世纪的英格兰教堂中，处女花环很有名。伯恩（Burne）报告说，它们由两个横向放置的金属环箍构成，上面覆有许多彩带，里面是一只手套。在什罗普郡的矿业村庄明斯特利（Minsterley），有 7 个花环挂在墙上的支架上，其中有用纸剪出来的手套；这些花环里面的环箍为木制，上面覆有亚麻布，其上又缀着用粉红色和白色纸做的百合和玫瑰（1883: 310–313）。这一习俗也不限于英格兰，还可见于立沃尼亚（Livonia）和库兰（Courland）。在汉普郡阿伯茨安教堂里有 39 个花环，有些是献给年轻男性的，最晚的一个制作于 1896 年。吉尔伯特·怀特（Gilbert White）将这些花环形容为"贞洁的奇迹"（1789）。虽然这种习俗后来在英国仍有继续，但它到 17 世纪中期就已经从伦敦消失了（Cuming 1875: 194）。

33. London, 1826.

34. Waterman (Esling) 1839: 13.

35. Hale 1832: iii.

36. 基督宗教中由围墙封闭的花园的观念源于《雅歌》："我妹子，我新妇，乃是关锁的园，……你是园中的泉，活水的井，从黎巴嫩流下来的溪水。"（4.12, 15）

37. Hale 1832: iii.

38. 美国诗人的引文来自 Cheever 1831.

39. Hale 1832: v.

40. 西戈尼夫人的诗集出版于 1846 年。

41. Hooper 1842: 8.

42. 1848 年，约翰·S. 亚当斯（John S. Adams）出版了《芙萝拉的白板》（*Flora's Album*），其序言所署的日期为 1846 年 10 月 1 日。这本书同样也非常缺乏原创性，先是探究了乐园和伊甸园的主题（第 3 页），之后又再一次转向那些"东方国度"。

43. 在大量可以见到的作品中，我只选择考察了一部分。1836 年出版的一本书标题很有意思，叫《芙萝拉与塔利亚，或花卉与诗歌之宝：花卉按字母顺序排列，配有适当的诗歌说明，并饰有彩色图版》（*Flora and Thalia, or Gems of Flowers and Poetry: Being an Alphabetical Arrangement of Flowers, with Appropriate Poetical Illustrations, Embellished with Coloured Plates*）。标题后的附加说明是："一位女士为这本书增补了花朵各个部位的植物学描述，以及花钟……费城"（本书虽然列在安阿伯的密歇根大学图书馆的书目中，但此后便无法查阅）。其他作品包括：Frances Sargent Osgood (Locke) (ed.), *The Poetry of Flowers and the Flowers of Poetry*. New York, 1840; Sarah Carter Mayo (Edgerton), *The Flower Vase*, Lowell, 1844（同年她编辑了 John Langhorne [1735–1799] 的 *Fables of Flora* by John Langhorne）; Anon., *The Bouquet: Containing the Poetry and Language of Flowers*. Boston 1845（1846 年重印）; Anon., *The American Lady's Every Day Hand-book of Modern Letter Writing; Language and Sentiment of Flowers; Dreams, their Origin, Interpretation and History; Domestic Cookery*, Philadelphia 1847; Pliny Miles, *The Sentiments of Flowers in Rhyme, or the Poetry of Flowers Learned by Mnemotechnic Rules*, New York, 1848; Henrietta Dumont, *The Floral Offering: A Token of Affection and Esteem, Comprising the Language and Poetry of Flowers*, Philadelphia, 1851; Anne Elizabeth（化名）, *Vase of Flowers*, Boston 1851; Anon., *The Floral Forget Me Not: A Gift for All Seasons*, Philadelphia, 1854.

19 世纪 60 年代的新著作稀少，但在美国内战之后，这一题材又得以延续，出现了大批匿名作品和新作者，如：C. Seelye, *The Language of Flowers and Floral Conversation*. Rochester, 1874; Martha Ewing, *The Language of Flowers and Poetry of Flowers*, Rochester, 1875, Cordelia Haris Turner, *The Floral Kingdom:*

Its History, Sentiment and Poetry, Chicago, 1877; Anon. *The Language and Poetry of Flowers, and Poetic Handbook of Wedding Anniversary Pieces, Album Verses, and Valentines, Together with a Great Number of Beautiful Poetical Quotations from Famous Authors*. New York, 1878, Fannie Frisbie (ed.), *Songs of the Flowers*, Boston, 1885. 到 19 世纪末（1899 年）时，花语甚至还成为《袖珍韦氏词典》（*Vest Pocket Webster Dictionary*）和《手册：包括花语辞典》（*Hand Manual: Including a Dictionary of the Language of Flowers*, Chicago）的部分内容。

44. Coxe 1845: 5.

45. Coxe 1845: 6.

46. Binion 1909: i.

47. Binion 1909: iii.

48. 比如可以参见 Ohrbach 1990.

49. 业余戏剧表演在美国南方开始得早得多；在英格兰王政复辟后不久的 1665 年，就有三名男子在东海岸表演了一场戏剧。但即使在那时，他们也被人拽到法官面前，法官命令他们出庭时要穿上戏服，并带上一本剧本（Bruce 1927: 191）。

50. 关于美国的剧院，参见 Agnew 1986: 150. 在 1792 年之前，波士顿没有专业剧院。甚至"有一些殖民者，本来可以把戏剧作为手段，展示他们以拥护国王的骑士身份隶属于英国文化的关系"，也受到了"原始的宗教定居点的苦修传统"的限制。当然，这些传统不仅可以追溯到英国，也可以追溯到早期基督宗教。

51. 比如可以参见 Blanchan (1909: 49)，他发现在革命之前，新英格兰的花园中几乎找不到什么花卉。荷兰和法国的殖民者似乎有更多的花卉栽培活动，甚至在新教徒中也是如此。最早的商业苗圃建于 1730 年，为的是满足胡格诺派移民的需求。不过，双方的差别并不是特别显著。

52. Leighton 1986: 371–372.

53. Leighton 1986: 376.

54. Leighton 1986: 381.

55. Brydon 1947: 16–17, 其中引用了同时代人威廉·斯特雷奇（William Strachey）的报告。也参见 Fischer 1989: 233.

56. Leighton 1986: 34.

57. Leighton 1986: 35.

58. Leighton 1986: 49－50.

59. Leighton 1986: 63.

60. Scott 1870, 转引自 Leighton 1987: 255－256.

61. Leighton 1987: 113.

62. Jashemski 1979: 15.

63. Willard 1726: 54（在他去世后由其学生出版），转引自 Ludwig 1966: 33.

64. Ludwig 1966.

65. Stannard 1977: 107.

66. Stannard 1977: 107－108.

67. Stannard 1977: 135ff.

68. 比如在塔恩（Tarn）省的阿尔丰（Arfons）就是如此。

69. 我要感谢路易萨·奇亚米蒂（Luisa Ciammitti）和马丁内·塞加伦（Martine Segalen）向我描述他们的经验，感谢詹姆斯·班克（James Banker）向我介绍北卡罗来纳州罗利的公墓，感谢戴维·萨皮尔（David Sapir）带我访问夏洛茨维尔（Charlottesville）的公墓，还要感谢埃米莉·马丁（Emily Martin）在巴尔的摩提供的帮助。

70. 萨瑟恩（Southern 1953: 237）坚持认为，受难的基督——也就是作为人的基督——主要是 11 世纪画像的特征；这是安瑟伦（Anselm）的世纪，人性在那时也变得更为直接地参与到其救赎中。其他人则发现 9 世纪就已经有了这种倾向。

71. 在新英格兰的少数墓碑上也确实有图像（Ludwig 1966: 128）；它也见于士兵的坟墓。

72. 伊丽莎白·科尔森（Elizabeth Colson）曾报告，她小时候在明尼苏达州时，看到植物可以种在坟墓上，但有了现代养护技术之后，人们就不可能这样做了。

73. Laurie 1930.

74. 美国 1991 年圣瓦伦丁节的鲜花销售额估计为 4 亿美元（《华盛顿邮报》[*Washington Post*]，B.1，1991 年 2 月 14 日，引用的是《花卉指标》[*Floral Index*，芝加哥]）。这是当年销售额最高的一天，与母亲节前一周持平，但少于为期一个月的圣诞节期。在销售的鲜花中，70% 是玫瑰，由男性购买；这些玫瑰大多为红色，但也有一些是黄色（据说象征着友谊），此外还有象征纯洁的白色和象征快乐的粉红色。因为这种需求很大，加上人们的购买又集中在一天，导致花朵的价格涨到了一打 100 美元。

75. 母亲节在很大程度上取代了省亲周日（Mothering Sunday）。省亲周日是大斋节（Lent）的第四个周日，按照规矩，教区居民要在这天拜访他们的"母"教堂，也就是其教区的大教堂。只是到了 17 世纪，这个节日才开始与向母亲致敬联系在一起，人们常常会把花朵作为礼物献给母亲。于是它成了一个乡下来的女佣获允回家看望母亲的日子。

76. Laurie 1930: 70.

77. E., 私人通信。

78. Mitford 1963: 198–199.

79. Mitford 1963: 40, 110, 191. 据估计，葬礼用花在 1960 年占到了 4.14 亿美元销售额的 65%，也即每场葬礼会花掉 246 美元；英格兰与之相当的支出为 60—70 英镑，工人阶级的支出相对较多。对于美国，另一个来源给出的数据表明 1954 年的鲜花销售总额为 12.5 亿美元，其中 85% 用于葬礼和婚礼。

80. Mitford 1963: 107–108.

81. Mitford 1963: 252.

82. Laurie 1930: 60.

83. 在中国插花艺术中，人们会竭力避免出现成对的花朵。

第十章　欧洲的大众花文化

1. 根据出版社的建议，我不仅删掉了有关爱情仪式的几节，而且还删掉了介绍花的不同使用形式的题为"花的形状"的一章、有关日本的一章，以及对相关理论加以概括的一章；一并删掉的还有关于"花的分类""纹章花朵""假花""新几内亚的花"和"波利尼西亚的花"的几个简短附录。我提到这些，只是为了提请大家注意，我并没有忽略这些主题，相关论述会在其他地方发表。

2. 关于伊丽莎白时代文学所提及的迷迭香的两种用法，参见 H. 詹金斯所编的《哈姆雷特》（1982, pp. 537–538）。

3. Litten 1991: 144.

4. *The Market for Flowers*, 1982, p. 23.

5. Wilmott 1986; 15–16.

6. *Families, Funerals and Finances*, report of the Department of Health and Social Security, 以及 *Which*, 1982 年 11 月, 转引自 Wilmott.

7. 1989 年时, 洛特省的戈斯 (Gausse) 有一位堂区司铎抱怨说, 人们把万圣节与万灵节 (死者纪念日) 混为一谈, 把所有精力都用在家族墓地上。

8. 该地区最近的一个事例是, 一名男子正准备与妻子离婚并迎娶一位更年轻的女子时, 不幸在车祸中丧生。这位新未婚妻在万圣节为他的坟墓带来了一大束鲜花。但随后而来的妻子扔掉了情敌的祭品。死者有一位姐妹完全了解这些事情, 便在她自己的祭品上附了一个名字标签, 以确保不会被人移除。我非常感谢帕斯卡勒·巴布莱 (Pascale Baboulet) 向我分享她的研究成果。

9. Mauméné 1900: 140.

10. *Toussaint 1984: l'analyse du marché*, CNIH, 1985.

11. 万圣节可能起源于更早的亡灵节, 但它当前的形式是天主教会的发明。由于这些节日是在西部教会作为部分独立的实体刚刚成立的时候设立的, 因此它们在东正教中并不存在。东正教中相对应的做法是在慰灵周六 (Psychosavato) 纪念死者。其主要仪典在复活节之后的第八个星期日举行, 但前一天晚上, 人们会把花朵带到公墓。

12. Chambers 1869: 519.

13. Pitt-Rivers 1974: 1.

14. 我要特别感谢克里斯蒂娜和斯蒂芬·休-琼斯 (Christine and Stephen Hugh-Jones) 以及伊丽莎白·雷赫尔 (Elizabeth Reichel)。虽然我无法在本书中讨论花卉在前殖民时代的美洲的重要作用, 希望集中讨论旧世界, 但值得提醒读者注意的是, 这种用花的习俗出现在欧洲和亚洲普遍可见的那种复杂园艺中; 北美洲和南部亚马孙地区的原住民似乎没有这种习俗。

15. 爱尔兰的天主教徒做法不同。人们会去教堂参加圣灵节 (Feast of Holy Souls), 在那里为可怜的灵魂祷告, 出席的人因此会受到集体宽恕。不过, 虽然有些人可能会去公墓, 但他们并不带来鲜花。这并不是因为他们不喜欢在坟墓上放花, 而是因为他们在圣诞节时是会这样做的, 而且在一年中的其他时间里, 他们也会仔细地照料坟墓、种植花卉, 并以一种"意大利式"的方式用圣像 (有时还有照片) 来装饰坟墓。在美国, 天主教会也会举行类似的弥撒, 有时候在仪式结束后, 人们还会一起行进到公墓, 但无论是在那天还是在其他时候，人们基本都不会带花。

16. 参见由 J. 古迪和 C. 波皮合写的《花朵与遗骨：盎格鲁-撒克逊墓地和意大利墓地中对待死者的方式》（Flowers and bones: the approach to the dead in Anglo-Saxon and Italian ceneteries, 待发表 *）。

17. 在植物学上，名为玛格丽特菊的几种植物和菊花一样，都是菊科植物。

18. 在 20 世纪 50 年代的美国中西部，交锋的两支橄榄球队的球迷会佩戴不同颜色的菊花——这是这种秋花的又一种用法。

19. 在欧洲还生有其他多种菊类植物，曾经都置于菊属（*Chrysanthemum*）。茼蒿（*C. coronarium*）在英文中叫"皇冠菊"（crown daisy）或"花环菊"（garland chrysanthemum），帕金森（Parkinson）直接称之为 chrysanthemum，又称为"坎迪亚茼蒿"（corn marigold of Candy）；坎迪亚即希腊克里特岛的古称，这说明在 1629 年帕金森撰写其著作之前，茼蒿在那里已有引栽。木茼蒿（*C. frutescens*）于 16 世纪后期从加那利群岛引栽到法国，与瓦卢瓦的玛格丽特（Marguerite de Valois）王后有关联，有时也被称为"玛格丽特菊"。玛格丽特菊（Marguerite）这个名字意为"珍珠"，在此之前已经与更早的另一位王后安茹的玛格丽特（Margaret of Anjou）联系在一起了，她的纹章中有三朵雏菊。还有一种短舌匹菊（*C. parthenium*）可能是英国本土的，其英文名为 feverfew（"不发烧花"），顾名思义，是可以入药的植物。后来，人们培育出了一些更复杂的菊类植物品种，帕金森就拥有这些品种，用于治疗女性疾病，"主要用于调理她们的月经，并可专门用来治疗那些滥服鸦片的人。在意大利，有些人在所有新鲜草药中只服用这一类……但常常与鸡蛋同煎"（Parkinson 1629: 289）。

20. 关于菊花在欧洲的早期历史，参见 Gorer 1978: 72ff.

21. Emsweller 1947: 26-27.

22. Lambert 1880: 825.

23. Sébillot 1906: iii, 471.

24. 关于毛茛与黄金，参见 Beals 1917: 66ff. 关于美国的雏菊链和学院仪

---

* 该论文现已发表。Comparative Studies in Society and History Vol. 36, No.1 (Jan., 1994), pp.146-175.

鲜花人类学

式，参见该书 pp. 83ff. 在苏格兰，雏菊被称为 bairnwort，意为"孩子花"。在英国不同的地方，存在着许多有关雏菊的禁忌，常与儿童有关（Jones and Dear 1989: 19）。

25. Beals 1917: 38.

26. 在我认识的一位法国人看来，作为礼物的白玫瑰表示了格外亲昵的姿态；它们更常用作婚礼用花。这些个人的理解反映了个体的经验，可能会让花朵意义发生更为广泛的变化。

27. *The Market for Flowers*, 1982.

28. 还有其他花朵也有显著的政治功用。拿破仑被他的追随者称为"堇菜下士"（Caporal Violette），在他被流放到厄尔巴岛（Elba）之后，帝国波拿巴党（Imperial Napoleonic Party）便采用堇菜作为标志。18 世纪时，法国应征入伍的士兵有时会被另起"花名"，尽管在其他地方，这种花名通常都与女性有关联。

29. 康乃馨在法语中是 *oeillet*；不过，通过冠以不同定语，这个词也可以指多种分属于不同物种的花卉。

30. 在两次世界大战期间的英格兰，聪明的年轻男性会戴着康乃馨跳舞。我要感谢朱利安·皮特－里弗斯、玛丽亚·皮亚·迪贝拉（Maria Pia di Bella）和其他朋友对这些论题发表的评论。

31. 花朵与吉卜赛服饰的关联是很强烈的。梅里美（Mérimée）所写的短篇小说《卡门》（*Carmen*），后来被改编为歌剧剧本。在小说中，卡门第一次与年轻的士兵堂·何塞（Don José）见面时，就在衬衫前襟开口处戴了一束银荆，嘴里也叼着一束。她把嘴里这束花向堂·何塞扔去，打在他两眼之间；然后他拾起花，放在自己的军衣口袋里（*Carmen*, W. F. C. Ade 译, New York, 1977）。

32. Pitt-Rivers 1984: 252−253.

33. 可以与男同性恋圈子里在左耳还是右耳上戴单只耳环的做法相比较。

34. 狂欢节期间，人们举行婚礼，新娘和新郎都会戴上橙花做的花冠。不过与此同时，人们也会在狂欢节期间的最后两个周六和四旬期的第一个周六拜访墓地，为死者献花。

35. 戈杜安（Gaudouin, 1984）就提醒，法国的迷信者可能不会把康乃馨或帚石南（heather）视为礼物。

36. 许多欧洲语言会用香料丁子香（clove）的名称作为康乃馨的名称，因为二者香气相似；因此在英语中，1535 年出现了 clove gilliflower 一名，用于指称 15 世纪康乃馨的早期驯化品种。这种香料因为状如钉子，因此在英语中叫 clove 或 nail，在法语中叫 *clou de girofle*（由此又派生出 *giroflée* 一名，指桂竹香）；后来在英语中，clove 这个名称本身也用来指康乃馨（有时候人们也用 gilliflower 一词演变而成的 July flower［七月花］）。在德语中，丁子香的名称 *Nägelein* 也有类似的概念变化，由此还与基督的受难联系在一起，因为丁子香的形状像十字架上的钉子；在凡·艾克的绘画中，桂竹香则是基督的另一种象征。哈维（Harvey, 1978）对康乃馨及其各个名称的复杂历史进行了彻底的梳理。英语名称 carnation（来自拉丁语 *caro*［肉］）的由来，似乎既不是因为其花为肉色，也与基督的受难无关，而可能源自土耳其语；不过，为什么这个借词只在英文中出现，却令人费解。常夏石竹（*Dianthus plumarius*）的品种在英语中叫 pink，这个词后来引申出"粉红色"的意义，而不是反过来由颜色名引申出花名。

37. "可是不要，亲爱的，今晚不要卡特兰，你很清楚我身体不舒服。" Proust 1954: 272; 关于这种个人性委婉语的起源，参见该书 p. 234.

38. Beals 1917: 151ff. 在墨西哥，金盏花据说是死亡之花，可用在教堂中，但不用于节日场合。参见 E. Carmichael and C. Sayer, *The Skeleton at the Feast*, London, 1991, p. 10.

39. 在中世纪，金盏花是众多以圣母马利亚命名的花卉之一，可以用于烹饪，作为一种苦味芳香植物。

40. Zonabend 1980.

41. 在洛特省当地集市的一个摊位上，一位售卖自家种植的蔬菜和鲜花的女性似乎对我下面这个问题感到意外："有没有什么花，是你不能送给女性的？"她笑了起来，然后我继续问道："黄色的吗？""不，只要你很了解她，那当然可以送她。"之后她思考一下，说有些人不喜欢送人康乃馨（oeillets），因为它们会带来麻烦。陪我考察的人也同意她的说法。她的德裔母亲不喜欢康乃馨，而在她父亲的老家马耳他，人们对康乃馨似乎也有一种矛盾的感觉。我继续问道："在勃艮第，那里的人说人们不喜欢黄色的花，哪怕是花园里种的，是吗？"她又笑起来，声音更大了："他们是害怕被戴绿帽子（cocu）吗？"在当地花商看来，这一意义似乎是最近才传进国内的。

42. Zonabend 1980: 24. 这项研究是蒂娜·若拉（Tina Jolas）、马里–克洛

德·皮尼奥（Marie-Claude Pignaud）、妮科尔·韦迪耶（Nicole Verdier）和弗朗索瓦丝·佐纳邦（Françoise Zonabend）在该村庄所做的四次研究之一。

43. Zonabend 1980: 152.

44. London, 1980.

45. 比如 Minns 1905.

46. Anon. 1863: 234.

47. Lambert 1880: 814 所引用的 *Law Reports* vol.3 , Admiralty and Ecclesiastical, Cases 66.

48. *Pall Mall Gazette*, 2 January 1875. 圣公会的高教会派有一种精致的花历，给出了适用于基督徒节日的花卉，参见 Cuyler 1862. 在序言中，这位女性反对者写道，她的兄弟是一位受命牧师，在做弥撒序诵时拒绝了这种带有迷信色彩的用法，理由是花卉会让人想到基督的生平。（*Pall Mall Gazette*, 20 April, 1878）。

49. Chadwick 1973.

50. Litten 1991: 170; Davey 1889: 110.

51. Barrett 1873: 11.

52. 参见 Tolstoy *et al.* 1990; Razina *et al.* 1990.

53. 对于苏联的讨论，我要感谢阿龙·古列维奇（Aaron Gurevich）、鲁斯兰·格林贝格（Roslan Grinberg）、克里斯特尔·莱恩（Christel Lane）和许多最近刚去过那个国家的人。

54. Barjonet 1986.

55. 'The talk of the town', *New Yorker*, 30 July, 1990, pp. 26－28.

56. Hann 1990, 该书提到了其他有关苏联和东欧仪式的著作。

57. 报告发表地点是柏林，时间是 1990 年 4 月。

58. 关于捷克斯洛伐克的花语，参见 Macura 1983.

59. 布拉格的中产阶级反对使用塑料花。在 4 月时，花店里假花的品色比鲜花的品种还多，一些当地居民非常惊讶地向我指出了这一点。我还得知，公墓中不应该放置假花，但在奥尔沙尼公墓，8% 的新坟墓上都有假花。这个比例与我在英国和美国发现的情况相当接近，但与法国南部（高达 80% 左右）和意大利北部（基本上可以说不存在）非常不同。

60. 这种在墓碑上放置小石头的做法，在美国和欧洲都普遍存在。鲜花的缺失也是犹太人墓地的特点，不过在美国，周边人群的文化习俗对葬礼本身产生了一些影响，也有鲜花提供；在这些葬礼上，人们越来越多地遵从葬礼主管的安排。

61. 圣巴巴拉可能是个杜撰的人物，这位少女试图逃避一场包办婚姻，之后殉教。她在中世纪很受大众欢迎，与危险职业有关，包括烟花制作者、炮兵和建筑师。

62. 16世纪时，在玛丽女王的天主教统治下，伦敦人在基督圣体节那天举行了游行。人们手持火炬，火炬以"旧式风格装饰"有鲜花。在德国美因茨等地，也有证据表明，"神职人员和俗世信众，姑娘和小伙子，都会佩戴用玫瑰和其他各种花朵以及橡树和常春藤做成的大小花环"。(Lambert 1880: 812, 817, 其中引用了 *The Diary of Henry Machyn, Citizen and Merchant-Taylor of London, from AD 1550 to AD 1563* [ed. J. G. Nochols], The Camden Society, London, 1848, p. 63 和 *Serarii opus theol.*, vol. iii)。在罗马仪式中，男孩们则会在为酒饼祝圣前撒下玫瑰叶。宗教改革之后，几乎所有游行都被边缘化。

63. 布拉格和布拉迪斯拉发在鲜花的"包装文化"上存在差异。在布拉迪斯拉发，鲜花的包装采用了维也纳和布达佩斯的常见方式，布拉格的方式则较简单。

64. Roth 1990.

65. 在捷克斯洛伐克，这种做法早在二战之前就开始了，是所谓"原木小屋"(log cabin) 现象的表现之一，但这些别墅通常都远离城市。

66. Morgan 1985: 340.

67. 参见 Sitenský, nd 的图版 plates 59 and 61. 它们是战前布拉格的照片。

68. 欧洲的共产党人用"萝卜"这个词来称呼那些为了满足自己职业发展而入党的人，因为萝卜红皮白心。哈恩注意到波兰也有这个"萝卜"比喻，但形容的是战后时期的这个国家。

69. 另一项类似的活动，是在中小学的学年结束时，由学生为女教师献花。花朵作为礼物，在美国学校的期终仪式上也有应用，但它们是由男生和女生相互赠予。

70. 在博洛尼亚 (Bologna) 流传着一个笑话，讲的是一个女婿送了他岳母一盆花。

71. 我向一位巴黎朋友讲了把假花作为礼物送人的故事，她说她光是听到这种想法，就觉得实在太尴尬了："这真是能让人头发都竖起来。"

72. Mauméné 1897: 15.

73. Curcio 1981: 323.

74. AGREX report, 1984: 11.

75. CNIH 1982.

76. Ministry of Agriculture and Fisheries 1988.

77. 近年来，很多国家的园艺组织都展现出了对鲜花购买的强烈兴趣。我为此做过两次考察，以便通过我自己的调查补充数据，一次是在英格兰，一次是在法国。

78. *The Market for Flowers*, p. 13.

79. 数据来自科文特花园的批发市场。1973 年，该市场卖出了400 万箱花，价值 1400 万英镑。其中 10 万箱在圣诞节售出，8.5 万箱在复活节周和母亲节售出。

80. *The Market for Flowers*, p. 17.

81. *The Market for Flowers*, p. 20.

82. 目前不清楚英国的抽样调查中是否给出了这个选项。

83. CNIH 1981.

84. CNIH 1982: 1.

85. 也参见 Barth 1987.

86. 在芝加哥地区的天主教堂中也存在类似的做法。在 5 月，教堂会选中一位少女作为圣母马利亚的化身，用玫瑰为她加冕。不过因为同辈竞争，父母们实际上也会给其他少女戴上头冠。

87. 在经验主义层面，这样的解释显然都是推测性的，可能根本无法证明。不过，在大量细节性资料中有可能发现更确凿的证据。

88. 参见 Sahlins 1976，以及我本人在《食物与食物方式》(*Food and Foodways*, 1989) 中的评论。

第十一章　印度的花环：万寿菊和素馨

1. 我一开始还写了有关日本的一章，但因为本书篇幅有限，只得把它删去。

2. 虽然我接受约翰·伊利夫（John Iliffe, 1987）的观点，认为在撒哈拉以南非洲的残疾人和社会地位低下的群体中也存在贫困，但我不同意的是，他说财富和贫困的概念或其现实性对那里的社会生活的影响堪与欧洲和亚洲的主要社会相比。在我看来，这两块大陆上人群与土地之间关系的性质显然是不一样的，即使在涉及奴隶制的情况下也是如此。虽然奴隶在许多非洲政权下构成了一个阶层，但随着时间推移，所有奴隶群体都获得了坚实的土地权利。许多后独立时期的关注"民族主义"历史的作者有个特点，就是忽视生活方式和交流模式的根本差异；这也同样是许多发展经济学家的特点，他们仍然将这些差异在有限的意义上视为"技术性"差异，却没有充分关注生产的社会组织。这两类学者的研究进路都倾向于缩短给当地人口造成越来越大的损害的历史过程。

3. Ⅳ.1.67, Ⅲ.63.14, Ⅲ.64.26－27. 参见 Vyas 1967: 219.

4. Ⅲ.11.52; Vyas 1967: 221.

5. 犊子氏《欲经》(Vatsyayana 1963: 108－111)。该书中还说，妻子应该种一个菜园，但也要为素馨和其他花卉创建一个花园 (Mulk Anand's edition, 1990, p. 165)。

6.《欲经》中描述了这些行为在性爱中的功用。

7. Ramanujan 1985: 234, 242, 226, 110.

8. Miller 1984: 3－5.

9. 在《沙恭达罗》中，女主角把一封情书藏在一朵花中，以敬献给神为借口把它交给了国王(Miller 1984: 115)。剧中还写道，一头大象在冲过来时戴着"藤条"花环(p. 101)，国王戴着野花花环(p. 102)，沙恭达罗的朋友则在她动身前往丈夫家时为她制作了合欢花环。

10. Gitomer 1984: 69.

11. Miller 1984: 90.

12. 杧果树(Miller 1984: 155)是男性的象征，与作为女性象征的素馨花对应。

13. Miller 1984: 156.

14. Miller 1984: 91.

15. Miller 1984: 136, 221.

16. Gerow, 转引自 Miller 1984: 373.

17. 转引自 Sircar 1950: 123.

18. Sircar 1950: 129; 这套学术词汇显然十分丰富。

19. Sivaramamurti 1980: 11.

20. 参见 Ambalai (1987) 的报告。

21. Rizvi 1978: i, 372.

22. T. N. 潘迪（Pandy）告诉我，在印度贡达（Gonda）的塔鲁人（Tharus）中，花朵、牛奶和火供（homa）用于祭拜素食神的仪式，而山羊、绵羊和鸡则用来作为其他神灵的牲祭。尽管并非所有梵语化的神灵都拒绝食肉，但请注意"素食神"这个概念；她们总体来说是"地位较低"的地方性女神。

23. 我要感谢阿姆里特·斯里尼瓦桑（Amrit Srinivasan），她为本节的写作提供了帮助。

24. 这些表演存在很多地方差异，同时又在总体上具有相似之处，取决于庆祝活动是在城镇举办还是乡村举办。我这段记述取自马里奥特的著作（Marriott 1966），但我 1991 年在艾哈迈达巴德也见到了牛粪块和带颜色的祭拜用品。

25. S. Huntingdon 1985: 18ff.

26. S. Huntingdon 1985: 8.

27. Cheng Te'kun 1969.

28. S. Huntingdon 1985: 58.

29. *Mahā-parinirvāṇa-suttā*, 转引自 Snellgrove 1978: 19.

30. Snellgrove 1978: 32.

31. Jung 1961: 264.

32. 参见第十三章。

33. *Mahâ-paribbâna Sutta*, p.86, 见 Buddhist Suttas, transl. T. W. Rhys Davids; 以及 *Dīgha Nikāya*.

34. *Vinaya Texts*, part Ⅲ, transl. T. W. Rhys Davids and H. Oldenberg, *Sacred Books of the East*, New Delhi, p. 325, Oxford, 1885（初版）。

35. Müller 1881: 17－18.

36.《大方广佛华严经》(*The Great Expansive Buddha Flower Adornment Sutra*)，三藏法师宣化（Tripitaka Master Hsuan Hua）注，英译本为: transl. Dharma Realm Buddhist University Buddhist Text Translation Society, Talmage, California; *The Book of Kindred Sayings-Saṃyutta-nikāya－or grouped suttas*, transl. Mrs Rhys Davids, assisted by Sūriyagoda Sumangala Thera (F. L. Woodward), 5 vols., Pali Text Society Translation Series, 7, 10, 13, 14, 16,

London, 1917–1930.

37. 这种短暂无常的观念同样也体现在黏土制作的神灵塑像上，这些塑像在庙宇里摆放一天之后，就会被人们扔到河里。

38. *Scripture of the Lotus Blossom of the Fine Dharma* (the Lotus Sutra), transl. L. Hurvitz, New York, 1976, Chapter 5.

39. C. and S. Bayly，私人通信。

40. 就像在什里纳特吉崇拜的传统中，在很多描绘黑天和挤奶女工的绘画中充当背景的那些花朵一样。

41. Geiger 1950: 241–242; Tennent 1859: 367.

42. Tennent 1859: 366–367.

43. S. Huntingdon 1985: xxvi.

44. S. Huntingdon（1985）和 J. Huntingdon（1985）提出了另一种观点，怀疑早期佛教艺术中未必不存在圣像，但他们这种观点并没有得到广泛接受，而且就图像本身而言，这种论述在很大程度上是犯了诉诸沉默（*ex silentio*）的逻辑谬误。

45. Snellgrove 1978: 47ff.

46. Minucius Felix 1844–1866: 490 (cap. 24), 504 (cap. 32).

47. 阿旃陀石窟开凿于 5 世纪和 6 世纪，花朵经常出现在其中女性形象的头饰中（Berkson 1986）。

48. Snellgrove 1978: 26–27.

49. Hyers 1989.

50. Dehejia 1989: 16.

51. Hyers 1989: 5.

52. Hyers 1989: 4; Dehejia 1989: 17, 图 6（特别是其背面）。在马图拉（Mathura），有一位女性拿着一杯葡萄酒洒在一棵开花的香榄树（*bakula*）上的图像，参见该书 19 页图 7。

53. Dehejia 1989: 23–24.

54. 我要感谢安德烈·贝泰耶（André Beteille），他不仅向我强调了这一点，还在其他方面也提供了帮助。

55. 第 47 节。

56. *Dīgha Nikāya*, transl. M. Walshe, London, 1987, p. 69.

57. Tambiah 1970: 90, 94, 110, 124.

58. 这种观念似乎与基督宗教中认为圣徒具有"圣洁馨香"的观念类似。

59. Rizvi 1983: i, 177–178.

60. Rizvi 1978: ii, 260, 432. 在克什米尔，墓地里种有鸢尾；在其他穆斯林地区，墓地里开出野花（不是栽培花卉）是一种祥瑞。

61. Eck 1983: 12. 我要感谢苏珊·贝利和克里斯·贝利（Susan and Chris Bayly），她们又要感谢新德里贾瓦哈拉尔·尼赫鲁大学历史学系的穆扎法·阿兰（Muzaffar Alam）博士。关于苏非派的反对意见的相关文献，参见 Rizvi 1978.

62. 在印度一些地区，一个叫"普尔马里"（*phulmali*）的亚种姓专门从事花卉栽培；马拉巴人（*malabars*）也是园丁。

63. 在古吉拉特邦的楠多尔（Nandol），我们与年轻人一起来到河庙（River Temple），他们一路摘取道边绿篱里栽培的花朵，然后在庙里献上，但是在庙宇周边却无人修建花园。

64. 今天，马代布尔（Madaipur）正在修建的哈里克里希那派（Hari Krishna）庙附有花园，其中种有供庙宇使用的花卉，但这是印度教的一个新宗派，吸收了很多西方成分。

65. Crowe *et al.* 1972: 19.

66. 素馨类花卉有许多品种，有些品种比其他品种更香。我既听人说其花香可以招蛇（马德拉斯邦），又听说它可以保护人免遭蛇咬。在南印度，妇女怀孕第三、五、七和九个月时举行的仪式（*Simantham*）上要用到一种特别精致的发饰，即是用素馨做成。南印度的花环材料有时候还包括芳香植物，比如薄荷和圣罗勒。

67. 内拉·布拉（Neera Burra, n.d.）在研究马哈拉施特拉邦一个村庄中属于马哈尔（Mahar）种姓的新佛教徒时指出，那里的婚礼仪典本质上是佛教式的，其中一项仪式是在安贝德卡（Ambedkar）*和佛陀的画像前为新娘和新郎简单地戴上花环。虽然这种做法不完全合法，却已被广泛实行。

68. 每个阴历月份的第一天，人们会举行一场特别的祭礼，这需要事先购

---

* 安贝德卡（B. R. Ambedkar，1891—1956）是印度政治家和社会改革家，是印度宪法的首席设计师。他自己出身表列种姓（达利特），一生积极反对印度社会各界对表列种姓的歧视，因此在马哈尔等表列种姓的民众心目中具有崇高地位。

注释

买甜食，然后作为宗教礼物（prasad）分发。

69. Eck 1983: 247.

70. 埃克（Eck）将印度教的祭礼（*pūjā*）追溯到了对印度"最早的"拟人化神灵夜叉（*yakshas*）的崇拜，人们用朱砂涂抹石头或圣像，以此替代血祭（*bali*）。

71. Srinivas 1976: 324–328. 北方邦（Uttar Pradesh）东部也有类似的仪式。

72. 花农一次带来的花大约有 20 磅（9.07 千克）。我在 1987 年 1 月访问了艾哈迈达巴德的花市；后来在 1992 年 3 月再访时，大部分销售活动已经转到了市郊一幢新楼里进行（这也是印度和欧洲其他很多城市的情况）。

73. 我的儿媳兰贾娜在结婚之前，会从浦那的绿篱上摘花来装饰头发。现在她每天早上都从街头游贩那里购买。在印地语中，这种用途的花叫 *veni*，而区别于 *mala*（花环）。

74. 在浦那，一位花商把他为婚礼创作的花朵造型作品拍成照片，做成影集保存。这些作品里面包括昂贵的花墙和用于汽车的装饰，在人们看来，这样铺张的摆设会让他们想到现代的孟买婚礼。

75. *The Times of India*, 28 March 1990.

76. Krishna 1967: 2.

77. 有人曾认为，印度花文化向东的扩散可能是传教士积极传教的结果，因为在波利尼西亚，人们最早是用编成长绺的叶子实行花环的功能。不过如果考虑到波利尼西亚人应用花朵的广泛性，这种推测未免显得有些可疑。参见 Lambert 1878: 457ff. 也参见 Burrows 1963 收集的伊法利克（Ifeluk）民歌。另一方面，在 R. L. 史蒂文森（Stevenson）夫人和其他人的著作中，也透露出了一些相反的情况。

78. 我在印度只是偶尔才会见到人们应用现代塑料花的情况，尽管这样的事情正在增加。这类假花的应用在很大程度上是一个阶级问题。如果你足够富裕，或者受教育程度足够高，那么你通常会应用鲜花，因为鲜花的迅速变质（凋谢）体现了其价值的内在方面。假花则可以在更长的时间内保持比较灿烂的样子（如果能称得上是灿烂的话），但除了用在衣服上，人们会觉得它没多大价值。然而，假花从最古老的时代开始就已经存在了。

第十二章　中国的"花中四君子"

1. Cheng Te-k'un 1969: 251; 可能"中华"一词的一种更好的解释是"中央的繁华"。

2. Wilson 1929.

3. Fortune 1987: 13; Dyer Ball 1900: 240.

4. 我遵从科大卫（David Faure）和萧凤霞的做法，用"文士"（literati）这个词指在选拔制度中等第较高的人，"乡贤"（local elites）指等第较低的人。

5. Cheng Te-k'un 1969: 252.

6. Barnhart 1983: 15. 对于桃树，还有另一种与陶渊明的《桃花源记》不同的独立传统："在西王母的佳苑中，桃树每三千年开一次花，之后又要过三千年蟠桃才成熟。蟠桃在成熟时，会拿到蟠桃会上供长生的仙人们享用。"（Laing 1988: 162; Williams 1941: 315-317）。也参见萧凤霞（Siu 1990）本人对中国当代习俗由来的考察。

7. 唐代进口的"佳卉"有原产古罗马和伊朗的素馨（*Jasminum grandiflorum*），以及来自印度的茉莉（*J. sambac*）和黄兰花（*Michelia champaca*）。黄兰花可以戴在头发上，在身上揉擦，或是用于上供（关于这种花和其他花卉，参见 Schafer 1963）。同样来自波斯的还有桃、海枣和番红花。*

8. Li 1959: 109-110.

9. 更为详尽的名单可参见 Li 1959.

10. Nakao 1986: II , 2.

11. Cressey 1955: 248.

12. Shepherd 1988: 406，引用了 Buck 1937.

13. 关于中国北方和南方在租佃权和土地租赁上的差别，参见 Shepherd (1988). 在此之前的研究则可参见 Cressey (1955), Wakeman (1975), Gamble (1963), Potter (1970) 和 Pasternak (1969). 关于中国的生态，参见 Elvin (1973) 和 Perkins (1969).

14. Elvin 1973: 113; Bray 1984: 598.

15. Bray 1984: 605; Blunden and Elvin 1983.

---

*　作者此说不准确，桃是中国原产作物，波斯的桃实际上来自中国。

注释　　　　　　　　　　　　　　　　　　　　　　　　　　　　703

16. Needham 1986: 11–12.

17. Gorer 1970: 72.

18. 英译本由夏丽森（Alison Hardie）译出。

19. Laing 1988: 110.

20. Li 1979: 11.

21. Cheng Te-k'un 1969: 308, 310–312.

22. 关于莲花作为象征时的多种意义，参见 Koehn 1952: 136.

23. 到 13 世纪时，最后这种桃花花瓣母题作为长寿的象征，已经与道教特别关联在一起。对道教徒来说，阴和阳的运动可以用一个旋转的圆形符号（太极鱼）来象征。"这种永恒的旋转像一朵绽开的花，生命随之创生。"

24. Cheng Te'kun 1969: 296, 304.

25. Schafer 1967.

26. Rawson 1984: 14.

27. 关于出口到土耳其的中国瓷器上的植物母题，参见 Krahl 1987.

28. Waley 1937: 16, 21.

29. Waley 1937: App. 3.

30. Sze 1956: 435. 事实上，唐代的张彦远在公元 847 年时就已经提到了花鸟画，参见 Acker 1954: 146.

31. Waley 1937.

32. 朱锦鸾（Chu 1988: 153–155）把牡丹绘画和没骨画法都归为徐熙的创新。

33. Cahill 1960.

34. 在中国北方沦陷于蛮族之手的时候，对这些活动的兴趣便有了政治意义。参见 Barnhart 1983: 26, 30, 37. 关于南宋的梅花诗画的政治意义，参见 Bickford 1985: 26, 71. 以花卉入画的一个很有代表性的例子，是南宋爱国者郑思肖（活跃于约 1250—1300 年），他通过绘制无根的兰花，企图表达他对中华的国土陷落于蒙古人之手的感受（Sullivan 1974: 31）。此外，从花卉诗中解读出政治含义并非只此一例。

35. Barnhart 1983: 27, 38.

36. Barnhart 1983: 63.

37. Stein 1990: 37.

38. Fusek 1982 和 Wagner 1984.

39. 关于诗歌中花卉的性质，参见 Frankel 1976.

40. Barnhart 1983: 84－85.

41. Barnhart 1983: 96；佛教信徒会通过莲花花瓣在天上重生（该书 91 页）。

42. Weidner 1988: 24.

43. 1618 年刻印于苏州；Laing 1988: 36, 引用了 Hanan 1981: 89.

44. Bartholomew 1985; Laing 1988: 37; Weidner 1988: 114－115.

45. Laing 1988: 37.

46. 女性画家也画其他花卉和树木，但从不画大型山水；她们的专长与刺绣有关。

47. Sze 1956: 324; 这是大约四千年前的古史的传说。

48. 关于竹子在中国艺术中的重要性，参见 Barnhart 1983: 50－54.

49. Sze 1956: 362.

50. Robinson 1988: 67.

51. Koehn 1952: 134.

52. Bickford 1985: 146.

53. 此书编者对"歌诀"一词所做的注释具有特别有趣的含义（Sze 1956: 323）。"歌意为'唱，咏'，诀意为'秘密'，在这里，这个词指的是一种学习绘画规则的方法。咏唱固定的文句，是常见的助记方法，特别适合儿童学习经典。'诀'也用来指一些神秘学的方术、法术之类，并暗示了它与念咒（宗教经文的吟诵）之间的联系；人们相信这些念咒的声音是一种与上天相互"调谐"的方式，由此便建立了共鸣。《诗经》中就有相关的表述：'诗言志，歌永言。'（诗是诚挚思想的表达，歌唱是这种表达的舒缓吐露；Legge, *The Shoo King*, part Ⅱ, Ⅰ, Ⅴ.）"

54. Sze 1956: 323－324.

55. Lee 1988: 18.

56. 关于兰花的意义，特别是隐居的象征，参见 Robinson 1988: 74, Barnhart 1983: 35 和 Van Gulick 1961: 92, 102. 关于城市化与隐居，参见 Bickford 1985: 3. 关于作为"王者香"的兰花的绘画，参见 Barnhart 1983: 55.

57. Sze 1956: 326.

58. Koehn 1952: 132.

59. 关于梅的绘画，参见 Barnhart 1983: 55.

60. Sze 1956: 404.

61. 关于西番莲的象征体系，参见 Anon. 1863: 248, 其中征引了 Bosio, *La trionfante e gloriosa croce*, Rome, 1610; 帕金森曾建议把这种花指定为伊丽莎白女王之花。

62. Stein 1990.

63. Bickford 1985: 28, 68. 1260 年，赵孟坚绘成《自书梅竹三诗》卷，在题诗中包含了如何以水墨这种体裁画梅的指导。他的技法为元代《松斋梅谱》所遵循，这是一部系统阐释画梅的著作。

64. Bickford 1985: 17, 56ff.

65. Weidner 1988: 139.

66. Koehn 1952: 127. 关于梅花和其他象征彼此结合构成的双关指代，参见该书 128 页。

67. Koehn 1952: 127.

68. 在绘画中，菊花与隐士诗人陶潜（365—427）的一首诗《饮酒》（其五）有格外密切的关联："采菊东篱下，悠然见南山。"

69. Koehn 1952: 143.

70. 在 1708 年的一部百科全书式著作中描述了菊花的 300 个品种；今天，其品种已达数千。参见 Li 1959: 37ff, 是对菊花的植物学特征的介绍。

71. Sze 1956: 435.

72. Chu 1988: 152.

73. 参见 Sullivan 1974.

74. Sullivan 1974: 30.

75. Weidner 1988: 21.

76. Li 1956: 38–39; Weidner 1988: 123–124.

77. Shen Fu 1983: 136.

78. 向我指出这一点的是乔·麦克德莫特（Joe McDermott），他还认为，我过度强调了（遵循他们自己的实践的）文士在文化中的作用。在任何情况下，中国文士都既会汲取儒教思想，又会借鉴道教和佛教思想。他们当然会折衷行事。然而不管大多数人的信仰是什么，就建制化"宗教"而言，这三种东亚传统似乎一直保持着不同程度的独特性，有时候呈现为不同程度的对立，

　　　　　　　　　　　　　　鲜花人类学

有时候甚至呈现为完全的冲突。

79. Schafer 1967.

80. Shen Fu 1983: 110, 112.

81. 关于整个过程的描述，参见 Li 1956: 57ff. 以及 Shen Fu 1983: 56-62. 关于中国花朵图像的"隐喻易变性"，参见 Bickford 1985: 25. 也参见罗杰斯对 15 世纪画家吕纪的评论："并不是总能见到象征意义的一致性……有时候，一幅画就只是一幅画而已。"（Rogers 1988: 116）

82. Li 1956.

83. Li 1956: 75ff.

84. Rawson 1984.

85. McMullen 1987: 199.

86. "兰"这个名字出现在《诗经》中，其中的诗歌创作于公元前 800—前 600 年这个时期。韦利认为这个名字指的是一种豆科植物，他称之为"藤豆"（Waley, *The Book of Songs*, London, 1937, p. 55, Ode 55）。[*]"幽兰"被用于比喻孔子，是他怀才不遇的象征，但这只是后来才建立的传统。这一意象见于《楚辞》。

87. 参见 Bartholomew 1985: 23-24; 牡丹是富贵的象征，它的别名"富贵花"用在很多双关语中（Koehn 1952: 133）。

88. 我要感谢戴维·麦克马伦向我提供唐诗中对花卉的记述。

89. Rawson 1984，遵从了贡布里希的观点。

90. McMullen 1987: 199.

91. 关于松树的绘画，参见 Barnhart 1983: 546-555.

92. 在广州，莲花据说承载了人们希望多生儿子的意义（*Introduction to Popular Traditions*, 4）。

93. Laing 1988: 32; Eberhard 1952: 82-85; Weidner 1988: 109.

94. 关于萱草和石榴的其他意义，参见 Koehn 1952: 135, 138.

95. 参见 Bartholomew 1985.

---

[*] 今天植物学界基本公认，五代以前中国文献中的"兰"大多指菊科的佩兰（*Eupatorium fortunei*）。

96. Bartholomew 1985: 24.

97. 1989 年在韩国首尔，有人告诉我，菊花用于葬礼，玫瑰用于婚礼；如果搞错，事情会很糟糕。我在日本时也曾听说了对菊花的类似看法。我把这些联想归因于这两个国家对西方花卉应用的接纳改造，因为我认为这些观念没有任何历史深度。

98. McMullen 1987: 200.

99. Gibson 1877: 150.

100. Bredon and Mitrophanow 1927: 126.

101. Fortune 1847: 373, 382.

102. Lin 1947: 42. 关于 6 世纪诗人萧纲诗歌中插在头上的梅花，参见 Bickford 1985: 19.

103. Li 1959: 148, 161, 167.

104. 4 世纪前期，华南地区在应用茉莉等素馨类花朵时，会"以彩丝穿花心，以为首饰"，参见 Li 1979: 36. 在中国北方，种在暖房中的茉莉也有相同的用途。

105. Li 1959: 127–128.

106. Hershatter 1991: 10, 24. 在中文中，"开苞"的本义是"打开花蕾"。

107. Koehn 1952: 121.

108. 在佛教徒看来，这些仙女有一项任务，是用花朵来奖励佛经的研读者。"负责掌管佛教众香之国的天仙有一项任务是'天女散花'……把花朵撒向研读神圣经文的学者，以检验他们的精神修养。那些还没有抛弃所有俗世欲望的人，落花会沾在他们身上。然而如果是功德圆满之人，便连一片花瓣也不会惹到。"（Koehn 1952: 123）也许这是另一种暗示，说明花朵（作为尘世中刺激感官的奢华之物）与纯朴的功德之间具有潜在的对立？

109. Li 1956: 31.

110. Robinson 1988: 85.

111. Weidner 1988: 54; Der Ling 1911: 348–350.

112. Weidner 1988: 54; Cao Xueqin 1977: 24.

113. 这个故事叫《卖油郎独占花魁》，见 Laing 1988: 36 的讨论。关于早春的赏梅，参见 Bickford 1985: 28.

114. Shen Fu 1983: 136.

115. Barnett 1989.

116. Shen Fu 1983: 127.

117. Shen Fu 1983: 138.

118. Li 1956: 95.

119. Fortune 1847: 98.

120. Johnson 1910: 167.

121. 这种葬礼纸幅也可以是白底黑字。

122. 这里的"养父母"取其程度最弱的意义；"资助者"（patrons）可能是个更好的英文翻译，其中也保留了原词中亲缘关系的含义。在广州，"收养"有三种不同的等级。

123. 不过李惠林（Li 1956）也写道："呈现为大丛而不是线条形式的花束和花篮，也常常作为朋友间的赠礼。"

124. Fortune 1847: 191.

125. Fortune 1847: 219.

126. Shen Fu 1983: 125.

127. Yuan Tien 1965: 227.

128. Li 1959: 44.

129. Shen Fu 1983: 66.

130. Shen Fu 1983: 108.

131. Shen Fu 1983: 62.

132. Shen Fu 1983: 59.

133. 关于这一仪典的分析，参见 Siu 1990；本章的记述都以该文为根据。

134. 关于橄榄（*Canarium* sp.）的用途，参见 Bartholomew 1980: 48.

135. Siu 1990: 777.

136. 这些戏曲的主题形象也用于装饰宗祠的屋顶和屏风；特别是那些建筑精美的宗祠，比如广州的陈家祠。

137. 关于莲花的植物学特性，参见 Li 1959: 64ff. 在公元后第一个千年中，中国人显然对莲花和睡莲这两类花卉都有了解，"睡莲"一名那时就已出现（pp. 43-44，引用了4世纪前期一部有关华南植物的著作）。

138. 关于中国在唐代从印度进口的珍奇植物，参见 Schafer 1963 的第 7 章。

佛教与素食的强烈关联一直持续到今天。香港有大约200家素食餐厅，都与佛教和佛教协会有密切关系。在农历新年第一天，当地居民只吃素（至少第一顿饭是这样）；屠宰从第二天才开始。香港的尼姑庵（比如大屿山上的一家）只为客人提供素斋，其院落里和庵中都满是鲜花。

139. Naquin, 待发表。

140. 这些庙宇中的常见供品是由三个部分构成的：首先是线香，点燃后用双手举起，同时向前倾斜头部，以这种姿势敬献给"神"。其次是水果、糕点和其他食品，放在"神"之前的平坦祭台上，在大多数情况下，这些供品最后又由上供者自己撤除。再次是纸钱，会在置于庙宇前院的专门的焚化炉中烧掉，以祈求富贵。这些供品都可以在附近的货摊上购买，这些货摊有时候就由庙宇本身所设（特别是那些卖纸钱和熏香的摊位）。有的庙宇除了货摊之外还设有功德箱，用于接收捐款。在货摊上，人们还可以通过刻或写有文字的木棍或纸卷（签）来卜问个人命运，不过人们也随时可以自行占卜，除了抽签之外，还可以用一对放在供桌之上的新月形器具（杯珓）。

141. Lee 1984: 59.

142. 参见 *Catalogue of the National Museum of Korea* 1988. 判断朝鲜半岛较为晚近的佛寺是否建于新罗时代（约600—800）的一种方法，是看石质基座上是否刻有形式化的花朵；寺院的主体木结构就建在这基座之上。

143. 三国时期的朝鲜半岛在儒教传入之后，于372年设立了太学（国立学府）。但中国唐代又给了儒教新的推动，导致新罗在682年设立了"国学"（国家儒学院），之后又在788年开始了选拔官员的科举考试。

144. *Catalogue of the National Museum of Korea* 1988: 126.

145. Summers 1968: 73, 由克罗嫩菲尔德在她那篇很有意思的讨论文章中转引（Kronenfeld 1989）。

146. Faure 1989.

147. 萧凤霞和科大卫，私人通信。

148. Cahill 1964: 79, 87.

149. 唐朝的著名文学家韩愈（768—824）发现，他的一位不堪教育的侄子是一位技艺高超的牡丹种植者，声称用染料养育牡丹的根部，便可以让它开出青、紫、黄、赤各色花朵，于是韩愈便给了这位侄子一次机会。这位侄子在中国南方长大，这表明牡丹的鉴赏之风已经扩展到了扬州、杭州和苏州这样的南方大城市。参见段成式（803—863）《酉阳杂俎》卷十九（Beijing, 1981, pp. 185–186）。

第十三章 "百花齐放"：华南的新年

1. Fortune 1847: 157.

2. 汉语的多声调结构和有限的发音，使得人们很容易构造谐音双关语。不过虽然全中国都有这样的文字游戏，但粤语中的这个谐音双关语在普通话中却不成立。粤语中"金橘"一词听上去像是表示"钱财"（金）和"吉利"（吉）的两个字的组合。参见 *Introduction to Popular Traditions*, 1986: 5.

3. 中国内地的农村住宅空间较大，乡下地区的暴发户可以盖起三层五间卧室的小楼。

4. 关于大型水果的装饰用途，参见 Li 1956: 54–55.

5. Koehn 1952: 129.

6. 根据威尔逊（Wilson 1929: 324），水仙的引入者是葡萄牙商人；但我赞成李惠林的推测，认为它来自阿拉伯人。关于古罗马水仙相关文献，参见 Schafer 1963: 127. 科恩（Koehn 1952: 129）推测，栽培水仙可能从福建和浙江两省发现的野生类型驯化而来。

7. Li 1959: 89.

8. 汉语里"桃"这个词也可以在更一般的意义上用来指称水果和坚果；它既是一个专门用语，又是一种类别。

9. 在一年中的这个时段，人们还会赠授其他礼物。在北京，以前人们会向亲戚赠送丝绸、饰物和珠宝，向远方的朋友赠送花朵（"从不是切花"）、上等茶叶和珍稀水果，特别是会赠送食品（Bredon and Mitrophanow 1927: 79）。

10. Mo 1978 是这种相互作用的有趣报告。1974 年时，中国内地打扫房屋、购买新衣和给压岁钱的习俗仍有有限的延续，参见 Cheng 1986: 512.

11.《日下旧闻考》初名《日下旧闻》，作者是朱彝尊（1629—1709）。该书后来由于敏中（1714—1780）等人增补，并改为现名。书中描述了梅花可种在埋于地下的高五尺（89 厘米）的花盆中。花盆以下又凿出三尺高的坑洞，在其中燃烧马粪，加热上方的土壤。同样的方法也用于其他花卉；蔬菜则种在地面上的暖室中。

12. 与大多数中国花果和水果一样，桃子也有许多关联的意义。它象征着长寿，因此在寿宴上有突出地位。我有一位朋友，祖父在春节期间的正月初四做寿，寿宴上就有桃酥，每一个都象征了六十年的人生（他已经 81 岁了）。在商周两代，桃形花瓣是常见的装饰元素，后来被接受为长寿的象征，道教徒尤其重视（Cheng Te-k'un 1969: 296）。天上的神仙每年都会在天帝的御桃园聚会，食用圣桃（Savidge 1977: 75）。另一则类似的神话是："在西王母的佳苑中，桃树每三千年开一次花，之后又要过三千年蟠桃才成熟。蟠桃在成熟时，会拿到蟠桃会上供长生的仙人们享用。"（Laing 1988: 162; Williams 1941: 315-317）

13. 除此之外，因为桃树在春天开花，而春季又是举办婚礼的最好季节，所以桃花也是婚姻的象征。

14. Li 1959: 57ff. 李惠林是苏州人。

15. 参见 *Introduction to Popular Traditions*, 1986（所述的是中国南方的情况），以及 Bredon and Mitrophanow 1927: 84（所述的是中国北方的情况）。

16. Qi Xing 1988: 6.

17. 具有图像的桃符会挂在地方衙门的大门上（Bredon and Mitrophanow 1927: 86）。

18. 王充《论衡》，转引自 Cahill 1964: 79.

19. Qi Xing 1988: 7.

20. 关于中国南方当前使用的常见新春联语列表，参见 *Introduction to Popular Traditions*, 1986: 2-3; 也参见 Bredon and Mitrophanow 1927: 82ff. 中对中国北方的讨论。

21. 20 世纪初，北京在春节期间会应用另一种形式的树木。人们把松柏的大枝插在高大的花瓶里，与桃树用的花瓶类似，在这些枝条上再缠上古钱和纸扎的石榴花，人们称之为"供神花"。今天在珠江三角洲的小榄镇，同样用红纸做的"花"也用于装饰新娘嫁妆里的物品，这些嫁妆会在成亲的两天前搬运，通过街道送到她未来的丈夫家。前文已述，石榴籽代表了多子多福的愿望。在旧金山的华裔美国人家庭中，这种习俗又有改造；人们用另一种中国起源的栽培植物——木瓜代替了要过一段时间才开花的桃树（Bartholomew 1985: 25）。

22. *Sunday Morning Post*, 5 February, 1989.

23. 客家人在当地农民人口中占据了一定比重。

24. Fortune 1847: 22.

25. 我这里所述的内容大都来自饶玖才的文章（Iu 1985）。

26. Iu 1985: 208.

27. 据说其花会让人联想到"被抛弃的爱情"。

28. 有一个镇建起了公用天线，以便更好地接收香港的电视广播；该镇居民们普遍都在收看香港的电视频道。

29. Savidge 1977: 71; 关于献给观音的供品，参见该书 75 页。柳树也是太阳的象征，用于鞭打春牛来祈雨（Bredon and Mitrophanow 1927: 133）。

30. 柳树（包括河柳、垂柳等种类），包括柳枝图案，在中国文化中是重要的象征。它们是春天到来最早的迹象之一，又是女性气质的标志。人们还相信柳树具有祛魔的力量，因此用于扫墓，或是插在房门上，冀望能带来好运（Koehn 1952: 131）。

31. 敦礼臣（Tun Li-ch'en 1987）列出了 117 个品种，并说还有很多品种；但他还是过度低估了可供挑选的范围。

32. *Introduction to Popular Traditions.*

33. 这种元宵节庆典在中国北方也有，博德（Bodde）认为是在汉代以后形成的（1975: 394）；房主会买来灯笼装饰住宅，特别是用于装饰宗祠；而在南方，灯笼会展示在公共花园里。新生了儿子的富裕父母不仅会挂起灯笼，作为一种还愿的祭品，而且还会为穷人供应晚饭。其他人也会挂起灯笼，希望将来可以生出儿子。元宵节的整体节日气氛，则是由街上参加化装舞会的儿童所营造的（*Introduction to Popular Traditions*）。

34. Fortune 1987: 133–135.

35. Fortune 1987: 152.

36. 即使在高度活跃的城市市场上，人们也会按照同样的原则行事，这与完全开放竞争的理念相违背。虽然供应类似商品的店铺一家挨一家，但彼此之间没有价格竞争，因为客户只与他们认识和信任的商家打交道；这就是中国商业模式的本质特征。人们经常会收到忠告，应该去这样的店铺购物，特别是如果所购买的是相机之类比较昂贵的商品的话；否则，顾客并不会知道镜头是否已经调换，或者货物是否以其他的方式动了手脚。匿名、开放的大集市就无法提供遏止这类行径的足够保障。

37. *Sunday Morning Post*, 22 January, 1989. 这家苗圃是西贡的永泰源（音，

Wing Tai Yuen）苗圃。

38. Hong Kong, *Annual Review*, 1988, p. 353.

39. 元朗平原是 J. 沃森（Watson）和 R. 沃森开展其田野调查的地点之一。

40. 参见 Siu 1990.

41. 参见 Qu Dajun 1700.

42. 引自 1988 年的《政府年鉴》（*Government Year Book*），271 页。

43. 参见 Bredon and Mitrophanow 1927: 79.

44. Shen Fu 1983: 118.

45. Schlegel 1894: 4.

46. Shen Fu 1983: 119.

47. *Jinping Mei* 1939: 42.

48. 关于花艇消亡前的最后状况，参见沈从文写于 20 世纪 30 年代的短篇小说《丈夫》（翻译成英文后收入 *The Border Town and Other Stories*, Beijing, 1981）。

49. 这个花市正在建造盆景的永久展览厅。

50. Bredon and Mitrophanow 1927: 149. 在越南河内的花市上，桃树的大枝在过春节时也有售卖。正如斯坦因（Stein 1990）指出的，中国与越南之间一直有文化上的长久联系。

51. Fortune 1847: 89.

52. 在古代，人们会把竹节扔到火堆里，竹节因此爆炸，发出巨响，这样可以吓走恶灵（Koehn 1952: 134）。农历新年的很多节庆活动在汉代就已经流行，比如探亲访友、偿还债务、舞龙、祭祖等（Bodde 1975）。

53. 荷兰花卉委员会（Flower Council of Holland）发布的图文并茂的产品名录，甚至在小型花店中也能见到，其中有 530 个切花品种可以配送国外。

54. 就好像一位苏格兰人在谈到他的市民阶层家庭时对我说的那样。他们家坚持着苏格兰长老会教徒的清教主义传统："我们家里从来都没有花——它们又不能吃。［说到礼物，］我妈妈更喜欢鸡蛋。"

55. Breck 1851: 2.

56. Tun Li-ch'en 1987: 102.

57. Bredon and Mitrophanow 1927: 78–79.

58. Tun Li-ch'en 1987: 19.

鲜花人类学

59. Li 1979: 8.

60. Bodde 1975: 64.

61. *Chin P'ing Mei* 1939: 415.

62. 博德对敦礼臣作品的评注（1975）。

63. *Sacred Books of the East*, XXVII, 249–310.

64. Tun Li-ch'en 1987: 102.

65. Li Ju-chen (1965): 17. 鲜花在彼岸世界的常开不断，对长生和快乐来说都是更普遍的象征，正如它在欧洲和近东的乐园观念中也有这种意蕴一样。广东一些地方民间故事里也提到，有童子会带着一朵花，往来于彼岸世界，这是一种华兹华斯式的想象。很多中国作家都通过用典，表明了西王母神话以及桃、长生和花朵的核心地位，参见该书 358 页、378 页脚注 108 和 391 页脚注 121。

66. Minucius Felix 1844–64: 475 (cap. 17).

67. 反对干预季节性，不仅与神祇和自然科学有关，还与美学有关。审美要求人们看重规律性的交替，看重时光在不同季节之间的流动。

68. Goody 1962: 198.

69. Siu 1989.

70. *Sunday Morning Post*, 22 January, 1989.

第十四章　总述与引申

1. 这里的着重号为笔者所加，这番话见于 Moran 1990 所引的以下文献：J. Martin, The dual legacy: authority and mission influence among the Gbebo of Eastern Liberia. PhD dissertation, Boston University, 1968. 感谢罗布·利奥波德（Rob Leopold）让我能够征引这一文献。

2. 历史学家 D. H. 费希尔（Fischer）在写到哈丽雅特·比彻·斯托（Harriet Beecher Stowe）时，说她生活在"这种文化的曙光中"，也就是说她生活在 19 世纪中期（Fischer 1989: 113）。

3. Cressy 1985: 90, 其中引用了 J. Stoppford, *Pagano-Papismus: Or, an Exact Parallel Betweene Rome-Pagan, and Rome-Christian, in their Doctrines and Ceremonies*, London, 1675.

4. 在儒教仪式中，给祖先上供的祭品用的是熟食，但在给最高神上供时，或是在祭奠开宗祖的仪式上，所用的则是生食。（我这里的叙述所依据的是1989年11月所见的祭奠韩国安东金氏开宗祖所用的祭品，我极为感激金光亿教授和韩国国际文化社为我提供了参加这一祭祖仪式的机会。承蒙香港朋友的安排，我也得以出席了中国春节的祭祖仪式。）在安东金氏的祭祖活动中虽然没有用血祭，但向开宗祖献上了饮食，既有生食，又有熟食，然后分发给到场的人，让他们带回家。在仪典开始之前，人们把生食供奉在山神旁边，后来同样也被一些出席者带走。虽然主祭者可能会分到更大的份额，但这种情况与祭司宗教中的情况大不相同。在祭司宗教中，专业的神职人员并不参与通常的生产过程，因此必须由会众"养活"，方式是由会众在死后将财产永久遗赠给教会，或是每周将钱捐到捐款盘里，甚至是直接填满僧侣的钵盂，这些礼物必须以物理方式交出。与此不同，儒教中的祭品在上供之后，还能够以相同的物质形式拿回，供参与者消费或分发，但这已经不再是亵渎，而是神圣行为。因此，这是一种含义非常不同的"献祭"（英文 sacrifice，这个词从词源上讲，本义是"使……变得神圣"）。

5. 我在这里提出的观点是高度概括性的，但在我的一篇文章（Goody 1991）中有详细阐述。

6. 通常来说，在这些抨击面前首当其冲的是暴发户，因为他们无法像老牌的精英那样，对自己的行为进行较为巧妙的掩饰和改造。

7. Schama 1987: 326.

8. 参见 Baron 1938: 30.

9. Schama 1987: 326.

10. Goody 1987: 3.

11. Thomas 1983: 301.

12. Goody 1962: 115−121; 1986: 13−16.

参考文献

在编纂这份参考文献列表时，我遵循了几种个人习惯。经典著作标准文本的版本常常在脚注中给出，不再列入下面的列表。《圣经》引文均来自钦定版，莎士比亚作品的所有引文则来自（伦敦的）阿登版。

Acker, W. R. B. (transl.) 1954 *Some T'ang and Pre-T'ang Texts on Chinese Paintings*. Leiden

Adams, J. S. 1848 *Flora's Albums, Containing the Language of Flowers Poetically Expressed*. New York

Agnew, J. C. 1986 *Worlds Apart: The Market and the Theater in Anglo-American Thought, 1550-1750*. Cambridge

1989 Coming up for air: consumer culture in historical perspective. MS

AGREX report 1974 *Le Marché des fleurs et des feuillages en Grande Bretagne*. August

Alexander, J. J. G. 1970 *The Master of Mary of Burgundy*. London 1977 *Italian Renaissance Illuminations*. New York

Alexander, J. J. G. and Kaufmann, C. M. 1973 *English Illuminated Manuscripts 700 – 1500* (exhibition catalogue, Bibliothéque Royale Albert). Brussels.

Almanach 1817 *Almanachs de mode: oracles des fleurs*. Paris

Ambalai, Amit 1987 *Krishna and Shrinathji*. Ahmadabad

Amherst, A. 1896 *A History of Gardening in England*, 2nd edn. London

Anon. 1816 *Les Emblémes des fleurs: piéce de vers, suivie d'un tableau emblématique des fleurs*. Paris

1819 *Le Langage des fleurs ou les sélams de L'Orient*. Paris

1830 *The Language of Flowers, with Illustrative Poetry; to which is now first added the Calendar of Flowers* (revised by the editor of *Forget-Me-Not*, Frederick Shoberl, 2nd edn 1835, 3rd edn 1848). Philadelphia

1834 *The Language of Flowers, or Alphabet of Floral Emblems* (imprint on cover N. and S. S. Jocelyn, New Haven 1827, National Union Catalogue). Edinburgh and New York

1863 Sacred trees and flowers. *Quarterly Review* 114:210 – 250

1900 *Les Fleurs à travers les âges et à la fin du XIXe siècle.* Paris

1913 *Enquête sur le travail à domicile dans L'industrie de la fleur artificielle.* Paris

1986 Introduction to *Popular Traditions and Customs of the Chinese New Year* (exhibition booklet). London

Appadurai, A. 1986 Commodities and the politics of value. In *The Social Life of Things: Commodities in Cultural Perspective.* Cambridge

Arber, A. 1938 *Herbals* (3rd edn; 1st edn 1912). Cambridge

Ariès, P. 1981 *The Hour of Our Death.* New York

Ash, R. 1989 *Sir Lawrence Alma-Tadema.* New York

Assi, L. A. 1987 *Fleurs d'Afrique Noire: de la Côte d'Ivoire au Gabon, Sénégal à L'Ouganda.* Colmar

Athenaeus (1927-1941) *The Deipnosophists* (transl. C. H. Gulick, 7 vols). London

Atran, S. 1986 *Fondements de L'histoire naturelle: pour une anthropologie de la science.* Paris

1990 *Cognitive Foundations of Natural History: Towards an Anthropology of Science.* Cambridge

Ault, N. (ed.) 1925 *Elizabethan Lyrics.* New York

Axton, R. and Stevens, J. 1971 *Medieval French Plays.* Oxford

Ball, J. Dyer 1900 *Things Chinese: Being Notes on Various Subjects Connected with China* (3rd edn). London

Balzac, H. de 1966 *Le Lys dans la Vallée* (ed. Moïse Le Yaouanc). Paris

Barjonet, C. 1986 Profits en fleurs. *L'Expansion* May-June, 127–132.

Barnett, S. W. 1989 Academy education and 'managing affairs': Hsieh Chang-t'ing and Fu-chou's Chih-yung Academy. Paper presented to the ACLS Conference on Education and Society in Late Imperial China, Montecito, California, 8–14 June

Barnhart, R. M. 1983 *Peach Blossom Spring: Gardens and Flowers in Chinese Paintings.* New York

Baron, D. E. 1982 *Grammar and Good Taste: Reforming the American Language.* New Haven

Baron, H. 1938 Franciscan poverty and civic wealth as factors in the rise of humanistic thought. *Speculum* 13:1–37

1955 *The Crisis of the Early Italian Renaissance: Civic Humanism and Republican Liberty in an Age of Classicism and Tyranny* (2 vols.) Princeton

Barrett, W. A. 1873 *Flowers and Festivals: Or Directions for the Floral Decoration of Churches* (2nd edn, 1st edn 1867). London

鲜花人类学

Barrett, W. P. (transl.) 1932 *The Trial of Jeanne d'Arc*. New York

Barth, F. 1987 *Cosmologies in the Making: A Generative Approach to Cultural Variation in Inner New Guinea*. Cambridge

Bartholomew, T. T. 1980 Examples of botanical motifs in Chinese art. *Apollo* 48 – 54

1985 Botanical puns in Chinese art from the collection of Asian Art, Museum of San Francisco. *Orientations* 18 – 24 September

Baskerville, C. R. 1920 Dramatic aspects of medieval folk festivals in England. *Studies in Philology* 17:19 – 87

Bateson, G. and Mead, M. 1942 *Balinese Character: A Photographic Analysis*. New York

Baus, K. 1940 *Der Krantz in Antike und Christentum*. Bonn

Baxandall, M. 1972 *Painting and Experience in Fifteenth Century Italy*. London

Beals, K. M. 1917 *Flower Lore and Legend*. New York

Bellair, G. A. and Bérat, V. 1891 *Les Chrysanthèmes, description, histoire, culture, emploi*. Compiègne

Belmont, A. 1896 *Dictionnaire historique et artistique de la rose, contenant une résumé de L'histoire de la rose chez tous les peuples anciens et modernes, ses propriétés, ses vertus, etc.* Melun

Belo, J. 1949 *Bali: Rangda and Barong*. New York

1953 *Bali: Temple Festival*. American Ethnological Society. Locust Valley, New York

1960 *Trance in Bali*. New York

Belo, J. (ed.) 1970 *Traditional Balinese Culture: Essays*. New York

Bergström, I. 1956 *Dutch Still-Life Painting in the Seventeenth Century* (Swedish edn 1947). London

Berkhofer, R. L. 1973 Clio and the culture concept: some impressions of a changing relationship in American historiography. In L. Schneider and C. M. Bonjean (eds.), *The Idea of Culture in the Social Sciences*. Cambridge

Berkson, C. 1986 *The Caves at Aurangabad: Early Buddhist Tantric Art in India*. Ahmadabad

Bernage, B. and de Corbie, G. 1971 *Le Nouveau savoir-vivre: convenances et bonnes manières*. Paris

Berrall, J. S. 1969 *A History of Flower Arrangement* (revised edn 1978). London

Besson, E. 1975 Les colporteurs de l'Oisans au xixe siècle. Témoignages et documents. *Le Monde alpin et rhodanien* 3:7 – 55

Bickford, M. (ed.) 1985 *Bones of Jade, Soul of Ice: The Flowering Plum in Chinese Art*. New

Haven

Bieler, L. (ed.) 1963 *The Irish Penitentials*. Scriptores Latini Hiberniae, v. Dublin

Binion, S. A. 1909 *Phyllanthography: A Method of Leaf and Flower Writing*. New York

Blake, J. W. 1942 *Europeans in West Africa, 1450 – 1560* (2 vols., *The Hakluyt Society*, 2nd series, 86 – 87). London

Blanchan, N. 1909 *The American Flower Garden*. New York

Blessington, Countess of 1842 *The Idler in France* (2 vols., 2nd edn). London

Blismon, Ana-Gramme (S. Blocquel) 1851 *Nouveau Manuel allégorique des plantes, des fleurs, des fruits, des couleurs, etc.*

　　1857 *Nouvelle Sélamographie, langage allégorique, emblématique, ou symbolique des fleurs et des fruits, des animaux, des couleurs, etc.* Paris

Bloch. H. 1982 The new fascination with ancient Rome. In R. L. Benson and G. Constable (eds.), *Renaisssance and Reversal in the Tenth Century*. Oxford

Blondel, S. 1876 *Recherches sur les couronnes de fleurs* (2nd edn). Paris

Blunden, C. and Elvin, M. 1983 *Cultural Atlas of China*. Oxford

Blunt, W. 1950 *Tulipomania*. Harmondsworth, Middlesex

　　1976 The Persian garden under Islam. *Apollo* 70:302 – 306

Boardman, J. 1985 Art. The history of Western architecture: ancient Greek. *Encyclopaedia Britannica* (15th edn). Chicago

Bodde, D. 1975 *Festivals in Classical China*. Princeton

Bohannan, P. J. 1960 Conscience collective and culture. In K. H. Wolf (ed.), *Emile Durkheim 1858 – 1917.* Columbus

Bologna, G. 1988 *Illuminated Manuscripts: The Book before Gutenberg*. New York

Book of the Dead: The Papyri of Ani, Hunefer, Annaï (1979) (ed. E. Rossiter). Geneva

Boon, J. 1973a *Dynastic Dynamics: Caste and Kinship in Bali Now*. Dissertation, University of Chicago

　　1973b Further operations of 'culture' in anthropology: a synthesis of and for debate. In L. Schneider and C. M. Bonjean (eds.), *The Idea of Culture in the Social Sciences*. Cambridge

　　1977 *The Anthropological Romance of Bali, 1597 – 1972: Dynamic Perspectives in Marriage and Caste, Politics, and Religion*. Cambridge

Bordenare, J. and Vallele, N. 1973 *La mentalité religieuse des paysans de L'albigeois médiéval*. Toulouse

Bossy J. 1985 *Christianity in the West 1400 – 1700*. Oxford

鲜花人类学

Bouillet, A. and Servières, L. 1900 *Sainte-Foy, vierge et martyre.* Rodez

Bourne, H. 1833 *Flores Poetici. The Florists' Manual: Designed as an Introduction to Vegetable Physiology and Systematic Botany, for Cultivators of Flowers.* Boston

Braudel, F. 1982 *The Wheels of Commerce* (English transl.) New York

Bravmann, R. A. 1974 *Islam and Tribal Art in West Africa.* Cambridge
1981 *Islam in Africa.* Washington, DC

Bray, F. 1984 *Biology and Biological Technology,* pt 2, *Agriculture.* Vol. 6, J. Needham (ed.), *Science and Civilisation in China.* Cambridge
1986 *The Rice Economies: Technology and Development in Asian Societies.* Oxford

Breck, J. 1833 *The Young Florist: Or Conversations on the Culture of Flowers and on Natural History.* Boston
1851 *The Flower-Garden; or, Breck's Book of Flowers; in which are Described all the Various Hardy Herbaceous Perennials, Annuals, Shrubby Plants, and Evergreen Trees, Desirable for Ornamental Purposes, with Directions for their Cultivation.* Boston

Bredon, J. and Mitrophanow, I. 1927 *The Moon Year* (repr. 1982). Hong Kong

Brereton, G. E. and Ferrier, J. M. (eds.) 1981 *Le Menagier de Paris.* Oxford

Briggs, C. K. 1986 The language of flowers in O'Pioneers. *Willa Cather Pioneer Memorial Newsletter* 30:29–33. Red Cloud, Nebraska

Britten, J. and Holland, R. 1878–1886 *A Dictionary of English Plant Names.* English Dialect Society. London

Brookes, J. 1987 *Gardens of Paradise: The History and Design of the Great Islamic Gardens.* New York

Brosses, C. de 1836 *L'Italie il y a cent ans; ou, Lettres écrites d'Italie à quelques amis, en 1739 et 1740.* Paris

Brown, J. P. 1980 The sacrificial cult and its critique in Greek and Hebrew (11). *Journal of Semitic Studies* 25:1–21

Brown, P. 1988 *The Body and Society: Men, Women and Sexual Renunciation in Early Christianity.* New York

Browne, T. 1928 Of garlands and coronary or garland-plants. *The Works of Sir Thomas Browne* (ed. G. Keynes). London

Bruce, P. A. 1927 *Social Life of Virginia in the Seventeenth Century* (2nd edn). Lynchburg, Virginia

Bruce-Mitford, R. 1972 *The Sutton-Hoo Ship-burial: A Handbook* (2nd edn). London

Brückner, A. 1961 *Quellenstudien zu Konrad von Megenberg: Thomas Cantipratanus 'De animalibus quadrupedibus' als Vorlage im 'Buch der Natur'*. Dissertation, Frankfurt am Main

Brydon, G. M. 1947 *Virginia's Mother Church and the Political Conditions under which it Grew*. Virginia Historical Society. Richmond

Buck, J. L. 1937. *Land Utilization in China*. Shanghai

Bulwer-Lytton, E. 1834 *The Last Days of Pompeii*. London

Bumpus, Judith 1990 *Impressionist Gardens*. Oxford

Burke, P. 1974 *Venice and Amsterdam: A Study in Seventeenth-Century Elites*. London

1978 *Popular Culture in Early Modern Europe*. London

Burkhill, I. H. 1965 Chapters on the history of botany in India. *Botanical Survey of India*. Calcutta and Delhi

Burne, C. S. (ed.) 1883 *Shropshire Folk-Lore*. London

Burra, Neera n.d. Ambedkar: vision and achievement: a report from the field. MS

Burrows, E. 1963 *Flower in My Ear: Art and Ethos of Ifeluk Attol*. Seattle

Cafagna, A. C. 1960 A formal analysis of definitions of 'culture'. In G. E. Dole and R. L. Carneiro (eds.), *Essays in the Science of Culture*. New York

Cahill, J. 1960. *Chinese Painting*. Geneva

1964 Confucian elements in the theory of painting. In A. F. Wright (ed.), *Confucianism and Chinese Civilization*. New York

Calder, W. M. 1920 Studies in early Christian epigraphy. *Journal of Roman Studies* 10:42−59

Calmettes, P. 1904 *Excursions à travers les métiers*. Paris

Campenhausen, H. von 1968 *Tradition and Life in the Church: Essays and Lectures in Church History* (transl. A. V. Littledale). London

Cao Xueqin (1977) *The Story of the Stone*. Harmondsworth, Middlesex

Celnart, Mme E. F. (pseud. Bayle-Mouillard) 1829 *Manuel du fleuriste artificiel, ou l'Art d'imiter d'apres nature toute espèce de fleurs: en papier, batiste, mousseline et autres étoffes de coton, en gaze, taffetas, satin, velours; de faire des fleurs en or, argent, chenille, plumes, paille, baleine, cire, coquillages suivi de L'art du plumassier*. Paris

Cëuse, A. de 1908 *La fleur qui parle et la plante qui guérit: principes élémentaires de botanique, figures, étymologie, description, habitat, culture, langage, emploi en médicine, application à la partie et aux arts, tables analytiques* (2nd edn). Paris

Chadwick, W. O. 1973 Art. Oxford Movement. *Encyclopaedia Britannica*, vol. 17, pp.13−15. Chicago

Chambers, R. (ed.) 1869 *The Book of Days: A Miscellany of Popular Antiquities in*

Connection with the Calendar, Including Anecdote, Biography and History, Curiosities of
Literature, and Oddities of Human Life and Character (1st edn 1862–1864). London

Chambet, C. J. 1825a Emblème des fleurs, ou parterre de flore, contenant le symbole et le
langage des fleurs, leur histoire et origine mythologique, ainsi que les plus jolis vers qu'elles
ont inspirés à nos meilleurs poètes, etc., etc. Lyons

1825b Les Bouquets du sentiments, ou manuel de famille pour les fêtes (3rd edn). Paris

Chang Hsin-hai 1956 The Fabulous Concubine (repr. 1986). Hong Kong

Charageat, M. 1962 (1930) L'Art des jardins. Paris

Charles-Picard, G. 1959 La Civilisation de L'Afrique romaine. Paris

Chartier, R. 1984 Culture as appropriation: popular cultural uses in early modern
France. In S. L. Kaplan (ed.), Understanding Popular Culture: Europe from the Middle
Ages to the Nineteenth Century. Berlin

Chaucer, G. (1894) Works (ed. W. W. Skeat). Oxford

Cheever, G. B. 1831 The American Common-Place Book of Poetry: With Occasional Notes.
Boston

Cheng, Nien 1986 Life and Death in Shanghai. London

Cheng, Te-k'un 1969 Jade flowers and floral patterns in Chinese decorative art. Journal
of the Institute of Chinese Studies 2:251–343

Cheng, Ji 1988 (c.1631) The Craft of Gardens (transl. A. Hardie). New Haven

Chéruel, A. 1865 Art. Redevances féodales. In Dictionnaire historique des institutions,
moeurs et coutumes de la France (2 vols., 2nd edn). Paris

Cheshire, J. G. 1914 William Dowsing's destructions in Cambridgeshire. Transactions of
the Cambridgeshire and Huntingdonshire Archaeological Society 3:77–91

Chowdhury, K. A., Gosh, A. K. and Sen, S. N. 1971 Art. Botany. In D. M. Bose, S. N.
Sen and B. V. Subbarayappa (eds.), A Concise History of Science in India. New Delhi

Chowning, A. 1977 An Introduction to the Peoples and Cultures of Melanesia (2nd edn; 1st
edn 1973). Menlo Park, California

Chin P'ing Mei 1939 (English transl. of late-sixteenth-century novel, possibly by Hsü
Wei). London

Chrysès-Haceophi 1892 Nouveau Langage symbolique des plantes avec leurs propriétés
médicinales et occultes. Paris

Chu, C. 1988 Views from the Jade Terrace: Chinese Women Artists 1300–1912 (exhibition
catalogue, Indianapolis Museum of Art). Indianapolis

Clairoix, N. C. 1913 L'Art du bouquet. Paris

Clanchy, M. T. 1979 *From Memory to Written Record, England, 1066–1307.* Cambridge

Clark, K. 1949 *Landscape into Art.* London

Clarke, G. W. (trans.) 1974 *The Octavius of Marcus Minucius Felix.* New York

1984-6 *The Letters of St Cyprian of Carthage,* vol. I (1984), vol. III (1986). New York

Claudian (1958) *Claudian* (transl. M. Platnauer, 2 vols.) Cambridge, Massachusetts

Clayton-Payne, A. and Elliott, B. 1988 *Flower Gardens of Victorian England.* London

Clement (1954) *Christ the Educator (Paidagōgus)* (transl. S. P. Wood). *The Fathers of the Church,* vol. 23. Washington, DC

Clément, G. 1936 Histoire des cultures du chrysanthème. *Revue horticole* 108:283

CNIH, les dossiers du 1981 *Les fleurs et plantes en tant que cadeaux* 1. Rungis 1982 *Les fleuristes* 2. Rungis

Coats, A. M. 1969 *The Quest for Plants.* London

Coats, P. 1970 *Flowers in History.* New York

Coen, L. and Duncan, L. 1978 *The Oriental Rug.* New York

Cole, W. 1659 *The Art of Simpling: An Introduction to the Knowledge and Gathering of Plants.* London

Corbin, A. 1986 *The Foul and the Fragrant: Odor and the French Social Imagination.* Cambridge, Massachusetts

Cotes, R. A. 1898 *Dante's Garden: With the Legends of the Flowers.* London

Courbaud, E. 1899 *Le Bas-relief romain à représentations historiques; étude archéologique, historique et littéraire.* Bibliothèque des Ecoles françaises d'Athènes et de Rome, 81. Paris

Cowen, P. 1979 *Rose Windows.* London

Coxe, M. 1845 *Floral Emblems: Or, Moral Sketches from Flowers.* Cincinnati

Crane, T. F. 1920 *Italian Social Customs of the Sixteenth Century and their Influence on the Literatures of Europe.* New Haven

Cressey, G. B. 1955 *The Land of the 500 Million: A Geography of China.* New York

Cressy, D. 1985 *Bonfires and Bells: National Memory and the Protestant Calendar in Elizabethan and Stuart England.* Berkeley

Crowe, S., Haywood, S., Jellicoe, S. and Patterson, G. 1972 *The Gardens of Mughal India: A History and a Guide.* London

Cuming, H. S. 1875 On funeral garlands. *Journal of the British Archaeological Society* 31:190–195

Cunliffe, B. 1981 Roman gardens in Britain: a review of the evidence. In E. B.

鲜花人类学

MacDougall and W. F. Jashemski (eds.), *Ancient Roman Gardens*. Washington, DC

Curcio, M. 1981 *Manuel du savoir-vivre d'aujourd'hui*. Paris

Curl, J. S. 1980 *A Celebration of Death*. London

Cuyler, E. 1862 *The Church's Floral Kalander*. London

D'Andrea, J. 1982 *Ancient Herbs in the J. Paul Getty Museum Gardens*. Malibu, California

Daneker, C. F. P. 1816 *Oracle de fleurs*. Paris

Daniker, J. G. 1938 *Flowers, their Significance, Social Use and Proper Arrangement: How to Plant and Grow Garden and House Flowers* (2nd edn). Columbia, South Carolina

Davey, R. 1889 *A History of Mourning*. London

Davies, N. M. and Gardiner, A. H. 1936 *Ancient Egyptian Paintings* (3 vols.) Chicago

de Hamel, C. 1896 *A History of Illuminated Manuscripts*. London

de la Rue, Abbé 1834 *Essais historiques sur les bardes, les jongleurs et les trouvères normands et anglo-normands*, vol 3. Caen

de Zoete, B. and Spies, W. 1939 *Dance and Drama in Bali*. New York

Dehejia, V. 1989 Stupas and sculptures of early Buddhism. *Asian Art* 11:7–32

Delachénaye, B. 1811 *Abécédaire de flore, ou langage des fleurs, methode nouvelle de figurer avec les fleurs les lettres, les syllabes, et les mots, suivie de quelques observations sur les emblèmes et les devises, et de la signification emblématique d'un grand nombre des fleurs*. Paris

Delenda, O. 1987 La nature divine, sur l'emblème des fleurs. In *Symboltque et Botanique: le sens caché des fleurs dans la peinture au XVII e siècle* (exhibition catalogue). Caen

Depping, G. B. (ed.) 1837 *Réglements sur les arts et métiers de Paris, rédigés au XIIIe siècle et connus sous le nom du livre des métiers d'Etienne Boileau*. Paris

Der Ling, Princess 1911 *Two Years in the Forbidden City*. New York

Desjardins, E. 1862 *Le Parfait Langage des fleurs, d'après les plus célèbres auteurs anciens et modernes (ouvrage entièrement neuf, mis à la hauteur des connaissances nouvelles et contenant l'indication des propriétés de chaque fleur avec les diverses manières d'en faire usage)*. Paris

1866 *Le Parfait Langage des fleurs et des plantes, feuilles, fruits, etc., explication historique, emblématique, poétique et pittoresque de leurs particularités et de leurs symboles, d'après les meilleurs auteurs (anciens et modernes)* (new edn). Petite bibliothèque universelle, vol. 4. Paris

Dickie, J. 1976 The Islamic garden in Spain. In E. B. MacDougall and R. Ettinghausen (eds.), *The Islamic Garden*. Dumbarton Oaks Colloquium on the History of

Landscape Architecture, 4. Washington, DC

Dix, D. L. 1829 *The Garland of Flora*. Boston

Dowsing, W. 1885 *The Journal of William Dowsing* (ed. C. H. Evelyn White). Ipswich

Dubos, E. C. 1808 *Les Fleurs, idylles morales, suivies de poésies diverses*. Paris

Dubost, F. 1984 *Côté Jardins*. Paris

Dufour, Y. 1874 *La Dance Macabre des SS. Innocents de Paris d'après l'édition de 1484, précédée d'une étude sur la cimitière, le charnier et la fresque peinte en 1425*. Paris

Dugaston, G. 1920 *Les Secrets du langage des fleurs*. Paris

Dumont, J. 1694 *Nouveau voyage au Levant* (English transl. 1696, London). The Hague

Dumonteil, F. 1890 *Les Fleurs à Paris*. Paris

Dunbabin, K. M. 1978 *Mosaics of Roman North Africa: Studies in Iconography and Patronage*. Oxford

Durliat, M. 1985 *Des Barbares à L'an mil*. Paris

Durston, C. 1985 Lords of misrule: the Puritan War on Christmas, 1642–1660. *History Today* 35:7–14

Dutt, S. 1962 *Buddhist Monks and Monasteries of India*. London

Dwyer, E. J. 1982 *Pompeian Sculpture in the Domestic Context: A Study of Five Pompeian Houses and Their Contents*. Rome

Eberhard, W. 1952 *Chinese Festivals*. New York

— 1965 *Folktales of China* (1st edn 1937, New York). Chicago

Ebin, V. 1979 *The Body Decorated*. London

Eck, D. L. *1983 Banaras: City of Light*. London

Egidi, P. *et al.* 1904 *Monasteri di Subiaco* (2 vols.) Rome

Eliot, B. 1984 The Victorian language of flowers. *Plant-lore Studies,* pp.61–65. Folklore Society. London

Elliot, T. S. 1948 *Notes towards the Definition of Culture*. London

Elvin, M. 1973 *The Pattern of the Chinese Past*. London

Empedocles: The Extant Fragments (1981) (ed. M. R. Wright). New Haven

Emsweller, S. L. 1947 The chrysanthemum: its story through the ages. *Journal of the New York Botanical Garden* 48:26–29

Enlart, C. 1916 *Manuel d' archéologie française depuis les temps mérovingiens jusqu' à la Renaissance*. Vol. Ⅲ, Costume. Paris

Erec et Enide (1953, ed. M. Roques). Paris

Etlin, R. A. 1984 *The Architecture of Death: The Transformation of the Cemetery in*

鲜花人类学

Eighteenth-Century Paris. Cambridge, Massachusetts

Ettinghausen, R. 1976 Introduction to R. Ettinghausen (ed.), *The Islamic Garden.* Washington, DC

Evans, J. 1931 *Pattern: A Study of Ornament in Western Europe from 1180–1900.* Oxford

Evans-Pritchard, E. E. 1956 *Nuer Religion.* Oxford

Evelyn, J. 1907 *The Diary of John Evelyn* (ed. W. Bray, 2 vols.) London

Faris, J. 1972 *Nuba Personal Art.* London

Faucon, E. 1870 *Nouveau Langage des fleurs.* Paris

Faure, D. 1989 The lineage as a cultural invention: the case of the Pearl River delta. *Modern China* 15:4–36

Fertiault, F. 1847 *Le Langage des fleurs illustré.* Paris

Finley, M. I., Mack Smith, D. and Duggan, C. J. H. 1986 *A History of Sicily.* London

Firth, R. W. 1951 *Elements of Social Organization.* London

Fischer, D. H. 1989 *Albion's Seed: Four British Folkways in America.* Oxford

Flinders Petrie, W. H. 1889a *Hawara, Biahmu and Assino.* London

1889b Roman life in Egypt. *The Archaeological Journal* 46:1–6

1890 *Kahun, Gurab and Hawara.* London

Fontaine, L. 1984 *Le Voyage et la mémoire: colporteurs de L'Oisans au XIXe siècle.* Lyons

Forge, A. 1978 *Balinese Traditional Paintings.* Sydney

Forsythe, I. H. 1972 *The Throne of Wisdom: Wood Sculptures of Romanesque France.* Princeton

Fortes, M. 1987 *Religion, Morality and the Person.* Cambridge

Fortes, M. and Evans-Pritchard, E. E., 1940 *African Political Systems.* London

Fortune, R. 1987 (1847) *Three Years Wandering in the Northern Provinces of China. Including a Visit to the Tea, Silk and Cotton Countries: With an Account of the Agriculture and Horticulture of the Chinese, New Plants, etc.* London

Foucart, G. 1896 *Histoire de L'ordre lotiforme: étude d'archéologie égyptienne.* Paris

Fowler, A. 1980 Robert Herrick. *Proceedings of the British Academy*, pp.243–264. London

Francal, A. 1862 *Le Dictionnaire du langage des fleurs précédé de la distribution des emblèmes des fleurs pour chaque mois de l'année; les attributs de chaque heure du jour chez les anciens; les emblèmes de saisons; des éléments de la nature et des couleurs principales; L'expression d'une bague portée par l'homme ou la femme à tel et tel doigt de la main et suivi de quelques bouquets parlants.* Paris

Frankel, H. H. 1976 *The Flowering Plum and the Palace Lady: Interpretations of Chinese*

参考文献

Poetry. New Haven

Frankel, S. 1986 *Huli Response to Illness.* Cambridge

Freedberg, D. 1981 The origins and rise of the Flemish Madonnas in flower garlands: decoration and devotion. *Münchener Jahrbuch der Bildings Kunst* 32: 115–150

1985 *Iconoclasts and their Motives.* Maarsen, Netherlands

1988 (1972.) *Iconoclasm and Painting in the Revolt of the Netherlands, 1566–1609.* New York

Freeman, R. 1978 *English Emblem Books.* New York

French, S. 1975 The cemetery as a cultural institution: the establishment of Mount Auburn and the 'rural cemetery' movement. In D. E. Stannard (ed.), *Death in America.* Philadelphia

Fresne, la Baronnesse de 1858a *Le Nouveau Langage des fleurs, des dames et des demoiselles, suivi de la botanique à vol d'oiseau.* Paris

1858b *De L'Usage et de la politesse dans le monde.* Paris

Friedländer, M. J. 1963 *Landscape, Portrait, Still-life: Their Origin and Development.* New York

Furnivall, J. S. 1948 *Colonial Policy and Practice: a Comparative Study of Burma and Netherlands India.* Cambridge

Fusek, L. (transl.) 1982 *Among the Flowers: The Hua-chien chi.* New York

Gaillard, J. 1980 Preface to E. Zola, *Au Bonheur des dames,* Paris

Gamble, S. G. 1963 *North China Villages: Social, Political, and Economic Activities Before 1933.* Berkeley

Gaudouin, J. C. 1984 *Guide du protocole et des usages.* Paris

Geddes, G. E. 1976 Welcome joy: death in Puritan New England, 1630–1730. Ph.D dissertation. University of California, Riverside

Geertz, C. 1957 Ritual and social change: a Javanese example. *American Anthropologist* 59:32-54

1960 *The Religion of Java.* Glencoe, Illinois

1965 The impact of the concept of culture on the concept of man. In J. R. Platt (ed.) *New Views on the Nature of Man.* Chicago

1966 *Person, Time and Conduct in Bali: An Essay in Cultural Analysis.* New Haven

1973 *The Interpretation of Cultures: Selected Essays.* New York

1980 *Negara: The Theater State in Nineteenth-Century Bali.* Princeton

Geertz, C. and Geertz H. 1975 *Kinship in Bali.* Chicago

鲜花人类学

Geiger, W. (transl.) 1950 The *Mahāyaṃsa or the Great Chronicle of Ceylon*. Columbo

Genlis, Madame de 1810 *La Botanique historique et littéraire*. Paris

Giamatti, A. B. 1966 *The Earthly Paradise and the Renaissance Epic*. Princeton

Gibault, J. 1896a Les couronnes de fleurs et les chapeaux de roses dans l'antiquité et au moyen age. *Revue horticole* 454–458

1896b L'ancienne corporation des maîtres jardiniers de la ville de Paris. *Journal de la Société nationale d'horticulture de France* 18:1–22

1898a La condition et les salaires des anciens jardiniers. *Journal de la Société nationale d'horticulture de France* 20:65–82

1898b Les origines de la culture forcée. *Journal de la Société nationale d'horticulture de France* 20:1109–1117

1901 Les dieux des jardins dans l'antiquité. *Revue horticole* 286–289, 311–313

1902a Les fleurs et les couronnes de fleurs naturelles aux funérailles. *Revue horticole* 509–513

1902b Les fleurs et les tombeaux. *Jardin*, 16pp.

1902c Les fleurs aux funérailles et la tradition chrétienne. *Revue horticole*

1904 Les *Fleurs nationales et les fleurs politiques*. Paris

1906a *Les anciens jardins de IVe arrondissement de Paris*. Paris

1906b Les fleurs, les fruits et les légumes dans l'ancien Paris. *Revue horticole* 65–69

1912 Les anciennes lois relatives au jardinage. *Journal de la Société nationale d'horticulture de France* 13:824–830

Gibault, J. and Bois, D. 1900 *L'approvisionnement des halles centrales de Paris en 1899, les fruits et les légumes*. Paris

Gibson, O. 1877 *The Chinese in America*. Cincinnati

Girouard, M. 1978 *Life in the English Country House: A Social and Architectural History*. New Haven

Gitomer, D. 1984 The theatre in Kālidāsa's art. In B. Miller (ed.), *Theater of Memory*. New York

Giumelli, C. (ed.) 1982 *I Monasteri Benedettini di Subiaco*. Milan

Gnudi, C. 1959 *Giotto* (transl. R. H. Boothroyd). London

Godman, P. 1985 *Poetry of the Carolingian Renaissance*. Norman, Oklahoma

Goethe, J. W. von 1819 *West-Oestlicher Divan* (English transl. J. Whaley). Stuttgart

Goldman, L. 1983 *Talk Never Dies: The Language of Huli Disputes*. London

Goldstein, L. J. 1957 On defining culture. *American Anthropologist* 59:1075–1081

Golson, J. 1982 The Ipomoean revolution revisited: society and the sweet potato in the upper Wahgi valley. In A. Strathern (ed.), *Inequality in New Guinea Highlands Societies.* Cambridge

Gombrich, E. H. 1979 *The Sense of Order: A Study in the Psychology of Decorative Art.* Ithaca

Goodenough, W. H. 1957 Cultural anthropology and linguistics. In P. Garvin (ed.), *Report of the Seventh Annual Round Table Meeting on Linguistics and Language Study.* Washington, DC

Goody, J. 1961 Religion and ritual: the definitional problem. *British Journal of Sociology* 12:142-163

   1962 *Death, Property and the Ancestors.* Stanford

   1971 *Technology, Tradition and the State in Africa.* London

   1972 *The Myth of the Bagre.* Oxford

   1977a *The Domestication of the Savage Mind.* Cambridge

   1977b Against ritual: loosely structured thoughts on a loosely defined topic. In S. Falk-Moore and B. Meyerhof (eds.), *Secular Rituals Considered: Prolegomena Towards a Theory of Ritual, Ceremony and Formality.* Amsterdam

   1982 *Cooking, Cuisine and Class: A Study in Comparative Sociology.* Cambridge

   1983 *The Development of the Family and Marriage in Europe.* Cambridge

   1986 *The Logic of Writing and the Organization of Society.* Cambridge

   1987 *The Interface between the Written and the Oral.* Cambridge

   1989 Cooking and the polarization of social theory. *Food and Foodways* 3:203–221

   1990 *The Oriental, the Ancient and the Primitive.* Cambridge

   1991 Icones et iconoclasme en Afrique. *Annales ESC,* 1235–1251

Goody, J. and Gandah, S. W. D. K. 1981 *Une Récitation du Bagre.* Paris

Goody, J. and Watt, I. P. 1962 The consequences of literacy. *Comparative Studies in Society and History* 5:304–345 (repr. 1968 in J. Goody (ed.), *Literacy in Traditional Societies.* Cambridge)

Goodyear, W. H. 1891 *The Grammar of the Lotus: A New History of Classic Ornament as a Development of Sun Worship.* London

Gorer, R. 1970 *The Development of Garden Flowers.* London

   1975 *The Flower Garden in England.* London

   1978 *The Growth of Gardens.* London

Gosset, M. n.d. *Le Savoir-vivre moderne* (Editions de Vecchia). Paris

鲜花人类学

Grabar, A. 1968 *Christian Iconography: A Study of Its Origins*. Princeton

Grand-Carteret, J. 1896 *Les Almanachs français, 1600–1895*. Paris

Gray, B. 1930 *Persian Painting*. London

Greenaway, K. (illustrator) 1884 *The Language of Flowers*. London

Grigson, G. 1955 *An Englishman's Flora*. London

Grimal, P. 1969 *Les Jardins romains* (2nd revised edn, 1st edn 1943). Paris

Grimm, J. 1844 *Deutsche Mythologie* (2nd edn). Göttingen

Gueusquin, M. F. 1981 *Le Mois des dragons*. Paris

Gurevich. A. 1988 *Medieval Popular Culture: Problems of Belief and Perception*. Cambridge

Haig, E. 1913 *The Floral Symbolism of the Great Masters*. London

Hairs, M. L. 1965 *Les Peintres flamands de fleurs au XVIIe siècle* (1st edn 1955; English edn 1985). Brussels

Hale, S. J. (Buell) 1832 *Flora's Interpreter, or the American Book of Flowers and Sentiments*. Boston

Hall, D. 1984 Introduction. In S. L. Kaplan (ed.), *Understanding Popular Culture: Europe from the Middle Ages to the Nineteenth Century*. Berlin

Halphen, J. (transl.) 1900 *Miroir des fleurs: guide pratique du jardinier amateur en Chine au XVIIe siècle*. Paris

Halsband, R. (ed.) 1965 *The Complete Letters of Lady Mary Wortley Montagu*, vol. 1. Oxford

Hammer-Purgstall (Hammer), J. 1809 Sur le langage des fleurs. *Fundgruben des Orients*. Vienna (also *Annales des Voyages* 9:346–360)

Hanan, P. 1981 *The Chinese Vernacular Story*. Cambridge, Massachusetts

Hanaway, W. L. Jr 1976 Paradise on earth: the terrestrial garden in Persian literature. In R. Ettinghausen (ed.), *The Islamic Garden*. Washington, DC

Hann, C. M. 1990 Socialism and King Stephen's right hand. *Religion in Communist Lands* 18:4–24

Hardy, J. E. 1962 *The Curious Frame: Seven Poems in Text and Context*. Notre Dame, Indiana

Haring, D. G. 1949 Is 'culture' definable? *American Sociological Review* 14:26–32

Harvey, J. H. 1976 Turkey as a source of garden plants. *Garden History* 4:21–42

1978 Gillyflower and carnation. *Garden History* 6:46–57

Haskins, C. H. 1927 *The Renaissance of the Twelfth Century*. Cambridge, Massachusetts

Havard, H. 1887-1890 Art. Papier peint. *Dictionnaire de L'ameublement* (4 vols.) Paris

Hay, D. 1977 *The Italian Renaissance in its Historical Background*. Cambridge

Hay, J. Stuart 1911 *The Amazing Emperor Heliogabalus* (repr. 1972 Rome)

Hayashi, R. 1975 *The Silk-road and the Shoso-in*. New York

Hazlewood, C. H. 1850 *Lizzie Lyle: Or the Flower Makers of Finsbury: A Tale of Trials and Temptations*. London

Heers, J. 1971 *Fêtes, feux et joutes dans la société d' Occident à la fin du Moyen Age*. Paris

Heinemann, M. 1980 *Puritanism and Theatre: Thomas Middleton and Opposition Drama under the Early Stuarts*. Cambridge

Heliodorus n.d. *An Aethiopian Romance* (transl. T. Underdowne, revised F. A. Wright). London

Hellerstedt, K. J. 1986 *Gardens of Earthly Delight: Sixteenth- and Seventeenth- Century Netherlandish Gardens*. Pittsburgh

Hendry, J. 1981 *Marriage in Changing Japan: Community and Society*. London

Henrion, C. 1800 *Encore un tableau de Paris*. Paris

Hepper, F. N. 1990 *Pharaoh's Flowers: The Botanical Treasures of Tutankhamun*. London

Herbermann, C. G. *et al*. 1907 Art. Joan of Arc. *Catholic Encyclopaedia*, vol. 8. New York

Herrick, Robert (1915) *Poetical Works* (ed. F. W. Moorman). Oxford

Hershatter, G. 1991 Prostitution and the market in women in early twentieth-century Shanghai. In P. Ebrey and R. Watson (eds.), *Marriage and Inequality in China*. Berkeley

Hervilly, E. d' 1891 *Le Langage des fleurs: ce que disent les fleurs, les plantes, les fruits*. Paris

Hild, J. A. 1896 Arts. Flora, Floralia. *Dictionnaire des antiquités grecques et romaines*, vol. 2. Paris

Hobsbawm, E. 1984 *Worlds of Labour: Further Studies in the History of Labour*. London

Hone, W. 1826 *The Everyday Book*. London

Hooper, L. (ed.) 1842 *The Lady's Book of Flowers and Poetry: To Which are Added, a Botanical Introduction, a Complete Floral Dictionary; and a Chapter on Plants in Rooms*. New York

Horstmann, C. (ed.) 1887 *The Early South-English Legendary* or *The Lives of Saints*. vol. 1. Early English Text Society. London

Hoskins, C. N. 1927 *The Renaissance of the Twelfth Century*. Cambridge, Massachusetts

Hsu, F. L. K. 1975 *Iemoto: The Heart of Japan*. Cambridge, Massachusetts

Hubert, J. and M. C. 1985 Piété chrétienne ou paganisme? Les statues-reliquaires de l'Europe carolingienne. In J. Hubert (ed.), *Nouveau recued d'études d'archéolo gie et*

鲜花人类学

d'histoire. Mémoires et documents de la Société de l'Ecole des Chartes, 29. Geneva

Hubert, J., Porcher, J. and Volbach, W. F. 1970 *The Carolingian Renaissance (The Arts of Mankind,* ed. A. Malraux and A. Perrot). New York

Hulton, P. and Smith, L. 1979 *Flowers in Art from East and West.* London

Hunt, T. 1989 *Plant Names of Medieval England.* Cambridge

Hunt, W. 1983 *The Puritan Movement: The Coming of Revolution in an English County.* Cambridge, Massuchusetts

Hunter, R. L. (ed.) 1983 *Eubulus: The Fragments.* Cambridge

Huntingdon, J. C. 1985. Origins of the Buddha image: early image traditions and the concept of Buddhadarsanapunya. In A. K. Narain (ed.), *Studies in the Buddhist Art of South Asia.* New Delhi

Huntingdon, S. 1985 *The Art of Ancient India.* New York

Huntingford, G. W. B. 1953 *The Nandi of Kenya: Tribal Control in a Pastoral Society.* London

Hurst, R. 1967 The Minoan roses. *The Rose Annual 1967.* Royal National Rose Society. St Albans

Hyams, E. 1970 *English Cottage Gardens.* London (also pub. 1987, Harmondsworth, Middlesex)

Hyers, C. 1989. The paradox of early Buddhist art. *Asian Art* 11:2−6

Iliffe, J. 1987 *The African Poor: A History.* Cambridge

Industria de las flores en Colombia: desarrollos recientes. *Revista de la Asociación Colombiana de Exportadores de Flores.* April

Irwin, J. and Brett, K. 1970 *The Origins of Chintz.* London

Iu, K. C. 1985 The decline of Tiu Chung as a Chinese New Year flower, *journal of the Royal Asiatic Society* (Hong Kong Branch) 25:207−209

Jacquemart, A. 1840 *Flore des dames: botanique à l'usage des dames et des jeunes personnes.* Paris

1841 *Flore des dames. Nouveau langage des fleurs, nouvelle édition entièrement revue et considérablement augmentée: complétée par une grammaire florale et un traité de composition du sélam, etc.* Paris

James, E. 1981 Archaeology and the Merovingian monastery. In H. B. Clarke and M. Brennan (eds.), *Columbanus and Merovingian Monasteries.* Oxford

1988 *The Franks.* Oxford

Jashemski, W. F. 1979 *The Gardens of Pompeii: Herculaneum and the Villas Destroyed by*

Vesuvius. New Rochelle, New York

Jashemski, W. F. (ed.) 1981 *Ancient Roman Gardens*. Dumbarton Oaks Colloquium on the History of Landscape Architecture, 7. Washington, DC

Jellicoe, S. 1976 The Mughal Garden. In R. Ettinghausen (ed.), *The Islamic Garden*. Washington, DC

Johnson, D. 1985 Communication, class and consciousness. In D. Johnson, A. J. Nathan and E. S. Rawski (eds.), *Popular Culture in Late Imperial China*. Berkeley

Johnson, R. F. 1910 *Lion and Dragon in Northern China*. New York

Jones, J. and Deer, B. 1989. *The National Trust Diary of Garden Lore*, London

Jongh, E. de 1968–1969 Erotica in Vogelperspectief: de dubbelzinnigheid van een reeks l7de eeuwse genrevoorstellingen. *Simiolus* 3:22–74

Joret, C. 1892 *La Rose dans l'antiquité et au moyen âge: histoire, légendes et symbolisme*. Paris

1894 *Les Jardins dans l'ancienne Egypte*. Le Puy

1897–1904 *Les Plantes dans L'antiquité et au moyen âge, histoire, usage et symbolisme* (2 vols.) Paris

1901 *La Flore de l'Inde d'après les écrivains grecs*. Paris

Josephus (1930) *Jewish Antiquities*, bk 3. New York

(1943) *Jewish Antiquities*, bk 13. Cambridge, Massachusetts

Jung, C. G. 1961 *Memories, Dreams, Reflections* (English transl.) London

Juranville, C. 1867 *La Voix des fleurs, comprenant l'origine des emblèmes donnés aux plantes, les souvenirs et les légendes qui y sont attaches, les proverbes auxquels elles ont donné lieu*. Paris

Kaeppler, A. 1989 Art and aesthetics. In A. Howard and R. Borofsky (eds.), *Developments in Polynesian Ethnography*. Honolulu n.d. Lament and eulogy in Tonga: verbal expressions of grief in a hierarchical society, MS

Kaplan, D. and Manners, R. A. 1972 *Culture Theory*. Englewood Cliffs, New Jersey

Kaplan, S. (ed.) 1984 *Understanding Popular Culture: Europe from the Middle Ages to the Nineteenth Century*. Berlin

Katzenstein, R. and Savage-Smith, E. 1988 *The Leiden Aratea: Ancient Constellations in a Medieval Manuscript*. Malibu, California

Kawada, J. 1985 *Textes historiques oraux des Mossi méridionaux (Burkina-Faso)*. Tokyo

Keesing, R. M. 1974 Theories of culture. *Annual Review of Anthropology* 3:73–97

Kejř, J. 1988 *The Hussite Revolution*. Prague

Keswick, M. 1978 *The Chinese Garden* (2nd revised edn 1986). London

鲜花人类学

Kibbey, A. 1986 *The Interpretation of Material Shapes in Puritanism: A Study of Rhetoric, Prejudice, and Violence*. Cambridge

Kim, Duk-whang 1988 *A History of Religions in Korea*. Seoul

King, R. 1985 *Tresco, England's Island of Flowers*. London

Kirk, M. 1981 *Man as Art: New Guinea Body Decoration* (intro. by A. Strathern). London

Kitzinger, E. 1977 *Byzantine Art in the Making* (1st edn 1954). Cambridge, Massachusetts

Kjellberg, P. 1963. La tapisserie gothique, sujet de constantes recherches: nouveaux trésors divulgués. *Connaissance des Arts*, December 161–172

Knight, P. 1986 *Flower Poetics in Nineteenth-Century France*. Oxford

Kock, P. de 1839 *La Bouquetière des Champs-Elysées, drame-vaudeville en 3 actes*. Paris

1841 *Jenny, ou les trois marchés aux fleurs de Paris*. Paris

1843/4 *La Grande Ville, nouveau tableau de Paris, comique, critique et philosophique* (2 vols.) Paris

1855 *La Bouquetière du Château-d'Eau*. Paris

1863 *Les Demoiselles de magasin*. Paris

Koehn, A. 1952 Chinese flower symbolism. *Monumenta Nipponica* 8:121–146

Krahl, R. 1987 Plant motifs of Chinese porcelain: examples from the Topkapi Seray identified through the *Bencao Gangmu,* parts I and II. *Orientations* May, 52–65; June, 24–37

Kren, T. (ed.) 1983 *Renaissance Painting in Manuscripts: Treasures from the British Museum*. London

Krishna, V. 1967 blowers in Indian textile design. *Journal of Indian Textile History* 7:1–20

Kristeller, P. O. 1961 *Renaissance Thought: The Classic, Scholastic, and Humanist Strains*. New York

Kronenfeld, J. Z. 1981 Herbert's 'A Wreath' and devotional aesthetics: imperfect efforts redeemed by grace. *ELH* 48:290–309

1989 Post-Saussurean semantics, reformation, religious controversy, and contemporary critical disagreement. *Assays: Critical Approaches to Medieval and Renaissance Texts*. Philadelphia

Lactantius (1964) *The Divine Institutes,* I–VII (transl. M. F. McDonald), *The Fathers of the Church*. Washington, DC

Laëre, Mme L. de 1856 *La Fleuriste des salons: le partie. Traité complet sur l'art de faire les fleurs artificielles*. Brussels. (The second part is F. Fertiault, *Langage des fleurs,* and the third M. and Mme F. de Mellecey, *Le Jardinier des appartements, des terrasses, des balcons et des fenêtres.*

Laing, E. 1988 Wives, daughters and lovers: three Ming dynasty women painters. *Views from the jade Terrace: Chinese Women Artists 1300–1912* (exhibition catalogue, Indianapolis Museum of Art). Indianapolis

Lambek, M. 1981 *Human Spirits: A Cultural Account of Trance in Mayotte.* Cambridge

Lambert, A. 1878 The ceremonial use of flowers. *The Nineteenth Century* 4:457–477

1880 The ceremonial use of flowers: a sequel. *The Nineteenth Century* 7:808–827

La Mottraye, A. de 1723–1732 *Travels through Europe, Asia, and into Parts of Africa, etc.* (3 vols. transl. from French 1722, 2 vols.) London

Lane Lox, R. 1986 *Pagans and Christians.* New York

Lansing, S. J. 1977 *The Three Worlds of Bali.* New York

Lattlès, J. C. 1983 *Les Fleurs et leur langage.* Paris

Latour, Charlotte de (Mme Louise Cortambert) 1819 *Le Langage des fleurs.* Paris; German transl. 1820 *Die Blumensprache, oder Symbolik des Pflanzenreichs.* Berlin; English transl. 1834 *The Language of Flowers.* London

Laufer, B. 1919 *Sino-Iranica: Chinese Contributions to the History of Civilization in Ancient Iran with Special Reference to the History of Cultivated Plants and Products.* Field Museum of Natural History, Publication 201, Anthropological Series xv:185–597. Chicago

Laughlin, C. J. 1948 Cemeteries of New Orleans. *The Architectural Review* 103:47–52

Laurie, A. 1930 *The Flower Shop.* Chicago

Layard, A. H. 1849–1853 *The Monuments of Nineveh: From Drawings Made on the Spot* (2 vols.) London

Leakey, M. 1983 *Africa's Vanishing Art: The Rock Paintings of Tanzania.* New York

Le Blant, E. 1886 *Les Sarcophages chrétiens de la Gaule.* Paris

1856-65 *Les Inscriptions chrétiennes de la Gaule antérieures au VIIe siècle* (2 vols.) Paris

le Folcalvez, F. 1976 *Savoir-vivre aujourd'hui.* Paris

Le Goff, J. 1984 *The Birth of Purgatory* (French edn 1981). Chicago

1985 *L'Imaginaire médiéval: essais.* Paris

Lenoir, A. 1852–1856 *Architecture monastique.* Paris

Le Roux, H. 1890 *Les Fleurs à Paris.* Paris

Le Roy Alard, R. R. 1641 *La Saincteté de vie tirée de la considération des plantes.* Liège

Lee, Kwang-Kyu 1989 The practice of traditional family rituals in contemporary urban Korea. *Journal of Ritual Studies* 3:167–183

鲜花人类学

Lee, S. E. 1988 Ming and Qing painting. In *Masterworks of Ming and Qing: Paintings from the Forbidden City*. Lansdale, Pennsylvania

Legner, A. (ed.) 1989 *Reliquien: Verehrung und Verklärung: Skizzen und Noten zur Thematik, und Katalog zur Ausstellung der Kölner Sammlung Louis Peters im Schnütgen-Museum*. Cologne

Lehrman, J. 1980 *Earthly Paradise: Gardens and Courtyards in Islam*. Berkeley

Leighton, A. 1986 *American Gardens of the Eighteenth Century: 'For Use or for Delight'*. Amherst

1987 *American Gardens of the Nineteenth Century: 'For Comfort and Affluence'*. Amherst

Leneveux, L. P. 1827 *Les Fleurs emblématiques, leur histoire, leur symbole, leur langage* (new edn). Roret's Encyclopédic. Paris

1837 *Nouveau Manuel des fleurs emblématiques, ou leur histoire, leur symbole, leur langage* (3rd edn). Roret's Encyclopédie. Paris

1848 *Les Fleurs parlantes*. Paris

1852 *Les Petits Habitants des fleurs*. Paris

Leroi-Gourhan, A. 1975 The flowers found with Shandar IV, a Neanderthal burial in Iraq. *Science* 190:562−564

Lespinasse, R. de, and Bonnardot, F. 1879−1897 *Les Métiers et les corporations de la ville de Paris* (Histoire générale de Paris). *Histoire de l'industrie française et des gens de métiers*. Paris

Levi d' Ancona, M. 1977 *The Garden of the Renaissance: Botanical Symbolism in Italian Paintings*. Arte et Archeologia, Studi e Documenti, 16. Florence

Lewis, G. 1975 *Knowledge of Illness in a Sepik Society: A Study of the Gnau, New Guinea*. London

1980 *Day of Shining Red: An Essay on Understanding Ritual*. Cambridge

1986 The look of magic. *Man* 1986:414−435

Lewis, N. 1983 *Life in Egypt under Roman Rule*. Oxford

Li, Hui-lin 1956 *Chinese Flower Arrangement*. Philadelphia

1959 *The Garden Flowers of China*. New York

1979 *Nan-fang ts'ao-mu chuang: a Fourth Century Flora of Southeast Asia*. Hong Kong

Li, Ju-chen 1965 (c.1815) *Flowers in the Mirror* (transl. Ching Hua Yuan). London

Li, Ki-baik 1984. *A New History of Korea*. Seoul

Lin, Yueh-hwa, 1947 *The Golden Wing: A Sociological Study of Chinese Familism*. New York

Lindon, R. n.d. *Guide de nouveau savoir-vivre.* Paris

Lindsay, J. 1965 *Leisure and Pleasure in Roman Egypt.* London

l'Isle, Mme de 1861 *Livre-manuel des fleurs en papier, en cheveux, en soie, etc.* Paris

Litten, J. 1991 *The English Way of Death.* London

Littlewood, A. R. 1987 Ancient literary evidence for the pleasure gardens of Roman country villas. In E. B. MacDougall (ed.), *Ancient Roman Villa Gardens,* Dumbarton Oaks Colloquium on the History of Landscape Architecture, 10. Washington, DC

Loudon, J. C. 1822 *An Encyclopaedia of Gardening.* London

1843 *On the Laying Out, Planting and Managing of Cemeteries, etc.* London

Lucius of Patras (1822) *La Luciade ou L'âme de Lucius de Patras* (transl. P. L. Courier). Paris

Ludwig, A. I. 1966 *Graven Images: New England Stonecarving and its Symbols, 1650–1815.* Middletown, Connecticut

Lyons, Faith. 1965 *Les Eléments descnptifs dans le roman d'aventure au XIII siècle (en particulier Amadas et Ydoines, Gliglois, Galeran, L'Escoufle, Guillaume de Dole, Jehan et Blonde, Le Castelain de Couci).* Geneva

MacCormack, S. 1981 *Art and Ceremonial in Late Antiquity.* Berkeley

McCormick, M. 1986 *Eternal Victory.* Cambridge

MacDougall, E. B. (ed.) 1986 *Medieval Gardens.* Dumbarton Oaks Colloquium on the History of Landscape Architecture, 9. Washington, DC

1987 *Ancient Roman Villa Gardens.* Dumbarton Oaks Colloquium on the History of Landscape Architecture, 10. Washington, DC

1989 Flower importation and Dutch flower paintings, 1600–1750. *Still Lifes of the Golden Age* (exhibition catalogue, National Gallery of Art). Washington, DC

MacDougall, E. B. and Ettinghausen, R. (eds.) 1976 *The Islamic Garden.* Dumbarton Oaks Colloquium on the History of Landscape Architecture, 4. Washington, DC

McKendrick, N. 1960. Josiah Wedgwood: an eighteenth century entrepreneur in salesmanship and marketing techniques. *Economic History Review* 12:408–433

McKendrick, N., Brewer, J. and Plumb, J. R. 1982 *The Birth of a Consumer Society.* Bloomington, Indiana

McLean, T. 1981 *Medieval English Gardens.* London

McLeod, M. 1981 *The Asante.* London

McMullen, D. L. 1987 Review of Jessica Rawson, Chinese ornament: the lotus and the dragon. *Modern Asian Studies* 21:198–200

McNeill, J. T. and Gamer, H. M. 1938 *Medieval Handbooks of Penance: A Translation of the Principal Libri Poenitentiales and Selections from Related Documents.* New York

McPhee, C. 1946 *A House in Bali.* New York

1966 *Music in Bali: A Study in Form and Organization in Balinese Orchestral Music.* New York

Macura, V. 1983 *Znamení Zrodu: České obrození ieko kulturní typ.* Prague

Maeterlinck, M. 1907 *L'Intelligence des fleurs.* Paris

Magnat, Abbé C. 1855 *Traité du langage symbolique, emblématique et religieux des fleurs.* Paris

Maiuri, A. 1953 *Roman Painting.* Lausanne

Mallet, J. 1959 *Jardins et Paradis.* Paris

Mâle, E. 1932 *L'Art religieux après le Concile de Trente: étude sur l'iconographie de la fin du XVIe siècle, du XVIIe, du XVIIIe siècle: Italie, France, Espagne, Elandres.* Paris

Malo, C. 1816 *Guirlande de Flore* (calendrier pour l'année 1816). Paris

1819 *Parterre de Flore.* Paris

n.d. *Histoire des roses.* Paris

n.d. *Histoire des tulipes.* Paris

Mandel, G. 1983 *Oriental Erotica.* New York

Maraval, P. 1987 Epiphane, docteur des Iconoclastes. In E. Boesplug *et al.* (eds.), *Nicée II 787–1987: douze siècles d'images religieuses.* Paris

Marçais, G. 1957a Les jardins de l'Islam. *Mélanges d'histoire et d'archéologie de l'Occident musulman.* Algiers

1957b La question des images dans l'art musulman. *Mélanges d'histoire et d'archéologie de l'Occident musulman.* Algiers

Marcus, L. S. 1986 *The Politics of Mirth: Jonson, Herrick, Milton, Marvell, and the defense of old holiday pastimes.* Chicago

Marriott, M., 1966 The feast of love. In M. Singer (ed.), *Krishna: Myths, Rites and Attitudes.* Hawaii

Martin, L. Aimé 1810 *Lettres à Sophie sur la physique, la chimie et l'histoire naturelle* (2 vols.) Paris

Mason, R. H. P. and Caiger, J. G. 1972 *A History of Japan.* Melbourne

Maspero, G. 1895 *Histoire ancienne des peuples de l'Orient classique: les origines, Egypte et Chaldée,* vol. 1. Paris

Massilie, Sirius de 1891 *Le Langage des fleurs.* Paris

1901 *L'Oracle des sexes, prédiction du sexe des enfants avant la naissance.* Paris

1902 *L'Oracle des fleurs, véritable langage des fleurs d'après la doctrine hermétique, Botanologie, Hiérobotanie, Botomancie.* Paris

1911 *La Sexologie, prediction du sexe des enfants avant la naissance, L'oracle des sexes...* Paris

Matheson, S. B. 1982 *Dura-Europos: The Ancient City and the Yale Collection.* New Haven

Mauméné, A. 1897 *Les Fleurs dans la vie: l'art du fleuriste, guide de l'utilisation des plantes et des fleurs dans l'ornamentation des appartements, du montage des fleurs et de la composition des bouquets, des corbeilles et des couronnes.* Paris

1900 *L'Art floral à travers les siècles.* Paris

Mead, M. 1940 *The Mountain Arapesh. II. Supernaturalism.* Anthropological Papers of the American Museum of Natural History 37:317–451

Mead, M. and Macgregor, F. C. 1951 *Growth and Culture: A Photographic Study of Balinese Childhood.* New York

Meiss, M. 1951 *Painting in Florence and Siena after the Black Death.* Princeton

A Member of the Lichfield Society for the Encouragement of Ecclesiastical Architecture 1843 *Tract upon Tombstones or Suggestions for the Consideration of Persons Intending to set up that Kind of Monument to the Memory of Deceased Friends.* Rugeley

Menocal, M. R. 1987 *The Arabic Role in Medieval Literary History.* Philadelphia

Messire, J. B. 1845 *Le Langage moral des fleurs, suivi des principales curiosités de la Touraine.* Tours

Meyvaert, P. 1986 The medieval monastic garden. In E. MacDougall (ed.), *Medieval Gardens.* Dumbarton Oaks Colloquium on the History of Landscape Architec ture, 9. Washington, DC

Middleton, J. and Tait, D. 1958 *Tribes Without Rulers: Studies in African Segmentary Systems.* London

Migne, J. P. *see under* Minucius Felix

Miles, C. A. 1912 *Christmas in Ritual and Tradition, Christian and Pagan* (repr. 1990, Detroit)

Miller, B. S. (ed.) 1984 *Theater of Memory: The Plays of Kālidāsa.* New York

Miller, J. I. 1969 *The Spice Trade of the Roman Empire*, 29 BC to AD 641. Oxford

Miller, M.B. 1981 *The Bon Marché: Bourgeois Culture and the Department Store, 1869–1920.* London

Ministry of Agriculture and Fisheries 1988 *Floriculture in the Netherlands.* The Hague

鲜花人类学

Minns, G. W. 1905 Funeral garlands at Abbott's Ann. *Hants. Field Club, Papers and Proceedings* 4:235–239

Mintz, S. W., 1985 *Sweetness and Power: The Place of Sugar in Modern History.* New York

Minucius, Felix M. 1844–1864 *Patrologiae cursus completes, series latina* and *series graeca.* J. P. Migne. vol. 221, pt 3. Paris

Mitford, J. 1963 *The American Way of Death.* London

Mo, Timothy 1978 *The Monkey King.* London

Moens, W. J. C. 1887-8 *The Walloons and their Church at Norwich.* Huguenot Society. London

Mollevaut, C. L. 1818 *Les Fleurs; poème en quatre chants.* Paris Montagu, Lady Mary Wortley 1965 *The Complete Letters* (ed. R. Halshand), vol. 1, 1708–1720. Oxford

Monteil, A. A. 1872 *Histoire de L'industrie française et des gens de métiers.* Paris

Montias, J. M. 1982 *Artists and Artisans in Delft: A Socioeconomic Study of the Seventeenth Century.* Princeton

Moore, O. K. 1952 Nominal definitions of 'culture'. *Philosophy of Science* 19:245–256

Moran, M. H. 1990 *Civilized Women: Gender and Prestige in Southeastern Liberia.* Ithaca

Morgan, W. B. 1985 Cut flowers in Warsaw. *Geojournal* 11:339–348

Morton, T. 1883 *The New Canaan,* Boston

Moss, F. J. 1889 *Through Atolls and Islands in the South Seas.* London

Moynihan, F. B. 1979 *Paradise as a Garden in Persia and Mughal India.* New York

Mukerji, C. 1983 *From Graven Images: Patterns of Modern Materialism.* Columbia

Mullen, N. 1880 *Janet, the Flower Girl: A Drawing-room Drama, in One Act.* New York

Muller, C. R. and Allix, A. 1979 (1925) *Les Colporteurs de l'Oisans.* Grenoble

Muller, F. M. (transl.) 1881 *Dhammapāda: A Collection of Verses, Being One of the Canonical Books of the Buddhists, The Sacred Books of the East,* vol. 10. Oxford

Murray, A. 1986 A medieval Christmas. *History Today* 35:31–39

Nakao, S. 1986 *A Cultural History of Flowers and Plants* (Japanese). Iwanami-shinsho

Naquin, S. 1992. The Peking pilgrimage to Miao-feng-shan: religious organizations and sacred site. In Susan Naquin and Chün-tang Yü (eds.), *Pilgrims and Sacred Sites in China.* Berkeley.

Needham, J. (ed.) 1986 *Biology and Biological Technology,* pt 1, *Botany,* vol. 6, *Science and Civilisation in China.* Cambridge

Nelson, Christina H. 1985 *Directly from China: Export Goods for the American Market, 1784–1930.* Salem, Massachusetts

Neuer, R. and Libertson, H. 1988 *Ukiyo-e: 250 Years of Japanese Art*. New York

Neuville, A. de 1866 *Le Véritable Langage des fleurs; précédé de légendes mythologiques*. Paris

Newberry, P. E. 1889 On some funeral wreaths of the Graeco-Roman period, discovered in the cemetery of Hawara. *The Archaeological Journal* 46:427–432

Noël, F. Abbé 1867 *Le Véritable Langage des fleurs interprété en l'honneur de la plus grande dame de l' Univers, par l'un de ses plus dévoués admirateurs. Ouvrage formant une série de bouquets, couronnes et guirlandes symboliques, suivi de l'écrin de Marie*. Librairie Catholique de Perisse Frères

O'Hanlon, J. 1979 In the language of flowers. *A Wake Newsletter: Studies in James Joyce's Finnegan's Wake* 16:9–12

Ohrbach, Barbara M. 1990 *A Bouquet of Flowers*. New York

Oik, F. 1894–1940 Art. Gartenbau. von Pauly-Wissova, *Real-Encyclopädie der classischen Altertumwissenschaft*. Stuttgart

Orgel, S. 1975 *The Illusion of Power: Political Theatre in the English Renaissance*. Berkeley
  1981 (1967) *The Jonsonian Masque*. New York

Pal, P. 1989 Art and ritual of Buddhism. *Asian Art* 11:33–55

Panofsky, E. 1946 *Abbot Suger on the Abbey Church of St-Denis and its Art Treasures*. Princeton
  1958 *Early Netherlandish Painting: Its Origin and Character* (2 vols.) Cambridge, Massachusetts
  1970 *Meaning in the Visual Arts*. London
  1972 *Renaissance and Renascences in Western Art* (1st edn 1960, Stockholm). New York

Parkinson, J. 1975 (1629) *Paradisi in sole paradisus terrestris*. Norwood, New Jersey

Parrot, A. 1953 *Mari. Collection des idées photographiques*. Neuchâtel
  1961a *Sumer: The Dawn of Art*. New York
  1961b *The Arts of Assyria*. New York

Paschalius, P. 1610 *Coronae opus, quod hunc primum in lucam editor*. Paris

Pasternak, B. 1969. The role of the frontier in Chinese lineage development. *Journal of Asian Studies* 41:747–765

Pearsall, D. A. and Salter, E. 1973 *Landscapes and Seasons of the Medieval World*. London

Pelikan, J. 1990 *Imago Dei: The Byzantine Apologia for Icons*. Princeton

Pendrill, C. 1937 *Old Parish Life in London*. London

Perkins, D. H. 1969 *Agricultural Development in China, 1368–1968*. Chicago

Perrot, G. and Chipiez, C. 1883 *A History of Art in Ancient Egypt* (transl. from French, 2 vols.) London

1884 *A History of Art in Chaldaea and Assyria* (2 vols.) London

Phillips, H. 1825 *Floral Emblems.* London

1829 *Flora Historica: Or the Three Seasons of the British Parterre Historically and Botanically Treated: with Observations on Planting to Secure a Regular Succession of Flowers from the Commencement of Spring to the End of Autumn* (2 vols., 2nd revised edn; 1st edn 1824). London

Phillips, J. 1973 *The Reformation of Images: Destruction of Art in England, 1535–1660.* Berkeley

Picinelli, F. 1694 *Mundus Symbolicus.* Cologne (facsimile, New York, 1976)

Pieper, P. 1980 Das Blumenbukett. *Stilleben in Europa* (exhibition catalogue, Westfälisches Landesmuseum für Kunst und Kulturgeschichte). Munster

Piesse, G. V. Septimus 1879 *Art of Perfumery.* Quoted in art. Dress and adornment. *Encyclopaedia Britannica* (15th edn), 1974. Chicago.

Pinder-Wilson, R.H. The Persian garden: Bagh and Chahar Bagh. In MacDougall and Ettinghausen 1976

Pitt-Rivers, J. 1974 *Mana.* London

1984 De lumière et de lunes: analyse de deux vêtements andalous de connotation festive. *L'Ethnographie* 80:245–254

Planche, A. 1987 La parure du chef: les chapeaux de fleurs. *Le Corps paré: ornements et atours, Razo,* Cahiers du Centre d'Etudes Médiévales de Nice

Pleyte, W. 1885 La couronne de la justification. *Actes du Sixieme Congrès International des Orientalistes,* pt 4, pp.1–30. Leiden

Plinvall, G. de 1951 Tertullien et le scandale de la Couronne. *Mélanges Joseph de Ghellinck.* Gembloux

Poisle-Desgranges, J. 1868 *Le Véritable Langage des fleurs, ou flore emblématique.* Paris

Posthumus, N. W. 1929 The tulip mania in Holland in the years 1636 and 1637. *Journal of Economic History* 1:435–465

Potter, J. 1970 Land and lineage in traditional China. In M. Freedman (ed.), *Family and Kinship in Chinese Society.* Stanford

Prest, J. 1981 *The Garden of Eden: The Botanic Garden and the Re-creation of Paradise.* New Haven

Prior, R. C. A. 1863 *On the Popular Names of British Plants, Being an Explanation of the Origin and Meaning of the Names of our Indigenous and Most Commonly Cultivated Species.* London

Prudentius (1962) *The Poems of Prudentius* (transl. M. C. Eagan). *Fathers of the Church.* Washington, DC

Proust, M. 1954 *A la recherche du temps perdu: du côté de chez Swann* (Pleiade edn). Paris

Purcell, N. 1987 Town in country and country in town. In E. B. MacDougall (ed.), *Ancient Roman Villa Gardens.* Dumbarton Oaks Colloquium on the History of Landscape Architecture, 10. Washington, DC

Pye, L. W. 1973 Culture and political science: problems in the evolution of the concept of political culture. In L. Schneider and C. M. Bonjean (eds.), *The Idea of Culture in the Social Sciences.* Cambridge

Qi Xing (ed.) 1988 *Folk Customs and Traditional Chinese Festivities.* Beijing

Qu Dajun 1985 (c.1700) *Guangdong Xinyu* (New Items Relating to Guangdong). (Repr.) Beijing

Quarré-Reybourbon, L. F. 1897 *Les Bouquets et l'assemblage artistique des fleurs au XVIIe siècle.* Lille

Radcliff-Brown, A. R. 1922 *The Andaman Islanders* (repr. 1964, Glencoe, Illinois). Cambridge

Rahim, H. 1987 Art. Incense. *The Encyclopedia of Religion,* vol. 7, pp.161 – 163. New York

Ramanujan, A. K. (transl.) 1985 *Poems of Love and War: From the Eight Anthologies and Ten Long Poems of Classical Tamil.* New York

Ramseyer, U. 1977 *The Art and Culture of Bali.* Oxford

Randall, L. M. C. 1966 *Images in the Margins of Gothic Manuscripts.* Berkeley

Rattray, R. S. 1927 *Religion and Art in Ashanti.* Oxford

Rawson, J. 1984 *Chinese Ornament: The Lotus and the Dragon.* London

Rawson, P. 1977 *Erotic Art of India.* London

Raymond, E. 1884 *L'Esprit des fleurs, symbolisme, science.* Paris

Razina, T. *et al.* 1990 *Folk Art in the Soviet Union.* New York

Rebérioux, P. M. (ed.) 1989 *1789: Cahiers des doléances des femmes.* Paris

Reeds, K. 1980 Albert on the natural philosophy of plant life. In J. A. Weisheipl (ed.), *Albertus Magnus and the Sciences: Commemorative Essays 1980.* Toronto

Revel, J. 1984 Forms of expertise: intellectuals and 'popular' culture in France (1650 – 1800). In S. L. Kaplan (ed.), *Understanding Popular Culture: Europe from the Middle Ages to the Nineteenth Century.* Berlin

Rhys Davids, T. W. (transl.) 1881 *Buddhist Suttas, translated from the Pali. The Sacred Books of the East,* vol. Ⅲ . Oxford

鲜花人类学

Rice, K. A. 1980 *Geertz and Culture*. Ann Arbor, Michigan

Ridgway, B. S., 1981 Greek antecedents of garden sculpture. In E. B. MacDougall and W. F. Jashemski (eds.), *Ancient Roman Gardens*. Dumbarton Oaks Colloquium on the History of Landscape Architecture, 7. Washington, DC

Riegl, A. 1891 *Altorientalische Teppiche*. Leipzig

　　1893 *Stilfragen: Grundlegungen zu einer Geschichte der Ornamentik*. Berlin

Rimmel, E. 1865 *A Lecture On the Commercial Use of Flowers and Plants, delivered on the 27th July, 1865, at the Royal Horticultural Society* (privately printed). London

Riols, E. N. de (Satine de) 1896 *Le Langage des fleurs expliqué*. Paris

Rizvi, S. A. A. 1978–1983 *A History of Sufism in India* (2 vols.) New Delhi

Robinson, C. 1878 (1584) *A Handeful of Pleasant Delites* (ed. E. Arber, repr.) London

Robinson, J. 1988. *Views from Jade Terrace: Chinese Women Artists, 1300–1912* (exhibition catalogue, Indianapolis Museum of Art). Indianapolis

Roger, A., n.d. *Le Savoir-vivre d'aujourd'hui*. Paris

Rogers, H. 1988 Catalogue, *Masters of Ming and Qing Painting from the Forbidden City*. Lansdale, Pennsylvania

Roth, K. 1990 Socialist life-cycle rituals in Bulgaria. *Anthropology Today* 6(5): 8–10

Rubin, A. (ed.) 1988 *Marks of Civilisation: Artistic Transformations of the Human Body*. Los Angeles

Runciman, S. 1975 *Byzantine Style and Civilization*. Harmondsworth, Middlesex

Rutter, M. and Lacam, J. 1949 Les jardins suspendus de Babylone. *Revue horticole* 88–92, 123–127

Sackville-West, V. 1953 Persian gardens. In A. J. Arberry (ed.), *The Legacy of Persia*. Oxford

Sahas, D. J. 1986 *Icon and Logos: Sources in Eighth-Century Iconoclasm*. Toronto

Sahlins, M. D. 1976 *Culture as Practical Reason*. Chicago

St Augustine (1957–1972) *The City of God against the Pagans* (7 vols.) London

Saklatvala, B. 1968 *Sappho of Lesbos: her works restored*. London

Salaman, R. N. 1989 *The History and Social Influence of the Potato* (revised edn). Cambridge

Saldivar, R. 1983 Bloom's metaphors and the language of flowers. *James Joyce Quarterly* (Tulsa, Oklahoma) 20:399–410

Sales, Lrançois de (St) 1874 *Flore mystique de Saint François de Sales, ou la vie chrétienne sous l'embleme des plantes*. Paris

Salin, E. 1959 *La Civilisation mérovingienne, d'après les sépultures, les textes et le laboratoire*, vol. 4. Paris

Sansom, G. B. 1952 (1931) *Japan: A Short Cultural History*. Stanford

Sanzo Wada 1963 Preface to Japanese edn of *Chintz anciens: les cotonnades imprimées d'Asie*, by Tamezo Osumi. Fribourg and Tokyo

Sarton, G. 1951 *The Incubation of the Western Culture in the Middle Fast*. Washington, DC

Savidge, J. 1977 *This is Hong Kong: Temples*. Hong Kong

Schafer, E. H. 1963 *The Golden Peaches of Samarkand: A Study of T'ang Exotics*. Berkeley

1967 *The Vermilion Bird: T'ang Images of the South*. Berkeley

Schama, S. 1987 *The Embarrassment of Riches: An Interpretation of Dutch Culture in the Golden Age*. London

Schimmel, A. 1976 The celestial garden in Islam. In R. Ettinghausen (ed.), *The Islamic Garden*. Washington, DC

Schlegel, G. 1894 A Cantonese flower-boat. *Internationale Archiv für Ethnographie* 7:1-9

Schmitt, J. C. 1987 L'Occident, Nicée II et les images du VIII au XIII e siècle. In F. Boespflug *et al.* (eds.), *Nicée II 787–1987: douze siècles d'images religieuses*. Paris

Schneider, D. M. 1976 Notes toward a theory of culture. In K. H. Basso and H. A. Selby (eds.), *Meaning in Anthropology*. Albuquerque

Schneider, N. 1980 Vom Klostergarten zur Tulpenmanie, Hinweise zur materiellen vorgeschichte des Blumenstillebens. *Stilleben in Europa* (exhibition catalogue, Westfälisches Landesmuseum für Kunst und Kulturgeschichte). Munster

Schnitzler, A. 1914 *Playing with Love*. London

Schrijnen, J. 1911 La couronne nuptiale dans l'antiquité chrétienne. *Mélanges d'archéologie et d'histoire de l'Ecole française de Rome* 31:309–319

Schürmann, U. 1979 *Oriental Carpets* (revised edn). London

Scott, F. J. 1870 *Art of Beautifying Suburban Home Grounds of Small Extent*. New York

Scott-James, A., Desmond R. and Wood, F. 1989 *The British Museum Book of Flowers*. London

Seager, H. W. 1896 *Natural History in Shakespeare's Time, Being Extracts Illustrative of the Subject as He Knew It*. London

Seaton, B. 1980a The flower language books of the nineteenth century. *Morton Arboretum Quarterly* 16:1–11

1980b French flower books of the early nineteenth century. *Nineteenth Century French Studies* 11:60–72

1985a A nineteenth-century metalanguage: le langage des fleurs. *Semiotica* 57:73 – 86

1985b Considering the lilies: Ruskin's 'Proserpina' and other Victorian flower books. *Victorian Studies* 28:255 – 282

Sébillot, P. 1906 *Le Folk-lore de France;* vol. 3, *La Faune et la flore.* Paris

Segalen, M. and Chamarat, J. 1979 Les rosières se suivent et ne ressemblent pas ou notes pour une analyse historique et sociologique de fêtes de la rosière de Nanterre. *Bulletin du Centre d'Animation de L'Histoire de Nanterre* 8:1 – 8

1983 La Rosière et la 'Miss': les reines des fêtes populaires. *L'Histoire* 53:44 – 55

Seneca (1959) *Epistolae morales* (transl. R. M. Gummere), 3 vols. Cambridge, Massachusetts

Shahar, S. 1989 *Childhood in the Middle Ages.* London

Shaver-Crandell, A. 1982 *The Middle Ages.* Cambridge Introduction to the History of Art

Shen Fu 1983 (c.1809) *Six Records of a Floating Fife* (transl. L. Pratt and Chian Su-hui). Harmondsworth, Middlesex

Shepherd, J. R. 1988 Rethinking tenancy: explaining spatial and temporal variation in late imperial and republican China. *Comparative Studies in Society and History* 30: 403 – 431

Sillitoe, P. 1983 *Roots of the Earth: Crops in the Highlands of Papua New Guinea.* Manchester

Singer, M. 1968 The concept of culture. *International Encyclopedia of the Social Sciences,* vol. 3, pp.527 – 543. New York

Sircar, N. N. 1950 An introduction to the Vṛkṣāyursveda of Parāśara. *Journal of the Royal Asiatic Society of Bengal* (Letters) 16:123 – 139.

Sitenský, L. n.d. *Prague of My Youth.* Prague

Siu, H. F. 1989 *Agents and Victims in South China: Accomplices in Rural Revolution.* New Haven

1990 Recycling tradition: culture, history, and political economy in the chrysanthemum festivals of South China. *Comparative Studies in Society and History* 32:765 – 794

Sivaramamurti, C. 1980 *Approach to Nature in Indian Art and Thought.* New Delhi

Smith, L. (ed.) 1988 *Ukiyoe: Images of Unknown Japan.* London

Snellgrove, D. L. (ed.) 1978 *The Image of the Buddha.* Paris

Sol, E. 1929 *Le Vieux Quercy.* Cahors

Sourdon-Clélie, Mile 1858 *Noiuveau manuel simplifié du fleuriste artificiel.* Paris

Southern, R. W. 1953 *The Making of the Middle Ages.* London

Spieth, J. 1985 The language of flowers in Senghor's *Lettres d'Hivernage. In* D. W.

Tapper (ed.), *French Studies in Honor of Philip A. Wordsworth*. Birmingham, Alabama

Srinivas, M. N. 1976 *The Remembered Village*. Berkeley

Stannard, D. E. (ed.) 1975 *Death in America*. Pennsylvania

1977 *The Puritan Way of Death: A Study in Religion, Culture, and Social Change*. Oxford

Stannard, J. 1980 Albertus Magnus and medieval herbalism. In J. A. Weisheipl (ed.), *Albertus Magnus and the Sciences: Commemorative Essays 1980*. Toronto

1986 Alimentary and medicinal use of plants. In E. MacDougall (ed.), *Medieval Gardens*. Dumbarton Oaks Colloquium on the History of Landscape Architecture, 9. Washington, DC

Stein, R. A. 1990 *The World in Miniature: Container Gardens and Dwellings in Far Eastern Religious Thought* (French edn 1987). Stanford

Sterling, C. 1985 *La Nature morte*. Paris

Stevenson, F. V. de G. 1915 *The Cruise of the 'Janet Nicol' among the South Sea Islands: A diary by Mrs Robert Louis Stevenson*. London

Stewart, D. C. n.d. *The Kitchen Garden: A Historical Guide to Traditional Crops*. London

Stock, B. 1983 *The Implications of Literacy: Written Languages and Models of Interpretation in the Eleventh and Twelfth Centuries*. Princeton

Stokstad, M. 1986 *Medieval Art*. New York

Strathern, A. (ed.) 1982 *Inequality in New Guinea Highlands Societies*. Cambridge Papers in Social Anthropology, 11

Strathern, M. and A. 1971 *Self-decoration in Mount Hagen*. London

Sullivan, M. 1974 *The Three Perfections: Chinese Painting, Poetry and Calligraphy*. London

Summers, G. *1968 George Herbert: His Religion and His Art*. Cambridge, Massachussets

Susman, W. 1984 *Culture as History: The Transformation of American Society in the Twentieth Century*. New York

Symanski, J. D. 1821 *Selam, oder die Sprache von Blumen*. Berlin

Sze, Mai-mai 1956 *The Tao of Painting: A Study of the Ritual Disposition of Chinese Painting; With a Translation of the Chieh Tzu Yuean Chuan or Mustard Seed Garden Manual of Painting, 1679 – 1701*. New York

Tait, G. A. O. 1963 The Egyptian relief chalice. *Journal of Egyptian Archaeology* 49:93 – 139

Tambiah, S. J. 1970 *Buddhism and the Spirit Cults in North-east Thailand*. Cambridge

Tapié, A. 1987 La nature, l'allégorie. In A. Tapié and C. Joubert, *Symbolique et botanique*. Caen

Tapié, A. and Joubert, C. 1987 *Symbolique et botanique: le sens caché des fleurs dans la peinture au XVIIe siècle* (exhibition catalogue). Caen

Tennent, J. E. 1859 *Ceylon: An Account of the Island: Physical, Historical and Topographical, with Notices of its Natural History, Antiquities and Productions*. London

Tertullian (1950) *Apologetic Works* (transl. R. Arbesmann *et al*.) *The Fathers of the Church*, vol. 10. Washington, DC

(1959) *Disciplinary, Moral and Ascetical Works* (ed. J. Deferrasi). Washington, DC

Terukazu, A. 1961 *Japanese Art*. Geneva

Thacker, C. 1979 *The History of Gardens*. Berkeley

Thiers, J. B. 1679 *Traité des superstitions selon l'Ecriture sainte, les décrets des conciles et les sentiments des Saints Pères et des théologiens*. Paris

Thomas, A. 1986 The *Fātele* of Tokelau; approaches to the study of dance in its social context. MA dissertation, Victoria University of Wellington

Thomas, K. V. 1971 *Religion and the Decline of Magic*. London

1983 *Man and the Natural World: Changing Attitudes in England 1500–1800*. London

Thornton, P. 1978 *Seventeenth-century Interior Decoration in England, France and Holland*. New Haven

Tiérant, C. 1981 *La Bretagne: almanach de la mémoire et des coutumes*. Paris

Tolstoy, V. *et al.* 1990 *Street Art of the Revolution: Festivals and Celebrations in Russia 1918–1933*. London

Toynbee, J. M. C. 1971 *Death and Burial in the Roman World*. Ithaca, New York

Trapp, J. B. 1958 The owl's ivy and the poet's bays. *Journal of the Warburg and Courtauld Institutes* 21:227–255

Tun Li-ch' en 1987 *Annual Customs and Festivals in Peking* (transl. and annotated by D. Bodde; revised edn 1936). Hong Kong

Turnbull, C. M. 1972 *The Mountain People*. New York

Tylor, E. B. 1871 *Primitive Culture*. London

Underdown, D. 1985 *Revel, Riot and Rebellion: Popular Politics and Culture in England 1603–1660*. Oxford

Van Dam, R. 1985 *Leadership and Community in Late Antique Gaul*. Berkeley

Van Gulick, R. H. 1961 *Sexual Life in Ancient China*. Leiden

Van Malderghem, J. 1894 *Les Fleurs de lis de l'ancienne monarchie française, leur origine, leur nature, leur symbolisme*. Paris

Vatsyayana (1963) *The Kama Sutra* (transl. R. Burton and F. F. Arbuthnot). London

Vickery, A. R. 1981 Traditional uses and folklore of *Hypericum* in the British Isles. *Economic Botany* 33:289–295

1983 *Lemna minor* and Jenny Greenteeth. *Folkore* 94:247–250

Villiers-Stuart, C. M. 1913 *Gardens of the Great Mugbals*. London

Vilmorin, P. L. de 1892 *Les Fleurs à Paris, culture et commerce*. Paris

Virgil (n.d.) *Eclogues and Georgics* (transl. T. F. Royds). London

Vollmer, J. E., Keall, E. J. and Nagai-Berthrong 1983 *Silk Roads: China Ships*. Toronto

Vyas, S. N. 1967 *India in the Rāmāyaṇa Age: A Study of the Social and Cultural Conditions in Ancient India as Described in Valmīki's Rāmāyaṇa*. Delhi

Waddell, H. 1929 *Mediaeval Latin Lyrics*. London

Wagner, M. L. 1984 *The Lotus Boat: The Origins of Chinese Tz'u Poetry in T'ang Popular Culture*. New York

Wakeman, F. 1975 *The Fall of Imperial China*. New York

Walahfrid Strabo (1966) *Hortulus* (transl. R. Payne; commentary, W. Blunt). Hunt Botanical Library. Pittsburg

Waley, A. 1937 *The Book of Songs*. London

Walker, G. A. 1846 *Lectures on the Actual Conditions of the Metropolitan Graveyards*. London

Walshe, M. (transl.) 1987 *Dīgha Nikāya*. London

Waterman (Esling), C. H. 1839 *Flora's Lexicon: An Interpretation of the Language and Sentiment of Flowers: With an Outline of Botany, and a Poetical Introduction*. Philadelphia

Waugh, E. 1948 *The Loved One*. London

Weidner, M. 1988 Women in the history of Chinese painting. In *Views from Jade Terrace: Chinese Women Artists 1300–1912*. Indianapolis

Weitzmann, K. 1977 *Late Antique and Early Christian Book Illumination*. New York

Weitzmann, K. *et al.* 1987 *The Icon* (Italian edn 1981). New York

Welch, C. 1890 *A Brief Account of the Worshipful Company of Gardeners of London* (privately printed). London

Welch, S. C. 1972 *A King's Book of Kings: The Shah-nameh of Shah Tahmasp*. New York

Wheaton, B. K. 1983 *Savoring the Past: The French Kitchen and Table from 1300 to 1789*. Philadelphia

Wheelock, A. K. 1989 Still life: its visual appeal and theoretical status in the seventeenth century. *Still Lifes of the Golden Age: Northern European Painting from the*

鲜花人类学

Heinz Collection (exhibition catalogue, National Gallery of Art). Washington, DC

Wheelwright, C. 1989 a Introduction to *Word in Flower* (exhibition catalogue, Yale University Art Gallery). New Haven

1989b Past and present, text and image. *Word in Flower* (exhibition catalogue, Yale University Art Gallery). New Haven

White, G. 1789 *The Natural History and Antiquities of Selborne, in the County of Southampton.* London

White, L. A. 1949 *The Science of Culture: A Study of Man and Civilization.* New York

Whitehouse, O. C. 1901 Art. Garden. *Encyclopaedia Biblica.* vol. 2,1640 – 1644

Whitfield, J. H. 1943 *Petrarch and the Renaissance.* Oxford

Wickham, G. 1987 *The Medieval Theatre* (3rd edn). Cambridge

Wilber, D. N. 1979 *Persian Gardens and Garden Pavillions.* (1st edn 1962). Washington, DC

Wilkins, E. H. 1951 The coronation of Petrarch. In *The Making of the Canzoniere.* Rome (transl.) 1953 Petrarch's coronation oration. *PMLA* 68:1241 – 1250

Wilkinson, J. G. 1837 *Manners and Customs of the Ancient Egyptians, Including their Private Life, Governments, Laws, Arts, Manufactures, Religion, and Early History; Derived from a Comparison of the Paintings, Sculptures, and Monuments still Existing with the Accounts of Ancient Authors.* London

Willard, 1726 *A Compleat Book of Divinity.* Boston

Willet, F. 1971 *African Art.* London

Williams, C. A. S. 1941 *Outlines of Chinese Symbolism and Art Motives* (3rd revised edn). Shanghai

Williams, D. 1974 *Icon and Image: A Study of Sacred and Secular Forms of African Classical Art.* London

Williams, G. 1971 *African Designs from Traditional Sources.* New York

Wilmott, P. 1986 Family flowers only. *New Society*, 2 May

Wilson, D. M. 1984 *Anglo-Saxon Art: From the Seventh Century to the Norman Conquest.* London

Wilson, E. H. 1929 *China, Mother of Gardens.* Boston

Wilson, S. 1984 *What is Pre-Raphaelitism?* London

Winlock, H. E. 1935 *The Private Life of the Ancient Egyptians.* London

Wirt, E. W. (Gamble) 1833 *Flora's Dictionary* (by a Lady). Baltimore

Wither, G. 1635 *A Collection of Emblemes, Ancient and Modern.* Renaissance Text Society

Publications. London

Woodbridge, K. 1986 *Princely Gardens: The Origins and Development of the French Formal Style.* London

Wright, A. R. and Lones, T. E. 1938 *British Calendar Customs: England,* vol. Ⅱ. *Fixed Festivals, January-May, inclusive.* Folklore Society. London

1940 vol. Ⅲ. *Fixed Festivals. June-December, inclusive.* Folklore Society. London

Wright, T. 1862 *A History of Domestic Manners and Sentiments in England during the Middle Ages.* London

××××, Marie 1867 *Voyage autour de mon parterre: petite botanique religieuse et morale, emblèmes des fleurs.* Paris

Young, A. 1986 (1945) *A Prospect of Flowers: A Book about Wildflowers.* Harmondsworth, Middlesex

Yriarte, C. E. 1893 *Les Fleurs et les jardins de Paris.* Paris (published in *Le Figaro* under pseud. Marquis de Villemen)

Yuan Tien, M. 1965 Sterilization, oral contraception, and population control in China. *Population Studies* 18:215–235

Zaccone, P. 1853 *Nouveau Langage des fleurs, avec la nomenclature des sentiments dont chaque fleur est le symbole et leur emploi pour l'expression des pensées.* Paris

Zoetmulder, P. J. 1974 *Kalangwan: A Survey of Old Javanese Literature.* The Hague

Zonabend, F. 1980 *The Enduring Memory.* Manchester (transl. of *La Longue Mémoire,* Paris)

鲜花人类学

索引

本索引是原书索引的翻译，其中的页码是原书页码（在本书中以边码的形式给出）。原书索引中有不少形如 57n.108 的页码，意为"57 页脚注 108"。但因为本书将原注统一置于正文之后，故将这类页码都改成了"注 2:108"（意为第二章原注 108）的格式。

孤挺花（amaryllis）14，248

译后记

杰克·古迪《鲜花人类学》(*The Culture of Flowers*,直译为
《花文化》)这本书的译介,有个可以说是偶然的缘起。作为植物
园的从业人员,我们一直认为,植物园(特别是综合性植物园)作
为兼具科研和科学传播职能的重要机构,应该尽量掌握与植物有
关的各种知识,并将它们组织成百科全书般的知识系统;在这样
的知识水平和体系高度之下,才能开展高质量的科研和科学传播工
作。毫无疑问,植物文化知识也是这个植物知识系统中不可或缺
的重要组成部分。

花语(Language of Flowers)又是植物文化中颇具特色、对
公众能够产生吸引力的一个主题。我们对于花语一度生发了浓厚
的兴趣,甚至设想过是否有可能提出中国自己的花语体系。为此,
我们希望可以搞清楚花语的来龙去脉,于是开始查阅相关资料。
在这个过程中,《鲜花人类学》便进入了我们的视野。

本书第八章对花语的历史做了细致考察,深入探讨了它的性
质;在第九章中又有进一步讨论。原来,花语本来是奥斯曼帝国的
一种花文化,是这个一夫多妻制的国家中那些深锁内室的妻妾们
在百无聊赖中发明的一种娱乐。它在 18 世纪时引起了西方人的注
意,到 19 世纪时才得到西方(特别是法国)的深入模仿和创新。

在这些西方花语中，花卉与意义的对应关系虽然也采用了欧洲文化中的一些公认的传统说法，但大部分都是后人生造，而且在不同的书里面往往有很大差异，甚至在同一本书里也可能前后矛盾，完全不具备它所标榜的"普世"属性。

不仅如此，虽然西方的大众确实广泛知道有花语这种东西，甚至普遍误以为这是他们国家的原生传统文化，但对其详细内容又不甚了解，颇有一种叶公好龙的心态。古迪因此毫不留情地指出，"我们所见的花语，只是又一种刻意创造的文化人造物，是一部在刚创造时几乎纯属虚构的民族志"。这对我们来说，仿佛一盆凉水；"提出中国自己的花语体系"这种念想也就此作罢。

对花语的考证，只是古迪这部有关花文化的内容丰富的人类学专著中的一个主题而已。作为英国著名人类学家，古迪的多部著作已被译介到中国（比如与本书内容密切相关的《烹饪、菜肴与阶级》），但这本《鲜花人类学》却还没有中译本，只有零星的介绍文章。我们于是决定把它翻译出来，并向长期合作的商务印书馆推荐了此书。商务印书馆也意识到了这本书的价值，爽快地通过了选题。由于古迪已经在 2015 年去世，出版社为了获得版权，颇费了一些周折，我们在此非常感谢余节弘编辑等人为此所做的辛苦工作。

正如古迪在前言中所说，本书是"一部个人的民族志"。作者搜集了全世界许多族群和文化中大量有关花文化的材料，以西方（欧洲和美国）材料为主。由于原稿篇幅过大，在原书出版社的建议下，作者甚至还不得不删去部分章节（比如有关日本的一章）。然而，古迪以他深厚的学术功力，把这么多来源多样、主题各异的材料出色地纳入到一个逻辑井然的分析框架中，全书的行文给我们的感觉，总体来说颇为流畅爽快。

古迪发现，从世界范围的花文化现象中，可以抽提出两条普世规律。首先，花文化是农耕文化发展到一定阶段、出现社会分层之后的产物，而且在很大程度上与文字的运用相关联（比如花语，虽然名为"语"，其实是典型的书面文化）。这条规律与天然植物区系本身的差异结合起来，基本可以圆满地回答引发作者撰写本书的那个有趣的问题——为什么非洲缺乏花文化？

其次，花文化在很大程度上是一种奢侈文化，这种奢侈性的生活方式，在很多文明中遭到了主张俭朴节制甚至灭欲苦修的意识形态的反对。奢侈生活与节制思想的斗争，因此成为影响花文化的历史发展的一大因素。古迪发现，虽然这种斗争最为集中地体现在基督宗教的历史中，但在伊斯兰教、中国文化和印度文化中也都普遍存在，只是形式各异罢了。

毋庸讳言的是，本书中并非所有材料都用来论述和支持这两条规律，某些章节可能略显散漫芜杂。但这些游离在全书主线之外的材料仍然非常宝贵，不仅可以开人眼界，而且为研究者提供了进一步挖掘的线索。此外，古迪非常重视中国古今的花文化，用了两章的篇幅来讨论，其中一些论述很有启发性，但他显然主要只参考了少数译为英文的中文文献（如林语堂译的沈复《浮生六记》），所以对于中国古代花文化的研究还留有大量未尽之处。作者对于当代中国花文化也有很多评述，出于某些原因，部分文字我们只能删改。

因为我们均非人类学科班出身，翻译这样一本兼具广博知识和理论深度的人类学著作，毫无疑问是一项巨大挑战。我们争取做到的最低目标，是保证其中涉及植物学的部分尽量准确无误。为此，有必要把一些英文植物学术语和植物名称的翻译处理集中交代如下：

Flower（花、花朵、花卉）：在现代汉语中，占优势的是双字词。"花"作为单字词，虽然是最为对应英文 flower 一词的译法，但放在中文行文中，常常会给人语气不顺的感觉。因此除了"花"之外，我们还使用了"花朵"和"花卉"这两个双字词来翻译 flower。"花朵"相当于"花"的本义，特指有花植物的生殖器官；"花卉"相当于"花"的引申义，指开花植物的整个植株，或作为指称所有观花植物的集合名词。

（以下按照单词字母顺序。）

Acacia（金合欢、刺槐、银荆）：此词来自古希腊语，本指阿拉伯金合欢（*Vachellia nilotica*），但受现代植物分类影响，在英文中泛指许多形似金合欢属的豆科植物，包括刺槐属（*Robinia*）和银荆（*Acacia dealbata*）。比如本书讨论花语的内容中，出现的 acacia 可以认为主要指的是刺槐属植物。

Anemone（欧银莲）：此词来自属名 *Anemone*，该属曾长期取广义，中文名为"银莲花属"，但现代分类研究已经将这个广义的银莲花属拆分，银莲花属成为 *Anemonastrum* 的中文名，狭义的 *Anemone* 则需要另起名为"欧银莲属"。

Convolvulus（旋花、打碗花）：此词来自旋花属的学名 *Convolvulus*，在本书中两见，其中一处明确指打碗花（*Calystegia sepium*，异名为 *Convolvulus sepium*），另一处具体所指物种不明，译为"旋花"。

Cowslip/primrose/primula：Cowslip 狭义指黄花九轮草（*Primula veris*），广义也指报春花属的其他一些种；American cowslip 则指流星报春属（*Dodecatheon*）植物（这个属有时也并入报春花属）。Primrose 和 primula 均是报春花属植物的通称（后者为拉丁语借词，前者是拉丁语借入英语后的本土化形式），但后者在本书中只出现两次，分别指的是黄花九轮草和牛唇报春（*P. elatior*）这两个种。

Daisy（雏菊、野菊）：狭义指雏菊（*Bellis perennis*）这个种；广义指菊科其他一些野生种，此时可译为"野菊"。

Jasmine（素馨、茉莉、探春）：在英文中，此名是素馨属（*Jasminum*）植物的通称，包括素方花（*J. officinale*）、素馨（*J. grandiflorum*）、茉莉（*J. sambac*）等种。在原文没有明确指出是哪个种时，一概译为"素馨"，在明确指 *J. sambac* 时则译为"茉莉"。书中还有两处 jasmine，来自《日下旧闻考》的英译文；经核对该书原文，指的实际上是探春花（*Chrysojasminum floridum*，异名为 *Jasminum floridum*）。

Lotus（莲，睡莲）：本书第一章原注 25 和第二章原注 15 都指出了这个名称兼指莲（荷花，*Nelumbo nucifera*）和睡莲属（*Nymphaea*）植物，因此我们视其语境，相应地译为"莲（花）"或

"睡莲"。书中又有 waterlily 一词，则明确指睡莲属。

Marigold（万寿菊、金盏花、南茼蒿）：本书第十章明确指出："Marigold 这个名称并无特指，因为该词就像英语中其他很多植物名称一样，既在不同的时代，又在同一时代的不同地区被用于指称多种植物。"在本书不同章节中，它分别指万寿菊（*Tagetes erecta*）、金盏花（*Calendula officinalis*）和南茼蒿（*Glebionis segetum*）。

Mimosa（银荆、合欢）：虽然在植物学上，*Mimosa* 是含羞草属的学名，但本书中的 mimosa 我们认为多数地方指的均是银荆，还有一处指的是合欢（*Albizia julibrissin*）。

Peony（芍药、牡丹）：在英文中，peony 是芍药类和牡丹类植物的统称。由于牡丹只产中国，在中国花文化中的地位又明显高于芍药，因此本书中提到的中国的 peony 几乎都是牡丹，中国以外的 peony 则主要指芍药。

Rose（玫瑰、月季、蔷薇）：在植物中文名中，月季是月季花（*Rosa chinensis*）及含有其种质的栽培品种的通称，玫瑰特指原产东亚的 *R. rugosa* 这个种，蔷薇则是蔷薇属其他种的通称。但在文艺领域和大众用语中，英文 rose 一词（以及其他西方语言中的对应词）通译为"玫瑰"。我们遵从文艺领域的惯例，当 rose 一词指这类花卉的花朵及其形象呈现时，译为"玫瑰"；仅在该词指植物本身时，根据具体情况分别译为"月季"或"蔷薇"。

Violet（堇菜、紫罗兰）：英文中 violet 这个词，现在指堇菜属（*Viola*）植物；但正如本书第二章原注 113 所说，在古罗马，viola 常指十字花科的紫罗兰（*Matthiola incana*）。因此，我们将古罗马

译后记

意义上的 violet 译为"紫罗兰",其他情况下则仍译为"堇菜"。

另外还要指出的是,在英文中,wreath 和 garland 是形态上略有不同的两类装饰品。Wreath 一定是环形,garland 则可以是封闭的环形,也可能是开放式的悬挂物。在中文里,这两个词都译为"花环";对于 garland 所指的那种开放式的悬挂物,则没有合适的译法。考虑到原书并没有严格区别这两个词(比如并没有明确指出它们的不同),我们把它们统译为"花环",但在索引中保持了"花环(garlands)"和"花环(wreaths)"这两个款目的分立,供细心的读者参考。

以上我们不厌其烦地罗列了与植物相关的一些词语的译法,是希望读者如果发现我们的译文在涉及人类学和其他社会科学的术语上有严重翻译错误,不得不自行重译,那么这时候,至少对于植物学相关术语的翻译,可以仍然对我们的处理抱有信心,而不必自行从头考证。当然,我们热诚欢迎读者指正误译,一起为促进中文学界对花文化开展更深入的研究而努力。

译者 谨识

2023 年 5 月 23 日

自 然 文 库
N a t u r e
S e r i e s

图书在版编目（CIP）数据

鲜花人类学 /（英）杰克·古迪著；刘夙，胡永红
译 . —北京：商务印书馆，2024
（自然文库）
ISBN 978-7-100-23367-5

Ⅰ . ①鲜… Ⅱ . ①杰… ②刘… ③胡… Ⅲ . ①花
卉—文化 Ⅳ . ① S68

中国国家版本馆 CIP 数据核字（2024）第 039770 号

自然文库
鲜花人类学
〔英〕杰克·古迪 著
刘夙 胡永红 译

商 务 印 书 馆 出 版
（北京王府井大街36号 邮政编码100710）
商 务 印 书 馆 发 行
北京中科印刷有限公司印刷
ISBN 978 - 7 - 100 - 23367 - 5

2024年5月第1版 开本880×1240 1/32
2024年5月北京第1次印刷 印张24⅞ 插页6
定价：138.00元